# ADS 射频电路设计与仿真从入门到精通

陈铖颖　编著

電子工業出版社
Publishing House of Electronics Industry
北京 • BEIJING

## 内 容 简 介

本书主要介绍利用 ADS（Advanced Design System）软件进行射频电路设计的相关知识和仿真方法。内容包括射频电路基础理论、ADS 概况介绍以及 ADS 的各种仿真功能和实例。本书通过大量实例，由浅入深、系统地介绍了各类常用射频电路的理论知识和设计仿真方法，包括滤波器、功分器、功率放大器、低噪声放大器、混频器、压控振荡器、锁相环、射频电路板、微带天线和射频收发机等仿真实例，涵盖范围广，工程实用性强。每章还配有拓展实验，以供读者进一步理解和学习 ADS 射频电路的设计仿真方法。

本书适合初学射频电路设计与仿真的读者，如高等院校电路系统、微波专业学生，对进行射频微波领域电路设计的工程师也有一定的参考价值。



**图书在版编目（CIP）数据**

ADS 射频电路设计与仿真从入门到精通 / 陈铖颖编著. —北京：电子工业出版社，2013.11
ISBN 978-7-121-21748-7

Ⅰ.①A… Ⅱ.①陈… Ⅲ.①射频电路－电路设计－计算机辅助设计－软件包 Ⅳ.①TN710.02

中国版本图书馆 CIP 数据核字（2013）第 254036 号

策划编辑：陈韦凯
责任编辑：底　波
印　　刷：北京七彩京通数码快印有限公司
装　　订：北京七彩京通数码快印有限公司
出版发行：电子工业出版社
　　　　　北京市海淀区万寿路 173 信箱　邮编 100036
开　　本：787×1 092　1/16　印张：28　字数：690 千字
版　　次：2013 年 11 月第 1 版
印　　次：2025 年 1 月第 12 次印刷
定　　价：65.00 元

凡所购买电子工业出版社图书有缺损问题，请向购买书店调换。若书店售缺，请与本社发行部联系，联系及邮购电话：（010）88254888，88258888。

质量投诉请发邮件至 zlts@phei.com.cn，盗版侵权举报请发邮件至 dbqq@phei.com.cn。

本书咨询联系方式：chenwk@phei.com.cn。

# 前 言

进入21世纪，以无线电波为载体的移动通信、无线局域网等为代表的现代通信网呈爆炸式发展，成为了支撑现代经济最重要的基础结构之一。作为无线通信核心的射频（Radio-Frequency）电路设计技术自然而然成了工程师和科研工作者关注的焦点。

在射频和微波电路领域，安捷伦公司推出的ADS（Advanced Design System，先进设计系统），可实现包括时域与频域、数字与模拟、线性与非线性、噪声等多种仿真功能，并可对设计结果进行成品率分析与优化，是业界公认仿真能力最强，功能最为丰富的EDA工具。针对ADS的学习与应用需求，编著者以工程实例为基础编纂了本书，供学习射频电路设计与仿真的读者参考。

本书主要分为三大部分内容，共14章。

（1）第一部分为第1章～第4章，主要介绍射频电路的基本理论以及ADS射频电路软件的基础知识和仿真功能。第1章主要介绍射频电路中所需要掌握的基础理论和相关知识，作为ADS仿真设计的知识储备。第2章对ADS的窗口、基本操作和元件模型进行分类介绍。第3章以仿真工程实例介绍ADS的基础仿真功能，主要包括直流仿真、交流仿真、瞬态仿真三大类。第4章同样以仿真实例介绍ADS的高阶仿真功能，主要包括S参数仿真、谐波平衡法仿真、电路包络仿真和增益压缩仿真设计方法。

（2）第二部分为第5章～第11章，通过工程实例，介绍利用ADS进行具体射频电路设计的仿真方法，并配有拓展实验。第5章进行了2.4GHz射频滤波器的电路、版图及优化设计。第6章完成一款Wilkinson功率分配器的电路和版图设计。第7章介绍采用飞思卡尔MW6S010N晶体管，利用负载牵引方法（Load-Pull）设计一款AB类功率放大器的过程。第8章详细讲述采用AT41533晶体管进行低噪声放大器设计的全过程，包括噪声、稳定性、增益、匹配设计等。第9章讨论利用晶体管模型进行Gilbert双平衡混频器设计和仿真的基本方法和技巧。第10章介绍压控振荡器的结构、原理、设计方法，完成振荡频率为2GHz压控振荡器的设计与仿真。第11章讨论利用ADS锁相环辅助设计工具进行900MHz锁相环设计的仿真方法。

（3）第三部分为第12章～第14章，介绍利用ADS完成板级和系统电路仿真设计。第12章详细讨论ADS在射频电路板非理想效应中的仿真应用，主要包括微带线特性阻抗仿真、印制电路板介电常数与衰减系数仿真、TDR仿真、终端匹配仿真、信号串扰仿真以及眼图观测仿真几大方面。第13章介绍微带天线的设计与仿真，为读者学习天线设计提供技术参考。第14章对射频收发机系统进行分析和讨论，介绍发送机、超外差接收机和零中频接收机的设计和仿真方法。

本书取材广泛、内容新颖、实用性强，全面介绍了ADS射频电路设计的基础知识与典型应用。第一部分内容系统地介绍了ADS的射频电路的基本理论知识、窗口界面以及基本操作。第二部分内容介绍利用ADS进行射频电路设计的典型实例，分析讨论了射频系统中常用的几大类电路，构成了一整套射频系统的解决方案。第三部分内容着重介绍了射频板级系统和收发机系统的仿真应用，可作为射频系统工程师重要的参考书目。

本书由陈铖颖主持编写，此外，孙明、唐伟、王杨、顾辉、李成、刘启才、陈杰、郑宏、张霁芬、张计、陈军、张强、杨明、张玉兰等也参加了本书的编写。

由于时间和水平有限，书中难免存在不足之处，肯请读者批评指正！

需要说明的是，为与 ADS 软件中的电路图保持一致，本书中电阻、电容等元器件电路符号虽然不符合我国规定的标准，但也不作更改，读者能够理解即可。另外，随书提供各章实例的电路原理图，读者可登录华信教育资源网（www.hxedu.com.cn）查找本书免费下载。

编著者

# 目　录

# 第 1 章　射频电路设计基础

信息交流是人类社会的重要基础，人类社会文明的进步和发展与通信技术的发展密不可分。特别是进入 21 世纪，以无线电波为载体的移动通信、无线局域网等为代表的现代通信网呈爆炸式发展，成为了支撑现代经济最重要的基础结构之一。因此，作为无线通信核心的射频（Radio-Frequency）电路设计技术自然而然成了工程师和科研工作者关注的焦点。

新型半导体工艺技术的不断进步，使得射频电路的工作频率不断提高。典型的 C 波段卫星广播通信系统工作在 4GHz 的上行通信链路和 6GHz 的下行通信链路上。处理和设计这类射频电路，不仅需要传统的模拟电路和通信知识，还需要专门、系统的射频电路知识。本章将系统地介绍射频电路的基础知识，首先对射频电路设计进行简要的介绍，接着阐述射频电路中的几个基本概念，包括非线性、噪声、灵敏度、传输线、史密斯圆图及阻抗变换网络，最后介绍接收机和发送机的基本结构。

## 1.1　射频电路设计简介

在一个无线通信系统中，只有前端的一小部分电路工作在射频频段，即通常所说的射频前端电路，其余的电路都是进行低频的基带模拟和数字信号处理。通常射频前端电路包括低噪声放大器、混频器和功率放大器等电路。尽管这部分电路的器件数量比基带电路少得多，但仍然是整个系统成败的关键。

### 1. 学科知识

射频电路设计要求电路设计者掌握多学科领域的相关知识，如图 1.1 所示。

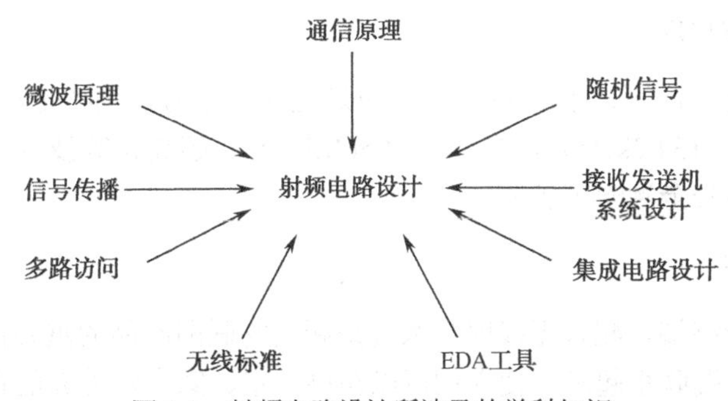


图 1.1　射频电路设计所涉及的学科知识

这些学科的知识在一定程度上互不关联，但从射频系统的宏观层面上又紧密地联系在一起：通信原理为系统构架了基本的调制、解调和基带数字信号处理方案，接收、发送机系统设计规划了接收机、发送机的结构，集成电路设计理论实现了射频系统所需要的每一个芯片，因此随着射频系统设计向着更高的集成度、更低成本、更先进的解决方案方向发展，射频工程师所要储备的知识量大大增加。

2. 设计规划

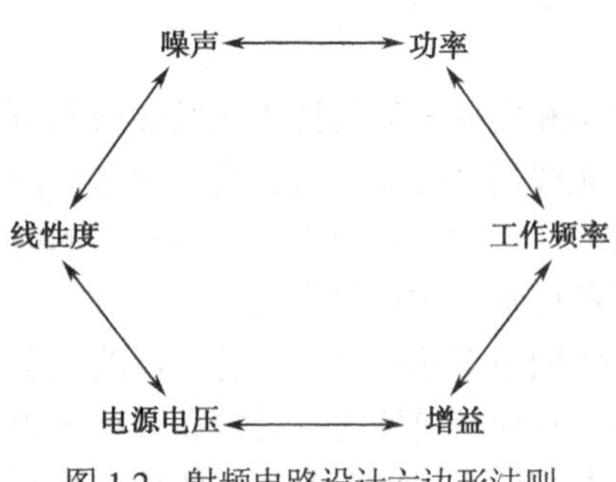

图 1.2　射频电路设计六边形法则

与模拟集成电路设计的八边形法则类似，射频电路设计需要在较宽的动态范围和较高的频率下进行模拟信号处理，因此，射频电路设计也有着自身的六边形法则。如图 1.2 所示，噪声、线性度、电源电压、增益、工作频率、功率是射频电路中最重要的指标。在实际设计中，这些参数中的任意两个或多个都会互相牵制，这将导致设计变成一个多维优化的问题。这样的折中选择、互相制约对射频电路设计提出了许多难题，通常需要射频设计者的直觉和经验才能得到一个较佳的折中方案。

3. 应用领域

除了基站、手机这些人们早已熟知的通信产品之外，射频电路技术还不停地扩展新的消费和工业领域。

1）无线局域网（WLAN）

人们可以在一定的区域范围内，摆脱陈旧、笨拙的有线网络束缚，通过 900MHz 或是 2.4GHz 的 WLAN 接收和发送设备实现快速移动通信连接。便携性和可重构性是 WLAN 的标志性特点。

2）全球定位系统（GPS）

无论是手持或是车载 GPS 系统已经为人们所熟悉。随着成本和功耗的下降，该市场的争夺将日趋激烈。目前我国已开发出具有自主知识产权的北斗导航系统。

3）射频标签（RFID）

射频标签又称电子标签、无线射频识别，可通过无线信号识别特定目标并读写相关数据。常用的有低频（125～134.2kHz），高频（13.56MHz）、超高频等技术，目前已应用于图书馆、门禁系统和食品安全溯源等领域中。

4）物联网（IOT）

以传感器为感应终端，配合无线射频系统是新兴物联网产品的重要标志之一。射频收发器将传感器与手持终端联系起来，使人们可以在办公室、家中对外界的物理信息随时进行把握，这一消费热点已为工业界所关注。

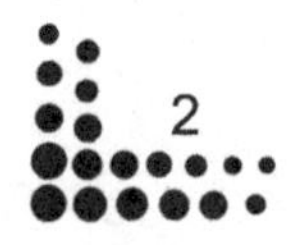

# 1.2 射频电路设计中的基本概念

射频电路设计中需要相当多的概念和术语，诸如谐波失真、增益压缩、噪声系数、灵敏度、动态范围等，本节将进行概括性介绍。

## 1.2.1 非线性的概述及影响

在信号与系统的概念中，如果一个系统的输出可以表示为每个输入所对应输出的线性叠加，那么我们称这个系统为线性系统，即对于输入 $x_1(t)$ 和 $x_2(t)$ ，有其对应的输出 $y_1(t)$ 和 $y_2(t)$，且可以表示为 $x_1(t) \to y_1(t)$ 和 $x_2(t) \to y_2(t)$，那么对应任意常数 $a$，$b$，有：

$$ax_1(t) + bx_2(t) \to ay_1(t) + by_2(t) \qquad 1\text{-}1$$

因此，如果系统不满足式 1-1，则为非线性系统。

实际上，在射频电路中，由各种有源器件构成的“线性”放大器，由于有源器件的特性是非线性的，因此，在放大过程中总会产生各种各样的失真，以我们熟悉的三极管放大器为例，如图 1.3 所示。

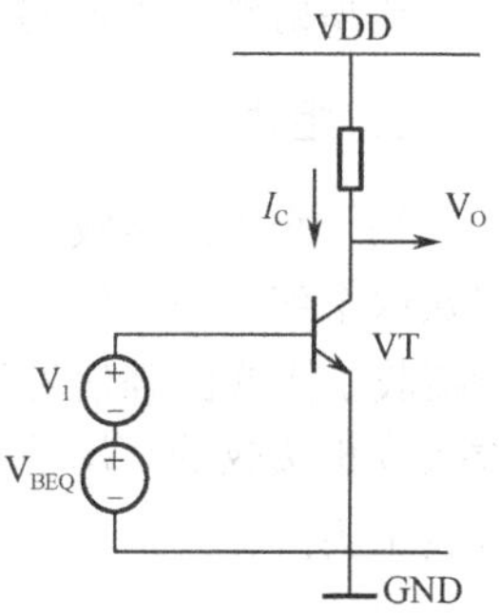

图 1.3 三极管放大器

设直流偏置电压已将三极管放大器偏置在合适的工作点上，$V_i$ 为交流小信号输入，那么可以将晶体管的伏安特性在其工作点处用幂级数展开：

$$i_c = a_0 + a_1V_i + a_2V_i^2 + a_3V_3^2 + \cdots + a_NV_i^N \qquad 1\text{-}2$$

从以上分析中可以看出，在射频放大器中，只有在输入信号较小时，放大器才可以近似看作是一个线性系统；当输入信号幅度增大时，系统逐渐显现出非线性。非线性会对系统产生一些不利的影响。这些影响主要包括谐波、增益压缩、阻塞、互调及交调效应，以下对这些非线性效应分别进行讨论，建立相应的物理和数学模型。

### 1. 谐波

设一个正弦信号 $x(t) = A\cos\omega t$ 作用于一个非线性系统时，输出可以表示为：

$$y(t) = a_1A\cos\omega t + a_2A^2\cos^2\omega t + a_3A^3\cos^3\omega t \qquad 1\text{-}3$$

在式 1-3 中，输出的 $a_1A\cos\omega t$ 为基频， $a_2A^2\cos^2\omega t$ 、 $a_3A^3\cos^3\omega t$ 等高阶项称为谐波。可以发现在输出中出现了输入没有的频率信号，其中的根本原因就在于电路的非线性。

### 2. 增益压缩

从式 1-3 中看出，当输入信号幅度变化时，输出幅度并不是马上呈线性变化，即增益也相应发生变化，并不是一个定值。实际上，在射频电路中，输出信号是输入信号的一个压缩或饱和函数，这一影响由 1dB 压缩点来量化。1dB 压缩点定义为使小信号增益下降 1dB 时，输入信号的值，如图 1.4 所示。

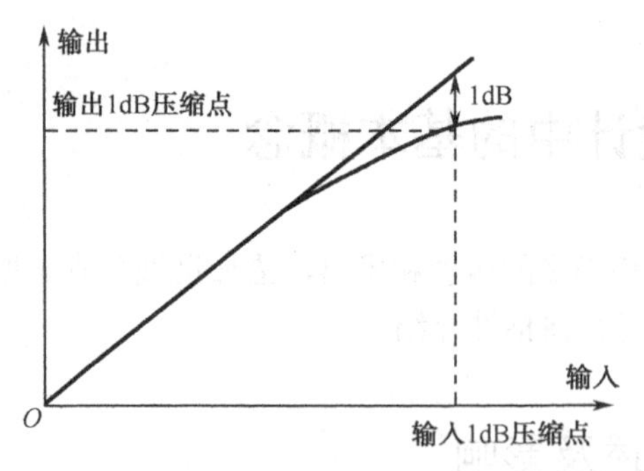


图 1.4　1dB 压缩点

由式 1-3 可得到：

$$20\lg\left|a_1+\frac{3}{4}a_3A_{1dB}^2\right|=20\lg|a_1|-1dB \quad 1\text{-}4$$

则

$$A_{1dB}=\sqrt{0.145\left|\frac{a_1}{a_3}\right|} \quad 1\text{-}5$$

典型射频放大器的 1dB 压缩点一般在 –20～–25dBm 之间。

### 3．阻塞

当一个无线接收机位于一个相邻频道发射机附近时，由于接收机前端的射频滤波器无法滤除这个邻道的大信号，就可能出现信号阻塞的情况。在进行射频电路设计时，一般要求射频接收机阻塞的强信号比有用信号大 70dB 以上。我们再以公式的形式对阻塞概念进行说明。设接收机接收的有用信号为 $\omega_1$，另一个邻道强干扰信号为 $\omega_2$，那么输出的有用信号电流可以表示为：

$$i=\left(a_1A_1+\frac{3}{4}a_3A_1^3+\frac{3}{2}a_3A_1A_2^2\right)\cos\omega_1 t \quad 1\text{-}6$$

当 $A_1 \ll A_2$ 时，基波分量的跨导可以近似为：

$$g_m=a_1+\frac{3}{2}a_3A_2^2 \quad 1\text{-}7$$

由于 $a_3$ 小于零，干扰信号的增大导致跨导变小，从而使输出信号电流变小，最终可能趋于零，这就是阻塞。

### 4．互调

当一个弱信号与一个强干扰信号同时经过一个非线性系统时，除了发生阻塞情况外，还可能发生干扰信号的幅度调制会影响有用信号的幅度，称为互调，如式 1-6 所示，其中干扰信号幅度 $A_2$ 的变化将会影响到频率 $\omega_1$ 处输出信号幅度的大小。

### 5．交调

当两个不同频率信号经过一个非线性系统时，由于两个信号的混频，会产生一些新的频率信号，称为交调。我们通过公式来说明交调产生的原理，设信号 $x(t)=A_1\cos\omega_1 t+A_2\cos\omega_2 t$，则输出信号可以表示为：

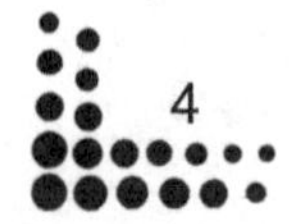

$$y(t)=a_1(A_1\cos\omega_1 t+A_2\cos\omega_2 t)+a_2(A_1\cos\omega_1 t+A_2\cos\omega_2 t)^2+a_3(A_1\cos\omega_1 t+A_2\cos\omega_2 t)^3 \quad 1\text{-}8$$

将式 1-8 展开并忽略直流项和谐波项，可以得到以下的交调项：

$$\omega_1\pm\omega_2:\ a_2A_1A_2\cos(\omega_1+\omega_2)t+a_2A_1A_2\cos(\omega_1-\omega_2)t \quad 1\text{-}9$$

$$2\omega_1\pm\omega_2:\ \frac{3a_3A_1^2A_2}{4}\cos(2\omega_1+\omega_2)t+\frac{3a_3A_1^2A_2}{4}\cos(2\omega_1-\omega_2)t \quad 1\text{-}10$$

$$2\omega_2\pm\omega_1:\ \frac{3a_3A_2^2A_1}{4}\cos(2\omega_2+\omega_1)t+\frac{3a_3A_2^2A_1}{4}\cos(2\omega_2-\omega_1)t \quad 1\text{-}11$$

同时还有以下基波项：

$$\omega_2,\omega_1:\ \left(a_1A_1+\frac{3}{4}a_3A_1^3+\frac{3}{2}a_3A_1A_2^2\right)\cos\omega_1 t+(a_1A_2+\frac{3}{4}a_3A_2^3+\frac{3}{2}a_3A_2A_1^2)\cos\omega_2 t \quad 1\text{-}12$$

我们关心的是在 $2\omega_1-\omega_2$ 和 $2\omega_2-\omega_1$ 处的三阶交调项，如果 $\omega_1$ 和 $\omega_2$ 频率接近，那么 $2\omega_1-\omega_2$ 和 $2\omega_2-\omega_1$ 就很有可能出现在 $\omega_1$ 和 $\omega_2$ 附近。在双音测试中，$A_1=A_2=A$，输出三阶项的幅度与 $a_1A$ 的比值定义为交调失真。

因此，我们定义三阶交调点来表征由于两个相邻干扰产生三阶交调对信号的干扰程度。该参数的测试是通过一个双音测试来实现的，选择信号幅度 $A$ 足够小，忽略高阶的非线性项后，增益为常数 $a_1$，从式 1-9，式 1-10，式 1-11 中可以看出随着 $A$ 的增加，基波与 $A$ 成比例增加，而三阶交调项与 $A^3$ 成比例增加，在对数坐标中作图，结果如图 1.5 所示。交调项以 3 倍于基波幅度的速度增加，而三阶交调点就定义为两条线的交点，这个点的横坐标为输入三阶交调点（IIP3），纵坐标为输出三阶交调点（OIP3）。

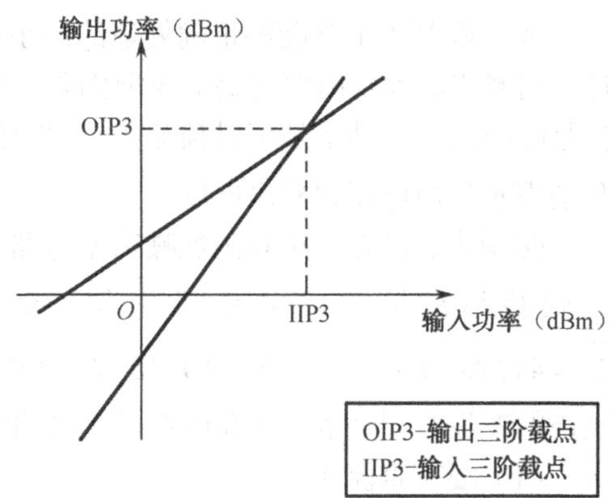


图 1.5　三阶交调点

由式 1-8 可以得到：

$$y(t)=(a_1+\frac{9}{4}a_3A^2)A\cos\omega_1 t+\left(a_1+\frac{9}{4}a_3A^2\right)A\cos\omega_2 t$$
$$+\frac{3}{4}a_3A^3\cos(2\omega_1-\omega_2)t+\frac{3}{4}a_3A^3\cos(2\omega_2-\omega_1)t+\cdots \quad 1\text{-}13$$

当 $a_1\gg 9a_3A^2/4$ 时，那么在 $\omega_1$、$\omega_2$ 和 $2\omega_1-\omega_2$、$2\omega_2-\omega_1$ 处幅度相等的输入幅度为

$$|a_1|A_{\text{IP3}}=\frac{3}{4}|a_3|A_{\text{IP3}}^3 \quad 1\text{-}14$$

所以输入三阶交调点（IIP3）为：

$$A_{\text{IP3}}=\sqrt{\frac{4}{3}\left|\frac{a_1}{a_3}\right|} \quad 1\text{-}15$$

输出三阶交调点（OIP3）为：

$$a_1A_{\text{IP3}}=a_1\sqrt{\frac{4}{3}\left|\frac{a_1}{a_3}\right|} \quad 1\text{-}16$$

由于在射频系统中信号通常都是由级联的各级子模块来处理的，所以在系统设计时往往需要利用各级的三阶交调点和增益来计算总的输入三阶交调点。对于一个级联系统，系统的三阶交调点可以表示为：

$$\frac{1}{A_{\rm IP3}^2} \approx \frac{1}{A_{\rm IP3,1}^2} + \frac{G_1^2}{A_{\rm IP3,2}^2} + \frac{G_2^2}{A_{\rm IP3,3}^2} + \cdots \qquad 1\text{-}17$$

其中，$A_{\rm IP3,n}^2$ 表示第 $n$ 级的三阶交调点，$G_1$，$G_2$，…，$G_n$ 分别表示第一级，第二级，…，第 $n$ 级的增益。如果每一级的增益都大于 1，那么后一级的非线性就变得越来越重要，因为每一级的三阶交调点都将以它之前所有级的增益按比例减小，所以在接收机中我们通常关心的是最后一级模块电路的三阶交调点。

### 1.2.2　噪声与噪声系数

噪声限制了电路能够正确处理的最小电平信号，它与功耗、速度和线性度相互制约，是进行射频电路设计时要考虑的重要因素。噪声过程是随机的，噪声的瞬时值是不能确定的，但是噪声的平均功率是可以预测的，可以依靠统计的方法来表示噪声的特性。例如，用 $i_n^2$ 和 $v_n^2$ 分别表示噪声电流和噪声电压。

热噪声、散弹噪声和闪烁噪声是电路中常见的三种噪声源。电阻的热噪声由导体中的不规则热运动造成，电路模型为一个串联的电压源 $\overline{v_n^2}(=4kTR\Delta f)$ 或并联的电流源 $\overline{i_n^2}(=4kT\Delta f/R)$，$k=1.38\times10^{-23}J/K$ 为波特曼常数，$T$ 是绝对温度，$\Delta f$ 是噪声带宽。散弹噪声的发生原因是电子电荷的粒子性,发生散弹噪声必须满足两个条件：

（1）要有直流流过；

（2）存在电荷载体跃过的电位壁垒。

载流子流过 PN 结时可产生散弹噪声。用并联的电流源 $i_n^2=2qI_{\rm DC}\Delta f$ 来表示，其中 $\overline{i_n^2}$ 是噪声电流，$q$ 是电子电荷 $1.6\times10^{-19}C$，$I_{\rm DC}$ 为直流电流。

闪烁噪声的形成机理比较复杂，原因之一是晶格的缺陷。通常用电荷捕获现象来解释在晶体管中的闪烁噪声。某些类型的缺陷和某些杂质可以随机地捕获和释放电荷。捕获时间的分布方式在 MOS 和双极型晶体管中形成了闪烁噪声谱，所以对表面现象敏感的器件最为突出。闪烁噪声的经验参数模型为：

$$i_n^2 = KI^a\frac{1}{f_{\rm b}} \qquad 1\text{-}18$$

$K$ 是一个与具体器件相关的经验参数，对于 PMOSFET 器件，它的典型值约为 $10^{-28}C^2/m^2$，而对于 NMOSFET 器件其值约为这个值的 50 倍，$a$ 为 0.5～2，$b$ 约为 1。

目前,在射频集成电路中比较常用的还是CMOS 工艺,我们在这里也简要分析一下 MOSFET 中的噪声。MOSFET 中的热噪声包括漏极电流噪声和栅噪声。漏极电流噪声的表达式为：

$$i_{\rm nd}^2 = 4kT\gamma g_{\rm d0}\Delta f \qquad 1\text{-}19$$

式中，$g_{\rm d0}$ 为 MOSFET 漏源电压 $V_{\rm ds}$ 为零时的漏-源电导。参数 $\gamma$ 在 $V_{\rm ds}$ 为零时的值是 1，在长沟道器件中这个值减小到 2/3。短沟道 NMOS 器件在饱和时显示出的噪声远远超过了由

长沟道理论所预见的值，而且还常常相差很大的倍数。造成这一现象的原因是载流子被短沟道器件中存在的强电场加热，所以采用最小实际可行的漏电压是很重要的。PMOS 器件在达到相当高的电场之前并不显示过多的宽带噪声。

波动的沟道电势通过电容耦合到栅端，引起栅噪声电流。尽管这一噪声在低频时可以忽略，但在射频时可能占据主要地位。栅噪声可以表示成：

$$i_{ng}^2 = 4kT\delta g_g \Delta f \qquad 1\text{-}20$$

式中，参数 $g_g = \dfrac{\omega^2 C_{gs}^2}{5g_{d0}}$，其中 $\omega$ 为角频率，$C_{gs}$ 为 MOSFET 栅源电压。

长沟道器件中 $\delta$ 值为 4/3。在短沟道情况下的精确特性还不清楚。在 MOSFET 中只有直流栅漏电流才引起散弹噪声。由于这一栅电流通常很小，所以它几乎不是一个显著的噪声。对于通常的制造方式而言，MOSFET 是表面器件，所以 MOSFET 的闪烁噪声比起双极型器件更为显著。较大的 MOSFET 显示较少的闪烁噪声，但也使得栅电容更大。

对于一个含有噪声的二端口网络，将噪声用一个和信号源串联的噪声电压源和一个并联的噪声电流源表示，从而将该网络看作无噪声网络。二端口网络由一个导纳为 $Y_s$ 及等效的并联噪声电流源 $i_n^2$ 构成的噪声源驱动，如图 1.6 所示。

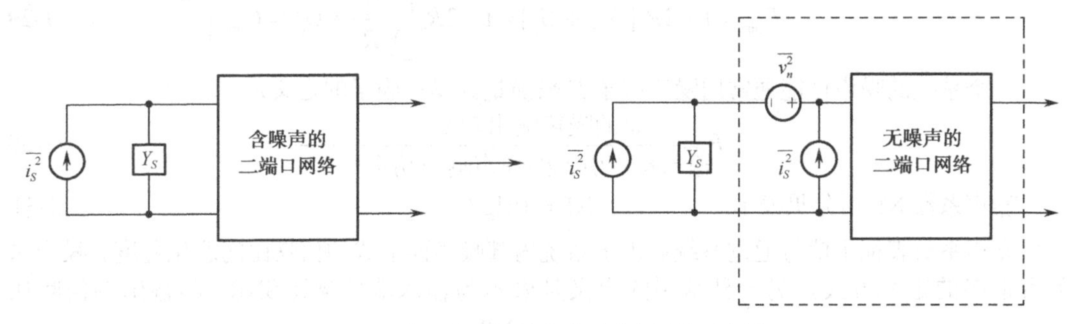


图 1.6　含噪声网络抽象成无噪声网络示意图

合理假设噪声源和二端口网络的噪声功率不相关，可知噪声系数的表达式为：

$$F = \frac{\overline{i_s^2} + \overline{|i_n + Y_s e_n|^2}}{\overline{i_s^2}} \qquad 1\text{-}21$$

考虑 $e_n$ 和 $i_n$ 之间可能相关的情形，把 $i_n$ 表示成 $i_c$ 和 $i_u$ 两个分量之和。$i_c$ 与 $e_n$ 相关，与 $i_u$ 不相关。设 $i_c = Y_c e_n$，可以得到：

$$F = \frac{\overline{i_s^2} + \overline{|i_u + (Y_c + Y_s)e_n|^2}}{\overline{i_s^2}} = 1 + \frac{\overline{i_u^2} + |Y_c + Y_s|^2 \overline{e_n^2}}{\overline{i_s^2}} \qquad 1\text{-}22$$

式 1-22 包含了三个独立的噪声源，每个都可以看成是一个等效电阻或电导产生的热噪声：

$$R_n = \frac{\overline{e_n^2}}{4kT\Delta f} \qquad 1\text{-}23$$

$$G_n = \frac{\overline{i_u^2}}{4kT\Delta f} \qquad 1\text{-}24$$

$$G_s = \frac{\overline{i_s^2}}{4kT\Delta f} \quad 1\text{-}25$$

利用上面三式，可以将噪声因子用阻抗和导纳表示为：

$$F = 1 + \frac{G_u + [(G_c + G_u)^2 + (B_c + B_u)^2]R_n}{G_s} \quad 1\text{-}26$$

式中，已将每个导纳分解成电导 $G$ 和电纳 $B$ 的和。由式 1-26 知，一旦一个给定的二端口网络的噪声特性已用它的四个噪声参数（$G_c$、$G_u$、$B_c$、$B_u$）表示，那么就可以求出使噪声因子达到最小的一般条件。即只要对噪声源导纳求一阶导数并使它为零：

$$B_s = -B_c = B_{\text{opt}} \quad 1\text{-}27$$

$$G_s = \sqrt{\frac{G_u}{R_n} + G_c^2} = G_{\text{opt}} \quad 1\text{-}28$$

可见，为了使噪声因子最小，应当使噪声源的电纳等于相关电纳的负值，而噪声源的电导等于式 1-28 的值：

把式 1-27 和式 1-28 代入式 1-26 中，得到最小噪声因子：

$$F_{\min} = 1 + 2R_n[G_{\text{opt}} + G_c] = 1 + 2R_n\left[\sqrt{\frac{G_u}{R_n} + G_c^2} = G_{\text{opt}}\right] \quad 1\text{-}29$$

一个系统的噪声性能通常用噪声因子 $F$ 来衡量。噪声因子的定义是：

$$F = \frac{\text{总的噪声输出功率}}{\text{输入噪声引起的噪声输出功率}} \quad 1\text{-}30$$

噪声系数 NF 用分贝表示：$\text{NF} = 10\lg F$ 1-31

噪声系数表征了信号通过系统后由于系统内部噪声而造成的信噪比的恶化程度。噪声系数有很多的定义方式，另一种常用的定义是表示为输入端信噪比 $\text{SNR}_{\text{in}}$ 和输出端信噪比 $\text{SNR}_{\text{out}}$ 的比值，用公式表示

$$\text{NF} = \frac{\text{SNR}_{\text{in}}}{\text{SNR}_{\text{out}}} \quad 1\text{-}32$$

与 1.2.1 节中三阶交调点的分析相同，一个级联射频系统的噪声系数可以表示为：

$$\text{NF}_{\text{tot}} = 1 + (\text{NF}_1 - 1) + \frac{\text{NF}_2 - 1}{G_1} + \cdots + \frac{\text{NF}_n - 1}{G_1 G_2 \cdots G_{n-1}} \quad 1\text{-}33$$

式中，$\text{NF}_1$，$\text{NF}_2$，…，$\text{NF}_n$ 分别表示第一级，第二级…第 $n$ 级的噪声系数，$G_1$，$G_2$，…，$G_n$ 分别表示第一级，第二级，…，第 $n$ 级的增益，而且每一级的噪声系数都是根据驱动该级的源阻抗计算得到的。该式称为 Friis 方程。Friis 方程指出在前一级的增益增加时，后面各级的噪声就减小了，这说明级联级中前几级的噪声最为重要。

### 1.2.3 灵敏度与动态范围

射频接收机的灵敏度定义为解调输出达到最低信噪比（Signal Noise Ratio，SNR）时接收机可检测的最小信号。为了推导接收端灵敏度和解调输出端最小信噪比的关系，我们从接收机噪声系数（Noise Figure，NF）公式入手。

我们已经知道接收机噪声系数定义为输入信噪比和输出信噪比的比值：

$$\mathrm{NF}=\frac{\mathrm{SNR_{in}}}{\mathrm{SNR_{out}}}=\frac{P_{\mathrm{si}}/P_{\mathrm{ni}}}{\mathrm{SNR_{out}}} \tag{1-34}$$

式中，$P_{\mathrm{si}}$ 为接收机的输入功率，$P_{\mathrm{ni}}$ 为信号源的噪声功率，因此输入功率可以表示为：

$$P_{\mathrm{si}}=P_{\mathrm{ni}}\cdot\mathrm{NF}\cdot\mathrm{SNR_{out}} \tag{1-35}$$

根据灵敏度的定义，可以计算接收机所能检测的最小信号功率，用 dBm 表示：

$$P_{\mathrm{si,min}}=P_{\mathrm{ni}}+\mathrm{NF}+\mathrm{SNR_{out,min}} \tag{1-36}$$

常温下信号源噪声功率又可表示为式 1-37，将它代入式 1-36，可得灵敏度的通用表达式 1-38，其中 $B$ 代表接收机的带宽。

$$P_{\mathrm{ni}}=-174\mathrm{dBm/Hz}+10\log B \tag{1-37}$$

$$P_{\mathrm{si,min}}=-174\mathrm{dBm/Hz}+10\log B+\mathrm{NF}+\mathrm{SNR_{out,min}} \tag{1-38}$$

式 1-38 中的前三项又称为系统的噪声底板。从这个公式可知，要获得较高的灵敏度，就要降低接收机的噪声系数。

动态范围通常定义为接收机正常工作时所能承受的最大信号强度和所能检测的最小信号强度的比值。在射频接收机中，最小信号强度反映了灵敏度，这已经在前面讨论过了。最大信号强度则反映了线性度。通常用功率增益 1dB 压缩和三阶交调点来衡量接收机的线性度。相应的，衡量动态范围也就有两种方式。

BDR（Blocking Dynamic Range）是指接收机实际输出与理想的线性输出相比衰减 1dB 时的输入功率和接收机灵敏度的比值，用 dBm 表示：

$$\mathrm{BDR}=P_{\mathrm{1dB}}-P_{\mathrm{si,min}} \tag{1-39}$$

SFDR（Spurious-Free Dynamic Range）是指接收机三阶交调输出功率和接收机最小噪声功率相同时的输入功率与接收机灵敏度的比值，表示在一个较小的输入信号下，一个接收机在产生可接收信号质量的情况下能容忍的最大干扰信号，可以用 dBm 表示：

$$\mathrm{SFDR}=\frac{2P_{\mathrm{IIP3}}-\mathrm{NoiseFloor}}{2}-P_{\mathrm{si,min}} \tag{1-40}$$

其中噪声底板

$$\mathrm{NoiseFloor}=-174\mathrm{dBm/Hz}+10\log B+\mathrm{NF} \tag{1-41}$$

从动态范围的两个公式来看，要提高接收机的动态范围，就要提高接收机的线性度，降低接收机的噪声系数。

## 1.2.4 传输线理论

传输线理论是分布参数电路理论，它是场分析和基本电路理论之间联系的桥梁。随着工作频率的升高，波长不断减小，当波长可以与电路的几何尺寸相比拟时，传输线上的电压和电流将随着空间位置而变化，使电压和电流呈现波动性，这一点与低频电路完全不同。传输线理论用来分析传输线上电压和电流的分布，以及传输线上阻抗的变化规律。在射频阶段，基尔霍夫定律不再成立，因而必须使用传输线理论取代低频电路理论。

用来传输电磁能量的线路称为传输系统，由传输系统引导向一定方向传播的电磁波称为导行波。和低频段不同，射频微波传输线的种类繁多，从大类上分有三种：

（1）TEM 波传输线，如平行双导线、同轴线及微带传输线（包括带状线和微带）。

（2）波导传输线，如矩形波导、圆柱波导、椭圆波导及脊波导。

（3）表面波传输线，如介质波导、镜像线及单根线等。

### 1. 双线传输线

双线传输线是 TEM 波传输线的一种，是一个能将高频电能从一点传到另一点的传输线。但是相隔固定距离的双导线的缺点是：由导体发射的电和磁力线延伸到无限远，并且会影响附近的电子设备。

除此之外，由于导线对的作用就像是一个大天线，辐射损耗很高，因此双线是有限制地应用在射频领域（例如，应用在居民用的接收天线）。可是，普遍用于 50～60Hz 的电源线和局内的电话连接线，虽然频率很低，但是长度却超过几千米，因此当线的长度可以跟波长相比拟时，必须考虑分布电路特性。

### 2. 同轴线

传输线更为普遍的例子是同轴线，当频率提高到 10GHz 时，几乎所有的射频系统或检测设备的外接线都是同轴线，其中典型的同轴线是由半径为 $b$ 的外导体和内径为 $a$ 的内导体以及它们之间的电介质组成。在一般情况下，外导体是接地的，因此辐射损耗和场干扰很小，其中最常用的几种介质材料是聚乙烯、聚苯乙烯或者聚四氟乙烯。

### 3. 微带线

微带线是最适合制作微波集成电路的平面结构传输线。与金属波导相比，其重量轻、体积小、可靠性高、使用频带宽、制造成本低；但功率容量小，损耗稍大。由于微波低损耗介质材料和微波半导体器件的发展，形成了微波集成电路，使微带线得到广泛应用，相继出现了各种类型的微带线。一般用薄膜工艺制造。介质基片选用介电常数高、微波损耗低的材料。导体应具有稳定性好、导电率高、与基片的黏附性强等特点。

在印制电路板的特性阻抗设计中，微带线结构是最受欢迎的。最常使用的微带线结构有 4 种：表面微带线、带状线、双带线、嵌入式微带线。微带线是位于接地层上由电介质隔开的印制导线，它是一根带状导线（信号线）。与地平面之间用一种电介质隔离开。印制导线的厚度、宽度、印制导线与地层的距离及电介质的介电常数决定了微带线的特性阻抗。如果线的宽度、厚度及与地平面之间的距离是可控制的，则它的特性阻抗也是可以控制的。

传输线方程是研究传输线上电压、电流的变化规律及它们之间相互关系的方程。对于均匀传输线，线元 $d_z$ 可以看成集总参数电路，线元 $d_z$ 上的电压、电流关系满足如下关系：

$$-\partial v(z,t)/\partial z = Ri(z,t) + L\partial i(z,t)/\partial t \tag{1-42}$$

$$-\partial i(z,t)/\partial z = Gv(z,t) + C\partial v(z,t)/\partial t \tag{1-43}$$

以上两个方程称为均匀传输线方程。通常传输线的源端接角频率为 $\omega$ 的正弦信号源，此时传输线上电压和电流的瞬时值 $v(z,t)$ 和 $i(z,t)$ 可以表示为：

$$v(z,t) = \mathrm{Re}[V(z)\mathrm{e}^{\mathrm{j}wt}] \tag{1-44}$$

$$i(z,t) = \mathrm{Re}[I(z)\mathrm{e}^{\mathrm{j}wt}] \tag{1-45}$$

于是得到传输线方程：

$$-\mathrm{d}V/\mathrm{d}z=(R+\mathrm{j}wL)I \quad 1\text{-}46$$

$$-\mathrm{d}I/\mathrm{d}z=(G+\mathrm{j}wC)V \quad 1\text{-}47$$

式中，$Z=R+\mathrm{j}wL$ 为传输线单位长度的串联阻抗，$Y=G+\mathrm{j}wC$ 为传输线单位长度的并联导纳。两边再对 $z$ 微分一次，得到：

$$\mathrm{d}^2V/\mathrm{d}z^2-\gamma^2V=0 \quad 1\text{-}48$$

$$\mathrm{d}^2I/\mathrm{d}z^2-\gamma^2I=0 \quad 1\text{-}49$$

其中，$\gamma=\sqrt{(R+\mathrm{j}wL)(G+\mathrm{j}wC)}=\alpha+\mathrm{j}\beta$，$\gamma$ 称为传输线上波的传播常数，在一般情况下为复数，实部 $\alpha$ 称为衰减常数，虚部 $\beta$ 称为相移常数。

上述公式的解为：

$$V(z)=A_1\mathrm{e}^{-\gamma z}+A_2\mathrm{e}^{\gamma z} \quad 1\text{-}50$$

$$I(z)=(A_1\mathrm{e}^{-\gamma z}-A_2\mathrm{e}^{\gamma z})/Z_0 \quad 1\text{-}51$$

式中，

$$Z_0=\sqrt{(R+\mathrm{j}wL)/(G+\mathrm{j}wC)} \quad 1\text{-}52$$

在实际应用中，常常假设传输线为无损耗传输线，于是有：

$$\alpha=0\text{，}\ \gamma=\mathrm{j}\beta \quad 1\text{-}53$$

$$V(z)=A_1\mathrm{e}^{-\mathrm{j}\beta z}+A_2\mathrm{e}^{\mathrm{j}\beta z} \quad 1\text{-}54$$

$$I(z)=(A_1\mathrm{e}^{-\mathrm{j}\beta z}-A_2\mathrm{e}^{\mathrm{j}\beta z})/Z_0 \quad 1\text{-}55$$

以上公式就是均匀无耗传输线上电压和电流的分布。

传输线的基本特性参数包括传输线的特性阻抗、反射系数、驻波系数、输入阻抗和传输功率等。

特性阻抗：传输线上入射电压与入射电流之比成为传输线的特性阻抗，特性阻抗用 $Z_0$ 表示，一般公式为：

$$Z_0=\sqrt{(R+\mathrm{j}wL)/(G+\mathrm{j}wC)} \quad 1\text{-}56$$

反射系数 $\tau$：传输线上的波一般为入射波与反射波的叠加，波的反射现象是传输线上最基本的物理现象，传输线的工作状态也是主要由反射情况决定的。反射系数是指传输线上某点的反射电压与入射电压之比，也等于传输线上某点反射电流与入射电流之比的负值。

驻波系数：由于反射系数是复数，并且随着传输线位置的变化而发生改变。为了更方便地表示传输线的反射特性，引入了驻波系数的概念。

驻波系数的定义为传输线上电压最大点与电压最小点的电压幅度之比，用 VSWP 表示。驻波系数也称为电压驻波比。

$$\mathrm{VSWR}=|V_{\max}|/|V_{\min}| \quad 1\text{-}57$$

其倒数称为行波系数，用 $K$ 表示，$K=|V_{\min}|/|V_{\max}|$　1-58

输入阻抗：传输线上任意点电压与电流之比叫做传输线的输入阻抗，其公式为：

$$Z_{\mathrm{in}}(z)=V(z)/I(z) \quad 1\text{-}59$$

传输功率：对于无损耗的传输线上通过任意点的传输功率等于该点的入射频率与反射频率之差。对于无损耗线，通过传输线任意点的传输功率都是相同的，为简便起见，在电压波腹点处计算传输功率，传输功率为：

$$P(z)=\frac{1}{2}|V|_{\max}|I|_{\min}=\frac{1}{2}\frac{|V|_{\max}^{2}}{Z_0}K \tag{1-60}$$

由此可见传输线的功率容量与行波功率有关，$K$ 越大，功率容量就会越大。

## 1.2.5 史密斯圆图

在射频微波工程中，最基本的运算是反射系数 $\tau$ 、阻抗 $Z$ 和驻波系数 VSWR 之间的关系，它们是在已知特征参数：特征阻抗 $Z_0$ 、相移常数 $\beta$ 和长度 $l$ 的基础上进行。史密斯圆图正是把特征参数和工作参数形成一体，采用图解法解决的一种专用圆图。自 20 世纪 30 年代出现以来，以其简单，方便和直观历经几十年而不衰。史密斯圆图也称为阻抗圆图，其基本思想有三条：

（1）特征参数归一化思想是形成统一史密斯圆图的关键点，它包含了阻抗归一化和电长度归一化。阻抗千变万化，现在用特征阻抗 $Z_0$ 归一化，统一起来进行研究。在射频系统中，一般认为特征阻抗 $Z_0$ 为 50Ω。电长度归一化不仅包含了相移常数 $\beta$ ，而且隐含了角频率 $\omega$ 。

（2）以系统不变量 $\Gamma$ 作为史密斯圆图的基底。在无损耗传输线中，$\Gamma$ 是系统的不变量，所以由 $\Gamma$ 从 0 到 1 的同心圆作为史密斯圆图的基底，使我们可能在一个有限空间表示全部工作参数 $\Gamma$ 、$Z$ 和 VSWR ，以公式表示为：

$$\Gamma(z')=\Gamma e^{-j2\beta z'}=|\Gamma|e^{j(\varphi_l-2\varphi)}=|\Gamma|e^{j\varphi} \tag{1-61}$$

其中，$\varphi$ 的周期是 $1/2\lambda$ 。

（3）把阻抗（或导纳）、驻波比关系嵌套在 $|\Gamma|$ 圆上。这样，史密斯圆图的基本思想可描述为：消去特征参数 $Z_0$ ，把 $\beta$ 归于 $\Gamma$ 相位；工作参数 $\Gamma$ 为基底，同时包含了 $Z$ 和 VSWR 。

一个典型的史密斯圆图如图 1.7 所示，史密斯圆图是电阻圆和电抗圆的组合，阻抗圆图的上半部分 $x$ 为正数，表示阻抗为感性。阻抗圆图的下半部分 $x$ 为负数，表示阻抗为容性。圆图上的任何一点都对应着一个反射系数和一个归一化的阻抗 $Z$。在阻抗圆图上坐标（−1,0）表示短路点，（1,0）表示开路点，（0,0）表示匹配点。

史密斯圆图广泛应用于射频微波放大器、振荡器、阻抗匹配等多种射频电路中，可以利用它来完成诸如读取阻抗、导纳、发射系数和驻波比等参数，也可以进行 LC 和传输线匹配电路设计，分析电路的噪声系数、电路增益以及稳定系数等工作。

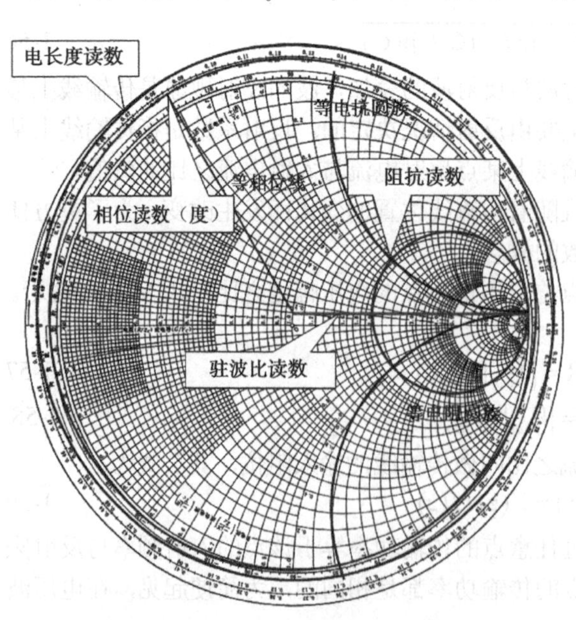


图 1.7　史密斯圆图

## 1.2.6 阻抗变换网络

为了准确理解阻抗变换网络在射频电路中的价值，我们首先讨论最大功率传输理论，设电源电压为$V_s$，源阻抗为$Z_s = R_s + \mathrm{j}X_s$，负载阻抗为$Z_L = R_L + \mathrm{j}X_L$。因为电抗元件不消耗功率，那么传递给负载阻抗上的功率完全取决于$R_L$，可以求得负载得到的功率为：

$$\frac{|V_R|^2}{R_L} = \frac{R_L|V_s|^2}{(R_L + R_s)^2 + (X_L + X_s)^2} \tag{1-62}$$

式中，$V_R$和$V_s$分别为负载和电源两端电压的有效值。为了使负载获得的功率最大，应该使$X_L$和$X_s$相反，抵消，还要使$R_L$等于$R_s$，因此当一个恒压源阻抗和负载成复数共轭时，负载从电源上获得的功率最大，阻抗变换网络就是为了这一目标实现的。

我们先观察图 1.8 所示的 RC 电路。

这一串联组合的品质因数 $Q$ 定义为电容的阻抗除以电阻，即为$1/R_sC_s\omega$。当$R_s$趋向于零时，它趋向于无穷大。同样，并联组合的$Q$值为$R_pC_p\omega$。如果$Q$值较大而有用的频带很窄，那么一种网络就可以转换为另一种网络，这两个电路在以下条件是等效的：

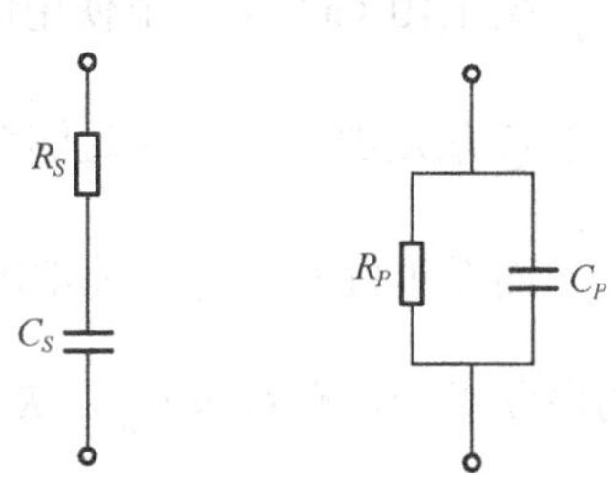

图 1.8 等效串联与并联 RC 网络

$$\frac{R_p}{1 + R_pC_ps} = \frac{1 + R_sC_ss}{C_ss} \tag{1-63}$$

对于$s = \mathrm{j}\omega$，有$R_pC_p = 1/(R_sC_s\omega^2)$，$R_pC_p + R_sC_s - R_pC_s = 0$，在$R_p \gg R_s$时，有$C_p \approx C_s$，并且：

$$R_p = \frac{1}{R_s(C\omega)^2} \tag{1-64}$$

其中，$C = C_p \simeq C_s$，因此这种转换将电阻按式 1-64 变换，而电容值不变，还可以得到：

$$R_p = Q_s^2 R_s \tag{1-65}$$

其中，$Q_s$为串联网络的$Q$值。

阻抗变换可以通过变压器来实现，一个具有匝数比 $m$ 的理想变压器可以将阻抗按照$m^2$的比例变换，但由于在实际中高频变压器往往存在损耗和初级线圈与次级线圈之间的耦合电容，造成谐振，因此需要其他的阻抗变换网络。

参考图 1.9 所示电路，其中的电容分压器用来将$R_p$变换成一个更大的电阻值。设电路具有高的$Q$值和很窄的频带，那么$R_p$和$C_p$的并联组合可以转换成如图 1.9（b）所示的串联电路，其中$C_s \approx C_p$，$R_p = \dfrac{1}{R_s(C\omega)^2}$，将$C_1$和$C_s$合成为$C_{\mathrm{eq}}$，得到如图 1.9（c）所示的电路，它可以转换成如图 1.9（d）所示的电路，其中$C_{\mathrm{tot}} = \dfrac{C_1C_p}{C_1 + C_p}$，$R_{\mathrm{tot}} \simeq \dfrac{1}{R_s(C_{\mathrm{eq}}\omega)^2} = \left(1 + \dfrac{C_p}{C_1}\right)^2 R_p$，

因此电容分压器将 $R_p$ 的值提高了 $\left(1+\dfrac{C_p}{C_1}\right)^2$ 倍。

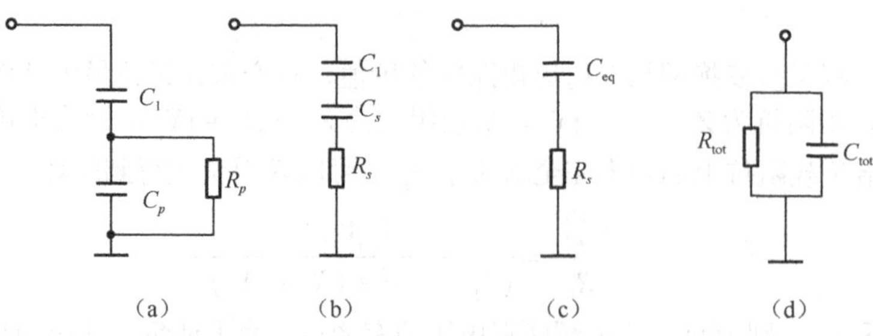


图 1.9　采用电容分压器的阻抗变换网络

图 1.10（a）是一个使用电感分压器构成的阻抗转换电路，对于图 1.10（b）的等效电容，如果 $Q$ 值足够大，频率足够窄，那么存在 $L_{tot}=L_1+L_p$，$R_{tot}\approx\left(1+\dfrac{L_1}{L_p}\right)^2 R_p$。

而图 1.11（a）是一种常用的将电阻值转换为较低阻值的电路，将 $R_p$ 和 $C_p$ 变成 1.11（b）的串联组合，有 $C_s\approx C_p$，$R_p=\dfrac{1}{R_s(C_p\omega)^2}$。在谐振点附近时，$C_s$ 和 $L_1$ 谐振，因此该电路等效为一个阻值为 $\dfrac{1}{R_p(C_p\omega)^2}$ 的电阻。

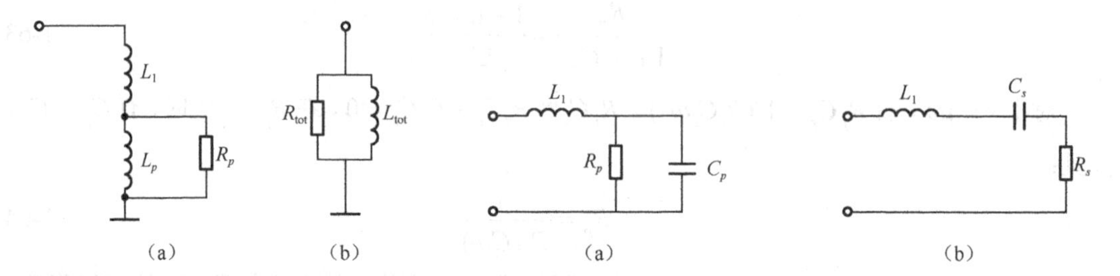


图 1.10　采用电感分压器的阻抗变换网络

图 1.11　电阻降值变换网络

## 1.3　发送机、接收机概述

发送机和接收机是射频通信机的基本组成部分，也是最重要的射频电路。发送机的功能是完成数字基带对载波的调制，将其变为通带信号并搬移至所需要的频段上，最终通过功率放大器由天线发送出去。发射机的主要性能指标包括频谱、功率和效率等，而接收机的功能与发送机相反，它从复杂多变的电波中挑选出有用信号，并恢复包含在接收信号中的信号，恢复信号的过程一般是解调，这是与调制互逆的过程，又由于传输路径上伴随各种干扰的作用，所以接收机也需要抑制噪声和干扰，因此接收机除了要完成解调外，还需要完成滤波、混频、放大和抑制等功能。接收机的性能指标主要是灵敏度、选择性、噪声、线性度等。本节主要介绍发送机和接收机的基本结构和性能指标。

## 1.3.1　发送机结构

发送机的主要功能是调制、上变频、功率放大和滤波。图 1.12 为直接变频发送机的整体框图，主要包括数字基带部分、数字模拟转换部分、模拟基带部分、射频前端部分。

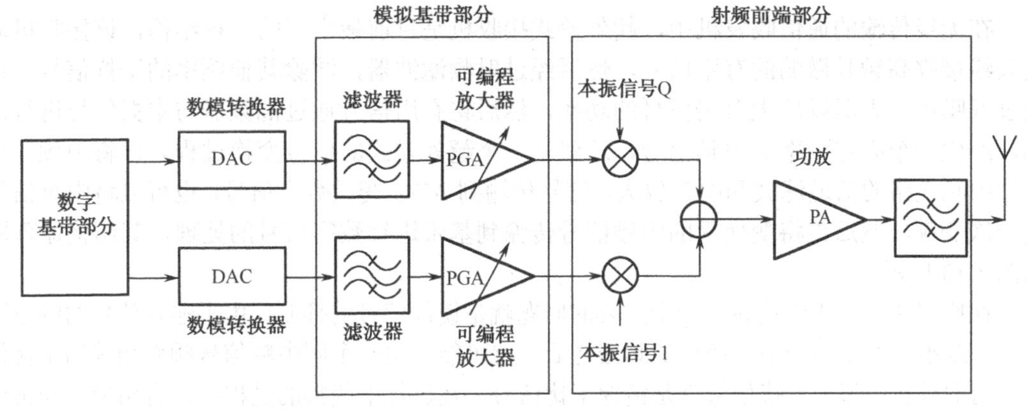


图 1.12　直接变频发送机框图

数字基带部分主要完成信号的编码、OFDM 调制、数字滤波等功能，硬件主要是由寄存器和全加器构成，性能指标主要是信噪比。数模转换器（DAC）将数字信号转换为模拟信号，需要确定的指标有采样频率和信噪比。模拟基带主要完成对 DAC 的输出信号进行滤波及增益调整。主要指标有 3dB 带宽、带外抑制情况、带内纹波、群延时、增益调整范围及步长、线性度、带内噪声等，对于发送机的可变增益放大器，为了使调制器工作在较线性的区域并控制发射信号的功率，其增益一般在 0dB 以下可调。

之后信号通过射频电路部分调制到高频并加大发射功率通过天线发射出去，射频部分包括调制器、功率放大器。调制器将 IQ 信号合并成一路并调制到高频，主要指标有增益、噪声（用噪声系数来表示）、线性度、频率调整范围、增益平坦度、本振信号泄漏等。功放电路的指标主要有线性度、饱和功率、频率覆盖范围和增益调整范围等。

## 1.3.2　接收机结构

在通信系统中，最困难的设计部分就是接收机，接收机中存在设备规格和设计要求之间的矛盾。接收机必须具有低噪声系数（在甚高频或更高频下）、较小的群时延变化、较小的互调失真、较大的频率动态范围、稳定的自动增益控制、适当的射频增益和中频增益、极好的频率稳定度、良好的频率平坦度、低相位噪声、低带内干扰、足够的可选择性、适当的误比特率，以及费用的限制——往往有时这点是最重要的因素。一般的接收机系统由于各种功能的需要，通常包含以下几个部分：射频滤波器、低噪放、混频器、频率综合器、数字衰减器、中频放大器和 ADC 等，但其中部分器件因系统结构的不同而不同。

按照接收机的种类分，主要有超外差接收机、零中频接收机、低中频接收机和数字中频接收机。在无线通信系统的射频收发机中，现在大多数都采用超外差接收机结构，因为这种结构相对于其他的结构具有更好的性能，但是为了获得适中的成本，同时也降低了在多模工作方式时的额外部分，零中频结构的接收机也已经成为一种比较受欢迎的结构方式，下面分别详细地叙述各种电路结构的工作原理和优缺点。

### 1. 超外差式接收机

在无线传输的通信收发机中，超外差式接收机是目前最常用的一种结构，该接收机通过天线接收高频且微弱的有用信号，然后经过射频滤波器，滤除其他频率的干扰信号，再通过低噪声放大器以放大有用信号的功率，然后将有用信号通过混频器与本振信号进行混频，产生一个固定频率的中频信号，这就是一个超外差式的信号变换过程。再将中频信号经过中频电路的信道滤波和中频放大，信号传输到 ADC 变成数字信号，也可以将中频信号进一次变频，然后再将变换后的中频信号传输到基带进行数字信号的处理，其结构原理图如图 1.13 所示。

在应用超外差式结构时，一个主要的问题就是镜像信号的抑制，由于输入信号的频率可能大于或小于本振的频率，经过混频器之后，就可能产生一个同中频信号频率相等的干扰信号，而混频前的那个干扰信号就是镜像干扰信号。在进行下变频的过程中，有用信号和镜像信号都被变换到中频，从而恶化了有用信号。为了有效抑制镜像信号的干扰，接收机通过选择适合的中频大小，并结合射频滤波器滤和镜像抑制滤波器共同对输入的信号进行处理，在下变频前进行有效滤波，以保证基带对信号的正确处理。

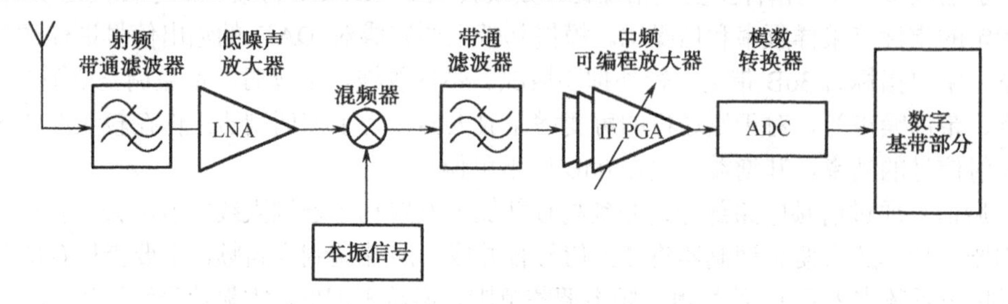


图 1.13 超外差式接收机

超外差式接收机的另一个缺点是对相邻信道干扰信号抑制的问题。为了将下变频后的中频有用信号与相邻信道的干扰信号分隔开来，需要在混频器后加入一个中频信道选择滤波器。由于各个不同信道之间的频率间隔很小，所以中频信道选择滤波器的带宽也很窄。但是为了有效抑制相邻信道信号的干扰，一般需要外接一个具有很高品质因子的中频滤波器，然而超外差式接收机的主要缺点就是由于外接了多个高性能的滤波器，不仅降低了接收机系统的集成度，提高了系统的制造成本，而且由于采用多个外接的器件，驱动外部器件需要很大的功耗，而且各个器件之间的隔离也是一个需要考虑的问题，使整个接收系统的可靠性、稳定性大大降低。尽管超外差式结构的接收机存在上述的种种问题，但由于其总体优良的性能，目前还是一种应用最为广泛的结构，在对接收机性能要求很高、很严格的系统中，超外差结构几乎是唯一的选择。

在一些超外差式接收机中，还可以为基带处理部分提供 I、Q 两个支路的正交信号。这种结构的形式实际是一个两级超外差式接收机，在第二次下变频时采用对信号正交变频的方

式，从而可以给基带信号处理部分提供 I、Q 两个正交信号。这种结构方便基带处理电路采用更复杂、更有效的调制和解调方式，可以有效提高了通信系统的数据率和信号的质量。

### 2．零中频接收机

零中频结构是指射频信号经过混频器变频之后直接变换到基带信号，在整个接收电路没有中频信号。这样，本振信号的频率与射频信号的频率相等，中频大小就等于零，也就不存在镜像信号的干扰。但如果射频信号只和一个本振信号进行混频，就会使得信号的正负频率成分混叠在一起，恶化了信号的质量，直接影响接收机的整个性能。所以，一般零中频接收机通常采用正交下变频的方式对信号进行变换，直接转换为 I、Q 两路正交的基带信号，然后经过低通滤波器和基带放大器，将信号传输到 ADC，其原理结构图如图 1.14 所示。

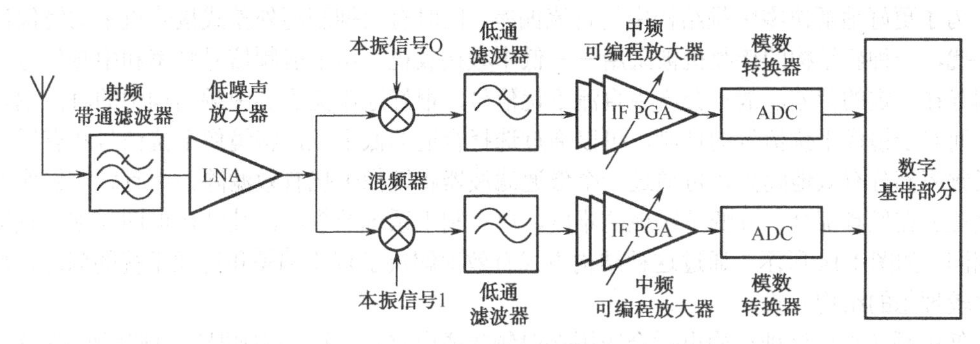


图 1.14　零中频接收机

零中频结构式接收机在某些性能方面的确比超外差式接收机有很多优点。首先，由于没有中频信号的存在，所以没有镜像信号的干扰，也不需要镜像抑制滤波器，故在设计接收机时省去了很多的麻烦。其次，由于没有中频电路部分，可以用低通滤波器代替昂贵的带通选择滤波器，只需要用基带放大器对基带信号进行放大，大大提高了系统性能的稳定性，而且也更易于系统的集成，与超外差式接收机相比，其结构显得更简单，但是零中频结构也存在如下一些比较严重的问题。

#### 1）本振泄漏

由于零中频结构的本振频率与射频信号的频率相等，如果混频器的本振口与射频口之间的隔离度不是很高，就会容易引起本振信号泄漏到低噪声放大器，再通过射频滤波器传输到天线辐射出去，这样就会对邻信道的信号产生干扰，然而这在超外差式接收机中是不大可能的，因为超外差式接收机的射频信号与本振信号之间的频率差一般比较大，不容易产生临近干扰。

#### 2）直流偏差

直流偏差不仅是零中频结构存在的问题，也是超外差式接收机存在的问题，只不过直流偏差在零中频接收机中更严重一些。正如上面所描述的，如果本振泄漏到空间的信号又被天线接收并输入到混频器的输入端，这样就与本振信号进行混频，产生频率为零的直流信号。同样，输入混频器射频口的信号由于混频器的隔离性能不好泄漏到本振口，这样射频信号就与自己进行混频，产生了频率为零的直流信号。而在零中频结构中，由于射频信号直接变换为基带信号，由于自混频而产生的直流信号干扰就直接叠加在基带信号上，而这些直流干扰信号经过传输放大，功率往往比较大，严重恶化了有用信号的质量。虽然这些直流干扰信号可以通过基带数字信号处理的方法来减弱，过程也相当复杂。

3）I/Q 失配

在零中频结构中，由于对正交基带信号传输的支路不一样，而且基带电路部分大的增益变动范围，很难使得两个正交的基带信号很好地匹配。再加上两个本振信号的相位可能不是严格正交，都会对基带信号的质量产生影响，恶化信号的星座图，增加了整个接收机的误码率。

### 3．低中频接收机

为了更好地解决零中频结构中的直流偏差，同时有效抑制超外差式接收机中的镜像信号的干扰，一种新结构的接收机被采用——低中频接收机。由于射频信号频率和中频信号频率之间存在一定的偏差，故不会产生直流干扰信号，很好地避免了零中频结构中的直流偏差问题。而对于镜像干扰信号的抑制，可以通过选择合适的低中频，将镜像干扰信号和有用信号在低频率部分有效地隔离，再通过一个低通滤波器将镜像干扰有效滤除，而且将对镜像干扰的处理放在低频部分，降低了实现的难度，更有利于系统的集成，其结构框图与零中频接收机相同，如图 1.14 所示。通过这种结构方式有效地解决了直流偏差和镜像干扰的问题，是一种比较理想的结构方式。

低中频接收机这种结构更适合应用在射频集成电路，由于在混频器后面使用低 Q 值的低通滤波器，就可以实现镜像干扰信号的抑制和信道的选择，有效地简化了整个接收机的复杂度，更利于电路的集成。而且，直流偏差、本振的泄漏和两阶交调对该结构方式都不是很敏感，但由于存在实际电路 I 和 Q 两条正交支路的失配，低中频结构对镜像干扰信号的抑制程度也是有限制的。

### 4．数字中频接收机

随着无线通信和软件无线电技术的发展，通信系统由模拟方式越来越趋向于数字化，出现了很多数字中频式的接收机。在数字中频接收机结构中，混频器和滤波器都可以在数字域中实现，超外差、低中频和零中频结构中的中频级也都可以数字化，其结构框图如图 1.15 所示。从图中可以看出，在两次变频的超外差式结构中，第二次变频采用数字中频的方式，接收电路的 IQ 支路是通过数字电路部分实现的，这样就可以很好地匹配 IQ 电路，提高接收机系统的整体性能，但是这样就需要提高对 ADC 的性能要求，最后将输出的数字基带信号传输给基带处理部分。

如果将 ADC 完全置于射频前端，并靠近天线的地方，也就是在射频阶段实现有用信号的数字采样并进行数字混频，这就是软件无线电，并且根据采样定理的要求，其 ADC 转换器的采样速率需大于载波频率的 2 倍，而由于目前技术的限制，不能提供一个处理器件来应对这么高的采样速率。然而，因为有用信号是一种带通信号，故可以采用带通采样技术对有用信号进行采样，这样就可以降低 ADC 转换器的采样速率，故其采样率不再受到射频载波频率的限制，而可以依据有用信号的带宽来选择适合的采样率。在这种情况下，高性能 ADC 前面的射频器件只有滤波器和低噪声放大器，其结构框图如图 1.16 所示，ADC 采样之后实现有用信号的数字变频和滤波。另外，很显然这种带通采样也可以应用于超外差式结构中，取代模拟的 IQ 下变频，而在基带实现数字化的 IQ 变频。

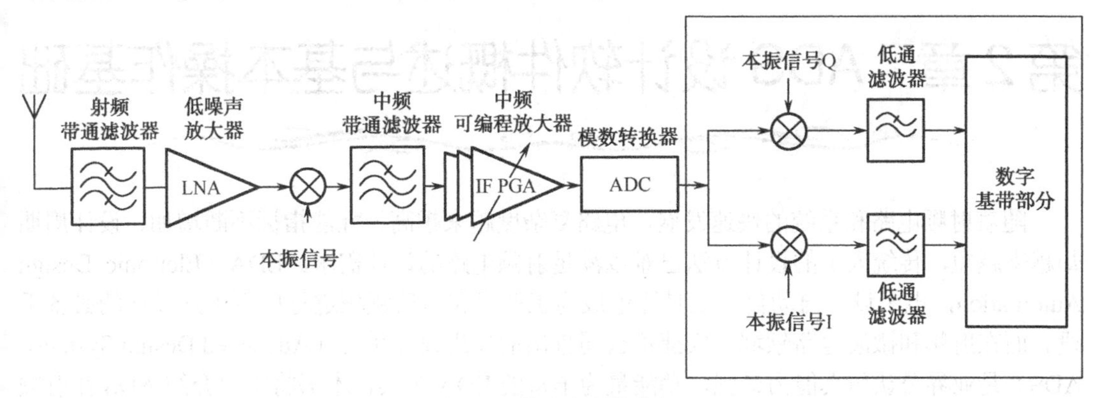


图 1.15 数字中频接收机

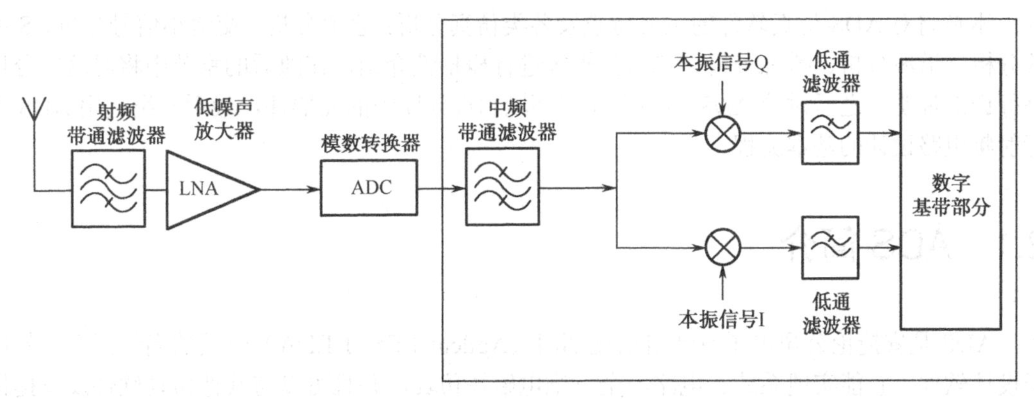


图 1.16 带通采样的数字中频接收机

## 1.4 小结

本章主要介绍了射频电路设计中的一些基础知识，包括射频电路的基本概念、理论和设计要点。1.1 节简要介绍了射频电路的学科规划和应用领域。1.2 节是本章的重点，在这一节中我们分节介绍了射频电路中的非线性、噪声、灵敏度和动态范围的基本概念，并介绍了传输线理论、史密斯圆图和阻抗变换网络的基础知识，这些知识是构成射频理论的基石，需要读者认真掌握。在 1.3 节中，讨论了射频电路中的发送机和接收机的结构和性能指标。

本章作为射频电路设计的基础内容，也是后续使用 ADS 进行射频电路设计的基础。读者只有掌握了这些基本内容，才能有效使用 ADS 仿真工具进行设计和调试。

# 第2章 ADS设计软件概述与基本操作基础

随着射频电路和系统的快速发展，电路复杂度越来越高、性能指标不断增加、设计周期却越来越短，传统人工的设计方法已难以满足射频电路的设计需求。EDA（Eletronic Design Automation，电子设计自动化）工具逐渐成为工业界和科研领域进行射频电路设计的必备手段。而在射频和微波电路领域，安捷伦公司推出的先进设计系统（Advanced Design System，ADS）是业界公认仿真能力最强，功能最为丰富的EDA工具，本书将主要介绍ADS在射频电路设计、仿真中的应用。

本章将对ADS仿真软件的主要特点及各类仿真分析：直流分析、交流小信号分析、S参数分析、谐波分析、瞬态分析、包络分析等进行概括性介绍，在随后的章节中将对这些分析进行详细说明。之后讨论ADS的仿真建立环境和设计库中的元器件，最后介绍运用ADS进行射频电路设计的基本流程。

## 2.1 ADS简介

ADS是安捷伦公司电子设计自动化部门（Agilent EEs of EDA）研发的高频混合信号电子设计软件，它能实现系统、电路、全三维电磁场仿真，并且可以与其他仿真软件及安捷伦测试仪器进行连接仿真验证，是工业界为数不多支持在高频、高速应用中通过集成电路、封装和电路板进行协同设计的设计仿真平台，可以使设计者在繁杂的系统、电路中快速完成电子设计并通过测试。例如，设计指南可自动完成滤波器和多级匹配网络的综合，将设计时间从以往的几小时缩短到现在的几分钟。 使用ADS仿真软件，设计者还可以添加其他电路、系统和电磁仿真组件，完成更具挑战性的设计。

### 2.1.1 ADS的特点

ADS是射频、模拟电路设计者建立设计和仿真的起点，它包含了以下许多功能强大的设计仿真特点。

- 项目设计环境：可输入原理图，进行电路、系统仿真，并对设计项目进行管理。
- 线性仿真器：频域电路仿真器，用于进行S参数、直流和交流小信号仿真。
- 射频系统仿真器：使用精确的模块级模块对整个射频系统进行建模。
- 13类优化器：可对设计进行优化，实现最佳的产品性能。
- 滤波器设计指南：合成和分析集总滤波器和分布式滤波器的模型和设计方法。
- 无源电路设计指南：综合了匹配网络和无源电路的设计功能。

- 连接管理器：用于与安捷伦测试仪器进行双向数据传输。
- RF IP 编码器：生成非常详细且安全的 ADS 设计电路模型，并可以与其他设计者进行分享。

## 2.1.2 ADS 的设计方法

运用 ADS 软件，电路设计者可以进行模拟、射频、微波等电路或系统的设计与仿真，其设计方法主要包括直流分析、交流小信号分析、S 参数分析、谐波分析、瞬态分析、包络分析几个大类。

### 1. 直流分析

直流分析是 ADS 软件的核心分析功能之一，通常在瞬态、交流小信号仿真之前都要自动进行直流分析。直流分析也可以单独进行或对参数变量进行扫描，打印出电路的节点电压、支路电流及直流工作点等。

### 2. 交流小信号分析

交流小信号分析是 ADS 的另一项重要功能，它可计算电路在某一频率范围内的频率响应。交流小信号分析先计算出电路的直流工作点，再计算出电路中所有非线性元件的等效小信号电路，进而借助这些线性化的小信号等效电路在某一频率中进行频率响应分析。该仿真的主要目的是要得到电路指定输出端点的幅度或相位变化。因此，交流仿真的输出变量带有正弦波性质。

### 3. S 参数分析

当射频和微波电路在小信号输入状态工作时，可认为该电路是一个线性网络。我们一般将其视为一个四端口网络，S 参数便是对这个线性网络最有力的分析工具，它在直流工作点上将电路线性化，然后执行仿真，分析该网络的 S 参数、线性噪声参数、传输阻抗及传输导纳等。

### 4. 谐波分析

先进设计系统（ADS）中的谐波平衡（HB）仿真器是对谐波平衡算法最强有力的实施，适用于市场上的非线性电路和系统仿真，其功能包括：次数不限的多音频域非线性仿真和优化；相位噪声分析；负载和信号源牵引分析；在稳态激励期间进行 X 参数、非线性模型仿真；功率放大器设计指南，对常见的放大器拓扑进行合成、设计和仿真；混频器设计指南，对常见的混频器拓扑进行合成、设计和仿真；振荡器设计指南，对常见的振荡器拓扑进行合成、设计和仿真；模拟模型开发套件可用于开发自定义的非线性特性模型。

### 5. 瞬态分析

瞬态仿真是 ADE 最基本，也是最直观的仿真方法。该仿真功能在一定程度上类似于一个虚拟的“示波器”，设计者通过设定仿真时间，可以对各种线性和非线性电路进行功能和性能模拟，并且在波形输出窗口中观测电路的时域波形，分析电路功能。

6．包络分析

电路包络分析包含了时域和频域的分析方法，主要应用在具有调频功能的电路或系统中。电路包络分析综合了瞬态分析和谐波平衡两种仿真方法的功能，在低频调频信号分析时采用瞬态小信号仿真进行分析，而高频载波信号则以频域的谐波平衡进行分析。

### 2.1.3 ADS 的辅助设计方法

ADS 除了 2.1.2 节中介绍的主要仿真功能，还包括其他辅助设计方法以帮助设计者进行电路、系统设计和测试，有效缩短了产品设计和验证周期，提高了设计效率。

1．设计指南

ADS 软件中自带了一个完整的设计指南，来说明一些典型仿真和电路的仿真方法和设计流程，设计者可以通过这些例子，快速掌握 ADS 电路设计的方法。目前 ADS 中的设计指南主要包括 Amplifier 设计指南、Bluetooth 设计指南、Filter 设计指南、Mixer 设计指南、Oscillator 设计指南等。

2．仿真向导

仿真向导可以指导设计者进行电路设计和仿真，设计者可以很方便地在图形界面中对要验证的电路进行仿真设定，目前仿真向导主要包括元件特性、放大器、混频器等。

3．与其他 EDA 软件进行连接

ADS 还提供了丰富的软件和硬件接口，使设计者方便地与其他 EDA 软件或者测试设备进行交互。ADS 既可以将本软件中的仿真文件转换为其他 SPICE 软件支持的仿真文件，也可接受其他软件转换的仿真模型进行仿真。仪器连接器提供了 ADS 与安捷伦测试设备连接的功能，设计者可以将测试设备产生的测试文件导入 ADS 进行分析，也可以将 ADS 仿真结果输出至测试设备。

4．设计工具箱

ADS 中的设计工具箱是 ADS 与晶圆厂模型的接口。在进行电路、系统设计时，设计者需要依照晶圆厂提供的器件模型进行设计，设计工具箱将这些模型读入 ADS 中，供设计者进行设计、仿真。

## 2.2 ADS 仿真窗口简介

ADS 仿真窗口是用户进行射频电路和系统设计的直接界面，其中包括主窗口、原理图窗口和数据显示窗口。用户只有在熟练掌握各类窗口的操作后，才能进一步学习射频电路的仿

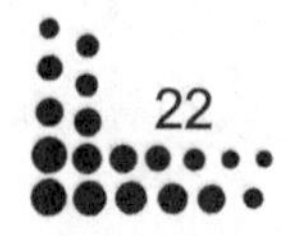

真和设计方法，本节就对以上几类窗口进行分类介绍。

## 2.2.1　主窗口

运行 ADS 软件，弹出 ADS 软件的主窗口，如图 2.1 所示，窗口中主要包括菜单栏、工具栏、文件区和工程区几个部分。

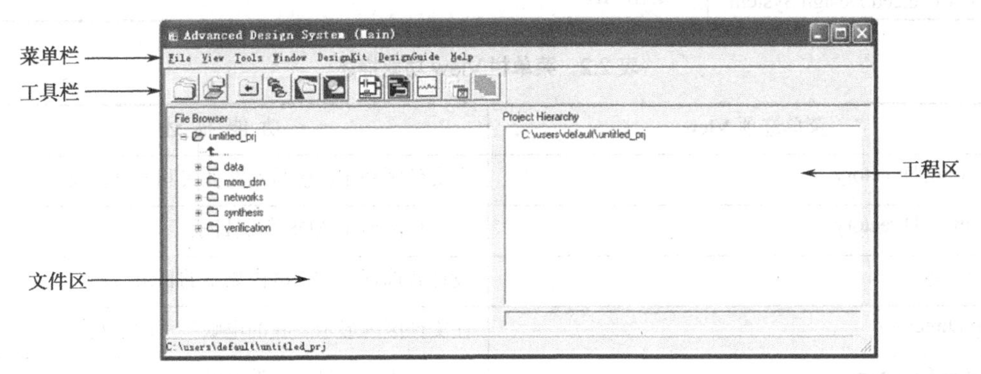


图 2.1　ADS 软件主窗口

ADS 软件主窗口可以进行工程建立、工程管理、快捷键设置、导入工艺库、建立原理图、建立版图等操作。表 2.1～表 2.6 分别对菜单栏中的 File、View、Tools、Window、DesignKit 和 DesignGuide 子菜单项进行说明。

表 2.1　菜单栏 File 功能描述

| 菜单选项 File | 功 能 描 述 |
|---|---|
| New Project | 创建一个新工程 |
| Open Project | 打开一个工程 |
| Example Project e | 打开一个实例工程 |
| Copy Project | 复制一个工程 |
| Delete Project | 删除一个工程 |
| Include/Remove Project | 将一个工程设置为另一个工程的子工程/将一个工程从它所属的上级工程中分离出来 |
| Archive Project | 将工程存档 |
| Unarchive Project | 取消工程存档 |
| Close Project | 关闭工程 |
| New Design | 建立一个新的原理图 |
| Open Design | 打开原理图 |
| Copy Design | 复制原理图 |
| Delete Design | 删除原理图 |

续表

| 菜单选项 File | 功 能 描 述 |
|---|---|
| Save all | 保存所有的工程和原理图 |
| Close All | 关闭所有的工程和原理图 |
| Import | 将其他软件的文件导入为 ADS 可读取的文件 |
| Exit Advanced Design System | 退出 ADS |

表 2.2　菜单栏 View 功能描述

| 菜单选项 View | 功 能 描 述 |
|---|---|
| Working Directory | 在文件区和工程区显示文件夹和原理图文件 |
| Example Directory | 在文件区显示 ADS 范例目录 |
| Directory | 设计者选择在文件区内显示的目录 |
| Top Directory | 在文件区内显示“我的电脑”下的磁盘 |
| Startup Directory | 文件区内显示设计者默认目录 |
| Design Hierarchies… | 在新对话框中显示 ADS 范例的层次关系 |
| Project Listing | 在工程区显示当前工程中所有子工程 |
| Show All Files | 在文件区显示所有文件和文件夹 |
| Toolbar | 显示工具栏 |

表 2.3　菜单栏 Tools 功能描述

| 菜单选项 Tools | 功 能 描 述 |
|---|---|
| Configuration Explorer | 查看或设置 ADS 的安装、用户等信息 |
| Example Search | 查找 ADS 自带范例 |
| Start Recording Macro | 打开宏记录 |
| Stop Recording Macro | 关闭宏记录 |
| Playback Recording Macro | 重新打开宏记录 |
| Text Editor | 打开编辑器 |
| Command Line | 打开命令行窗口 |
| Advanced Design System Setup | 设置 ADS 支持的设计类型 |
| Hot Key/Tool Bar Configuration | 快捷键和工具栏设置 |
| Preferences | 设置 ADS 中的参数 |
| License Information | ADS 许可信息 |

表 2.4 菜单栏 Window 功能描述

| 菜单选项 **Window** | 功 能 描 述 |
|---|---|
| New Schematic | 打开一个新的原理图窗口 |
| New Layout | 打开一个新的版图窗口 |
| New Data Display | 打开一个新的数据显示窗口 |
| Open Data Display | 打开一个已经存在的数据显示窗口 |
| Simulation Status | 打开仿真状态窗口 |
| Hide All Windows | 隐藏所有窗口 |
| Show All Windows | 显示所有窗口 |

表 2.5 菜单栏 DesignKit 功能描述

| 菜单选项 **DesignKit** | 功 能 描 述 |
|---|---|
| Install Design Kirs | 安装设计包（工艺库） |
| Setup Design Kirs | 设置设计包（工艺库） |
| List Design Kirs | 给设计包（工艺库）列表 |
| Setup Project | 设置设计包（工艺库） |

表 2.6 菜单栏 DesignGuide 功能描述

| 菜单选项 **DesignGuide** | 功 能 描 述 |
|---|---|
| DesignGuide Developer Studio | 打开设计向导工作室，对原有的设计指南进行管理或建立设计者自己的设计指南 |
| Add DesignGuide | 添加设计者自己的设计向导 |
| List/Remove DesignGuide | 给已有的设计向导列表或移除设计向导 |
| Preferences | 设置设计向导的参数 |

“Help”菜单中主要是提供各种帮助文档，包括设计文档和版本信息等。

工具栏中提供一些操作的快捷按钮，可以实现菜单栏中一些子菜单的快捷操作，表 2.7 对这些图标进行具体说明。

表 2.7 工具栏图标功能描述

| 工具栏图标 | 功 能 描 述 |
|---|---|
|   | 新建一个工程 |
|   | 打开一个工程 |
|   | 在文件区查看默认目录 |

续表

| 工具栏图标 | 功 能 描 述 |
| --- | --- |
| | 在文件区查看当前工程目录 |
| | 在文件区查看 ADS 范例目录 |
| | 查找范例 |
| | 新建原理图 |
| | 新建版图 |
| | 新建数据显示窗口 |
| | 隐藏所有窗口 |
| | 显示所有窗口 |

此外用户还可以根据自己的使用习惯，通过[Tools]→[Hot Key]→[Tool Bar Configuration]设置工具栏中的按钮。

在文件区中可以很方便地浏览各个工程目录和文件，如图 2.2 所示，用户可以通过菜单栏中[View]→[Show All Files]查看文件区已经存在的所有文件。

工程区中显示目前打开工程的层次结构，如图 2.3 所示，用户可以在工程区对已打开的工程进行操作。

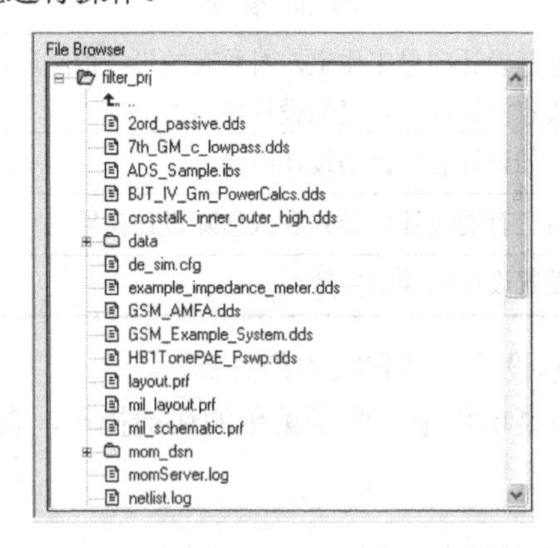


图 2.2　查看文件区已经存在的所有文件

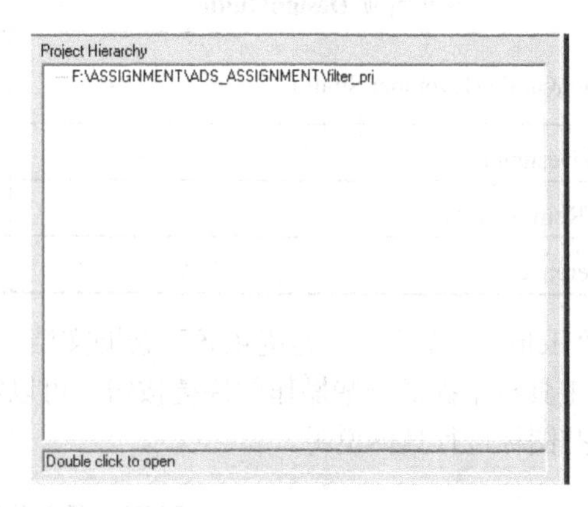


图 2.3　工程区

## 2.2.2　原理图窗口

原理图窗口是设计者进行原理图设计的窗口，设计者通过原理图窗口绘制电路图，并添加仿真控件，它是 ADS 中最重要的窗口，如图 2.4 所示，包括标题栏、菜单栏、工具栏、元件面板栏、元件面板、历史元件栏、提示栏和工作区。

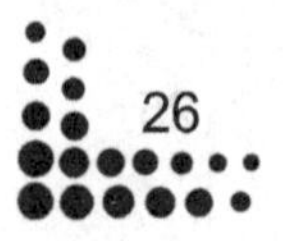

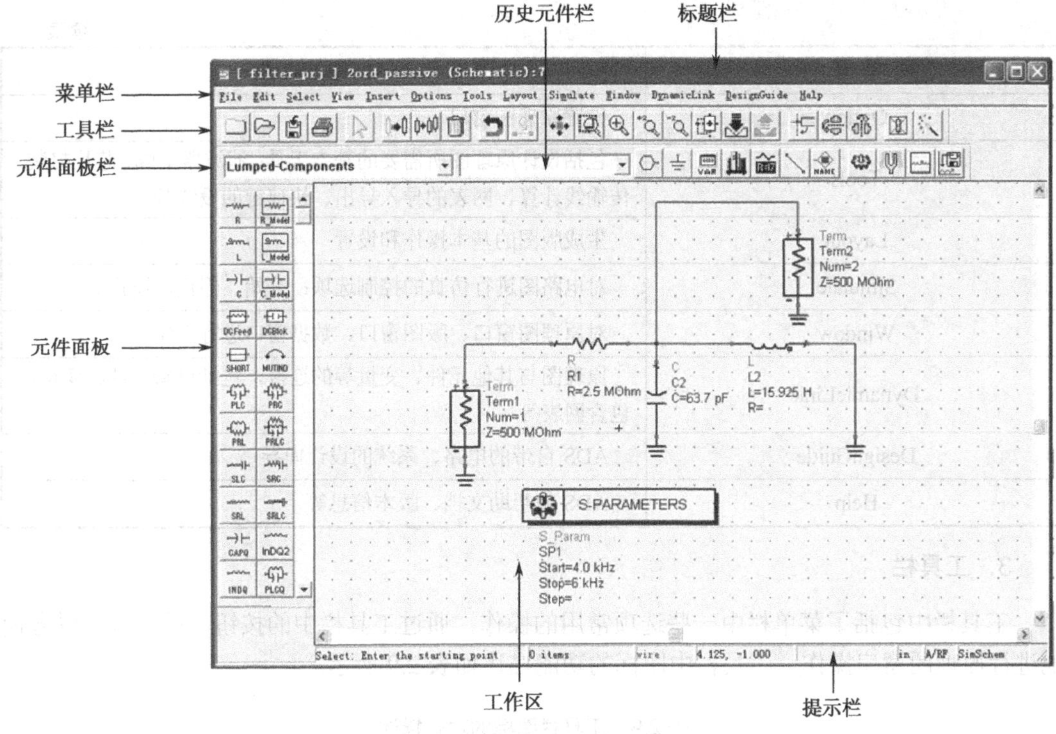


图 2.4　原理图窗口

### 1．标题栏

标题栏里显示打开原理图的窗口类型、工程名称、电路名称、类型和电路编号的信息，这些信息依据上述顺序呈现出层次化信息。

### 2．菜单栏

菜单是用户进行电路图设计的主要操作手段，通过菜单栏用户才能对 ADS 的各项功能进行操作，实现电路的设计、仿真。表 2.8 对菜单栏中的主选项进行了简要介绍，各个选项下的具体内容由于较为繁杂，在以后的设计使用中再一一介绍。

表 2.8　菜单栏主选项功能描述

| 菜 单 选 项 | 功 能 描 述 |
| --- | --- |
| File | 子选项包括对原理图建立、打开、关闭、保存、复制、导入等功能 |
| Edit | 子选项主要包括对元件和原理图的结束、剪切、复制、粘贴、旋转等操作 |
| Select | 选择/取消原理图中单个元件（电路）或多个元件（电路） |
| View | 对原理图窗口界面的操作 |
| Insert | 在原理图中插入连接线、地、文字标注、变量等 |

续表

| 菜单选项 | 功能描述 |
| --- | --- |
| Option | 设置原理图窗口 |
| Tools | 包括设计原理图所需要的基本工具：滤波器生成、芯片封装、传输线计算、网表的导入导出、快捷键的设置等 |
| Layout | 生成版图的基本操作和设置 |
| Simulate | 对电路图进行仿真的控制选项：开始、停止、设置等 |
| Window | 对原理图窗口、版图窗口、数据窗口进行操作 |
| DynamicLink | 原理图与其他元件、变量等的连接，包括更新元件、变量，包含网表等 |
| DesignGuide | ADS 自带的电路、系统的设计向导 |
| Help | ADS 的帮助文档、版本信息等 |

### 3. 工具栏

工具栏中包括了菜单栏中一些选项常用的操作，通过工具栏中的按钮，设计者可以方便地进行原理图窗口操作。工具栏中图标的功能描述如表 2.9 所示。

表 2.9　工具栏图标的功能描述

| 工具栏图标 | 功能描述 |
| --- | --- |
| | 新建原理图 |
| | 打开原理图 |
| | 保存当前原理图 |
| | 打印当前原理图 |
| | 结束当前操作 |
| | 移动元件 |
| | 复制元件 |
| | 删除元件 |
| | 撤销操作 |
| | 取消最顶端条目 |

续表

| 工具栏图标 | 功 能 描 述 |
|---|---|
| | 电路图居中 |
| | 放大选定原理图范围 |
| | 放大原理图指定范围 |
| | 放大原理图 2 倍 |
| | 缩小原理图 2 倍 |
| | 调整选定点到原理图中央 |
| | 将选定部分电路生成一个顶层电路 |
| | 查看顶层电路中的子电路 |
| | 元件增量旋转 |
| | 元件以 *X* 轴做镜像 |
| | 元件以 *Y* 轴做镜像 |
| | 屏蔽选中元件 |
| | 智能仿真向导 |
| | 插入端口 |
| | 插入地 |
| | 插入变量控件 |
| | 显示元件库列表 |
| | 编辑元件参数 |
| | 绘制连接线 |
| | 插入标签 |

续表

| 工具栏图标 | 功 能 描 述 |
|---|---|
|  | 开始仿真 |
|  | 调谐元件参数 |
|  | 新建数据显示窗口 |
|  | 打开数据文件管理工具 |

### 4．元件面板栏

元件面板栏包含进行电路图设计所需要的所有元件、激励源、仿真控件。元件面板栏中显示大类的名称，每个大类下包含的具体元件、激励源、仿真控件都将在元件面板中显示。

### 5．历史元件栏

历史元件栏中包含了进行本次原理图设计过程中用过的所有元件和仿真控件，设计者在重复使用这些元件和仿真控件时，不用通过元件面板栏进行选择，可以从历史面板栏中直接查找、调用。

### 6．元件面板

元件面板中通过分类管理，包含了进行电路图设计所需要的所有元件、激励源、仿真控件。在元件面板栏中选择一个大类后，在元件面板中就会显示该类下所有的元件、激励源或仿真控件。表2.10对元件面板中各个大类进行具体说明。

表2.10　元件面板分类描述

| 元件面板分类 | 元 件 描 述 |
|---|---|
| Lumped-Components | 集总参数元件，包括电容、电阻、电感及它们的互连电路 |
| Lumped-With Artwork | 带有封装模型的容、电阻、电感及它们的互连电路 |
| Sources-Controlled | 受控源，包括压控电压源、压控电流源等 |
| Sources-Freq Domain | 频域信号源，包括电压源、电流源等 |
| Sources-Modulated | 调制信号源，包括CDMA、GSM等调制方式的信号源 |
| Sources-Modulated-DSP-Based | 基于数字信号处理的调制信号源，包括TDSCDMA、WLAN的信号源 |
| Sources-Noise | 噪声信号源，包括电压噪声源、电流噪声源等 |
| Sources-Time Domain | 时域信号源，包括直流电压源、直流电流源、脉冲电压源、正弦电压源等 |
| Simulation-DC | 直流仿真控件 |
| Simulation-AC | 交流仿真控件 |

续表

| 元件面板分类 | 元 件 描 述 |
| --- | --- |
| Simulation-S_Param | S 参数仿真控件 |
| Simulation-HB | 谐波仿真控件 |
| Simulation-LSSP | 大信号 S 参数仿真控件 |
| Simulation-XDB | 增益压缩仿真控件 |
| Simulation-Envelope | 电路包络仿真控件 |
| Simulation-Transient | 瞬态仿真控件 |
| Simulation-Instrument | 仿真用的仪器控件，包括虚拟的网络分析仪、BJT 仿真仪器等 |
| Simulation-Budget | 预算仿真控件 |
| Opim/Stat/Yield/DOE | 优化、统计、良率仿真控件 |
| Probe Components | 观测控件、可以在电路中观测电压、电流、功率、频谱等信息 |
| Data Items | 数据管理控件，对原理图中的变量、包含文件等数据进行管理 |
| TLines-Ideal | 理想传输线模型 |
| TLines-Microstrip | 微带线模型 |
| TLines-Printed Circuit Board | 印制电路板传输线模型 |
| TLines--Stripline | 带状线模型 |
| TLines-Waveguide | 波导元件模型 |
| TLines-Multilayer | 多层传输线模型 |
| Passive-RF Circuit | 无源射频电路模型，包括巴伦、变压器等 |
| Egn Based-Linear | 线性网络元件控件，在设计电路时可以用来替代实际的线性电路 |
| Eqn Based-Nonlinear | 非线性网络元件控件，在设计电路时可以用来替代实际的非线性电路 |
| Devices-Linear | 线性元件模型，包括线性化的二极管、三极管等 |
| Devices-BJT | BJT 元件模型，包括 NPN、PNP 等 |
| Devices-Diodes | 二极管模型 |
| Devices-GaAs | 砷化镓模型，在射频电路设计时可以调用 |
| Devices-JFET | JFET 元件模型 |
| Devices-MOS | MOS 管元件模型 |
| Filter-Bandpass | 带通滤波器模型，包括巴特沃兹、切比雪夫、椭圆等带通滤波器模型 |
| Filter-Bandstop | 带阻滤波器模型，包括巴特沃兹、切比雪夫、椭圆等带阻滤波器模型 |
| Filter-Highpass | 高通滤波器模型，包括巴特沃兹、切比雪夫、椭圆等高通滤波器模型 |
| Filter-Lowpass | 低通滤波器模型，包括巴特沃兹、切比雪夫、椭圆等低通滤波器模型 |
| System-Mod/Demod | 调制/解调元件模型，用于调制解调系统模型仿真中 |
| System-PLL components | 锁相环模型 |

续表

| 元件面板分类 | 元 件 描 述 |
| --- | --- |
| System-Passive | 无源元件模型，包括功分器、耦合器、环行器等 |
| System-Switch & Algorithmic | 开关、运算模型，包括各类开关，采样器、量化器等 |
| System-Amps & Mixers | 放大器、混频器模型 |
| System-Data Models | 基于数据的模型，包括放大器、混频器、IQ 信号发生器等模型 |
| Tx/Rx Subsystems | 发送机、接收机子系统模型 |
| Drawing Formats | 绘图工具，为原理图设计标准的图纸模型 |
| Filter DG-All | 滤波器模型设计向导 |
| Passive Circuit DG-All | 无源电路设计向导，包括微带线，功分器等 |
| Passive Circuit DG-Lines | 传输线设计向导 |
| Passive Circuit DG-RLC | RLC 电路设计向导，包括电阻、电容、电感的结构模型 |
| Passive Circuit DG-Couplers | 耦合器设计向导 |
| Passive Circuit DG-Filter | 滤波器设计向导 |
| Passive Circuit DG-Matching | 匹配电路设计向导，可以通过这个向导设计与射频电路进行输入、输出阻抗匹配的电路 |
| Smith Chart Matching | 史密斯圆图匹配控件，可以通过这个史密斯圆图设计匹配电路 |
| Buffer Library | 缓冲器模型库，包括各类缓冲器模型 |
| Transistor Bias | 晶体管偏置电路模型，提供了各类晶体管偏置电路的模型，可以直接进行调用 |
| Impedance Matching | 阻抗匹配电路模型 |

#### 7．提示栏

在设计者进行原理图操作时，会给出元件数量、连接线、坐标等信息，帮助设计者对原理图窗口进行观测、操作。

### 2.2.3　数据显示窗口

仿真完成后，设计者可以在数据显示窗口中对仿真结果进行观测、分析。数据显示窗口可以以多种图表和形式显示数据，用户可以在其中对数据进行标注或插入方程进行高阶处理。以下将对数据显示窗口进行详细说明，图 2.5 为一个数据显示窗口界面，主要由标题栏、菜单栏、工具栏、数据源、数据显示面板和数据显示区几部分构成。

#### 1．标题栏

与原理图窗口相同，标题栏里显示打开数据的窗口类型、电路名称、类型和数据编号的信息，这些信息依据上述顺序呈现出层次化信息。

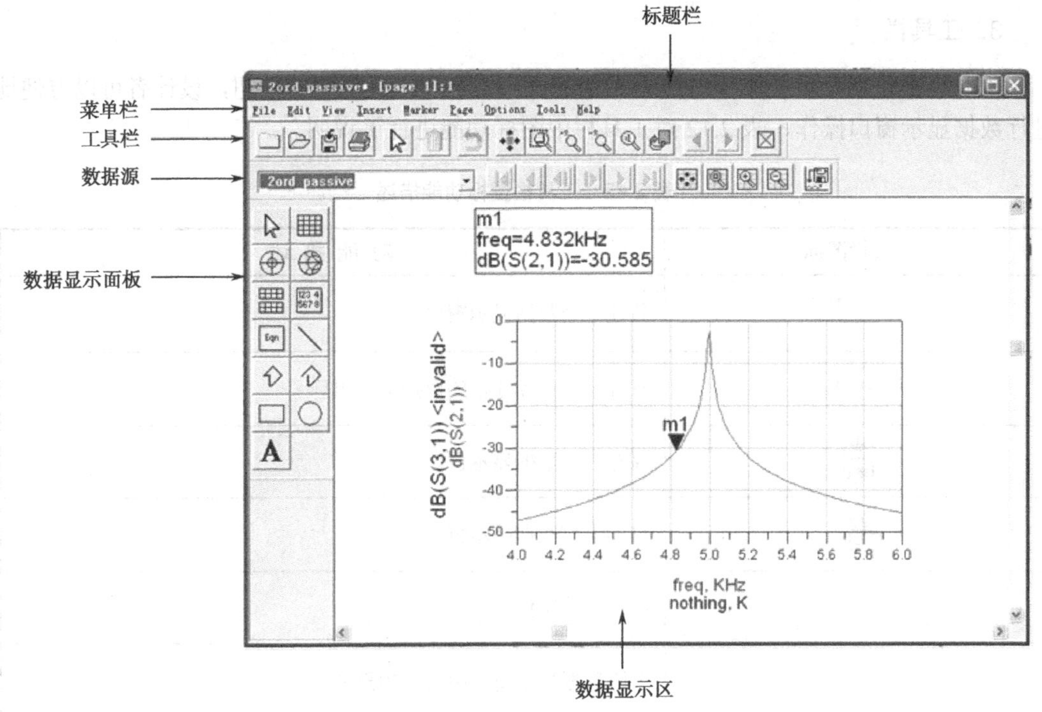


图 2.5　数据显示窗口

## 2．菜单栏

菜单是用户进行数据显示窗口管理的主要操作手段，通过菜单栏用户才能对 ADS 数据显示窗口内的数据进行操作，实现数据的编辑、显示、插入、标记等。表 2.11 只对菜单栏中的主选项进行简要介绍，各个选项下的具体内容由于较为繁杂，在以后的设计使用中再一一介绍。

表 2.11　菜单栏主选项功能描述

| 菜 单 选 项 | 功 能 描 述 |
| --- | --- |
| File | 子选项包括对数据显示文件建立、打开、关闭、保存、复制、导入等功能 |
| Edit | 子选项主要包括对数据显示窗口的剪切、复制、粘贴、分组等操作 |
| View | 对数据显示窗口显示外观的操作，包括显示、隐藏、放大、缩小等 |
| Insert | 在数据显示窗口中插入公式、表格、文字标注、新的数据曲线等 |
| Maker | 对数据曲线进行标记 |
| Page | 修改当前数据显示窗口的名称，建立新的数据显示窗口 |
| Option | 设置快捷键，按照用户的习惯设置数据显示窗口 |
| Tools | 调用 dftool 主窗口，对当前的原理图和数据显示窗口进行管理 |
| Help | ADS 的帮助文档、版本信息等 |

3. 工具栏

工具栏中包括菜单栏中一些选项常用的操作，通过工具栏中的按钮，设计者可以方便地进行数据显示窗口操作，表 2.12 对工具栏中图标功能进行了说明。

表 2.12 工具栏图标功能描述

| 工具栏图标 | 功 能 描 述 |
| --- | --- |
| | 新建一个数据显示窗口 |
|  | 打开一个已经存在的数据显示窗口 |
|  | 保存当前数据显示窗口 |
|  | 打印当前数据显示窗口 |
|  | 结束当前操作 |
|  | 删除数据显示窗口中选中的部分 |
|  | 取消上一步的操作 |
|  | 将数据显示窗口中的内容居中 |
|  | 放大数据显示窗口内选中的区域 |
|  | 放大数据显示窗口 2 倍 |
| 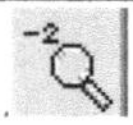 | 缩小数据显示窗口 2 倍 |
|  | 以实际尺寸观察数据显示窗口 |
|  | 重新绘制数据显示窗口内所有图形 |
|  | 查看前一页数据显示窗口 |
|  | 查看后一页数据显示窗口 |
|  | 使选中的区域有效或无效 |
|  | 回到数据列表起始页 |

续表

| 工具栏图标 | 功能描述 |
| --- | --- |
| | 查看前一页数据列表 |
| | 将数据列表向前翻页 |
| | 将数据列表向后翻页 |
| | 查看后一页数据列表 |
| | 回到数据列表最后一页 |
| | 自动调整图像尺寸 |
| | 放大选中矩形区域内的图像或数据 |
| | 放大图像显示区内的图像或数据 |
| | 缩小图像显示区内的图像或数据 |
| | 调用 dftool 主窗口，对当前的原理图和数据显示窗口进行管理 |

4．数据源

数据源中显示了用户要显示数据来源的原理图名称，用户可以在数据源中选择之前保存过的数据信息，在数据显示窗口中显示。

5．数据显示面板

数据显示面板可以将一组数据通过多种方式显示出来，具体功能描述如表 2.13 所示。

表 2.13　数据显示面板功能描述

| 数据显示面板图标 | 功能描述 |
| --- | --- |
| | 结束当前操作 |
| | 建立一个极坐标曲线图 |
| | 建立一个多曲线图 |
| Eqn | 建立一个计算公式 |

续表

| 数据显示面板图标 | 功能描述 |
| --- | --- |
| | 绘制一个多边形 |
| | 绘制一个矩形 |
| A | 添加文本标注信息 |
| | 建立一个矩形图 |
| | 建立一个史密斯圆图 |
| 123 4<br>567 8 | 建立一个数据列表 |
| | 绘制线条工具 |
| | 绘制折线 |
| | 绘制圆形 |

6. 数据显示区

仿真结束后，所有的数据结果都将在数据显示区中显示出来。用户可以根据需要和观测方式，选择图形、列表等显示方式，并进行说明和信息标注。

## 2.3 ADS 库中基本元件类型

在进行原理图绘制时，会经常用到各种元件和信号源。通常我们在实际设计中用到的器件模型都是生产厂提供的工艺库模型或者系统模型，但在 ADS 自带的库中也提供了一些理想的器件和激励源。我们可以通过调用这些模型来进行仿真设计，本节就分类介绍 ADS 自带库中的各种器件、信号源和系统模型，对其进行具体说明。

### 2.3.1 集总参数元件

集总参数元件包括电容、电感、电阻和它们互连的电路，进行电路设计时这些器件必不可少，也是非常重要的，如果进行简单仿真，可以直接调用普通的元件模型，直接在属性中对其参数进行赋值。还可以选择具有品质因数 $Q$ 值的电容和电感模型及隔离直流信号电容和隔离交流信号电感的模型。

- 普通电容 C、普通电感 L、普通电阻 R。
- 具有 $Q$ 值的电容 CAPQ、具有 $Q$ 值的电感 InDQ2。

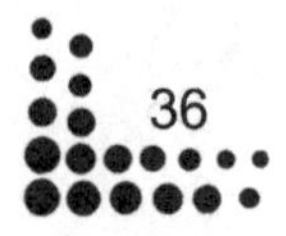

- 隔离直流信号电容、隔离交流信号电感。

除了单独的电容、电感、电阻模型，ADS 还提供了这些元件之间的互连电路：

- 电感电容并联电路 PLC：普通的 PLC 电路，带电感和电容 $Q$ 值的 PLCQ 电路。
- 电感电容串联电路 SLC：普通的 SLC 电路，带电感和电容 $Q$ 值的 SLCQ 电路。

此外集总参数库中还包括电容、电感和电阻的多种串联和并联电路，同样具有普通电路和带 Q 值电路两种形式。

## 2.3.2　分布参数元件

ADS 分布参数元件库中提供了理想传输线、微带线、波导、带状线等模型，在进行射频微波电路设计时，将给设计者提供很大的便利。

### 1．理想传输线

理想传输线元件面板如图 2.6 所示，以传输线模型 TLINP 为例，用户可以在传输线中设置特征阻抗、传输线长度、介电常数、每单位米衰减值，传输频率等参数值，其他的传输线模型参数略有不同，用户可以根据设计需要调用不同的模型，表 2.14 对理想传输线元件面板中的主要元件进行了说明。

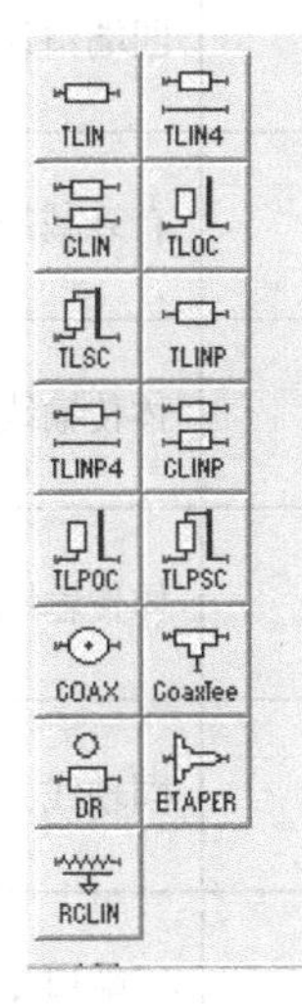


图 2.6　理想传输线元件面板

表 2.14　理想传输线元件面板主要元件说明

| 元　件　名 | 功 能 描 述 |
| --- | --- |
| TLIN | 理想二端口传输线 |
| TLIND | 具有延迟信息的二端口传输线 |

续表

| 元 件 名 | 功 能 描 述 |
|---|---|
| TLIN4 | 理想四端口传输线 |
| TLIND4 | 具有延迟信息的四端口传输线 |
| CLIN | 理想耦合传输线 |
| TLOC | 理想传输线开路结 |
| TLSC | 理想传输线短路结 |
| TLINP | 二端口体传输线 |
| TLIND4 | 四端口体传输线 |
| CLINP | 有衰减的耦合传输线 |
| TLPOC | 体传输线开路结 |
| TLPSC | 体传输线短路结 |
| COAX | 同轴线 |
| CoaxTee | 三端口 T 形结理想无损同轴线 |
| DR | 圆柱谐振耦合传输线单元 |
| ETAPER | 理想指数锥形传输线 |
| RCLIN | 分布 R-C 网络 |

## 2. 微带线

微带线元件面板如图 2.7 所示，以微带线模型 MSub 为例，用户可以在微带线中设置基底厚度、相对介电常数、相对扩散率、导体导电性、顶层厚度、导电层厚度、导电层粗糙度等参数值。其他的微带线模型参数略有不同，用户可以根据设计需要调用不同的模型，表 2.15 对微带线元件面板中的主要元件进行了说明。

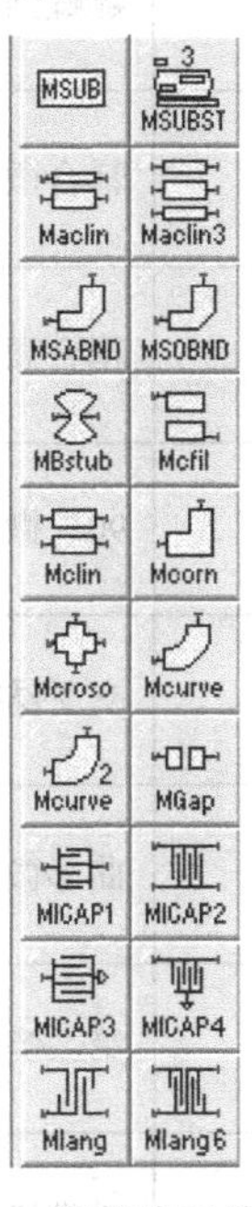


图 2.7　微带线元件面板

表 2.15　微带线元件面板主要元件说明

| 元　件　名 | 功 能 描 述 |
| --- | --- |
| MSUB | 微带线基底 |
| MSUBST | 三层微带线基底 |
| Maclin | 非对称微带耦合线 |
| Maclin3 | 三导体非对称微带耦合线 |
| MSABND | 任意切角微带线 |

续表

| 元 件 名 | 功 能 描 述 |
| --- | --- |
| MSOBND | 最优切角微带线 |
| MBstub | 蝴蝶结微带线 |
| Mcfil | 耦合微带滤波结 |
| Mclin | 耦合微带线 |
| Mcorn | 90° 微带线 |
| Mcroso | 交叉结微带线 |
| Mcurve | 曲形微带线 |
| Mcurve2 | 第二类曲形微带线 |
| MGap | 微带线隙 |
| MICAP1 | 二端口叉指电容微带线 |
| MICAP2 | 四端口叉指电容微带线 |
| MICAP3 | 一端口叉指电容微带线 |
| MICAP4 | 接地形二端口叉指电容微带线 |
| Mlang | 微带线耦合结 |
| Mlang6 | 六指微带线耦合结 |

### 3. 带状线

带状线元件面板如图 2.8 所示，带状线的参数设置相对简单，以带状线模型 Slin 为例，用户可以在带状线中设置带状线宽度、长度、温度参数值，其他的带状线模型参数略有不同，可以根据设计需要调用不同的模型，表 2.16 对带状线元件面板中的主要元件进行了说明。

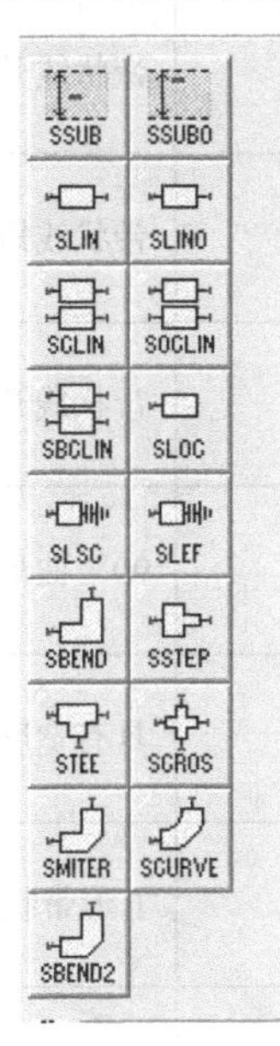


图 2.8　带状线元件面板

**表 2.16　带状线元件面板主要元件说明**

| 元　件　名 | 功 能 描 述 |
|---|---|
| SSUB | 带状线基底 |
| SSUBO | 具有失调的带状线基底 |
| SLIN | 带状线 |
| SLINO | 具有失调的带状线 |
| SCLIN | 边缘耦合带状线 |
| SOCLIN | 失调耦合带状线 |

续表

| 元 件 名 | 功 能 描 述 |
| --- | --- |
| SBCLIN | 宽带耦合带状线 |
| SLOC | 带状线开路结 |
| SLSC | 带状线短路结 |
| SLEF | 带状线开路效应结 |
| SBEND | 90° 曲形带状线 |
| SSTEP | 具有宽度变化的带状线 |
| STEE | T 形带状线 |
| SCROS | 交叉带状线 |
| SMITER | 90° 优化带状线 |
| SCURVE | 曲度带状线 |
| SBEND2 | 任意曲度带状线 |

其他分布参数元件，如波导、印制电路板传输线、多层传输线等参数设置与上述三类大致相同，用户可以根据设计需要进行调用和设置。

## 2.3.3 非线性元件

ADS 中的非线性元件库主要包括二极管和 BJT、GaAs、MOS、FET 等三极管模型。元件面板如图 2.9 所示，表 2.17～表 2.21 对各个非线性元件面板中的主要元件进行了说明。

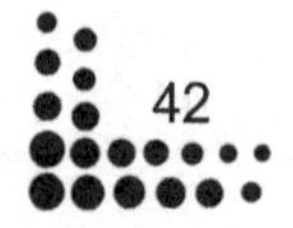

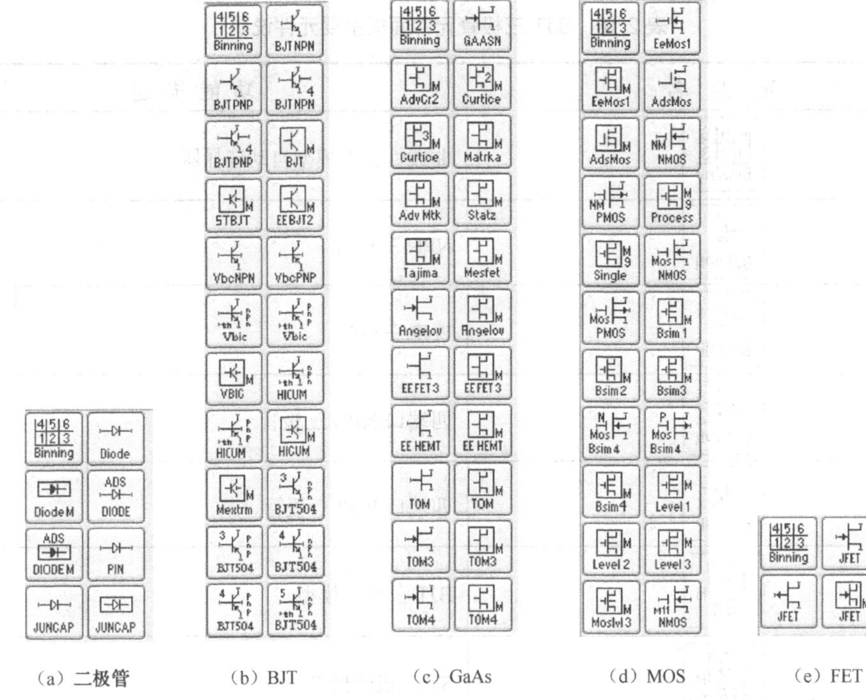


（a）二极管　（b）BJT　（c）GaAs　（d）MOS　（e）FET

图 2.9　非线性元件面板

表 2.17　二极管元件面板主要元件说明

| 元　件　名 | 功 能 描 述 |
|---|---|
| Binning | 非线性元件模型自动选择器 |
| Diode | PN 结二极管 |
| Diode M | PN 结二极管模型 |
| ADS DIODE | 基于 ADS 的仿真二极管 |
| ADS DIODE M | 基于 ADS 的仿真二极管模型 |
| PIN | PIN 二极管 |
| JUNCAP | PHILIPS 结电容器件 |
| JUNCAP | PHILIPS 结电容器件模型 |

表 2.18　BJT 三极管元件面板主要元件说明

| 元 件 名 | 功 能 描 述 |
| --- | --- |
| Binning | 非线性元件模型自动选择器 |
| BJTNPN | NPN 三极管 |
| BJTPNP | PNP 三极管 |
| BJTNPN | 四端口 NPN 三极管 |
| BJTPNP | 四端口 PNP 三极管 |
| BJT | BJT 三极管模型 |
| STBJT | ST 三极管模型 |
| EEBJT2 | EE 三极管模型 |
| VbcNPN | VBIC 非线性 NPN 三极管 |
| VbcPNP | VBIC 非线性 PNP 三极管 |
| Vbic | 带热端口的 NPN 三极管 |
| Vbic | 带热端口的 PNP 三极管 |
| VBIC | VBIC 三极管模型 |
| HICUM | HICUM 型 NPN 三极管 |
| HICUM | HICUM 型 PNP 三极管 |
| HICUM | HICUM 型三极管模型 |

续表

| 元　件　名 | 功 能 描 述 |
|---|---|
| Mextrm | 用于设置晶圆厂参数的三极管模型 |
| BJT504 | 非线性 504NPN 三极管 |
| BJT504 | 非线性 504PNP 三极管 |
| BJT504 | 四端口非线性 504NPN 三极管 |
| BJT504 | 四端口非线性 504PNP 三极管 |
| BJT504 | 带热端口的五端口非线性 504NPN 三极管 |

表 2.19　GaAs 三极管元件面板主要元件说明

| 元　件　名 | 功 能 描 述 |
|---|---|
| Binning | 非线性元件模型自动选择器 |
| GAASN | 非线性 GaAs 三极管 |
| AdvCr2 | 先进的平方率 GaAs 三极管模型 |
| Curtice | 标准平方率 GaAs 三极管模型 |
| Curtice | 第三类平方率 GaAs 三极管模型 |
| Matrka | Materka GaAs 三极管模型 |
| Adv Mtk | 先进的 Materka GaAs 三极管模型 |
| Statz | Statz Raytheon GaAs 三极管模型 |
| Tajima | Tajima GaAs 三极管模型 |

续表

| 元 件 名 | 功 能 描 述 |
| --- | --- |
| M Mesfet | MESFET GaAs 三极管模型 |
| Angelov | Angelov 非线性 GaAs 三极管 |
| M Angelov | Angelov 非线性 GaAs 三极管模型 |
| EEFET3 | 第二代 EE 非线性 GaAs 三极管 |
| M EEFET3 | 第二代 EE 非线性 GaAs 三极管模型 |
| EE HEMT | EE 非线性 HEMT 三极管 |
| M EE HEMT | EE 非线性 HEMT 三极管模型 |
| TOM | 可升级的 TriQuint 非线性 GaAs 三极管 |
| M TOM | 可升级的 TriQuint 非线性 GaAs 三极管模型 |
| TOM3 | 可升级的 TriQuint 非线性 FET 三极管 |
| M TOM3 | 可升级的 TriQuint 非线性 FET 三极管模型 |
| TOM4 | 可升级的 TriQuint TOM4 非线性 FET 三极管 |
| M TOM4 | 可升级的 TriQuint TOM4 非线性 FET 三极管模型 |

表 2.20　MOS 三极管元件面板主要元件说明

| 元 件 名 | 功 能 描 述 |
| --- | --- |
| 4 5 6 1 2 3 Binning | 非线性元件模型自动选择器 |
| EeMos1 | EE 非线性 MOS 三极管 |

续表

| 元 件 名 | 功 能 描 述 |
|---|---|
| EeMos1 | EE 非线性 MOS 三极管模型 |
| AdsMos | 先进的非线性 MOS 三极管 |
| AdsMos | 先进的非线性 MOS 三极管模型 |
| NMOS | PHILIPS Model 9 MOS 三极管 |
| PMOS | PHILIPS Model 9 MOS 三极管模型 |
| Process | PHILIPS Model 9 MOS 三极管工艺设置模型 |
| Single | 单一器件的 Philips Model 9 MOS 三极管工艺设置模型 |
| NMOS | 四端口 NMOS 三极管 |
| PMOS | 四端口 PMOS 三极管 |
| Bsim1 | BSIM1 MOS 三极管工艺模型 |
| Bsim2 | BSIM2 MOS 三极管工艺模型 |
| Bsim3 | BSIM3 MOS 三极管工艺模型 |
| Bsim4 | BSIM4 NMOS 三极管 |
| Bsim4 | BSIM4 PMOS 三极管 |
| Bsim4 | BSIM4 MOS 三极管工艺模型 |
| Level1 | Level1 MOS 三极管工艺模型 |
| Level2 | Level2 MOS 三极管工艺模型 |

续表

| 元 件 名 | 功 能 描 述 |
| --- | --- |
|  Level 3 | Level3 MOS 三极管工艺模型 |
|  Moslvl3 | Level3 NMOD MOS 三极管工艺模型 |
|  M11 NMOS | PHILIPS Model 11 MOS 三极管 |

表 2.21　FET 三极管元件面板主要元件说明

| 元 件 名 | 功 能 描 述 |
| --- | --- |
|  Binning | 非线性元件模型自动选择器 |
|  JFET | 非线性结 FET N 型三极管 |
|  JFET | 非线性结 FET P 型三极管 |
|  JFET | 非线性结 FET 三极管模型 |

用户可以根据需要对二极管参数进行扫描分析，以确定最合适的模型。三极管模型可以在调用后手动设置参数，也可以根据半导体晶圆厂提供的模型文件导入后进行设置，以符合晶圆厂的生产标准。

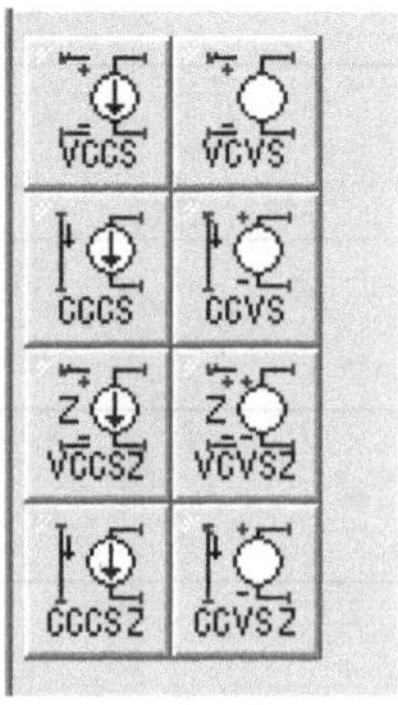

## 2.3.4　信号源

ADS 信号源库中包含多种类型的信号源，以满足设计者在不同场合进行设计、仿真的需要，其中主要有受控源、时域信号源、频域信号源、调制信号源和噪声信号源几大类。

### 1. 受控源

受控源元件面板如图 2.10 所示，主要包括压控压源、流控压源、压控流源、流控流源及它们在 Z 域的模型，表 2.22 对受控源元件面板中的主要元件进行了说明。

VCCS VCVS CCCS CCVS VCCSZ VCVSZ CCCSZ CCVSZ

图 2.10　受控源元件面板

表 2.22 受控源元件面板面板主要元件说明

| 元 件 名 | 功 能 描 述 |
|---|---|
| VCCS | 线性压控电流源 |
| VCVS | 线性压控电压源 |
| CCCS | 线性流控电流源 |
| CCVS | 线性流控电压源 |
| VCCSZ | Z 域线性压控电流源 |
| VCVSZ | Z 域线性压控电压源 |
| CCCSZ | Z 域线性流控电流源 |
| CCVSZ | Z 域线性流控电压源 |
| VCCSP | 带零极点对的线性压控电流源 |
| VCVSP | 带零极点对的线性压控电压源 |
| VCCSR | 带零极点对的线性流控电流源 |
| VCVSR | 带零极点对的线性流控电压源 |

2. 时域信号源

时域信号源元件面板如图 2.11 所示，主要包括在时域仿真中使用的直流电压源、直流电流源、脉冲源、正弦波源等。这些信号源构成了时域信号仿真的基本源，是时域仿真最基本的元件，表 2.23 对时域信号源元件面板中的主要元件进行了说明。

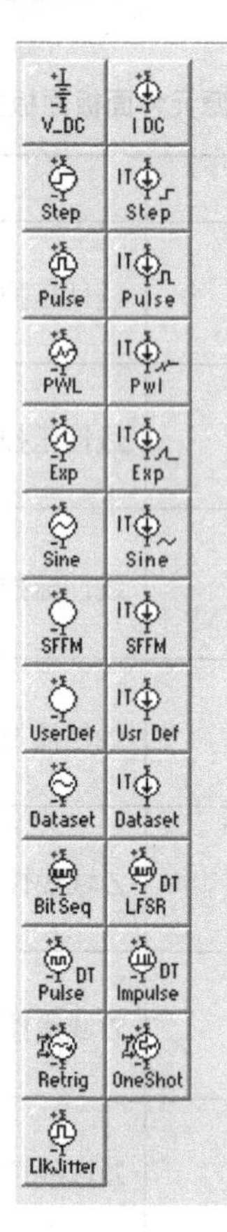


图 2.11　时域信号源元件面板

**表 2.23　时域信号源元件面板主要元件说明**

| 元 件 名 | 功 能 描 述 |
| --- | --- |
| V_DC | 直流电压源 |
| I DC | 直流电流源 |
| Step | 阶跃电压源 |
| Step | 阶跃电流源 |
| Pulse | 脉冲电压源 |
| Pulse | 脉冲电流源 |

续表

| 元　件　名 | 功 能 描 述 |
|---|---|
| PWL | 分段电压源 |
| IT Pwl | 分段电流源 |
| Exp | 指数电压源 |
| IT Exp | 指数电流源 |
| Sine | 正弦电压源 |
| IT Sine | 正弦电流源 |
| SFFM | 单频率 FM 电压源 |
| IT SFFM | 单频率 FM 电流源 |
| UserDef | 用户自定义电压源 |
| IT Usr Def | 用户自定义电流源 |
| Dataset | 由导入波形数据定义的电压源 |
| IT Dataset | 由导入波形数据定义的电流源 |
| BitSeq | 连续时间伪随机位流 |
| DT LFSR | 离散时间伪随机脉冲电压源 |
| DT Pulse | 离散时间脉冲电压源 |
| DT Impulse | 离散时间脉冲序列电压源 |
| Retrig | 用户自定义重复发生电压源 |

续表

| 元 件 名 | 功 能 描 述 |
|---|---|
| OneShot | 重复脉冲电压源 |
| ClkJitter | 带抖动的时钟发生器 |

### 3．频域信号源

相对于时域信号仿真，ADS 还设置了频域信号源元件面板，频域信号源主要用于在频域仿真中产生周期和非周期的信号，是分析电路频率响应的基本元件。在频域信号源中包括直流源、交流源、脉冲源、单频/多频源等。频域信号源元件面板如图 2.12 所示，表 2.24 对频域信号源元件面板中的主要元件进行了说明。

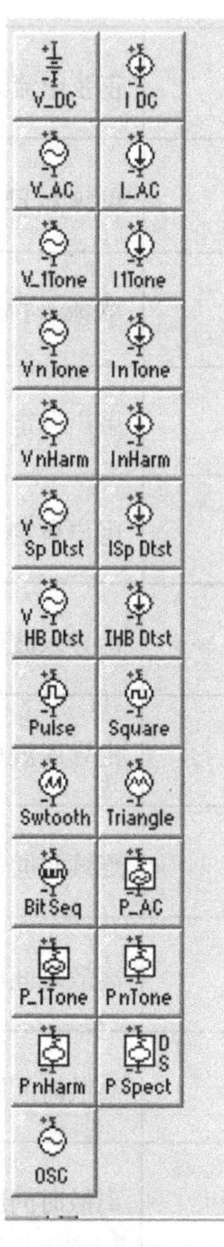


图 2.12　频域信号源元件面板

表 2.24　频域信号源元件面板主要元件说明

| 元　件　名 | 功 能 描 述 |
| --- | --- |
| V_DC | 频域直流电压源 |
| I DC | 频域直流电流源 |
| V_AC | 交流电压源 |
| I_AC | 交流电流源 |
| V_1Tone | 单音电压源 |
| I1Tone | 单音电流源 |
| Vn Tone | 多音电压源 |
| In Tone | 多音电流源 |
| VnHarm | 带基波及 $n$ 次谐波的电压源 |
| InHarm | 带基波及 $n$ 次谐波的电流源 |
| V Sp Dtst | 由导入频谱数据定义的电压源 |
| ISp Dtst | 由导入频谱数据定义的电流源 |
| V HB Dtst | 由导入频谱和谐波数据定义的电压源 |
| IHB Dtst | 由导入频谱和谐波数据定义的电流源 |
| Pulse | 频域脉冲电压源 |
| Square | 频域方波电压源 |
| Swtooth | 频域锯齿电压源 |

续表

| 元 件 名 | 功 能 描 述 |
|---|---|
| Triangle | 连续三角波电压源 |
| Bit Seq | 频域连续时间伪随机位流 |
| P_AC | 交流功率源 |
| P_1Tone | 单音功率源 |
| PnTone | 多音功率源 |
| PnHarm | 带谐波的功率源 |
| P Spect | 由导入频谱数据定义的功率源 |
| OSC | 带相位噪声的振荡源 |

## 4. 调制信号源

调制信号源主要为电压源或者功率源，依据一定的调制标准，如 CDMA、GSM、DECT 等产生相应的脉冲信号或阶跃信号调制源。调制信号源元件面板如图 2.13 所示，表 2.25 对调制信号源元件面板中的主要元件进行了说明。

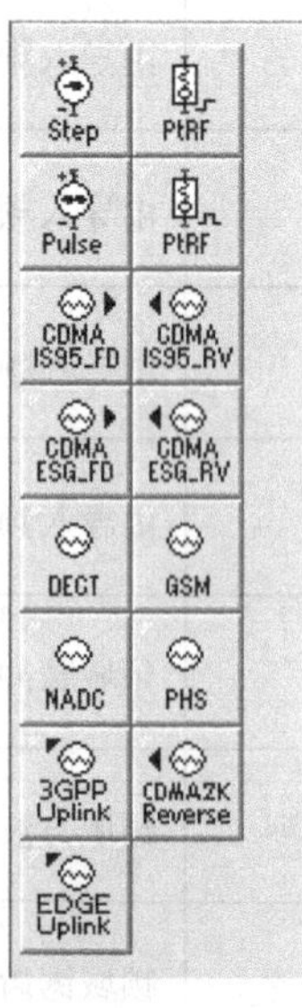


图 2.13 调制信号源元件面板

表 2.25 调制信号源元件面板主要元件说明

| 元 件 名 | 功 能 描 述 |
|---|---|
| Step | 阶跃射频电压源 |
| PtRF | 调制分段射频电压源 |
| Pulse | 脉冲射频电压源 |
| PtRF | 分段阶跃射频电压源 |
| VtRf SStudio | 基于导入数据的射频电压源 |
| CDMA IS95_FD | 由 CDMA 调制的上行射频载波信号源 |
| CDMA IS95_RV | 由 CDMA 调制的下行射频载波信号源 |
| CDMA ESG_FD | 由 IS95 CDMA 调制的上行射频载波信号源 |
| CDMA ESG_RV | 由 IS95 CDMA 调制的下行射频载波信号源 |
| DECT | DECT 调制信号源 |
| GSM | GSM 调制信号源 |
| NADC | NADC 调制信号源 |
| PHS | PHS 调制信号源 |
| 3GPP Uplink | 3GPP 调制信号源 |
| CDMA2K Reverse | CDMA2000 调制信号源 |
| EDGE Uplink | EDGE 调制信号源 |

### 5. 噪声信号源

噪声信号源中包括电压噪声源、电流噪声源及二端口网络的等效噪声源。用户可以通过在电路中添加噪声信号源，对电路或者系统的噪声特性进行定量分析。噪声信号源元件面板如图 2.14 所示，表 2.26 对噪声信号源元件面板中的主要元件进行了说明。

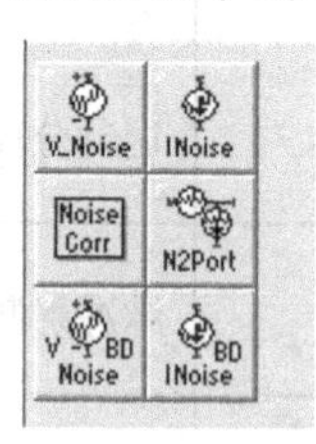


图 2.14　噪声信号源元件面板

表 2.26　噪声信号源元件面板主要元件说明

| 元　件　名 | 功 能 描 述 |
| --- | --- |
| V_Noise | 噪声电压源 |
| INoise | 噪声电流源 |
| Noise Corr | 噪声源相关器 |
| N2Port | 线性噪声二端口网络 |
| V BD Noise | 独立噪声电压源 |
| BD INoise | 独立噪声电流源 |

## 2.3.5　系统模型元件

为方便设计者进行系统级的仿真验证，ADS 中提供了丰富的电路系统级模型。在进行诸如接收机等大型系统仿真中，用户可以直接调用低噪声放大器、混频器、滤波器等电路模块，并进行参数设置，而不必手动搭建具体电路，有效缩短了系统验证时间，也为系统初期规划奠定了电路基础，使得设计者可以很容易地将系统指标划分到各个电路模块，提高了设计效率。

### 1. 放大器和混频器

放大器和混频器是射频系统中最重要的模块。放大器为信号提供一定的增益放大，混频器提供信号的变频操作。放大器中还提供了自动增益控制环路（AGC）、运算放大器等模块，

混频器中也包含了普通混频器和自带本振信号的混频器。放大器和混频器元件面板如图 2.15 所示，表 2.27 对放大器和混频器元件面板中的主要元件进行了说明。

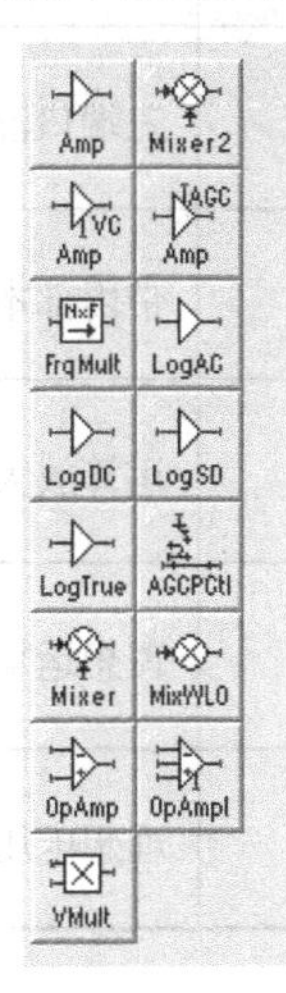


图 2.15　放大器和混频器元件面板

**表 2.27　放大器和混频器元件面板主要元件说明**

| 元 件 名 | 功 能 描 述 |
|---|---|
| Amp | 标准放大器 |
| Mixer2 | 标准混频器 |
| VC Amp | 理想压控放大器 |
| AGC Amp | 可变增益放大器 |
| NxF FrqMult | 理想频率乘法器 |
| LogAC | 交流调制对数放大器 |
| LogDC | 直流调制对数放大器 |
| LogSD | 连续监测对数放大器 |
| LogTrue | 标准对数放大器 |

续表

| 元 件 名 | 功 能 描 述 |
| --- | --- |
| Mixer | 三端口混频器 |
| MixWLO | 带内部本振的混频器 |
| OpAmp | 运算放大器 |
| OpAmpI | 理想运算放大器 |
| VMult | 理想电压乘法器 |

## 2. 滤波器

滤波器元件库中包括了低通、高通、带通和带阻四个面板，每个面板又按逼近函数分为巴特沃兹、切比雪夫、贝塞尔、椭圆等类型的滤波器。四种滤波器元件面板如图 2.16 所示，表 2.28～表 2.31 分别对低通、高通、带通和带阻四种滤波器元件面板中的主要元件进行了说明。

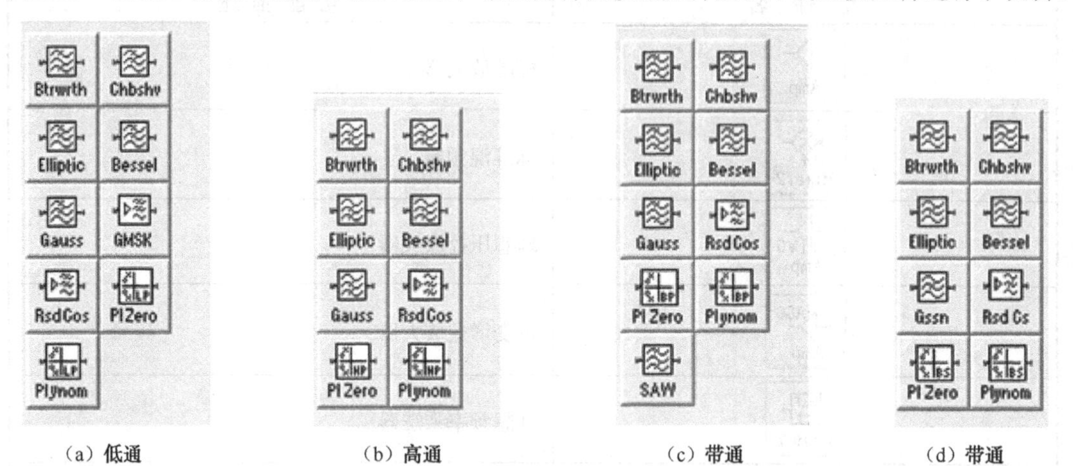


（a）低通　（b）高通　（c）带通　（d）带通

图 2.16　四种滤波器元件面板

表 2.28　低通滤波器元件面板主要元件说明

| 元 件 名 | 功 能 描 述 |
| --- | --- |
| Btrwrth | 巴特沃兹低通滤波器 |
| Chbshv | 切比雪夫低通滤波器 |

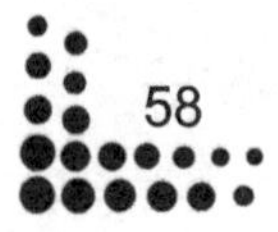

续表

| 元　件　名 | 功 能 描 述 |
| --- | --- |
| Elliptic | 椭圆低通滤波器 |
| Bessel | 贝塞尔低通滤波器 |
| Gauss | 高斯低通滤波器 |
| GMSK | CMSK 低通滤波器 |
| RsdCos | 升余弦低通滤波器 |
| PlZero | 零极点低通滤波器 |
| Plynom | 多项式低通滤波器 |

表 2.29　高通滤波器元件面板主要元件说明

| 元　件　名 | 功 能 描 述 |
| --- | --- |
| Btrwrth | 巴特沃兹高通滤波器 |
| Chbshv | 切比雪夫高通滤波器 |
| Elliptic | 椭圆高通滤波器 |
| Bessel | 贝塞尔高通滤波器 |
| Gauss | 高斯高通滤波器 |
| RsdCos | 升余弦高通滤波器 |
| Pl Zero | 零极点高通滤波器 |
| Plynom | 多项式高通滤波器 |

表 2.30　带通滤波器元件面板主要元件说明

| 元 件 名 | 功 能 描 述 |
|---|---|
| Btrwrth | 巴特沃兹带通滤波器 |
| Chbshv | 切比雪夫带通滤波器 |
| Elliptic | 椭圆带通滤波器 |
| Bessel | 贝塞尔带通滤波器 |
| Gauss | 高斯带通滤波器 |
| RsdCos | 升余弦带通滤波器 |
| Pl Zero | 零极点带通滤波器 |
| Plynom | 多项式带通滤波器 |
| SAW | 声表面波带通滤波器 |

表 2.31　带阻滤波器元件面板主要元件说明

| 元 件 名 | 功 能 描 述 |
|---|---|
| Btrwrth | 巴特沃兹带阻滤波器 |
| Chbshv | 切比雪夫带阻滤波器 |
| Elliptic | 椭圆带阻滤波器 |
| Bessel | 贝塞尔带阻滤波器 |
| Gssn | 高斯带阻滤波器 |
| Rsd Cs | 升余弦带阻滤波器 |

续表

| 元　件　名 | 功 能 描 述 |
| --- | --- |
| Pl Zero | 零极点带阻滤波器 |
| Plynom | 多项式带阻滤波器 |

### 3. 调制、解调模块

ADS 中提供了多种调制类型的数字或模拟调制模块，包括 AM 调制和解调模块、FM 调制和解调模块、FM 调制和解调模块和 IQ、BPSK、QPSK 调制模块，调制解调模块面板如图 2.17 所示，表 2.32 对调制、解调模块元件面板中的主要元件进行了说明。

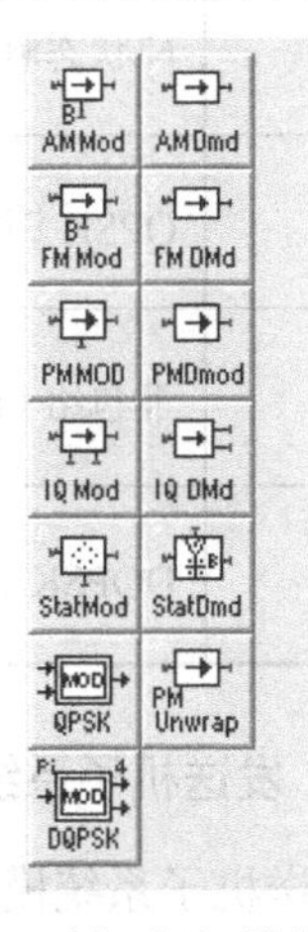


图 2.17　调制、解调模块元件面板

表 2.32　调制、解调模块元件面板主要元件说明

| 元　件　名 | 功 能 描 述 |
| --- | --- |
| AMMod | AM 调制模块 |
| AMDmd | AM 解调模块 |
| FM Mod | FM 调制模块 |
| FM DMd | FM 解调模块 |
| PMMOD | PM 调制模块 |

续表

| 元 件 名 | 功 能 描 述 |
|---|---|
| PMDmod | PM 解调模块 |
| IQ Mod | IQ 调制模块 |
| IQ DMd | IQ 解调模块 |
| StatMod | N 状态调制模块 |
| StatDmd | N 状态解调模块 |
| QPSK | QPSK 调制模块 |
| PM Unwrap | 非包络 PM 调制模块 |
| DQPSK | DQPSK 调制模块 |

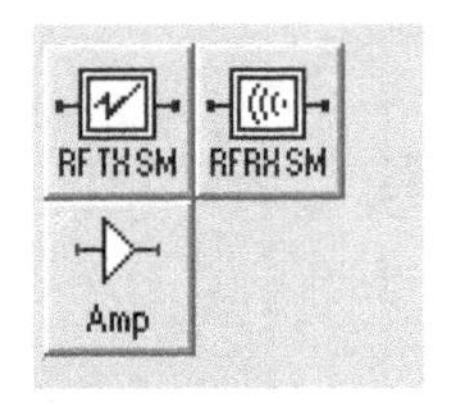


图 2.18 接收机、发送机子系统模块面板

### 4．接收机、发送机子系统模块

接收机、发送机子系统模块中的模块较少，只包括一个发送机、一个接收机和一个放大器模块，但对于设计者，就可以调用这两个模块进行收发系统的宏观行为级仿真，也是非常重要的模块。接收机、发送机子系统模块面板如图 2.18 所示，表 2.33 对接收机、发送机子系统模块元件面板中的主要元件进行了说明。

表 2.33 接收机、发送机子系统模块元件面板主要元件说明

| 元 件 名 | 功 能 描 述 |
|---|---|
| RFTXSM | 射频发送机模块 |
| RFRXSM | 射频接收机模块 |
| Amp | 射频功率放大器 |

## 2.4　ADS 的基本设计流程

本节以一个带宽为 2MHz 的低通无源滤波器作为设计实例，说明 ADS 建立工程、原理图、仿真及数据显示的相关操作和基本流程。读者可以通过这个流程熟悉 ADS 的基本操作和仿真设置，为以后学习其他仿真设计打好基础。

### 2.4.1　ADS 工程建立

在使用 ADS 进行仿真设计时，首先要建立一个工程（Project）。一个工程的内容包括电路原理图、电路版图、仿真分析数据及输出信息等。一个建立好的工程窗口如图 2.19 所示。

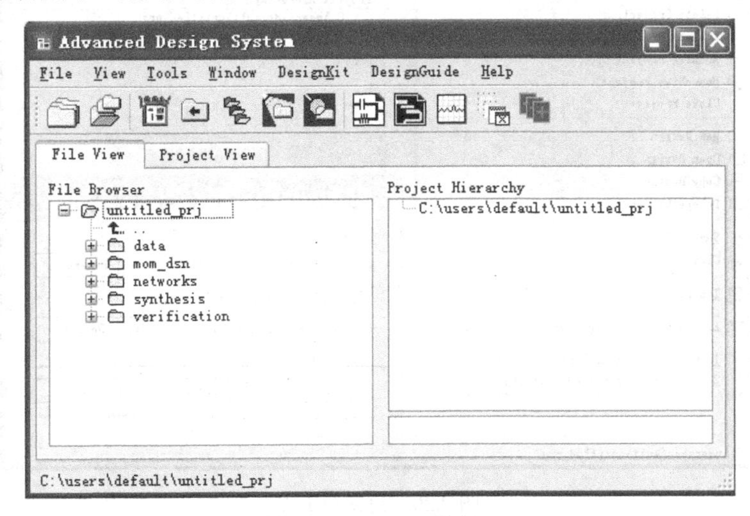


图 2.19　ADS 工程窗口

工程文件夹下还包含了几个子文件夹 data，mom_dsn，network，systhesis 和 verification，它们的具体内容如表 2.34 所示。

表 2.34　工程文件夹下子文件夹所包含的内容

| 文　件　夹 | 包含的内容 |
|---|---|
| data | 包含工程中所有电路原理图仿真的数据 |
| mom_dsn | 包含工程中与矩量法相关的设计和数据 |
| network | 包含工程中的电路原理图和版图 |
| systhesis | 包含工程中与数字信号处理相关的数据 |
| verification | 包含工程中的设计规则验证文件 |

了解了工程窗口所包含的主要内容后，就可以开始建立一个工程了，建立工程步骤如下

所示。

（1）运行 ADS，弹出 ADS 主窗口。

（2）在菜单栏中，选择[File]→[New]→[Project]命令，弹出“New Project”对话框，在“Name”栏中默认的工程路径为“c:\uers\default”，在这路径的末尾输入工程名称“FilteLab”。也可以通过[Browes]按钮改变工程存储路径。在“Project Technology File”栏中可以按照需求选择工程中电路的长度单位，有三种单位可选，分别是“mil”，“milimeter”和“micro”，之后单击[OK]按钮，完成工程建立，如图 2.20 所示。此时会自动弹出原理图窗口，用户可以在这个窗口直接建立电路图。

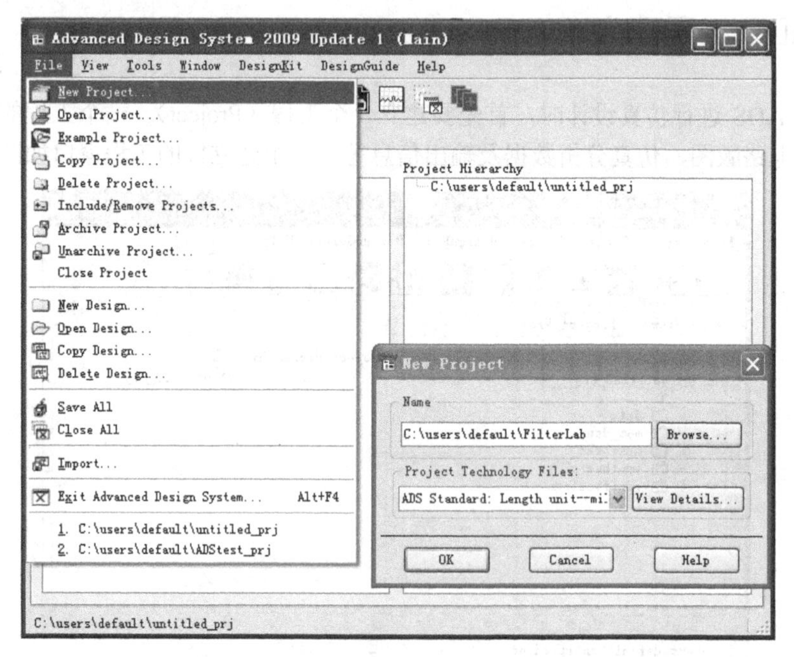


图 2.20 建立新工程

（3）建立工程后，在主窗口的文件区会自动生成 data，mom_dsn，network，systhesis 及 verification 的文件夹，但这些文件夹暂时为空，没有相应的文件，如图 2.21 所示。

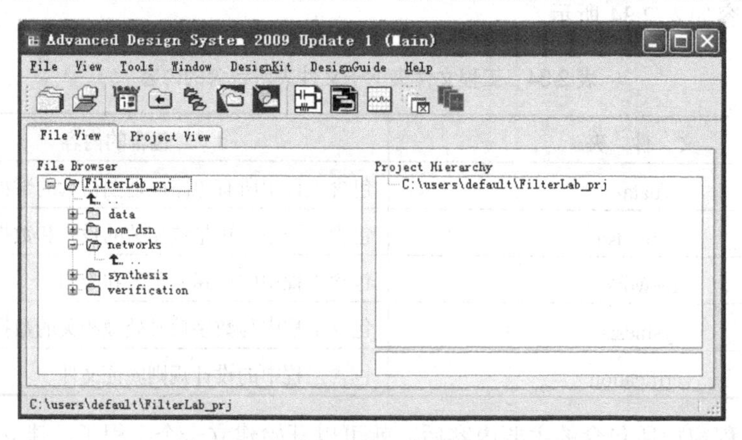


图 2.21 主窗口文件区中空的工程目录

## 2.4.2　ADS 设计仿真建立

在 2.4.1 节建立完工程后，就可以开始在原理图窗口中建立电路原理图了。

（1）在 ADS 主窗口的菜单栏中选择[Window]→[New Schematic]命令，建立电路原理图，如图 2.22 所示。也可以在工具栏中选择图标 建立电路原理图，此时原理图窗口就会弹出。

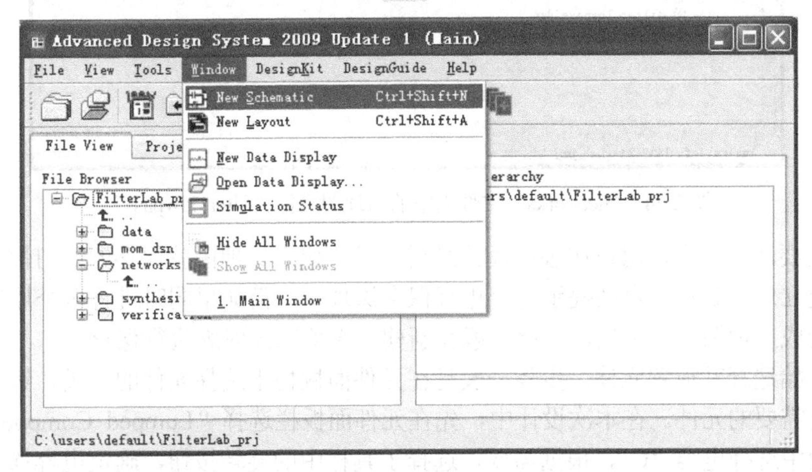


图 2.22　在主窗口的菜单栏中选择[Window]→[New Schematic]命令

（2）此时打开的原理图如图 2.23 所示，在标题栏中显示名称为“untitled”，我们首先给这个原理图命名，并进行保存。

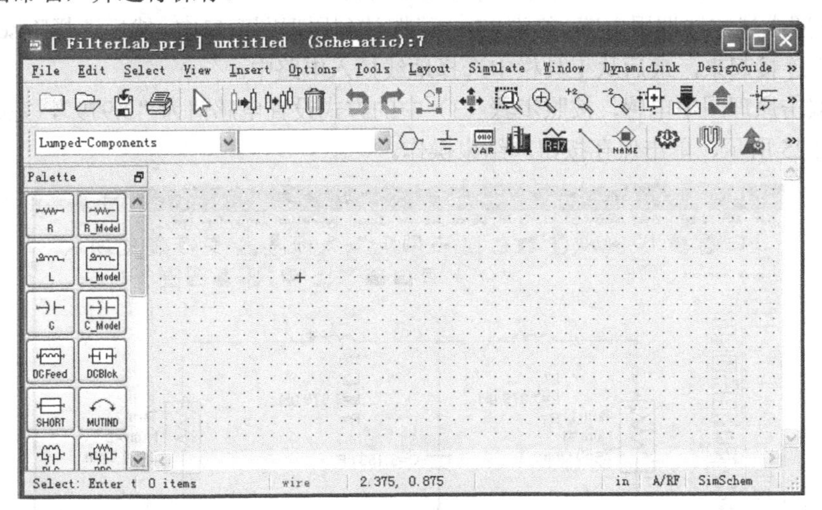


图 2.23　未保存的原理图

在菜单栏中选择[File]→[Save Design]命令，弹出对话框，在弹出的对话框中输入“filter_lowpass”，单击[Save]按钮，原理图就保存到建立的工程中，此时在文件区的工程“networks”文件夹中就可以看到原理图文件“filter_lowpass”，如图 2.24 所示。

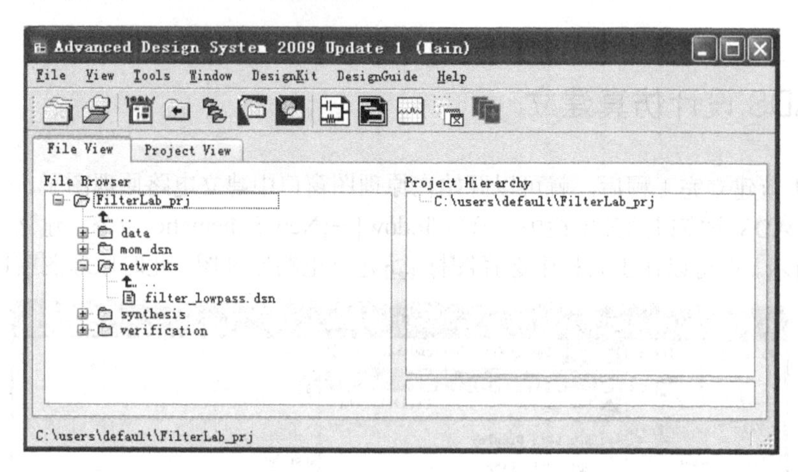


图 2.24 “networks”文件夹中的原理图文件“filter_lowpass”

这里需要注意一点，用户在进行设计时需养成一建立原理图就保存的好习惯。虽然在完成原理图建立后 ADS 会自动提示是否进行保存原理图，但如果同时进行多个原理图设计，容易遗漏造成原理图设计丢失，因此一般在新建一个原理图时就进行保存。

（3）开始选择并放置元件，步骤一般是在元件面板栏中选择元件的大类，然后从元件面板中选择所需要的元件。在本次设计中，先在元件面板栏选择“Lumped Component”，然后从元件面板中选择电容“C”，根据需要，选择工具栏中的旋转按钮，确定电容摆放方向，单击鼠标左键，就可以在原理图中插入电容了。然后按下键盘中的“Esc”键或单击鼠标右键选择[End Command]命令，结束本次操作。双击原理图中的电容，在弹出的对话框中输入电容值“3.183”，选择单位“nF”，单击[OK]按钮完成设置。

（4）按照上述方法调用电感，终端“Term”摆放到原理图窗口中，然后选择[Insert]→[Wire]命令将元件连接起来，最后从工具栏中选择地线插入电路中。

（5）双击原理图中电感，按照步骤（3）中的方式设置电感值为“3.979”，完成电路的建立，如图 2.25 所示，单击保存按钮，结束操作。

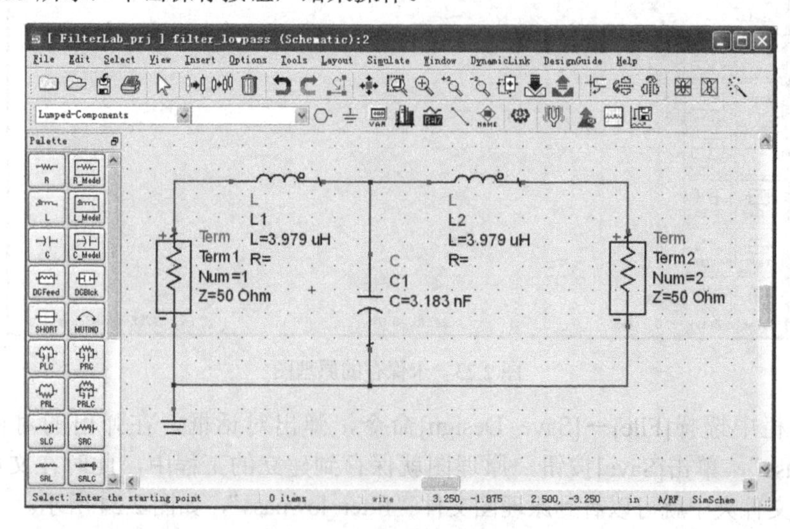


图 2.25 低通滤波器原理图

### 2.4.3　ADS 仿真参数设置

建立好电路原理图后，就可以进行仿真参数设置了。对低通滤波器进行 S 参数仿真就可以验证滤波器的交流性能。

（1）从 S 参数仿真面板“Simulation-S_Param”中选择 S 参数仿真控制器（SP），插入原理图中，如图 2.26 所示。

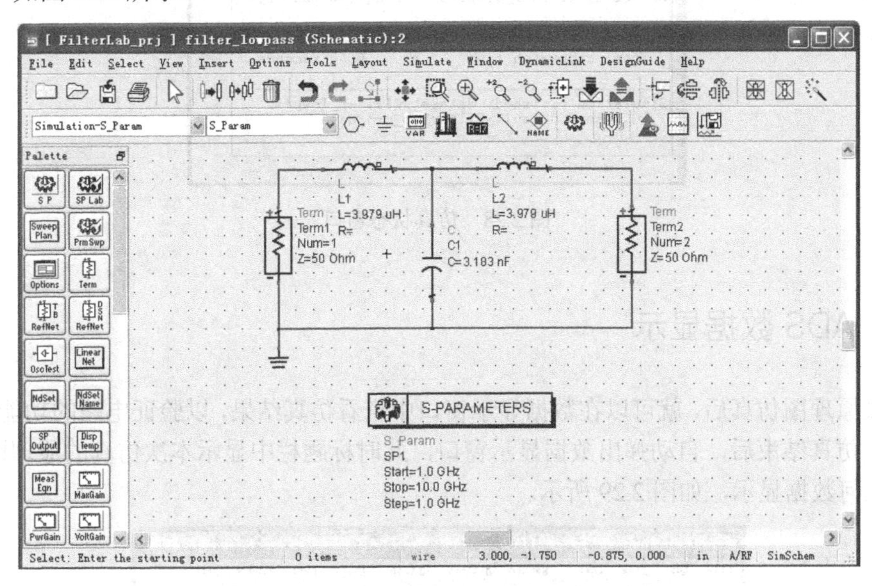


图 2.26　插入 S 参数仿真控制器后的原理图

（2）在原理图中双击 S 参数仿真控制器，弹出参数设置对话框，由于低通滤波器设计目标是带宽为 2MHz，先选择“Start/Stop”方式，设置仿真开始频率和结束频率，然后在“Start”中选择仿真开始频率为“10.0”，单位为“kHz”；在结束频率“Stop”中选择仿真结束频率为“20.0”，单位为“MHz”；在“Sweep Type”中选择扫描类型为线性“Linear”，然后在“Step-size”中选择仿真点的步进，这里选择“100”，单位为“kHz”，在“Num of pts.”中就会自动显示仿真的总点数“201”，如图 2.27 所示，单击[OK]按钮，完成设置。

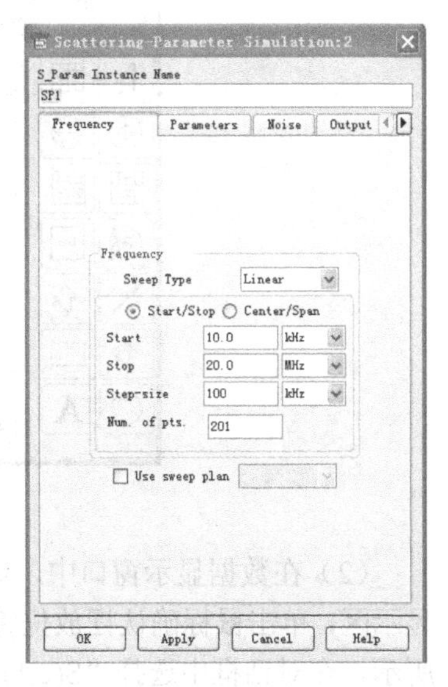


图 2.27　设置 S 参数仿真控制器

（3）在原理图窗口的工具栏中单击[Simulation]按钮，开始仿真，在仿真过程中，仿真状态窗口会自动显示仿真信息，包括仿真检查、数组写入和数据窗口生成等信息，如图 2.28 所示。

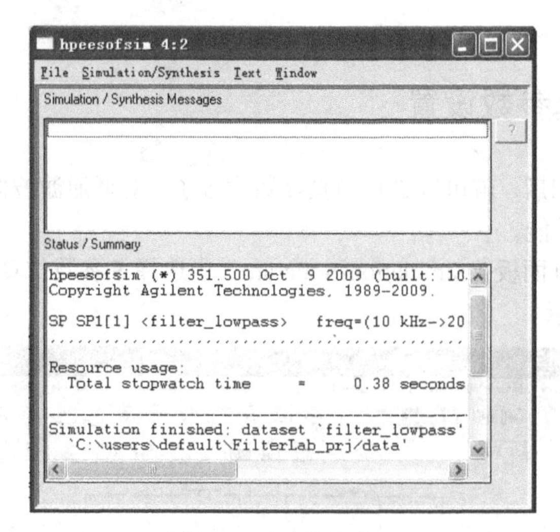


图 2.28　仿真状态窗口

## 2.4.4　ADS 数据显示

完成原理图仿真后，就可以在数据显示窗口中查看仿真结果，以验证电路的功能和性能。

（1）仿真结束后，自动弹出数据显示窗口，此时标题栏中显示本次仿真的原理图名称，但没有任何数据显示，如图 2.29 所示。

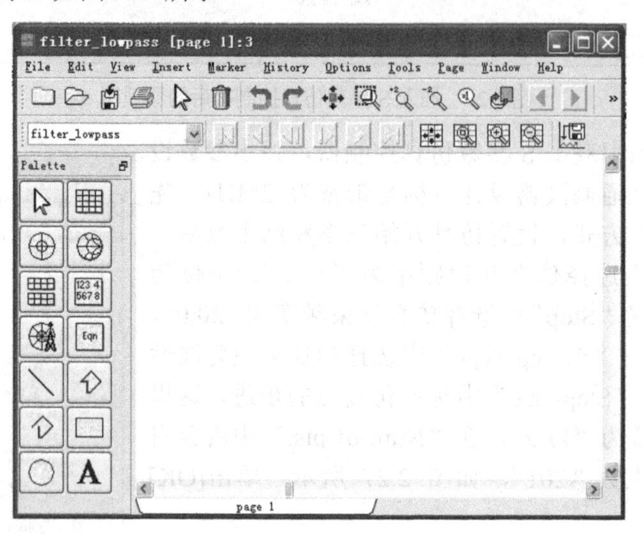


图 2.29　数据显示窗口

（2）在数据显示窗口中，选择矩形显示“Rectangular Plot”选项，移动鼠标放置到图形显示区，单击鼠标确认摆放位置，此时自动弹出“Plot Traces & Attributes”对话框，如图 2.30 所示，在对话框中选择“S(2,1)”，单击[Add]按钮，自动弹出“Complex Data”对话框，在对话框中选择显示的单位为“dB”，如图 2.31 所示，单击[OK]按钮，回到“Plot Traces & Attributes”对话框后再次单击[OK]按钮，滤波器频率响应的波形就出现在波形显示区中。

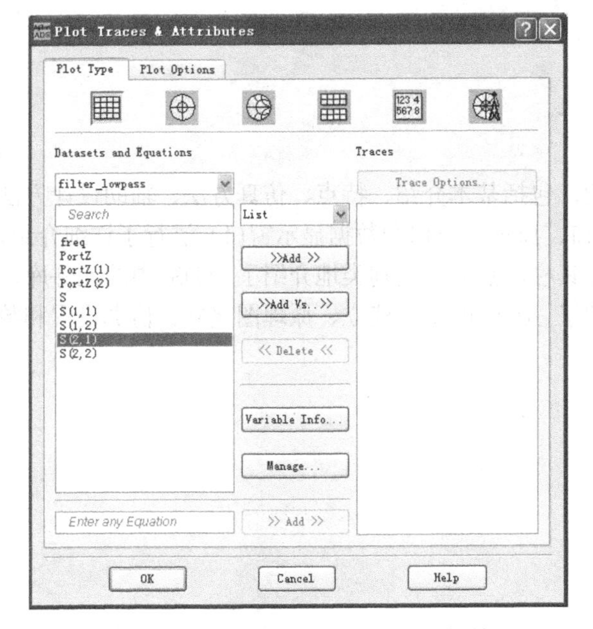

图 2.30 “Plot Traces & Attributes”对话框

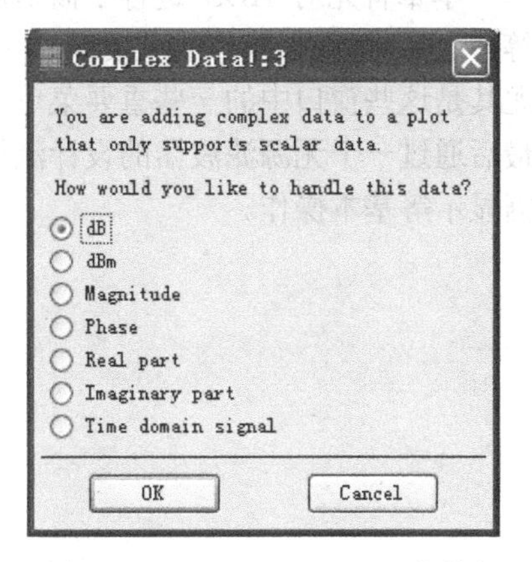


图 2.31 “Complex Data” 对话框

（3）选择菜单栏中的[Marker]→[New]命令，在波形上单击鼠标就可以对波形进行标记，如图 2.32 所示，标记显示滤波器 3dB 带宽为 2MHz。

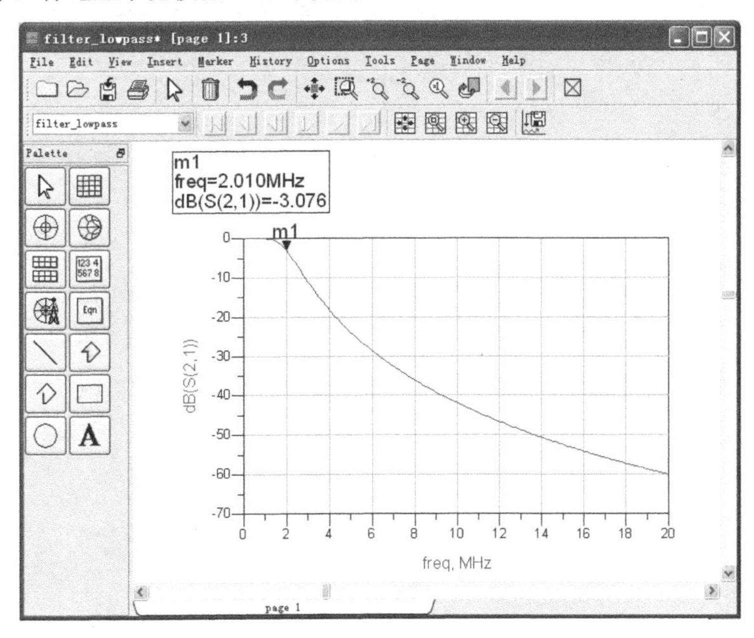


图 2.32　滤波器频率响应输出波形

（4）保存数据显示窗口：选择菜单栏中的[File]→[Save As]命令，在弹出的对话框中以默认的原理图名称“filter_lowpass”保存，后缀名为“.dds”。这个文件保存在当前工程的目录中，到此就完成了用 ADS 进行低通滤波器设计仿真的全部流程。

## 2.5 小结

本章首先对 ADS 进行了概括性介绍，包括基本介绍、特点、仿真方法、辅助设计方法等，之后对 ADS 操作的主要窗口（主窗口、原理图窗口和数据显示窗口）进行了详细介绍，尤其是这些窗口中的一些重要菜单项和工具栏，然后分门别类地介绍了 ADS 中的元件库，最后通过一个无源滤波器的设计流程介绍了 ADS 的工程建立、原理图建立、仿真设置和数据显示等基本操作。

# 第 3 章　ADS 基础仿真及实例

在进行射频电路设计时，ADS 是业界应用最广泛的仿真工具。通过 ADS，设计者可以对射频电路的所有参数进行仿真、验证和优化，本章将对 ADS 的基础仿真功能和仿真控制器分别进行介绍，并以此为基础，结合仿真范例进行分析。

## 3.1　ADS 仿真功能概述

ADS 软件可以让电路设计者进行模拟、射频与微波等电路和通信系统设计，其仿真功能大致可以分为：时域仿真、频域仿真、系统仿真和电磁仿真四大类。细分又可分为直流仿真、交流仿真、瞬态仿真、S 参数仿真、谐波平衡法仿真、电路包络仿真和增益压缩仿真。

### 3.1.1　ADS 的主要仿真功能描述

ADS 中的仿真功能十分丰富，主要包括以下几大类：

**1．直流仿真**

直流仿真是所有射频电路仿真的基础，它能够进行电路的拓扑检查、直流工作点扫描和分析。直流仿真可以提供单点和扫描仿真，扫描变量与电压、电流或者其他器件参数值。

**2．交流小信号仿真**

交流小信号仿真通过构建电路的小信号参数模型，获得电压增益、电流增益、相位裕度等小信号传输参数。仿真器在得到电路直流工作点的基础上，将非线性器件在工作点附近线性化后再进行仿真，它在设计小信号有源电路和无源电路，如运算放大器、滤波器等方面应用广泛。

**3．瞬态仿真**

瞬态仿真可以针对任何电路进行时域的仿真输出。利用瞬态仿真可以很方便地观测电路任意节点在任意时间点上的电压、电流信息，是验证电路功能最有效、最快捷的仿真手段。

**4．S 参数仿真**

S 参数仿真主要应用在射频电路的仿真中。S 参数是在入射波和反射波之间建立的一组线性关系，在射频电路中通常用来分析和描述网络的输入、输出特性。在进行 S 参数仿真时，一般将电路视为一个四端口网络，通过线性化和小信号分析，得到 S 参数、线性噪声参数、传输阻抗及传输导纳等电路参数。

#### 5. 谐波平衡法仿真

谐波平衡法仿真是一种仿真非线性电路和系统失真的频域分析方法，提供了频域、稳态、大信号的电路分析仿真方法，可以用来分析具有多频输入信号的非线性电路，得到非线性的电路响应，如噪声、功率压缩点、谐波失真等。与时域的 SPICE 仿真分析相比较，谐波平衡对于非线性的电路分析可以提供一个比较快速有效的分析方法。

谐波平衡分析方法的出现填补了 SPICE 瞬态响应分析与线性 S 参数分析对具有多频输入信号非线性电路仿真上的不足。尤其在现今的射频通信系统中，大多包含了混频电路结构，使得谐波平衡分析方法的使用更加频繁，也更加重要。

另外，针对高度非线性电路，如锁相环中的分频器，ADS 也提供了瞬态辅助谐波平衡（Transient Assistant HB）的仿真方法，在电路分析时先执行瞬态分析，并将此瞬态分析的结果作为谐波平衡分析时的初始条件进行电路仿真，由此种方法可以有效地解决在高度非线性电路分析时会发生的不收敛情况。

#### 6. 电路包络仿真

电路包络仿真包含了时域与频域的分析方法，可以使用于包含调频信号的电路或通信系统中。电路包络分析借鉴了 SPICE 与谐波平衡两种仿真方法的优点，将较低频的调频信号用时域 SPICE 仿真方法来分析，而较高频的载波信号则以频域的谐波平衡仿真方法进行分析，这样的结合大大提高了仿真效率。

电路包络仿真可以用在调制解调及混合调制信号的电路和系统中，它实际上是一种混合的时域/频域仿真技术。

#### 7. 增益压缩仿真

增益压缩仿真是根据射频电路的非线性理论，仿真理想电压或功率放大曲线与实际曲线的偏差，反映到具体电路参数，诸如放大器、混频器的 1dB 压缩点或三阶交调点等。

### 3.1.2 ADS 的主要仿真控制器

3.1.1 节介绍了 ADS 的重要仿真功能，这些功能在仿真时是通过调用仿真控制器来实现的。用户在仿真控制器中设置不同的仿真和分析参数，直接对仿真进行控制，实现仿真功能。以下就对这些仿真控制器进行简要的介绍，具体参数设置在后面的仿真实例中详细介绍。

#### 1. 直流仿真控制器

简单的直流仿真控制器如图 3.1 所示，其中不需要用户设置参数，直接进行调用就可以。

#### 2. 交流仿真控制器

交流仿真控制器如图 3.2 所示，交流仿真主要进行的是小信号的线性仿真，以获取一定频率范围内的传输函数和交流参数，因此，在设置交流仿真控制器时主要关注仿真的频率范围。

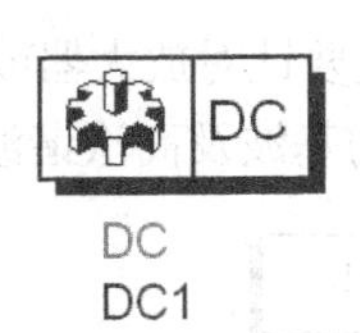

DC
DC
DC1

图 3.1 直流仿真控制器

AC
AC
AC1
Start=1.0 GHz
Stop=10.0 GHz
Step=1.0 GHz

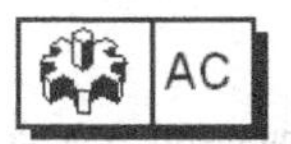

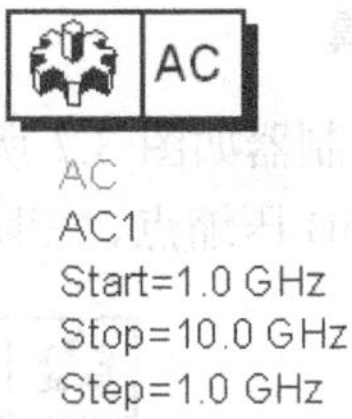

图 3.2 交流仿真控制器

### 3. 瞬态仿真控制器

瞬态仿真控制器如图 3.3 所示，主要用于观察电路时域的仿真输出，因此，在瞬态仿真控制器中只要设置仿真的总时间及时间步进就可以了。

### 4. S 参数仿真控制器

与交流仿真控制器相同，如图 3.4 所示，S 参数仿真控制器需要在一定的频率范围内，建立起入射波和反射波之间的一组线性关系，从而分析和描述网络的输入、输出特性。设置时也需要设置一定的频率仿真范围及扫描方式如线性、对数等。

TRANSIENT
Tran
Tran1
StopTime=100.0 nsec
MaxTimeStep=1.0 nsec

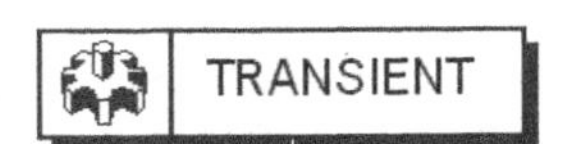

图 3.3 瞬态仿真控制器

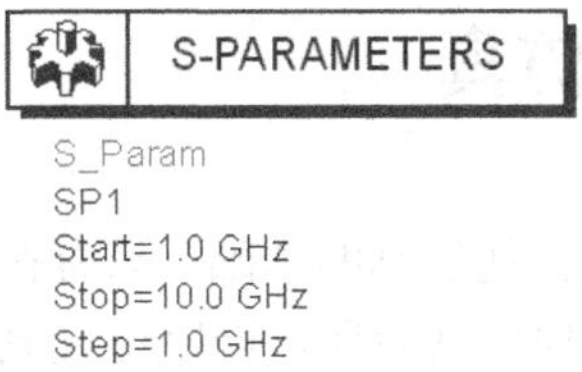

S-PARAMETERS
S_Param
SP1
Start=1.0 GHz
Stop=10.0 GHz
Step=1.0 GHz

图 3.4 S 参数仿真控制器

### 5. 谐波平衡仿真控制器

谐波平衡仿真控制器如图 3.5 所示，谐波平衡仿真主要用于分析具有多频输入信号的非线性电路，因此在谐波平衡仿真控制器中需要至少设置一个仿真信号的频点和它的高次谐波数。更进一步，也可以在一次仿真中设置多个信号频点和相应的高次谐波数。

### 6. 电路包络仿真控制器

电路包络仿真控制器如图 3.6 所示，电路包络仿真作为一种混合的时域/频域仿真技术，可以同时显示电路在时域/频域的特性，因此在仿真控制器方面也综合时域/频域的设置，需要用户设置仿真总时间、时间步进、仿真信号的频率及它的高次谐波数。

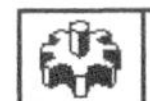

HARMONIC BALANCE
HarmonicBalance
HB1
Freq[1]=1.0 GHz
Order[1]=5

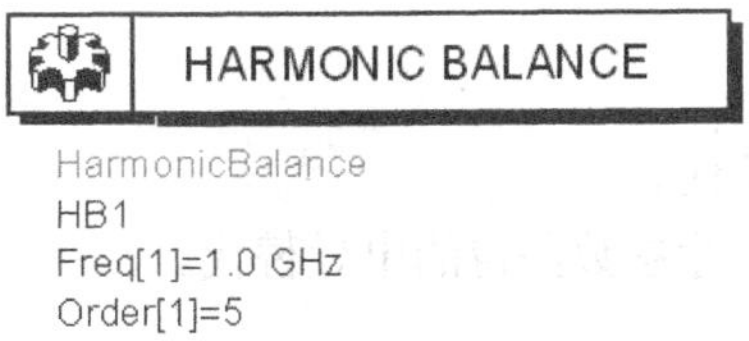

图 3.5 谐波平衡仿真控制器

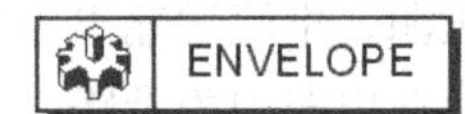

ENVELOPE
Envelope
Env1
Freq[1]=1.0 GHz
Order[1]=5
Stop=100 nsec
Step=10 nsec

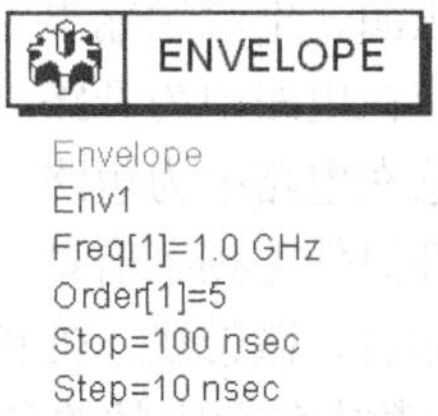

图 3.6 电路包络仿真控制器

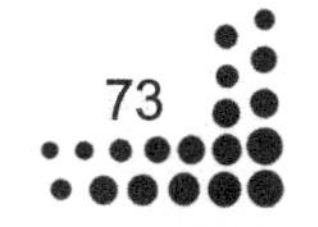

#### 7. 增益压缩仿真

增益压缩仿真控制器如图 3.7 所示，增益压缩仿真主要针对放大器或混频器的非线性特性进行仿真，包括 1dB 压缩点、三阶交调点、不同信号的基波及高次谐波最大功率的仿真。

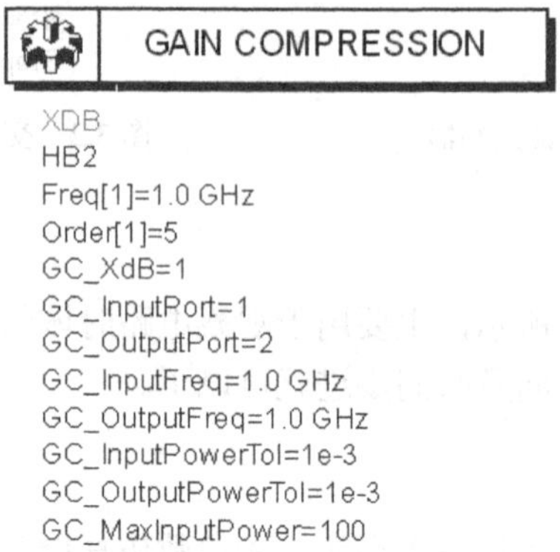

图 3.7　增益压缩仿真控制器

## 3.2　直流仿真

直流仿真是其他仿真的基础，只有在完成直流仿真、确定电路和系统直流工作点的情况下，才能进行其他仿真验证，可以说直流仿真是所有其他仿真进行的先决条件。本节首先介绍 ADS 中直流仿真的基本原理和仿真控制器、参数设置等内容，之后通过一个直流仿真实例观测 BJT 晶体管的电流-电压特性，并以此来阐述直流仿真的基本方法和流程。

### 3.2.1　直流仿真原理

直流仿真基于输入信号为一个零频信号，计算电路中各个组件和节点的直流参数或直流电压值、电流值。直流分析是其他所有仿真的基础。在交流小信号仿真、瞬态仿真等分析过程中，首先要通过直流仿真来确定电路的直流工作点。在直流仿真中，主要包括电路直流工作点计算和直流特性的扫描。

直流仿真利用一组非线性微分方程组来求解电路的直流参数和操作点，主要有以下几个特点：

- 电压源、电流源输出为常数值。
- 电容在电路中为开路。
- 电感在电路中为短路。
- 线性组件无频率信息，以零频时的电导替代。
- 传输线、微带线、带状线等由根据静态尺寸参数获得的电导替代。
- S 参数中包含零频的参数信息。

## 3.2.2 直流仿真控制器

ADS 直流仿真面板包含了直流仿真所需的多种仿真控制器，通过在原理图中添加这些仿真控制器，可以实现对电路和系统直流点的仿真和扫描，本节首先介绍这些直流仿真控制器，作为后续直流仿真的基础。

### 1. 标准直流仿真控制器（DC）

标准直流仿真控制器如图 3.8 所示，在仿真控制器中可以由用户设置直流仿真时进行扫描的参数和范围，并依据数据显示需要选择扫描方式（线性扫描、中心扫描、每频程扫描等）。图 3.8 只显示了一部分仿真控制器参数，用户还可以通过双击控制器，在控制器中选择“Display”，如图 3.9 所示，在该选项中选择要进行显示的仿真参数，表 3.1 对该控制器中的主要参数进行了说明。

DC
DC1
SweepVar=
SweepPlan=
Start=1
Stop=10
Step=1
Center=
Span=
Lin=
Dec=
Pt=
OutputPlan[1]=
UseNodeNestLevel=yes
NodeNestLevel=2
NodeName[1]=
UseEquationNestLevel=yes
EquationNestLevel=2
EquationName[1]=
MaxDeltaV=
MaxIters=250
ConvMode=0
StatusLevel=2
DevOpPtLevel=None
UseFiniteDiff=no
ArcMaxStep=0.0
ArcLevelMaxStep=0.0
ArcMinValue=
ArcMaxValue=
MaxStepRatio=100
MaxShrinkage=1e-5
LimitingMode=0
OutputAllSolns=
PrintOpPoint=no
Restart=1
Other=
UseSavedEquationNestLevel=yes
SavedEquationNestLevel=2
SavedEquationName[1]=
AttachedEquationName[1]=
UseDeviceCurrentNestLevel=no
DeviceCurrentNestLevel=0
DeviceCurrentName[1]=
DeviceCurrentDeviceType=All
DeviceCurrentSymSyntax=yes
UseCurrentNestLevel=yes
CurrentNestLevel=999

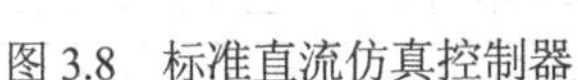
图 3.8 标准直流仿真控制器

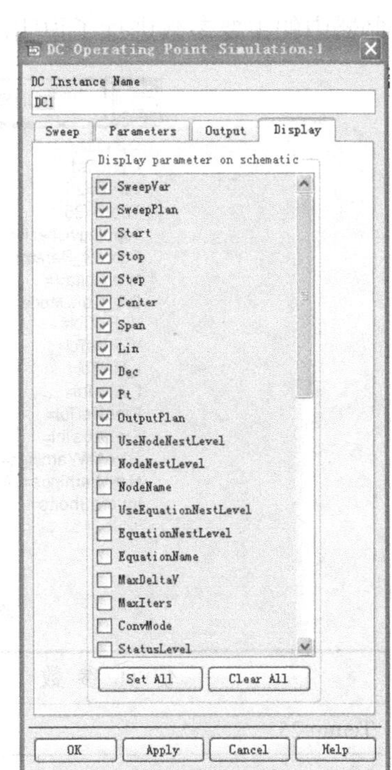

图 3.9 控制器的“Display”选项

表 3.1 标准直流仿真控制器参数说明

| 仿 真 参 数 | 功 能 说 明 |
|---|---|
| SweepVar | 进行直流扫描的参数变量 |
| SweepPlan | 直流扫描依据某一个扫描方式控制器中制定的扫描计划进行 |
| Start | 直流扫描时参数的起始值 |

续表

| 仿 真 参 数 | 功 能 说 明 |
|---|---|
| Stop | 直流扫描时参数的结束值 |
| Step | 直流扫描时参数步长 |
| Center | 直流扫描以线性（对数）方式扫描时的参数中心值 |
| Span | 直流扫描以线性（对数）方式扫描时的参数范围 |
| Lin | 直流扫描是否以线性方式进行扫描 |
| Dec | 直流扫描以对数方式扫描时每频程的仿真点数 |

### 2. 直流仿真选项控制器（OPTIONS）

完整的直流仿真选项控制器如图 3.10 所示，它作为标准直流仿真控制器的辅助，可以用来设置直流仿真的环境温度、设备温度、仿真时的收敛性、收敛状态提示等，表 3.2 对该控制器中的主要参数进行了说明。

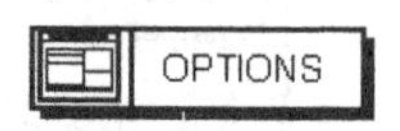


图 3.10 直流仿真选项控制器

**表 3.2 直流仿真选项控制器参数说明**

| 仿 真 参 数 | 功 能 说 明 |
|---|---|
| Temp=25 | 仿真温度为 25℃ |
| Tnom=25 | 仿真采用的模型工艺库温度为 25℃ |
| TopologyCheck=yes | 是否对电路拓扑结构进行检查 |
| V_RelTol=1e-6 | 电压相对容忍度为 1e-6 |
| V_AbsTol=1e-6V | 电压绝对容忍度为 1e-6V |
| I_RelTol=1e-6 | 电流相对容忍度为 1e-6 |
| I_AbsTol=1e-12A | 电流绝对容忍度为 1e-12A |
| GiveAllWariings=yes | 在 DC 仿真时是否输出警告 |
| MaxWarning=10 | 最大警告数 |

### 3．扫描方式控制器（SWEEP PLAN）

扫描方式控制器如图 3.11 所示，该控制器可以帮助用户添加直流仿真中需要的变量，并设置相应的扫描类型，表 3.3 对该控制器中的主要参数进行了说明。

SWEEP PLAN
SweepPlan
SwpPlan1
Start=1.0 Stop=10.0 Step=1.0 Lin=
UseSweepPlan=
SweepPlan=
Reverse=no

图 3.11　扫描方式控制器

表 3.3　扫描方式控制器参数说明

| 仿 真 参 数 | 功 能 说 明 |
| --- | --- |
| Start | 以线性（对数）方式进行扫描时的起始频率 |
| Stop | 以线性（对数）方式进行扫描时的结束频率 |
| Step | 以线性（对数）方式进行扫描时的步长 |
| Lin | 是否进行线性扫描 |
| UseSweepPlan | 是否启用扫描方案控制器 |
| SweepPlan | 扫描方案的名称 |
| Reverse | Yes：扫描参数从低到高<br>No：扫描参数从高到低 |

### 4．参数扫描控制器（PARAMETER SWEEP）

参数扫描控制器如图 3.12 所示，主要用来设置直流仿真的参数和扫描方式等，该控制器支持一个扫描参数对多个仿真电路同时进行扫描仿真，其中“SweepVar”表示进行仿真时设置的扫描变量；“SimInstanceName[1]～[6]”表示对指定的仿真控制器设置参数扫描，“Start”、“Stop”、“Step”与扫描方式控制器中参数定义相同。

PARAMETER SWEEP
ParamSweep
Sweep1
SweepVar=
SimInstanceName[1]=
SimInstanceName[2]=
SimInstanceName[3]=
SimInstanceName[4]=
SimInstanceName[5]=
SimInstanceName[6]=
Start=1
Stop=10
Step=1

图 3.12　参数扫描控制器

### 5．节点名设置（NodeSet ByName）和节点设置控制器（NodeSet）

节点名设置控制器和节点设置控制器如图 3.13 所示，节点名设置控制器可以通过指定节点名称来设置直流仿真节点的电压、电阻信息，节点设置控制器与节点名设置控制器功能基本相同。

6．显示模板控制器（Disp Temp）

显示模板控制器如图 3.14 所示，用户可以通过显示模板控制器加载之前设置好的仿真设置方式，对于同一类电路仿真可以有效减少每次仿真的重复性劳动。

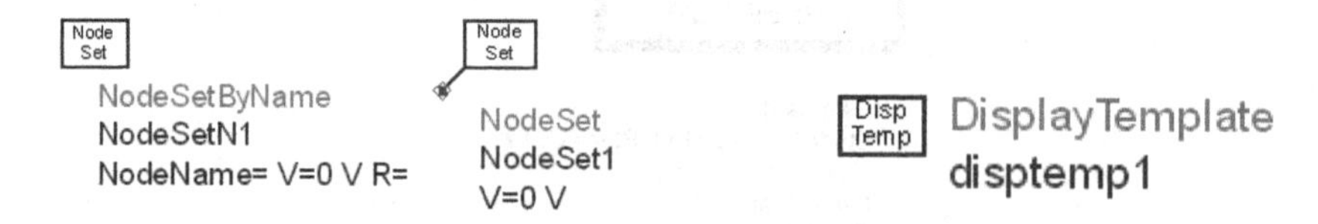


图 3.13　节点名设置控制器和节点设置控制器　　图 3.14　平共处显示模板控制器

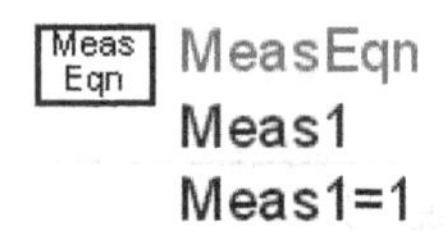


图 3.15　仿真测试公式控制器

7．仿真测试公式控制器（MeasEqn）

仿真测试公式控制器如图 3.15 所示，仿真测试公式控制器用于在原理图仿真中插入计算公式，该计算结果在仿真结束后保存在仿真数据中，用户可以在数据显示窗口中查看公式计算结果。

## 3.2.3　直流仿真实例

本节我们通过一个 BJT 放大器电路来介绍直流仿真的基本操作和流程，主要包括以下几方面内容：

- 在层次化中建立一个可以调用的放大器子电路。
- 在仿真放大器中输出 BJT 器件的直流参数曲线，即 BJT 三极管的 IV 曲线。
- 对直流变量进行扫描，并打印输出数据。

ADS 的仿真都是以建立一个工程开始的，因此，首先建立一个 ADS 的仿真工程目录。

（1）建立一个新的工程，在 ADS 主窗口中选择[File]→[New Project]，弹出的“New Project”对话框，在“Name”栏的默认路径“C:\users\default\”后输入工程名“ADS_sim”，在“Project Technology Files：”栏中选择“ADS Standard: Length unit--milimeter”，表示原理图采用“milimeter”作为单位，单击[OK]按钮，如图 3.16 所示，完成工程建立后自动弹出原理图窗口。将原理图窗口保存为 bjt_pkg，开始原理图设计。

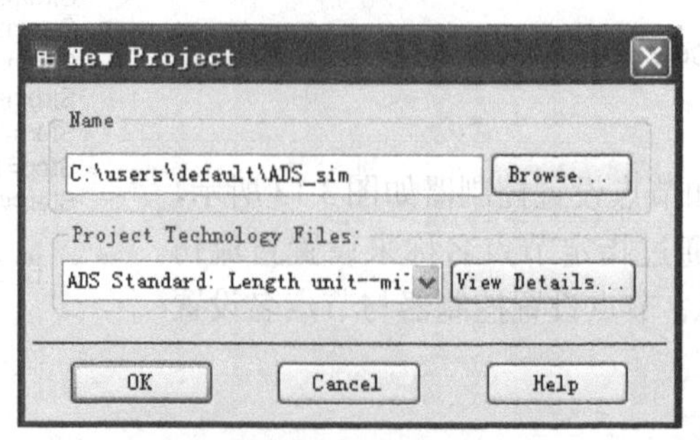


图 3.16　建立工程“ADS_sim”

（2）插入 BJT 组件和模型：在原理图窗口中，选择“Devices-BJT”面板，调用 BJT-NPN 插入原理图中，然后插入“BJT Model”。由于此时“BJT Model”中显示了所有参数，这些参数在仿真中只会设置其中的一部分，因此先清除不必要的参数。双击 BJT Model 模型，弹出参数设置对话框，在对话框中单击[Component Option]按钮，在弹出的“Parameter Visibility”中选择“Clear All”，最后单击[Apply]按钮，如图 3.17 所示，这样就清空了列表中所有的参数。

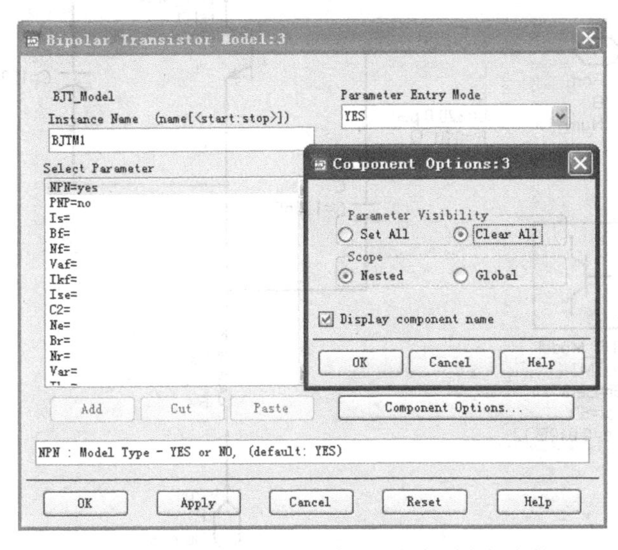


图 3.17　清空 BJT Model 模型列表中所有的参数

设置 BJT Model 模型参数：在模型参数列表中选择“Bf”，设置为“Beta”，然后选择“Display parameter on schematic”，单击[Apply]按钮，把参数“Bf”显示在原理图窗口中。重复上述操作，设置预设电压“Var”为“50”，发射极和基极电流“Ise”为“0.019E-12”，如图 3.18 所示是完成设置的 BJT Model 模型。

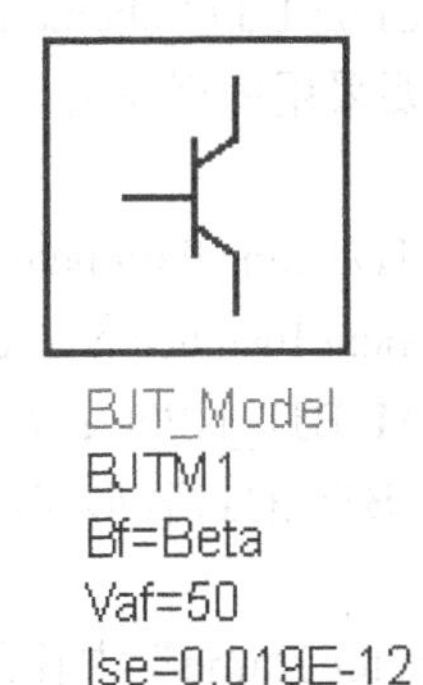


图 3.18　完成设置的 BJT Model 模型

（3）为 BJT 组件添加寄生的电容和电感：在“Lumped-Component”元件面板中选择两个电容和三个电感插入原理图中，电容值设置为 120pF，电感值为 320nH，其中连接基极的电感中还需要设置寄生电阻值为 0.01Ω，然后在原理图工具栏中选择[Insert Port]，分别命名为 C、B、E 代表 BJT 的三个极，如图 3.19 所示建立原理图。

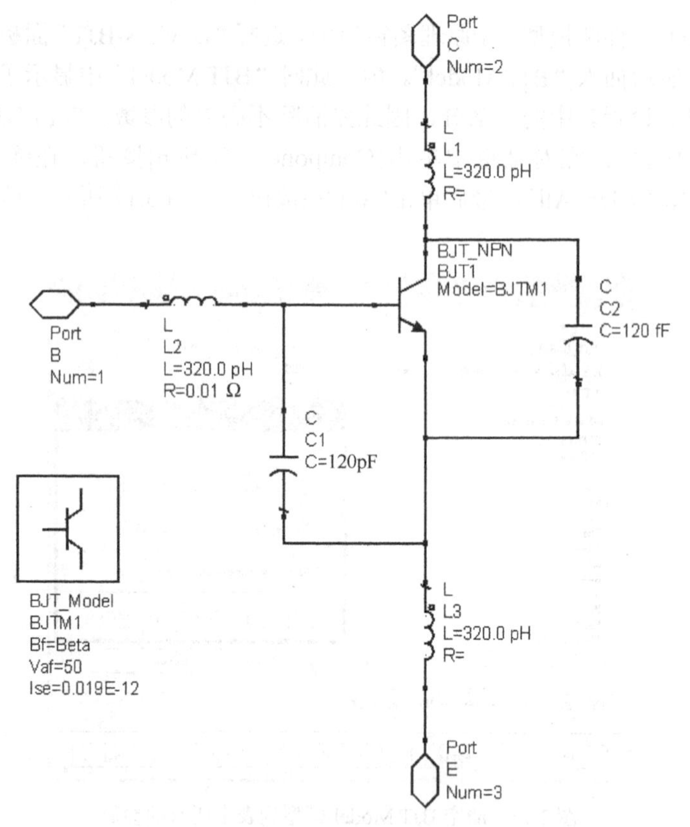


图 3.19　BJT 原理图

（4）建立好原理图后，需要为原理图建立一个电路符号，以便设计时调用。在 ADS 中可以使用默认符号，也可以由用户自行设计符号，还可以使用 ADS 的内嵌符号，为了更直观地表示，这里选择使用 ADS 的内嵌符号。

在原理图菜单栏中选择[View]→[Creat/Edit Schematic Symbo]，弹出对话框后，单击[OK]按钮，生成默认的元件符号。但由于要采用内嵌符号，因此在菜单栏中选择[Select]→[Select All]，单击[Delete]按钮。

在原理图菜单栏中选择[File]→[Design Parameter]，弹出对话框，在对话框中选择“General”设置符号参数：将“Component Instance Name”命名为“Q”代表 BJT 元件；选择“Symbol Name”下拉菜单，选择“SYM_BJT_NPN”；在“Artwork”栏的“Type”和“Name”中分别选择“Fixed”和“SOT23”代表 BJT 的封装形式，如图 3.20 所示。单击[Save ALE File]按钮，保存修改。

再选择“Parameter”，在“Parameter Name”中输入“Beta”，在“Default Value”中输入“120”，然后单击[Add]按钮，完成添加。最后选择“Display parameter on schematic”，单击[OK]按钮，在原理图中显示参数，如图 3.21 所示，这样就可以在新的原理图中调用这个 BJT 符号了。

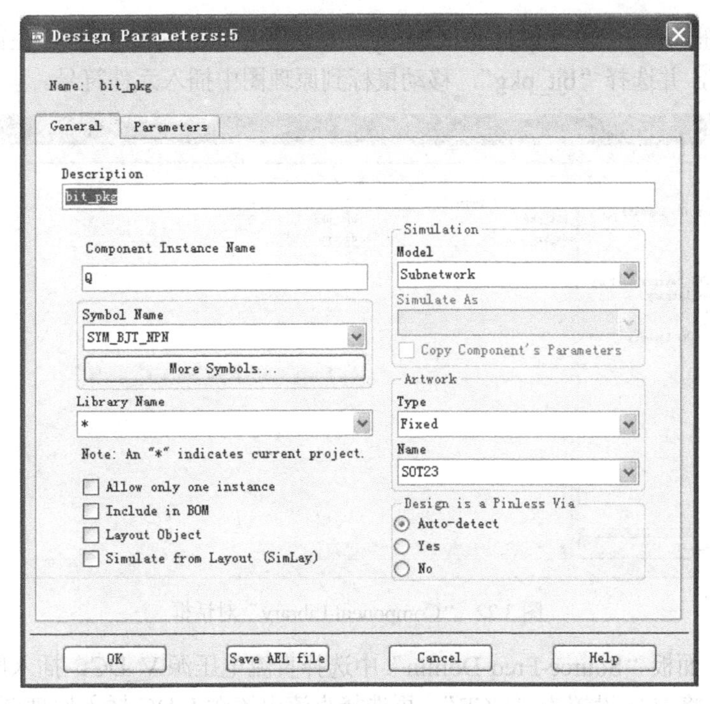


图 3.20　设置内嵌符号

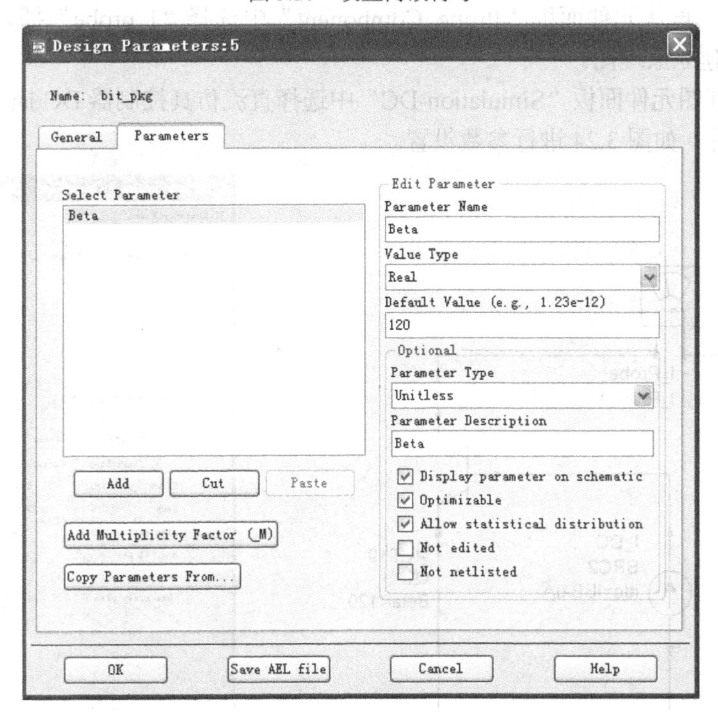


图 3.21　设置内嵌符号参数

（5）生成了元件符号，就可以建立直流仿真用的原理图了。在原理图菜单中选择[File]→[Design]，打开一个新的原理图窗口，保存为“dc_sim”。在工具栏中单击[Display Component

Library List]按钮，弹出“Component Library”对话框，如图 3.22 所示，在窗口中选择工程“ADS_sim _prj”，并选择“bjt_pkg”，移动鼠标到原理图中插入元件符号。

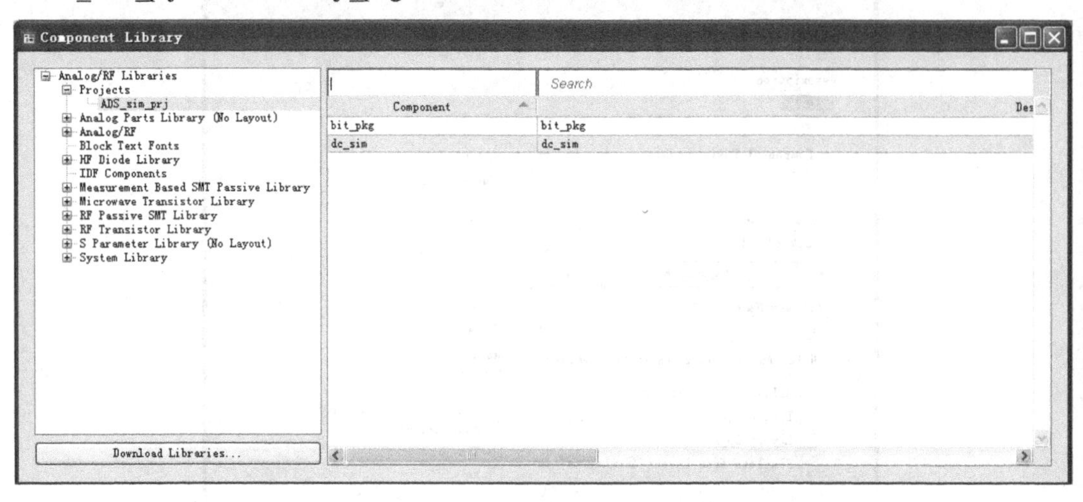

图 3.22 “Component Library”对话框

（6）在元件面板“Source-Freq Domin”中选择直流电压源 V_DC，插入原理图中，然后双击元件符号，将 Vdc 设置为“VCE”。再选择直流电流源 I_DC 插入原理图中，并将其 Idc 设置为“IBB”。再从元件面板“Probe Component”中选择“I_probe”插入原理图中，如图 3.23 所示，建立原理图。

（7）在原理图元件面板“Simulation-DC”中选择直流仿真控制器 DC 插入原理图中，双击直流仿真控件，如图 3.24 进行参数设置。

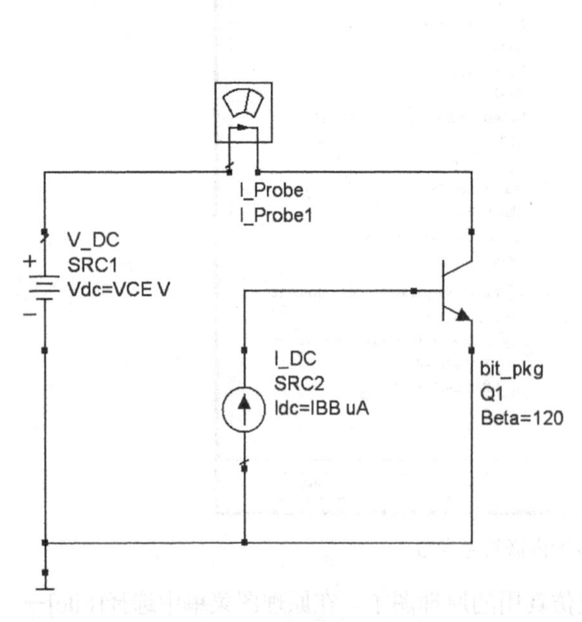


图 3.23 直流仿真原理图

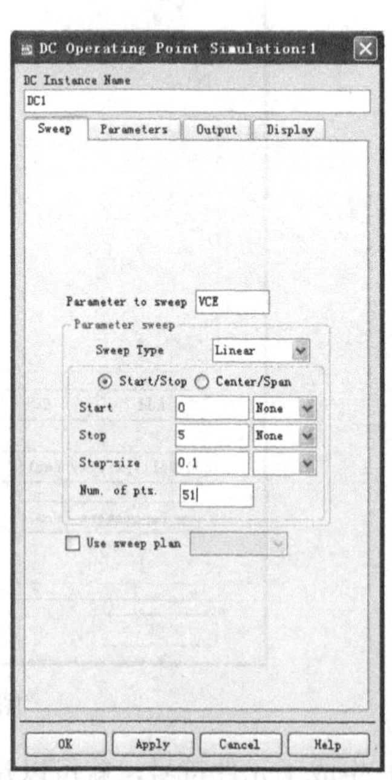

图 3.24 设置完成的直流仿真控制器

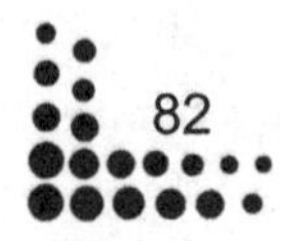

Parameter to Sweep=VCE。

Sweep Type=Linear，表示线性扫描。

Start=0，表示扫描 VCE 初始值为 0。

Stop=5，表示扫描 VCE 结束值为 5。

Step-size=0.1，表示扫描步长为 0.1。

在“Num of pts”栏中会自动显示扫描点数为 51。

（8）继续在元件面板“Simulation-DC”中选择参数扫描控制器 Prm Swp，插入原理图中，双击 Prm Swp 控件，在对话框中选择“Sweep”选项，如图 3.25 进行参数设置。

Parameter to Sweep=IBB，对之前设置的电流变量 IBB 进行扫描。

Sweep Type=Linear，表示线性扫描。

Start=20μA，表示扫描 IBB 初始值为 20μA。

Stop=200μA，表示扫描 IBB 结束值为 200μA。

Step-size=20μA，表示扫描步长为 20μA。

然后再选择“Simulations”选项，在“Simulation1”中输入“DC1”，表示针对 DC1 直流仿真控制器进行扫描参数，如图 3.26 所示，之后单击[OK]按钮，完成设置。

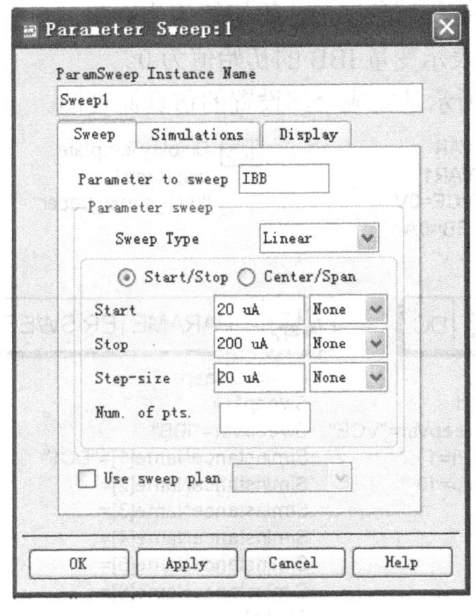


图 3.25　设置参数扫描控制器

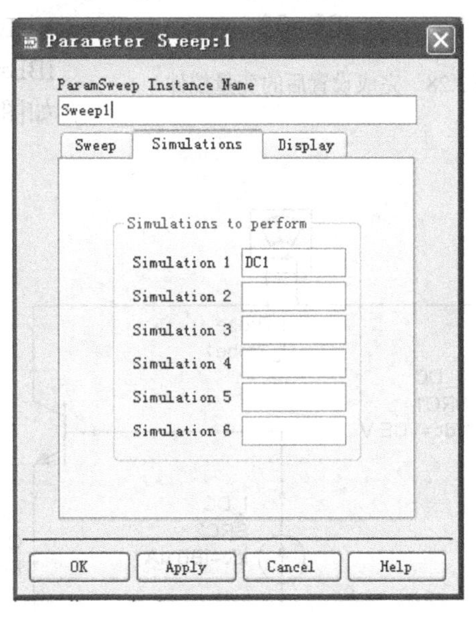


图 3.26　设置[Simulation]选项

（9）继续在元件面板“Simulation-DC”中选择数据显示模板控件 Disp Temp，插入原理图中，双击 Disp Temp 控件，在弹出的“Automatic Data Instance Template”对话框中单击[Browse installed templates]按钮，在弹出的“Component Library/Template Browser”对话框中选择“Product”文件夹，这时右侧的窗口中会显示该文件夹的数据显示模板，在其中选择“BJT_curve_tracer”，如图 3.27 所示。回到“Automatic Data Instance Template”对话框中，单击[Add]按钮完成模板添加，最后单击[OK]按钮。

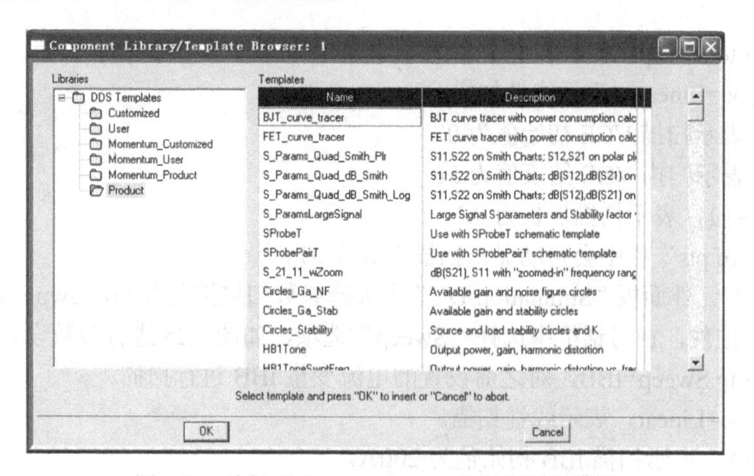


图 3.27　选择“BJT_curve_tracer”数据显示模板

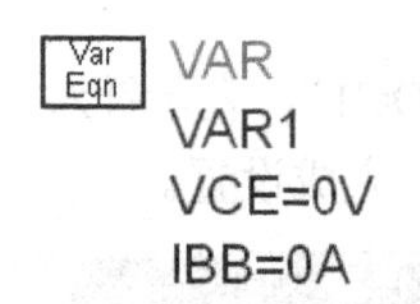


图 3.28　完成设置后的变量控件

（10）在原理图工具栏中单击[VAR]按钮，在原理图中插入一个变量控件，双击变量控件，如图 3.28 所示进行设置。

VCE=0V，表示变量 VCE 的初始值为 0。

IBB=0A，表示变量 IBB 的初始值为 0。

如图 3.29 所示是完成全部设置的仿真原理图。

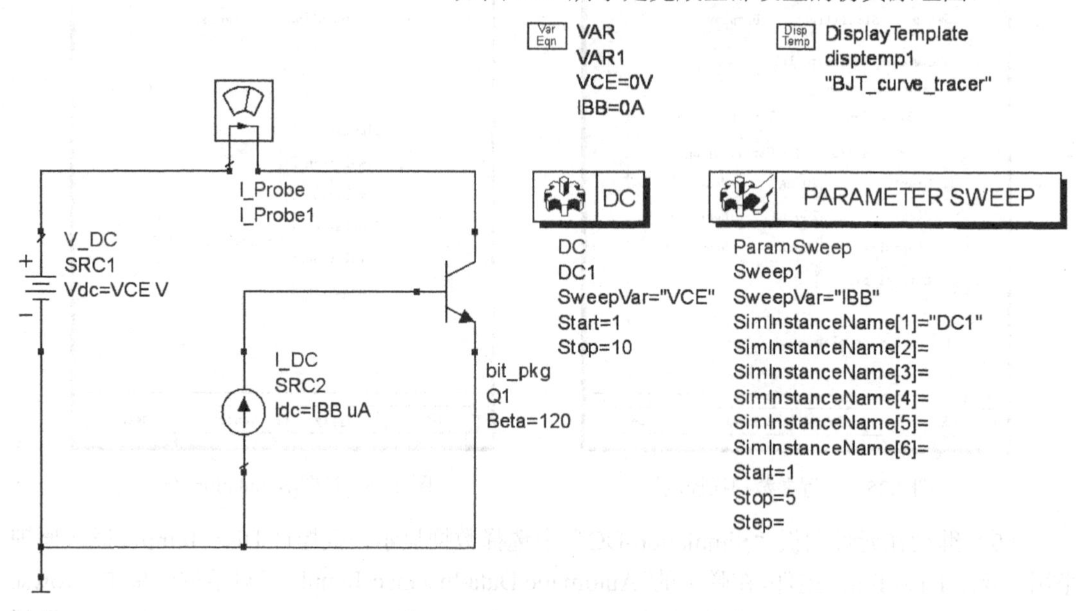


图 3.29　完成的仿真原理图

（11）完成原理图后，在工具栏中选择[Simulation]按钮，开始仿真。仿真结束后，自动弹出数据显示窗口，在数据显示窗口菜单栏中选择[Maker]→[New]插入标注。在数据窗口中可以观察该 BJT 晶体管的 IV 曲线特性，如图 3.30 所示，可见在相同 VCE 值时，随着基极电流增大，集电极-发射极电流随之增大，从数据框中读出标注所在位置的 VCE、IC 和 IBB 值。

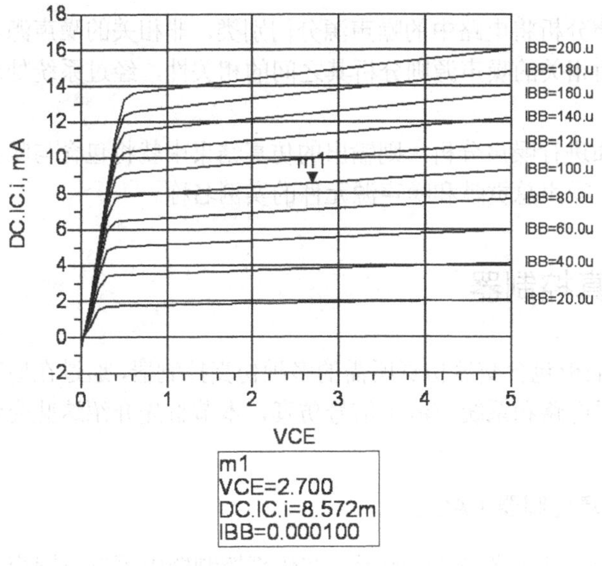


图 3.30 输出的 IV 曲线

到此就完成了直流仿真的基本任务，其他参数扫描仿真的内容可以参考 ADS 中的帮助文档进一步学习，这里就不再赘述。

## 3.3 交流仿真

交流仿真是射频电路中最重要的仿真方式之一，主要用于分析电路的小信号特性和噪声特性。本节主要介绍 ADS 中交流仿真的基本原理和仿真控制器、参数设置等内容，之后通过一个交流仿真实例观测 BJT 晶体管放大器的增益、相位和噪声特性，并以此来阐述交流仿真的基本方法和流程。

### 3.3.1 交流仿真原理

交流小信号分析是用来计算电路的小信号频率响应特性。在分析时，仿真器首先计算电路的直流工作点，然后将电路在工作点附近线性化，并以此计算电路的频率响应。在进行 ADS 交流仿真时，可以进行小信号变量在一定频率范围内的扫描，输出其频率响应信号，同时获得诸如电压增益、电流增益、跨导、导纳和噪声等参数。在进行放大器、滤波器频率响应仿真中应用较为广泛。

噪声分析功能是交流仿真中最重要的一项功能，在进行噪声分析时，仿真包括：

- 无源器件产生的热噪声。
- 非线性器件产生的与温度有关的热噪声，以及和偏置电压有关的沟道噪声和散弹噪声。
- 二端口网络中指定的线性有源器件产生的噪声。
- 电路中噪声源元件产生的噪声。

交流仿真的噪声分析将电路中的噪声源分门别类，非相关的噪声源直接进行线性叠加后计算总噪声输出；而相关的噪声源则分析其之间的相关性，经过系统处理后再进行总的噪声输出。

在交流仿真中如进行噪声分析，则输出的仿真结果中就将包含与噪声有关的数据，其中包括节点噪声电压、噪声总贡献和噪声源元件的实例名称。

## 3.3.2　交流仿真控制器

ADS 交流仿真面板包含交流仿真所需的多种仿真控制器，通过在原理图中添加这些仿真控制器，可以实现对电路和系统交流小信号仿真，本节首先介绍这些交流仿真控制器，作为交流仿真的基础。

### 1．标准交流仿真控制器（AC）

标准交流仿真控制器如图 3.31 所示，在仿真控制器中可以设置交流仿真的频率扫描范围、仿真参数、是否进行噪声分析及噪声分析参数设置等内容，表 3.4 对主要参数定义进行了说明。

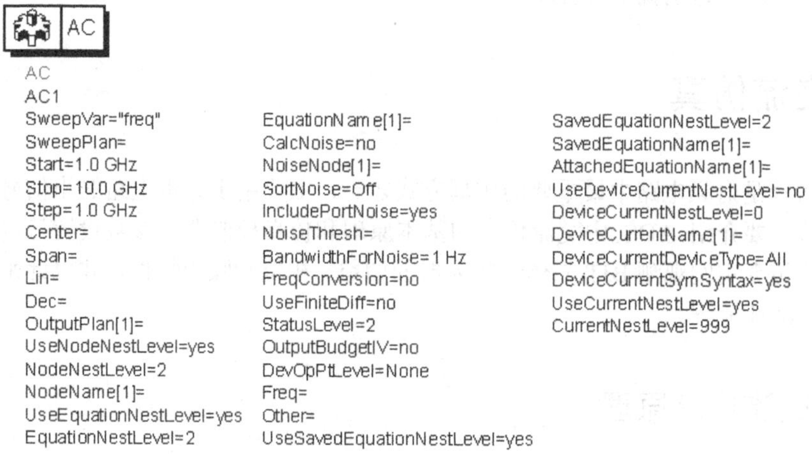

图 3.31　标准交流仿真控制器

表 3.4　标准交流仿真控制器参数说明

| 仿 真 参 数 | 功 能 说 明 |
|---|---|
| SweepVar="freq" | 表示进行交流仿真时的扫描变量为频率 |
| SweepPlan | 选择对某一个扫描方案控制器中的方案进行扫描分析 |
| Start | 交流扫描时参数的起始值 |
| Stop | 交流扫描时参数的结束值 |
| Step | 交流扫描时参数步长 |

续表

| 仿 真 参 数 | 功 能 说 明 |
|---|---|
| Center | 交流扫描以线性（对数）方式扫描时的参数中心值 |
| Span | 交流扫描以线性（对数）方式扫描时的参数范围 |
| Lin | 交流扫描是否以线性方式进行扫描 |
| Dec | 交流扫描以对数方式扫描时每频程的仿真点数 |
| CalcNoise | 是否计算电路噪声 |
| SortNoise | 电路噪声以何种方式进行计算归类 |

### 2. 交流仿真选项控制器（OPTIONS）

完整的交流仿真选项控制器如图 3.32 所示，交流仿真选项控制器作为标准交流仿真控制器的辅助，可以用来设置交流仿真的环境温度、设备温度、仿真时的收敛性、收敛状态提示等，参数意义与直流仿真控制器相同。

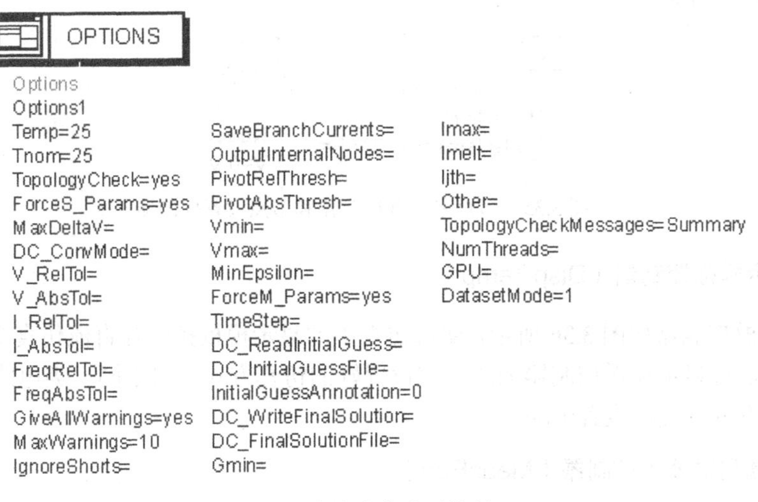


图 3.32 交流仿真选项控制器

### 3. 扫描方式控制器（SWEEP PLAN）

扫描方式控制器如图 3.33 所示，该控制器可以帮助用户添加交流仿真中需要的变量，并设置相应的扫描类型。扫描方式控制器支持多变量，多扫描方式的并行仿真，参数意义与直流仿真控制器相同。

### 4. 参数扫描控制器（PARAMETER SWEEP）

交流参数扫描控制器如图 3.34 所示，主要用来设置交流仿真的参数和扫描方式等，该控制器支持一个扫描参数对多个仿真电路同时进行扫描仿真，参数意义与直流仿真控制器相同。

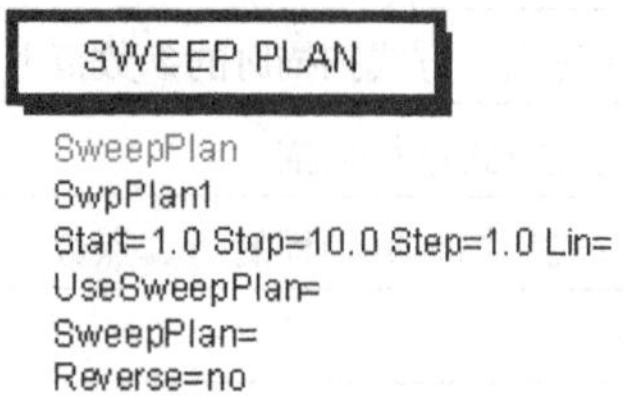

SWEEP PLAN
SweepPlan
SwpPlan1
Start=1.0 Stop=10.0 Step=1.0 Lin=
UseSweepPlan=
SweepPlan=
Reverse=no

图 3.33　扫描方式控制器

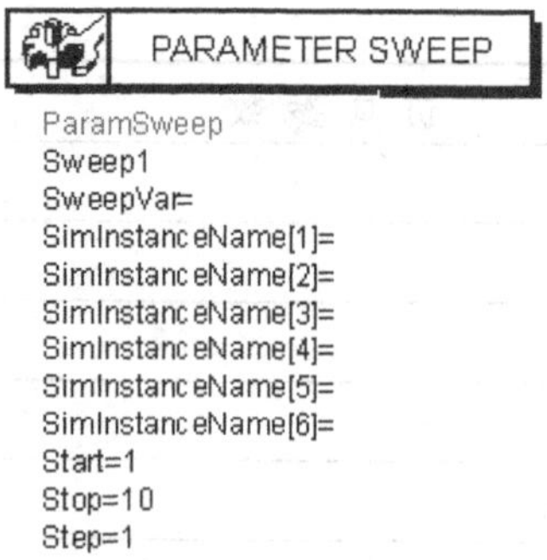

PARAMETER SWEEP
ParamSweep
Sweep1
SweepVar=
SimInstanceName[1]=
SimInstanceName[2]=
SimInstanceName[3]=
SimInstanceName[4]=
SimInstanceName[5]=
SimInstanceName[6]=
Start=1
Stop=10
Step=1

图 3.34　参数扫描控制器

### 5. 节点名设置（NodeSetByName）和节点设置控制器（NodeSet）

交流仿真中的这两个控件与直流仿真中完全相同，如图 3.35 所示。节点名设置控制器可以通过指定节点名称来设置直流仿真节点的电压、电阻信息，节点设置控制器与节点名设置控制器功能基本相同。

Node Set
NodeSetByName
NodeSetN1
NodeName= V=0 V R=
Node Set
NodeSet
NodeSet1
V=0 V

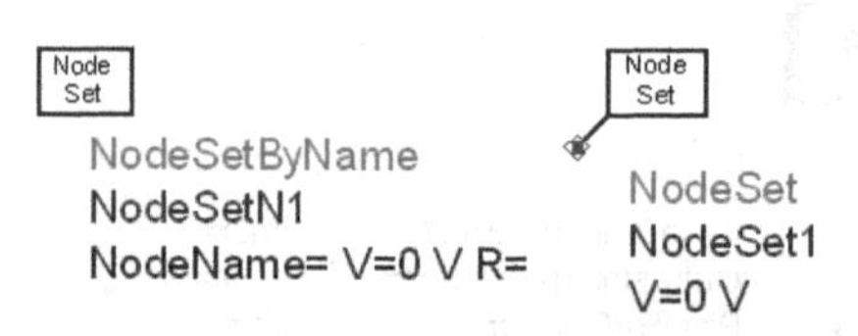

图 3.35　节点名设置控制器和节点设置控制器

### 6. 显示模板控制器（Disp Temp）

显示模板控制器如图 3.36 所示，交流仿真中的显示模板控件与直流仿真中完全相同。用户同样可以通过显示模板控制器加载之前设置好的仿真方式，对于同一类电路仿真可以有效减少每次仿真的重复性设置劳动。

### 7. 仿真测试公式控制器（MeasEqn）

仿真测试公式控制器如图 3.37 所示，仿真测试公式控制器用于在原理图仿真中插入计算公式，该计算结果在仿真结束后保存在仿真数据中，用户可以在数据显示窗口中查看公式计算结果。

Disp Temp
DisplayTemplate
disptemp1

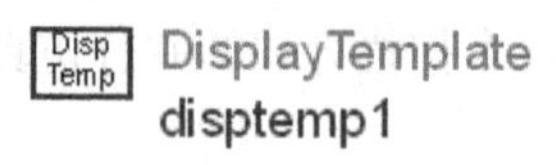

图 3.36　显示模板控制器

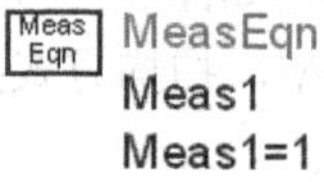

Meas Eqn
MeasEqn
Meas1
Meas1=1

图 3.37　仿真测试公式控制器

### 8. 预算控制器（Budget）

交流仿真中的预算控制器包括频率预算控制器、反射系数预算控制器、增益预算控制器、噪声系数预算控制器、噪声功率预算控制器、噪声系数相位预算控制器、等效输出噪声温度预算控制器、入射功率预算控制器、反射功率预算控制器、信噪比预算控制器及驻波比预算控制器，如图 3.38 所示。这些预算控制器只有在交流仿真控制器中选择[Perform Budget simulation]时调用才能进行仿真。

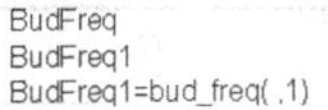

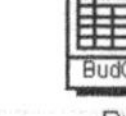

图 3.38 交流仿真面板中的预算控制器

## 3.3.3 交流仿真实例

本节我们新建一个 BJT 放大器，并以此为例来介绍交流仿真的基本操作和流程，主要包括以下几方面内容。

- 交流小信号输出增益和相位的仿真。
- 噪声特性的仿真。
- 对变量进行扫描，并打印输出数据。

### 1. 增益和相位特性仿真

（1）首先打开已建立的工程“ADS_sim”，在 ADS 主窗口选择[File]→[Open Project]，在弹出的窗口中选择工程名“ADS_sim”，单击[Choose]按钮后打开工程，同时自动弹出原理图窗口。将原理图窗口保存为 ac_sim，开始原理图设计。

（2）插入 BJT 组件和模型：在原理图窗口中，选择“Devices-BJT”面板，调用 BJT-NPN 插入原理图中，双击 BJT-NPN 元件，如图 3.39 所示设置参数。

Model=BJTM1，表示采用模型为 BJTM1。

Mode=nonlinear，表示该模型为非线性模型。

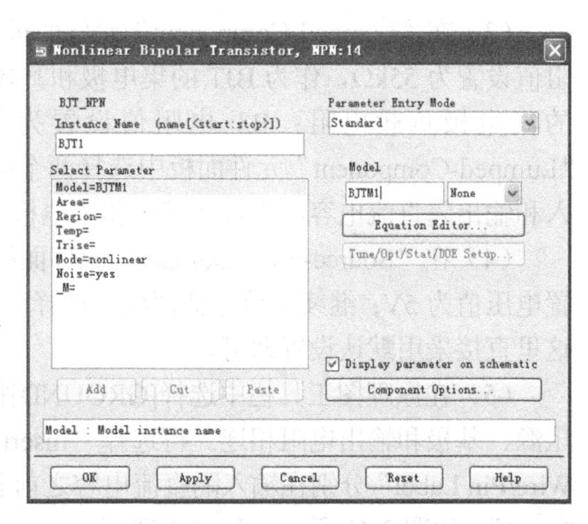


图 3.39 设置 BJT-NPN 参数

Noise=yes，表示该模型包含噪声源。

从“Devices-BJT”面板中选择“BJT Model”插入原理图中，双击“BJT Model”元件，如表 3.5 所示进行参数设置。

表 3.5 “BJT Model”元件参数

| 参　数 | 值 | 参　数 | 值 | 参　数 | 值 |
|---|---|---|---|---|---|
| NPN | yes | PNP | no | Is | 4.08e-16 |
| bf | 120 | Nf | 1.03 | Vaf | 25 |
| Ikf | 0.02325 | Ise | 1.218e-12 | Ne | 2 |
| Br | 5.123 | Nr | 1 | Var | 0 |
| Ikr | 0.12 | Isc | 4.08e-12 | Nc | 2 |
| Rb | 59.2 | Irb | 0 | Rbm | 14.1 |
| Re | 0.833 | Rc | 22 | Imax | 1 |
| Cje | 3.123e-13 | Vje | 0.85 | Mje | 0.4 |
| Cjc | 2.13e-13 | Vjc | 0.75 | Mjc | 0.5 |
| Xcjc | 0.22 | Cjs | 1.65e-13 | Vjs | 0.7 |
| Mjs | 0.5 | Fc | 0.5 | Xtf | 3.16 |
| Tf | 7.97e-12 | Vtf | 0 | Itf | 0.0465 |
| Prf | 18 | Tr | 1.6e-9 | Af | 1 |
| Ab | 1 | Fb | 1 | Iss | 4.96e-13 |
| Ns | 1 | Nk | 0.5 | Ffe | 1 |
| Lateral | no | Rbmodel | MDS | Approxqb | yes |
| Tnom | 25 | Eg | 1.11 | | |

（3）在“Lumped-Component”元件面板中选择电阻 R1、R2 和 R3 插入原理图中，R1 电阻值设置为 55kΩ，作为 BJT 的集电极和基极偏置电阻；R2 电阻值设置为 1000Ω，作为 BJT 的集电极负载电阻；R3 电阻值设置为 50Ω，作为 BJT 的集电极输出电阻；再从“Lumped-Component”元件面板中选择两个隔直流电容 DCBlock 插入原理图中，分别作为输入和输出隔直流电容，连接在基极和集电极。

（4）在“Source-Freq Domain”元件面板中，选择直流电压源 V_DC 插入原理图中，设置电压值为 5V；继续在该元件面板中选择交流电压源 V_AC 插入原理图中，如图 3.40 所示，这里直接采用默认设置即可。

（5）在原理图工具栏中选择[GROUND]按钮，插入 4 个地，分别与直流电压源、交流电压源、基极和输出电阻相连。再选择“Insert Wire”将以上元件连接起来，最后选择“Insert Wire/Pin Label”分别在输入隔直流电容之前和输出隔直流电容之后的连线插入标签“vin”和“vout”，如图 3.41 所示，建立原理图。

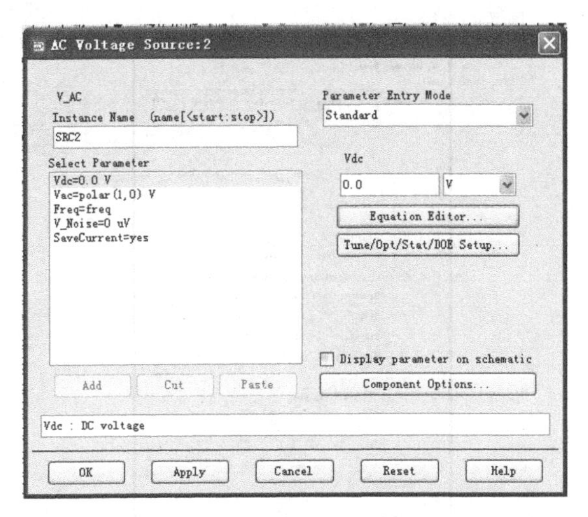


图 3.40 设置交流电压源 V_AC

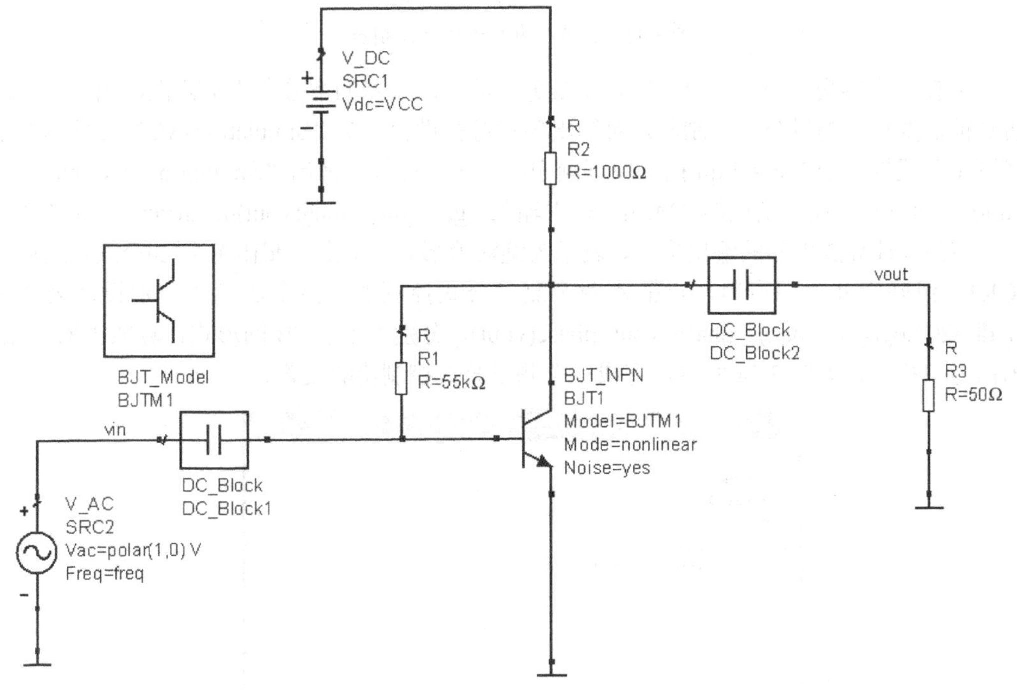


图 3.41 交流仿真原理图

（6）原理图建立完毕后，还需要插入仿真控制器。从“Simulation-AC”元件面板中，选择标准交流仿真控制器 AC 插入原理图中，双击该控件，选择“Frequency”选项，如图 3.42 所示，设置参数。

Sweep Type=Linear，表示交流仿真采用线性扫描方式。

Start=100kHz，表示交流仿真起始频率为 100kHz。

Stop=1GHz，表示交流仿真结束频率为 1GHz。

Step-size=10MHz，表示交流仿真频率步长为 10MHz。

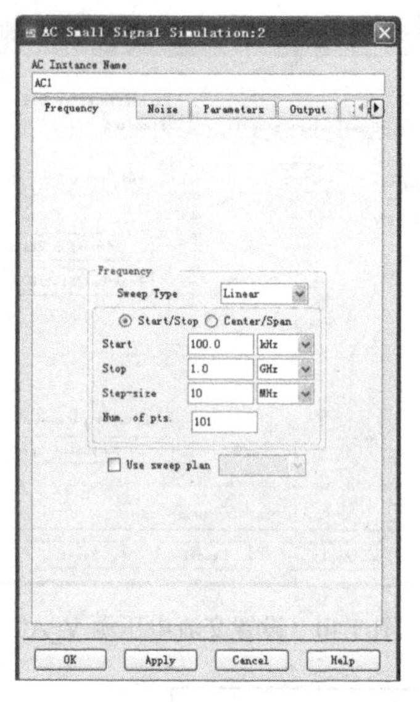


图 3.42　设置标准交流仿真控制器

（7）在放大器交流小信号分析中，主要分析的是放大器的增益和相位特性，因此，在进行仿真前需要插入测量公式控制器，对输出参数进行设置。从“Simulation-AC”元件面板中选择测量公式控制器 Meas Eqn 插入原理图中，双击该控件，弹出“Simulation Measurement Equation”对话框。在对话框的“Meas”栏中输入“gain_mag=mag(vout)/mag(vin)”，如图 3.43 所示，该公式计算放大器的输出增益，表示为绝对值形式。单击[Add]按钮添加公式，最后单击[OK]按钮确定并关闭窗口。再插入两个测量公式控制器，按上述操作分别设置公式为 gain_db=20*log(gain_mag)、phase_vout=phase(vout)，分别表示以 dB 的形式计算放大器增益、输出信号的相位，如图 3.44 所示，完成三个测量公式控制器的设置。

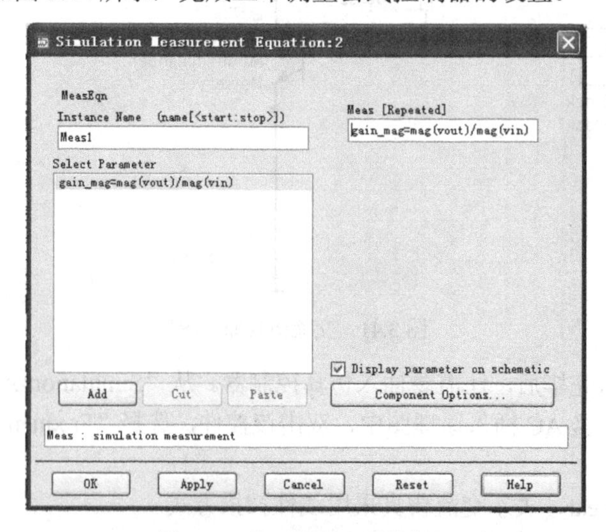


图 3.43　设置测量公式控制器

图 3.44　设置完成的三个测量公式控制器

图 3.45 所示为完成的交流仿真原理图。

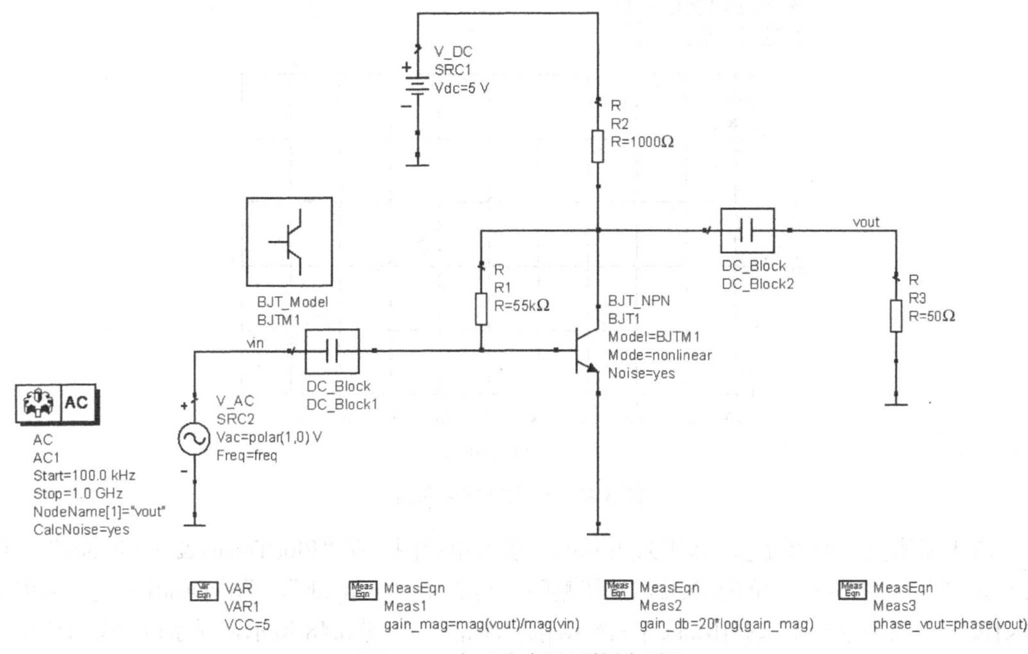


图 3.45　完成仿真设置的原理图

（8）完成原理图设置后，在工具栏中单击[Simulation]按钮，开始仿真。仿真结束后，自动弹出数据显示窗口，在数据显示窗口工具栏中单击[Rectangular Plot]按钮插入矩形图，如图 3.46 所示，弹出“Plot Traces & Attributes”对话框。

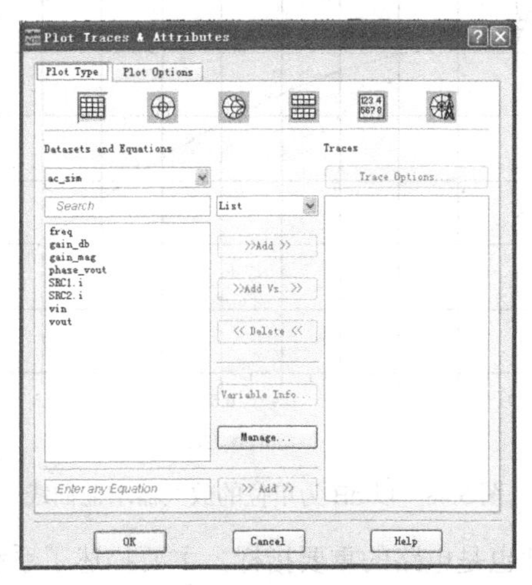


图 3.46　“Plot Traces & Attributes”对话框

在“Plot Traces & Attributes”对话框中选择“gain_mag”，单击[Add]按钮，再单击[OK]按钮，显示放大器增益曲线，在菜单栏中选择[Maker]→[New]插入标注，如图 3.47 所示。可见当输入信号幅度为 1V 时，输出信号电压幅度最大为 3.816V，随着输入信号频率的增加，输出信号增益逐渐下降，输出信号幅度下降。

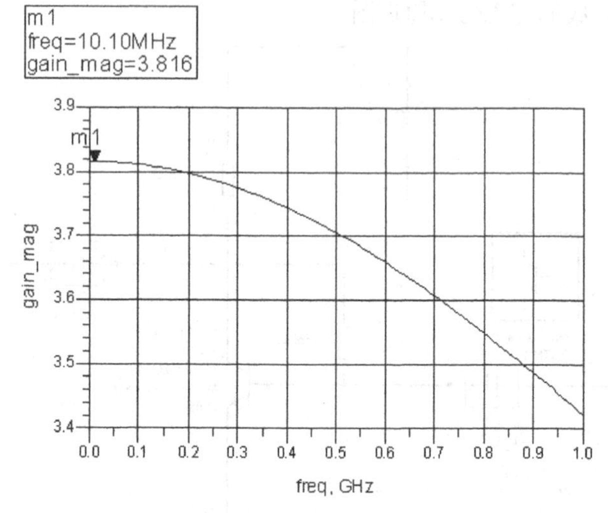


图 3.47　放大器增益曲线

放大器增益一般都是以 dB 形式表示的，双击矩形图，在“Plot Traces & Attributes”对话框中选中“gain_mag”，单击[Delete]按钮删除。再选中“gain_db”，单击[Add]按钮，再单击[OK]按钮，在菜单栏中选择[Maker]→[New]插入标注，如图 3.48 所示，显示以 dB 为单位的放大器增益曲线。

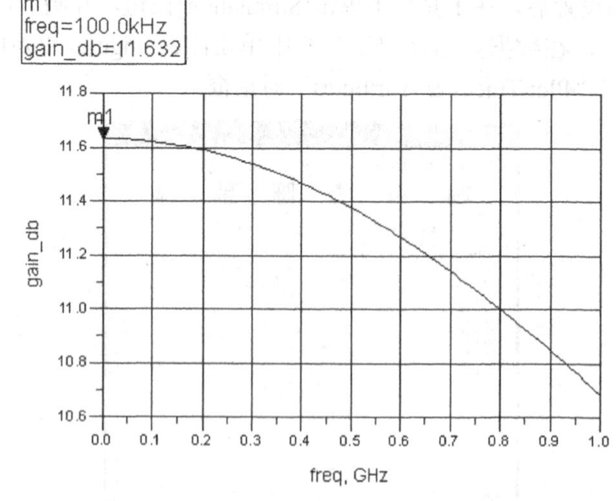


图 3.48　以 dB 为单位的放大器增益曲线

（9）放大器的相位特性也是电路的重要指标，主要描述了系统的相移特性，因此，在交流小信号仿真中也需要仔细分析。因为之前在原理图中已经插入计算输出信号相位的测量公式控制器，在数据显示窗口中直接调用查看即可。采用与上一步骤相同的观测方法，删除增益曲线，如图3.49所示，在矩形图中添加输出信号的相位曲线，可见随着放大器工作频率增加，放大器电路的相位逐渐下降。只有当增益下降为0dB时，相位仍有60°以上，我们才认为该放大器是稳定工作的。

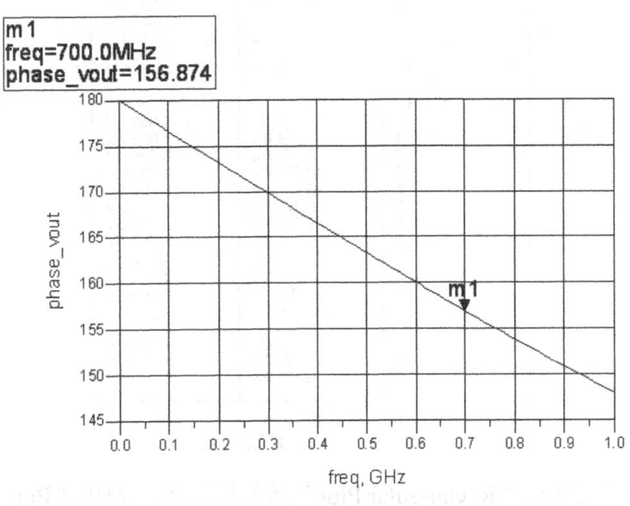


图3.49 输出信号的相位曲线

## 2. 噪声分析

（1）在原理图中双击标准交流仿真控制器，选择[Noise]选项对噪声分析进行设置。首先在“Calculate noise”选项中勾选才能进行其他参数设置。在“Node for noise parameter calculation”栏的“Edit”子选项中选择“vout”作为噪声计算点，单击[Add]按钮完成添加。然后在“Noise contributors”的“Mode”子选项中选择“Sort by value”，表示以噪声值进行分类计算。此时默认的噪声带宽“Bandwidth”为1Hz，如图3.50所示。单击[OK]按钮，完成设置。

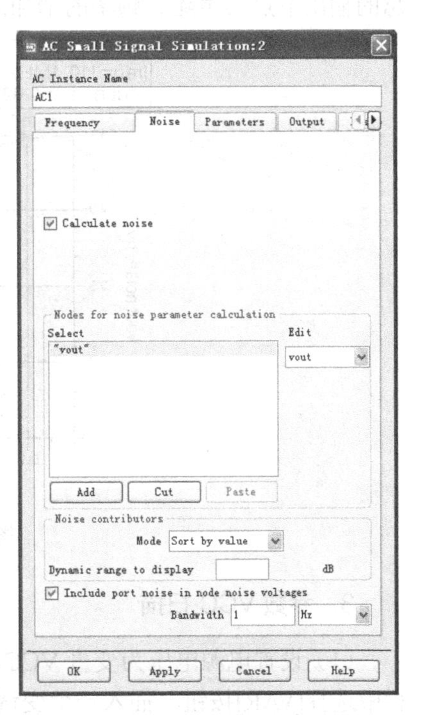


图3.50 设置噪声分析

（2）完成原理图设置后，在工具栏中单击[Simulation]按钮开始仿真。仿真结束后，自动弹出数据显示窗口，在数据显示窗口工具栏中单击[List]插入一个列表，弹出“Plot Traces & Attributes”，在“Plot Traces & Attributes”对话框中选择“name”和“vnc”，单击[Add]按钮，再单击[OK]按钮，显示噪声数据列表，如图3.51所示。表中按频率列出了每个噪声源贡献的噪声，其中total代表噪声，可见放大器在100kHz和10.1MHz时总噪声功率谱密度为4.099nV/sqrt Hz。

| index | name | vnc |
|---|---|---|
| freq=100.0 kHz | | |
| 0 | _total | 4.099 nV |
| 1 | BJT1 | 4.003 nV |
| 2 | BJT1.Rb | 3.706 nV |
| 3 | BJT1.ice | 1.284 nV |
| 4 | BJT1.ibe | 663.9 pV |
| 5 | BJT1.Re | 447.5 pV |
| 6 | BJT1.Rc | 2.548 pV |
| 7 | R3 | 859.7 pV |
| 8 | R2 | 192.2 pV |
| 9 | R1 | 25.92 pV |
| 10 | SRC2 | 0.0000 V |
| freq=10.10 MHz | | |
| 0 | _total | 4.099 nV |
| 1 | BJT1 | 4.003 nV |
| 2 | BJT1.Rb | 3.706 nV |
| 3 | BJT1.ice | 1.284 nV |
| 4 | BJT1.ibe | 663.9 pV |
| 5 | BJT1.Re | 447.5 pV |
| 6 | BJT1.Rc | 2.616 pV |
| 7 | R3 | 859.7 pV |
| 8 | R2 | 192.2 pV |
| 9 | R1 | 25.92 pV |
| 10 | SRC2 | 0.0000 V |
| freq=20.10 MHz | | |
| 0 | _total | 4.098 nV |
| 1 | BJT1 | 4.003 nV |
| 2 | BJT1.Rb | 3.705 nV |

图 3.51　噪声数据列表

在数据显示窗口工具栏“Rectangular Plot”插入矩形图，弹出“Plot Traces & Attributes”对话框，在“Plot Traces & Attributes”对话框中选择“vout_noise”，单击[Add]按钮，再单击[OK]按钮，显示噪声曲线，在菜单栏中选择[Maker]→[New]插入标注，如图 3.52 所示。可见总的输出节点噪声随着频率的增加而下降，在 110.1MHz 时为 4.093nV/sqrt Hz。

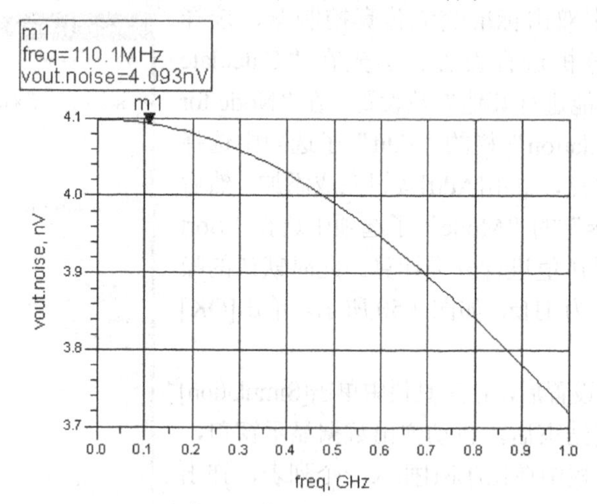


图 3.52　总的输出节点噪声

### 3. 参数 VCC 扫描

（1）设置电源电压为变量 VCC，对其进行扫描，观察输出增益变化。首先在原理图工具栏中选择[VAR]按钮，插入一个变量控制器。双击变量控制器，如图 3.53 所示进行设置，添加一个电压变量“VCC”，并设置 VCC 的初始值为 5V。

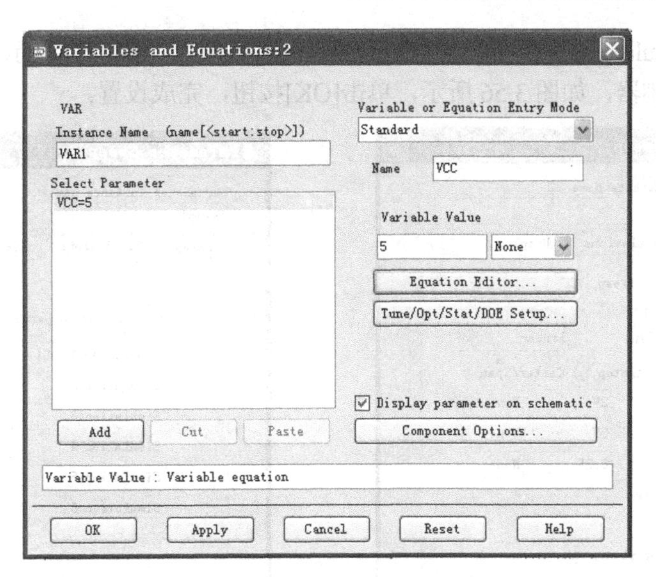


图 3.53　设置变量 VCC

（2）双击原理图中的直流电源 SRC1，如图 3.54 所示，设置电压值为“VCC”。

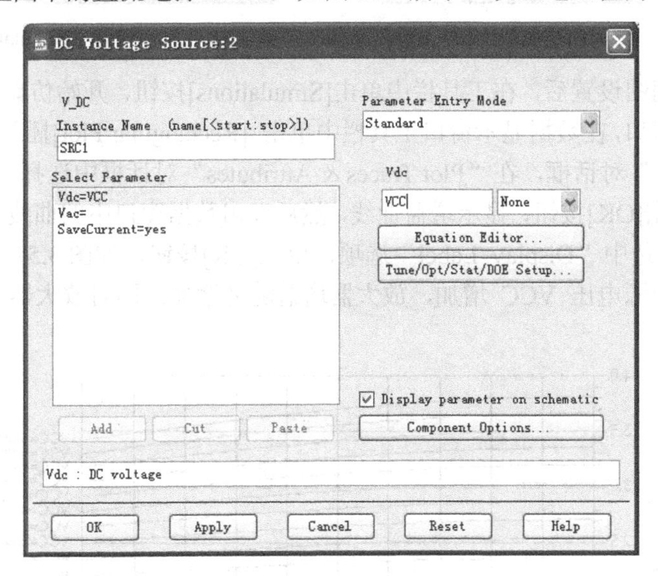


图 3.54　设置电源电压值为“VCC”

（3）从“Simulation-AC”元件面板中选择“Parameter Sweep”控制器插入原理图中，双击“Parameter Sweep”控制器，选择“Sweep”选项，如图 3.55 设置参数。

Parameter to sweep=VCC，表示扫描参数为 VCC。

Sweep Type=Linear，表示交流仿真采用线性扫描方式。

Start=2V，表示参数扫描起始值为 2V。

Stop=5V，表示参数扫描结束值为 5V。

Step-size=0.2V，表示参数扫描步长 0.2V。

再选择“Simulations”选项，在“Simulation 1”中输入“AC1”，表示本次扫描的对象为AC1 交流仿真控制器，如图 3.56 所示，单击[OK]按钮，完成设置。

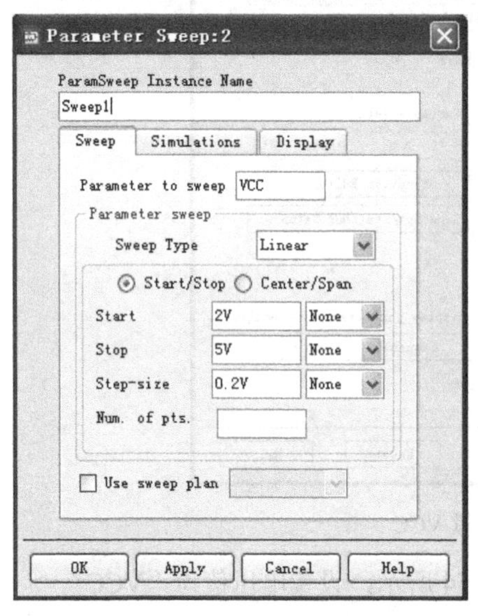


图 3.55 设置扫描参数 VCC

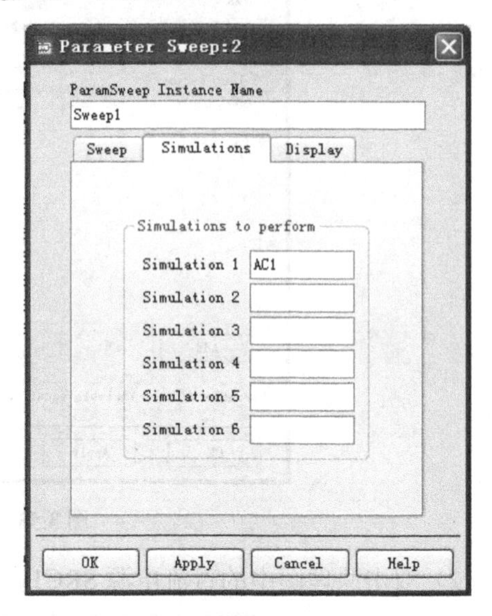


图 3.56 设置“Simulations”选项

（4）完成原理图设置后，在工具栏中单击[Simulations]按钮，开始仿真。仿真结束后，自动弹出数据显示窗口，在数据显示窗口工具栏中单击 [Rectangular Plot]插入矩形图，弹出“Plot Traces & Attributes”对话框，在“Plot Traces & Attributes”对话框中选择“gain_mag”，单击[Add]按钮，再单击[OK]按钮，显示增益曲线，然后双击数据窗口中的曲线，在弹出的“Trace Option”对话框中选中“Display Label”选项，单击[OK]按钮，如图 3.57 所示显示输出增益曲线，可见随着电源电压 VCC 增加，放大器增益随之增加。同时放大器增益随频率增加逐渐下降。

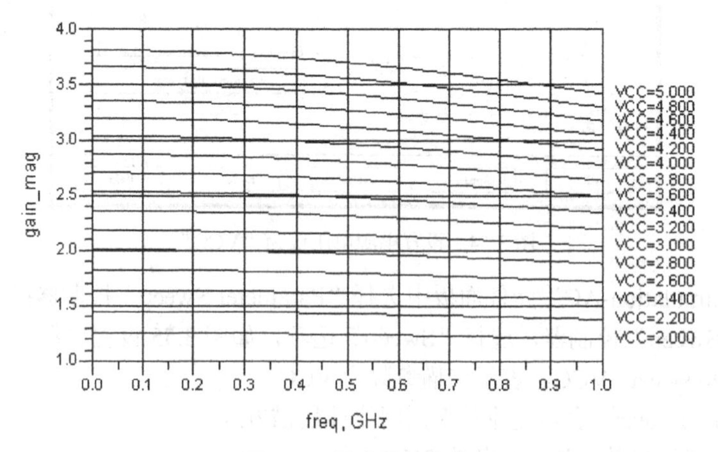


图 3.57 输出增益曲线

再插入一个矩形图，显示以 dB 显示的增益曲线，如图 3.58 所示，同样可见放大器增益与电源电压有关，电源电压越大，则放大器增益也越大。

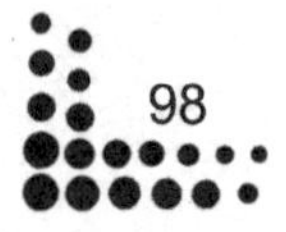

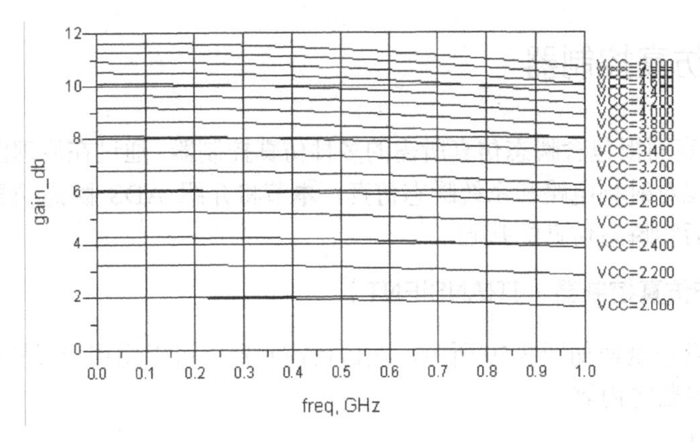


图 3.58　以 dB 显示的增益曲线

到此我们就完成了一个交流仿真的基本流程，包括基本交流仿真、噪声分析及参数扫描的内容。

## 3.4　瞬态仿真

瞬态仿真是电路在给定的输入激励下，在设定的时间范围内计算电路的时域瞬态响应性能。本节主要介绍 ADS 瞬态仿真的基本原理和仿真控制器、参数设置等内容，之后通过一个瞬态仿真实例观测 BJT 晶体管放大器的时域放大特性，并以此来阐述瞬态仿真的基本方法和流程。

### 3.4.1　瞬态仿真原理

瞬态仿真通常是验证电路功能的第一步，要验证设计电路的稳定性、速度、精度等，必须经过各种情况下的瞬态分析才能正确判断。设计者在电路设计中需要根据实际情况合理地设置激励源和仿真参数，才能真正评估电路性能，从而得到设计者预期的设计结果。

在 ADS 中，瞬态仿真控制器首先通过一组时变电流和电压微积分方程的求解来获得电路分析对于时间和扫描变量的非线性结果。在仿真过程中，瞬态仿真控制器预先设定一组节点电压和支路电流的初始值，之后通过反复迭代的方式逼近最终值，以获得实际的电压和电流值，这个过程称之为“收敛”。如果瞬态仿真无法完成收敛过程，就意味着电路仿真失败，无法实现预期的仿真功能。

在 ADS 中瞬态仿真控制器可以实现：

（1）SPICE 瞬态时域仿真。

（2）电路的非线性瞬态仿真，包括频率损耗和线性模型的分散效应和卷积分析。

## 3.4.2 瞬态仿真控制器

ADS 瞬态仿真面板包含瞬态仿真所需的多种仿真控制器，通过在原理图中添加这些仿真控制器，可以实现对射频电路和系统瞬态仿真，本节将介绍 ADS 瞬态仿真面板中的瞬态仿真控制器，作为后续瞬态仿真的基础。

### 1. 标准瞬态仿真控制器（TRANSIENT）

标准交流仿真控制器如图 3.59 所示，在仿真控制器中可以由用户设置瞬态仿真的时间、综合参数和卷积参数等内容。

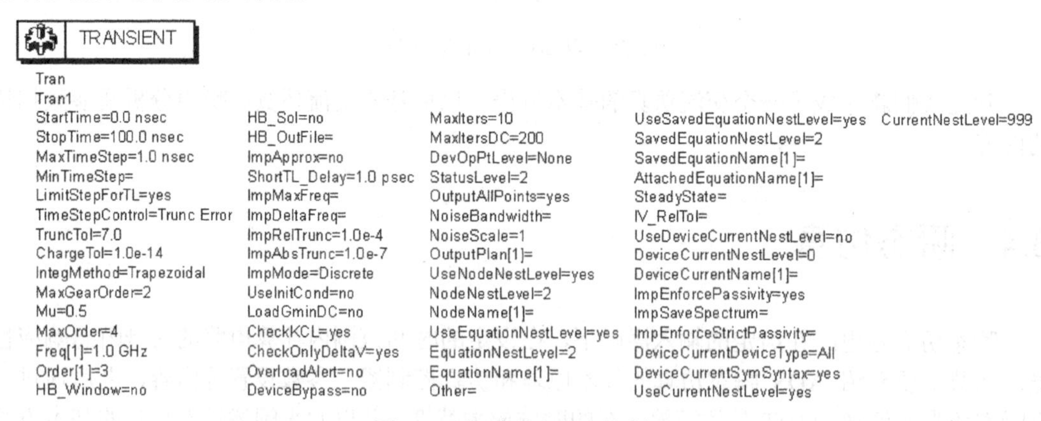


图 3.59 标准瞬态仿真控制器

### 2. 瞬态仿真选项控制器（OPTIONS）

完整的交流仿真选项控制器如图 3.60 所示，瞬态仿真选项控制器用来设置瞬态仿真的环境温度、设备温度、仿真时的收敛性、收敛状态提示等。控制器中参数意义与直流仿真控制器相同，这里不再赘述。

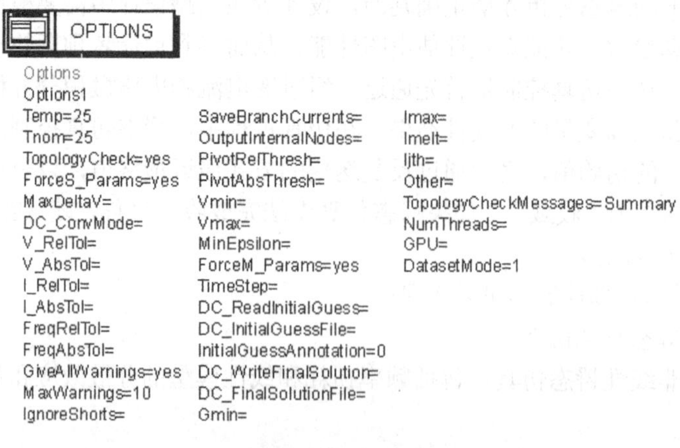


图 3.60 瞬态仿真选项控制器

3．扫描方式控制器（SWEEP PLAN）

扫描方式控制器如图 3.61 所示，扫描方式控制器可以帮助用户添加瞬态仿真中需要的变量，并设置相应的扫描类型。控制器中参数意义与直流仿真控制器相同。

4．参数扫描控制器（PARAMETER SWEEP）

参数扫描控制器如图 3.62 所示，瞬态参数扫描控制器主要用来设置瞬态仿真的参数和扫描方式等，该控制器支持多个扫描参数对多个仿真电路同时进行扫描仿真。控制器中参数意义与直流仿真控制器相同。

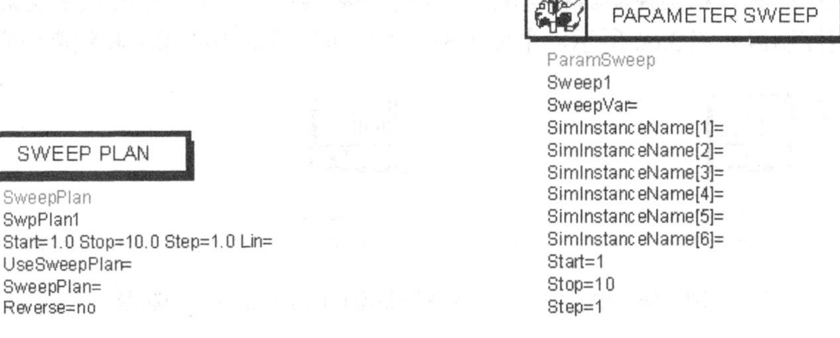


图 3.61　扫描方式控制器　　　图 3.62　参数扫描控制器

5．节点名设置（NodeSetByName）和节点设置控制器（NodeSet）

瞬态仿真中的这两个控件与直流、交流仿真中完全相同，如图 3.63 所示。节点名设置控制器可以通过指定节点名称来设置直流仿真节点的电压、电阻信息，节点设置控制器与节点名设置控制器功能基本相同。

6．显示模板控制器（Disp Temp）

显示模板控制器如图 3.64 所示，瞬态仿真中的显示模板控件与直流、交流仿真中完全相同。用户同样可以通过显示模板控制器加载之前设置好的仿真设置方式，对于同一类电路仿真可以有效减少每次仿真的重复性设置劳动。

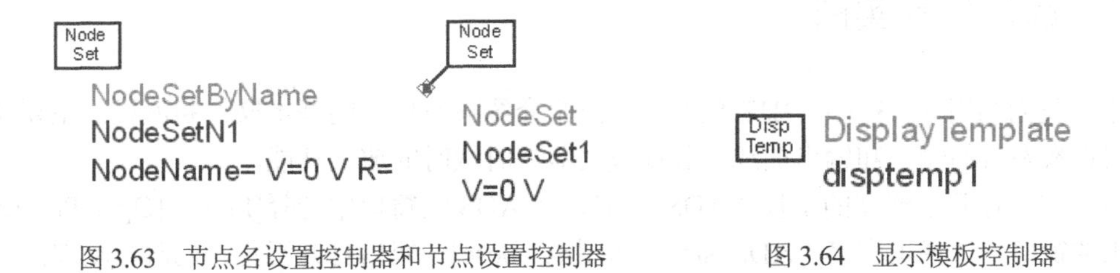


图 3.63　节点名设置控制器和节点设置控制器　　　图 3.64　显示模板控制器

7．电流中心频率观察控制器（Ifc Tran）和电流频谱观察控制器（Ispec Tran）

电流中心频率观察控制器和电流频谱观察控制器如图 3.65 所示，电流中心频率观察控制器和电流频谱观察控制器主要用来观察电流信号的中心频率和频谱信息。

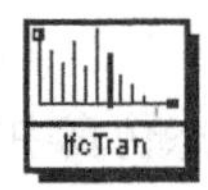


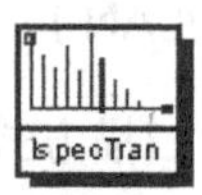


图 3.65　电流中心频率观察控制器和电流频谱观察控制器

### 8. 电压中心频率观察控制器（Vfc Tran）和电压频谱观察控制器（Vspec Tran）

与电流中心频率观察控制器和电流频谱观察控制器相同，电压中心频率观察控制器和电压频谱观察控制器如图 3.66 所示，主要用来观察电压信号的中心频率和频谱信息。

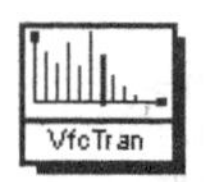


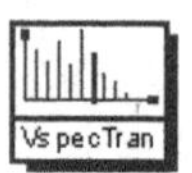


图 3.66　电压中心频率观察控制器和电压频谱观察控制器

### 9. 功率谱中心频率观察控制器（Pfc Tran）和功率谱观察控制器（Pspec Tran）

与电流和电压观察控制器相同，功率谱中心频率观察控制器和功率谱观察控制器如图 3.67 所示，同样用来观察功率谱的中心频率和频谱信息。

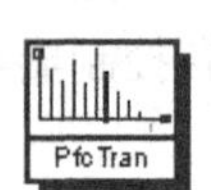


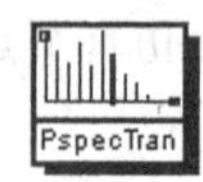


图 3.67　功率谱中心频率观察控制器和功率谱观察控制器

## 3.4.3　瞬态仿真实例

本节我们利用 3.3.3 节中 BJT 放大器电路来介绍瞬态仿真的基本操作和流程，主要观察放大器在瞬态时的输入和输出曲线，验证放大器在时域时的放大功能。

（1）首先打开已建立的工程“ADS_sim”，在 ADS 主窗口中选择[File]→[Open Project]，在弹出的窗口中选择工程名“ADS_sim”，单击[Choose]按钮后打开工程，同时自动弹出原理图窗口。将原理图窗口保存为 tran_sim。

（2）在 ADS 主窗口中的工程文件区中选中“networks”选项，该选项包含了工程中建立的原理图文件。从“networks”选项下拉菜单中选择“ac_sim”，即 3.3.3 节中建立的原理图元件，如图 3.68 所示。然后在工程管理区中双击该文件，打开 ac_sim 原理图窗口。

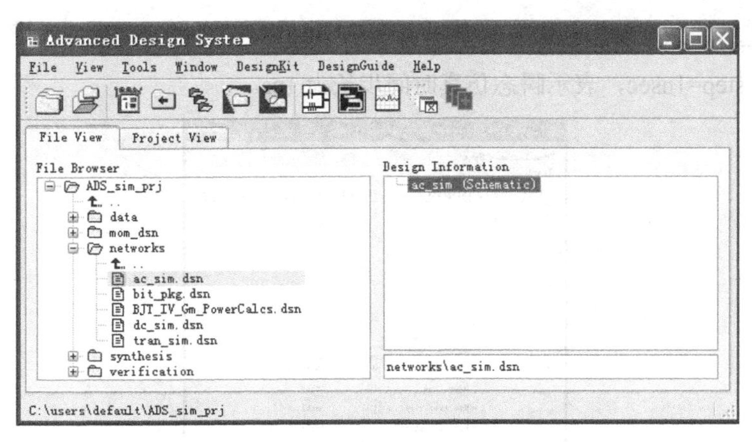


图 3.68　在 ADS 主窗口中打开 ac_sim 原理图

（3）在 ac_sim 原理图窗口中按“Ctrl+A”组合键选中所有电路，再按“Ctrl+C”组合键或通过菜单栏中[Edit]→[Copy]复制整个原理图。接着打开保存好的 tran_sim 原理图窗口，按“Ctrl+V”组合键或通过菜单栏中[Edit]→[Paste]命令粘贴原理图，并保存。

（4）在进行瞬态仿真前，还需要对原理图进行修改。首先删除交流仿真控制器、参数扫描控制器以及测量公式控制器。然后从“Source-Time Domain”元件面板中选择正弦波电压源 Sine 替换原电路中的交流源，然后双击正弦波电压源，如图 3.69 进行参数设置。

Vdc=0V，表示直流偏置电压为 0V。

Amplitude=10mV，表示正弦波的幅度为 10mV。

Freq=1MHz，表示正弦波的频率为 1MHz。

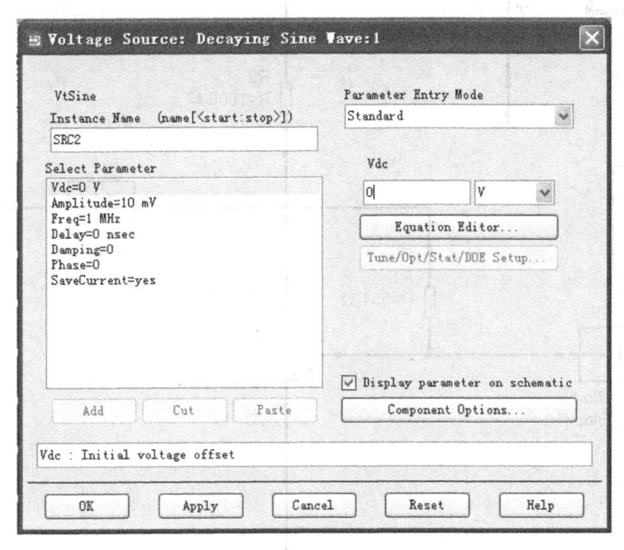


图 3.69　完成设置的正弦波电压源

（5）原理图建立完毕后，还需要插入仿真控制器。从“Simulation-Transient”元件面板中，选择标准瞬态仿真控制器 Trans 插入原理图中，双击该控件，如图 3.70 所示设置参数。

Start time=0nsec，表示瞬态仿真起始时间为 0ns。

Stop time=10usec，表示瞬态仿真结束频率为 10μs。

Max time step=1nsec，表示瞬态仿真时间步长为 1ns。

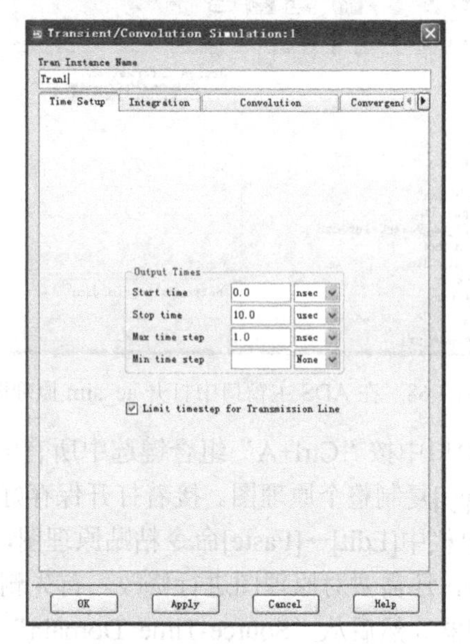


图 3.70 设置标准瞬态仿真控制器

如图 3.71 所示，完成整体的瞬态仿真原理图。

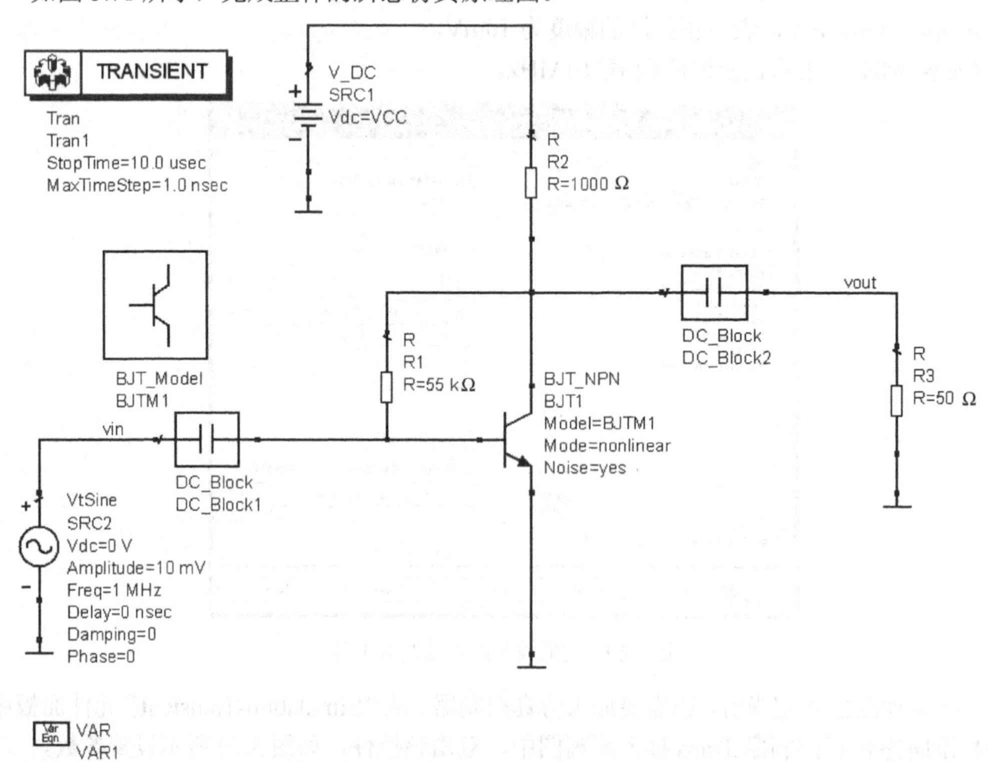


图 3.71 整体仿真原理图

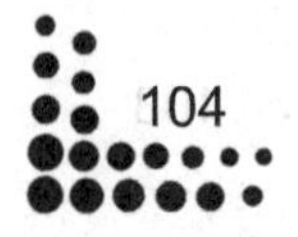

（6）完成原理图设置后，在工具栏中单击[Simulation]按钮，开始仿真。仿真结束后，自动弹出数据显示窗口，在数据显示窗口工具栏中单击 [Rectangular Plot]按钮插入矩形图，弹出“Plot Traces & Attributes”对话框，在“Plot Traces & Attributes”对话框中选择“vin”和“vout”，单击[Add]按钮，再单击[OK]按钮，显示输入和输出波形，在菜单栏中选择[Maker]→[New]命令插入标注，如图 3.72 所示。可见放大器输出将输入正弦波信号进行了放大，时域功能仿真正确。

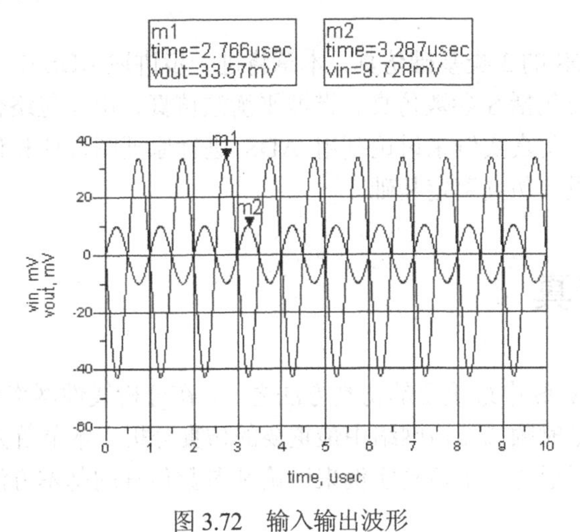


图 3.72　输入输出波形

到此我们就完成了一个瞬态仿真的基本流程，验证了放大器时域功能的正确性。

## 3.5　小结

本章首先概括介绍了 ADS 中几种重要仿真控制器的原理，包括直流仿真控制器、交流仿真控制器、瞬态仿真控制器、S 参数仿真控制器、谐波平衡仿真控制器、电路包络仿真控制器和增益压缩仿真控制器。

之后着重介绍了直流仿真控制器等三类基本的仿真控制器，并分别通过仿真实例对这三类直流仿真控制器的仿真方法和基本流程做了详尽的介绍。这三类仿真控制器是 ADS 仿真的基础，读者要仔细学习，为后续进行高阶仿真学习打好基础。

# 第 4 章　ADS 高阶仿真及实例

第 3 章讲述了 ADS 的 3 类基础仿真，本章将进一步讲述 ADS 中 4 类高阶仿真的基本原理和仿真控制器，主要包括 S 参数仿真、谐波平衡法仿真、电路包络仿真和增益压缩仿真，并以此为基础分别通过仿真实例来讨论利用 ADS 进行原理图设计和仿真的方法与技巧，为进一步进行射频电路设计仿真奠定基础。

## 4.1　S 参数仿真

S 参数仿真作为 ADS 中最重要的仿真方法之一，在分析线性网络传输函数、输入输出特性方面应用广泛，也是射频二端口网络中最重要的仿真分析。本节首先介绍 S 参数的基本原理和仿真控制器，之后通过一个仿真实例来讨论 S 参数仿真的基本方法和技巧。

### 4.1.1　S 参数仿真原理

S 参数是在入射波和反射波之间建立的一组线性关系，在射频电路中，通常用来分析和描述网络的输入输出特性。在进行 S 参数仿真时，一般将电路视为一个二端口网络，通过线性化和小信号分析，得到 S 参数、线性噪声参数、传输阻抗以及传输导纳等电路参数。

ADS 中 S 参数仿真主要包括以下功能。

- 通过分析线性网络获得电路的 S 参数、Y 参数、Z 参数和 H 参数等。
- 对电路的群时延进行仿真。
- 对二端口网络的噪声特性进行仿真。
- 通过扫描变量获得电路与 S 参数有关的参数信息。

### 4.1.2　S 参数仿真面板与仿真控制器

ADS 中的 S 参数仿真面板如图 4.1 所示，其中包含了 S 参数仿真所需要的各类仿真控制器，以下对几类主要的仿真控制器进行介绍。

#### 1. 标准 S 参数仿真控制器（S-PARAMETERS）

标准 S 参数仿真控制器如图 4.2 所示，在 S 参数仿真控制器中主要设置 S 参数仿真的频率扫描范围、仿真选项以及噪声分析等内容。表 4.1 中对几类主要仿真参数进行了说明。

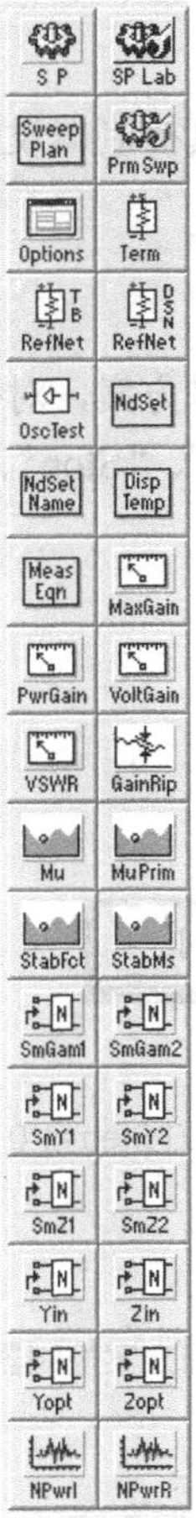

图 4.1　S 参数仿真面板

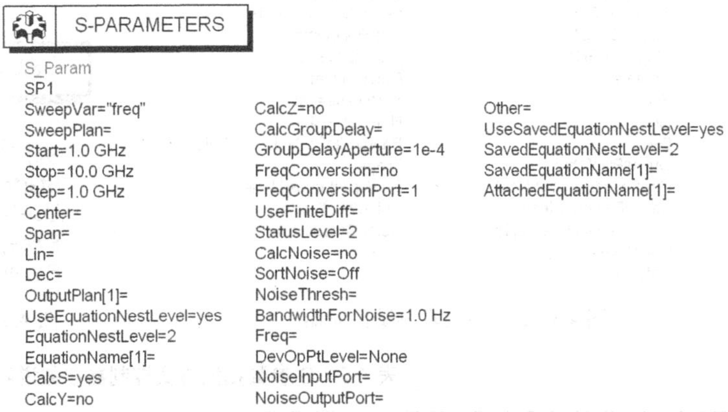

图 4.2　标准 S 参数仿真控制器

表 4.1　标准 S 参数仿真控制器仿真参数说明

| 仿 真 参 数 | 功 能 说 明 |
|---|---|
| SweepVar="freq" | 表示进行 S 参数仿真时的扫描变量为频率 |
| SweepPlan | 选择对某一个 S 参数扫描方案控制器中的方案进行扫描分析 |
| Start | 以线性（对数）方式进行扫描时的起始频率 |
| Stop | 以线性（对数）方式进行扫描时的结束频率 |
| Step | 以线性（对数）方式进行扫描时的步长 |
| Center | 以对数方式进行扫描时的中心频率 |
| Span | 以对数方式进行扫描时的带宽 |
| Lin | 是否进行线性扫描 |
| Dec | 是否以每十倍频程方式进行扫描 |

### 2．S 参数仿真测试控制器（S-PARAMETER TEST LAB）

S 参数仿真测试控制器如图 4.3 所示，其参数定义与标准 S 参数仿真控制器设置的参数基本相同。

### 3．S 参数扫描方案控制器（SWEEP PLAN）

S 参数扫描方案控制器如图 4.4 所示，用户可以在控制器中设置扫描方案，对多个变量进行扫描分析，表 4.2 中对几类主要仿真参数进行了说明，其中“Start”、“Stop”、“Step”、“Lin”参数与标准 S 参数仿真控制器中参数定义相同。

S-PARAMETER TEST LAB

S_ParamTestLab
TestLab1
SweepVar="freq"
SweepPlan=
Start=1.0 GHz
Stop=10.0 GHz
Step=1.0 GHz
Center=
Span=
Lin=
Dec=
OutputPlan[1]=
UseSavedEquationNestLevel=yes
SavedEquationNestLevel=2
SavedEquationName[1]=
CalcS=yes
CalcY=no
CalcZ=no
CalcGroupDelay=
GroupDelayAperture=1e-4
UseFiniteDiff=
StatusLevel=2
CalcNoise=no
SortNoise=Off
NoiseThresh=
BandwidthForNoise=1.0 Hz
Freq=
DevOpPtLevel=None
NoiseInputPort=
NoiseOutputPort=
Other=

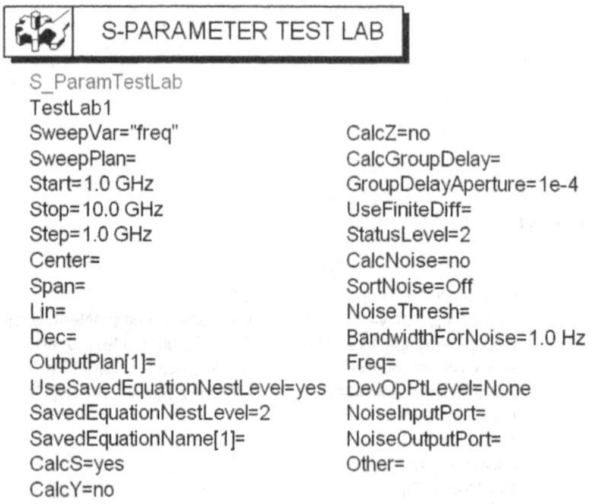

图 4.3　S 参数仿真测试控制器

SWEEP PLAN

SweepPlan
SwpPlan1
Start=1.0 Stop=10.0 Step=1.0 Lin=
UseSweepPlan=
SweepPlan=
Reverse=no

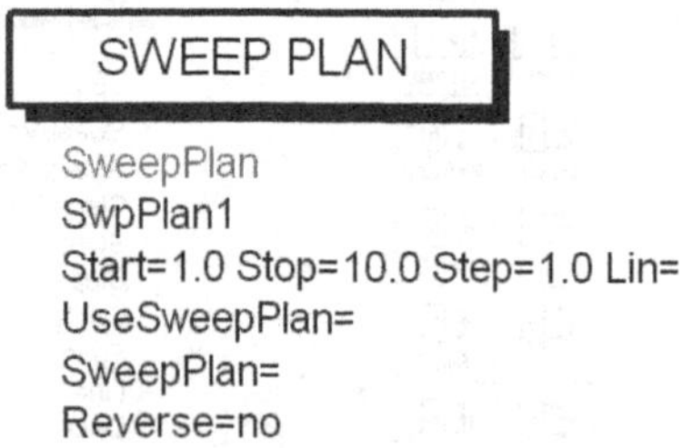

图 4.4　S 参数扫描方案控制器

表 4.2　S 参数扫描方案控制器参数说明

| 仿 真 参 数 | 功 能 说 明 |
| --- | --- |
| UseSweepPlan | 是否启用 S 参数扫描方案控制器 |
| SweepPlan | S 参数扫描方案的名称 |
| Reverse | Yes：扫描参数从低到高<br>No：扫描参数从高到低 |

### 4．参数扫描控制器（PARAMETER SWEEP）

参数扫描控制器如图 4.5 所示，在控制器中可以设置 S 参数仿真的扫描变量、仿真控制器等信息。其中“SweepVar=”表示进行仿真时设置的扫描变量；“SimInstanceName[1]…[6]=”表示对指定的仿真控制器设置参数扫描，“Start”、“Stop”、“Step”参数与标准 S 参数仿真控制器中参数定义相同。

### 5．S 参数仿真选项控制器（OPTION）

S 参数仿真选项控制器如图 4.6 所示，与直流仿真、交流仿真、瞬态仿真中的功能相同，对电路中的环境温度、设备温度、仿真收敛性等内容进行设置，表 4.3 中对几类主要仿真参数进行了说明。

PARAMETER SWEEP

ParamSweep
Sweep1
SweepVar=
SimInstanceName[1]=
SimInstanceName[2]=
SimInstanceName[3]=
SimInstanceName[4]=
SimInstanceName[5]=
SimInstanceName[6]=
Start=1
Stop=10
Step=1

图 4.5　参数扫描控制器

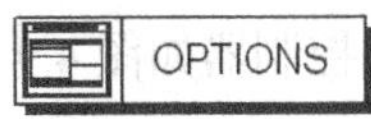


Options
Options1
Temp=25
Tnom=25
TopologyCheck=yes
V_RelTol=1e-6
V_AbsTol=1e-6 V
I_RelTol=1e-6
I_AbsTol=1e-12 A
GiveAllWarnings=yes
MaxWarnings=10

图 4.6　S 参数仿真选项控制器

**表 4.3　S 参数仿真选项控制器参数说明**

| 仿 真 参 数 | 功 能 说 明 |
|---|---|
| Temp=25 | 仿真温度为 25℃ |
| Tnom=25 | 仿真采用的模型工艺库温度为 25℃ |
| TopologyCheck=yes | 是否对电路拓扑结构进行检查 |
| V_RelTol=1e-6 | 电压相对容忍度为 1e-6 |
| V_AbsTol=1e-6V | 电压绝对容忍度为 1e-6V |
| I_RelTol=1e-6 | 电流相对容忍度为 1e-6 |
| I_AbsTol=1e-12A | 电流绝对容忍度为 1e-12A |
| GiveAllWariings=yes | 在 DC 仿真时是否输出警告 |
| MaxWarning=10 | 最大警告数 |

### 6．终端（Term）

终端如图 4.7 所示，在终端中可以定义网络端口和阻抗信息，默认情况下阻抗为 50Ω，该元件是进行 S 参数仿真必备的元件。

### 7．最大增益控制器（MaxGain）

最大增益控制器如图 4.8 所示，主要用于在仿真中分析电路的最大增益。

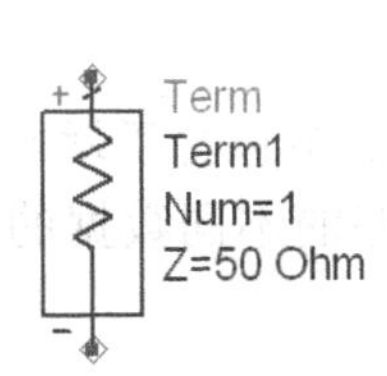


图 4.7　终端

MaxGain
MaxGain1
MaxGain1=max_gain(S)

图 4.8　最大增益控制器

### 8. 功率增益控制器（PwrGain）

功率增益控制器如图 4.9 所示，主要用于在仿真中分析电路的最大功率增益。

### 9. 电压增益控制器（VoltGain）

电压增益控制器如图 4.10 所示，主要用于在仿真中分析电路的最大电压增益。

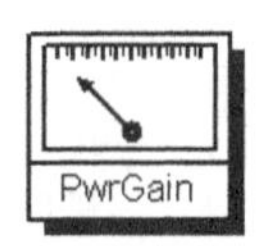


图 4.9 功率增益控制器

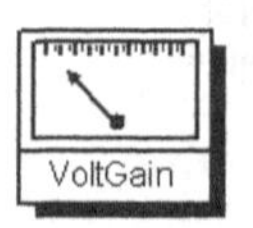


图 4.10 电压增益控制器

### 10. 驻波比控制器（VSWR）

驻波比控制器如图 4.11 所示，主要用于在仿真中分析电路的驻波比。

### 11. 输入导纳控制器（Yin）

输入导纳控制器如图 4.12 所示，主要用于在仿真中分析电路的输入导纳，在数据显示窗口中可以显示其矩形图或数据列表。

### 12. 输入阻抗控制器（Zin）

输入阻抗控制器如图 4.13 所示，主要用于在仿真中分析电路的输入阻抗，在数据显示窗口中可以显示其矩形图或数据列表。

图 4.11 驻波比控制器

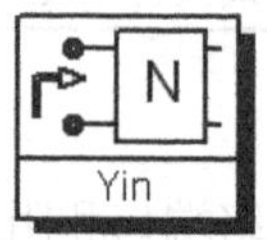


图 4.12 输入导纳控制器

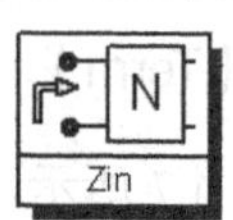


图 4.13 输入阻抗控制器

### 13. 史密斯圆图控制器

史密斯圆图控制器如图 4.14 所示，S 参数仿真面板中包含了增益圆图、噪声系数圆图、稳定性圆图等类型，主要用于在仿真中分析电路的不同数据的各类圆图，并进行显示。

图 4.14　史密斯圆图控制器

## 4.1.3　S 参数仿真实例

### 1. S 参数基本仿真

本小节采用交流仿真的放大器电路进行 S 参数的基本仿真。在仿真中将放大器视做一个二端口网络，以获得放大器的 S(2,1)和 S(1,1)参数值。之后通过建立匹配电路进行优化，使放大器 S 参数在 2.4GHz 频率时满足以下要求。

- S(2,1)大于 10dB，即放大器增益大于 10dB；
- S(1,1)小于−10dB，即放大器反射小于−10dB。

具体设计和仿真步骤如下所述。

（1）运行 ADS，弹出 ADS 主窗口。在菜单栏中选择[File]→[Open Project]，选择已经建立好的“ADS_sim”工程。在工程文件区中选中“networks”选项，在其下拉菜单中选择原理图 ac_sim，然后在工程管理区中双击打开原理图。按“Ctrl+A”组合键选中所有电路，再按“Ctrl+C”组合键进行复制。

（2）在主窗口菜单栏中选择[Window]→[New Schematic]，打开一个新的原理图窗口。在该窗口中按“Ctrl+V”组合键粘贴 ac_sim 中的电路，并将其保存 s_sim。最后关闭 ac_sim 原理图。

（3）要进行 S 参数仿真，还需要对 ac_sim 原理图进行修改。首先删除交流源、交流仿真控制器、测量公式控制器，扫描控制器以及输出负载电阻。从“Simulation-S_Param”元件面板中选择两个终端 Term 插入原理图，作为输入和输出终端，并删除线名 vin 和 vout。

（4）从“Lumped-Component”元件面板中选择两个电容，设置电容值为 10pF 作为输出和输出隔直电容；再选择两个电感，设置电感值为 100nH，与 BJT 的集电极和基极电阻一端相连，将输出交流信号与两个极隔离开。

（5）从“Simulation-S_Param”元件面板中选择一个 S 参数控制器插入原理图中，如图 4.15 所示，双击控制器进行如下设置。

Sweep Type=Linear，表示采用线性扫描方式。

Start=100MHz，表示扫描起始频率为 100MHz。

Stop=5GHz，表示扫描结束频率为 5GHz。

Step-size=100MHz，表示扫描频率步长为 100MHz。

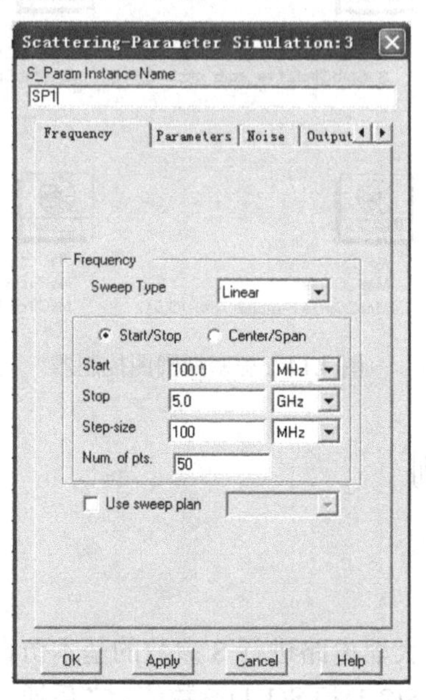


图 4.15　设置 S 参数控制器

图 4.16 所示为完成设置的仿真原理图。

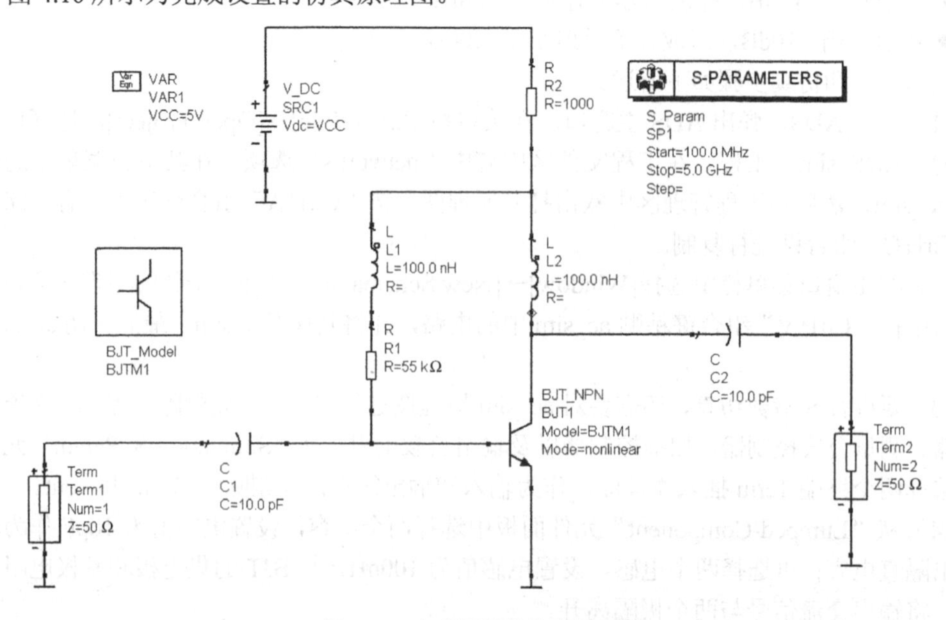


图 4.16　完成设置的仿真原理图

（6）完成设置后，单击工具栏中的[Simulation]按钮开始仿真。在仿真状态窗口会显示仿真进度，仿真结束后自动弹出数据显示窗口。从数据显示面板中单击[Rectangular Plot]按钮，插入一个矩形图。在弹出的“Plot Traces & Attributes”对话框中选择“S(2,1)”，单击[Add]按钮，然后单击[OK]按钮输出波形。在菜单栏选择[Maker]→[New]命令，插入标注信息，如图 4.17 所示，此时 S(2,1)表示的就是放大器增益，可以看到在 2.4GHz 频点上放大器增益为 8.667dB，未能满足预期的 10dB 要求。

再在数据显示窗口中插入一个史密斯圆图显示 S(1,1)参数，如图 4.18 所示。

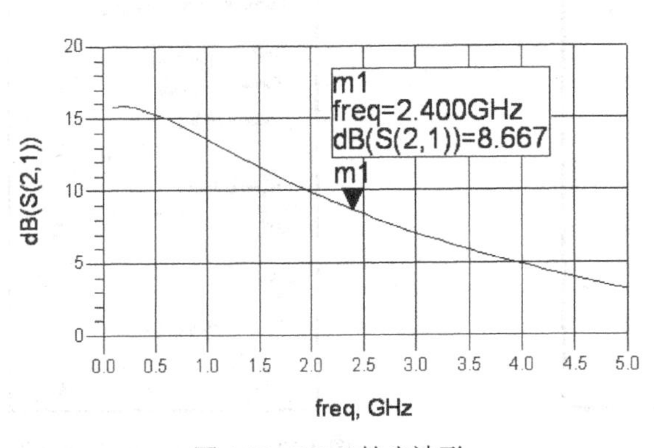


图 4.17　S(2,1)输出波形

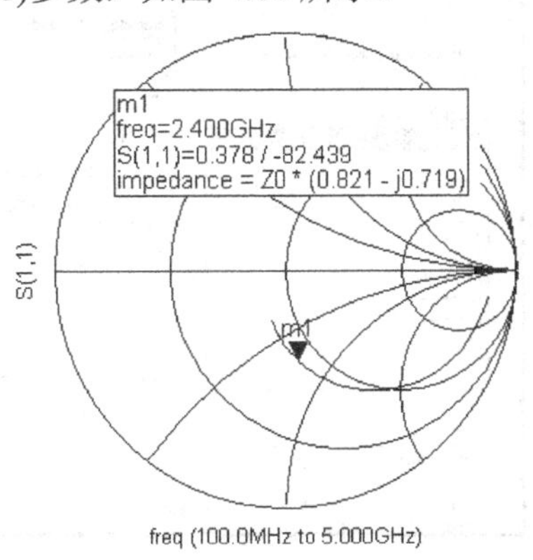


图 4.18　史密斯圆图显示 S(1,1)参数

由于此时的阻抗是归一化后的阻抗值 $Z_0$。因此在数据显示窗口中双击标注，弹出“Edit Marker Properties”对话框，在对话框中选择“Smith”选项，如图 4.19 所示，在 $Z_0$ 下拉菜单中选择“50”。单击[OK]按钮，显示以 50Ω为特征阻抗的阻抗值，如图 4.20 所示。

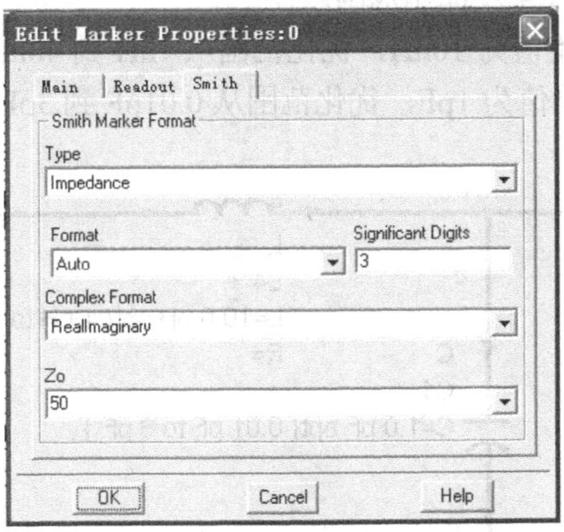

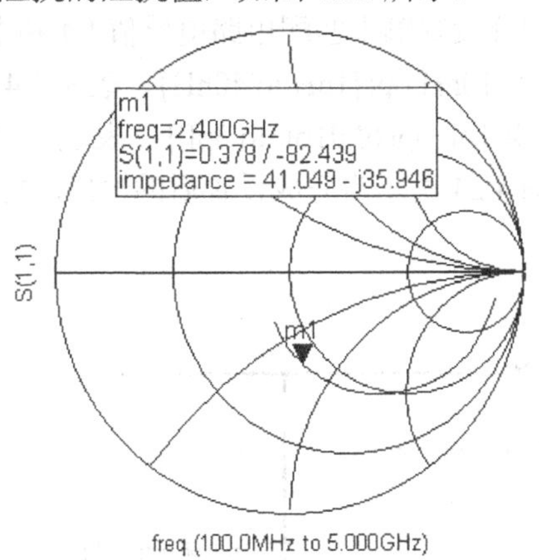


Edit Marker Properties:0

Main | Readout | Smith

Smith Marker Format

Type: Impedance

Format: Auto　Significant Digits: 3

Complex Format: RealImaginary

Zo: 50

OK　Cancel　Help

图 4.19　“Edit Marker Properties”对话框

图 4.20　以 50Ω为特征阻抗的阻抗值

从史密斯圆图中可以看出由于输入阻抗与 50Ω不匹配，造成反射，所以要对放大器电路进行匹配电路设计。建立匹配电路步骤如下所述。

（1）在输入端插入一个电感 L3 和一个由电容 C3 组成的 L 形匹配电路，由于之后需要对匹配电路的电感和电容值进行优化，所以需要设置电感和电容值具有一定的优化范围。以输入匹配电路中的电感 L3 为例，具体方法如下，双击电感，弹出设置对话框，如图 4.21 所示。

在“L”栏中输入参数名电感的初始值“10.0”，单位为“nH”。然后在对话框中单击“Tune/Opt/Stat/DOE Setup…”按钮，弹出对话框。在对话框中选择“Optimization”选项，并在“Optimization Status”下拉菜单中选择“Enable”，之后在“Minimum Value”中输入优化的最小值“1”，单位为“nH”。在“Maximum Value”中输入优化的最大值“40”，单位为“nH”，如图 4.22 所示，单击[OK]按钮返回设置电感值对话框，再单击[OK]按钮完成设置。

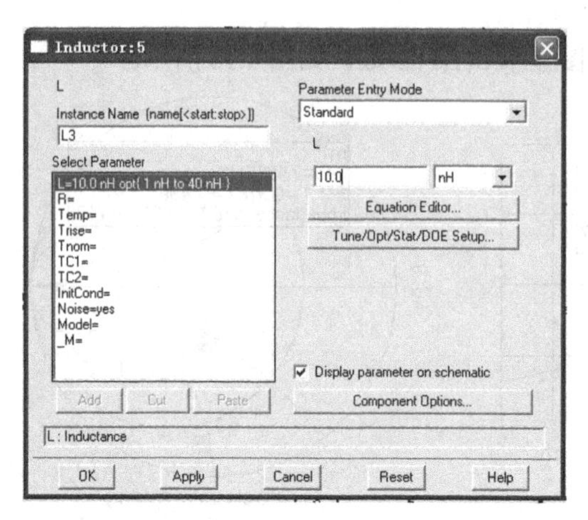


图 4.21 设置电感值对话框

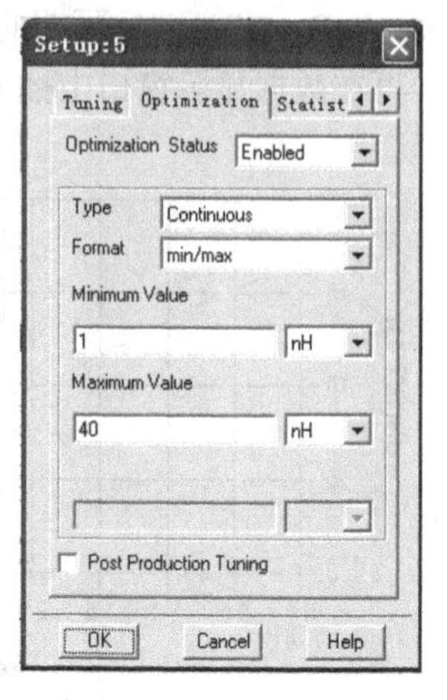


图 4.22 设置“Optimization”选项

根据上述方法设置输入匹配电路电容值 C3 及优化范围：C3=1pF opt{0.01pF to 3pF}，即表示 C3 的初始值为 1pF，优化范围从 0.01pF 到 3pF。图 4.23 所示为完成设置后的输入匹配电路。

同样设置输出匹配电路电感值 L4 和电容值 C4 及优化范围：

L4=10nH opt{1nH to 40nH}，表示 L4 的初始值为 10nH，优化范围从 1nH 到 40nH。

C4=1pF opt{0.01pF to 3pF}，表示 C4 的初始值为 1pF，优化范围从 0.01pF 到 3pF。

图 4.24 所示为完成设置后的输出匹配电路。

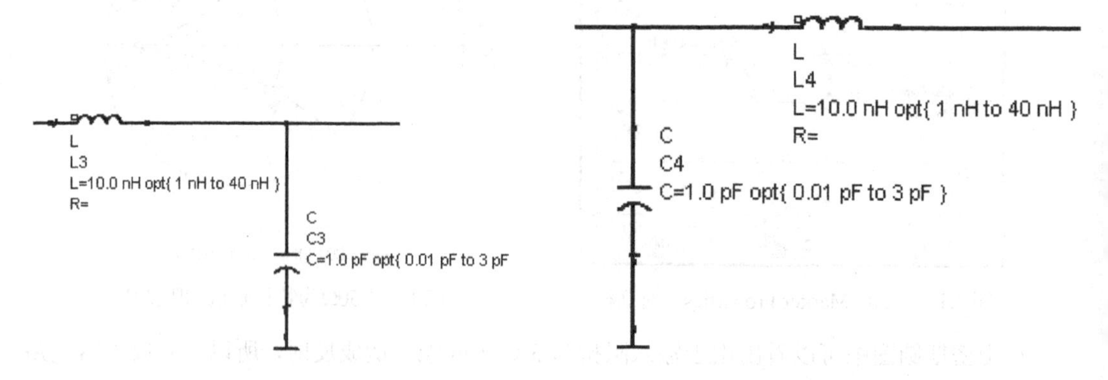


图 4.23 输入匹配电路

图 4.24 输出匹配电路

（2）在原理图窗口中选择优化控制器面板“Optim/Stat/Yield/DOE”，选择优化控制器 Optim 插入原理图中。双击优化控制器进行参数设置，设置迭代的优化次数 Maxlters 为 200，如图 4.25 所示，单击[OK]按钮完成。

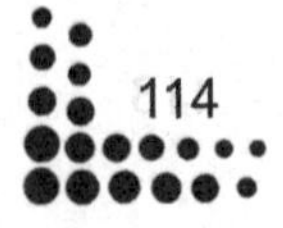

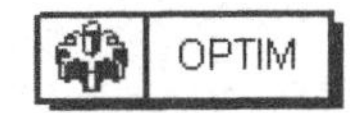

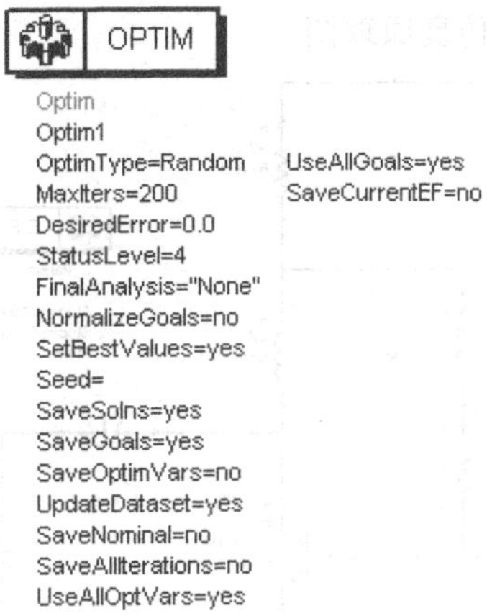

图 4.25　设置优化控制器

（3）优化控制器需要与优化目标配合才能同时仿真，继续在优化控制器面板“Optim/Stat/Yield/DOE”中选择两个优化目标 GOAL，插入原理图中，并逐一进行设置。

GOAL1 设置：

Expr=dB(S(1,1))，表示优化的目标是 S(1,1)。

SimInstanceName=SP1，表示优化的目标控制器为 SP1。

Max=-10，S(1,1)最大衰减为-10dB。

RangeVar=freq，优化范围变量为频率 freq。

RangeMin=2350MHz，满足-10dB 衰减的最小频率值。

RangeMax=2450MHz，满足-10dB 衰减的最大频率值。

GOAL2 设置：

Expr=dB(S(2,2))，表示优化的目标是 S(2,2)。

SimInstanceName=SP1，表示优化的目标控制器为 SP1。

Max=-10，S(1,1)最大衰减为-10dB

RangeVar=freq，优化范围变量为频率 freq。

RangeMin=2350MHz，满足-10dB 衰减的最小频率值。

RangeMax=2450MHz，满足-10dB 衰减的最大频率值。

这里设置了 4 个优化目标，前 3 个针对 S(2,1)进行优化，最后一个针对 S(1,1)进行优化，图 4.26 所示为设置完成后的优化目标控制器。

GOAL
Goal
OptimGoal1
Expr="dB(S(1,1))"
SimInstanceName="SP1"
Min=
Max=-10
Weight=
RangeVar[1]="freq"
RangeMin[1]=2350 MHz
RangeMax[1]=2450 MHz

GOAL
Goal
OptimGoal2
Expr="dB(S(2,2))"
SimInstanceName="SP1"
Min=
Max=-10
Weight=
RangeVar[1]="freq"
RangeMin[1]=2350 MHz
RangeMax[1]=2450 MHz

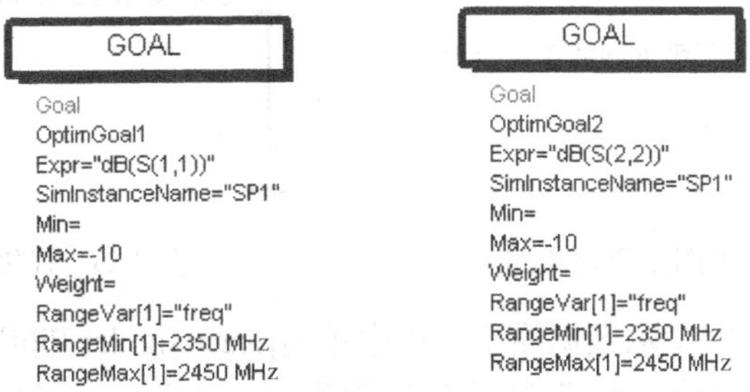

图 4.26　设置完成后的优化目标控制器

图 4.27 所示为最终完成的仿真原理图。

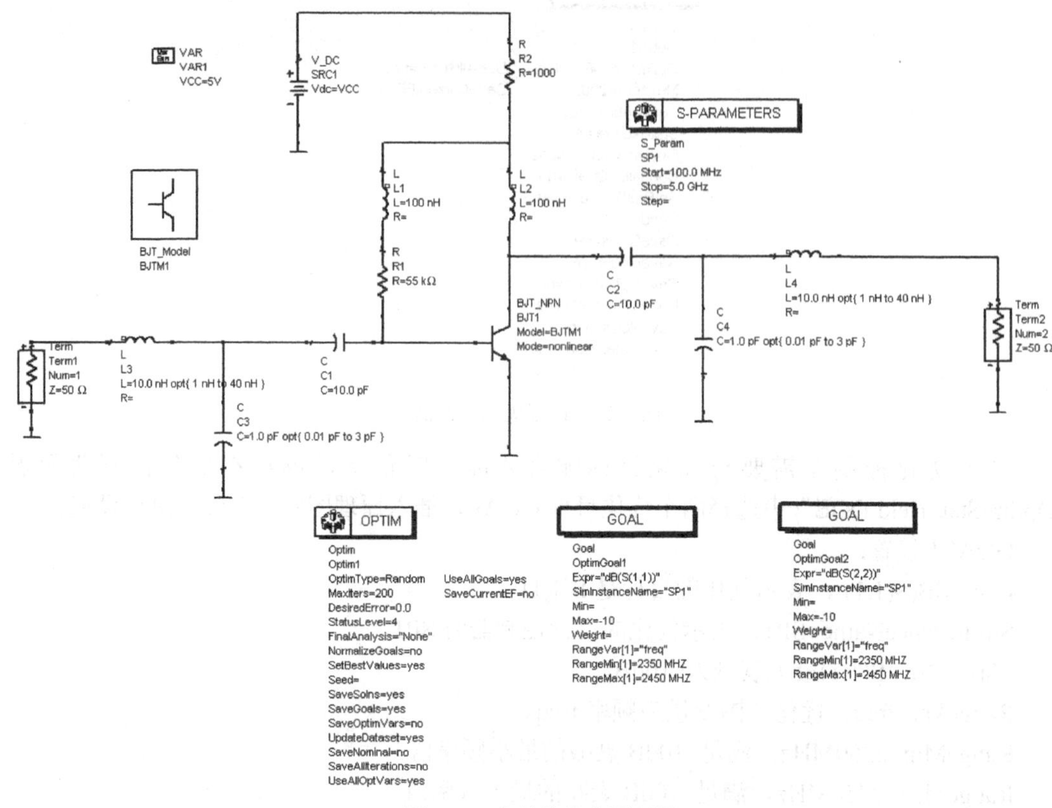

图 4.27　完整的仿真原理图

（4）完成设置后，单击工具栏中的[Simulation]按钮开始仿真。在仿真状态窗口会显示仿真进度，仿真结束后自动弹出数据显示窗口。首先从菜单栏中选择[Simulate]→[update Optimization Values]命令，将优化后的元件值反标注回元件，如图 4.28 和图 4.29 所示分别为反标注后的输入匹配电路和输出匹配电路。

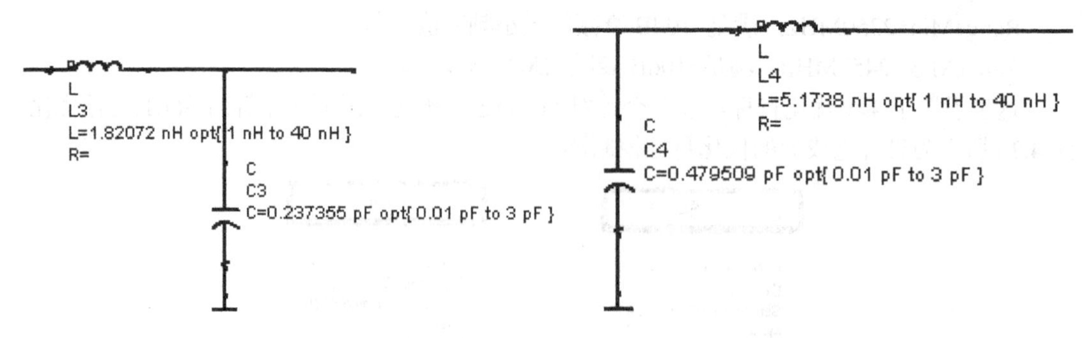


图 4.28　优化后的输入匹配电路　　　　图 4.29　优化后的输出匹配电路

（5）在数据显示窗口中，从数据显示面板中单击[Rectangular Plot]按钮，插入一个矩形图。在弹出的“Plot Traces & Attributes”对话框中选择“S(2,1)”，单击[Add]按钮，然后单击[OK]按钮输出波形。在菜单栏中选择[Maker]→[New]命令，插入标注信息，如图 4.30 所示。此时

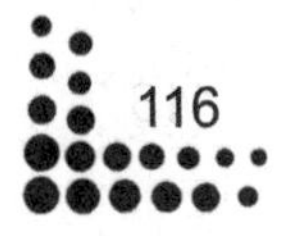

S(2,1)表示的就是放大器增益，可以看到在 2.4GHz 频点上放大器增益为 10.948dB，比优化前的 8.667dB 有所增大，也满足了预期的 10dB 以上的设计要求。

再插入一个矩形图，显示 S(1,1)和 S(2,2)，如图 4.31 所示，可见 S(1,1)和 S(2,2)在 2.4GHz 时都在-10dB 以下，满足优化要求。

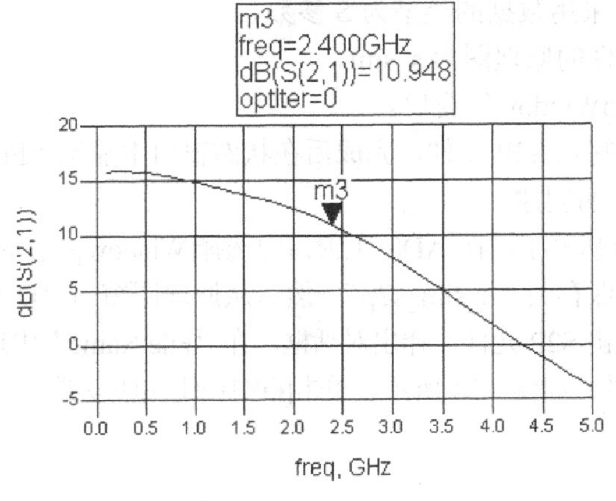


图 4.30　优化后的放大器增益

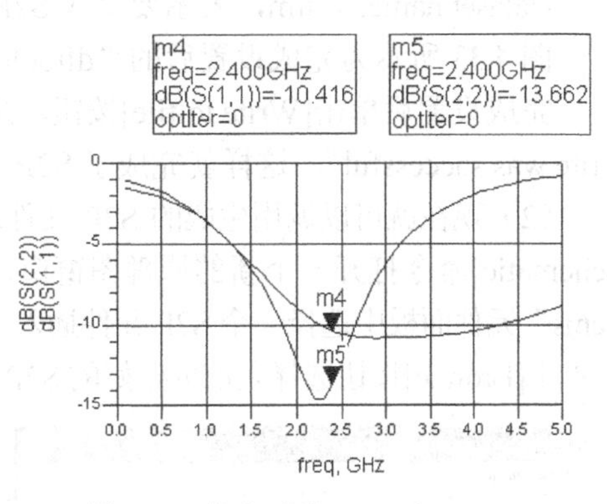


图 4.31　优化后的 S(1,1)和 S(2,2)

最后插入一个史密斯圆图显示显示 S(1,1)和 S(2,2)参数，并修改归一化后的阻抗值 $Z_0$ 为 50，同时进行标注，如图 4.32 所示。可见输入和输出阻抗匹配接近史密斯圆图的原点，满足优化要求，也最终达到了设计目标。

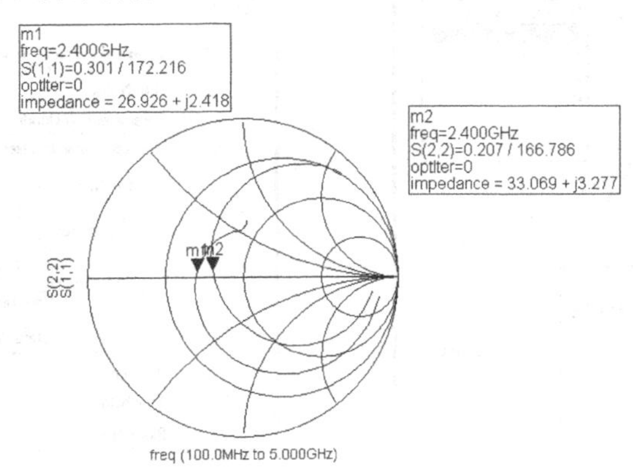


图 4.32　优化后的密斯圆图显示 S(1,1)参数

## 2. 利用 S 参数仿真数据建立 S2P 文件

在实际的射频系统设计中，许多射频元件和电路都是由 S2P 文件格式提供的。用户在自己进行设计时，也可以生成 S2P 文件，以方便在系统设计时进行调用，下面就介绍利用 ADS 生成 S2P 文件的方法。

（1）首先打开之前建立的原理图 s_sim，在原理图窗口工具栏中单击[Start The Data File Tool]图标，弹出“dftool/main Window”窗口，设置如下：

Mode: Write data file from dataset，表示用户由原理图创建一个 S2P 文件。

Output file name: s_sim.s2p，表示输出 S2P 文件的名称为 s_sim.s2p。

File format to write: Touchstone，表示写入的文件格式为 Touchstone。

Complex data Format: Mag/Angle，表示输出文件格式为幅度/相位。

Frequency units: Hz，表示频率采用的单位为 Hz。

Touchstone data type: S，表示 Touchstone 采用数据的类型为 S 参数。

Dataset name: s_sim，表示要写入 S2P 文件的原理图为 s_sim。

图 4.33 所示为完成设置后的“dftool/mainWindow”窗口。

完成设置后单击[Write to file]按钮，开始写入 S2P 文件，完成后在状态窗口中显示“File write was successful”，这样就完成了 S2P 文件的创建。

（2）现在就可以调用生成的 S2P 文件进行仿真了。在 ADS 主窗口中选择[Window]→[New Schematic]命令打开一个新的原理图窗口，并保存为“s_sim_s2p”。然后从原理图窗口“Data Items”元件面板中选择一个 S2P 元件插入，双击 S2P 元件，弹出对话框，在“File Name”中通过单击[Browse]按钮选择之前创建好的 S2P 文件，如图 4.34 所示。单击[OK]按钮完成设置。

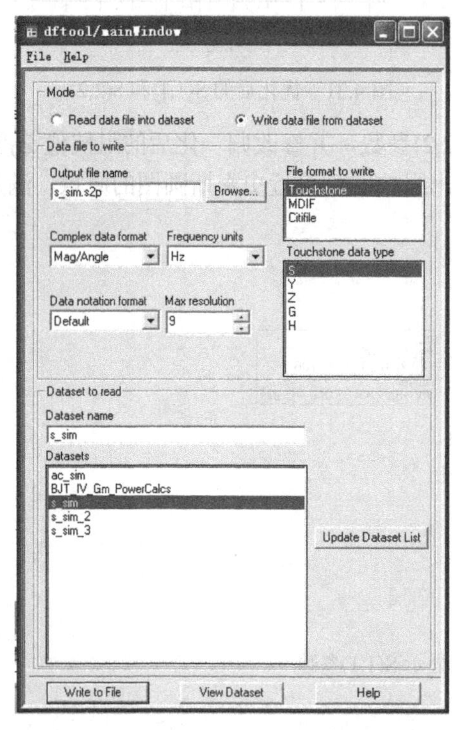

图 4.33　完成设置后的“dftool/mainWindow”窗口

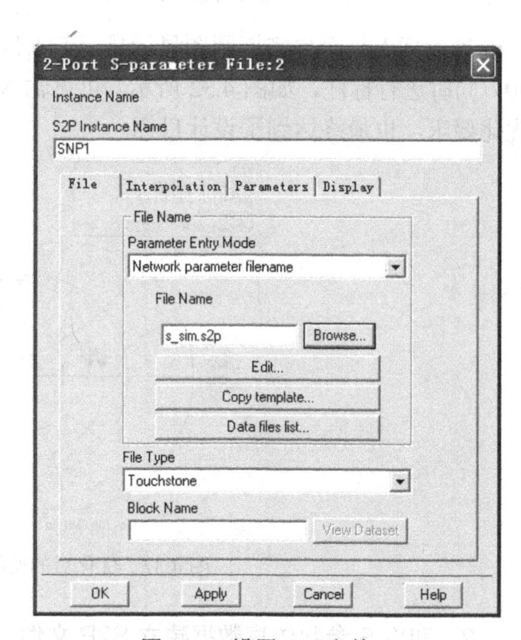

图 4.34　设置 S2P 文件

（3）从“Simulation-S_Param”元件面板中选择一个 S 参数控制器插入原理图中，双击控制器进行设置：

Sweep Type=Linear，表示采用线性扫描方式。

Start=100MHz，表示扫描起始频率为 100MHz。

Stop=5GHz，表示扫描结束频率为 5GHz。

Step-size=100MHz，表示扫描频率步长为 100MHz.

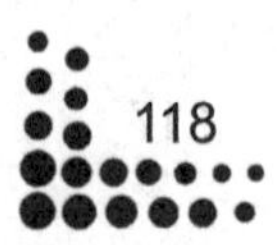

（4）从工具栏中单击[GROUND]按钮插入地，再单击[Insert wire]按钮进行连接，图4.35所示为完成的原理图。

（5）完成设置后，单击工具栏中的[Simulation]按钮开始仿真。在仿真状态窗口中会显示仿真进度，仿真结束后自动弹出数据显示窗口。在数据显示窗口中，从数据显示面板中单击[Rectangular Plot]按钮，插入一个矩形图。在弹出的“Plot Traces & Attributes”对话框中选择“S(2,1)”，单击[Add]按钮，然后单击[OK]按钮输出波形。在菜单栏选择[Maker]→[New]命令，插入标注信息，如图4.36所示，此时S(2,1)表示的就是放大器增益，可以看到在2.4GHz频点上放大器增益为10.948dB，与之前进行的仿真完全相同，也就验证了生成S2P模型的正确性。

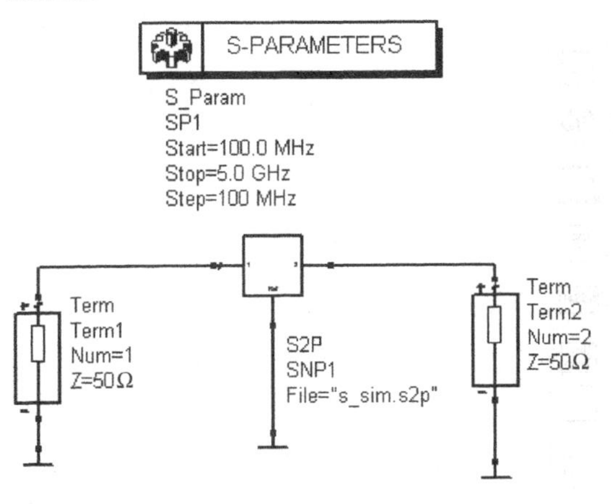


图4.35 S2P文件的仿真原理图

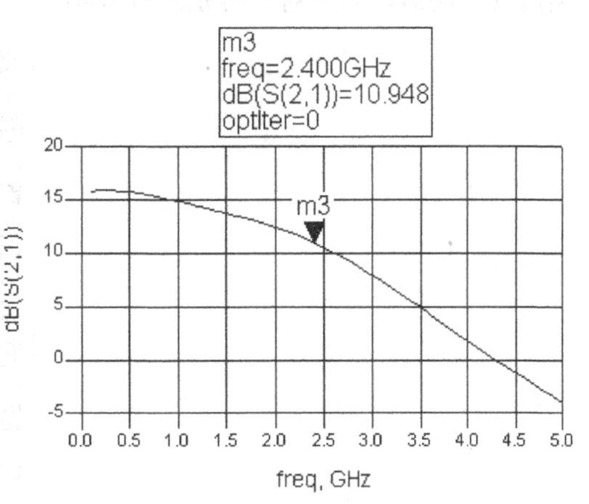


图4.36 采用S2P文件仿真的放大器增益

## 4.2 谐波平衡法仿真

谐波平衡法仿真主要应用于射频低噪声放大器、混频器和振荡器电路设计和仿真中。在射频系统设计时，也常用于系统谐波和交调干扰信号的仿真分析，是ADS对射频电路仿真独特的一种仿真方式。本节首先讨论谐波平衡法的仿真原理、仿真控制器等内容，之后通过一个仿真实例使读者学习谐波平衡法仿真的基本方法和技巧，使读者对该仿真有一个比较深入的了解。

### 4.2.1 谐波平衡法仿真原理

谐波平衡法仿真通过对时域周期性信号做傅里叶变换，来获得电路的频域特征，是分析非线性信号频率特性的有力工具。谐波平衡法仿真支持电路进行多音信号仿真，并通过迭代算法，逼近输出信号相应基波、谐波的稳态解。在迭代结束后，可以获得电路网络噪声系数、三阶交调点、本振泄露、镜像抑制以及交调干扰等参数。

相比于时域仿真，谐波平衡法仿真在频域可以较好地描述射频电路与系统，建立频域模型，并最终获得稳态响应。谐波平衡法仿真具有以下功能。

- 分析输入、输出信号的频谱分量。
- 分析电路三阶交调点、总谐波失真，交调干扰等参数。
- 分析非线性电路的噪声特性。

## 4.2.2 谐波平衡法仿真面板与仿真控制器

ADS 中的谐波平衡法仿真面板如图 4.37 所示，其中包含了谐波平衡法仿真所需要的各类仿真控制器，以下对其分别进行介绍。

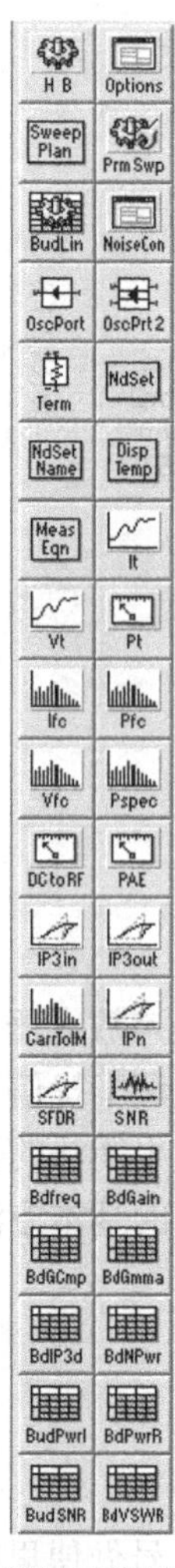


图 4.37 谐波平衡法仿真面板

### 1. 标准谐波平衡法仿真控制器（HARMONIC BALANCE）

标准谐波平衡法仿真控制器如图 4.38 所示，在谐波平衡法仿真控制器中主要设置谐波平衡法仿真的输入基波频率、最高次谐波频率、仿真选项以及噪声分析等内容，表 4.4 中对几类主要仿真参数进行了说明。

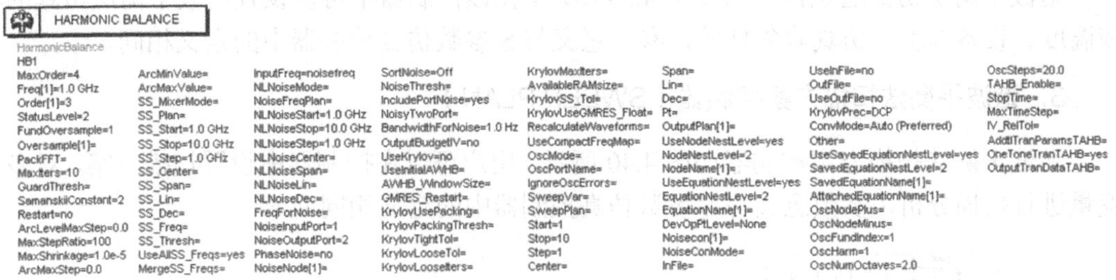

图 4.38　标准谐波平衡法仿真控制器

**表 4.4　标准谐波平衡法仿真控制器参数说明**

| 仿 真 参 数 | 功 能 说 明 |
|---|---|
| MaxOrder | 多音频率最大交调数 |
| Freq[1] | 基波频率 |
| Order[1] | 最大谐波数 |
| FundOversample | FFT 过采样比，比值越大收敛性越好 |
| Oversample[1] | 对基波信号的过采样比值 |
| MaxIters | 最大迭代次数 |
| SweepVar="freq" | 表示进行小信号仿真时的扫描变量为频率 |
| SweepPlan | 选择对某一个小信号扫描方案控制器中的方案进行扫描分析 |
| Start | 以线性（对数）方式进行扫描时的起始频率 |
| Stop | 以线性（对数）方式进行扫描时的结束频率 |
| Step | 以线性（对数）方式进行扫描时的步长 |
| Center | 以对数方式进行扫描时的中心频率 |
| Span | 以对数方式进行扫描时的带宽 |
| Lin | 是否进行线性扫描 |
| Dec | 是否以每十倍频程方式进行扫描 |
| NLNoiseMode | 是否进行非线性噪声仿真 |
| NLNoiseStart | 以线性（对数）方式进行非线性噪声仿真时的起始频率 |
| NLNoiseStop | 以线性（对数）方式进行非线性噪声仿真时的结束频率 |
| NLNoiseStep | 以线性（对数）方式进行非线性噪声仿真时的步长 |
| NLNoiseCenter | 以对数方式进行非线性噪声仿真时的中心频率 |
| NLNoiseSpan | 以对数方式进行非线性噪声仿真时的带宽 |
| NLNoiseLin | 是否进行非线性噪声仿真的线性扫描 |
| NLNoiseDec | 是否以每十倍频程方式进行非线性噪声仿真扫描 |

### 2. 谐波平衡法仿真选项控制器（OPTIONS）

谐波平衡法仿真选项控制器如图 4.39 所示，在该控制器中可以设置谐波平衡法仿真的环境温度、设备温度、仿真收敛性等，参数意义与 S 参数仿真控制器中的定义相同。

### 3. 谐波平衡法扫描方案控制器（SWEEP PLAN）

谐波平衡法扫描方案控制器如图 4.40 所示，用户可以在控制器中设置扫描方案，对多个变量进行扫描分析，参数意义与 S 参数仿真控制器中的定义相同。

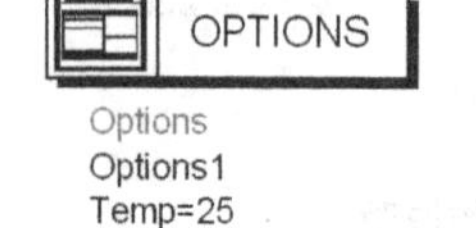


Options
Options1
Temp=25
Tnom=25
TopologyCheck=yes
V_RelTol=1e-6
V_AbsTol=1e-6 V
I_RelTol=1e-6
I_AbsTol=1e-12 A
GiveAllWarnings=yes
MaxWarnings=10

图 4.39　谐波平衡法仿真选项控制器

SWEEP PLAN

SweepPlan
SwpPlan1
Start=1.0 Stop=10.0 Step=1.0 Lin=
UseSweepPlan=
SweepPlan=
Reverse=no

图 4.40　谐波平衡法扫描方案控制器

### 4. 参数扫描控制器（PARAMETER SWEEP）

参数扫描控制器如图 4.41 所示，在控制器中可以设置谐波平衡法仿真的扫描变量、仿真控制器等信息，参数意义与 S 参数仿真控制器中的定义相同。

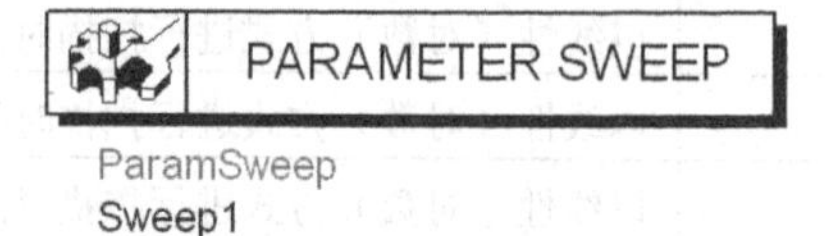


ParamSweep
Sweep1
SweepVar=
SimInstanceName[1]=
SimInstanceName[2]=
SimInstanceName[3]=
SimInstanceName[4]=
SimInstanceName[5]=
SimInstanceName[6]=
Start=1
Stop=10
Step=1

图 4.41　参数扫描控制器

### 5. 终端（Term）

终端如图 4.42 所示，在终端中可以定义网络端口和阻抗信息，是进行谐波平衡法仿真必备的元件。

### 6．线性化预算控制器（BUDGET LINEARIZATION）

线性化预算控制器如图 4.43 所示，主要用于在仿真中分析电路的线性化程度。在控制器中，只需要设置链路中线性化元件的名称即可。

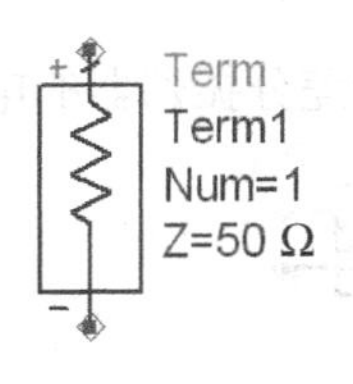


图 4.42　终端

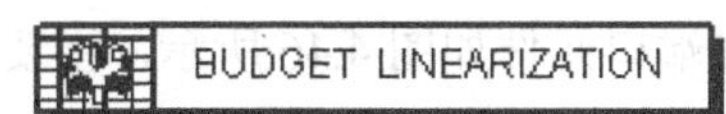


图 4.43　线性化预算控制器

### 7．谐波噪声控制控制器（HB NOISE CONTROLLER）

谐波噪声控制控制器如图 4.44 所示，主要用于在仿真中设置电路的噪声频率、节点等信息，表 4.5 中对几类主要仿真参数进行了说明。

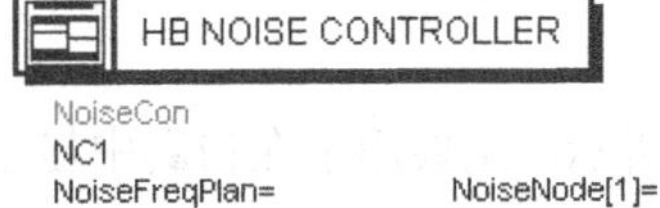


图 4.44　谐波噪声控制控制器

表 4.5　谐波噪声控制控制器参数说明

| 仿 真 参 数 | 功 能 说 明 |
|---|---|
| NoiseFreqPlan | 采用何种噪声频率扫描方案 |
| NLNoiseStart | 以线性（对数）方式进行非线性噪声仿真时的起始频率 |
| NLNoiseStop | 以线性（对数）方式进行非线性噪声仿真时的结束频率 |
| NLNoiseStep | 以线性（对数）方式进行非线性噪声仿真时的步长 |
| NLNoiseCenter | 以对数方式进行非线性噪声仿真时的中心频率 |
| NLNoiseSpan | 以对数方式进行非线性噪声仿真时的带宽 |
| NLNoiseLin | 是否进行非线性噪声仿真的线性扫描 |
| NLNoiseDec | 是否以每十倍频程方式进行非线性噪声仿真扫描 |

8．单端口振荡器端口元件（OscPort）

单端口振荡器端口元件如图 4.45 所示，主要用于在仿真中分析单端口振荡器特性。

9．差分振荡器端口元件（OscPrt2）

差分振荡器端口元件如图 4.46 所示，主要用于在仿真中分析差分振荡器的电路。

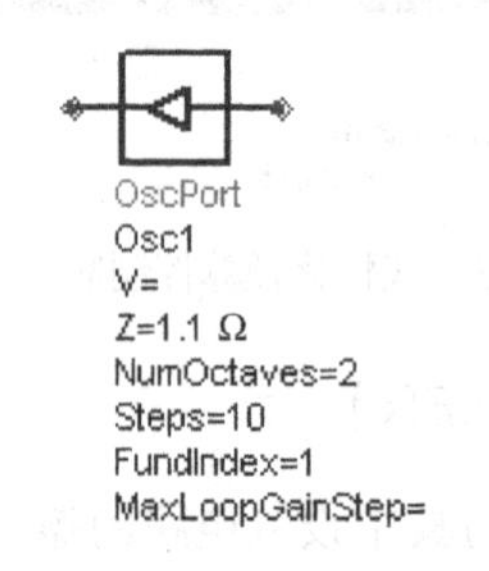


图 4.45　单端口振荡器端口元件

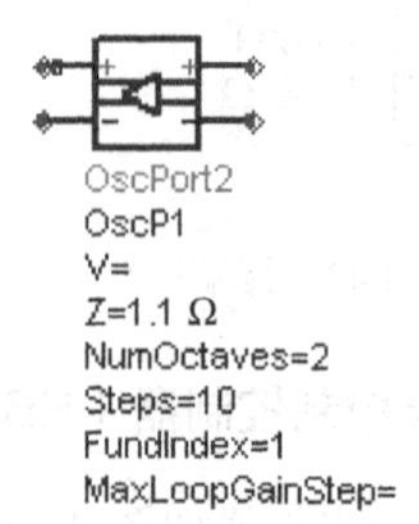


图 4.46　差分振荡器端口元件

10．时域电流波形控制器（It）

时域电流波形控制器如图 4.47 所示，主要用于在仿真中显示电路时域电流的波形。

11．时域电压波形控制器（Vt）

时域电压波形控制器如图 4.48 所示，主要用于在仿真中显示电路时域电压的波形。

12．功率控制器（Pt）

功率控制器如图 4.49 所示，主要用于在仿真中显示电路端口的功率。

图 4.47　时域电流波形控制器

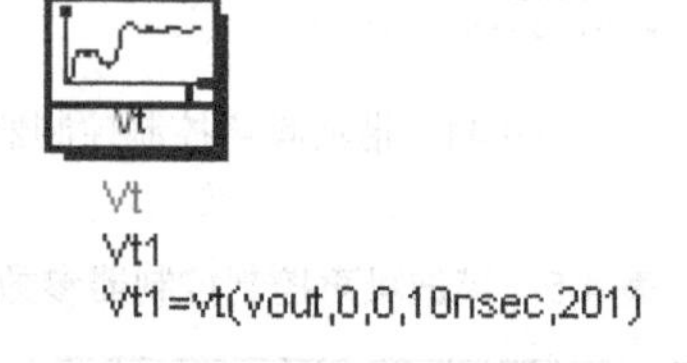


图 4.48　时域电压波形控制器

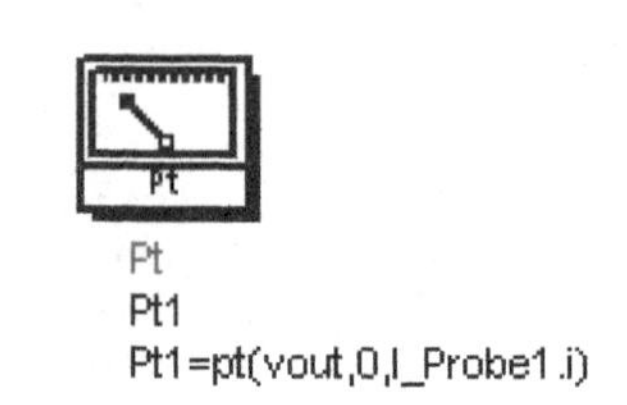


图 4.49　功率控制器

13．频域电流波形控制器（Ifc）

频域电流波形控制器如图 4.50 所示，主要用于在仿真中显示电路频域电流的特性。

14．频域电压波形控制器（Vfc）

频域电压波形控制器如图 4.51 所示，主要用于在仿真中显示电路频域电压的特性。

15．功率谱密度显示控制器（Pspec）

功率谱密度显示控制器如图 4.52 所示，主要用于在仿真中显示电路功率谱密度。

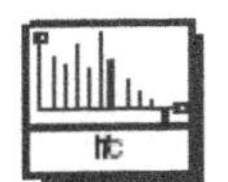

Ifc
Ifc1
Ifc1=ifc(I_Probe1.i,{1})

图 4.50　频域电流波形控制器

Ifc
Ifc2
Ifc2=ifc(I_Probe1.i,{1})

图 4.51　频域电压波形控制器

Pspec
Pspec1
Pspec1=pspec(vout,0,I_Probe1.i)

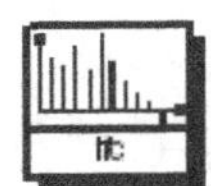

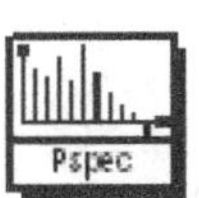

图 4.52　功率谱密度显示控制器

### 16．输入三阶交调点分析控制器（IP3in）

输入三阶交调点分析控制器如图 4.53 所示，主要用于在仿真中分析电路的输入三阶交调点。

### 17．输出三阶交调点分析控制器（IP3out）

输出三阶交调点分析控制器如图 4.54 所示，主要用于在仿真中分析电路的输出三阶交调点。

IP3in
IP3in1
IP3in1=ip3_in(vout,0,{1,0},{2,-1},50)

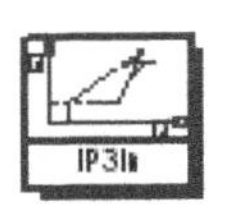

图 4.53　输入三阶交调点分析控制器

IP3out
ipo1
ipo1=ip3_out(vout,{1,0},{2,-1},50)

图 4.54　输出三阶交调点分析控制器

### 18．N 阶交调点分析控制器（IPn）

N 阶交调点分析控制器如图 4.55 所示，主要用于在仿真中分析电路的 N 阶交调点，其中，N 可以由用户自行设置。

### 19．信噪比分析控制器（SNR）

信噪比分析控制器如图 4.56 所示，信噪比分析控制器主要用于在仿真中分析电路的信噪比，并进行显示。

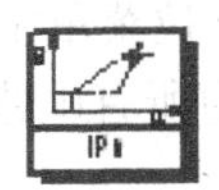

IPn
IPn1
IPn1=ipn(Vplus,Vminus,current,{1,0},{2,-1},3)

图 4.55　N 阶交调点分析控制器

SNR
SNR1
SNR1=snr(vout,vout.noise,{1})

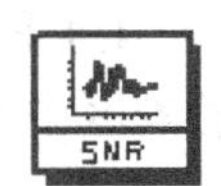

图 4.56　信噪比分析控制器

### 20．预算分析控制器

预算分析控制器如图 4.57 所示，预算分析控制器主要用于在仿真中对电路的频率、增益、增益压缩点、反射系数、三阶交调点、噪声、信噪比以及驻波比等参数进行预估计。

图 4.57　预算分析控制器

## 4.2.3　谐波平衡法仿真实例

在学习了谐波平衡法仿真的基本仿真控制器后，本小节继续采用放大器电路进行谐波平衡法仿真。主要包括单音信号和双音信号两大类的谐波平衡法仿真，分别观测放大器输出信号高次谐波以及输入、输出三阶交调点特性。

### 1．单音信号的谐波平衡法仿真

进行放大器单音信号谐波平衡法仿真的主要目的是为了观测放大器输出信号的高次谐波，以此来判定放大器的线性化程度。在单端输入、单端输出放大器中，主要观测二次和三次谐波与基波的比值，一般的标准是二次和三次谐波相比基波的衰减在 60dB 以上，可视为该放大器的线性度较为理想。衡量线性度具体指标的输入、输出三阶交调点将在双音信号谐波平衡法仿真中进行讨论。

（1）运行 ADS，弹出 ADS 主窗口。在菜单栏中选择[File]→[Open Project]，选择已经建立好的“ADS_sim”工程。在工程文件区中选中“networks”选项，在其下拉菜单中选择原理图 s_sim，然后在工程管理区中双击打开原理图。按“Ctrl+A”组合键选中所有电路，再按“Ctrl+C”组合键进行复制。

（2）在主窗口菜单栏中选择[Window]→[New Schematic]，打开一个新的原理图窗口。在该窗口中按“Ctrl+V”组合键粘贴 s_sim 中的电路，并将其保存为 HB_sim。最后关闭 s_sim 原理图。

（3）要进行谐波平衡法仿真，还需要对 s_sim 原理图进行修改。首先删除各类仿真控制器、测量公式控制器，只保留主体电路和变量控制器。

（4）从“Source-Freq Domain”元件面板中选择一个 P_1Tone 源，插入原理图中，替换输入端的终端 Term，再双击 P_1Tone，如图 4.58 进行设置。

Z=50Ω，表示阻抗为 50Ω。

P=dbmtow(−30)，表示输入信号功率为−30dBm。

Freq=2.4GHz，表示输入信号频率为 2.4GHz。

在工具栏中单击[Insert wire/pin label]按钮，将输入端和输出端分别命名为 vin 和 vout.

（5）从“Simulation-HB”元件面板中选择一个谐波平衡法仿真控制器插入原理图中，双击控制器进行设置。

Frequency=2.4GHz，表示谐波平衡法仿真的频率为 2.4GHz，该频率必须与输入信号频率相同。

Order=5，表示仿真包括信号的 5 次谐波。

图 4.59 所示为设置完成的谐波平衡法控制器。

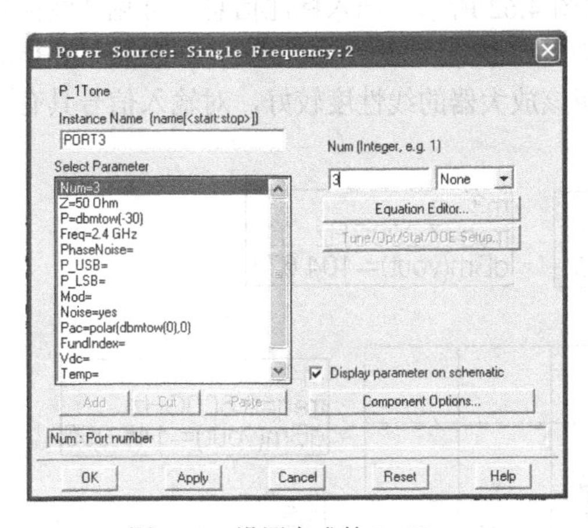


图 4.58 设置完成的 P_1Tone

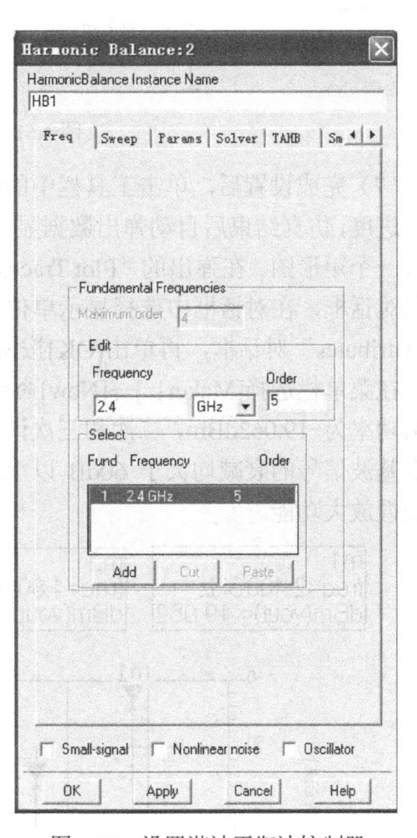


图 4.59 设置谐波平衡法控制器

（6）从“Simulation-HB”元件面板中选择一个测量公式控制器插入原理图中，双击该控制器，输入等式“dbmout=dbm（vout[1]）”，表示计算输出信号的功率，其中[1]表示计算的基波信号，[0]和[2]分别表示直流信号和二次谐波，以此类推。图 4.60 所示为完成设置的测量公式控制器。

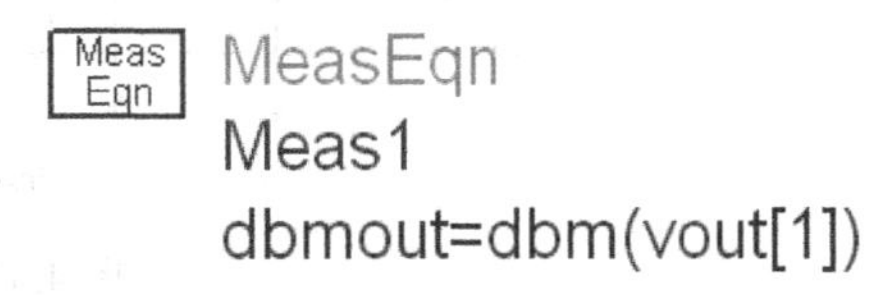


图 4.60 完成设置的测量公式控制器

最终完成设置的仿真原理图，如图 4.61 所示。

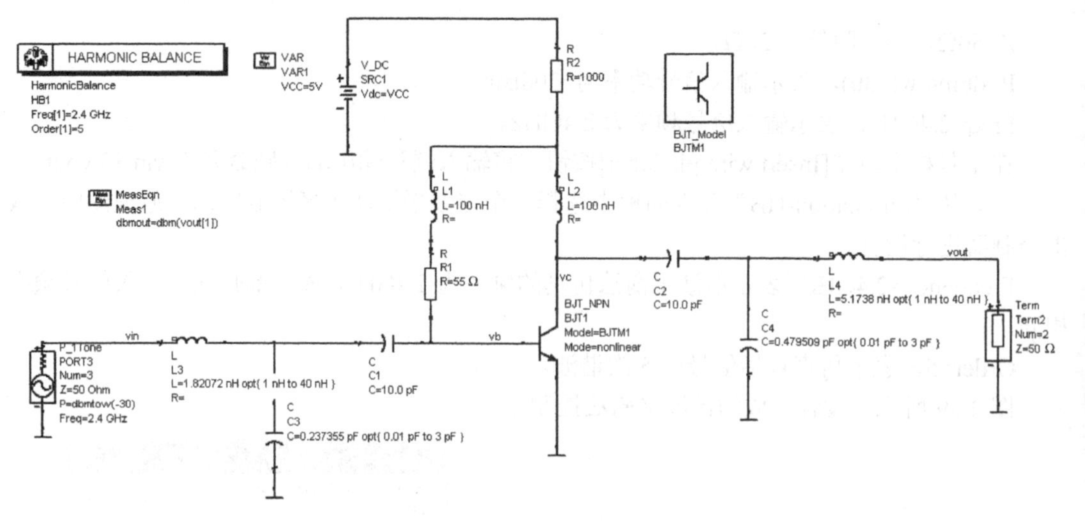


图 4.61　完成设置的仿真原理图

（7）完成设置后，单击工具栏中的[Simulation]按钮开始仿真。在仿真状态窗口中会显示仿真进度，仿真结束后自动弹出数据显示窗口。从数据显示面板中单击[Rectangular Plot]按钮，插入一个矩形图。在弹出的“Plot Traces &Attributes”对话框中选择“vout”，单击[Add]按钮，弹出对话框，在对话框中选择显示单位“Spectrum in dBm”，单击[OK]按钮返回“Plot Traces & Attributes”对话框，再单击[OK]按钮显示输出信号的功率和相应的 2、3、4、5 次谐波，然后在菜单栏选择[Maker] ]→[New]命令，如图 4.62 所示，插入标注信息。可见基波信号的输出功率为-19.062dBm，二次和三次谐波的输出功率分别为-76.881dBm 和-104.671dBm，相比于基波信号的衰减均大于 60dB 以上，证明该放大器的线性度较好，对输入信号具有良好的线性放大功能。

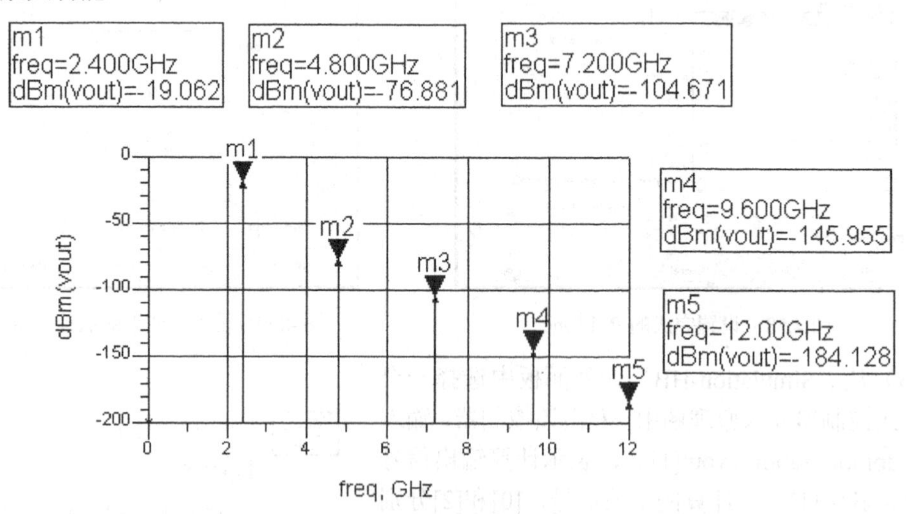


图 4.62　输出信号及谐波功率

从数据显示面板中再选择[List]按钮，在弹出的“Plot Traces & Attributes”对话框中选择“dbmout”，单击[OK]按钮，如图 4.63 所示，显示公式测量控制器计算的输出信号功率。

### 2. 双音信号的谐波平衡法仿真

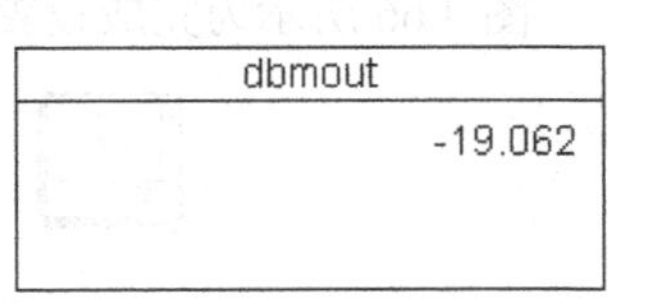


图 4.63 公式测量控制器计算的输出信号功率

通过单音信号谐波平衡法仿真，我们进行了放大器线性度的基本仿真。放大器线性度的衡量指标主要通过输入、输出三阶交调点来反映，而输入三阶交调点又可以通过输出三阶交调点除以增益得到，所以以下就采用双音谐波平衡法仿真输出三阶交调点。输出三阶交调点大于 10dB 以上时，放大器的线性度较为良好，这里也以此指标作为双音谐波平衡法仿真的基本目标。

（1）首先要对单音信号仿真的原理图进行修改。删除输入端的功率源，选择“Source-Freq Domain”元件面板，从面板中选择功率源 P_nTone，插入原理图中，双击功率源 P_nTone，就可以进行参数设置，如图 4.64 所示。

Freq[1]=RF_freq+fspacing/2 MHz，表示双音输入其中一个信号频率为 RF_freq+fspacing/2 MHz。fspacing 为设置的频率间隔。

Freq[2]=RF_freq−fspacing/2 MHz，表示射频双音输入另一个信号频率为 RF_freq-fspacing/2MHz。

P[1]=dbmtow(RF_pwr)，表示双音输入其中一个信号功率为 RF_pwr。

P[2]=dbmtow(RF_pwr)，表示双音输入另一个信号功率为 RF_pwr。

（2）修改[VAR]变量控制器，如图 4.65 所示进行设置。

VCC=5V，表示 VCC 代表的电源电压为 5V。

RF_freq=2.4GHz，表示变量 RF_freq 代表的输入信号频率为 2.4GHz。

RF_pwr=−30，表示变量 RF_pwr 代表的输入信号功率为−30dBm。

fspacing=10MHz，表示频率间隔为 10MHz。

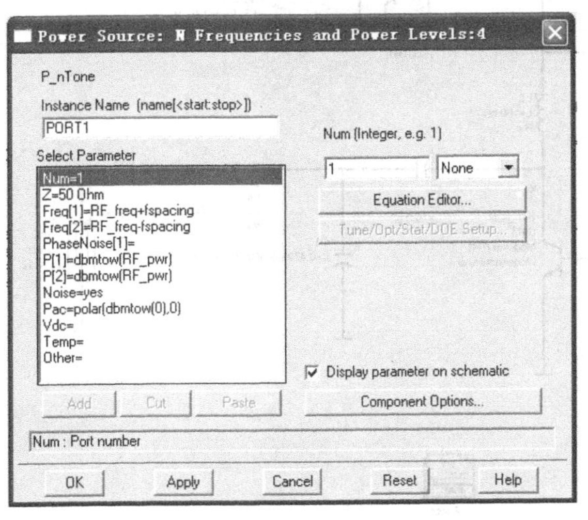


图 4.64 完成设置后的功率源 P_nTone

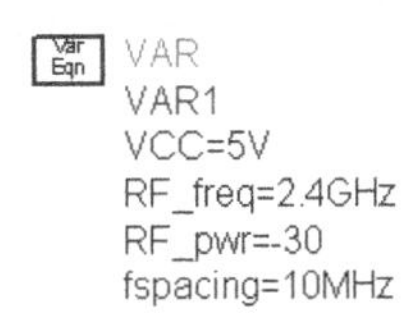


图 4.65 完成设置后的变量控制器

（3）从“Simulation-HB”元件面板两个 IP3out 控制器插入原理图中，分别命名为 ipo1_upper 和 ipo1_down，分别表示上边频和下边频的输出三阶交调点，并对 ipo1_down 进行修改，修改计算公式为：ipo2=ip3_out(vout,{0,1},{-1,2},50)。

图 4.66 所示为完成设置的 IP3out 控制器。

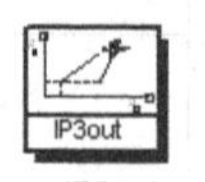


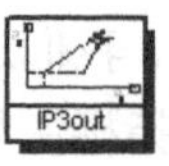


图 4.66 完成设置的 IP3out 控制器

（4）修改谐波平衡法仿真控制器，在参数设置窗口中选择“Freq”选项，删除单音仿真时设置的频率 2.4GHz，如图 4.67 所示进行设置，双音信号最高的混频谐波次数“Maximum order”为 10，然后分别添加 RF_freq−fspacing/2 和 RF_freq+fspacing/2 频率，并设置最高谐波数为 5。

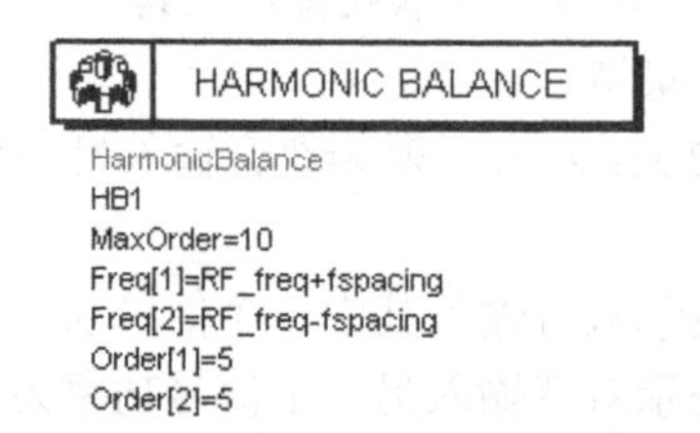


图 4.67 修改后的谐波平衡法仿真控制器

（5）图 4.68 所示为完成设置后完整的仿真原理图。

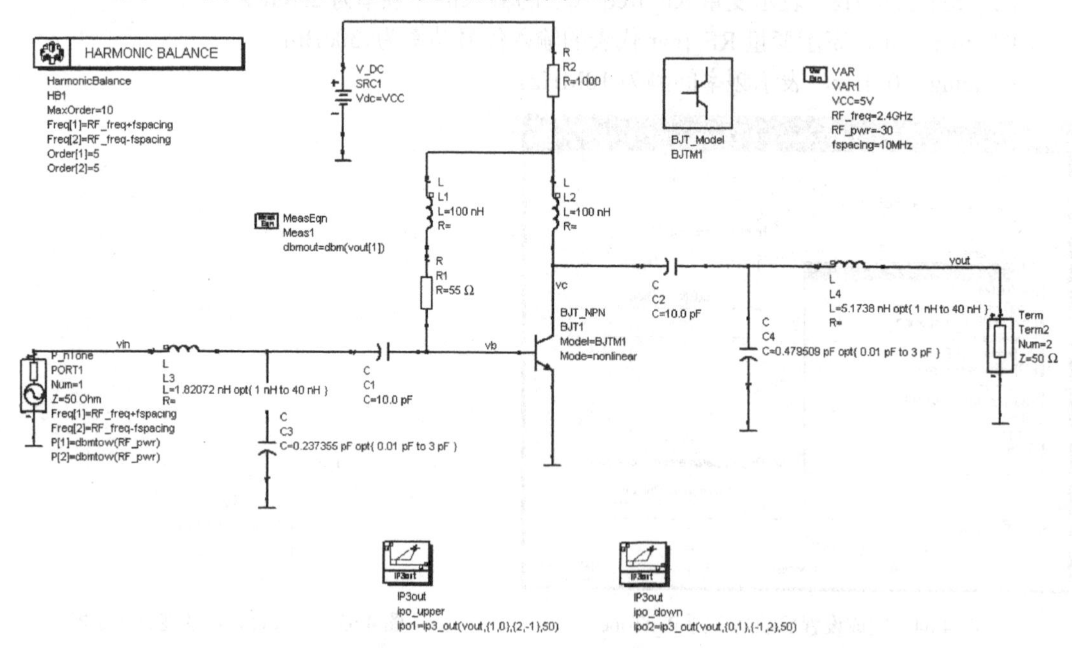


图 4.68 进行双音仿真的原理图

单击工具栏中的[Simulation]按钮开始仿真。仿真结束后，在数据显示窗口中添加一个矩形图，从数据显示面板中单击[Rectangular Plot]按钮，插入一个矩形图。在弹出的“Plot Traces

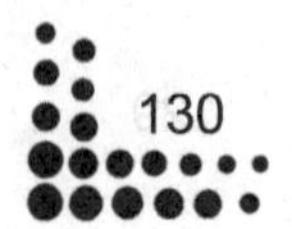

& Attributes”对话框中选择“vout”，单击[Add]按钮，弹出对话框，在对话框中选择显示单位“Spectrum in dBm”，单击[OK]按钮返回“Plot Traces & Attributes”对话框，再单击[OK]按钮显示输出信号，如图 4.69 所示。可见输出交调信号距离基波较近。

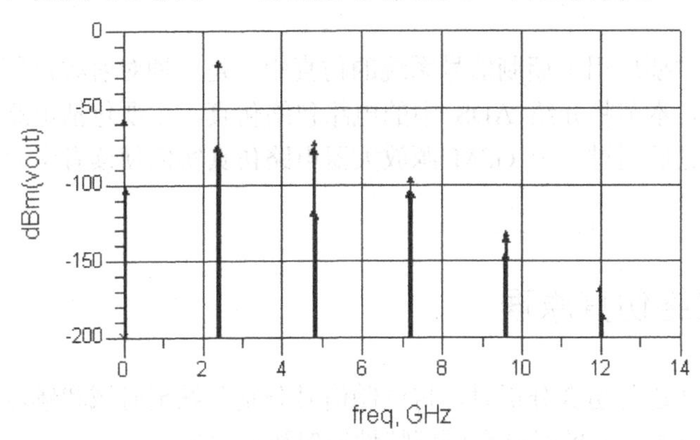


图 4.69　落在输出信号附近的交调频率信号

双击矩形框，在“Plot Traces & Attributes”对话框中选择[Plot Option]选项，在[Select Axes]中选择 $x$ 轴，取消[Auto Scale]选项，并设置矩形图中 $x$ 轴的显示范围为 2.2e$^9$～2.6e$^9$ 代表显示范围为 2.2～2.6GHz，步长 2e$^7$，代表步长为 20MHz，单击[OK]按钮，显示落在输出信号附近的交调频率信号，然后在菜单栏选择[Maker]→[New]命令，如图 4.70 所示，插入标注信息。

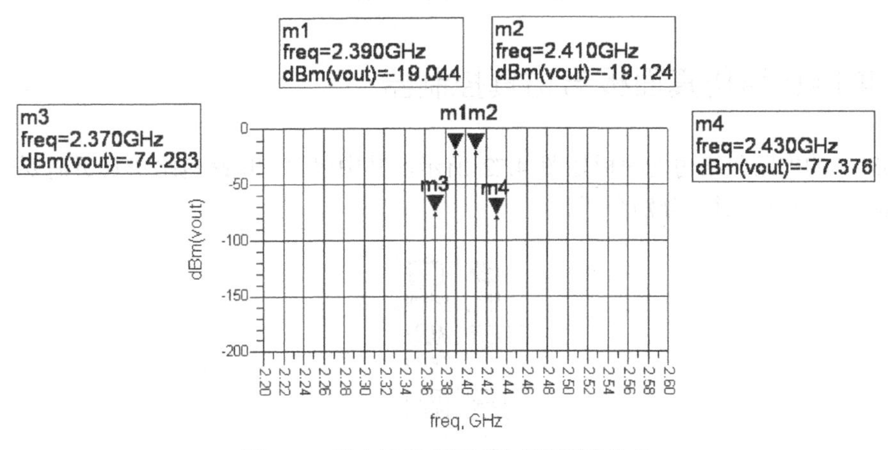


图 4.70　缩小显示范围后的交调频率信号

最后观察输出三阶交调点，从数据显示面板中再单击[List]按钮，在弹出的“Plot Traces & Attributes”对话框中选择“ipo1”和“iop2”，单击[OK]按钮显示上边频和下边频的输出三阶交调点，如图 4.71 所示。可见上边频和下边频的输出三阶交调点均在 10dB 附近，与单音谐波法仿真的结果对应，再次验证了该放大器电路的线性度较为良好。

| ipo1 | ipo2 |
|---|---|
| 10.002 | 8.576 |

图 4.71　上边频和下边频的输出三阶交调点

## 4.3 电路包络仿真

电路包络仿真主要应用于调制信号系统的仿真中，是一种对射频调制信号进行快速、有效分析的仿真算法。本节将介绍 ADS 中的电路包络仿真，主要包括电路包络仿真原理、仿真控制器等内容，之后通过一个 GSM 源放大器电路仿真实例使读者学习电路包络仿真的基本方法和技巧。

### 4.3.1 电路包络仿真原理

电路包络仿真在进行仿真分析时，将调制信号分别归纳至时域和频域进行处理，这使得该仿真方法可以同时对信号的时域和频域特性同时进行输出。

在时域和频域的分析中，电路包络仿真也采用不同的分析方法。在时域中，直接采用瞬态仿真的方法，对信号进行直接处理；在频域中，对具有高频分量的信号，采用谐波平衡的方法进行仿真。这种时域和频域结合的仿真方法，有效提高了高频载波调制信号的仿真精度，同时也大大减小了仿真时间。

因此，针对以上特点和优势，电路包络仿真在仿真调制信号的电路和系统中应用广泛，例如，自动增益控制环路、锁相环电路、混频器以及压控振荡器。

### 4.3.2 电路包络仿真面板与仿真控制器

ADS 中的电路包络仿真面板如图 4.72 所示，其中包含了电路包络仿真所需要的各类仿真控制器，以下对其进行分别介绍。

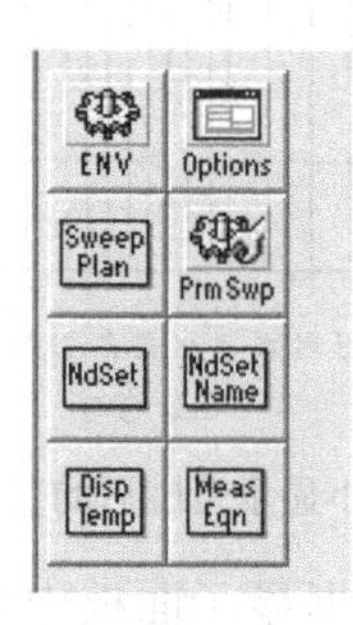


图 4.72　电路包络仿真面板

#### 1. 标准电路包络仿真控制器（ENV）

标准电路包络仿真控制器如图 4.73 所示，在电路包络仿真控制器中主要设置电路包络仿真的输入基波频率、最高次谐波频率、时域仿真时间以及过采样阶数等内容，表 4.6 所示对其中的主要参数进行说明。

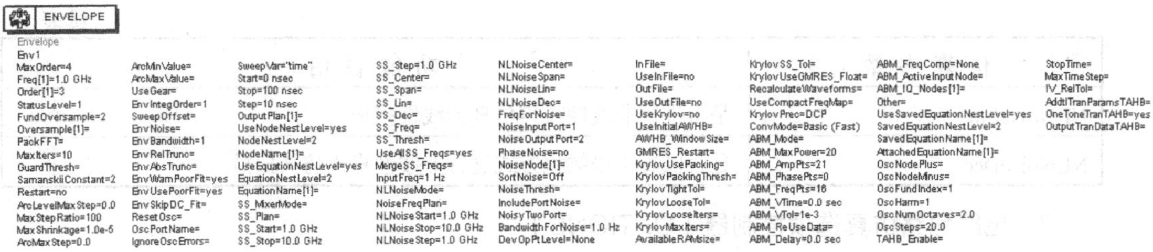

ENVELOPE
Envelope
Env1
MaxOrder=4
Freq[1]=1.0 GHz
Order[1]=3
StatusLevel=1
FundOversample=2
Oversample[1]=
PackFFT=
MaxIters=10
GuardThresh=
SamanskiiConstant=2
Restart=no
ArcLevelMaxStep=0.0
MaxStepRatio=100
MaxShrinkage=1.0e-5
ArcMaxStep=0.0
ArcMinValue=
ArcMaxValue=
UseGear=
EnvIntegOrder=1
SweepOffset=
EnvNoise=
EnvBandwidth=1
EnvRelTrunc=
EnvAbsTrunc=
EnvWarnPoorFit=yes
EnvUsePoorFit=yes
EnvSkipDC_Fit=
ResetOsc=
OscPortName=
IgnoreOscErrors=
SweepVar="time"
Start=0 nsec
Stop=100 nsec
Step=10 nsec
OutputPlan[1]=
UseNodeNestLevel=yes
NodeNestLevel=2
NodeName[1]=
UseEquationNestLevel=yes
EquationNestLevel=2
EquationName[1]=
SS_MixerMode=
SS_Plan=
SS_Start=1.0 GHz
SS_Stop=10.0 GHz
SS_Step=1.0 GHz
SS_Center=
SS_Span=
SS_Lin=
SS_Dec=
SS_Freq=
SS_Thresh=
UseAllSS_Freqs=yes
MergeSS_Freqs=
InputFreq=1 Hz
NLNoiseMode=
NoiseFreqPlan=
NLNoiseStart=1.0 GHz
NLNoiseStop=10.0 GHz
NLNoiseStep=1.0 GHz
NLNoiseCenter=
NLNoiseSpan=
NLNoiseLin=
NLNoiseDec=
FreqForNoise=
NoiseInputPort=1
NoiseOutputPort=2
PhaseNoise=no
NoiseNode[1]=
SortNoise=Off
NoiseThresh=
IncludePortNoise=
NoisyTwoPort=
BandwidthForNoise=1.0 Hz
DevOpPtLevel=None
InFile=
UseInFile=no
OutFile=
UseOutFile=no
UseKrylov=no
UseInitialAWHB=
AWHB_WindowSize=
GMRES_Restart=
KrylovUsePacking=
KrylovPackingThresh=
KrylovTightTol=
KrylovLooseTol=
KrylovLooseIters=
KrylovMaxIters=
AvailableRAMsize=
KrylovSS_Tol=
KrylovUseGMRES_Float=
RecalculateWaveforms=
UseCompactFreqMap=
KrylovPrec=DCP
ConvMode=Basic (Fast)
ABM_Mode=
ABM_MaxPower=20
ABM_AmpPts=21
ABM_PhasePts=0
ABM_FreqPts=16
ABM_VTime=0.0 sec
ABM_VTol=1e-3
ABM_ReUseData=
ABM_Delay=0.0 sec
ABM_FreqComp=None
ABM_ActiveInputNode=
ABM_IQ_Nodes[1]=
Other=
UseSavedEquationNestLevel=yes
SavedEquationNestLevel=2
SavedEquationName[1]=
AttachedEquationName[1]=
OscNodePlus=
OscNodeMinus=
OscFundIndex=1
OscHarm=1
OscNumOctaves=2.0
OscSteps=20.0
TAHB_Enable=
StopTime=
MaxTimeStep=
IV_RelTol=
AddtlTranParamsTAHB=
OneToneTranTAHB=yes
OutputTranDataTAHB=

图 4.73 标准电路包络仿真控制器

表 4.6 标准电路包络仿真控制器参数说明

| 仿 真 参 数 | 功 能 说 明 |
|---|---|
| MaxOrder | 多音频率最大交调数 |
| Freq[1] | 基波频率 |
| Order[1] | 最大谐波数 |
| FundOversample | FFT 过采样比，比值越大收敛性越好 |
| Oversample[1] | 对基波信号的过采样比值 |
| MaxIters | 最大迭代次数 |
| SweepVar="time" | 表示进行小信号仿真时的扫描变量为时间 |
| Start | 以线性（对数）方式进行扫描时的起始时间 |
| Stop | 以线性（对数）方式进行扫描时的结束时间 |
| Step | 以线性（对数）方式进行扫描时的步长 |
| SS_Plan | 选择对某一个小信号扫描方案控制器中的方案进行频域扫描分析 |
| SS_Start | 以线性（对数）方式进行扫描时的起始频率 |
| SS_Stop | 以线性（对数）方式进行扫描时的结束频率 |
| SS_Step | 以线性（对数）方式进行扫描时的步长 |
| SS_Center | 以对数方式进行扫描时的中心频率 |
| SS_Span | 以对数方式进行扫描时的带宽 |
| SS_Lin | 是否进行线性扫描 |
| SS_Dec | 是否以每十倍频程方式进行扫描 |
| NLNoiseMode | 是否进行非线性噪声仿真 |
| NLNoiseStart | 以线性（对数）方式进行非线性噪声仿真时的起始频率 |
| NLNoiseStop | 以线性（对数）方式进行非线性噪声仿真时的结束频率 |
| NLNoiseStep | 以线性（对数）方式进行非线性噪声仿真时的步长 |
| NLNoiseCenter | 以对数方式进行非线性噪声仿真时的中心频率 |
| NLNoiseSpan | 以对数方式进行非线性噪声仿真时的带宽 |

续表

| 仿 真 参 数 | 功 能 说 明 |
|---|---|
| NLNoiseLin | 是否进行非线性噪声仿真的线性扫描 |
| NLNoiseDec | 是否以每十倍频程方式进行非线性噪声仿真扫描 |

### 2．电路包络仿真选项控制器（OPTIONS）

电路包络仿真选项控制器如图 4.74 所示，在该控制器中可以设置电路包络仿真的环境温度、设备温度、仿真收敛性等，参数意义与 S 参数仿真控制器中的定义相同。

### 3．电路包络仿真扫描方案控制器（SWEEP PLAN）

电路包络仿真扫描方案控制器如图 4.75 所示，用户可以在控制器中设置扫描方案，对多个变量进行扫描分析，参数意义与 S 参数仿真控制器中的定义相同。

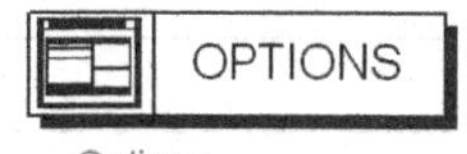

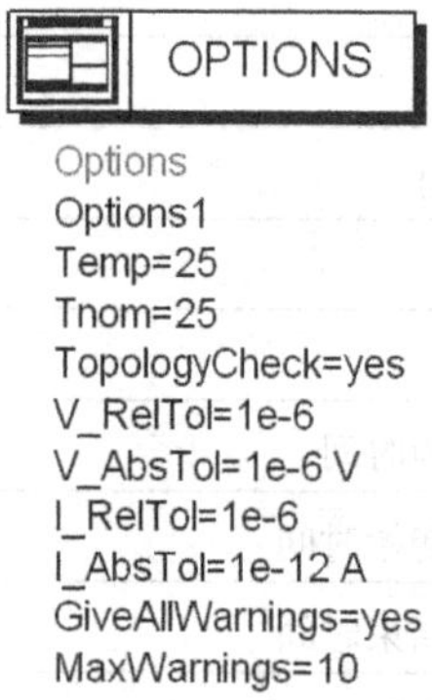

图 4.74　电路包络仿真选项控制器

图 4.75　电路包络仿真扫描方案控制器

### 4．参数扫描控制器（PARAMETER SWEEP）

参数扫描控制器如图 4.76 所示，在控制器中可以设置电路包络仿真的扫描变量、仿真控制器等信息，参数意义与 S 参数仿真控制器中的定义相同。

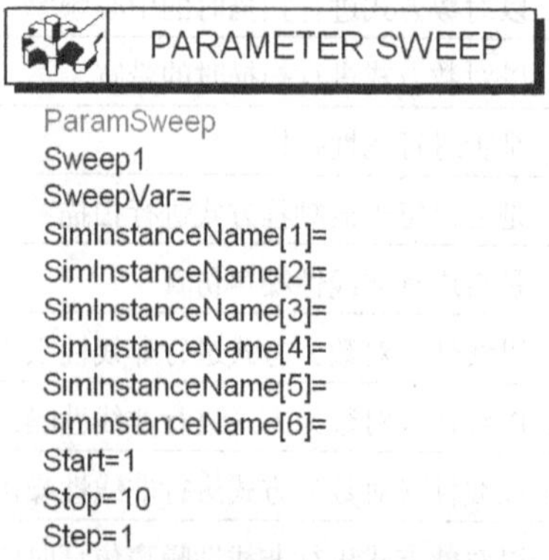

图 4.76　参数扫描控制器

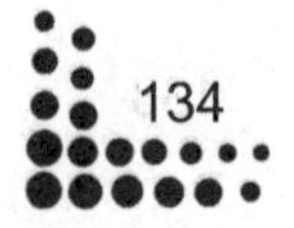

### 5. 节点名控制器（NodeSetByName）和节点设置控制器（NodeSet）

节点名控制器和节点设置控制器如图 4.77 所示，在控制器中可以设置电路的扫描变量、相关节点名称。

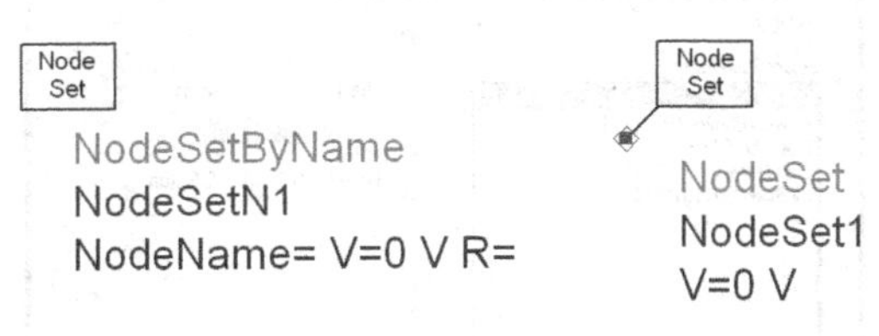


图 4.77 节点名控制器和节点设置控制器

### 6. 显示模板控制器（DisplayTemplate）和测量公式控制器(MeasEqn)

显示模板控制器和测量公式控制器如图 4.78 所示，显示模板控制器用于在数据显示窗口中显示预定的显示模式。测量公式控制器用于在原理图中插入电路参数计算的公式。

图 4.78 显示模板控制器和测量公式控制器

## 4.3.3 电路包络仿真实例

在学习了电路包络仿真控制器后，本节采用谐波平衡法仿真中的放大器电路进行电路包络仿真，主要观测 GSM 源放大器电路的包络波形、带内频偏以及信道内功率。

（1）运行 ADS，弹出 ADS 主窗口。在菜单栏中选择[File]→[Open Project]，选择已经建立好的“ADS_sim”工程。在工程文件区中选中“networks”选项，在其下拉菜单中选择原理图 HB_sim，然后在工程管理区中双击打开原理图。按“Ctrl+A”组合键选中所有电路，再按“Ctrl+C”组合键进行复制。

（2）在主窗口菜单栏中选择[Window]→[New Schematic]，打开一个新的原理图窗口。在该窗口中按“Ctrl+V”组合键粘贴 HB_sim 中的电路，并将其保存为 ENV_sim。最后关闭 HB_sim 原理图。

（3）要进行电路包络仿真，还需要对 HB_sim 原理图进行修改。首先删除各类仿真控制器、测量公式控制器，只保留主体电路和变量控制器。

（4）从“Source-Modulated”元件面板中选择一个 GSM 信号源，插入原理图中，替换输入端的双音输入源 P_nTone，再双击 GSM 信号源，如图 4.79 所示进行参数设置。

F0=RF_freq，表示输入信号源的载波频率为变量 RF_freq。

Power=dbmtow(RF_pwr)，表示输入信号源的功率为 (RF_pwr)dBm。

Rout=50Ω，表示信号源输出阻抗为 50Ω。

DataRate=270.833kHz，表示信号源基带数据率为 270.833kHz。

InitBits= “001101010010”，表示信号源输出基带信号为“001101010010”。

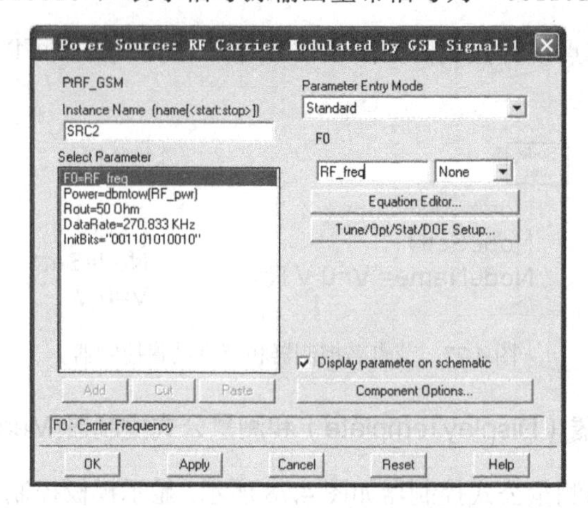


图 4.79　完成设置的 GSM 信号源

（5）从“Simulation-Envelope”元件面板中选择一个标准电路包络仿真控制器，插入原理图中，双击该控制器，如图 4.80 所示进行参数设置。

Freq[1]=RF_freq，表示输入信号源的基波频率为变量 RF_freq。

Order[1]=5，表示输入信号源的谐波数为 5。

Stop=time_stop，表示仿真结束时间为 time_stop。

Step=time_step，表示仿真时间步长为 time_step。

（6）单击工具栏中的[VAR]按钮，插入一个变量控制器，双击变量控制器，如图 4.81 所示进行参数设置。

VCC=5，表示电源电压为 5V。

RF_pwr=-20，表示输入信号功率为-20dBm。

RF_freq=900MHz，表示输入信号频率为 900MHz。

time_stop=200μs，表示仿真时间为 200μs。

time_step=1/(5*270.833kHz)，表示仿真时间步长为 1/(5*270.833kHz)。

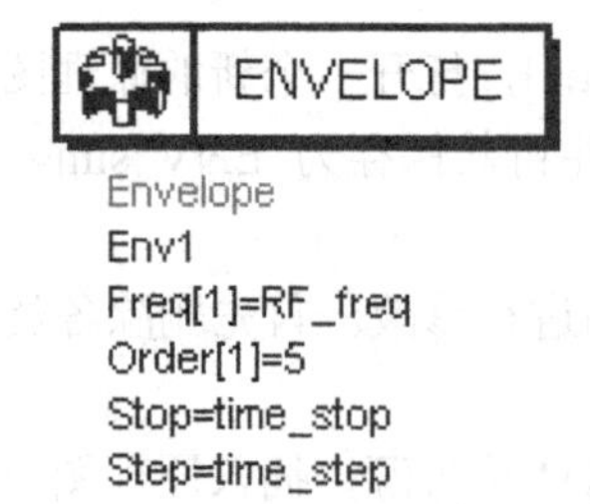


图 4.80　完成设置的标准电路包络仿真控制器

Var Eqn
VAR
VAR1
RF_pwr=-20
VCC=5
RF_freq=900MHz
time_stop=200μs
time_step=1/(5*270.833kHz)

图 4.81　完成设置的变量控制器

（7）单击工具栏中的[Insert Port]按钮，插入原理图中作为 GSM 信号源的 bit 输出端口，再单击工具栏中的[Insert Wire/Pin Labels]按钮，插入节点名“bitout”。

图 4.82 所示为最终完成的仿真原理图。

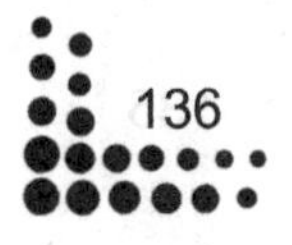

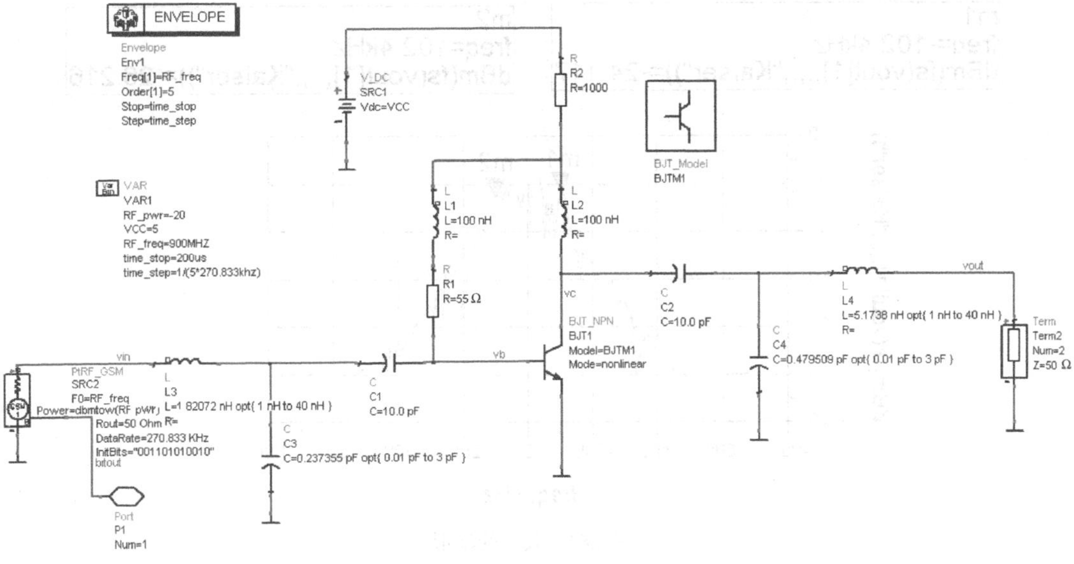

图 4.82　电路包络仿真原理图

（8）完成设置后，单击工具栏中的[Simulation]按钮开始仿真。在仿真状态窗口会显示仿真进度，仿真结束后自动弹出数据显示窗口。从数据显示面板中单击[Rectangular Plot]按钮，插入一个矩形图。在弹出的“Plot Traces & Attributes”对话框中选择“vout”，单击[Add]按钮，弹出对话框，在对话框中选择显示“Spectrum of the carrier in dBm (Kaiser windowing)”，单击[OK]按钮返回“Plot Traces & Attributes”对话框，再单击[OK]按钮，如图 4.83 所示显示 GSM 输出信号包络波形，可见大部分信号功率都集中在设置的 270.833kHz 频率范围内。

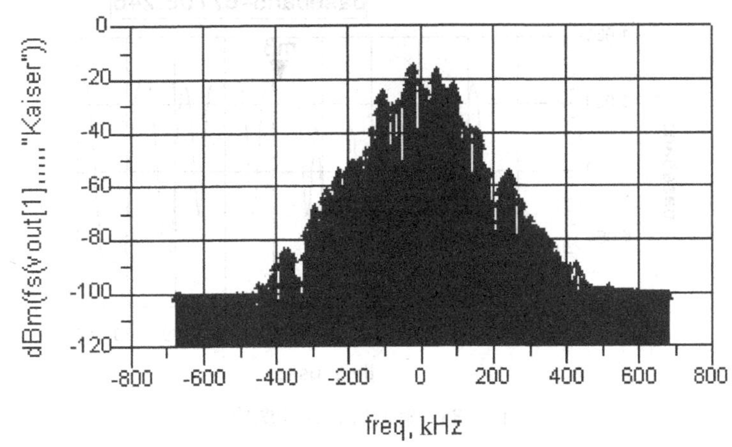

图 4.83　输出信号包络波形

双击数据显示窗口中的 vout 曲线，在“Trace Options”窗口中选择“Trace Type”选项，将其中的“Select Type”改为“Linear”，然后在菜单栏选择[Maker] ]→[New]命令，插入标注信息，如图 4.84 所示，得到载波的波形。

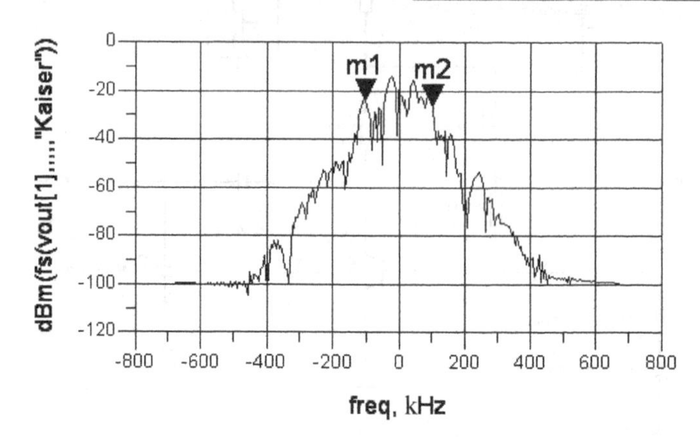


图 4.84　载波的波形

（9）在数据显示窗口中插入一个公式进行数据解调的计算，公式设置如下：baseband=diff(unwrap(phase(vout[1]))/360)。之后从数据显示面板中单击[Rectangular Plot]按钮，插入一个矩形图。在弹出的"Plot Traces & Attributes"对话框中选择"Equations"下拉菜单，之后选择"baseband"，单击[Add]按钮，最后单击[OK]按钮插入一个矩形图显示基带信号，如图 4.85 所示，载波最大有 67.7kHz 的频率差。

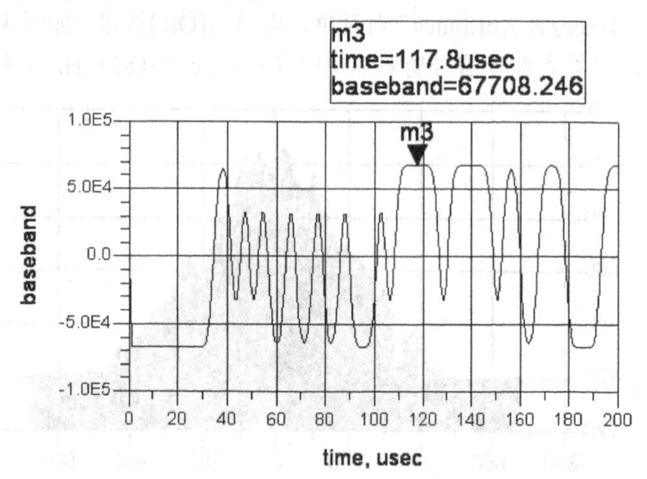


图 4.85　解调后的数据波形

（10）最后再计算信道中的信号功率，在数据窗口中依次插入以下两个公式：limits_freq={–(270kHz/2),(270kHz/2)}，表示显示调制信号的带宽在–(270kHz/2)和(270kHz/2)之间。channel_pwr=10*log(channel_power_vr(vout[1],50,limits_freq,"Kaiser"))+30。表示计算调制信号带宽内的信号功率。在数据窗口工具栏中单击[List]按钮，插入一个数据列表，显示信道内的信号功率为–6.519dBm，如图 4.86 所示。到此就完成了对 GSM 源放大器电路的电路包络仿真流程。

| channel_pwr |
| --- |
| -6.519 |

图 4.86　信道内的信号功率

# 4.4　增益压缩仿真

增益压缩仿真主要用于计算非线性电路的增益压缩点，包括 1dB 压缩点、3dB 压缩点等。与三阶交调点相同，这些也是衡量电路线性度的重要指标。本节首先介绍增益压缩的基本原理和仿真控制器，之后通过一个放大器仿真实例使读者学习增益压缩仿真的基本方法和技巧。

## 4.4.1　增益压缩仿真原理

增益压缩仿真由用户设定具体的压缩点数值，将理想的线性增益曲线与实际的增益曲线比较，得出由电路非线性造成的理想输出功率与实际输出功率之间的差值。

在仿真过程中，增益压缩仿真控制器根据用户设定的增益压缩点，绘制理想输出功率与实际输出功率曲线，直到二者的差值达到预定压缩点时，仿真完成。用户可以在仿真结束后得到到达压缩点时的输入功率和输出功率值。增益压缩仿真在低噪声放大器、混频器、功率放大器等射频非线性电路分析中应用广泛。

## 4.4.2　增益压缩仿真面板与仿真控制器

ADS 中的增益压缩仿真面板如图 4.87 所示，其中包含了增益压缩仿真所需要的各类仿真控制器，以下对其分别进行介绍。

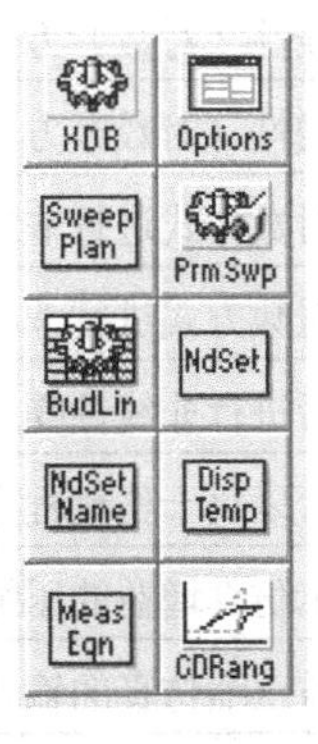


图 4.87　增益压缩仿真面板

## 1. 标准增益压缩仿真控制器（XDB）

标准增益压缩仿真控制器如图 4.88 所示，在增益压缩仿真控制器中主要设置电路包络仿真的输入基波频率、最高次谐波频率以及过采样阶数等内容，表 4.7 所示对其中的主要参数进行说明。

GAIN COMPRESSION

XDB
HB1
MaxOrder=4
Freq[1]=1.0 GHz
Order[1]=3
StatusLevel=2
FundOversample=1
Oversample[1]=
PackFFT=
MaxIters=10
GuardThresh=
SamanskiiConstant=2
Restart=no
ArcLevelMaxStep=0.0
MaxStepRatio=100
MaxShrinkage=1.0e-5
ArcMaxStep=0.0
ArcMinValue=
ArcMaxValue=
SS_Thresh=
UseAllSS_Freqs=
InputFreq=
NoiseFreqPlan=
NLNoiseStart=1.0 GHz
NLNoiseStop=10.0 GHz
NLNoiseStep=1.0 GHz
NLNoiseCenter=
NLNoiseSpan=
NLNoiseLin=
NLNoiseDec=
FreqForNoise=
NoiseNode[1]=
SortNoise=Off
NoiseThresh=
IncludePortNoise=
NoisyTwoPort=
BandwidthForNoise=
UseKrylov=no
UseInitialAWHB=
AWHB_WindowSize=
GMRES_Restart=
KrylovUsePacking=
KrylovPackingThresh=
KrylovTightTol=
KrylovLooseTol=
KrylovLooseIters=
KrylovMaxIters=
GMRES_Orthog=
GC_XdB=1
GC_InputPort=1
GC_OutputPort=2
GC_InputFreq=1.0 GHz
GC_OutputFreq=1.0 GHz
GC_InputPowerTol=1e-3
GC_OutputPowerTol=1e-3
GC_MaxInputPower=100
DoGainComp=yes
OutputBudgetIV=no
DevOpPtLevel=None
AvailableRAMsize=
KrylovSS_Tol=
KrylovUseGMRES_Float=
RecalculateWaveforms=
UseCompactFreqMap=
OutputPlan[1]=
UseNodeNestLevel=yes
NodeNestLevel=2
NodeName[1]=
UseEquationNestLevel=yes
EquationNestLevel=2
EquationName[1]=
KrylovPrec=DCP
ConvMode=Auto (Preferred)
InFile=
UseInFile=no
OutFile=
UseOutFile=no
Other=
UseSavedEquationNestLevel=yes
SavedEquationNestLevel=2
SavedEquationName[1]=
AttachedEquationName[1]=

图 4.88 标准增益压缩仿真控制器

**表 4.7 标准增益压缩仿真控制器参数说明**

| 仿 真 参 数 | 功 能 说 明 |
|---|---|
| MaxOrder | 多音频率最大交调数 |
| Freq[1] | 基波频率 |
| Order[1] | 最大谐波数 |
| FundOversample | FFT 过采样比，比值越大收敛性越好 |
| Oversample[1] | 对基波信号的过采样比值 |
| MaxIters | 最大迭代次数 |
| NoiseFreqPlan | 非线性噪声频率扫描方案 |
| NLNoiseStart | 以线性（对数）方式进行非线性噪声仿真时的起始频率 |
| NLNoiseStop | 以线性（对数）方式进行非线性噪声仿真时的结束频率 |
| NLNoiseStep | 以线性（对数）方式进行非线性噪声仿真时的步长 |
| NLNoiseCenter | 以对数方式进行非线性噪声仿真时的中心频率 |
| NLNoiseSpan | 以对数方式进行非线性噪声仿真时的带宽 |
| NLNoiseLin | 是否进行非线性噪声仿真的线性扫描 |
| NLNoiseDec | 是否以每十倍频程方式进行非线性噪声仿真扫描 |
| GC_XDB | 表示仿真增益的压缩点 |
| GC_InputFreq | 增益压缩仿真的输入信号频率 |
| GC_OutputFreq | 增益压缩仿真的输出信号频率 |
| GC_InputPower | 增益压缩仿真的输入信号功率精度 |

续表

| 仿 真 参 数 | 功 能 说 明 |
|---|---|
| GC_OutputPower | 增益压缩仿真的输出信号功率精度 |
| GC_MaxInputPower | 增益压缩仿真的最大输入信号功率 |

### 2. 增益压缩仿真选项控制器（OPTIONS）

增益压缩仿真选项控制器如图 4.89 所示，在该控制器中可以设置增益压缩仿真的环境温度、设备温度、仿真收敛性等，参数设置与标准 S 参数仿真控制器相同。

### 3. 增益压缩仿真扫描方案控制器（SWEEP PLAN）

增益压缩仿真扫描方案控制器如图 4.90 所示，用户可以在控制器中设置扫描方案，对多个变量进行扫描分析，参数设置与标准 S 参数仿真控制器相同。

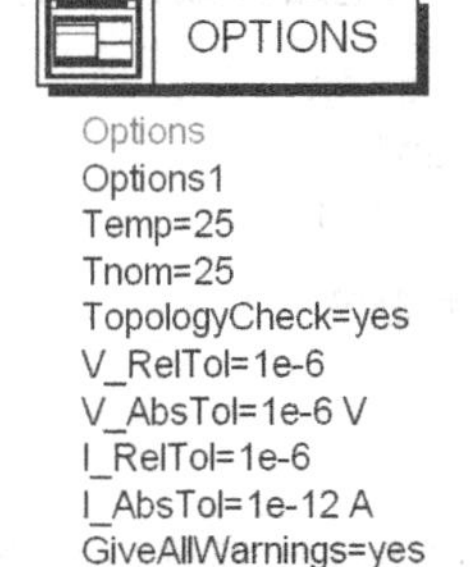


图 4.89　增益压缩仿真选项控制器

SWEEP PLAN
SweepPlan
SwpPlan1
Start=1.0 Stop=10.0 Step=1.0 Lin=
UseSweepPlan=
SweepPlan=
Reverse=no

图 4.90　增益压缩仿真扫描方案控制器

### 4. 参数扫描控制器（PARAMETER SWEEP）

参数扫描控制器如图 4.91 所示，在控制器中可以设置增益压缩仿真的扫描变量、仿真控制器等信息，参数设置与标准 S 参数仿真控制器相同。

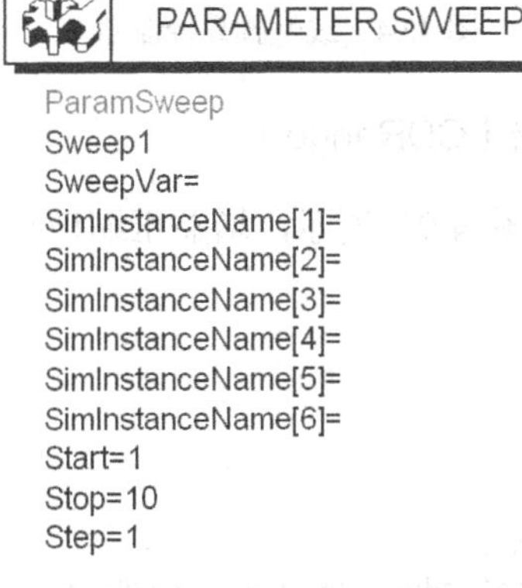


图 4.91　参数扫描控制器

5．节点名控制器（NodeSetByName）和节点设置控制器（NodeSet）

节点名控制器和节点设置控制器如图 4.92 所示，在控制器中可以设置电路的扫描变量、相关节点名称。

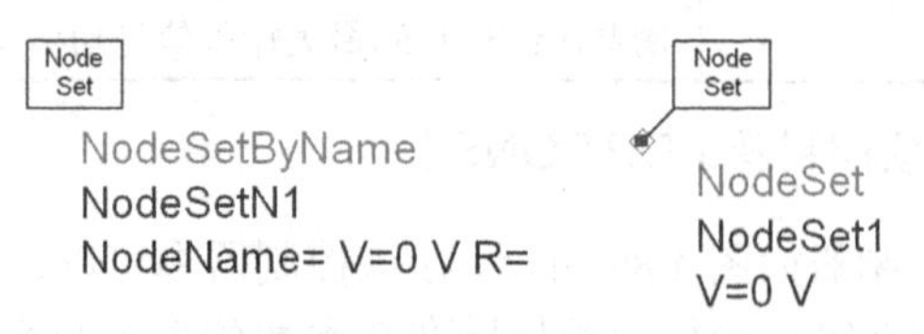


图 4.92　节点名控制器和节点设置控制器

6．显示模板控制器（DisplayTemplate）和测量公式控制器（MeasEqn）

显示模板控制器和测量公式控制器如图 4.93 所示，显示模板控制器用于在数据显示窗口中显示预定的显示模式。测量公式控制器用于在原理图中插入电路参数计算的公式。

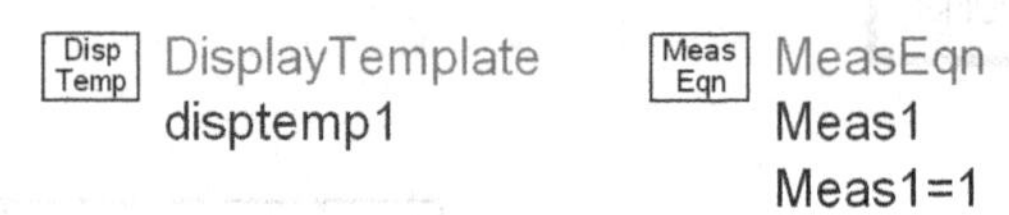


图 4.93　显示模板控制器和测量公式控制器

7．线性预算控制器（BUDGET LINEARIZATION）

线性预算控制器如图 4.94 所示，线性预算控制器用来设置线性预算分析的仿真实例名、元件名等参数。

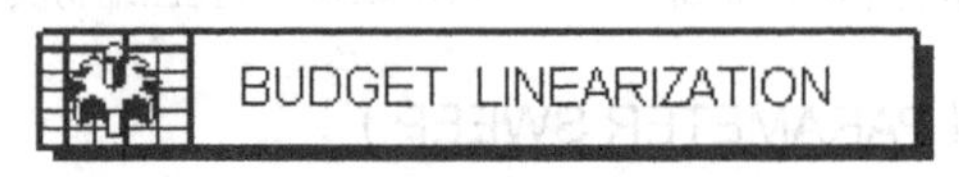


BudLinearization
BudLin1
SimInstanceName=
LinearizeComponent[1]=

图 4.94　线性预算控制器

8．增益压缩动态范围控制器（CDRange）

增益压缩动态范围控制器如图 4.95 所示，增益压缩动态范围控制器用来计算电路 1dB 压缩点与噪声底板的功率差值。

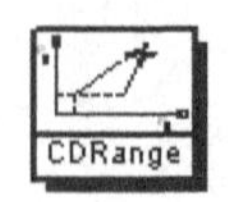

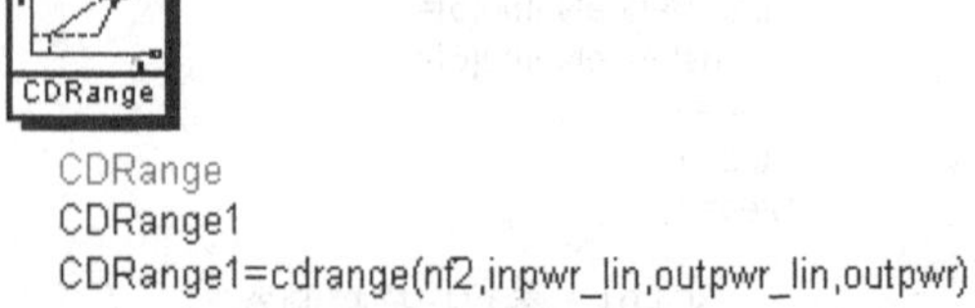

CDRange
CDRange1
CDRange1=cdrange(nf2,inpwr_lin,outpwr_lin,outpwr)

图 4.95　增益压缩动态范围控制器

## 4.4.3　增益压缩仿真实例

本小节继续采用谐波平衡法仿真中的放大器电路进行增益压缩仿真，主要仿真电路的 1dB 压缩点，与谐波仿真中得到的三阶交调点比较，分析放大器的线性度特性。

（1）运行 ADS，弹出 ADS 主窗口。在菜单栏中选择[File]→[Open Project]，选择已经建立好的“ADS_sim”工程。在工程文件区中选中“networks”选项，在其下拉菜单中选择原理图 HB_sim，然后在工程管理区中双击打开原理图。按“Ctrl+A”组合键选中所有电路，再按“Ctrl+C”组合键进行复制。

（2）在主窗口菜单栏中选择[Window]→[New Schematic]，打开一个新的原理图窗口。在该窗口中按“Ctrl+V”组合键粘贴 HB_sim 中的电路，并将其保存为 XDB_sim。最后关闭 HB_sim 原理图。

（3）要进行增益压缩仿真，还需要对 HB_sim 原理图进行修改。首先删除各类仿真控制器、测量公式控制器，只保留主体电路和变量控制器。

（4）从“Source-Freq Domain”元件面板中选择一个 P_1Tone 源，插入原理图中，替换输入端原有的 P_1Tone，再双击 P_1Tone，如图 4.96 所示进行参数设置。

Z=50Ω，表示阻抗为 50Ω。

P=dbmtow(0)，表示输入信号功率为 0dBm。

Freq=RF_freq，表示输入信号频率为变量 RF_freq。

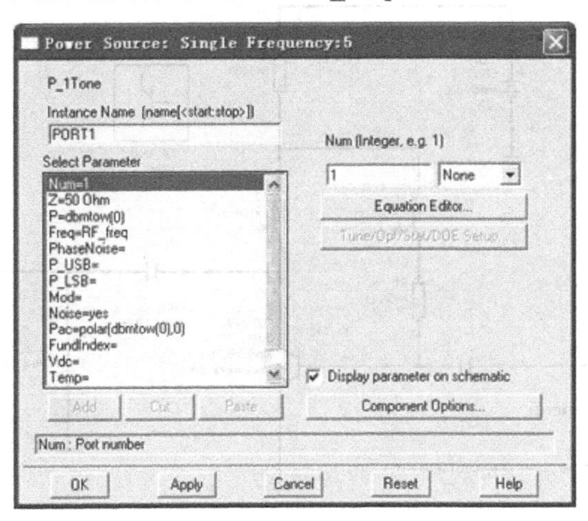


图 4.96　设置完成的 P_1Tone

（5）从“Simulation-XDB”元件面板中选择一个增益压缩控制器，插入原理图中，双击该控制器，如图 4.97 所示进行参数设置。

Freq[1]= 2.4GHz，表示输入信号的频率为 2.4GHz。

Order[1]=5，表示仿真的谐波数为 5。

GC_XDB=1，表示仿真的增益压缩点为 1dB。

GC_InputFreq=2.4GHz，表示增益压缩仿真的输入信号频率为 2.4GHz。

GC_OutputFreq=2.4GHz，表示增益压缩仿真的输出信号频率为 2.4GHz。

GC_InputPower=1e-3，表示增益压缩仿真的输入信号功率精度为 1e-3。

GC_OutputPower=1e-3，表示增益压缩仿真的输出信号功率精度为 1e-3。

GC_MaxInputPower=100，表示增益压缩仿真的最大输入信号功率为 100dBm。

（6）单击工具栏中的[VAR]按钮，插入一个变量控制器，双击变量控制器，如图 4.98 所示进行参数设置。

VCC=5，表示电源电压为 5V。

RF_freq=2400MHz，表示输入信号频率为 2400MHz。

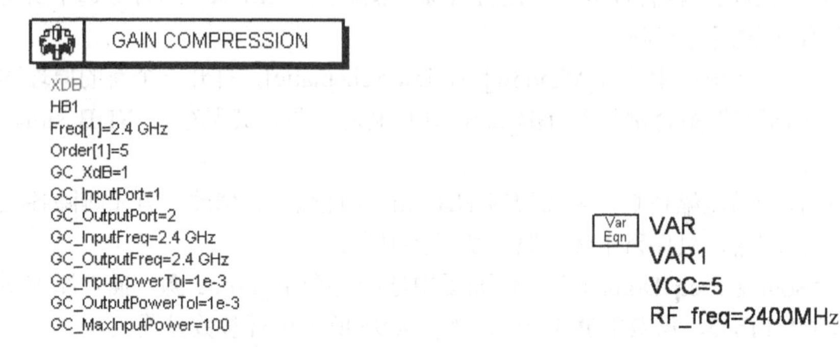


图 4.97　完成设置的增益压缩仿真控制器　　　　图 4.98　完成设置的变量控制器

图 4.99 所示为最终完成的仿真原理图。

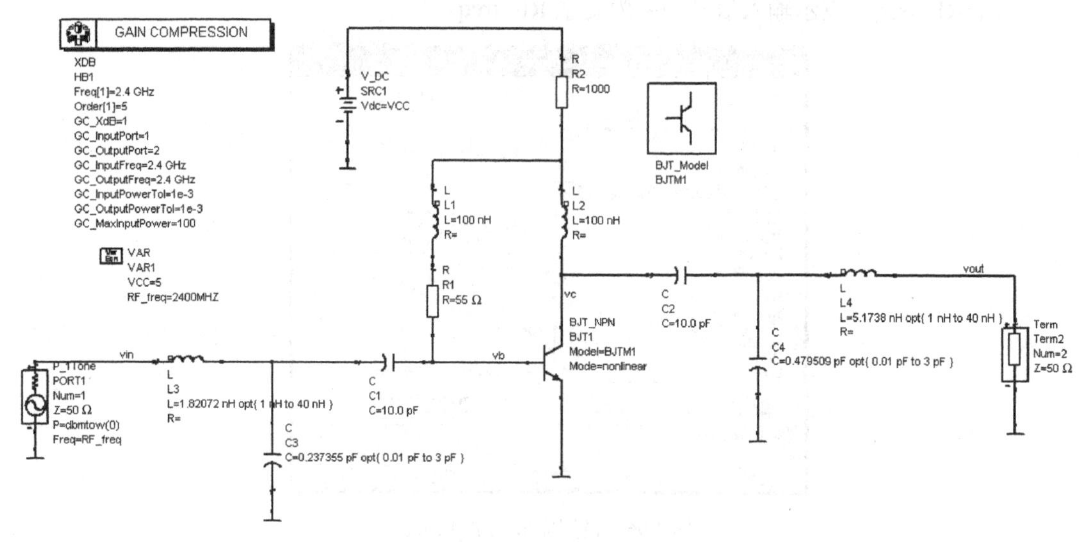


图 4.99　增益压缩仿真原理图

（7）完成设置后，单击工具栏中的[Simulation]按钮开始仿真。在仿真状态窗口会显示仿真进度，仿真结束后自动弹出数据显示窗口。从数据显示面板中单击[List]按钮，插入一个数据列表。在弹出的“Plot Traces & Attributes”对话框中选择“inpwr”和“outpwr”，单击[Add]按钮，单击[OK]按钮，如图 4.100 所示，显示在不同频点的输入和输出信号功率，可见在 2.4GHz 基波频率上，输入和输出功率分别为-11.25dBm 和-1.298dBm。

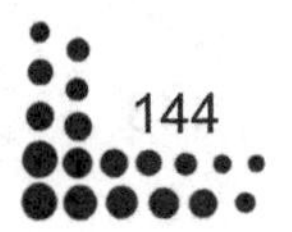

| freq | inpwr | outpwr |
|---|---|---|
| 0.0000 Hz | -11.25 dBm | -1.298 dBm |
| 2.400 GHz | -11.25 dBm | -1.298 dBm |
| 4.800 GHz | -11.25 dBm | -1.298 dBm |
| 7.200 GHz | -11.25 dBm | -1.298 dBm |
| 9.600 GHz | -11.25 dBm | -1.298 dBm |
| 12.00 GHz | -11.25 dBm | -1.298 dBm |

图 4.100　输入和输出信号功率

由于输入信号的功率为固定值，无法确定增益压缩点，所以需要对输入功率进行扫描以确定增益压缩点。

扫描输入信号功率确定增益压缩点。

（1）删除增益压缩仿真控制器，修改 P_1Tone 中的输入功率值为 dbmtow(RF_pwr)。从“Simulation-HB”元件面板中选择一个谐波平衡法仿真控制器插入原理图中，双击控制器，如图 4.101 所示进行参数设置。

“Freq”选项：

Frequency=2.4GHz，表示谐波平衡法仿真的频率为 2.4GHz，该频率必须与输入信号频率相同。

Order=5，表示仿真包括信号的 5 次谐波。

“Sweep”选项：

Parameter to sweep=RF_pwr，表示扫描的参数变量为 RF_pwr。

Sweep Type=Linear，表示采用线性扫描方式。

Start=−40，表示扫描的起始点为−40dBm。

Stop=−10，表示扫描的结束点为−10dBm。

Step=1，表示扫描步长为 1dBm。

（2）修改变量控制器，增加一个变量：RF_pwr=−30，表示输入信号功率为−30dBm。

（3）从“Simulation-HB”元件面板中选择两个测量公式控制器插入原理图中，双击第一个控制器，输入等式：dbmout=dBm(vout[1])，表示计算输出信号的功率，其中[1]表示计算的基波信号，[0]和[2]分别表示直流信号和二次谐波，以此类推。继续设置第二个测量公式控制器为：dbm_gain=dbmout-RF_pwr，表示计算输出增益，图 4.102 为完成设置的测量公式控制器。

图 4.101　设置谐波平衡法控制器

MeasEqn
Meas1
dbmout=dBm(vout[1])

MeasEqn
Meas2
dbm_gain=dbmout-RF_pwr

图 4.102　完成设置的测量公式控制器

图 4.103 所示为完成输入信号功率扫描的仿真原理图。

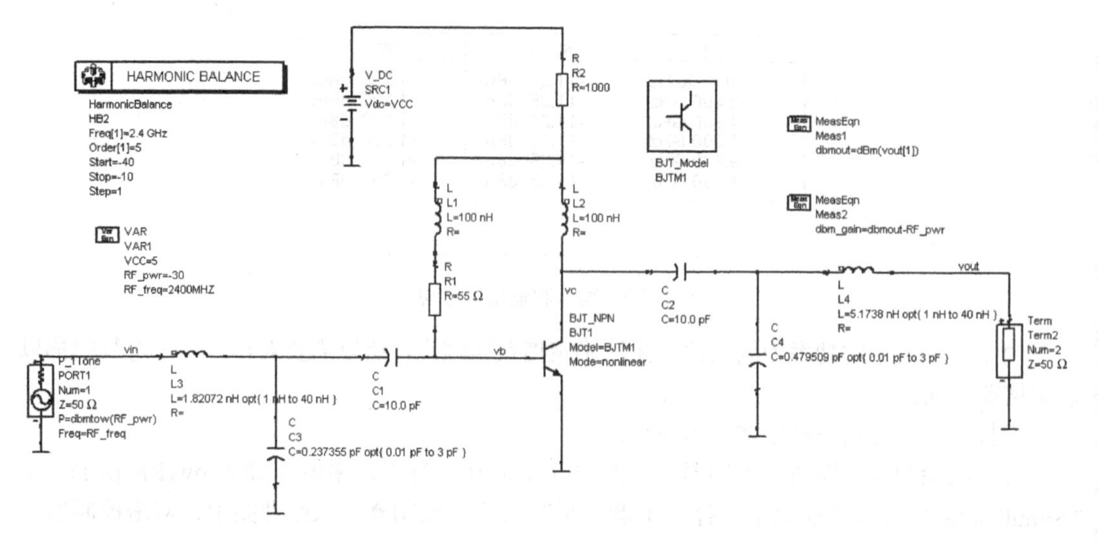


图 4.103　输入信号功率扫描的仿真原理图

（4）完成设置后，单击工具栏中的[Simulation]按钮开始仿真。在仿真状态窗口会显示仿真进度，仿真结束后自动弹出数据显示窗口。从数据显示面板中单击[Rectangular Plot]按钮，插入一个矩形图。在弹出的“Plot Traces & Attributes”对话框中选择“dbmout”，单击[Add]按钮，单击[OK]按钮显示输出信号功率，然后在菜单栏中选择[Maker] ]→[New]命令，如图 4.104 所示，插入标注信息。

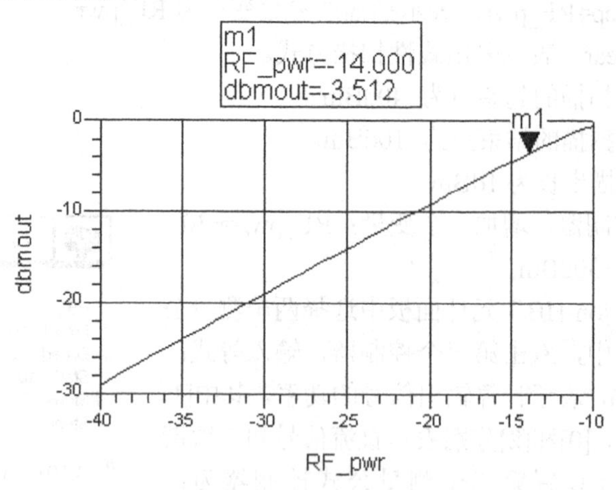


图 4.104　输出信号功率

采用上述方法再插入一个矩形图显示输出增益，并进行标注，如图 4.105 所示，可见在增益压缩点为 1dB 时，输入信号功率为-11dBm，即输入 1dB 压缩点为-11dBm。

在该矩形图中插入输出信号功率，并依据相同的横轴进行标注，如图 4.106 所示，可得到输出 1dB 压缩点为-1.125dBm。从理论上说，三阶交调点一般发生在 1dB 压缩点之上 10～15dB 处，在谐波平衡仿真中我们得到上边频和下边频的输出三阶交调点分别为 10.002dBm 和 8.576dBm，这也验证了理论的正确性，说明放大器线性度良好。

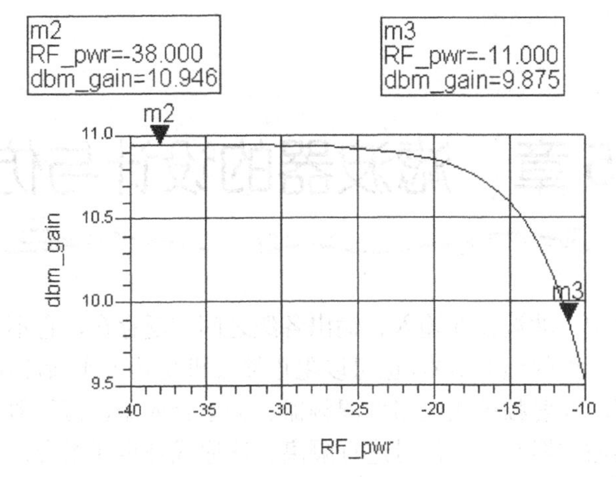


图 4.105　输入 1dB 压缩点

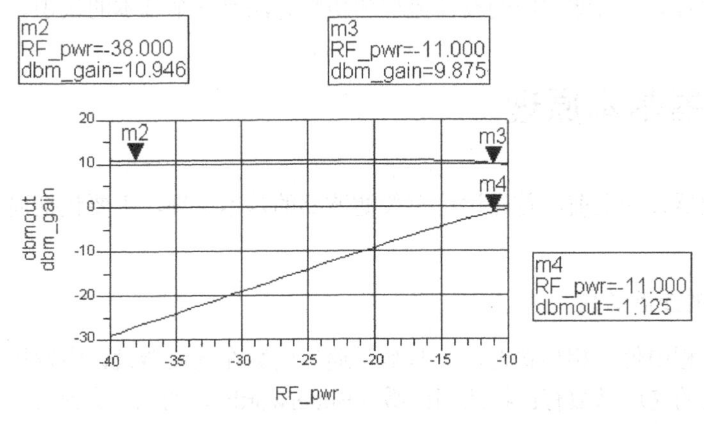


图 4.106　输出 1dB 压缩点

## 4.5　小结

本章分小节系统地介绍了 ADS 中四类高阶仿真，包括 S 参数仿真、谐波平衡法仿真、电路包络仿真和增益压缩仿真，在每小节中首先介绍仿真原理及控制仿真器，之后通过放大器的仿真实例来讨论 ADS 进行原理图设计和仿真的方法与技巧，并对仿真结果进行分析，并与制订的设计指标进行对比验证，使读者在熟悉仿真原理的基础上，对仿真的实际操作和技巧有了更为深入的了解。

本章内容也是进行实际电路仿真的重要基础部分，读者要细细体会，为进一步学习射频电路仿真奠定基础。

# 第 5 章　滤波器的设计与仿真

在射频通信系统中，滤波器在输入、输出各级之间广泛存在，它不仅可以用来限定大功率发射机在其工作频带内的辐射信号，也可以阻止接收机受其工作频带外的噪声信号的干扰，其重要地位不可忽视。在射频模块电路如混频器、频率合成器、倍频器、放大器以及多通道通信中，也可以借助滤波器对射频信号进行隔离、选通或是重新组合，应用广泛。

本章首先介绍滤波器的基本原理、性能参数以及结构分类，然后使用 ADS 设计一个微带滤波器，使读者对微带滤波器的设计流程和仿真方法有一个基本的认识。

## 5.1　滤波器基本原理

在进行滤波器设计之前，首先讨论有关滤波器的基本原理，主要包括逼近函数，结构分类和性能指标。

### 1. 滤波器的逼近函数

滤波器在工程中使用相当普遍，一些数学逼近函数在滤波器设计中发挥着重要的作用。低通滤波器常见的逼近函数有巴特沃斯函数（Butterworth）、切比雪夫函数（Chebvshev）、椭圆函数（Cauer）以及贝塞尔函数（Bessel）。通过这些逼近函数实现而成的滤波器分别称为巴特沃斯滤波器、切比雪夫滤波器、椭圆滤波器和贝塞尔滤波器。下面分别介绍这些滤波器各自的特点。

巴特沃斯滤波器的逼近函数为全极点系统，其极点均匀分布在单位圆之上，通带内无纹波，过渡带比较平缓，具有较好的群延迟特性。由于其幅度特性在通带与阻带内都呈单调变化，所以称巴特沃斯滤波器为具有最平坦幅度响应的滤波器。

切比雪夫滤波器以牺牲通带平坦度来换取陡峭的过渡带，它的幅度响应或者在通带，或者在阻带呈现等纹波特性。通常来说，切比雪夫滤波器分为两类，分别称为切比雪夫型与反切比雪夫型。切比雪夫型滤波器的逼近函数为全极点系统，极点均匀分布在位于单位圆之内的椭圆上，其值比较高，幅频特性在通带内等波纹变化，在阻带内单调衰减。反切比雪夫型滤波器的逼近函数具有零点与极点，极点位于单位圆的内外侧，零点均位于虚轴之上，其幅频特性在通带内单调衰减，在阻带内等波纹变化。当逼近函数具有相同阶数时，切比雪夫滤波器比巴特沃思滤波器有更好的衰减特性。

椭圆滤波器在有限频率上既有零点又有极点，这些零点极点在通带内产生类似于切比雪夫滤波器的等纹波特性，阻带内的有限频率零点的存在使得其在阻带内获得极为陡峭的衰减特性曲线。

贝塞尔滤波器的频率选择性较差，但是具有线性相位，所以有时又被称为最大平坦延迟滤波器。

在以上的几种滤波器中，椭圆形滤波器在相同阶数下能实现最窄的过渡带，切比雪夫滤波器其次，而巴特沃思滤波器、贝塞尔滤波器的过渡带均很平缓，即在同样的性能指标下，椭圆滤波器所需阶数最少，可以用最少的电路单元实现，节省功耗和芯片面积。但是椭圆形滤波器极点的品质因子最大，而高品质因子的极点在电路实现时对器件值的灵敏度很高，所以更容易因温度、工艺、电源电压的变化与理想性能有较大偏离。

### 2. 滤波器的分类

按照构成滤波器元器件的性质、滤波器的功能和滤波器处理信号的形式，滤波器可以做如下不同的分类。

按照构成器件的性质分类，可以分成有源滤波器与无源滤波器。无源滤波器是指由电阻、电容和电感等无源器件组成的滤波器，无源滤波器噪声低、线性度高、工作频率高，但是电感集成占用很大芯片面积，而且高品质因数值的电感不易实现。有源滤波器通过使用有源器件构成的运算放大器，减小了所占用的芯片面积，并使得滤波器电路能够为有用信号提供一定增益，有利于整个系统灵敏度的提高。

按照滤波器的功能来分类，可以分为低通滤波器、高通滤波器、带通滤波器、带阻滤波器和全通滤波器。

低通滤波器是指滤波允许低于截止频率的信号通过，而对高于截止频率 $\omega_0$ 的信号进行衰减与抑制。

高通滤波器实现与低通滤波器完全相反的功能。高通滤波器对低于截止频率 $\omega_0$ 的信号进行衰减与抑制，而允许高于截止频率 $\omega_0$ 的信号顺利通过。

带通滤波器可以认为是低通滤波器与高通滤波器所具有的性能的组合。带通滤波器允许某一个频带内[ $\omega_L$， $\omega_H$ ]的信号通过，而对这个频段之外的信号进行衰减与抑制。

带阻滤波器是将某一个频段内的信号进行衰减与抑制，而允许该频段之外的信号通过。带阻滤波器如果阻带的比较狭窄，那么又可称为陷波器。

全通滤波器不具有频率选择性，理想的全通滤波器允许任何频率的信号通过。换言之，全通滤波器对幅度频率的响应是一条直线，增益为某一固定常数。信号通过全通滤波器时，其幅度不受影响，但是信号的相位会发生变化。全通滤波器主要运用于脉冲传输系统与延迟均衡器中。

### 3. 滤波器的性能指标

在实际中，通常分别从以下两类指标来衡量模拟滤波器的性能。

第一类指标是用来表征滤波器的对相邻频道抑制干扰信号的抑制能力，包括截止频率和过渡带衰减速度等。

第二类指标是用来表征滤波器对系统的影响，包括带内纹波，带内群延迟变化，滤波器噪声以及线性度等。

带内纹波和群延时变化决定了信号从滤波器输入至滤波器输出的失真程度，带内纹波、群延迟会影响系统的矢量误差幅度，进而降低系统的误码率滤波器的噪声会影响到系统的信噪比。

## 5.2 ADS 滤波器辅助设计工具

在 ADS 中内嵌了一个滤波器辅助设计工具，用户可以利用这个工具很方便地设计满足系统要求的滤波器电路，本节介绍该工具，并通过一个带通滤波器设计实例说明使用滤波器辅助设计工具的方法和流程。

带通滤波器的设计目标为：

中心频率 $f_0$=10MHz；

通带带宽 BW=2MHz；

阻带衰减大于 60dB；

带内纹波小于 1dB。

（1）运行 ADS，弹出 ADS 主窗口，选择[File]→[New Project]命令，弹出“New Project”对话框，在存在的默认路径“C:\UESRS\DEFAULT”后输入“filter_lab”，并在“[Project Technology Files:]”栏中选择“ADS Standard:Length unil-millimeter”，选择工程默认的长度单位为毫米（mm），如图 5.1 所示。单击[OK]按钮，完成建立工程。

（2）在主窗口中选择[File]→[New Design]命令，新建一个原理图，这里命名为“filter_bandpass”，在“[Design Technology Files:]”栏中同样选择“ADS Standard:Length unil-millimeter”，如图 5.2 所示。单击[OK]按钮，完成建立原理图，同时弹出原理图窗口。

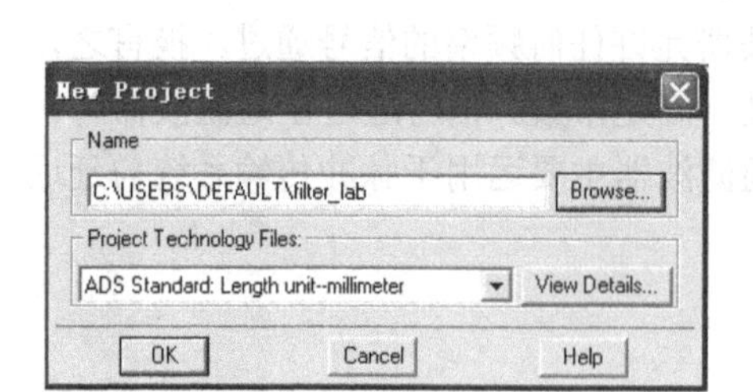


图 5.1　建立工程

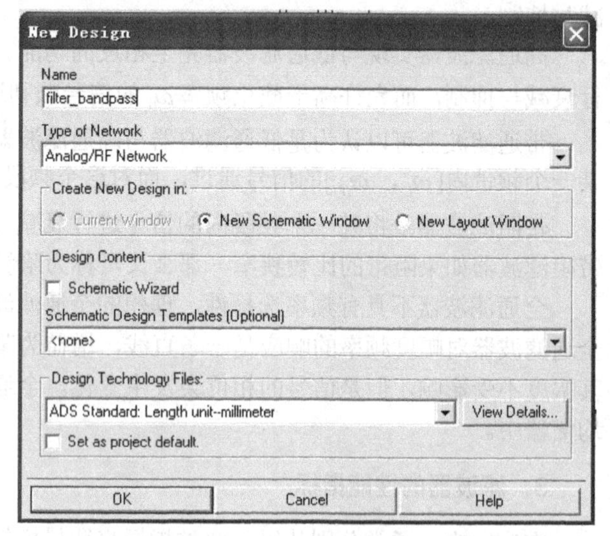


图 5.2　建立原理图

（3）在原理图菜单栏中选择[Design Guide]→[Filter]命令，弹出“Filter”设计窗口，如图 5.3 所示。在该窗口中选择“Filter Control Window”，单击[OK]按钮，弹出“Filter”对话框，如图 5.4 所示。

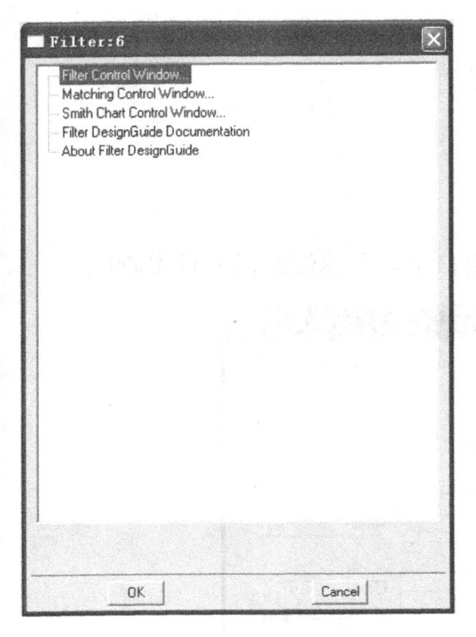


图 5.3 “Filter”设计对话框

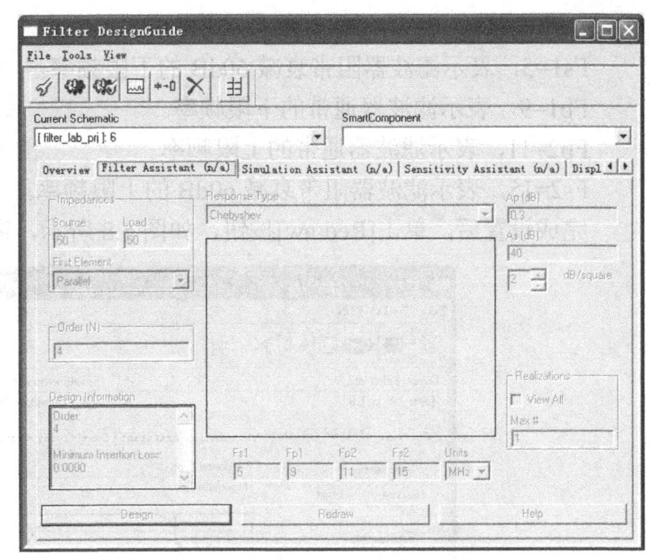


图 5.4 “Filter DesignGuide”窗口

（4）在该窗口的菜单栏中选择[View]→[Component Palette-All]命令，这时在原理图窗口自动显示一个滤波器的元件面板“Filter DG-All Networks”，如图 5.5 所示。面板中包含了低通、高通、带通以及带阻 4 种滤波器模型。在元件面板“Filter DG-All Networks”中选择双端口带通滤波器模型（DA_LCBandpassDT1）插入原理图中，这时会自动弹出“Place SmartComponent”对话框，在该对话框中单击[OK]按钮，按下 Esc 键结束操作，插入双端口带通滤波器模型，如图 5.6 所示。

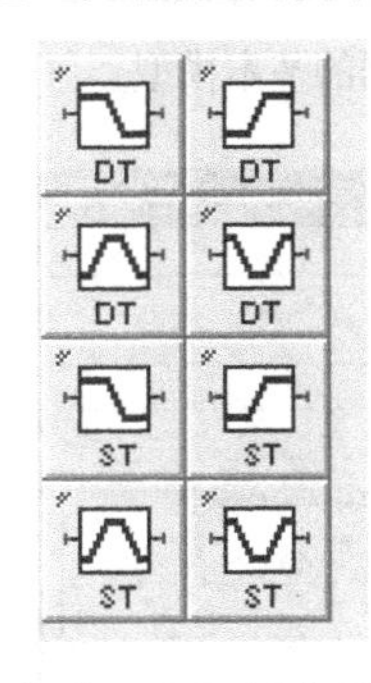


图 5.5 “Filter DG-All”元件面板

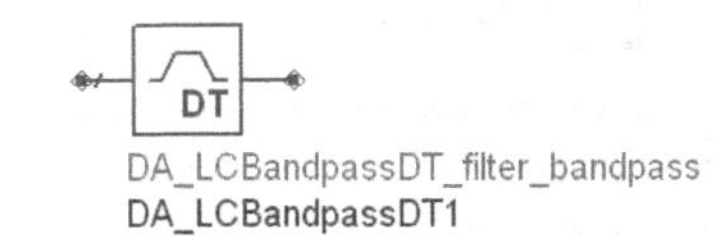


图 5.6 双端口带通滤波器模型

（5）返回“Filter DesignGuide”窗口，在“SmartComponent”选项下拉菜单里选中插入的双端口带通滤波器模型(DA_LCBandpassDT1)，则窗口中出现一个带通滤波器的基本模型，如图 5.7 所示。

（6）在“Reeponse Type”下拉菜单中包含了最大平坦（Maximally Hat）、切比雪夫（Chebyshev）、椭圆（Elliptic）、反切比雪夫（Inverse Chebyshev）、贝塞尔（Bessel）和高斯（Gaussian）6 类滤波器逼近函数。这里我们选择切比雪夫逼近函数进行带通滤波器设计，设置滤波器参数如下：

Ap(dB)=0.5，表示滤波器通带内的纹波为 0.5dB。

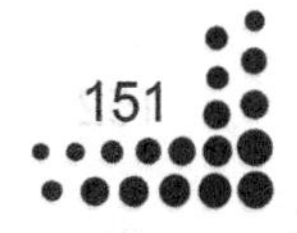

As(dB)=60，表示滤波器阻带衰减为 60dB。

Fs1=5，表示滤波器阻带衰减 60dB 的下限频率。

Fp1=9，表示滤波器通带的下限频率。

Fp2=11，表示滤波器通带的上限频率。

Fs2=15，表示滤波器阻带衰减 60dB 的上限频率。

完成设置后，单击[Redraw]按钮，如图 5.8 所示，窗口中显示该滤波器的频率响应。

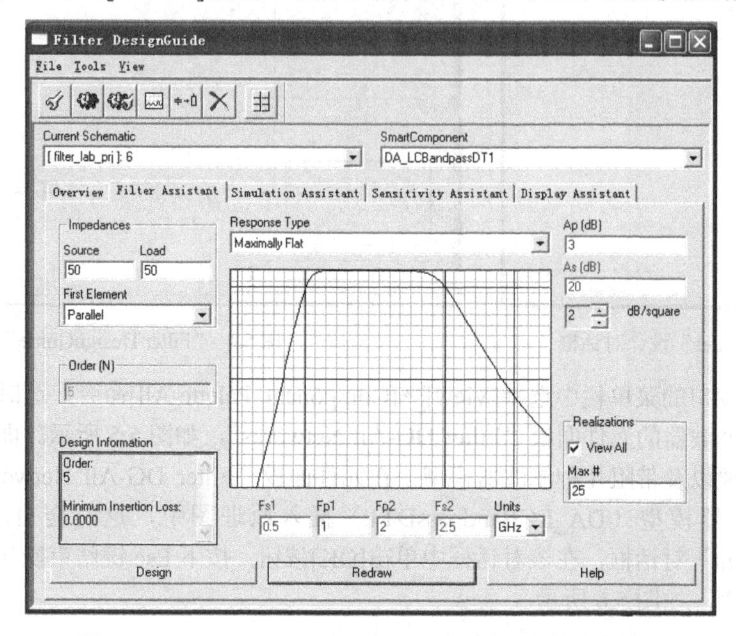


图 5.7 “Filter DesignGuide”窗口的带通滤波器的基本模型

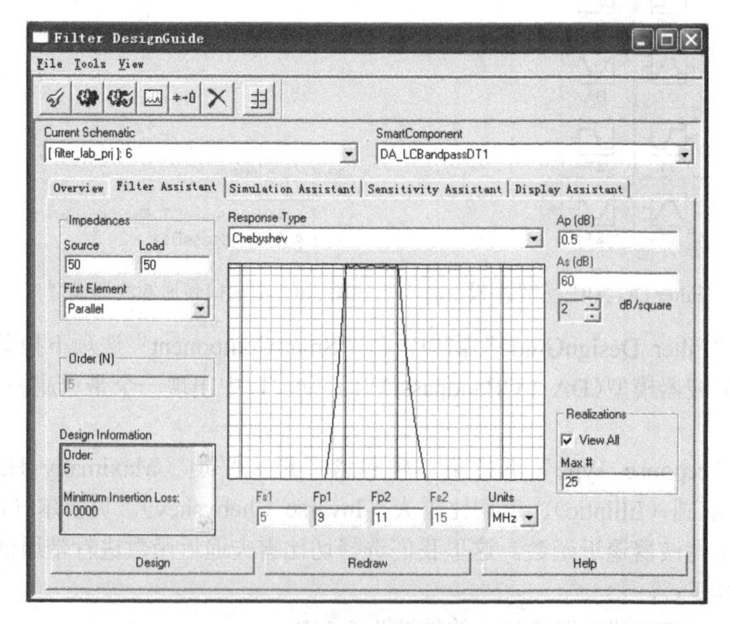


图 5.8 带通滤波器的频率响应

（7）在该窗口中单击[Design]按钮，在原理图窗口中将自动生成一个无源滤波器的电路，如图 5.9 所示，同时显示其中的电容和电感值。

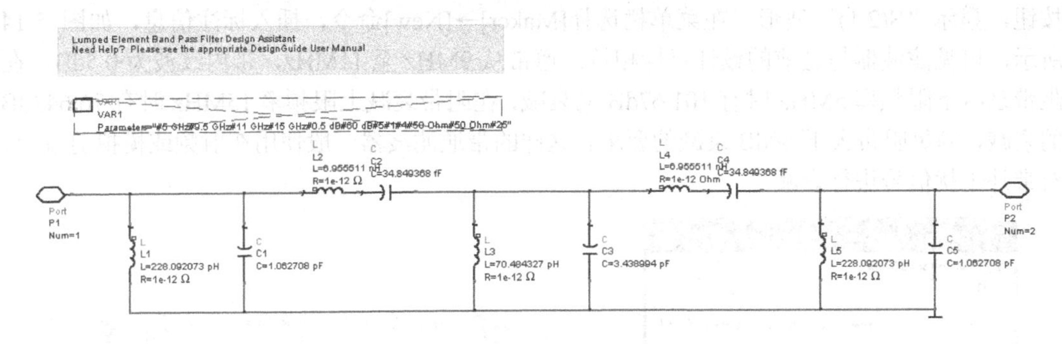


图 5.9　生成的无源滤波器电路

单击“Filter Design”对话框中的[Done]按钮，回到原理图窗口，显示之前插入的带通滤波器元件符号，双击元件，设置显示该滤波器的参数如图 5.10 所示。这样就完成了滤波器的设计。

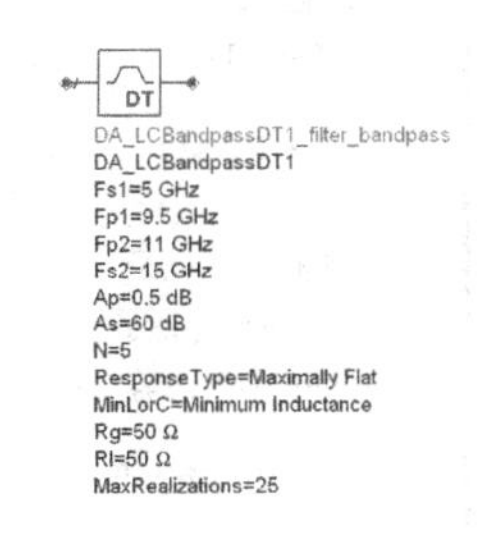


图 5.10　显示滤波器的参数

（8）使用滤波器辅助设计向导完成滤波器设计后，还需要采用 S 参数仿真来验证滤波器性能。在原理图窗口选择元件面板“Simulation-S Param”，从面板中选择终端“Term”插入原理图中，作为滤波器的输入端和输出端。单击工具栏的[GROUND]按钮，在原理图中插入地，如图 5.11 所示，完成电路原理图。

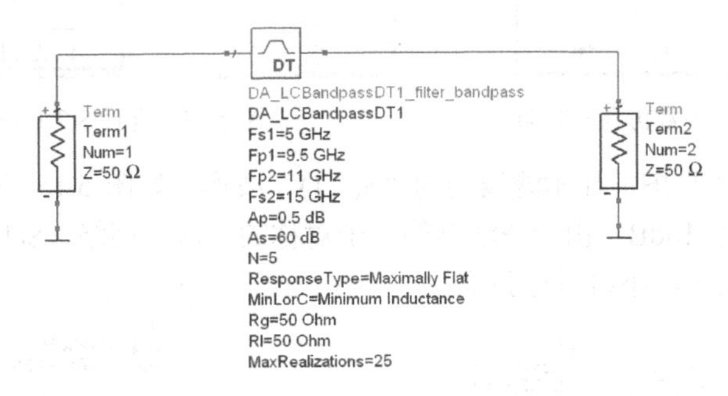


图 5.11　滤波器电路原理图

（9）继续在元件面板“Simulation-S Param”中选择 S 参数仿真控制器 SP 插入到原理图中，双击 S 参数控制器，设置仿真参数：

Start=1MHz，表示 S 参数仿真起始频率为 1MHz。

Stop=20MHz，表示 S 参数仿真结束频率为 20MHz。

Step-size=200kHz，表示 S 参数仿真频率步长为 200kHz。

如图 5.12 所示，完成 S 参数仿真控制器的设置。

（10）在原理图工具栏中单击[Simulation]按钮开始仿真。仿真结束后自动弹出数据显示窗口。从数据显示面板中单击[Rectangular Plot]按钮，插入一个矩形图。在弹出的“Plot Traces

& Attributes”对话框中选择“S(2,1)”，单击[Add]按钮，弹出对话框，在对话框中选择显示单位“dB”，如图 5.13 所示，单击[OK]按钮返回“Plot Traces & Attributes”对话框，再单击[OK]按钮，显示“S(2,1)”波形。在菜单栏选择[Maker]→[New]命令，插入标注信息，如图 5.14 所示，可见滤波器与之前的设计目标相符。通带从 9MHz 至 11MHz，带内纹波为 0.5dB，在阻带衰减下限频率 5MHz 时有 101.67dB 的衰减，在阻带衰减上限频率 15MHz 时有 76.643dB 的衰减，满足阻带大于 60dB 衰减的要求。这样的带通滤波器一般使用在射频或模拟前端中，对带外干扰信号进行衰减。

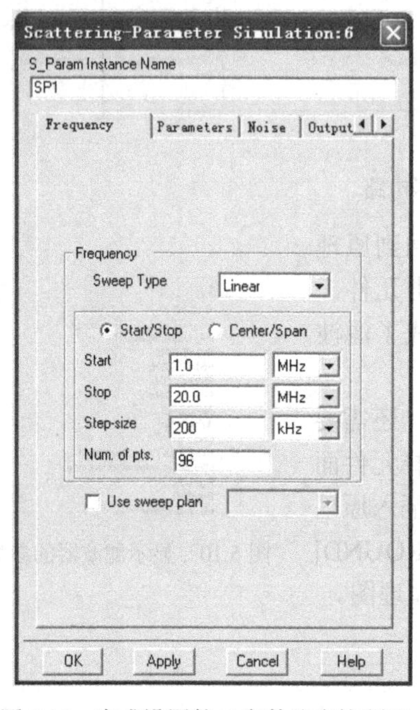


图 5.12　完成设置的 S 参数仿真控制器

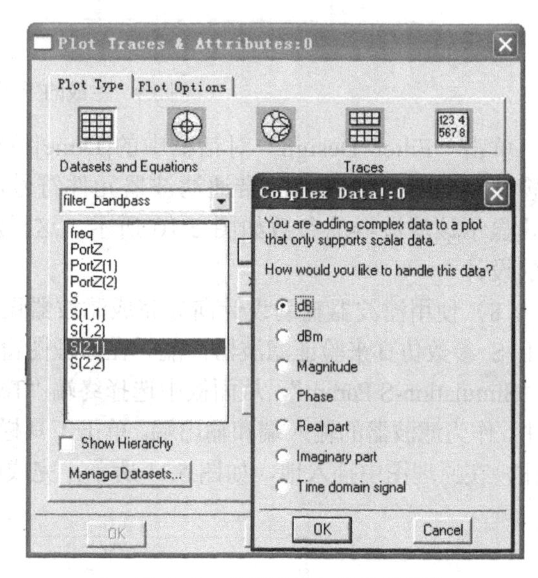


图 5.13　选择 S(2,1)和显示单位

再选择插入一个矩形图，显示滤波器的“S(1,1)”波形，如图 5.15 所示，可见滤波器反射系数在通带内都接近 10dB。由于滤波器的一个对称的二端口网络，S(1,2)和 S(2,1)、S(1,1)和 S(2,2)完全相同，这里就不再进行验证。

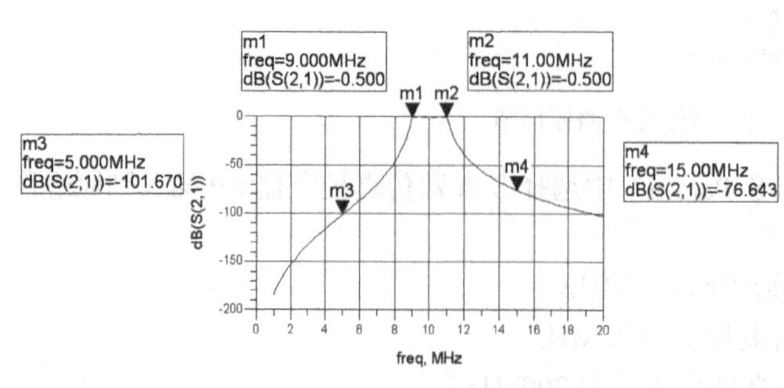


图 5.14　滤波器 S(2,1)输出

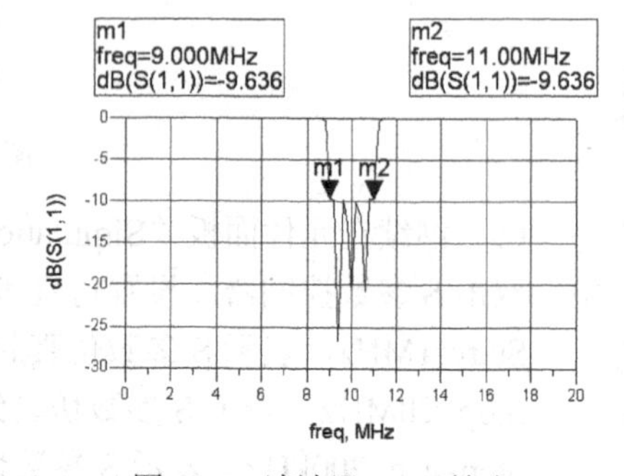


图 5.15　滤波器 S(1,1)输出

# 5.3　微带滤波器原理图设计与仿真

耦合微带线滤波器是微带滤波器的一种常用形式，由多个长度为四分之一波长的耦合线节组成，在所需要的频点形成谐振，构成滤波器的频率响应特性。它的主要参数包括微带线线长、线宽以及线间距等。本节就以一个 5 阶带通耦合微带线滤波器来说明使用 ADS 进行滤波器设计的基本方法和流程，设计的滤波器指标为：

通带 2.3～2.5GHz。

通带内衰减小于 2dB，纹波小于 1dB。

阻带小于 2.1GHz，大于 2.7GHz 时衰减大于 40dB。

反射系数小于-20dB。

确定滤波器设计指标后，就可以进行滤波器的设计和仿真了。

（1）运行 ADS，弹出 ADS 主窗口，选择[File]→[Open Project]命令，弹出“Open Project”对话框，在默认路径“c:\uesrs\default”后选择 5.2 节建立的工程“filter_lab”，单击[OK]按钮。在主窗口中选择[File]→[New Design]命令，新建一个原理图，这里命名为“filter_microtrip”，在“[Design Technology Files:]”栏中选择“ADS Standard:Length unil-millimeter”，如图 5.16 所示，单击[OK]按钮，完成建立，同时弹出原理图窗口。

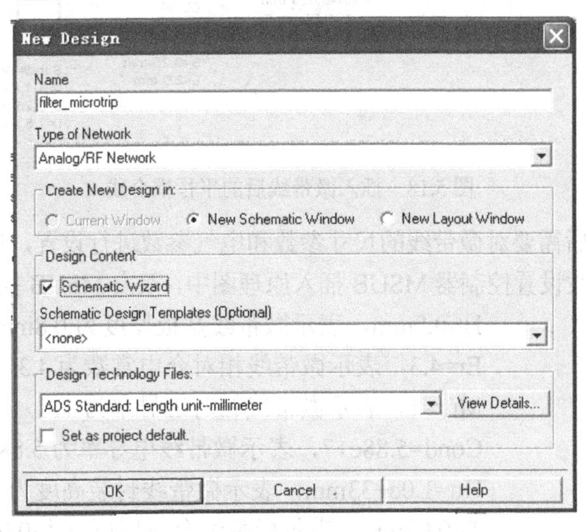


图 5.16　建立原理图

（2）在原理图设计窗口中选择“TLines-Microstrip”面板，从元件面板中选择 5 个平行耦合线 MCFIL 插入原理图中，在工具栏中单击[Insert Wire]按钮，如图 5.17 所示，将耦合线连接起来。

（3）继续在原理图设计窗口中选择“TLines-Microstrip”面板，从元件面板中选择微带线 MLIN 插入到第一个平行耦合线之前以及第五个平行耦合线之后，并连接起来，如图 5.18 所示，这就构成了五阶耦合微带线滤波器的主体电路。

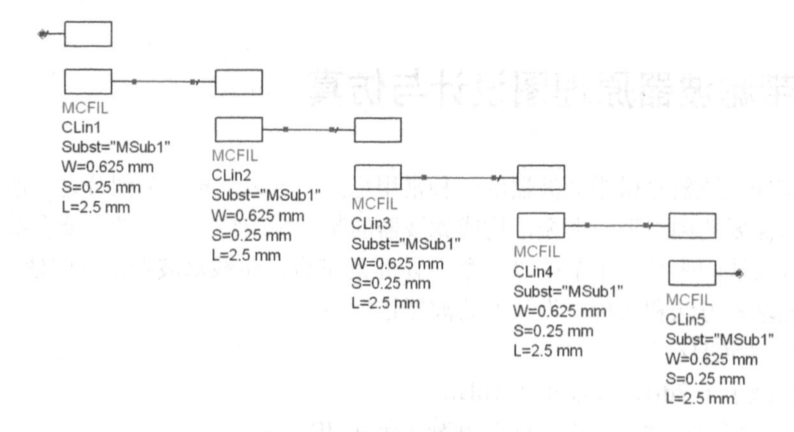


图 5.17　平行耦合线 MCFIL

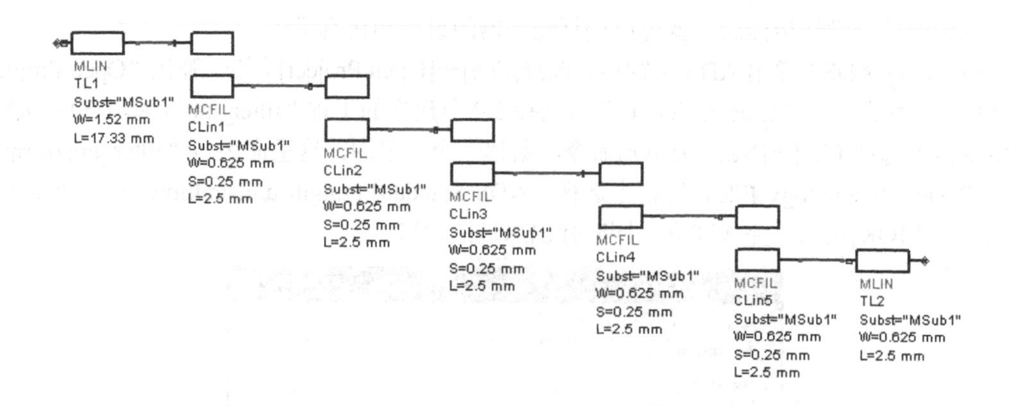


图 5.18　插入微带线后的平行耦合线

（4）完成电路图后需要对微带线的尺寸参数和电气参数进行设置，从“TLines-Microstrip”面板中选择微带线参数设置控制器 MSUB 插入原理图中，双击 MSUB 控制器，进行参数设置。

MSub
MSUB
MSub1
H=0.8 mm
Er=4.3
Mur=1
Cond=5.88E+7
Hu=1.0e+033 mm
T=0.03 mm
TanD=1e-4
Rough=0 mm

图 5.19　完成设置的微带线参数设置控制器

H=0.8mm，表示微带线基板厚度为 0.8mm。

Er=4.3，表示微带线相对介电常数为 4.3。

Mur=1，表示微带线相对磁导率为 1。

Cond=5.88e+7，表示微带线电导率为 5.88e+7。

Hu=1.0e+33mm，表示微带线封装高度为 1.0e+33mm

T=0.03mm，表示微带线金属层厚度为 0.03mm。

TanD=1e-4，表示微带线损耗角正切为 1e-4。

Rough=0mm，表示微带线表面粗糙度为 0mm。

完成设置的微带线参数设置控制器如图 5.19 所示。

（5）为了实现 50Ω的阻抗匹配，必须设置滤波器两端微带线的特性阻抗为 50Ω。ADS 中自带了一个计算微带线宽度和长度的工具。在原理图窗口中选择[Tools]→[LineCalc]→[Start LineCalc]命令，弹出“LineCalc”对话框，在该对话框中即可进行微带线宽度和长度的计算。首先在“Substrate Parameters”栏中输入与微带线参数设置控制器中相同的微带线参数。然后在“Component Parameters”中输入微带线工作的中心频率，也就是滤波器的中心频率 2.4GHz。最后在“Electrical”栏中输入特征阻抗“Z0”为 50Ω，相位延迟为 90°，完成以上设置后，单击[Systhesize]按钮开始计算，最终计算出微带线宽 W 为 1.520770mm，长 L 为 17.338500mm，如图 5.20 所示。在原理图窗口中双击微带线 MLIN，如图 5.21 所示，将宽和长分别设置为 1.52mm 和 17.33mm。

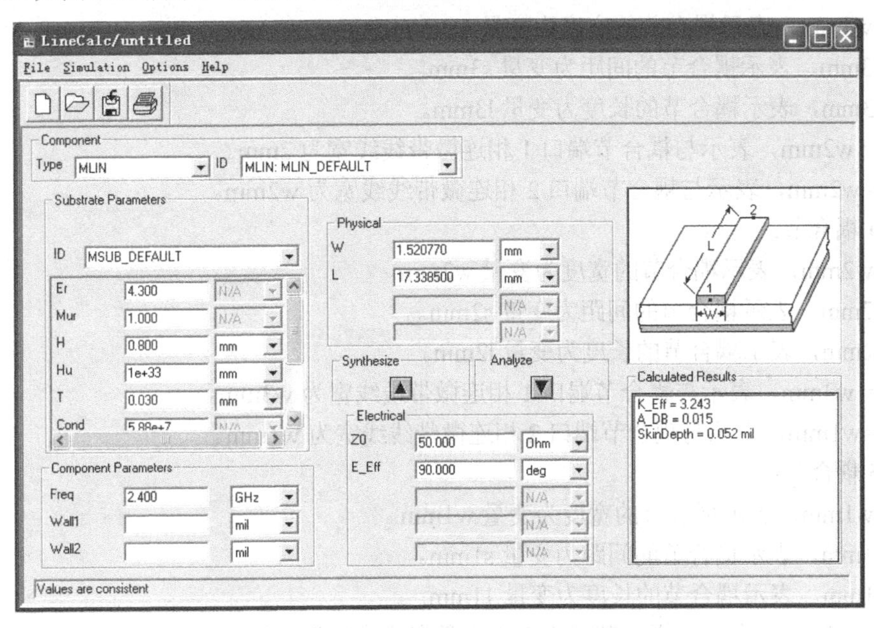


图 5.20　在“LineCalc”对话框中计算微带线宽度和长度

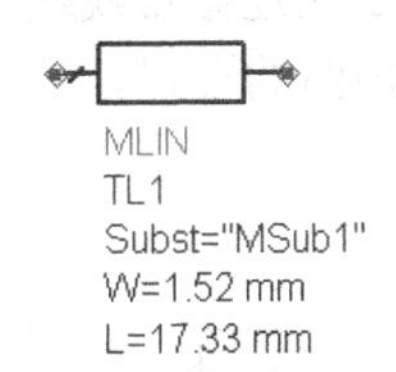


图 5.21　设置宽和长的微带线

（6）由于平行耦合滤波器在结构上是完全对称的，所以在本次设计的 5 阶滤波器中，第 1、5 和第 2、4 节耦合节在参数宽 W、长 L 和间距 S 上完全相同。在这里设置这些参数为变量，以便在优化设计中进行修正，具体的参数值设置如下所述。

第 1 耦合节：

W=w1mm，表示耦合节的宽度为变量 w1mm。

S=s1mm，表示耦合节的间距为变量 s1mm。

L=l1mm，表示耦合节的长度为变量 l1mm。

W1=1.52mm，表示与耦合节端口 1 相连微带线线宽为 1.52mm。

W2=w2mm，表示与耦合节端口 2 相连微带线线宽为 w2mm。

第 2 耦合节：

W=w2mm，表示耦合节的宽度为变量 w2mm。

S=s2mm，表示耦合节的间距为变量 s2mm。
L=l2mm，表示耦合节的长度为变量 l2mm。
W1= w1mm，表示与耦合节端口 1 相连微带线线宽为 w1mm。
W2=w3mm，表示与耦合节端口 2 相连微带线线宽为 w3mm。
第 3 耦合节：
W=w3mm，表示耦合节的宽度为变量 w3mm。
S=s3mm，表示耦合节的间距为变量 s3mm。
L=l3mm，表示耦合节的长度为变量 l3mm。
W1= w2mm，表示与耦合节端口 1 相连微带线线宽为 2mm。
W2=w2mm，表示与耦合节端口 2 相连微带线线宽为 w2mm。
第 4 耦合节：
W=w2mm，表示耦合节的宽度为变量 w2mm。
S=s2mm，表示耦合节的间距为变量 s2mm。
L=l2mm，表示耦合节的长度为变量 l2mm。
W1= w3mm，表示与耦合节端口 1 相连微带线线宽为 w3mm。
W2=w1mm，表示与耦合节端口 2 相连微带线线宽为 w1mm。
第 5 耦合节：
W=w1mm，表示耦合节的宽度为变量 w1mm。
S=s1mm，表示耦合节的间距为变量 s1mm。
L=l1mm，表示耦合节的长度为变量 l1mm。
W1= w2mm，表示与耦合节端口 1 相连微带线线宽为 w2mm。
W2=1.52mm，表示与耦合节端口 2 相连微带线线宽为 1.52mm。
如图 5.22 所示，完成滤波器主体电路的设置。

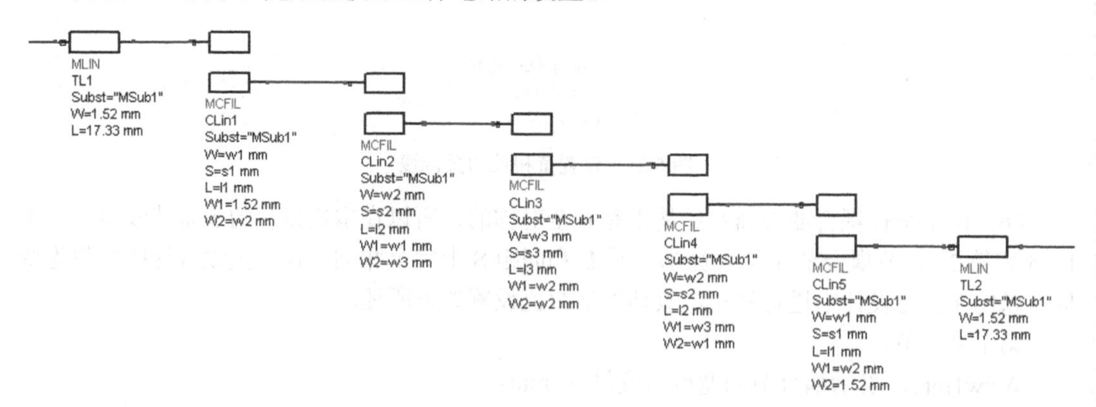


图 5.22　完成设置后的滤波器主体电路

（7）在原理图窗口选择变量按钮[VAR]，插入原理图中对耦合节中的参数进行设置。双击变量控制器，在弹出的对话框中设置耦合节的 W、L 和 S。为方便之后进行优化修正，这里还需要使用优化选项，设定参数值为一定的范围。以 w1 为例，具体方法如下：

在“Name”栏中输入参数名“w1”。

在“Variable Value”栏中输入参数名 w1 的初始值“1.0”。

然后在对话框中单击[Tune/Opt/Stat/DOE Setup]按钮，弹出对话框在对话框中选择“Optimization”选项，如图 5.23 所示，在“Optimization Status”下拉菜单中选择“Enable”，之后在“Minimum Value”中输入优化的最小值 0.2，在“Maximum Value”中输入优化的最大值 5。

依据上述方法分别设置耦合节的参数值及优化范围：

w1=1 opt{0.2 to 5}，表示 w1 的初始值为 1，优化范围 0.2～5。

w2=1 opt{0.2 to 5}，表示 w2 的初始值为 1，优化范围 0.2～5。

w3=1 opt{0.2 to 5}，表示 w3 的初始值为 1，优化范围 0.2～5。

l1=17.33 opt{10 to 25}，表示 l1 的初始值为 17.33，优化范围 10～25。

L2=17.33 opt{10 to 25}，表示 l2 的初始值为 17.33，优化范围 10～25。

L3=17.33 opt{10 to 25}，表示 l3 的初始值为 17.33，优化范围 10～25。

s1=1 opt{0.2 to 5}，表示 s1 的初始值为 1，优化范围 0.2～5。

s2=1 opt{0.2 to 5}，表示 s2 的初始值为 1，优化范围 0.2～5。

s3=1 opt{0.2 to 5}，表示 s3 的初始值为 1，优化范围 0.2～5。

如图 5.24 所示，完成变量控制器的设置。

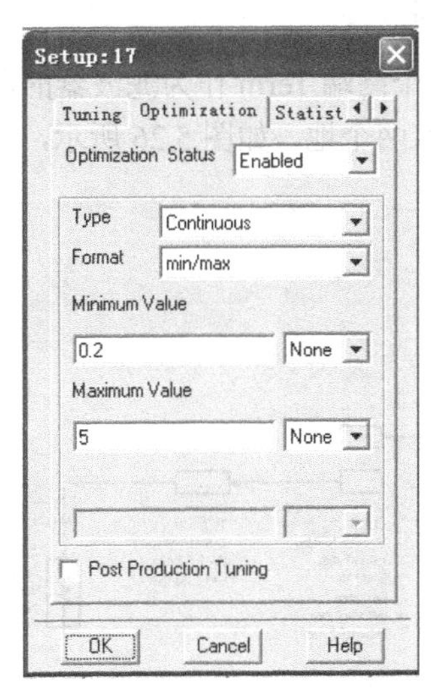


图 5.23　设置“Optimization”选项

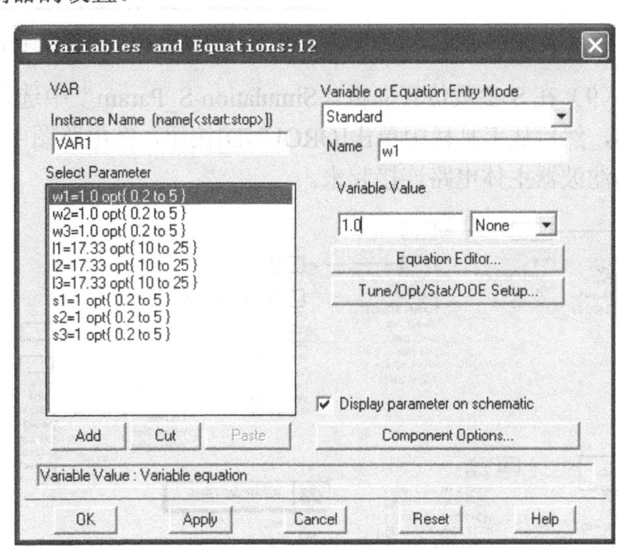


图 5.24　完成设置后的变量控制器

（8）完成原理图参数设置以后，就可以进行参数仿真参数的设置了。对滤波器进行功能和性能仿真重要是通过 S 参数仿真实现的。在原理图窗口中选择 S 参数仿真面板“Simulation-S_Param”，选择一个 S 参数仿真控制器插入原理图中，双击 S 参数仿真控制器，进行参数设置：

Start=1.9GHz，表示扫描频率起始点为 1.9GHz。

Stop=2.9GHz，表示扫描频率终点为 2.9GHz。

Step-size=10MHz，表示扫描步长为 10MHz。

如图 5.25 所示，完成 S 参数仿真控制器的设置。

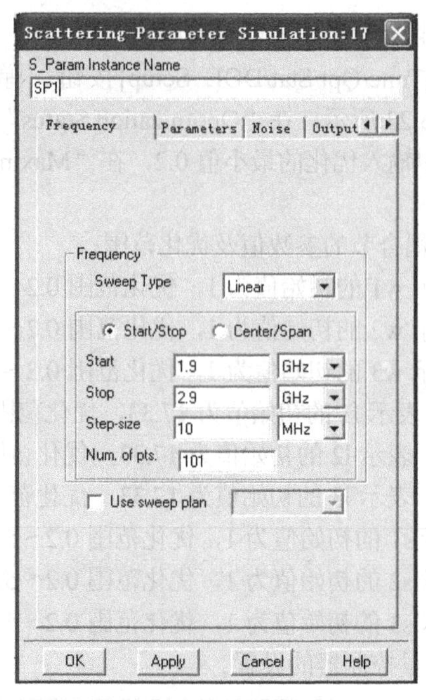


图 5.25　完成设置 S 参数仿真控制器

（9）在 S 参数仿真面板“Simulation-S_Param”中选择两个终端 Term 作为滤波器的两个端口，然后从工具栏中单击[GROUND]按钮，在电路图中插入两个地，如图 5.26 所示，将它们与滤波器主体电路连接起来。

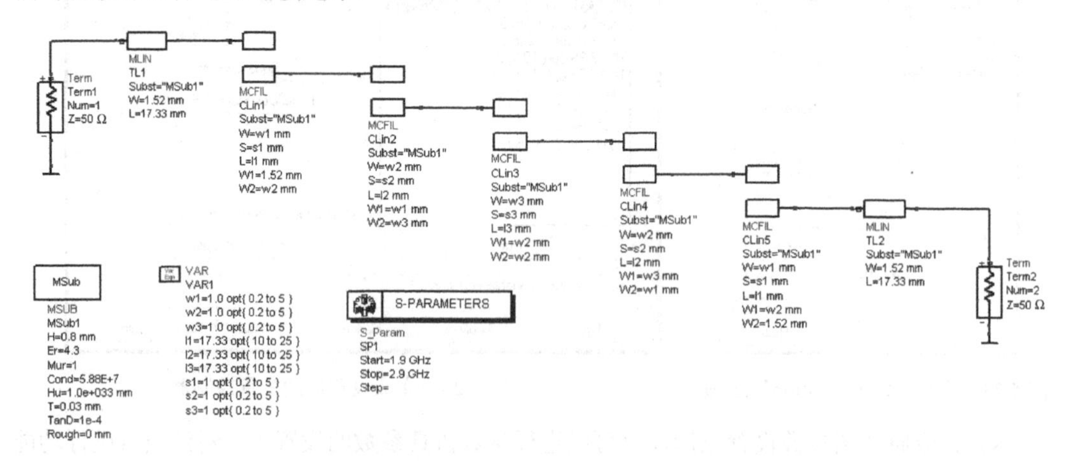


图 5.26　完整的滤波器仿真原理图

（10）完成 S 参数仿真控制器设置后，就可以进行仿真了，单击工具栏中的[Simulation]按钮开始仿真。仿真结束后自动弹出数据显示窗口。从数据显示面板中单击[Rectangular Plot]按钮，插入一个矩形图。在弹出的“Plot Traces & Attributes”对话框中选择“S(2,1)”，单击[Add]按钮，然后单击[OK]按钮输出波形。在菜单栏选择[Maker]→[New]命令，插入标注信息，如图 5.27 所示，可以看到滤波器虽然通带正确，但在通带内纹波较大，且带内衰减最大达到了

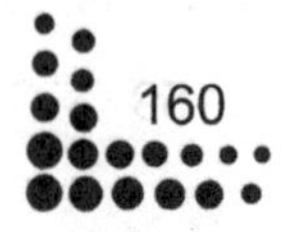

-10.856dB，未能满足设计要求。

依据上述方法插入 S(1,1) 如图 5.28 所示，可见在通带内反射系数较大，信号会有较大衰减，也达不到设计要求。因此需要对滤波器参数进行优化修正，以满足预定的设计要求。

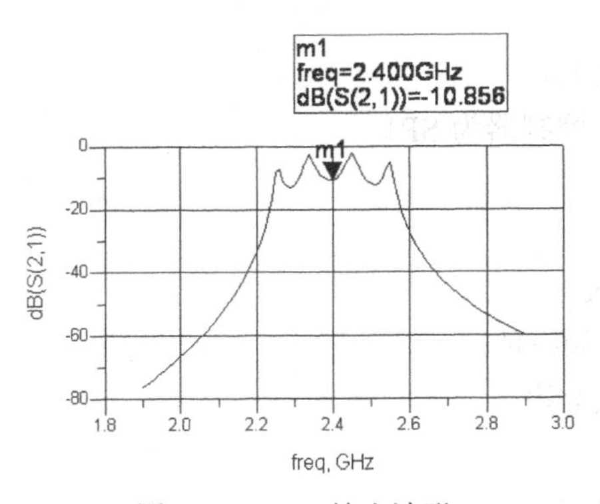


图 5.27 S(2,1)输出波形

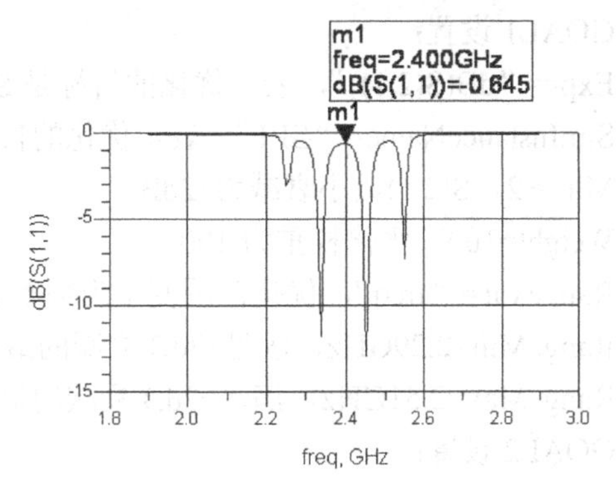


图 5.28 S(1,1)输出波形

## 5.4 滤波器电路参数的优化

要使滤波器满足预期的设计目标，还需要对滤波器的各个参数进行优化设置，进行优化设置的步骤如下。

（1）在原理图窗口中选择优化控制器面板“Optim/Stat/Yield/DOE”，选择优化控制器 Optim 插入原理图中。双击优化控制器进行参数设置，设置迭代的优化次数 Maxlters 为 200，如图 5.29 所示，单击[OK]按钮完成。

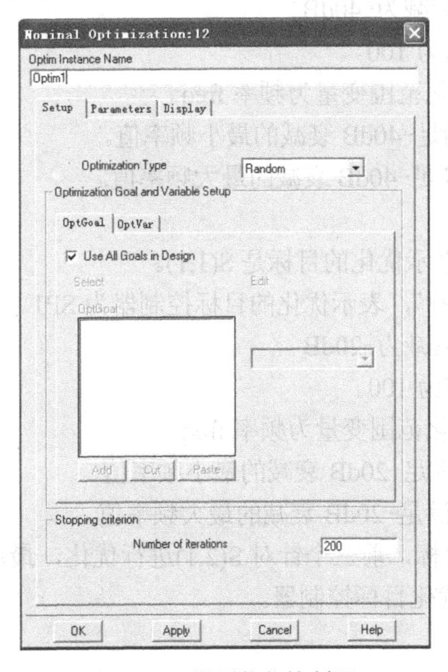


图 5.29 设置优化控制器

（2）优化控制器需要与优化目标配合才能同时仿真，继续在优化控制器面板“Optim/Stat/Yield/DOE”中选择四个优化目标 GOAL，插入原理图中，并逐一进行参数设置。

GOAL1 设置：

Expr= “dB(S(2,1))”，表示优化的目标是 S(2,1)。

SimInstanceName= “SP1”，表示优化的目标控制器为 SP1。

Min=-2，S(2,1)最小衰减为-2dB

Weight=100，优化权重为 100。

RangeVar= “freq”，优化范围变量为频率 freq。

RangeMin=2.29GHz，满足-2dB 衰减的最小频率值。

RangeMax=2.51GHz，满足-2dB 衰减的最大频率值。

GOAL2 设置：

Expr= “dB(S(2,1))”，表示优化的目标是 S(2,1)。

SimInstanceName= “SP1”，表示优化的目标控制器为 SP1。

Max=-40，S(2,1)最大衰减为-40dB

Weight=100，优化权重为 100。

RangeVar= “freq”，优化范围变量为频率 freq。

RangeMin=2GHz，满足-40dB 衰减的最小频率值。

RangeMax=2.1GHz，满足-40dB 衰减的最大频率值。

GOAL3 设置：

Expr= “dB(S(2,1))”，表示优化的目标是 S(2,1)。

SimInstanceName= “SP1”，表示优化的目标控制器为 SP1。

Max=-40，S(2,1)最小衰减为-40dB

Weight=100，优化权重为 100。

RangeVar= “freq”，优化范围变量为频率 freq。

RangeMin=2.7GHz，满足-40dB 衰减的最小频率值。

RangeMax=2.8GHz，满足-40dB 衰减的最大频率值。

GOAL4 设置：

Expr= “dB(S(1,1))”，表示优化的目标是 S(1,1)。

SimInstanceName= “SP1”，表示优化的目标控制器为 SP1。

Max=-20，S(1,1)最大衰减为-20dB

Weight=100，优化权重为 100。

RangeVar= “freq”，优化范围变量为频率 freq。

RangeMin=2.29GHz，满足-20dB 衰减的最小频率值。

RangeMax=2.51GHz，满足-20dB 衰减的最大频率值。

这里设置了四个优化目标，前三个针对 S(2,1)进行优化，最后一个针对 S(1,1)进行优化，如图 5.30 所示，设置完成优化目标控制器。

| GOAL | GOAL | GOAL | GOAL |
| --- | --- | --- | --- |
| Goal | Goal | Goal | Goal |
| OptimGoal7 | OptimGoal5 | OptimGoal8 | OptimGoal6 |
| Expr="dB(S(2,1))" | Expr="dB(S(2,1))" | Expr="dB(S(2,1))" | Expr="dB(S(1,1))" |
| SimInstanceName="SP1" | SimInstanceName="SP1" | SimInstanceName="SP1" | SimInstanceName="SP1" |
| Min=-2 | Min= | Min= | Min= |
| Max= | Max=-40 | Max=-40 | Max=-20 |
| Weight=100 | Weight=100 | Weight=100 | Weight=100 |
| RangeVar[1]="freq" | RangeVar[1]="freq" | RangeVar[1]="freq" | RangeVar[1]="freq" |
| RangeMin[1]=2.29GHz | RangeMin[1]=2GHz | RangeMin[1]=2.7GHz | RangeMin[1]=2.29GHz |
| RangeMax[1]=2.51GHz | RangeMax[1]=2.1GHz | RangeMax[1]=2.8GHz | RangeMax[1]=2.51GHz |

图 5.30 设置完成后的优化目标控制器

（3）完成设置后，单击工具栏中的[Simulation]按钮开始仿真。在仿真状态窗口会显示仿真进度，仿真结束后自动弹出数据显示窗口。从数据显示面板中单击[Rectangular Plot]按钮，插入一个矩形图。在弹出的“Plot Traces & Attributes”对话框中选择“S(2,1)”，单击[Add]按钮，然后单击[OK]按钮输出波形。在菜单栏选择[Maker]→[New]命令，插入标注信息，如图 5.31 所示，可以看到滤波器通带内衰减小于 2dB，纹波小于 2dB，阻带下限小于 2.1GHz 后衰减大于 40dB，阻带上限大于 2.7GHz 后衰减也大于 40dB，满足优化目标。

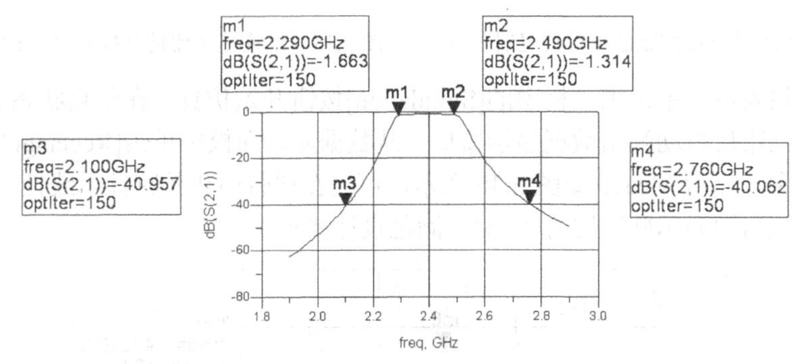


图 5.31 S(2,1)输出波形

依据上述方法插入 S(1,1)如图 5.32 所示，可见在通带内反射系数最大为-18.208dB，也基本满足-20dB 的设计要求。

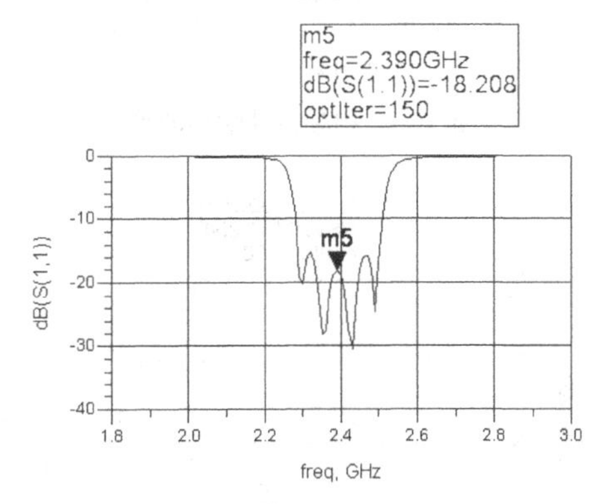


图 5.32 S(1,1)输出波形

（4）优化完成后，在原理图窗口中选择[Simulate]→[Update Optimization Values]命令可以保存优化后的参数值，图 5.33 所示为反标注后的 VAR 变量控制器。

Var Eqn VAR
VAR1
w1=0.998837 opt{ 0.2 to 5 }
w2=0.767408 opt{ 0.2 to 5 }
w3=1.2142 opt{ 0.2 to 5 }
l1=18.4657 opt{ 10 to 25 }
l2=16.757 opt{ 10 to 25 }
l3=18.1394 opt{ 10 to 25 }
s1=0.237961 opt{ 0.2 to 5 }
s2=1.1927 opt{ 0.2 to 5 }
s3=1.18584 opt{ 0.2 to 5 }

图 5.33　优化参数反标回 VAR 变量控制器

（5）再进行滤波器群延时的仿真和驻波比的仿真，如图 5.34 所示在原理图中插入一个测量公式控制器 Meas Eqn，同时如图 5.35 所示再插入一个驻波比仿真控制器。

Meas Eqn MeasEqn
Meas1
Meas1=phase(S(2,1))

图 5.34　设置测量公式控制器进行群延时仿真

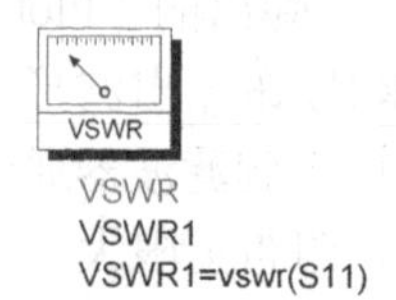


图 5.35　设置驻波比仿真控制器进行驻波比仿真

（6）完成设置后，单击工具栏中的[Simulation]按钮开始仿真。在仿真状态窗口会显示仿真进度，仿真结束后自动弹出数据显示窗口。从数据显示面板中单击[Rectangular Plot]按钮，插入一个矩形图。显示 Meas1 如图 5.36 所示，可见在通带内相频特性呈线性。如图 5.37 所示再插入一个矩形图显示驻波比为 1.254，满足设计要求。

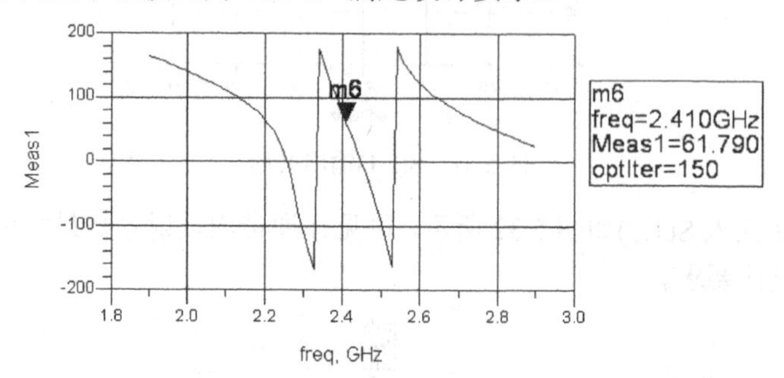


图 5.36　相频特性输出波形

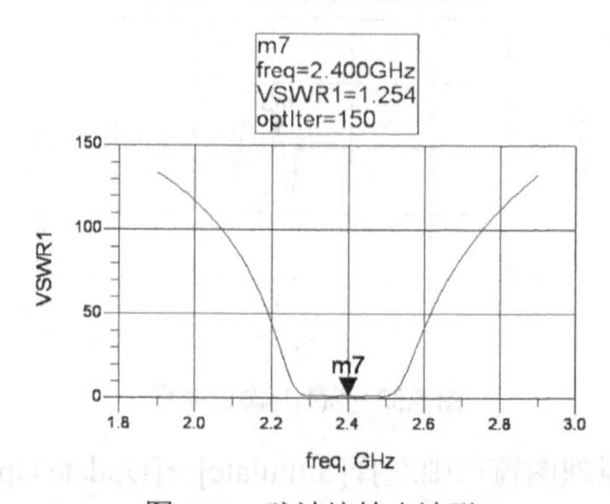


图 5.37　驻波比输出波形

这样就完成了滤波器原理图的优化设计，并达到了预期的设计指标。如果通过一次优化没有达到设计指标，需要进行多次反复，直到达到预期设计目标为止。

## 5.5 微带滤波器版图的设计与仿真

完成滤波器的原理图后，还需要对滤波器生成版图进行进一步的仿真验证。首先对滤波器生成版图，之后再对版图进行仿真验证。

（1）在原理图工具栏中单击[Deactivate or activate Components]按钮，如图 5.38 所示，在原理图中使两个终端 Term 和地失效。

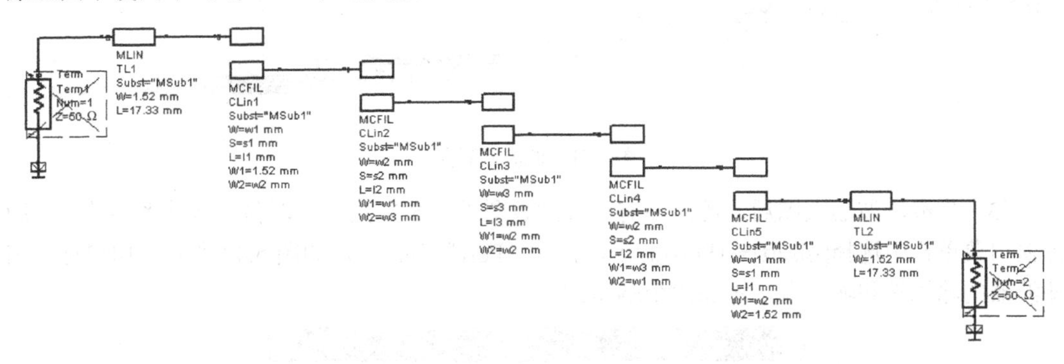


图 5.38 使两个终端 Term 和地失效的原理图

（2）在原理图菜单栏中选择[Layout]→[Generate/Update]命令，弹出“Generate/Update Layout”对话框如图 5.39 所示，不改变配置直接单击[OK]按钮确认。确认后弹出“Status of Layout Generation”对话框，这里也直接采用默认配置，如图 5.40 所示，单击[OK]按钮确认。自动弹出版图窗口，如图 5.41 所示，在窗口中生成滤波器版图。

Generate/Update Layout:18
Starting Component
CLin1
Options
Delete equivalent components in Layout that have been deleted/deactivated in Schematic
Show status report
Fix starting component's position in Layout
Fix all components in Layout during Generate/Update
Preferences... Trace Control... Variables...
Equivalent Component
CLin1
Status
positioned
X-Coordinate
-86.65
Y-Coordinate
10.52
Angle
0.0
Note: When you choose OK or Apply, the "Undo" stack will be cleared.
Current design will be saved in ".sync" file. Use "Undo Generate/Update" to retrieve.
OK Apply Cancel Help

图 5.39 “Generate/Update Layout”对话框

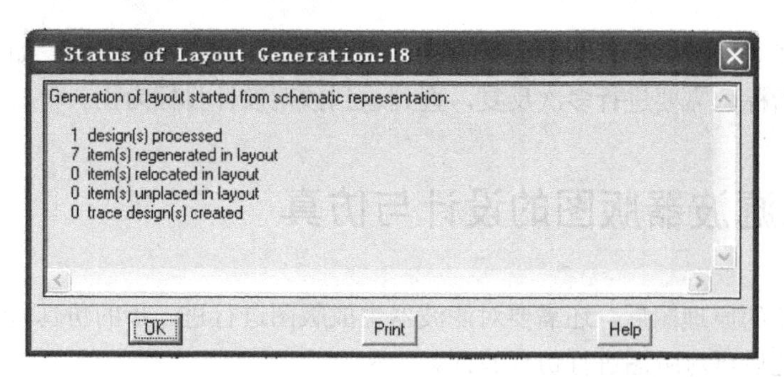


图 5.40 “Status of Layout Generation” 对话框

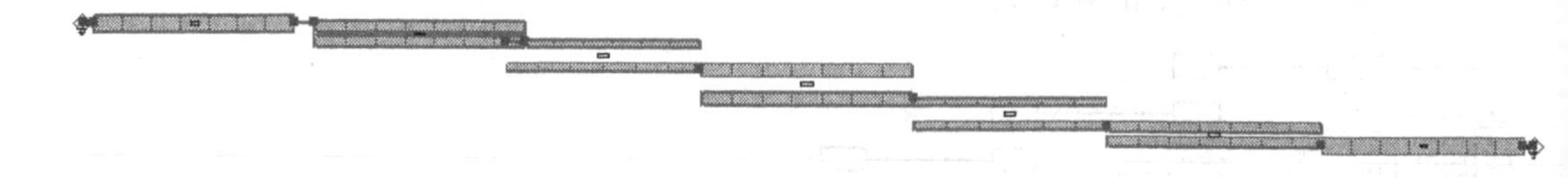

图 5.41 滤波器版图

（3）生成滤波器版图后，还需要对生成的版图进行 S 参数仿真以验证滤波器性能。在版图窗口菜单栏中选择[Insert]→[Port]命令，打开“Port”对话框，如图 5.42 所示。用鼠标单击滤波器的输入端和输出端，添加两个端口。

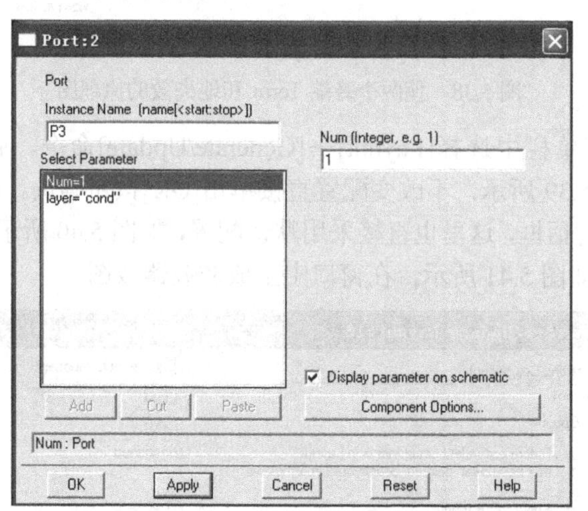


图 5.42 “Port”对话框

（4）添加输入和输出端口后，在菜单栏中选择[Momentum]→[Simulation]→[S-parameter]命令，弹出“Simulation Control:2”对话框。在对话框中进行参数设置。

Sweep Type=Adaptive，表示扫描类型由系统自动调整。

Start=1.9GHz，表示扫描起始频率为 1.9GHz。

Stop=2.9GHz，表示扫描结束频率为 2.9GHz。

Sample Point Limit=100，表示扫描点数为 100。

完成设置后单击[Update]按钮，如图 5.43 所示。在该对话框中单击[Simulate]按钮开始仿真。

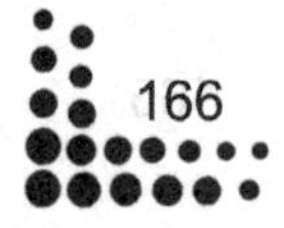

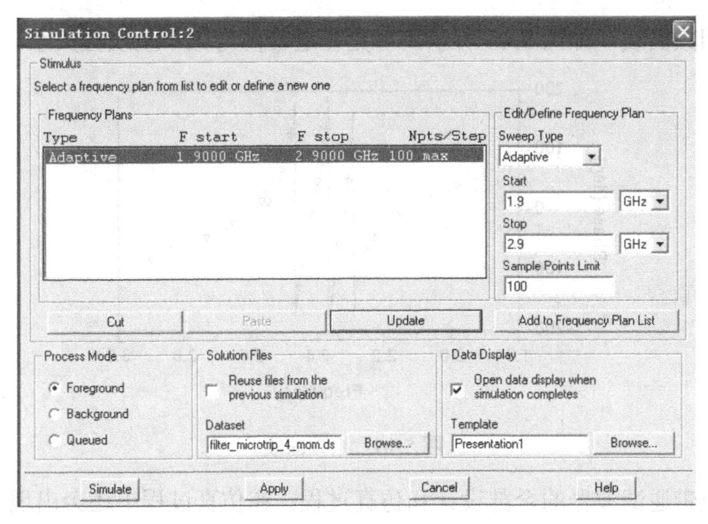


图 5.43 设置 S 参数仿真参数

（5）仿真结束后自动弹出数据显示窗口。首先观测“S(2,1)”参数，如图 5.44 所示，可以看到滤波器通带内衰减小于 2dB，纹波小于 2dB，阻带下限小于 2.1GHz 后衰减大于 40dB，阻带上限大于 2.7GHz 后衰减也大于 40dB，与原理图仿真结果基本一致。

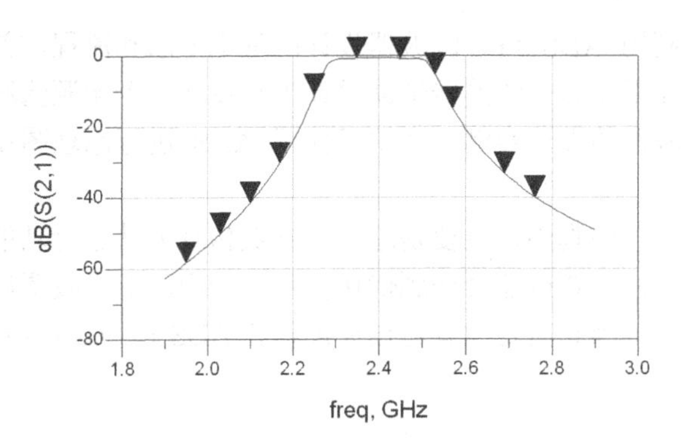


图 5.44 S(2,1)输出波形

再观察 S(1,1)如图 5.45 所示，可见在通带内反射系数也基本满足-20dB 的设计要求。

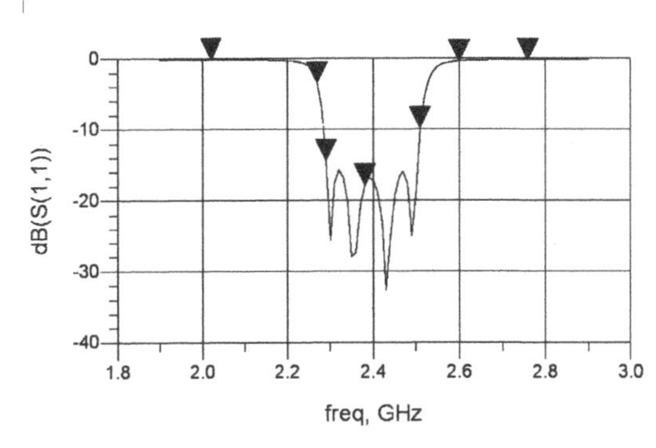


图 5.45 S(1,1)输出波形

最后观察相频曲线，如图 5.46 所示，可见在通带内与频率呈线性关系，满足设计要求。

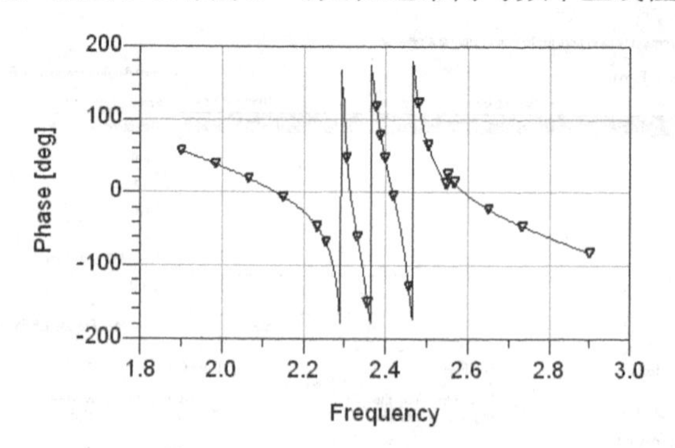


图 5.46　相频曲线

到此就完成带通滤波器的全部设计和仿真过程。在仿真过程中还会出现一些设置或优化的问题，需要读者在仿真中仔细体会进行修正，这样才能熟练掌握 ADS 的设计仿真方法。

## 5.6　小结

本章主要介绍了利用 ADS 进行滤波器设计的基本方法和流程，首先介绍了滤波器的基本原理和概念，以及使用 ADS 滤波器辅助设计工具设计一个无源滤波器的基本技巧。之后通过一个微带带通滤波器的设计实例，介绍了使用 ADS 进行原理图设计和版图设计的基本流程。

在微带滤波器设计与仿真中，主要是通过 S 参数仿真方法进行功能和性能验证。特别是在滤波器的优化过程中，读者可能会遇到优化参数不合理，造成版图后仿真结果与原理图仿真结果不相符合的情况，因此需要读者对设计过程和 ADS 使用技巧细细体会，熟练掌握。

# 第 6 章　功率分配器的设计与仿真

功率分配器（简称功分器）是射频、微波电路系统中的基本电路，它是一种将输入信号功率分成相等或不相等的几路功率输出的一种多端口网络，广泛地应用于相控阵雷达，多路中继通信机等射频微波系统中。早期的功分器是由矩形波导及其分支构成的，这种波导型功分器功率容量大，适用于大功率场合，但体积较大。在小功率场合下多使用微带电路实现的功分器，它具有体积小、重量轻、性能优良等特点，因而得到广泛的应用。

本章首先介绍平面微带功分器中 Wilkinson 功分器的基本原理、性能参数，之后通过一个 ADS 的设计实例来讨论进行功分器设计和仿真基本方法，介绍功分器的设计流程和 ADS 仿真技巧。

## 6.1　功率分配器基本原理和指标参数

Wilkinson 功分器输出端口具有良好的宽频带和等相位的特性，其结构如图 6.1 所示。Wilkinson 功分器由两段四分之一波长的传输线构成，其输入线和输出线特性阻抗都是 $Z_0$，输入和输出口之间的分支线特性阻抗为 $Z$，线长为 $\lambda/4$。对功分器的基本要求是：当端口 2 和 3 接匹配负载时，在输入端口 1 处无反射，反过来，对端口 2 和端口 3 也是如此。端口 2 和端口 3 的输出功率等分，且两端口之间互相隔离。

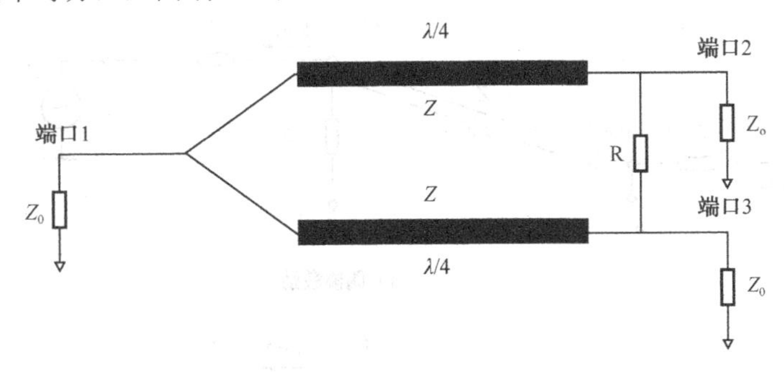


图 6.1　Wilkinson 功分器

Wilkinson 功分器可以用奇偶模分析法对这个电路进行分析，具体的方法是在输出端口分别用对称和反对称源进行驱动，通过分析两个电路的传输特性，并加以综合进而得到原电路的传输特性。首先用特征阻抗 $Z_0$ 归一化所有阻抗，重新画出图 6.1 所示的电路，并在输出端口接电压源，如图 6.2 所示。这个网络在形式上是与横向中心平面对称的，两个归一化源电阻值是 2，并联组成的归一化电阻值为 1，代表匹配源的阻抗。四分之一波长线有归一化特征阻抗 $Z$，并联电阻有归一化值 $r$。对于二等分功分器，$Z$=2 和 $r$=2。（实际中若两个源阻抗为 $Z_0$，则四分之一波长线有特征阻抗 $\sqrt{2}Z_0$，隔离电阻 $R$=2 $Z_0$，负载阻抗同样为 $Z_0$。）

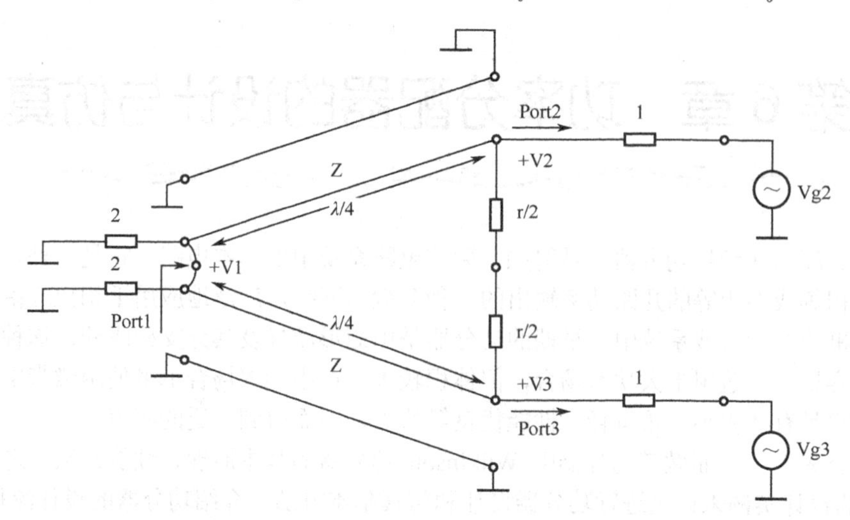


图 6.2 对称形式下的 Wilkinson 功率分配电路

现在来定义图 6.2 所示电路激励的两个分离的模式：

偶模：$$V_{g2}=V_{g3}=2V_0 \tag{6-1}$$

奇模：$$V_{g2}=-V_{g3}=2V_0 \tag{6-2}$$

当偶模和奇模叠加时，有效激励为 $V_{g2}=4V_0$，由此可求出网络的 S 参量。对于偶模激励，$V_{g2}=V_{g3}=2V_0$，因此 $V_2^e=V_3^e$，没有电流流过隔离电阻 $r/2$，或者说在端口 1 的两个传输线输入之间短路。于是把图 6.2 所示的网络在这些点上分开获得如图 6.3（a）所示的网络。从端口 2 向里看阻抗为：

$$Z_{in}^e=Z^2/2 \tag{6-3}$$

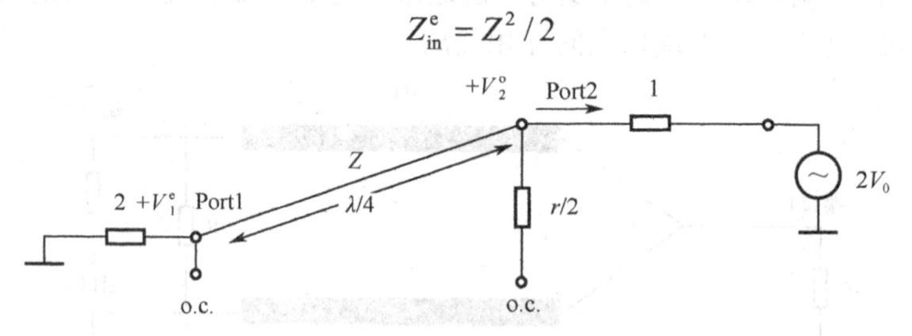


（a）偶模激励

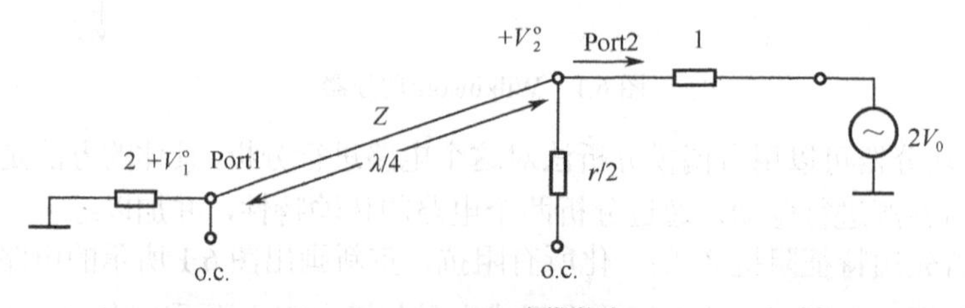


（b）奇模激励

图 6.3 偶模和奇模电路

传输线作为一个四分之一波长变换器，当$Z=\sqrt{2}$时，对于偶模激励端口2是匹配的。因为$Z_{in}^{e}=1$，则$V_1^e=V_0$，在这种情况下，因为隔离电阻 $r/2$ 的一端开路，所以不起作用。从传输线方程求解$V_1^e$，令在端口1处$x=0$，则在端口2处$x=-\lambda/4$，在传输线段上的电压可表示为：

$$V(x)=V^{+}(e^{-j\beta x}+\Gamma e^{j\beta x}) \tag{6-4}$$

则：

$$V_2^e=V(-\lambda/4)=jV^{+}(1-\Gamma)=V_0 \tag{6-5}$$

$$V_1^e=V(0)=V^{+}(1+\Gamma)=jV_0(\Gamma+1)/(\Gamma-1) \tag{6-6}$$

在端口1，向着归一化值为2的电阻看，反射系数$\Gamma$为：

$$\Gamma=(2-\sqrt{2})/(2+\sqrt{2}) \tag{6-7}$$

同时

$$V_1^e=-jV_0\sqrt{2} \tag{6-8}$$

对于奇模激励，$V_{g2}=-V_{g3}=2V_0$，因此$V_2=V_3$，则图6.2所示电路的中线即为电压零点，所以能把中心平面上的两个点接地，将电路分为两部分，得出如图6.3（b）所示的网络。从端口2向里看，看到阻抗为$r/2$，这是因为并联的传输线长度是$\lambda/4$，而且在端口1处短路，所以在端口2看是开路。这样，若选择$r=2$，则对于奇模激励端口2是匹配的。则$V_2^o=V_0$，$V_1^o=0$，对于这种激励模式，全部功率都传送到$r/2$电阻上，而没有功率进入端口1。

功分器指标参数如下所述。

（1）工作频率。

功率分配器的设计结构与工作频率密切相关，工作频率是各种微波或射频电路，功率分配的工作前提，所以必须首先要明确功率分配器的工作频率。

（2）功率容量。

大功率分配器及合成器所能承受的最大功率也不能超过功率容量，功率容量是选择何种形式的传输线的依据之一。一般来说，传输线承受功率由小到大的顺序为微带型、带状型、同轴型、空气带状线、空气同轴线，要根据承受功率的要求来选择采用何种传输线。

（3）回波损耗。

回波损耗是衡量功分器各个端口匹配程度的重要指标，定义为：

$$RL_1=-20\lg|S_{11}| \tag{6-9}$$

$$RL_2=-20\lg|S_{22}| \tag{6-10}$$

$$RL_3=-20\lg|S_{33}| \tag{6-11}$$

一般要求回波损耗要尽可能大于20dB，即要求$|S_{ii}|$（$i$=1、2、3）尽可能小于−20dB。

（4）隔离度。

衡量当一个输出端口有反射时，反射信号对另一个输出端口干扰情况的指标，定义为：

$$I=-20\lg|S_{23}| \tag{6-12}$$

一般要求两输出端口之间的隔离度尽可能大于 20dB，即要求$|S_{23}|$尽可能小于−20dB。

（5）插入损耗。

衡量功分器的传输性能的指标，定义为：

$$IL_{21}=-20\lg|S_{21}| \tag{6-13}$$

$$IL_{31} = -20\lg|S_{31}| \quad 6\text{-}14$$

对于理想的等分功分器，两输出端口的插入损耗在设计的频率处应为 3dB。然而在实际的制作中，考虑到基片损耗，加工工艺等因素影响，一般插入损耗不超过 3.5dB。

## 6.2 功率分配器原理图设计与优化仿真

Wilkinson 功分器是功分器最为常用的一种形式，它由四分之一波长传输线和隔离电阻等组成。本节就以一个 Wilkinson 功分器来说明使用 ADS 进行功分器设计的基本方法和流程，设计的 Wilkinson 功分器指标为：

工作频率 2.4GHz。

回波损耗 $S_{11}$、$S_{22}$、$S_{33}$ 小于−15dB。

插入损耗 $S_{21}$、$S_{31}$ 大于−4dB。

隔离度 $S_{23}$ 小于−20dB。

确定功分器设计指标后，就可以进行功分器的设计和仿真了。

（1）运行 ADS，弹出 ADS 主窗口，选择[File]→[New Project]命令，弹出“New Project”对话框，在存在的默认路径“c:\uesrs\default”后输入“pwr_split_lab”，并在“Project Technology Files”栏中选择“ADS Standard:Length unil-millimeter”，选择工程默认的长度单位为毫米（mm），如图 6.4 所示，单击[OK]按钮，完成建立工程。

（2）在主窗口中选择[File]→[New Design]命令，新建一个原理图，这里命名为“pwr_split”，在“Design Technology Files”栏中同样选择“ADS Standard:Length unil-millimeter”，单击[OK]按钮，完成建立，同时弹出原理图窗口。

（3）首先对微带线的尺寸参数和电气参数进行设置，在原理图设计窗口中，从“TLines-Microstrip”面板中选择微带线参数设置控制器 MSUB 插入原理图中，双击 MSUB 控制器，如图 6.5 所示进行参数设置。

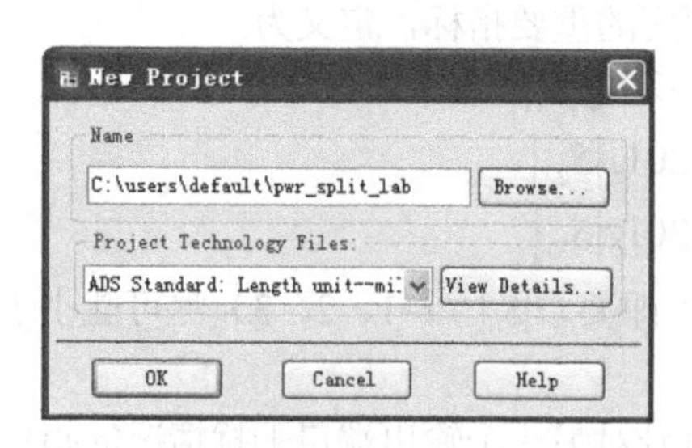


图 6.4 建立工程

MSub

MSUB
MSub1
H=0.8 mm
Er=4.3
Mur=1
Cond=5.88E+7
Hu=1.0e+033 mm
T=0.03 mm
TanD=1e-4
Rough=0 mm

图 6.5 完成设置的微带线参数设置控制器

H=0.8mm，表示微带线基板厚度为 0.8mm。

Er=4.3，表示微带线相对介电常数为 4.3。

Mur=1，表示微带线相对磁导率为 1。

Cond=5.88e+7，表示微带线电导率为 5.88e+7。

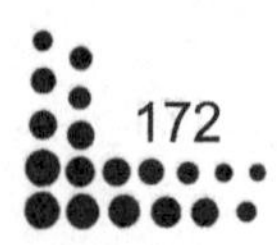

Hu=1.0e+033mm，表示微带线封装高度为 1.0e+33mm

T=0.03mm，表示微带线金属层厚度为 0.03mm。

TanD=1e-4，表示微带线损耗角正切为 1e-4。

Rough=0mm，表示微带线表面粗糙度为 0mm。

（4）根据 6.1 节中的分析，当输入特性阻抗为 $Z_0$ 时，四分之一波长微带线的特性阻抗为 $\sqrt{2}Z_0$。本次设计中微带线的工作频率为 2.4GHz，特性阻抗 $Z_0$ 为 50Ω，则微带线的特性阻抗为 70.7Ω。这里需要利用传输线计算工具“LineCalc”计算工作频率下的微带线宽度。在原理图窗口中选择[Tools]→[LineCalc]→[Start LineCalc]命令，弹出“LineCalc”对话框，首先在“Substrate Parameters”栏中输入与微带线参数设置控制器中相同的微带线参数。然后在“Component Parameters”栏中输入微带线工作的中心频率，也就是功分器工作频率 2.4GHz。最后在“Electrical”栏中输入特性阻抗 $Z_0$ 为 50Ω，相位延迟为 90°，完成以上设置后，单击[Systhesize]按钮开始计算，最终计算出微带线宽 $W$ 为 1.520770mm，如图 6.6 所示。再设置特征阻抗 $Z_0$ 为 70.7Ω，重新计算可得 $W$ 为 0.788535mm。

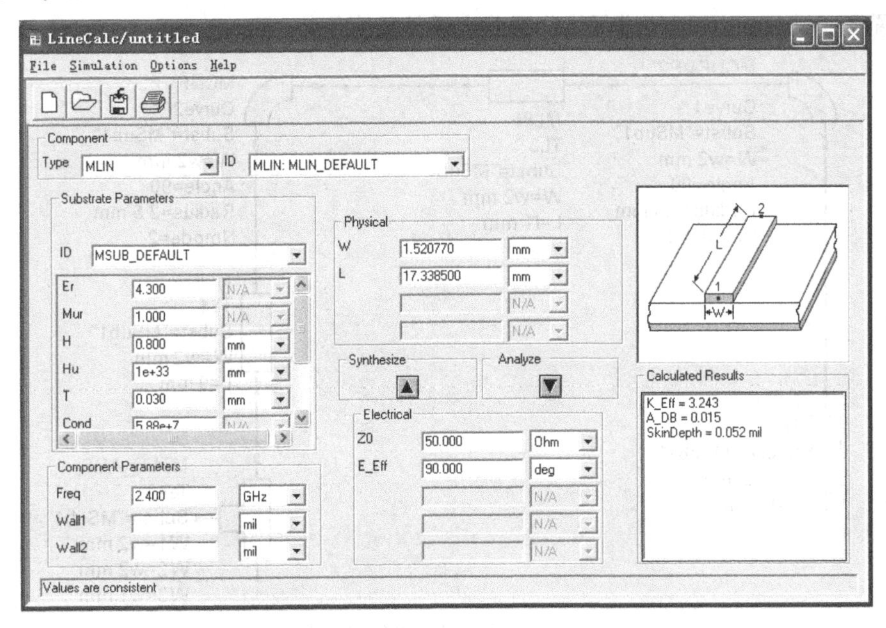


图 6.6 在“LineCalc”对话框中计算微带线宽度

（5）继续从“TLines-Microstrip”面板中选择一个 MLIN 和一个 MTEE 插入原理图中，作为功分器的输入端口，双击元件进行设置。

设置 MLIN：

Subst=“MSub1”，表示微带线基底参数为“MSub1”中所设置的值。

W=w1mm，表示微带线宽度为变量 w1mm。

L=5mm，表示微带线长度为 5mm。

设置 MTEE：

Subst=“MSub1”，表示微带线基底参数为“MSub1”中所设置的值。

W1=w2mm，表示端口 2 输出微带线宽度为变量 w2mm。

W2=w2mm，表示端口 3 输出微带线宽度为变量 w2mm。

W3=w1mm，表示输入微带线宽度为变量 w1mm。

然后在工具栏中单击[Insert Wire]按钮，如图 6.7 所示，将 MLIN 和 MTEE 连接起来。

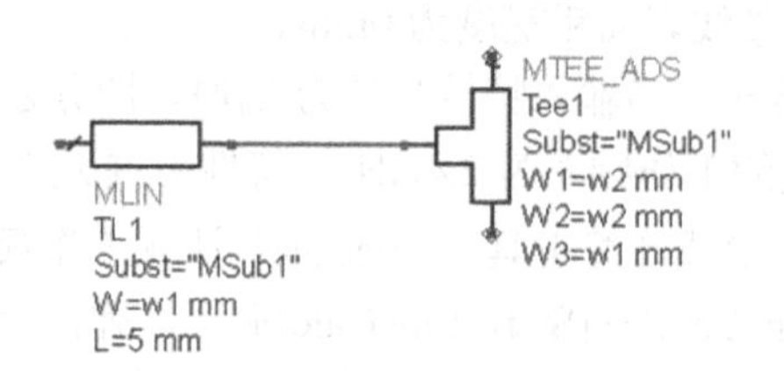


图 6.7　功分器输入端口

（6）继续在原理图设计窗口中选择“TLines-Microstrip”面板，从元件面板中选择 3 个 MLIN，2 个 Mcurve 和 1 个 MTEE 插入原理图中，作为功分器的一路分支，如图 6.8 所示进行参数设置，并完成连接。其中，由于微带线宽度都设置为变量 w2，作为支路中心的 MLIN 长度设置为变量 l1mm，以便进行优化时确定最佳长度值。

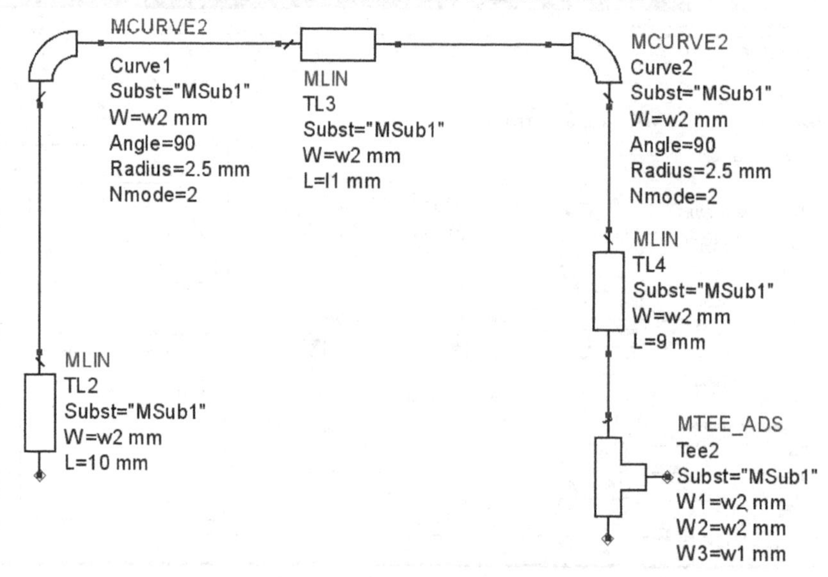


图 6.8　功分器一路分支电路

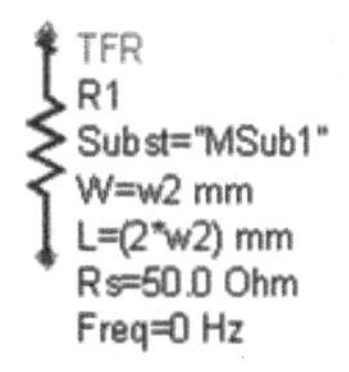


图 6.9　隔离电阻

（7）在“TLines-Microstrip”面板中选择一个隔离电阻 TFR 插入原理图中，双击该元件，如图 6.9 所示进行参数设置。

W=w2mm，表示电阻宽度为变量 w2mm。

L=（2*w2）mm，表示电阻长度为（2*w2）mm。

Rs= 50.0Ω，表示方块电阻值为 50.0Ω。

Freq=0Hz，表示电阻工作在直流状态上。

（8）复制一条图 6.8 所示的功分器支路，如图 6.10 所示，将输入端，两条支路和隔离电阻连接起来，构成功分器的主体电路。

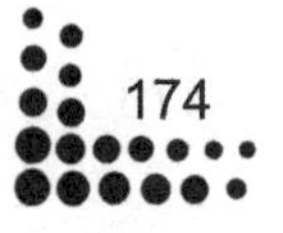

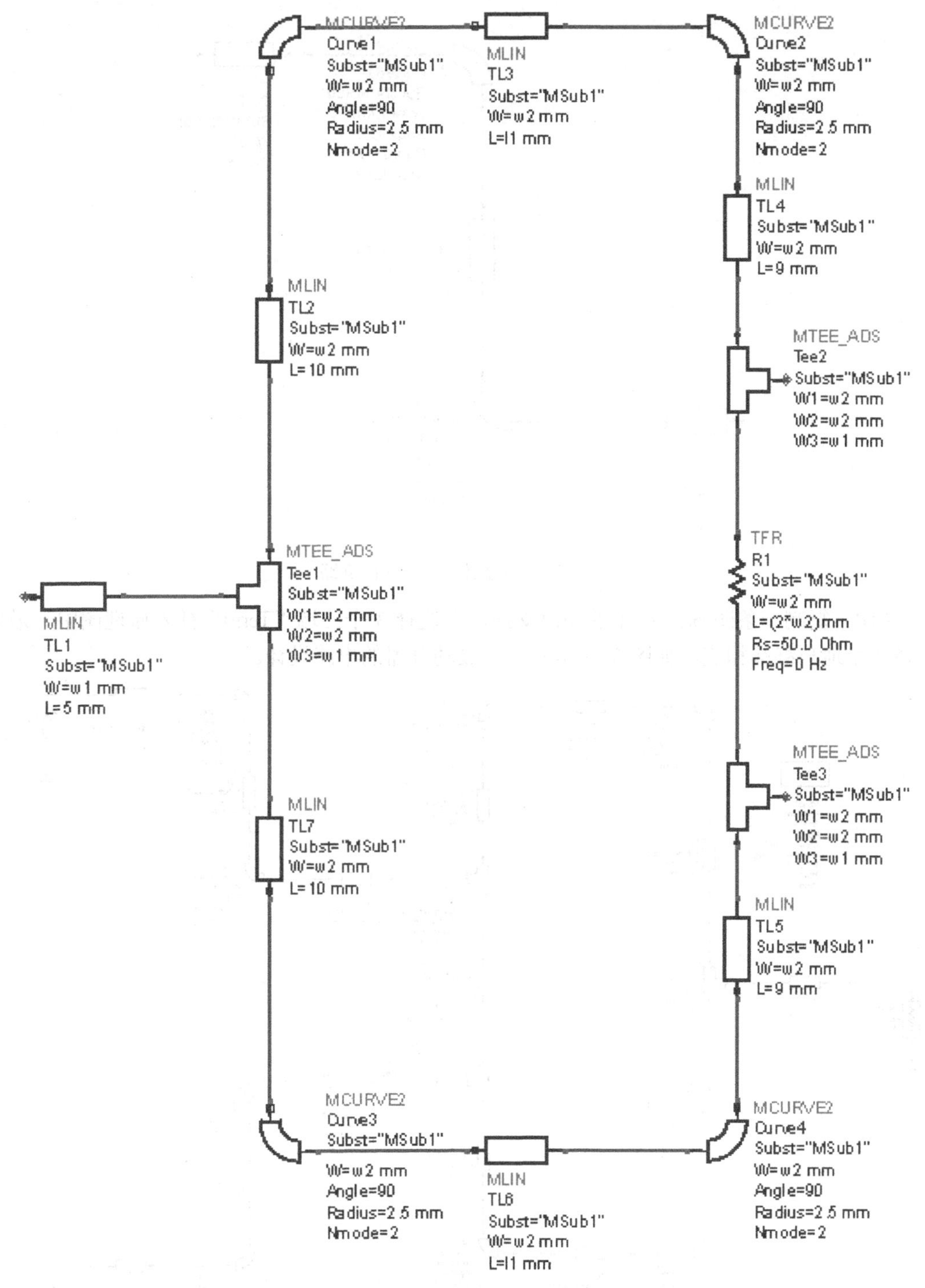


图 6.10　功分器主体电路

（9）选择 3 个 MLIN 和 2 个 Mcurve 插入原理图中，作为功分器的一条输出支路，如图 6.11 所示进行参数设置并连接，其中微带线宽度都设置为 w1。

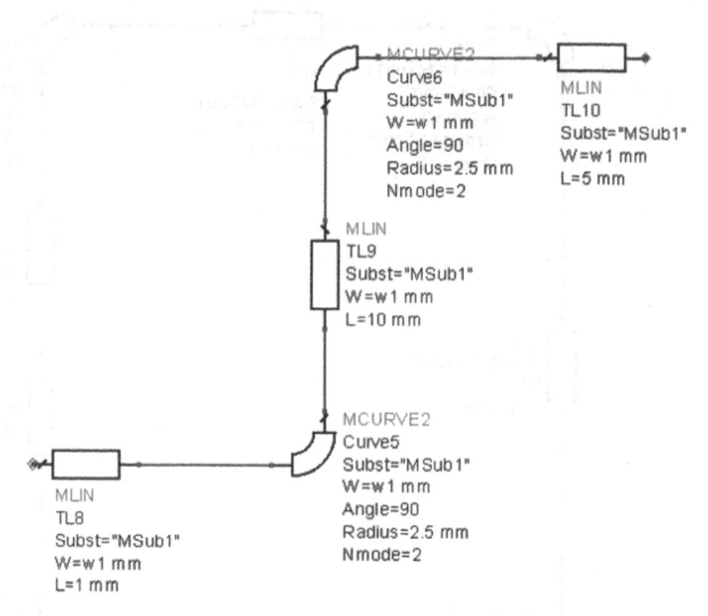


图 6.11　功分器的一条输出支路

（10）复制一条图 6.11 所示的输出支路，再选择 3 个终端“Term”插入原理图中。最后选择 3 个地与终端相连，如图 6.12 所示，完成功分器的电路设计。

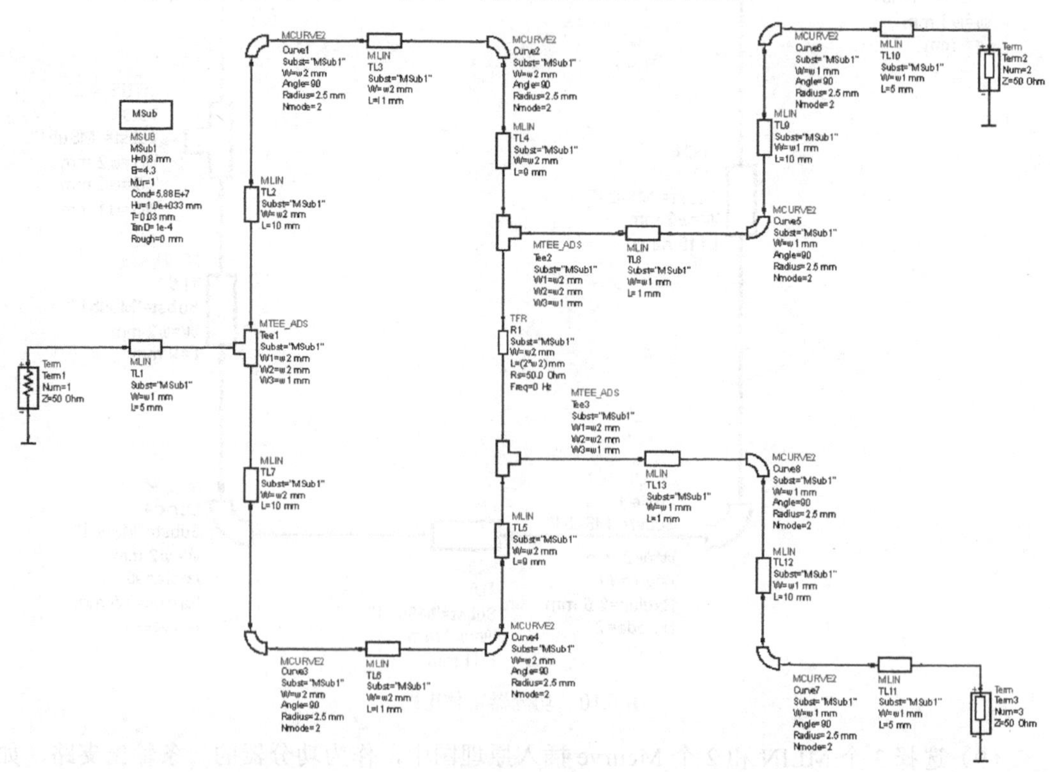


图 6.12　功分器电路

（11）在原理图窗口选择变量按钮[VAR]，插入原理图中对微带线中的参数进行设置。双击变量控制器，在弹出的对话框中设置微带线参数的 w1、w2 和 l1。首先设置 w1 为 1.52mm 为方便对功分器进行优化，这里还需要使用优化选项设置 w2 和 l1，设定参数值为一定的范围。以 w2 为例，具体方法如下：

在“Name”栏中输入参数名“w2”。

在“Variable Value”栏中输入参数名 w2 的初始值“0.79”。

然后在对话框中单击[Tune/Opt/Stat/DOE Setup]按钮，在弹出对话框中选择“Optimization”选项，如图 6.13 所示，在“Optimization Status”下拉菜单中选择“Enable”，之后在“Minimum Value”栏中输入优化的最小值“0.5”，在“Maximum Value”栏中输入优化的最大值“0.9”。

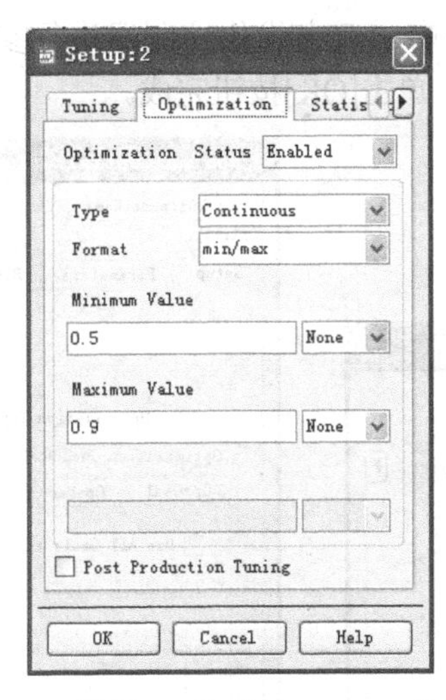


图 6.13　设置 w2 的“Optimization”选项

依据上述方法设置 l1 的参数值及优化范围：

l1=28 opt{10 to 40}，表示 l1 的初始值为 28，优化范围从 10 到 40。

如图 6.14 所示，完成变量控制器的设置。

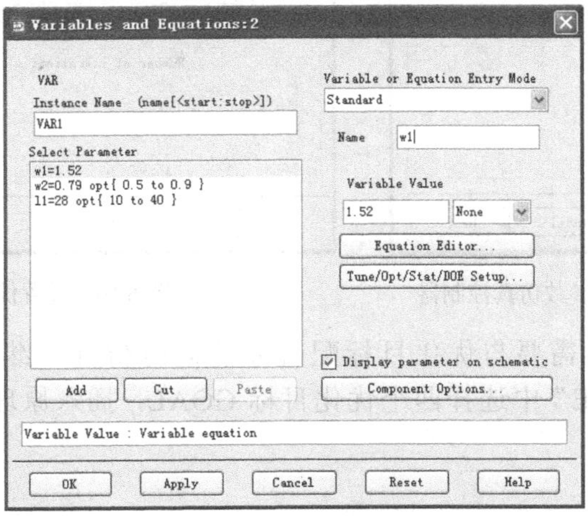

图 6.14　完成设置后的变量控制器

（12）对功分器进行功能和性能仿真主要是通过 S 参数仿真实现的。在原理图窗口中选择 S 参数仿真面板“Simulation-S_Param”，选择一个 S 参数仿真控制器插入原理图中，双击 S 参数仿真控制器，进行参数设置：

Start=2.2GHz，表示扫描频率起始点为 2.2GHz。

Stop=2.6GHz，表示扫描频率终点为 2.6GHz。

Step-size=10MHz，表示扫描步长为 10MHz。

如图 6.15 所示，完成 S 参数仿真控制器的设置。

（13）要使功分器满足预期的设计目标，还需要对功分器的各个参数进行优化设置，进行优化设置步骤如下。在原理图窗口中选择优化控制器面板“Optim/Stat/Yield/DOE”，选择优化控制器 Optim 插入原理图中。双击优化控制器进行参数设置，设置迭代的优化次数 Maxlters 为 50，如图 6.16 所示，单击[OK]按钮完成。

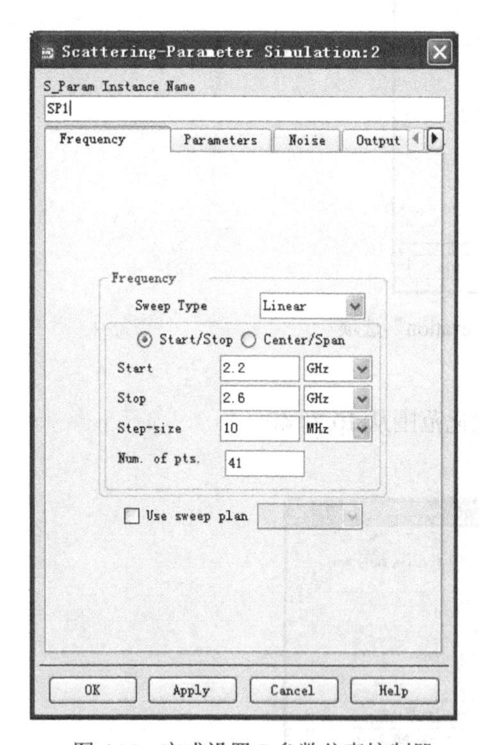


图 6.15 完成设置 S 参数仿真控制器

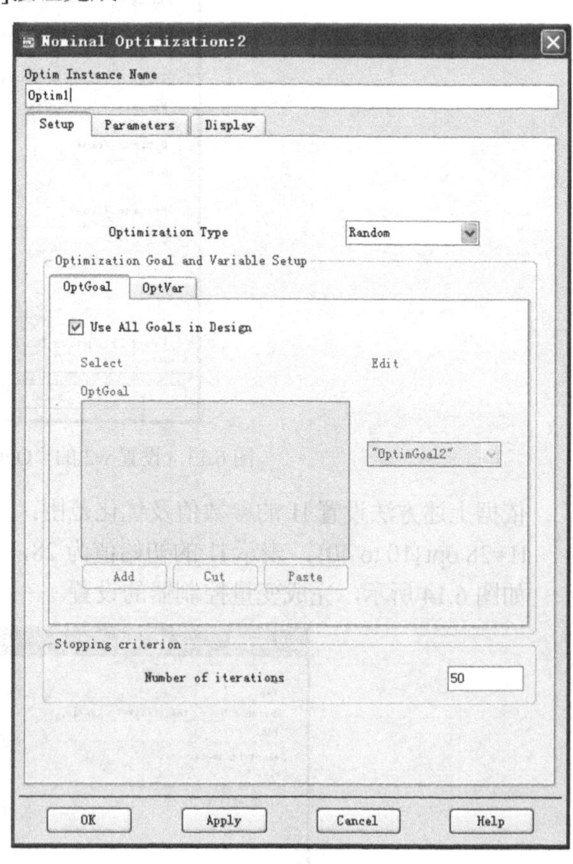


图 6.16 设置优化控制器

（14）优化控制器需要与优化目标配合才能同时仿真，继续在优化控制器面板“Optim/Stat/Yield/DOE”中选择四个优化目标 GOAL，插入原理图中，并逐一进行设置。

GOAL1 设置：

Expr=“dB(S(1,1))”，表示优化的目标是 S(1,1)。

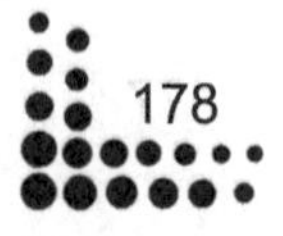

SimInstanceName=“SP1”，表示优化的目标控制器为SP1。
LimitMin[1]=-20，S(1,1)最小值为-20dB。
LimitMax[1]=-15，S(1,1)最大值为-15dB
Weight=1，优化权重为1。
RangeVar=“freq”，优化范围变量为频率freq。
RangeMin=2.35GHz，满足S(1,1)的最小频率值。
RangeMax=2.45GHz，满足S(1,1)的最大频率值。
GOAL2设置：
Expr=“dB(S(2,2))”，表示优化的目标是S(2,2)。
SimInstanceName=“SP1”，表示优化的目标控制器为SP1。
LimitMin[1]=-20，S(2,2)最小值为-20dB。
LimitMax[1]=-15，S(2,2)最大值为-15dB
Weight=1，优化权重为1。
RangeVar=“freq”，优化范围变量为频率freq。
RangeMin=2.35GHz，满足S(2,2)的最小频率值。
RangeMax=2.45GHz，满足S(2,2)的最大频率值。
GOAL3设置：
Expr=“dB(S(2,1))”，表示优化的目标是S(2,1)。
SimInstanceName=“SP1”，表示优化的目标控制器为SP1。
LimitMin[1]=-6，S(2,1)最小值为-6dB。
LimitMax[1]=-3，S(2,1)最大值为-3dB
Weight=1，优化权重为1。
RangeVar=“freq”，优化范围变量为频率freq。
RangeMin=2.35GHz，满足S(2,1)的最小频率值。
RangeMax=2.45GHz，满足S(2,1)的最大频率值。
GOAL4设置：
Expr=“dB(S(2,3))”，表示优化的目标是S(2,3)。
SimInstanceName=“SP1”，表示优化的目标控制器为SP1。
LimitMin[1]=-25，S(2,3)最小值为-25dB。
LimitMax[1]=-20，S(2,3)最大值为-20dB
Weight=1，优化权重为1。
RangeVar=“freq”，优化范围变量为频率freq。
RangeMin=2.35GHz，满足S(2,3)的最小频率值。
RangeMax=2.45GHz，满足S(2,3)的最大频率值。

这里设置了4个优化目标，前2个针对回波损耗$S_{11}$，$S_{22}$进行优化，第3个针对插入损耗$S_{21}$进行优化，最后1个针对隔离度$S_{23}$进行优化，如图6.17所示，设置完成优化目标控制器。

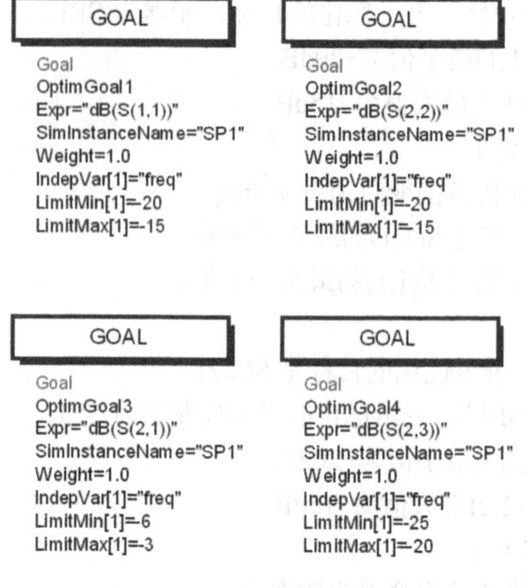


图 6.17　设置完成后的优化目标控制器

最终完成功分器的仿真原理图如图 6.18 所示。

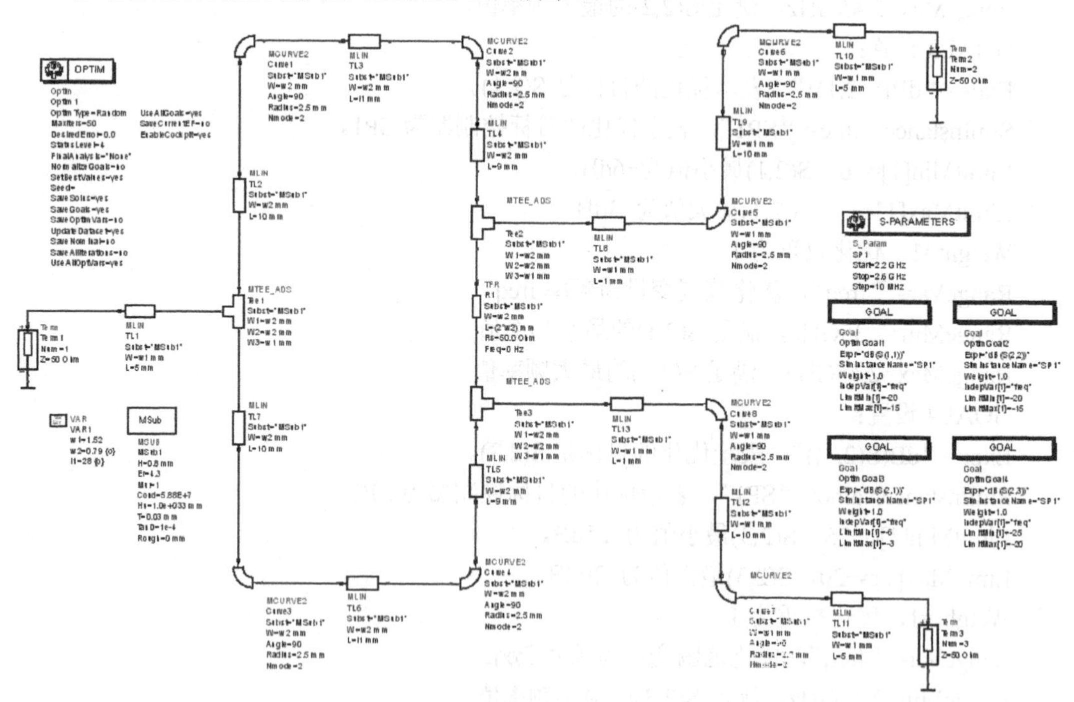


图 6.18　功分器仿真原理图

（15）完成设置后，单击工具栏中的[Simulation]按钮开始仿真。在仿真状态窗口会显示仿真进度，仿真结束后自动弹出数据显示窗口。从数据显示面板中单击[Rectangular Plot]按钮，插入四个矩形图。在弹出的“Plot Traces & Attributes”对话框中选择“S(1,1)，S(2,2)，S(2,1)，S(2,3)”，单击[Add]按钮，然后单击[OK]按钮输出波形。在菜单栏选择[Maker]→[New]命令，

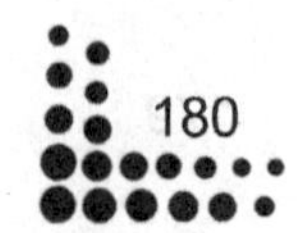

插入标注信息，如图 6.19 所示，可以看到回波损耗 S(1,1)，S(2,2)分别为-15.024dB 和-20.229dB，满足小于-15dB 的优化要求。其中，S(3,3)与 S(2,2)相同，故只观察 S(2,2)即可。插入损耗 S(2,1)为-3.250dB，也同样满足-3dB 至-6dB 的设计要求。最后隔离度 S(2,3)为-20.644dB，也达到了小于-20dB 的设计要求。

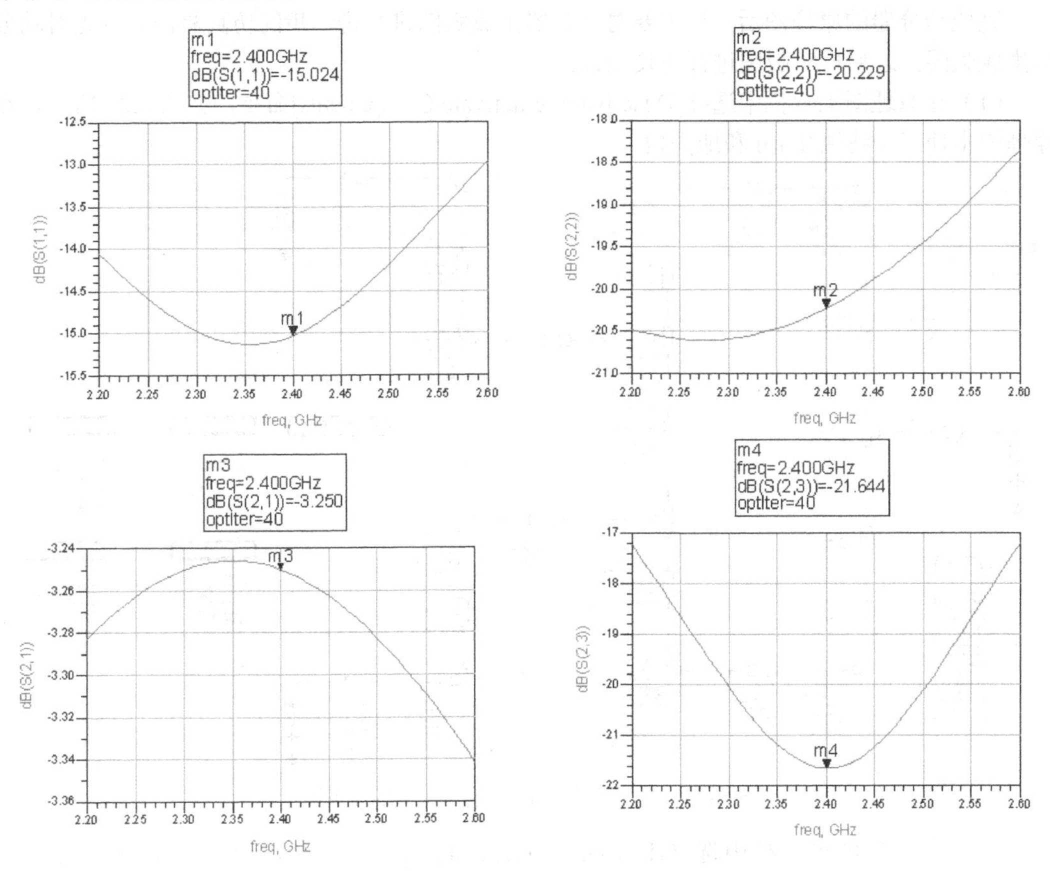


图 6.19 S(1,1)，S(2,2)，S(2,1)，S(2,3)输出波形

优化完成后，在原理图窗口中选择[Simulate]→[Update Optimization Values]命令可以保存优化后的参数值，图 6.20 所示为优化参数反标注后的 VAR 变量控制器。

Var Eqn VAR
VAR1
w1=1.52
w2=0.510461 {o}
l1=27.7787 {o}

图 6.20 优化参数反标注后的 VAR 变量控制器

这样就完成了功分器原理图的优化设计，并达到了预期的设计指标。如果通过一次优化没有达到设计指标，需要进行多次反复，直到达到预期设计目标为止。

## 6.3 功分器版图设计与仿真

完成功分器的原理图后，还需要对功分器生成版图进行进一步的仿真验证。首先对功分器生成版图，之后再对版图进行仿真验证。

（1）在原理图工具栏中选择[Deactivate or activate Components]命令，如图 6.21 所示，在原理图中使三个终端 Term 和地失效。

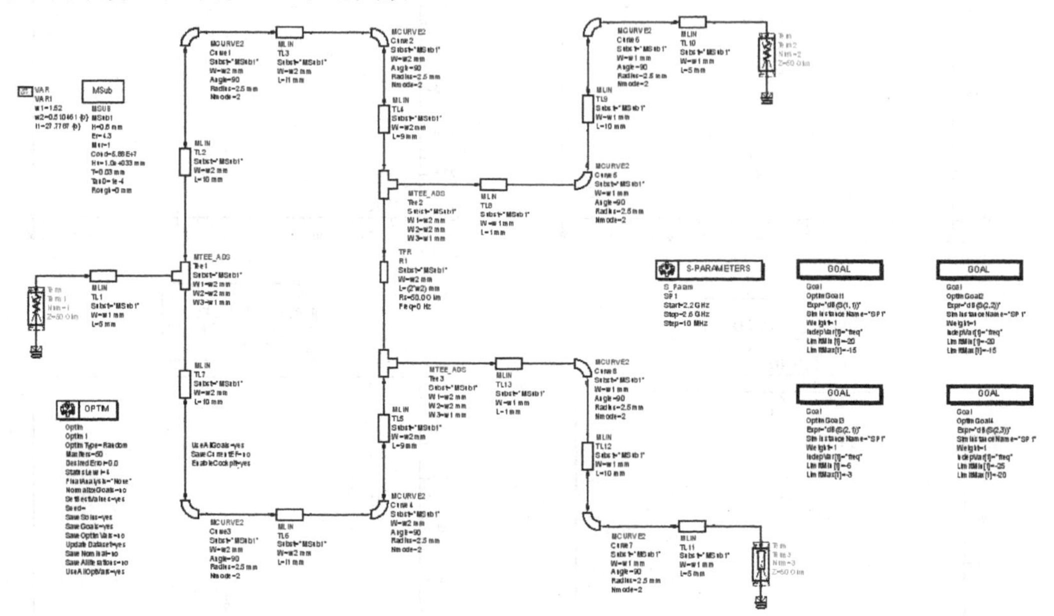

图 6.21　使三个终端 Term 和地失效的原理图

（2）在原理图菜单栏中选择[Layout]→[Generate/Update]命令，弹出“Generate/Update Layout”对话框，如图 6.22 所示，不改变配置直接单击[OK]按钮确认。确认后弹出“Status of Layout Generation” 对话框，这里也直接采用默认配置，如图 6.23 所示，单击[OK]按钮确认。自动弹出版图窗口，如图 6.24 所示，在窗口中生成功分器版图。

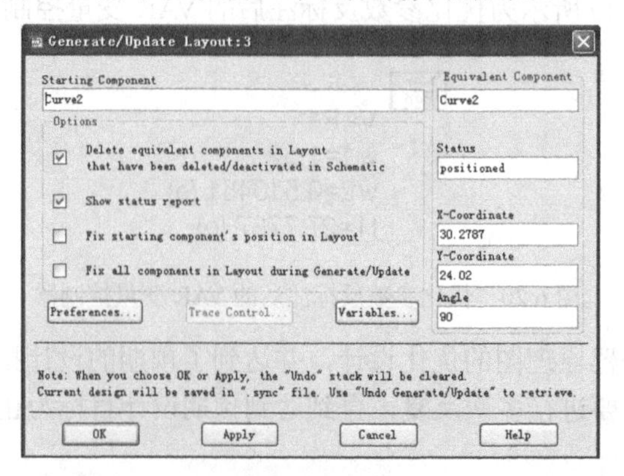


图 6.22　“Generate/Update Layout”对话框

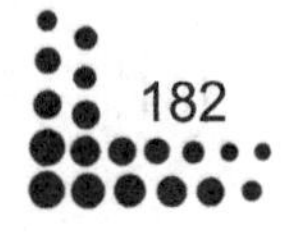

Status of Layout Generation:3
Generation of layout started from schematic representation:
1 design(s) processed
25 item(s) regenerated in layout
17 item(s) relocated in layout
0 item(s) unplaced in layout
0 trace design(s) created
OK
Print
Help

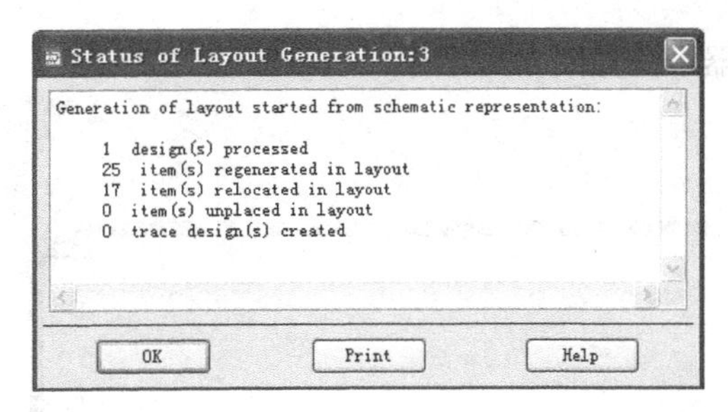

图 6.23 “Status of Layout Generation Layout” 对话框

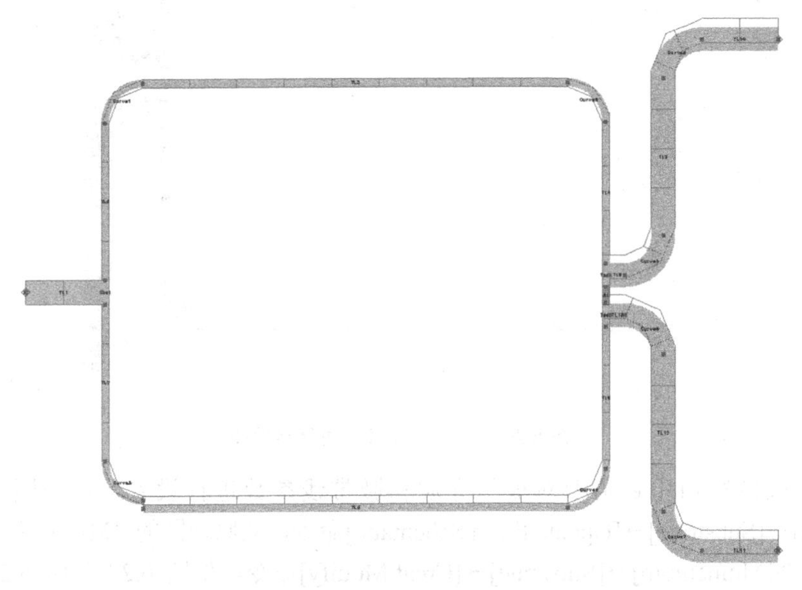

图 6.24 功分器版图

（3）生成功分器版图后，还需要对生成的版图进行 S 参数仿真以验证功分器性能。在版图窗口菜单栏中选择[Insert]→[Port]命令，打开“Port”对话框，如图 6.25 所示。用鼠标单击功分器的输入端和两个输出端，添加三个端口。

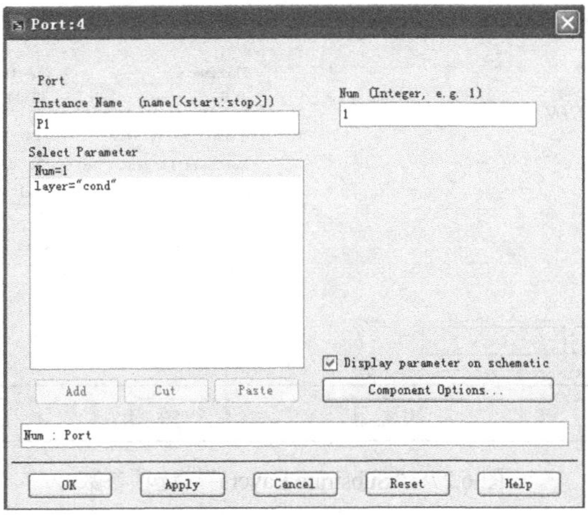

Port:4
Port
Instance Name (name[<start:stop>])
P1
Num (Integer, e.g. 1)
1
Select Parameter
Num=1
layer="cond"
Display parameter on schematic
Add
Cut
Paste
Component Options...
Num : Port
OK
Apply
Cancel
Reset
Help

图 6.25 “Port”对话框

添加完端口的功分器版图如图 6.26 所示。

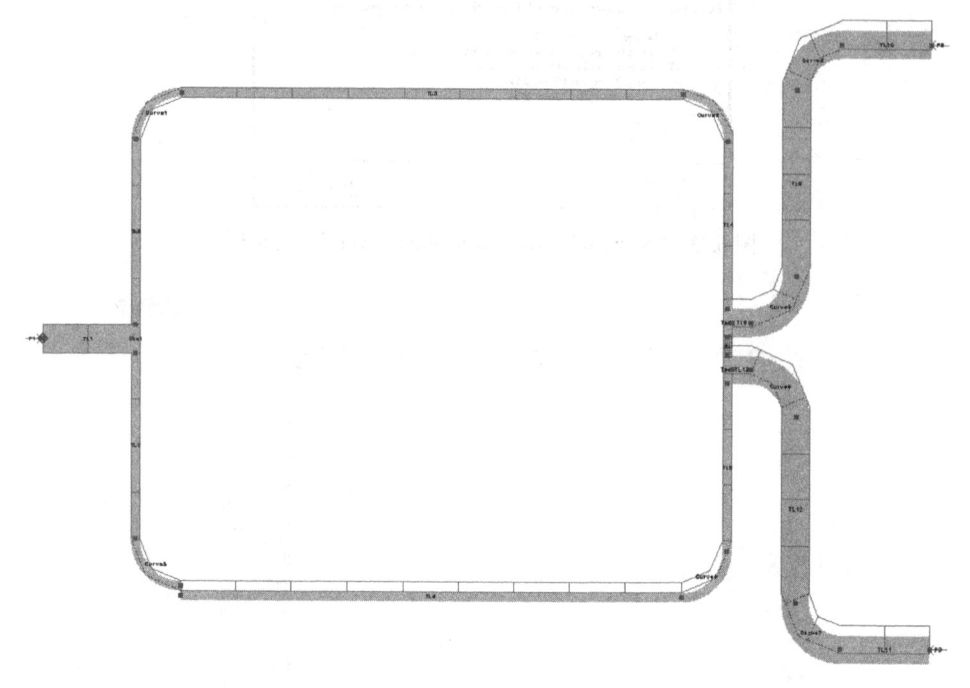

图 6.26　添加完端口的功分器版图

（4）在版图窗口中还需要对板材介质和微带线参数进行设置，在版图窗口中选择[Momentum]→[Substrate]→[Update From Schematic]命令，从原理图的“Msub”控制器中获得参数。再选择[Momentum]→[Substrate]→[Creat/Modify]命令，如图 6.27 和图 6.28 所示，在“Substrate Layers”和“Layout Layers”选项中可以观察设置的参数值。

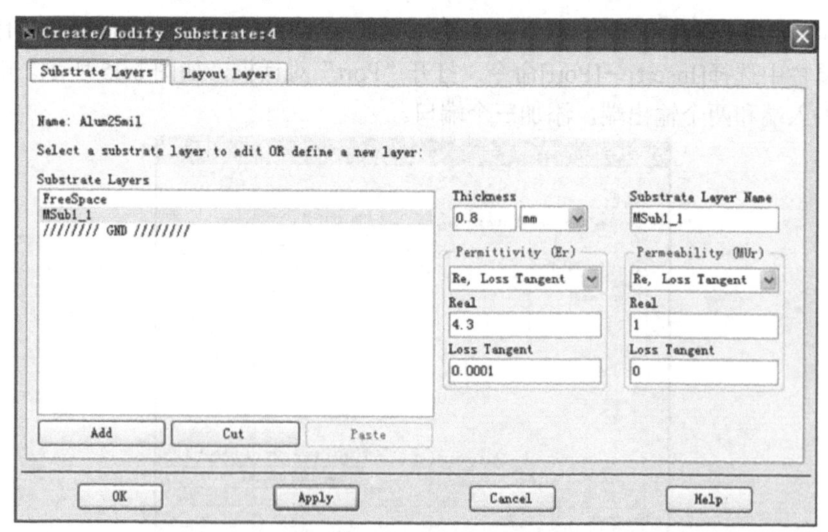


图 6.27　“Substrate Layers” 选项参数

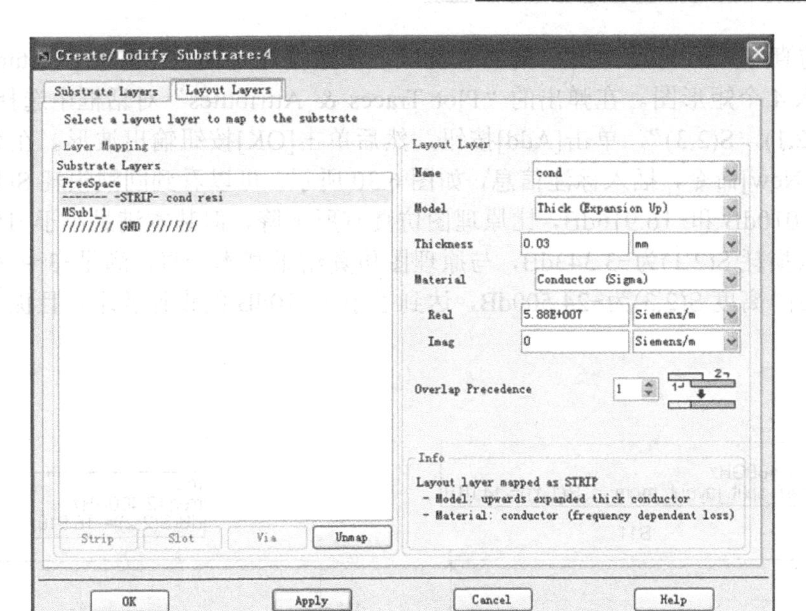


图 6.28 “Layout Layers” 选项参数

（5）完成输入和输出端口添加以及微带线参数设置后，在菜单栏中选择[Momentum]→[Simulation]→[S-parameter]命令，弹出“Simulation Control”对话框。在对话框中进行参数设置。

Sweep Type=Adaptive，表示扫描类型由系统自动调整。

Start=2.3GHz，表示扫描起始频率为 2.3GHz。

Stop=2.5GHz，表示扫描结束频率为 2.5GHz。

Sample Point Limit=50，表示扫描点数为 50。

完成设置后单击[Update]按钮，如图 6.29 所示。在该对话框中单击[Simulate]按钮开始仿真。

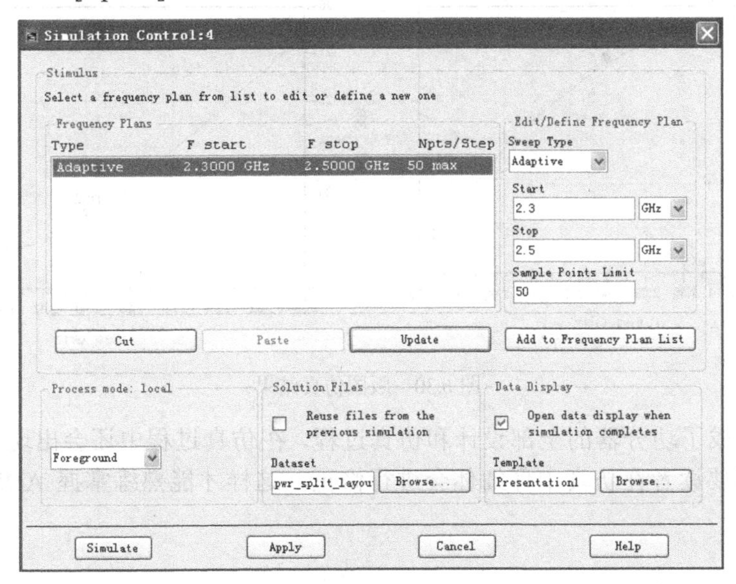


图 6.29　设置 S 参数仿真参数

（6）仿真结束后自动弹出数据显示窗口。从数据显示面板中单击[Rectangular Plot]按钮，插入 4 个矩形图。在弹出的“Plot Traces & Attributes”对话框中选择“S(1,1)，S(2,2)，S(2,1)，S(2,3)”，单击[Add]按钮，然后单击[OK]按钮输出波形。在菜单栏选择[Maker]→[New]命令，插入标注信息，如图 6.30 所示，可以看到回波损耗 S(1,1)，S(2,2)分别为-14.010dB 和-16.916dB，比原理图仿真有所下降，但基本满足小于-15dB 的设计要求。插入损耗 S(2,1)为-3.343dB，与原理图仿真结果基本一直，满足-3～-6dB 的设计要求。最后隔离度 S(2,3)为-24.500dB，达到了小于-20dB 的设计要求，且优于原理图仿真结果。

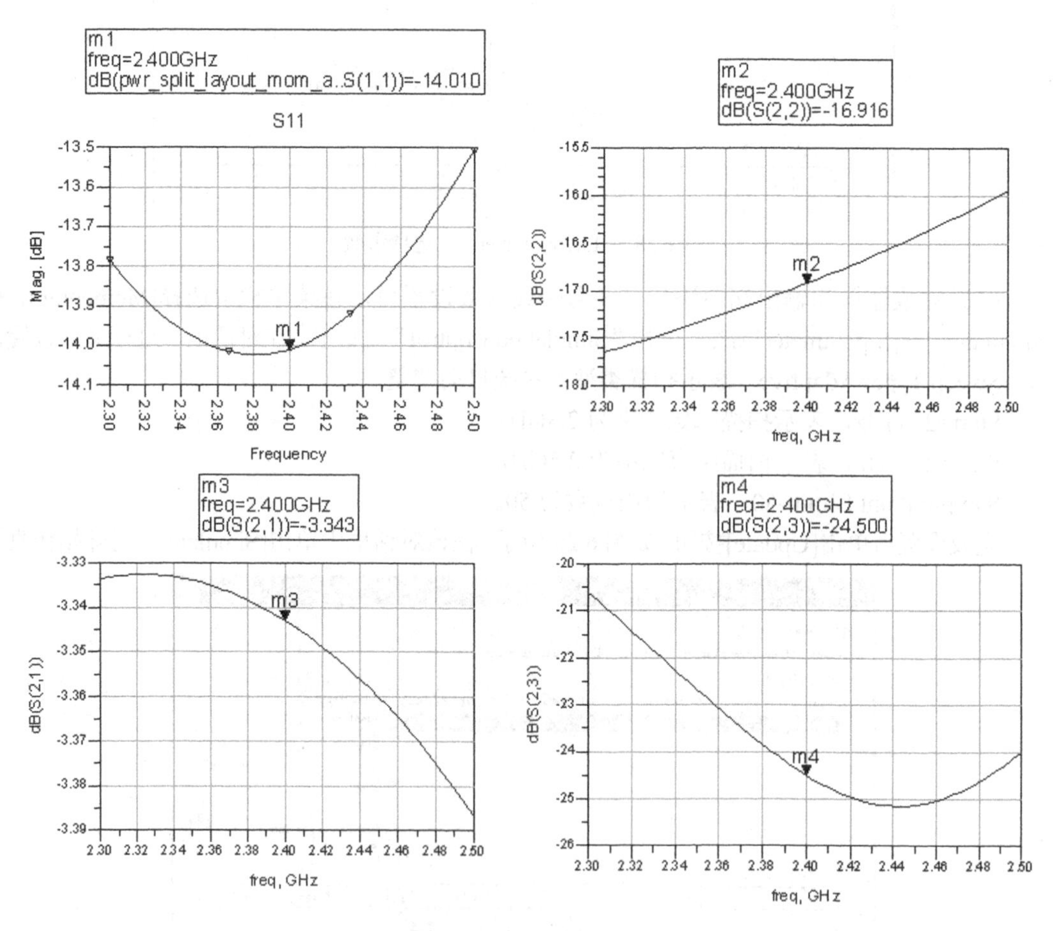


图 6.30　版图仿真结果

到此就完成了功分器的全部设计和仿真过程，在仿真过程中还会出现一些设置或优化的问题，需要读者在仿真中仔细体会进行修正，这样才能熟练掌握 ADS 的设计仿真方法。

## 6.4　小结

本章首先介绍了 Wilkinson 功分器的基本原理和性能参数，在结构分析中采用奇偶模分析法对功分器电路进行了讨论。之后通过一个 2.4GHz Wilkinson 功分器的仿真实例详细介绍了利用 ADS 进行功分器设计和优化的基本方法和仿真技巧。

读者在学习本章内容时要重点关注版图生成过程和仿真方法，对版图仿真结果和原理图仿真结果的异同进行分析，找出版图后仿真造成性能参数变化的原因，对原理图进行相应修改，这样才能使设计满足预期的性能指标。

# 第 7 章　射频功率放大器的设计与仿真

现阶段，无线通信技术飞速发展。在日常生活中，像蓝牙、Wi-Fi 等无线通信技术无处不在，目前无线通信系统已经全面进入 3G 时代，并且 4G 已经开始试运行。功率放大器在无线通信系统中起着至关重要的作用，其设计的好坏影响着整个系统的性能，例如，其输出功率决定无线信号通信距离的长短，其效率决定无线通信设备电池使用时间等。

本章主要介绍功率放大器的基本原理和设计中需要注意的问题及解决方法，并通过一个 ADS 仿真设计实例来讨论功率放大器的设计方法和仿真技巧。

## 7.1　功率放大器基本原理和设计指标

功率放大器作为射频发送机前端最为重要的电路部分，在很大程度上决定了发送机的整体性能，为使读者对功率放大器有一个概念上的了解，本节首先讨论功率放大器的基本原理和设计指标参数，只有在明确电路原理的基础上，才能更好地使用 ADS 进行电路设计和仿真。

### 7.1.1　功率放大器基本原理

功率放大器的分类：

功率放大器有很多种不同的分类方式。传统上，按照功率放大器放大信号的模式，大体上可将功率放大器分为两大类：放大模式功率放大器和开关模式功率放大器。放大模式功率放大器工作在双极型晶体管的正向放大区或场效应晶体管的饱和区。放大模式功率放大器按照导通角的不同又可以分为 A 类、B 类、C 类和 AB 类功率放大器。对双极型晶体管而言，开关工作模式功率放大器根据双极型晶体管所处的端电压状态，工作在截止区或饱和区；对场效应晶体管而言，开关工作模式功率放大器根据场效应晶体管所处的端电压状态，工作在截止区或线性区。开关模式功率放大器可以分为 D 类、E 类和 F 类。下面主要介绍一下 A、B、C 和 AB 类功率放大器。

（1）A 类功率放大器。

A 类功率放大器工作原理如图 7.1 所示。功率放大器在 A 类工作状态下，晶体管在信号的整个周期内均处于导通状态，其导通角为 360°。A 类功率放大器的输入和输出都是完整的正弦波信号，实现信号线性放大，所以 A 类功率放大器的线性度是最好的。A 类功率放大器的优点是线性度好、失真小，较好的噪声系数，其缺点是效率不高、尺寸大和有较高的热损耗，其效率理论上最高仅为 50%。

（2）B 类功率放大器。

B 类功率放大器的工作原理如图 7.2 所示。该功率放大器由两个不同类型的晶体管——NPN 晶体管和 PNP 晶体管——推挽构成。当输入信号在正半周期时，NPN 晶体管导通，PNP 晶体管截止；当输入信号在负半周期时，PNP 晶体管导通，NPN 晶体管截止。这样在整个信号周期内，两个晶体管交替工作，输出电流和电压波形仍然保持完整。每个晶体管只有半个周期导通，因此导通角为 180°。由于 B 类功率放大器的晶体管没有在整个信号周期导通，所以晶体管静态损耗比 A 类功率放大器小，效率要相对高一些。虽然 B 类功率放大器效率比较高，但是当晶体管趋于饱和或者电流为 0 甚至截止时会出现非线性现象。B 类功率放大器在理想状态下效率可以达到 78.5%。

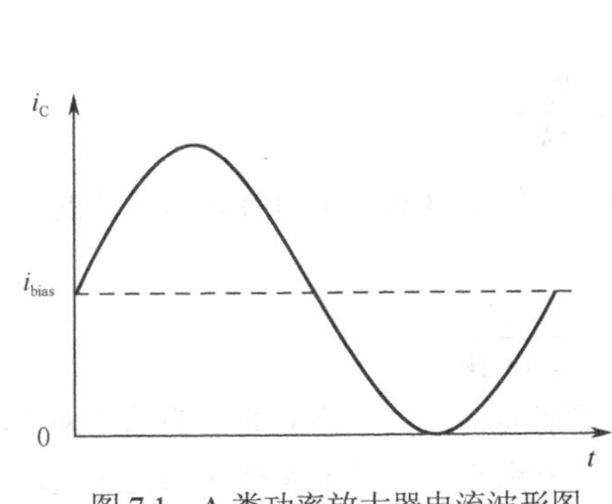

图 7.1　A 类功率放大器电流波形图

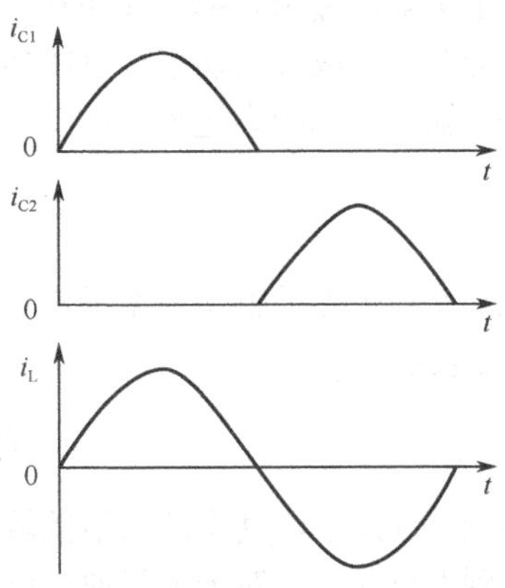

图 7.2　B 类功率放大器电流波形图

（3）C 类功率放大器。

C 类功率放大器工作原理如图 7.3 所示。功率放大器在 C 类工作状态时，导通角小于 180°，晶体管只有小于半个周期是导通的，负载上的电流也只是整个正弦信号的一部分。信号出现失真，此时晶体管工作在非线性区，所以通常需要滤波网络滤除谐波分量。C 类功率放大器的最大效率理论上可以达到 100%，但此时的导通角为 0°，即晶体管处于截止状态，没有功率输出。

（4）AB 类功率放大器。

AB 类功率放大器工作原理如图 7.4 所示。AB 类功率放大器介于 A 类功率放大器和 B 类功率放大器之间，在没有信号输入时，对晶体管加一个较小的静态偏置电流，使其在输入信号的大半个周期处于导通状态，导通角大于 180°，小于 360°。其效率和线性度也介于两者之间。所以此类功率放大器是一个效率和线性度很好折中的功率放大器。本章设计的功率放大器中功率输出即工作在 AB 类状态。

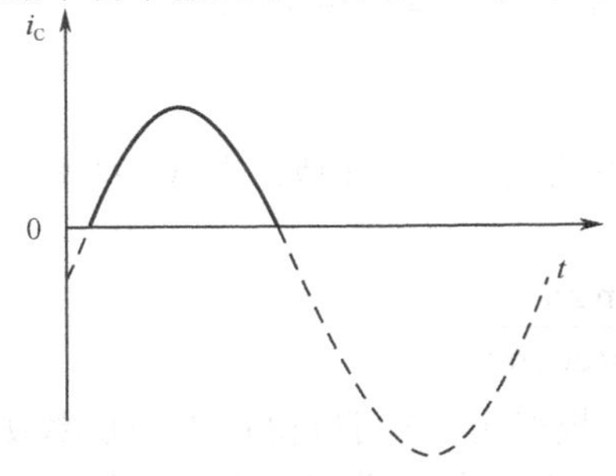

图 7.3　C 类功率放大器电流波形图

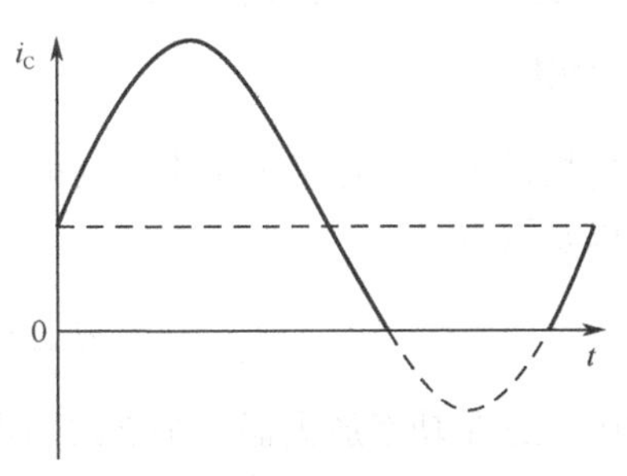

图 7.4　AB 类功率放大器电流波形图

### 7.1.2　功率放大器的性能参数

功率放大器主要用来放大射频信号至需要的功率以使接收机能够收到信号，功率放大器的基本性能参数包括输出功率、功率增益、效率和线性度等，这些对于功率放大器的设计都是至关重要的。

#### 1. 输出功率

功率放大器的输出功率定义为功率放大器驱动给负载的带内射频信号的总功率，它不包括谐波成分及杂散成分的功率。射频功率放大器的负载通常为天线，射频天线的等效阻抗一般为 50Ω。输出功率的表达式为：

$$P_{\text{out}}=\frac{V_{\text{out}}^2}{2R_{\text{L}}} \tag{7-1}$$

表征功率放大器的输出功率最常使用的一个单位是 dBm，以 dBm 为单位的输出功率可以用式 7-2 表示。

$$P_{\text{dBm}}=10\lg\frac{P}{0.001W} \tag{7-2}$$

在不同的应用中，功率放大器的输出功率差别很大，对于移动通信的基站来说，发射功率可以达到上百瓦特，对于卫星通信可以达到上千瓦特，而对于便携式的无线通信设备，从几十毫瓦到几百毫瓦不等。

#### 2. 功率增益

功率增益是表征功率放大器功率放大能力的物理量，也是功率放大器性能好坏的一个重要指标。功率放大器的功率增益定义为输出功率与输入功率的比值，表达式为：

$$\text{Gain}=\frac{P_{\text{out}}}{P_{\text{in}}} \tag{7-3}$$

功率增益通常以 dB 单位表示，如以对数方式表示，则如式 7-4 所示。

$$\text{Gain(dB)}=P_{\text{out}}(\text{dBm})-P_{\text{in}}(\text{dBm}) \tag{7-4}$$

无线通信系统标准没有对功率增益做出明确规定，但考虑功率放大器的驱动级一般仅能输出几毫瓦的功率，功率放大器的功率增益必须满足一定的要求。例如，如果要求功率放大器能输出 20～30dBm 的功率，该功率放大器必须具有 20～30dB 的功率增益。

#### 3. 效率

集电极最大效率定义为集电极的射频输出功率与直流功耗的比值，在 A～C 类功率放大器中可以表示为：

$$\eta_{\max}=\frac{2\alpha-\sin2\alpha}{4(\sin\alpha-\alpha\cos\alpha)} \tag{7-5}$$

式中，$2\alpha$是功率放大器一个 2π 周期的导通角。根据式 7-5 可以得到 A 类功率放大器的效率最大为 50%，同理 B 类为 78.5%，C 类为 100%。尽管从 A 类到 C 类功率放大器，其效

率从50%增加到了100%，但是传输到负载上的功率则逐渐减小到0，可以得到式7-6。

$$P_{max} = \frac{2\alpha - \sin 2\alpha}{1 - \cos\alpha} \quad 7\text{-}6$$

另外，一个经常用来衡量效率的参数是功率附加效率，如式7-7所示，它的定义是射频输出功率与输入功率的差值与系统总共消耗的直流功率的比值。

$$\text{PAE} = \frac{P_{out} - P_{in}}{P_{dc,total}} \quad 7\text{-}7$$

4．线性度

线性度是衡量功率放大器输出信号与输入信号比值的线性关系的参数。当晶体管工作在小信号状态时，可以忽略非线性效应，视其为线性的。但射频功率放大器工作在大信号状态，必须考虑晶体管的非线性效应。

（1）增益压缩。

当功率放大器的输入信号幅度在某一范围内变化时，输出信号的幅度与输入信号的幅度呈线性关系，即功率增益保持恒定。但随着输入信号幅度的增加，晶体管的工作区域由线性区转向饱和区，出现非线性失真，功率放大器的增益开始下降，或称其为压缩。通常以功率增益比线性增益小1dB时的功率点来衡量功率放大器的线性度，该点称为1dB压缩点，通常用$P_{1dB}$来表示，$P_{1dB}$如图7.5所示。

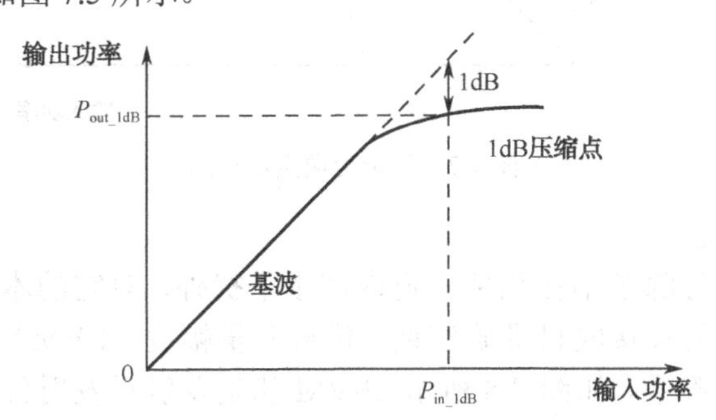


图7.5　功率放大器1dB压缩点示意图

（2）谐波失真。

谐波失真是指当功率放大器输入单一信号时，在输出端，除了基频信号被放大外，原信号的各次谐波也被放大，导致可能干扰其他频带，通常需要加匹配网络进行谐波抑制。

（3）三阶交调失真。

交调失真是指当功率放大器的输入端的两个频率相差很小时，会出现因输入信号的和差（交互调变）而产生的交调失真信号，如图7.6所示。其中，三阶交调失真（IMD3）因其频率与载波频率很近（$2f_2-f_1$和$2f_1-f_2$），难以用滤波器消除，容易干扰临近频率，对系统产生很大的危害。

三阶交调失真定义为基频信号的输出功率与三阶交调信号的功率比值：

$$\text{IMD3} = P_{f_1} - P_{2f_2-f_1} \quad 7\text{-}8$$

式中，功率采用 dBm 为单位，IMD3 的单位为 dBc，dBc 即基频信号的输出功率与三阶交调信号 dBm 的差值。

三阶交调点（IP3）为基频信号功率与三阶交调信号功率的虚拟延长线的交点，如图 7.7 所示。通常三阶交调点功率大约比 1dB 压缩点功率要高 10dBm。

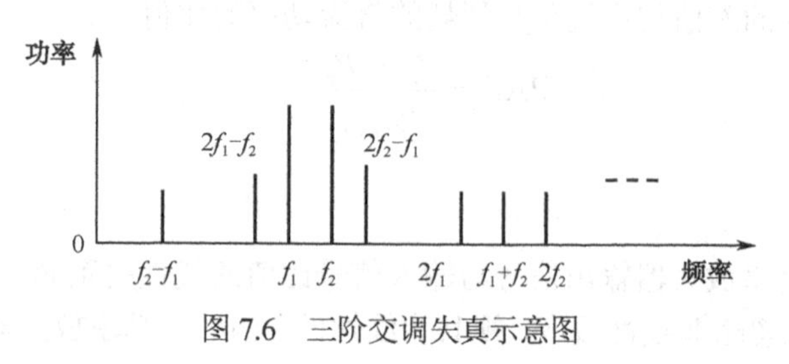


图 7.6　三阶交调失真示意图

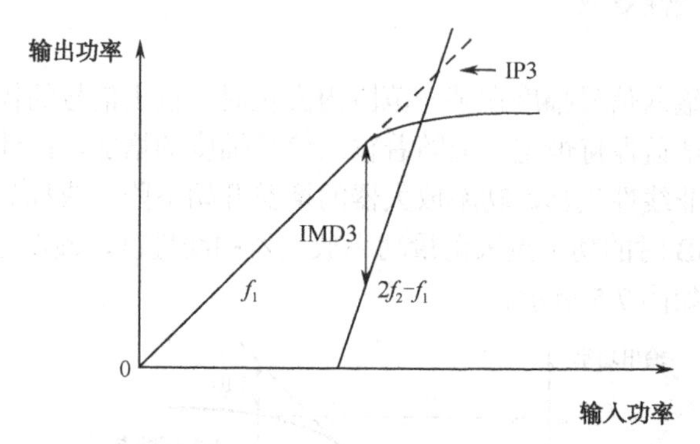


图 7.7　三阶交调点示意图

（4）错误向量幅度。

发射机发射的信号除了不在相邻信道内产生干扰外，对它的本质要求是信道内的信号具有很高的质量，能被接收机准确解调。错误向量幅度（EVM）就是为了衡量发射机的信号质量而引入的参数，如图 7.8 所示。EVM 就是发射机发射信号错误向量的归一化长度。

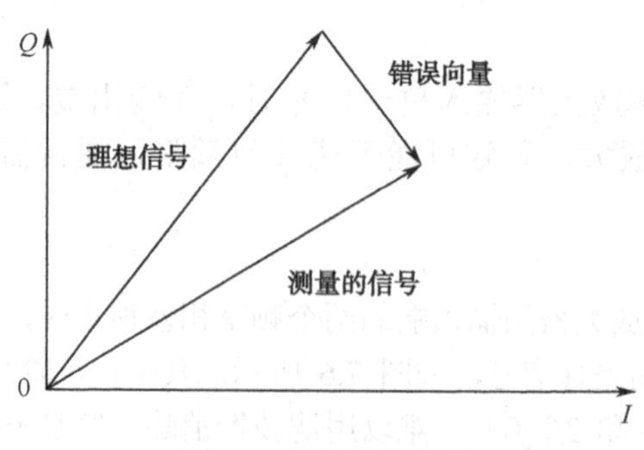


图 7.8　错误向量定义

### 7.1.3 功率放大器的设计步骤

功率放大器设计通常需要以下几个步骤。

（1）确定设计指标，选择工艺并添加设计所需的工艺库。

（2）根据功率放大器的要求和晶体管特性确定静态工作点。

（3）进行功率放大器的电路设计，包括偏置电路的设计、阻抗匹配等。

（4）对所设计电路进行仿真，分析仿真曲线并优化。

## 7.2 功率放大器仿真实例

AB 类功率放大器是设计中最为常用的一种形式，这种结构较好地利用了效率和线性度的折中进行设计。本节就以一个 AB 类功率放大器来说明使用 ADS 进行功率放大器设计的基本方法和流程，设计的 AB 类功率放大器指标为：

工作频率：900MHz。

1dB 压缩点输出功率：>35dBm。

增益：>20dB。

确定设计指标后，就可以进行功率放大器的设计和仿真了。

### 7.2.1 功率放大器稳定性分析

在确定设计指标后，首先要对采用的晶体管进行直流工作点扫描分析，以获得最佳的工作状态，具体仿真步骤如下所述。

（1）在建立直流扫描原理图之前需要添加设计所需的工艺库，本例中所用的晶体管为飞思卡尔的 MW6S010N，其设计所需的模型文件可以从飞思卡尔的官方网站下载，网址为：http://www.freescale.com/webapp/sps/site/overview.jsp?nodeId=0106B97520NFng6Hmm，下载完成后将其解压缩。

（2）运行 ADS，在 ADS 主窗口进行模型库的添加。选择[Design kit]→[Install Design Kits]命令，如图 7.9 所示，则会弹出“Install ADS Design Kit”的选项，将“Path”处加入解压好的模型文件的路径，则下面 3 项就会自动写入，单击[OK]按钮即可完成模型库的添加。

（3）运行 ADS，弹出 ADS 主窗口，选择[File]→[New Project]命令，弹出“New Project”对话框，在存在的默认路径“c:\uesrs\default”后输入“PA_TEST”，并在“Project Technology Files”栏中选择“ADS Standard:Length unil-millimeter”，选择工程默认的长度单位为毫米（mm），如图 7.10 所示。单击[OK]按钮，完成建立工程。继续选择[File]→[New Design]命令，如图 7.11 所示，创建名称为“DC_TEST”的原理图，单击[OK]按钮，即可进行电路的搭建。

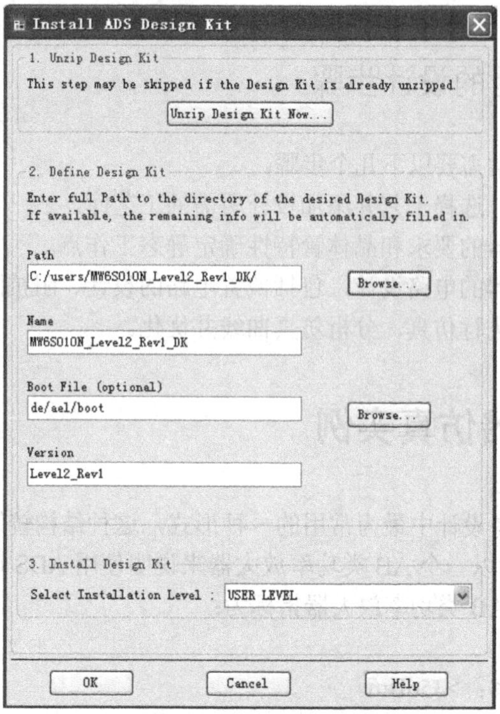

Install ADS Design Kit
1. Unzip Design Kit
This step may be skipped if the Design Kit is already unzipped.
Unzip Design Kit Now...
2. Define Design Kit
Enter full Path to the directory of the desired Design Kit.
If available, the remaining info will be automatically filled in.
Path
C:/users/MW6S010N_Level2_Rev1_DK/
Browse...
Name
MW6S010N_Level2_Rev1_DK
Boot File (optional)
de/ael/boot
Browse...
Version
Level2_Rev1
3. Install Design Kit
Select Installation Level :
USER LEVEL
OK
Cancel
Help

图 7.9　添加模型库

New Project
Name
C:\users\default\PA_TEST
Browse...
Project Technology Files:
ADS Standard: Length unit--mi
View Details...
OK
Cancel
Help

图 7.10　建立工程

New Design
Name
DC_TEST
Type of Network
Analog/RF Network
Digital Signal Processing Network
Create New Design in:
Current Window
New Schematic Window
New Layout Window
Design Content
Schematic Wizard
Schematic Design Templates (Optional)
<none>
Design Technology Files:
ADS Standard: Length unit--micron
View Details...
Set as project default.
OK
Cancel
Help

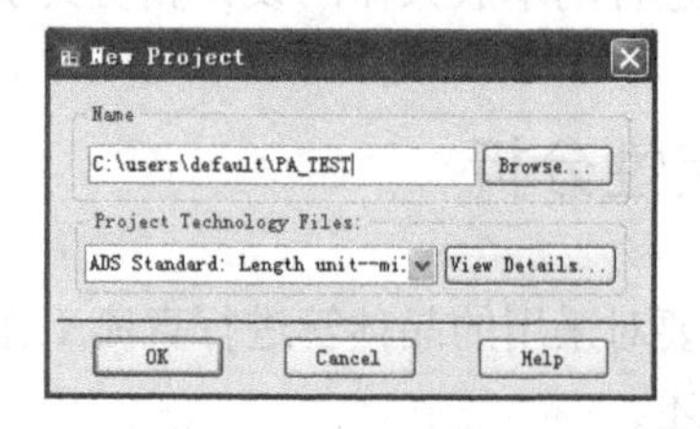

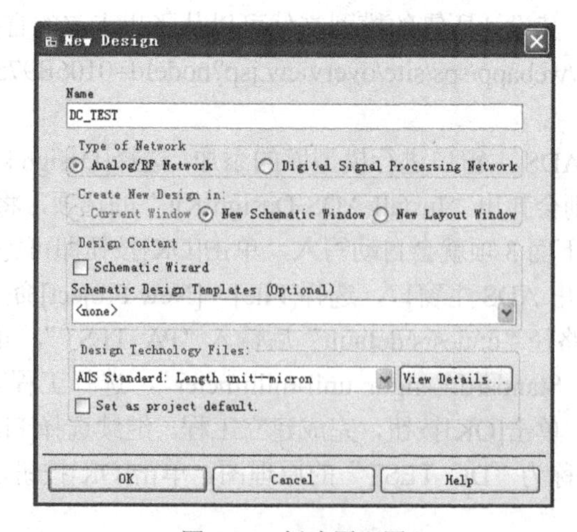

图 7.11　新建原理图

（4）在原理图窗口中选择[Insert]→[Template]命令，弹出“Insert Template”对话框，如图 7.12 所示。选择“FET_curve_tracer”，单击[OK]按钮，则自动插入了双极型晶体管的直流扫描模板。

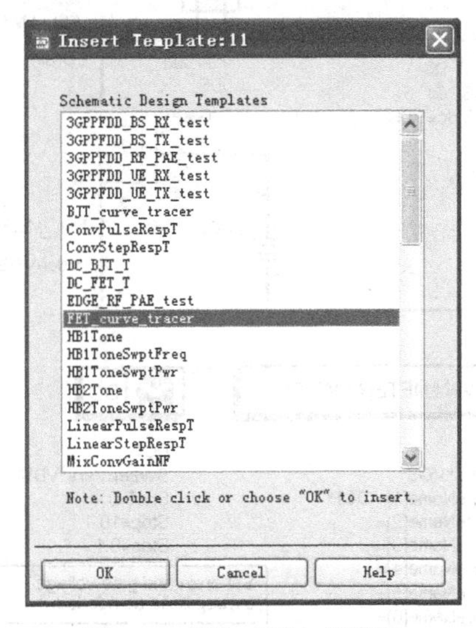


图 7.12　插入直流扫描模板

从工具栏中的元件面板中调出已经安装好的飞思卡尔的 MW6S010N 晶体管，如图 7.13 所示。将晶体管放入直流扫描模型中，并且将飞思卡尔模型控制器一同调出。如图 7.14 所示，完成直流扫描电路的搭建。

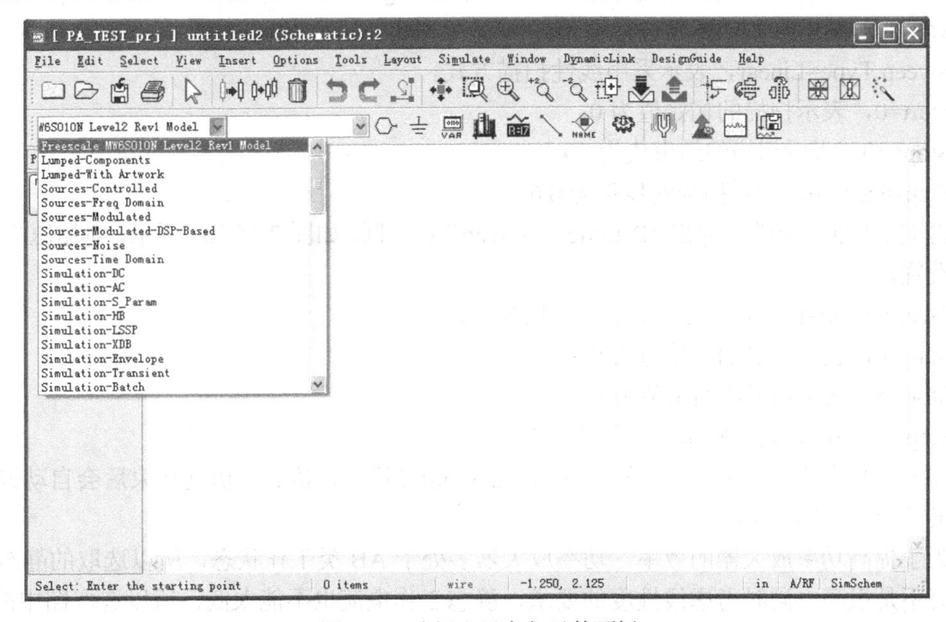


图 7.13　选择飞思卡尔元件面板

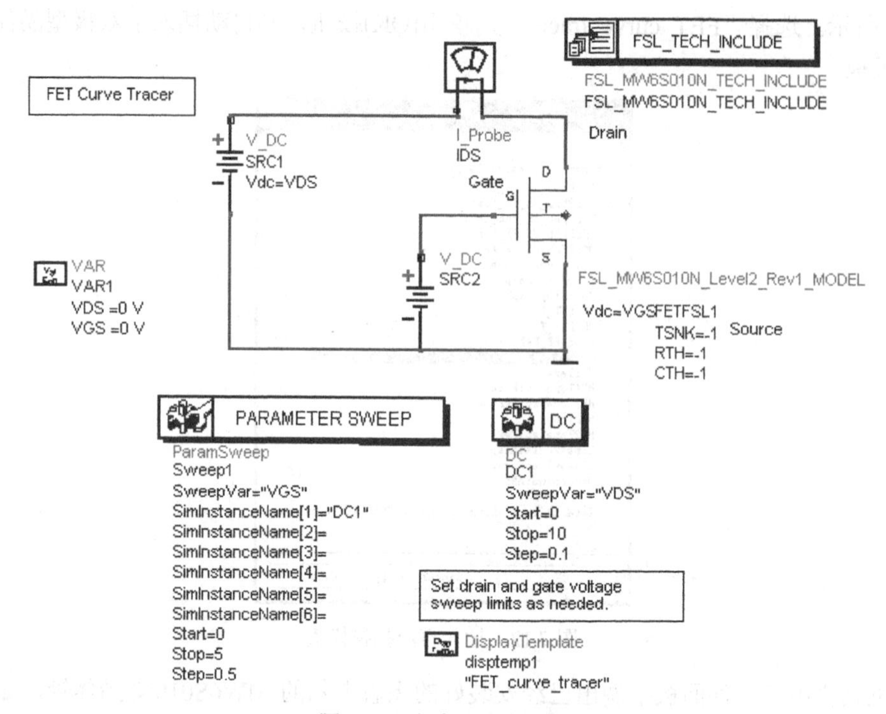


图 7.14　直流扫描电路图

（5）双击“DC”仿真控制器，弹出“DC Operating Point Simulation：”对话框，如图 7.15（a）所示对源漏电压“VDS”进行设置。

Sweep Type=Linear，表示采用线性扫描方式。

Start=0，表示扫描的初始值为 0。

Stop=30，表示扫描的结束值为 30。

Step-size=0.6，表示扫描的步长为 0.6。

再双击扫描控制器，弹出“Parameter Sweep”对话框，如图 7.15（b）所示，对栅压“VGS”进行设置。

Sweep Type=Linear，表示采用线性扫描方式。

Start=0，表示扫描的初始值为 0。

Stop=5，表示扫描的结束值为 5。

Step-size=0.5，表示扫描的步长为 0.5。

（6）设置完成后，单击工具栏中的[Simulation]按钮开始仿真，仿真结束后会自动弹出仿真结果，如图 7.16 所示。

为了提高功率放大器的效率，功率放大器多处于 AB 类工作状态，所以选取的静态工作点电流不是很高，同时考虑线性度的要求，静态工作电流也不能太低，所以选取图中的 m1 点作为静态工作点，此时的 VGS=3.3V，VDS=15V，Ic=595mA。

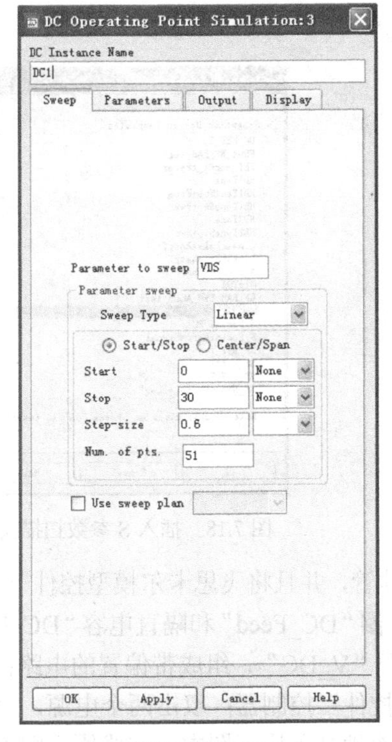


(a) 设置源漏电压“VDS”

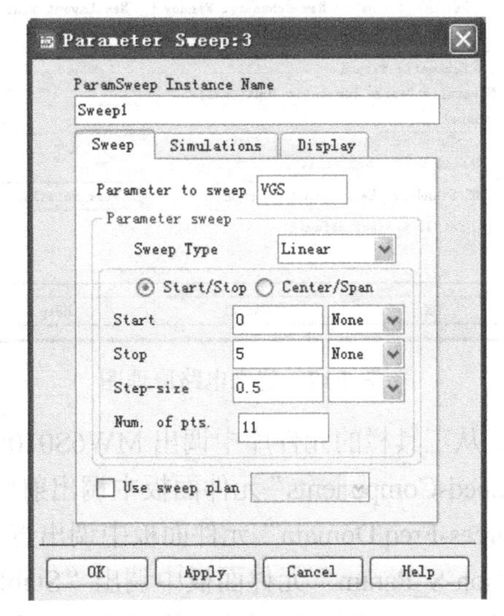


(b) 直流参数扫描仿真设置

图 7.15　参数设置

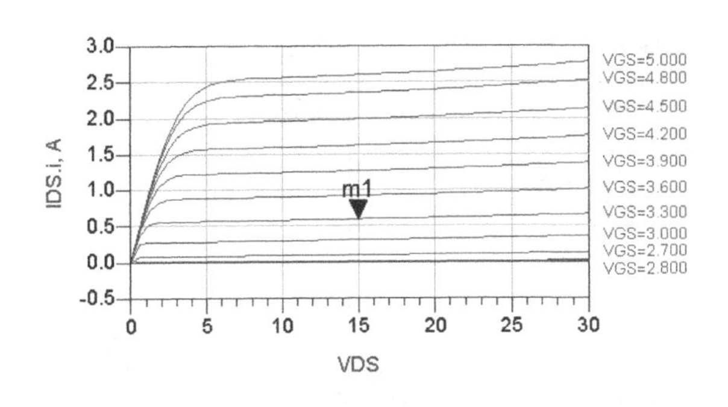


图 7.16　直流扫描仿真结果

## 7.2.2　功率放大器稳定性分析

完成晶体管支流参数点扫描后，还需要对功率放大器电路的稳定性进行分析，以保证功率放大器工作稳定。

（1）选择[File]→[New Design]命令，创建名称为“PA_BIAS”的原理图，如图 7.17 所示，单击[OK]按钮，完成电路的建立。

（2）在原理图窗口中选择[Insert]→[Template]命令，弹出“Insert Template”的对话框，如图 7.18 所示，选择“S_Params”，单击[OK]按钮，则自动插入 S 参数扫描模板。

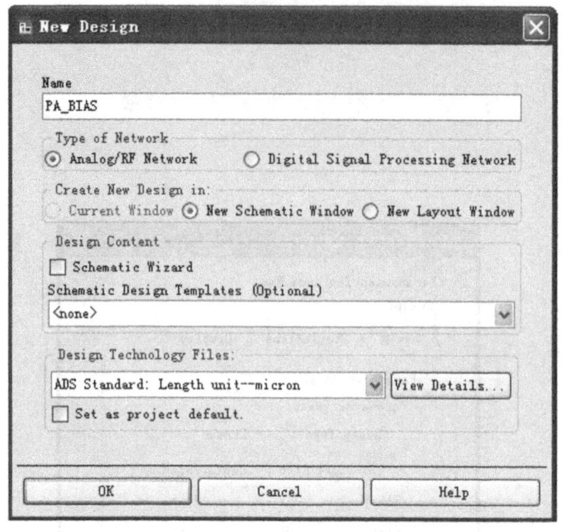


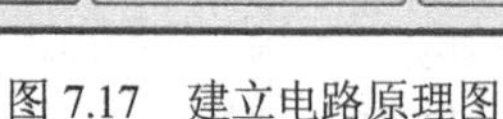

图 7.17 建立电路原理图

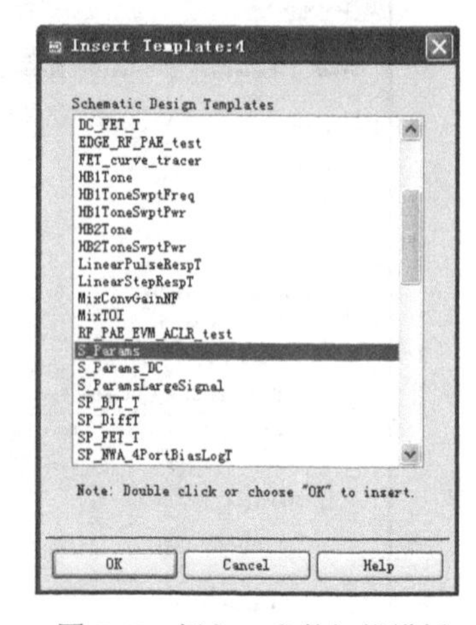


图 7.18 插入 S 参数扫描模板

（3）从工具栏的元件库中调出 MW6S010N 晶体管，并且将飞思卡尔模型控件一同调出；从“Lumped-Components”元件面板中调出射频扼流圈“DC_Feed”和隔直电容“DC_Block”；从“Sources-Freq Domain”元件面板中调出直流电源“V_DC”，组成带偏置的电路；最后从“Simulation-S_Param”元件面板中调出“StabFact 控件”控制器；双击两个电源，分别将电压设为 3.3V 和 15V。选择两个终端“Term”和两个地插入原理图中，完成原理图连接，如图 7.19 所示。

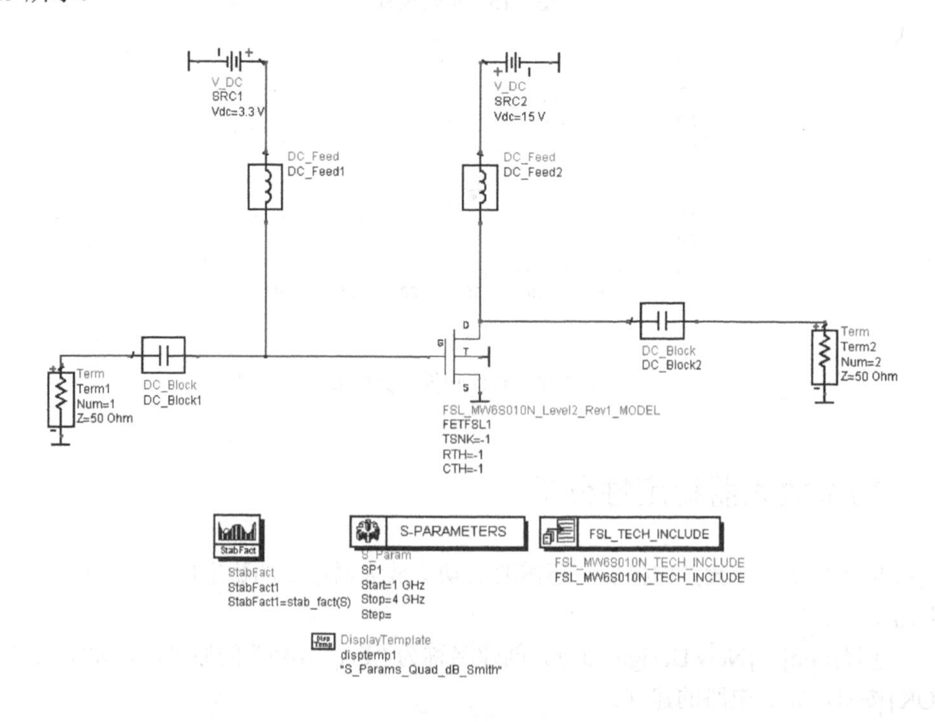


图 7.19 电路原理图

（4）双击 S 参数扫描控件，进行扫描参数的设置。

Sweep Type=Linear，表示采用线性扫描方式。

Start=0.1GHz，表示扫描频率起始点为 0.1GHz。

Stop=2.1GHz，表示扫描频率终点为 2.1GHz。

Step-size=50MHz，表示扫描步长为 50MHz。

如图 7.20 所示，完成 S 参数仿真控制器的设置。

（5）完成设置后，单击工具栏中的[Simulation]按钮开始仿真。仿真结束后会自动弹出仿真结果。从数据显示面板中单击[Rectangular Plot]按钮，插入矩形图，弹出“Plot Traces & Attributes”对话框，在对话框中选择“StabFact1”，单击[Add]按钮或者双击“StabFact1”，将“StabFact1”加入到“Traces”一栏中，单击[OK]按钮即可在结果中显示稳定系数 $K$ 随频率的变化，如图 7.21 所示。可以看到在 900MHz 处稳定因子大于 1，这代表晶体管处于稳定的状态。如果稳定因子小于 1，则晶体管有可能会产生震荡，所以要采取一定的稳定措施来使晶体管处于稳定工作状态。

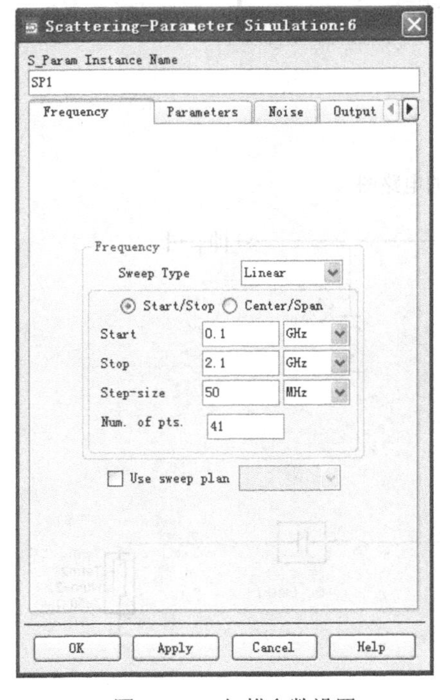


图 7.20　S 扫描参数设置

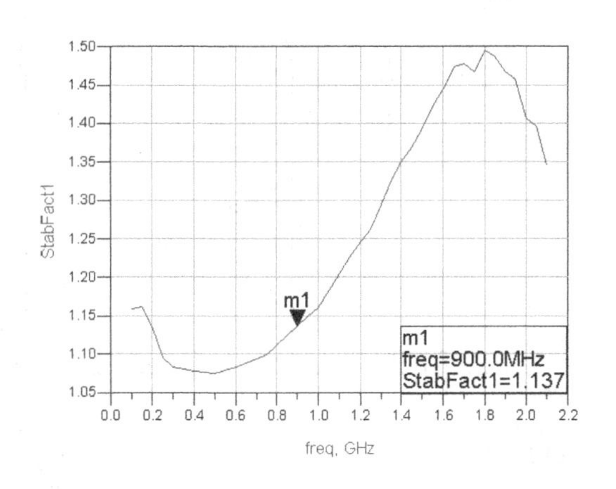


图 7.21　稳定因子随频率变化曲线

稳定措施有很多，常用的一种是在晶体管的栅级加入一个小电阻，然而电阻的引入会导致增益和功率的降低，所以可以在电阻上并联一个电容来减小损耗，如图 7.22 所示。由于此例中稳定因子大于 1，则不用采取稳定措施。

进行了直流工作点扫描和稳定性仿真后就可以在功率放大器电路中加入偏置电路，如图 7.23 所示，本例中采用了较为简单的偏置电路，由 20pF 电容、20nH 电感和 50Ω电阻构成。

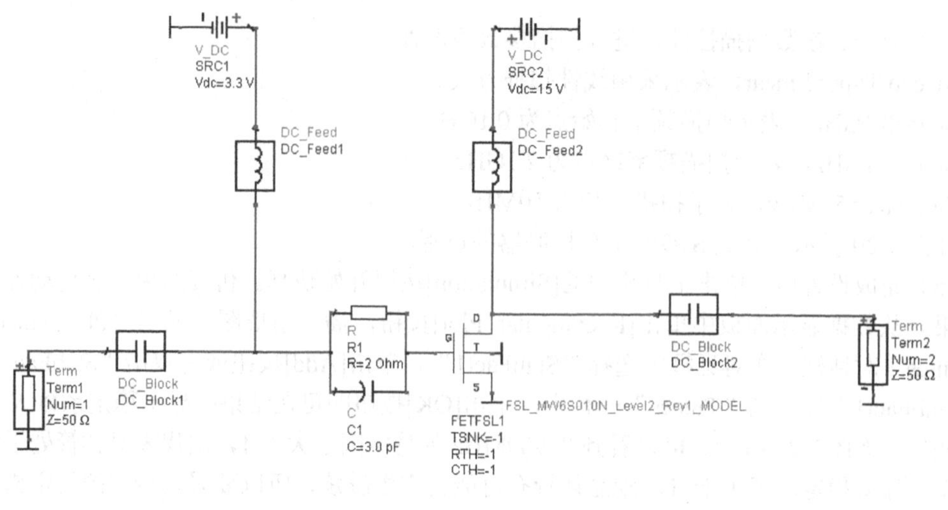


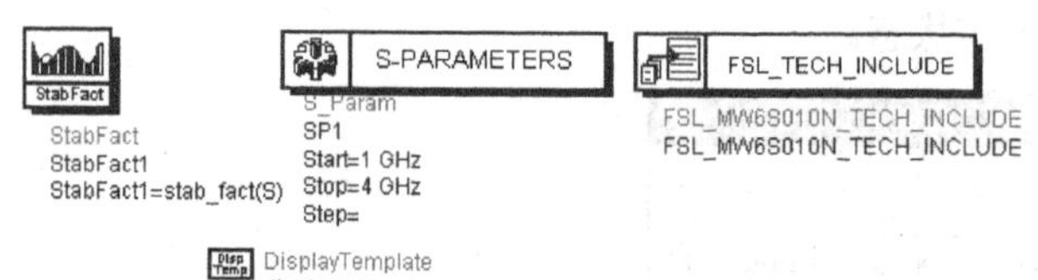


图 7.22　采取稳定措施的电路图

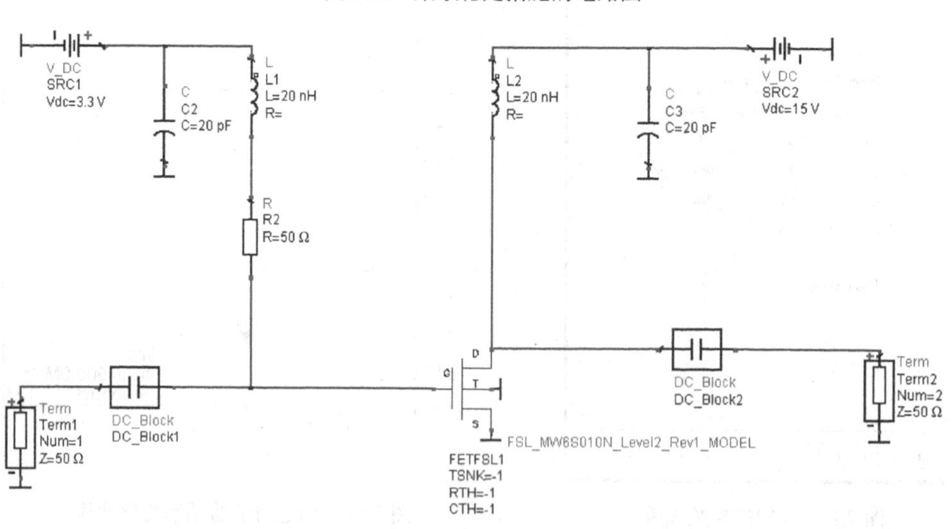


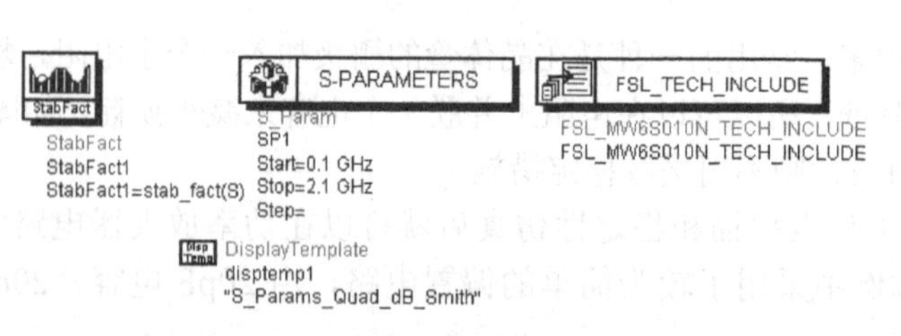


图 7.23　带偏置电路的电路原理图

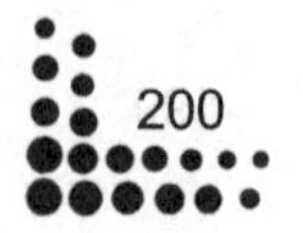

## 7.2.3　共轭匹配与负载线匹配

在小信号电路中，当负载阻抗与源阻抗共轭时，实现最大功率传输，此种匹配方法即为共轭匹配。这时负载上得到的输出功率最大，但源阻抗上也同样消耗了一样的功率，所以效率为 50%。对于功率放大器电路，输入端的阻抗匹配一般就采用共轭匹配，这是因为要最大程度地减少功率反射。然而，对于功率放大器的输出端，却通常采用负载线匹配方式。

在进行阻抗匹配设计之前，先简单介绍负载线匹配与共轭匹配的区别。当不考虑信号源的物理限制时，共轭匹配确实是可以使负载上得到最大功率，然而实际情况是晶体管往往都要受到击穿电压以及极限电流等器件上的限制。负载线匹配方式则主要考虑了电路实际工作时的极限情况，即信号源的最大承受电压 $V_{max}$ 和最大输出电流 $I_{max}$ 的限制。当信号源输出电压受限时，信号源所能输出的电流就会很小，负载上的功率就会很小；而当信号源的输出电流受限时，信号源所能输出的电压就会很小，负载上的功率也会很小。因此，只有充分利用信号源所能提供的功率的能力，优化负载，使信号源同时达到输出电压和输出电流的限制条件，负载上的功率才会最大，称其为负载线匹配，此时输出端匹配阻抗表示为：

$$R_{opt} = R_S \parallel R_L = \frac{V_{max}}{I_{max}} \quad 7\text{-}9$$

在实际中进行功率放大器设计时，输出端匹配阻抗 $R_{opt}$ 阻值的确定通常采用 Loadpull 曲线获得。Loadpull 曲线是输出功率随负载阻抗变化的曲线，通过该曲线，即可获得最大功率输出时的阻抗点。Loadpull 曲线可以通过 ADS 的 Loadpull 仿真获得。

（1）在原理图窗口选择菜单栏“DesignGuide”中的“Amplifier”，弹出“Amplifier”对话框，从对话框中选择“1-Tone Nonlinear Simulations”中的“Load-pull-PAE，Output Power Contours”，如图 7.24 所示，单击[OK]按钮打开 Loadpull 模板。

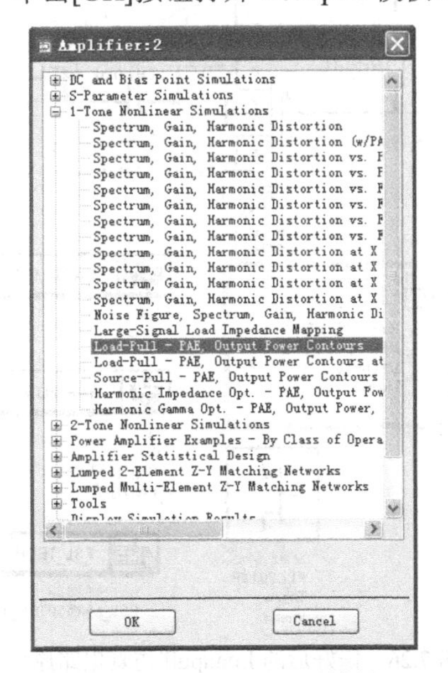

图 7.24　插入 Loadpull 模板

（2）将 Loadpull 模板中的晶体管部分换成带偏置的电路原理图，Loadpull 模板中电源及端口等保留。双击“VAR”，如图 7.25 所示，修改变量“RFfreq”的值为 900MHz，修改变量“Vhigh”的值为 15V，修改变量“Vlow”的值为 3.3V，修改好的原理图如图 7.26 所示。

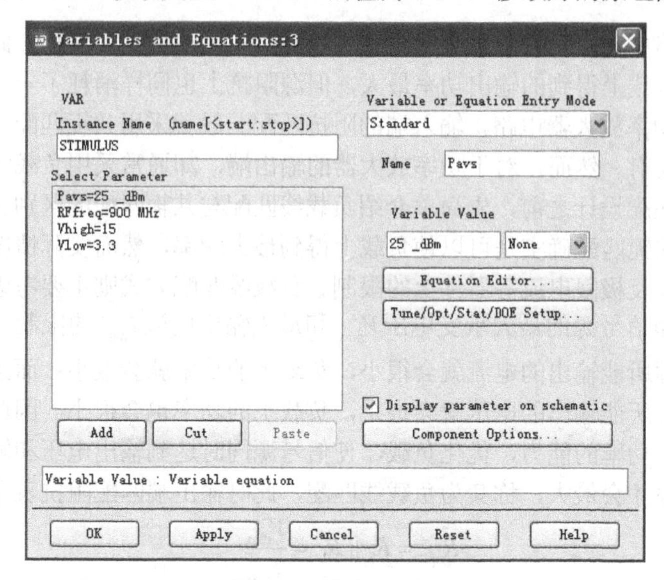


图 7.25 修改变量值

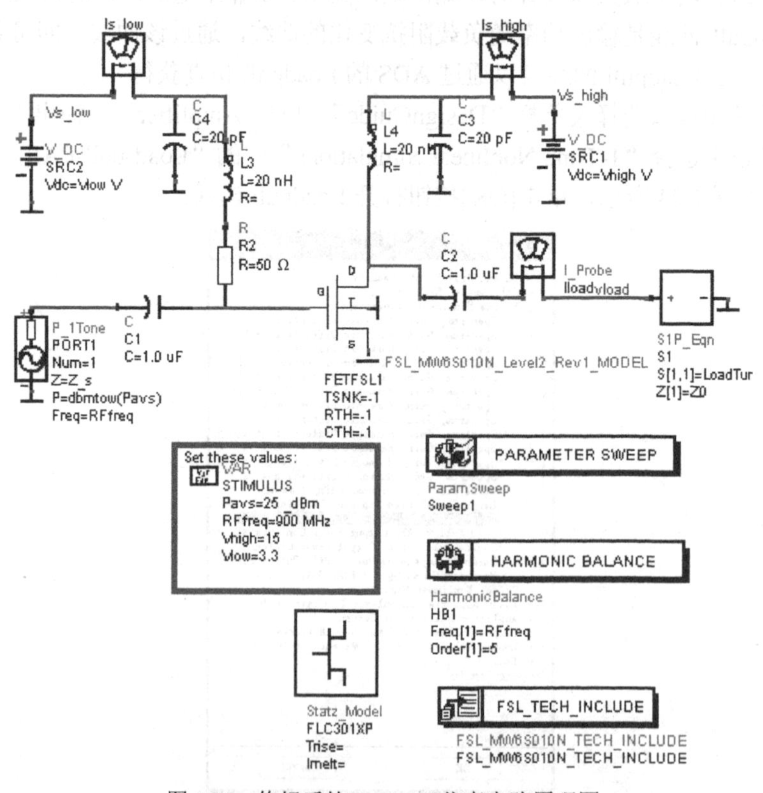


图 7.26 修好后的 Loadpull 仿真电路原理图

（3）完成设置后，单击工具栏中的[Simulation]按钮开始仿真，如图 7.27 所示，仿真结束后自动弹出仿真结果。

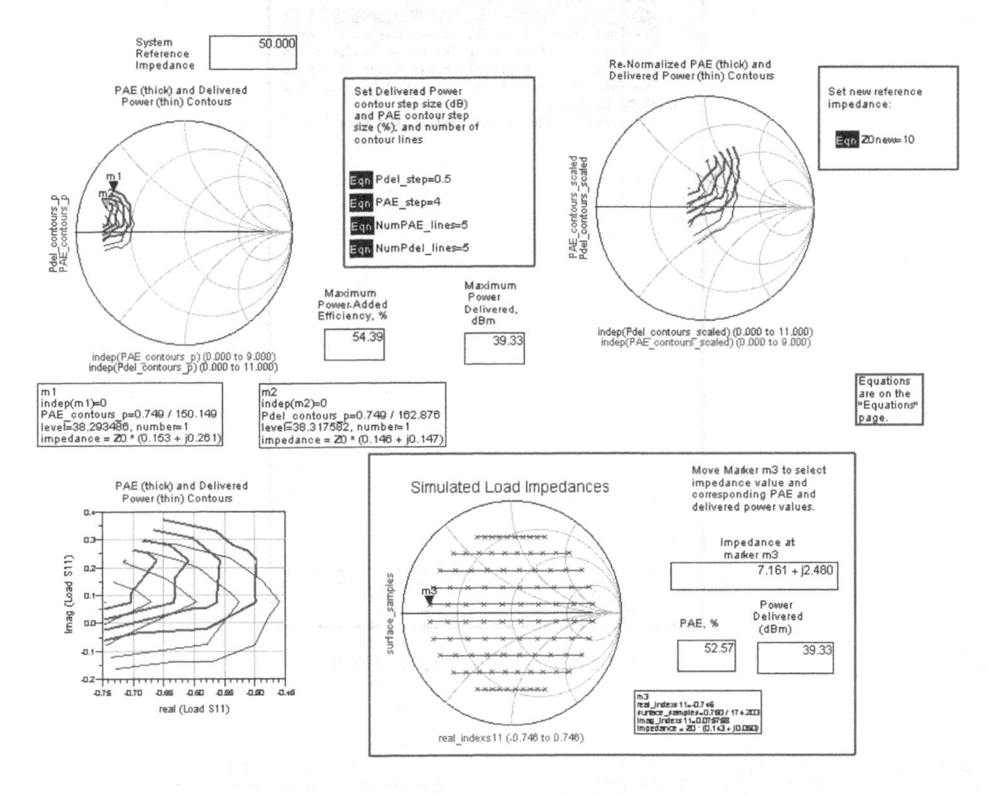


图 7.27　Loadpull 仿真结果

从仿真结果中可以看出，功率圆和效率圆都没有完全显示，这就需要在仿真前调整 Loadpull 扫描点的范围。在原理图菜单栏选择“DesignGuide”中的“Loadpull”，则弹出“Loadpull”对话框，选择“Reflection Coefficient Utility”，如图 7.28 所示，单击[OK]按钮打开计算工具。将工具中的圆心放在大约最佳功率点的位置，调整半径，包含功率圆心附近的圆，读出此时的圆心坐标和半径，如图 7.29 所示，此时圆心坐标为-0.64+j*0.13，半径为 0.35。

（4）将原理图右侧的史密斯圆图扫描设置区域 VAR 中的半径及圆心坐标改为从“Reflection Coefficient Utility”中读取的半径及圆心坐标值，并将扫描点数加大至 500 个点，增加精度，如图 7.30 所示，然后直接单击[Simulation]按钮再次进行仿真。

（5）完成仿真后，在菜单栏选择[Maker]→[New]命令，插入两个标注信息，并将 m1 和 m2 点分别移到蓝色和红色的圆心点，此时在圆的右侧“Maximum Power-Added Efficiency%”和“Maximum Power Delivered， dBm”处可以看到晶体管所能达到的最大功率附加效率和功率分别为 60.71%和 39.96dBm，如图 7.31 所示。我们选取最佳功率点 m2 的阻抗来作为输出阻抗匹配，此时 m2 点的阻抗为 $Z_0$*（0.087+j*0.120），双击 m2 点读数框，则打开了“Edit Marker Properties”对话框，选择“Format”栏，将 $Z_0$ 改为“50”，单击[OK]按钮，如图 7.32 所示，即可读出 50Ω特征阻抗下的实际阻抗值，如图 7.33 所示，约为 4.35+j*5.98Ω。

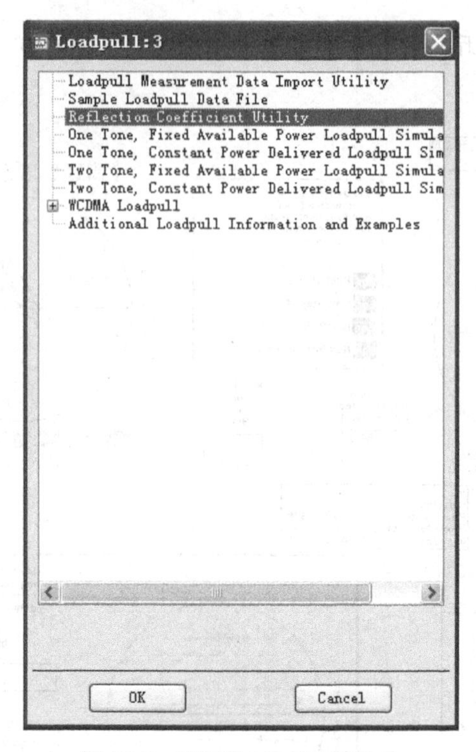


图 7.28　打开圆心半径计算软件

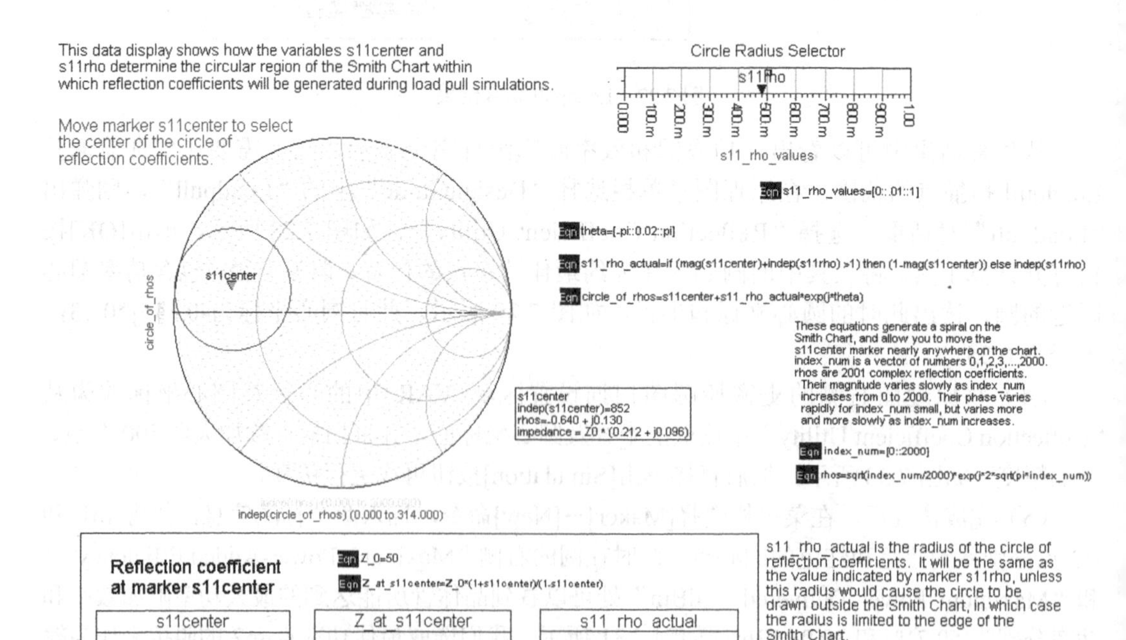


图 7.29　读取史密斯圆图圆心半径

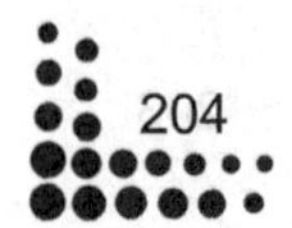

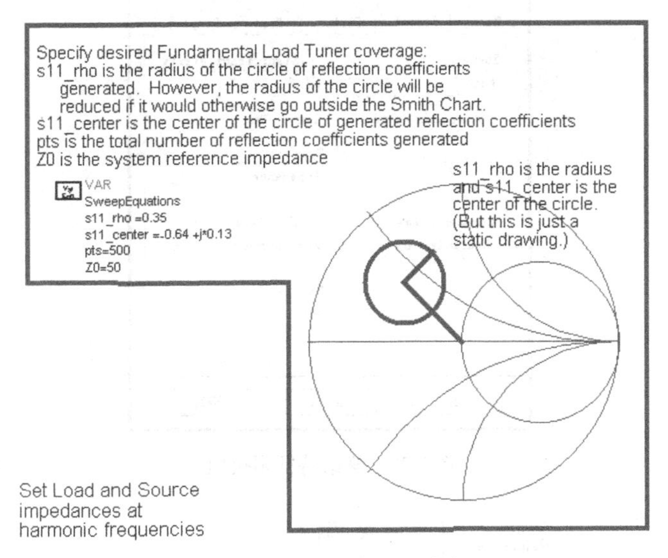


图 7.30 修改扫描圆心半径

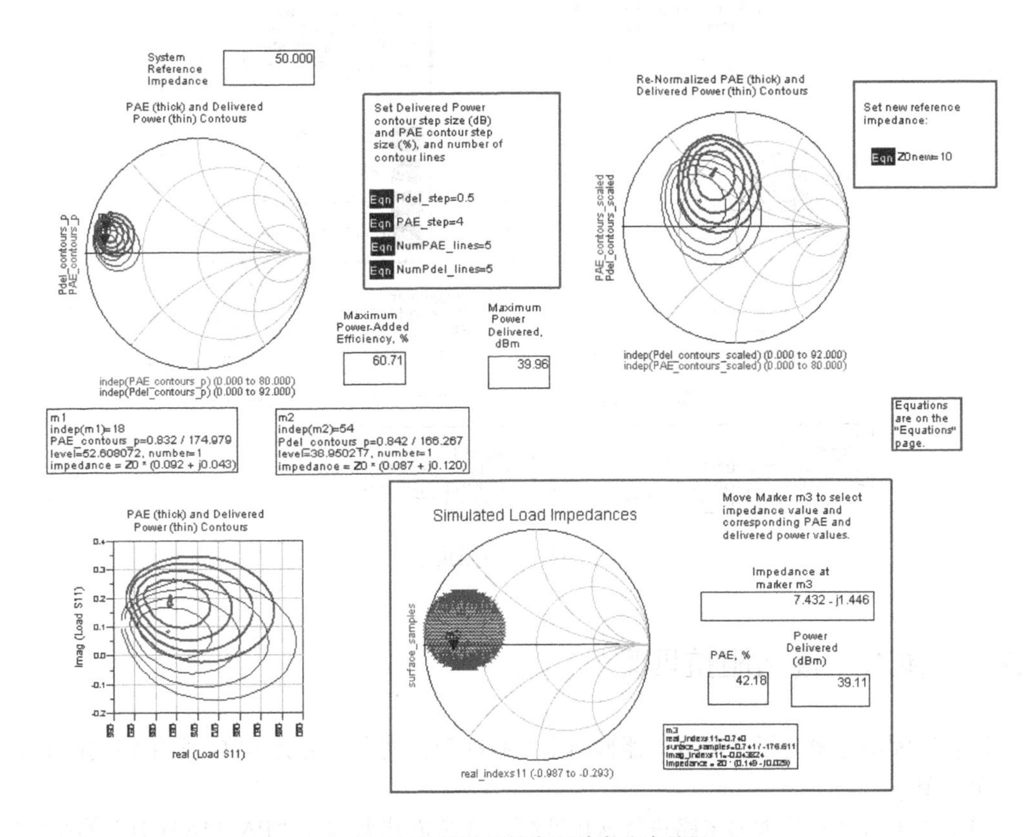


图 7.31 功率附加效率和功率仿真结果

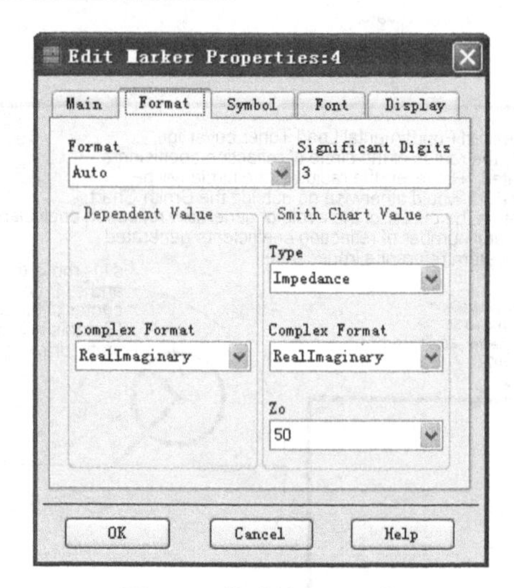


图 7.32　修改特征阻抗值

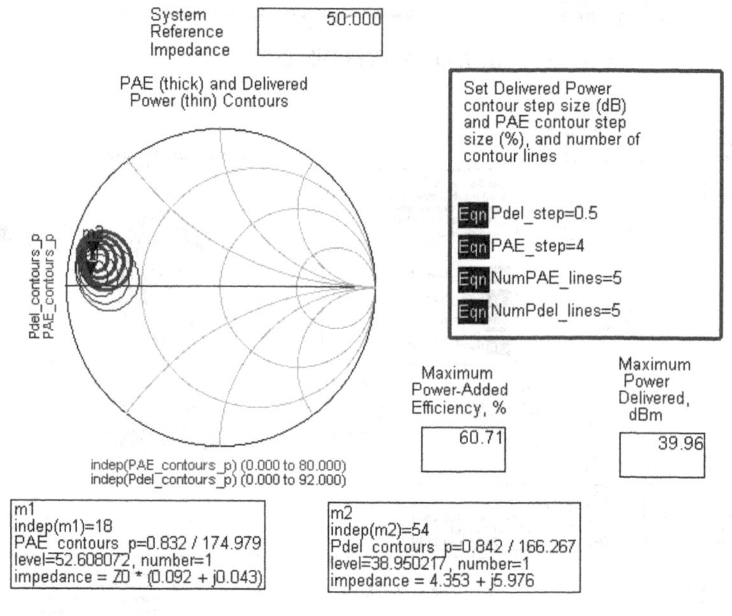


图 7.33　读取阻抗值

## 7.2.4　输入、输出阻抗匹配

阻抗匹配电路决定了功率放大器输出至负载的最大功率，是功率放大器电路设计中重要的一个环节。

（1）为了对功率放大器电路进行输出匹配，继续创建名称为“PA_MATCH”的原理图，单击[OK]按钮，将“PA_BIAS”中的电路图进行复制，从“Smith Chart Matching”元件面板中选择“DA_SmithChartMatch”控制器插入原理图中，组成图 7.34 所示的电路图。

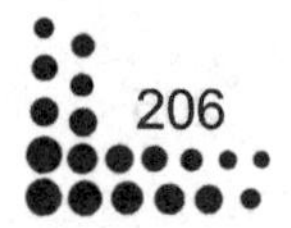

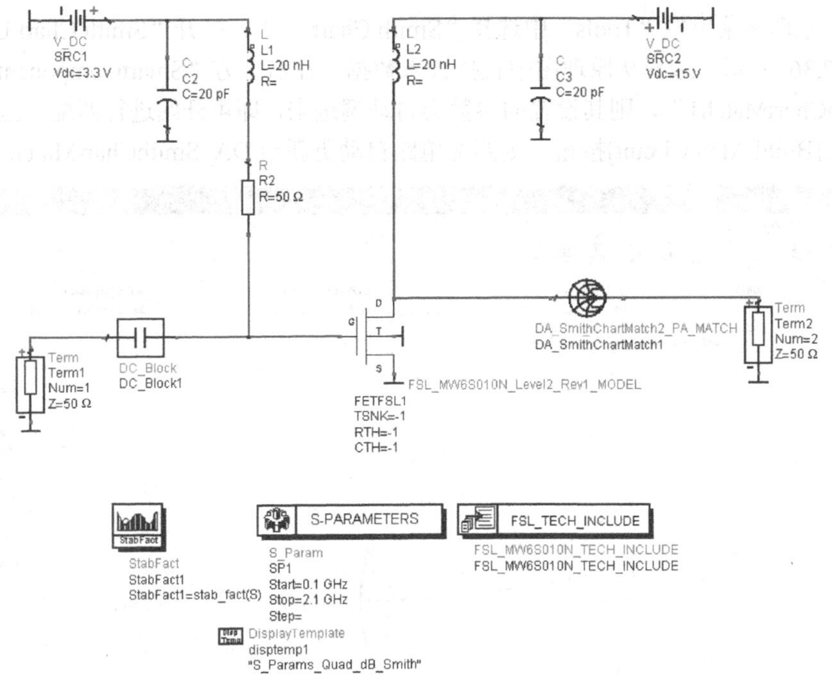


图 7.34　待匹配电路图

（2）双击“DA_SmithChartMatch1”对其进行参数设置，频率改为“900MHz”，“SourceType”改为复数形式“Complex Impedance”，“SourceEnable”改为“True”，将“Zg”改为“4.35-j*5.98”Ω（由于 Loadpull 读出的阻抗数值为从晶体管看向负载的值，此处为从负载看向晶体管处的阻抗，取共轭值），“LoadType”改为“Resistive”，“LoadEnable”改为“True”，其他保持默认值即可，如图 7.35 所示，单击[OK]按钮完成设置。

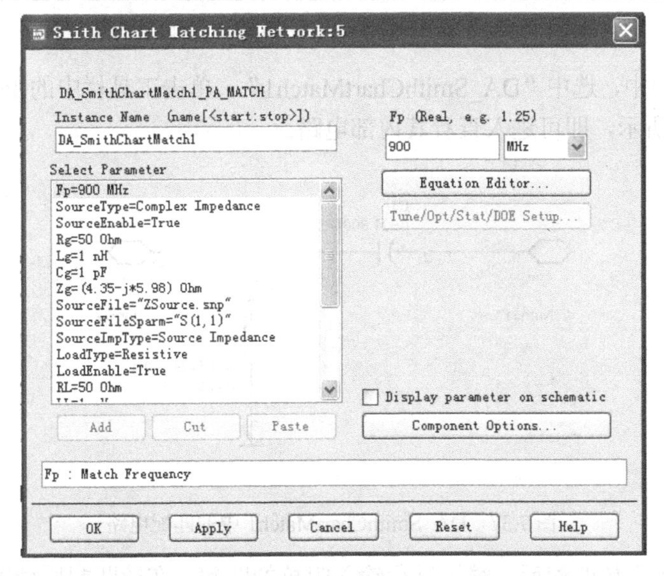


图 7.35　DA_SmithChartMatch1 参数设置

（3）在原理图菜单栏“Tools”中选择“Smith Chart ...”，打开“Smith Chart Utility”窗口，如图 7.36 所示。选择从原理图中直接读入数据，在右上方“SmartComponent”处选择“DA_SmithChartMatch1”，则其设置的参数会自动调进来，即可开始进行匹配。匹配完成后单击下方的[Build ADS Circuit]按钮，则匹配电路自动更新至 DA_SmithChartMatch 中。

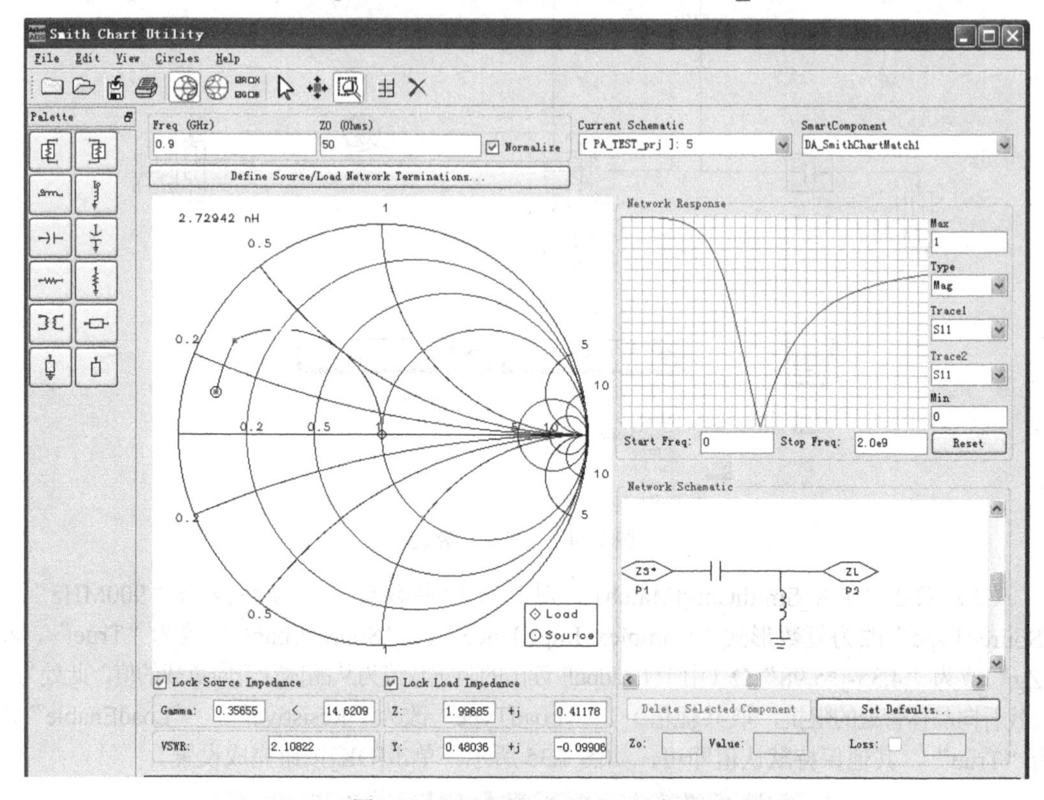


图 7.36 “Smith Chart Utility”窗口

在原理图窗口中，选中“DA_SmithChartMatch1”，单击工具栏中的[Push Into Hierarchy]按钮，如图 7.37 所示，即可进入查看其内部电路。

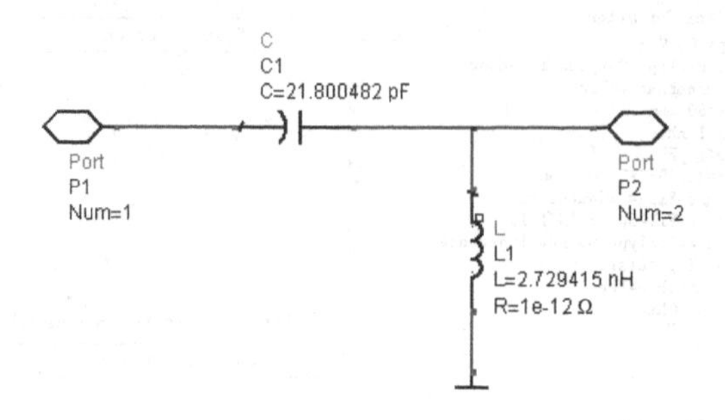


图 7.37 DA_SmithChartMatch1 中的匹配电路

（4）完成输出阻抗匹配后，继续进行输入阻抗的匹配。在待匹配原理图窗口中双击 S 参数仿真控制器，选择“Parameters”栏，在“Z-Parameters”项前打钩，单击[OK]按钮完成设

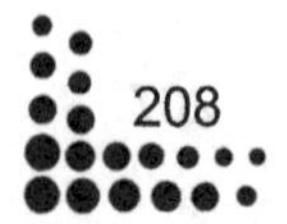

置，如图 7.38 所示，则将 Z 参数扫描纳入仿真范围。

（5）单击工具栏中的[Simulation]按钮开始仿真，仿真结束后自动弹出数据显示窗口，从数据显示面板中单击[Rectangular Plot]按钮，插入矩形图。在弹出的“Plot Trace&Attributes”对话框中选择“Z(1,1)”，如图 7.39 所示。在弹出的“Complex Data”对话框中分别选择“Real part”和“Imaginary part” 如图 7.40 所示，显示输入阻抗的实部或虚部。如图 7.41 所示，阻抗值实部和虚部分别为 1.048 和-0.511。

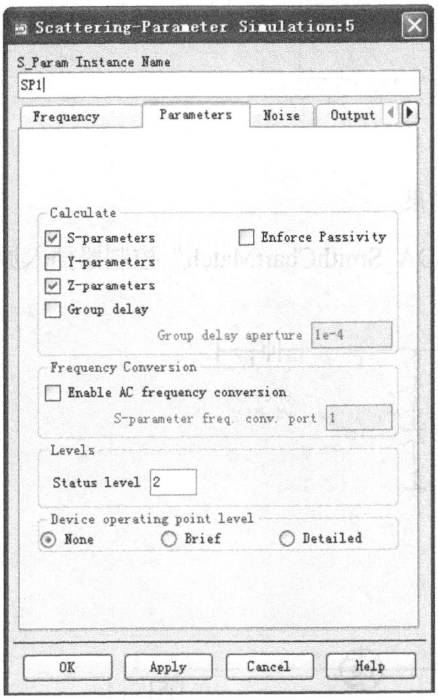

图 7.38　设置 Z 参数仿真

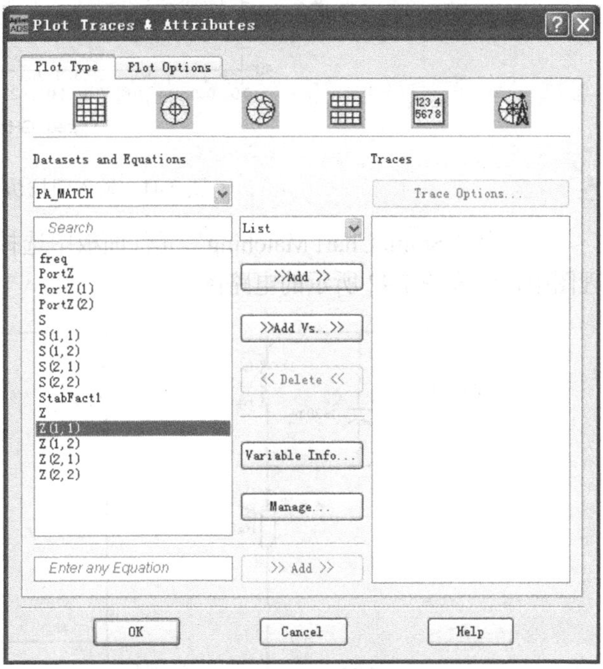

图 7.39　选择显示输入阻抗

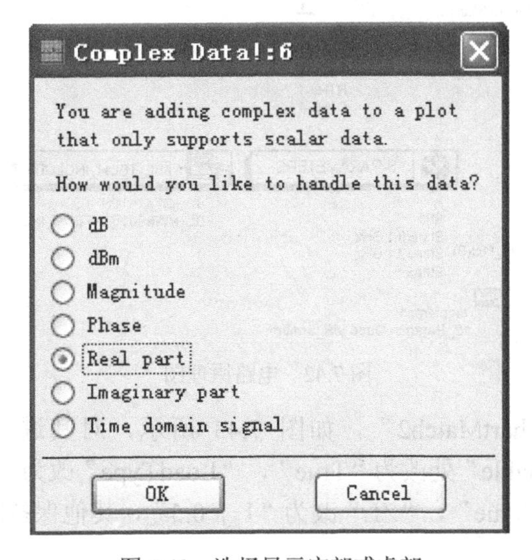


图 7.40　选择显示实部或虚部

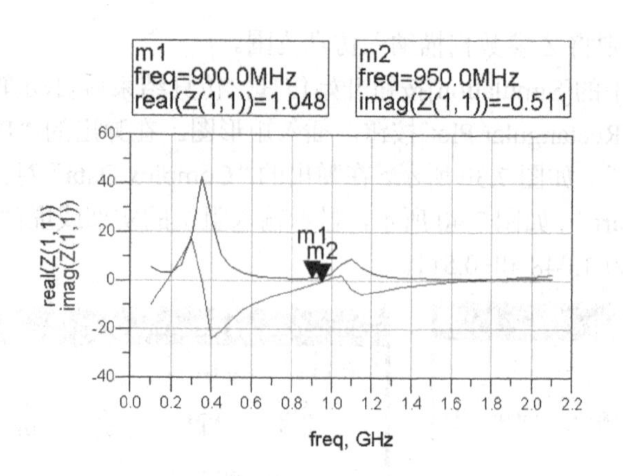


图 7.41　输入阻抗仿真结果

（6）从“Smith Chart Matching”元件面板中选择“DA_SmithChartMatch”控制器插入原理图中，组成图 7.42 所示的电路图。

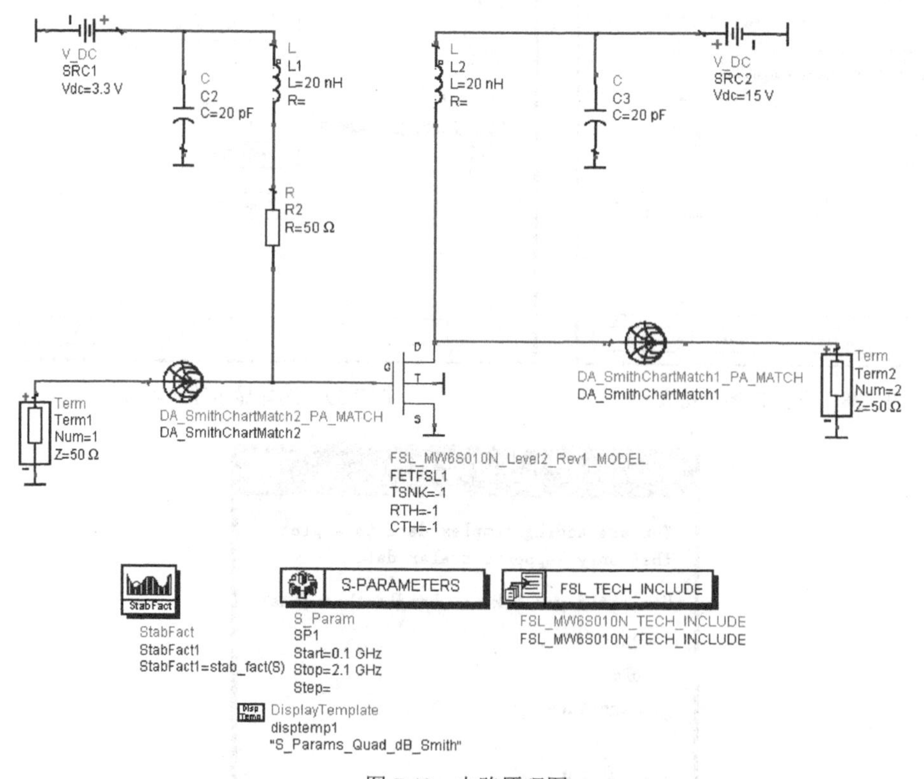


图 7.42　电路原理图

双击“DA_SmithChartMatch2”，如图 7.43 所示，对其进行参数设置，频率改为“0.9GHz”，“SourceEnable”处改为“True”，“LoadType”改为“Complex Impedance”，“LoadEnable”处改为“True”，“ZL”改为“1-j*0.5”，其他保持默认值即可，单击[OK]按钮完成设置。

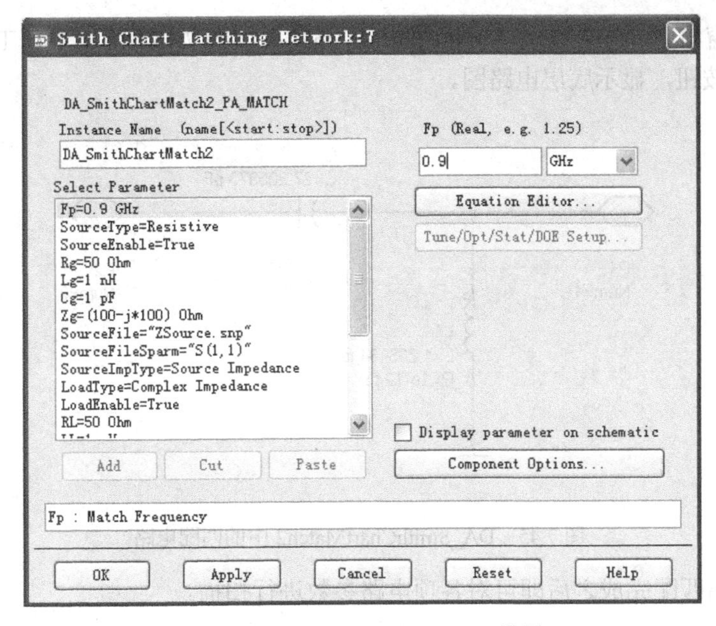


图 7.43　DA_SmithChartMatch2 设置

在原理图菜单栏选择[Tools]→[Smith Chart ...]命令，打开“Smith Chart Utility”窗口，如图 7.44 所示，对输入阻抗进行匹配，匹配完成后单击下方的[Build ADS Circuit]按钮，则匹配电路自动更新至 DA_SmithChartMatch 中。

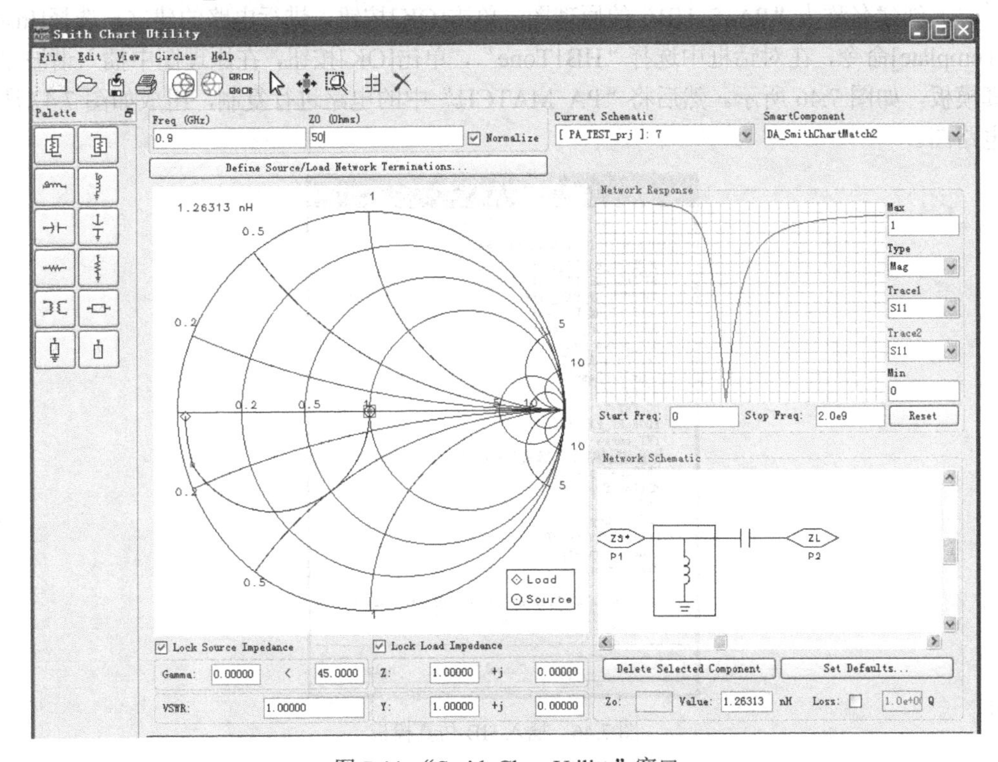


图 7.44　“Smith Chart Utility”窗口

在原理图窗口中，选中“DA_SmithChartMatch2”，如图 7.45 所示，单击工具栏中的[Push Into Hierarchy]按钮，显示底层电路图。

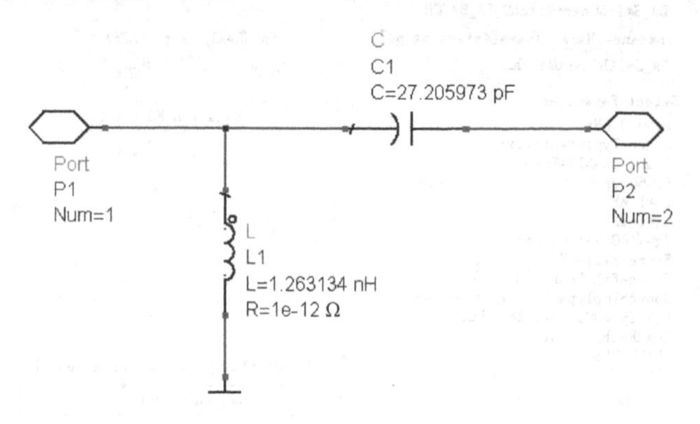


图 7.45　DA_SmithChartMatch2 中的匹配电路

输入和输出匹配完成之后即可对各项电路参数进行扫描。

## 7.2.5　S 参数及谐波平衡仿真

完成所有原理图电路的建立后，就可以对功率放大器进行性能参数仿真了。

（1）创建名称为“PA_S_HB”的原理图，单击[OK]按钮，进行电路的建立。选择[Insert]→[Template]命令，在对话框中选择“HB1Tone”，单击[OK]按钮，在原理图中插入谐波平衡仿真模板，如图 7.46 所示。然后将“PA_MATCH”中的电路进行复制，组成如图 7.47 所示的电路图。

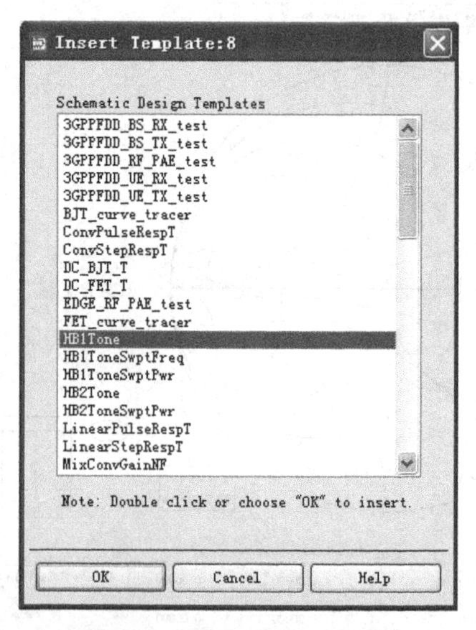


图 7.46　插入 HB 仿真模板

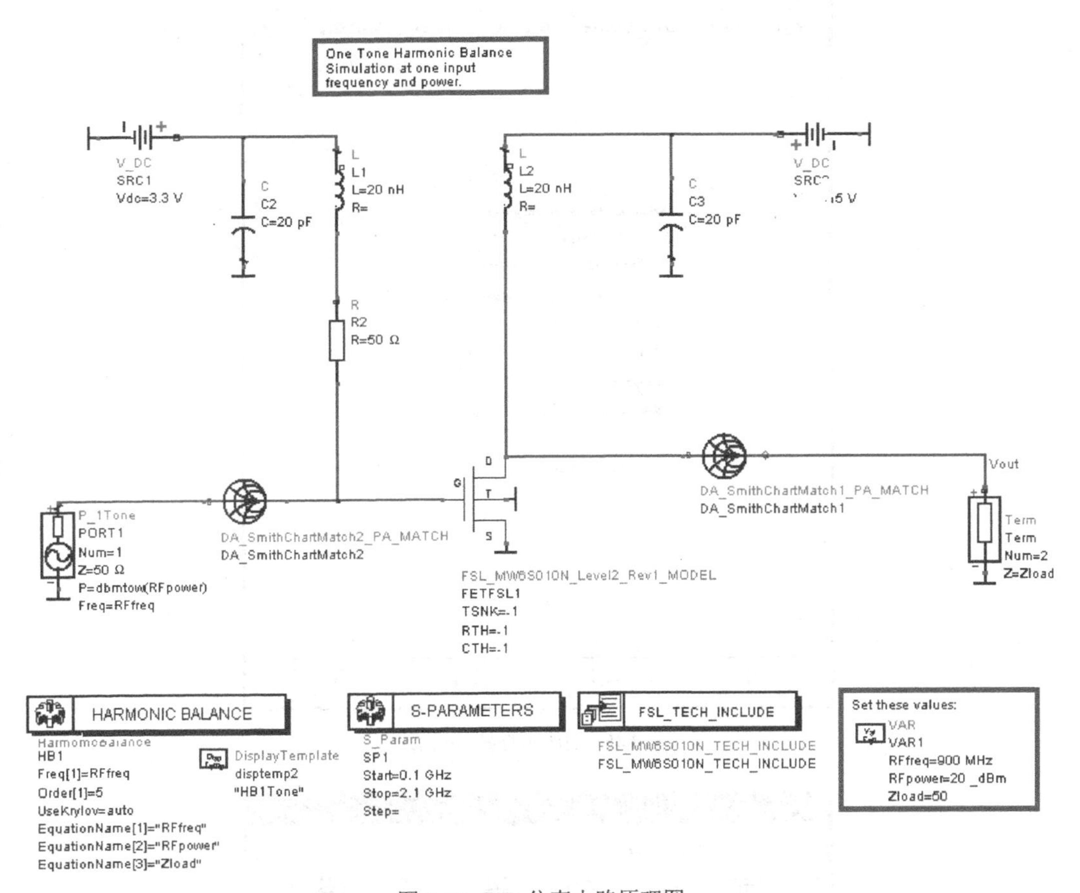


图 7.47　HB 仿真电路原理图

（2）双击 HB 仿真控制器对其进行设置，如图 7.48 所示，在“Sweep”栏中的“Parameter to sweep”处填入“RFpower”，扫描范围为 0～30dBm，步长为 0.2dB。

（3）完成设置后，单击工具栏中的[Simulation]按钮开始仿真，仿真结束后自动弹出数据显示窗口。从数据显示面板中单击[Rectangular Plot]按钮，插入一个矩形图。在弹出的“Plot Traces & Attributes”对话框中双击“Vout”，在弹出的对话框中选择“Fundamental tone in dBm over all sweep values”，单击[OK]按钮完成基波随输入功率变化的曲线。再插入一个矩形图，在对话框“Datasets and Equations”中选择“Equations”，然后在下面的选择栏中双击“P_gain_transducer”，如图 7.49 所示，单击[OK]按钮完成增益随输入功率变化的曲线。如图 7.50 所示，继续加入两个矩形图分别显示“S(2,1)”和“S(1,1)”，随频率变化的曲线。可见在 900MHz 时，功率放大器增益达到最大，为 19.377dB，同时反射系数 S(1,1)为-2.957dB，这并不理想，因此还需要对电路进行优化设计。

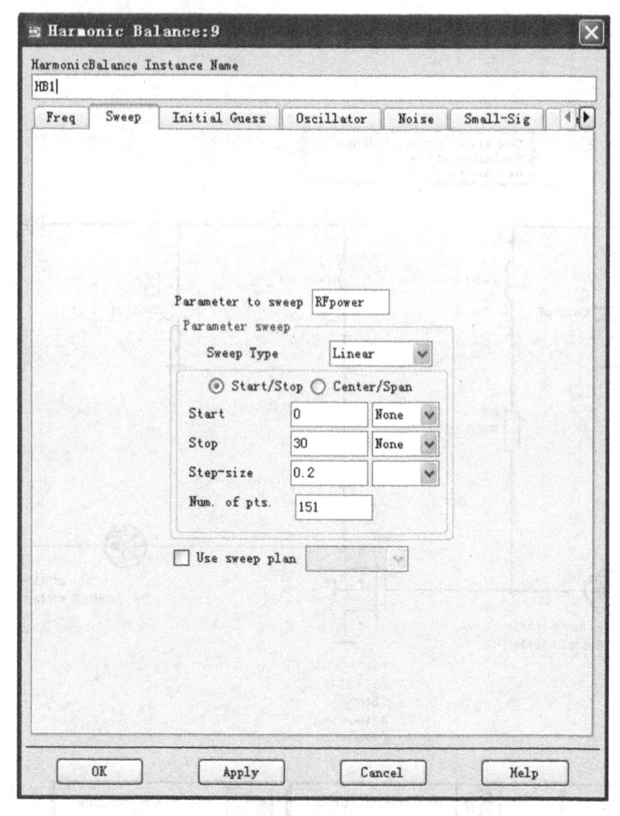


图 7.48　HB 仿真控件设置

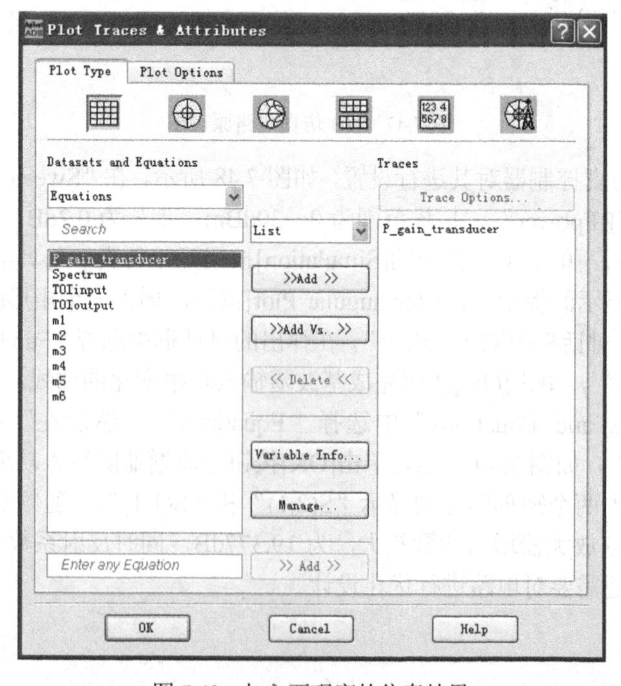


图 7.49　加入要观察的仿真结果

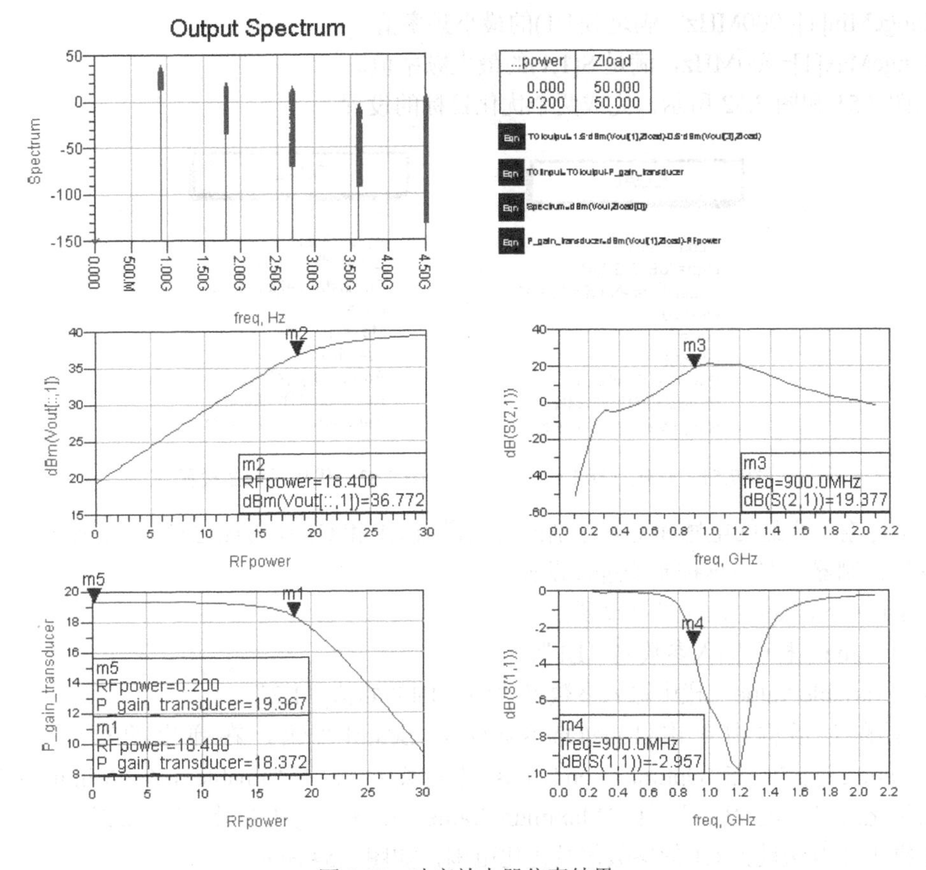


图 7.50 功率放大器仿真结果

（4）在原理图窗口中选择“Optim/Stat/Yield/DOE”元件面板，选择一个优化控制器插入原理图中，此例中我们主要对 $S_{21}$ 和 $S_{11}$ 进行一下优化。

优化控制器需要与优化目标配合才能同时仿真，继续在优化控制器面板“Optim/Stat/Yield/DOE”中选择两个优化目标 GOAL，插入原理图中，并逐一进行参数设置。

GOAL1 设置：

Expr=“dB(S(2,1))”，表示优化的目标是 S(2,1)。

SimInstanceName=“SP1”，表示优化的目标控制器为 SP1。

Min=20，表示 S(2,1)最小值为 20dB。

RangeVar[1]=“freq”，优化范围变量为频率 freq。

RangeMin[1]=850MHz，满足 S(2,1)的最小频率值。

RangeMax[1]=950MHz，满足 S(2,1)的最大频率值。

GOAL2 设置：

Expr=“dB(S(1,1))”，表示优化的目标是 S(1,1)。

SimInstanceName=“SP1”，表示优化的目标控制器为 SP1。

Max=−10，表示 S(1,1)最大值为−10dB

RangeVar[1]=“freq”，优化范围变量为频率 freq。

RangeMin[1]=900MHz，满足 S(1,1)的最小频率值。

RangeMax[1]=900MHz，满足 S(1,1)的最大频率值。

如图 7.51 和图 7.52 所示，完成两个优化目标的设置。

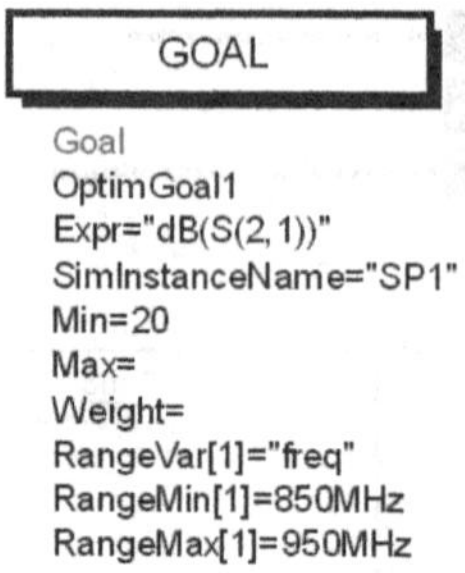

GOAL
Goal
OptimGoal1
Expr="dB(S(2,1))"
SimInstanceName="SP1"
Min=20
Max=
Weight=
RangeVar[1]="freq"
RangeMin[1]=850MHz
RangeMax[1]=950MHz

图 7.51　优化目标 1 设置

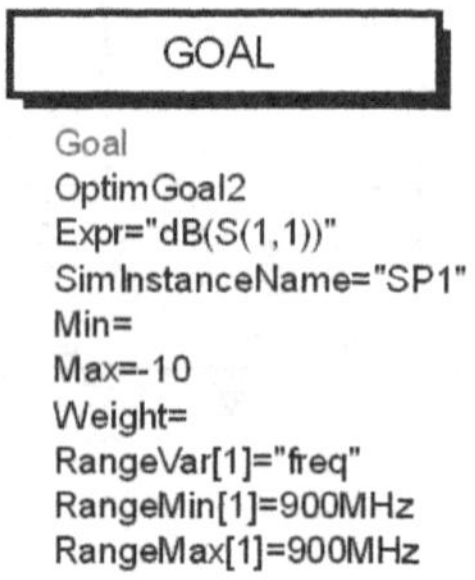

GOAL
Goal
OptimGoal2
Expr="dB(S(1,1))"
SimInstanceName="SP1"
Min=
Max=-10
Weight=
RangeVar[1]="freq"
RangeMin[1]=900MHz
RangeMax[1]=900MHz

图 7.52　优化目标 2 设置

（5）将输入匹配的电感和电容分别改为变量值 L1 和 C1 作为优化对象，在原理图中加入一个变量控制器，双击该控制器进行设置：

以 L1 为例，如图 7.53 进行设置。

在“Name”栏中输入参数名“L1”。

在“Variable Value”栏中输入参数名“L1”的初始值“1.2”。

然后在对话框中单击[Tune/Opt/Stat/DOE Setup]按钮，在弹出的对话框中选择“Optimization”选项，在“Optimization Status”下拉菜单中选择“Enable”，在“Minimum Value”中输入优化的最小值“0.5”，在“Maximum Value”中输入优化的最大值“2.5”。

依据上述方法设置 C1 的参数值及优化范围，如图 7.54 所示。

C1=27 opt{20 to 35}，表示 C1 的初始值为 27，优化范围从 20 到 35。

图 7.55 所示为完成参数设置后的变量控制器。

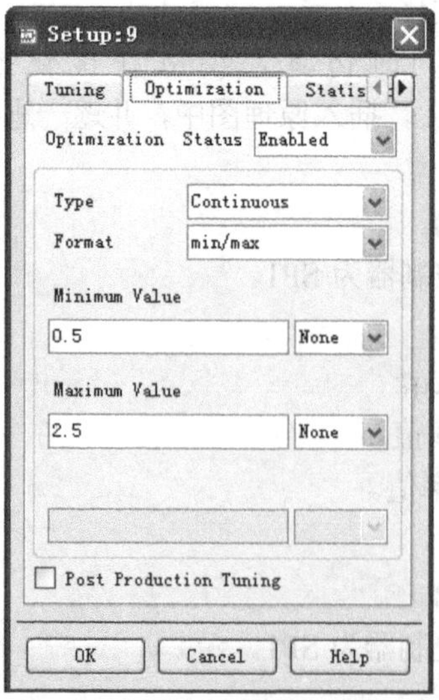

Setup:9
Tuning
Optimization
Statis
Optimization Status
Enabled
Type
Continuous
Format
min/max
Minimum Value
0.5
None
Maximum Value
2.5
None
Post Production Tuning
OK
Cancel
Help

图 7.53　设置 L1 参数

Setup:9
Tuning
Optimization
Statis
Optimization Status
Enabled
Type
Continuous
Format
min/max
Minimum Value
20
None
Maximum Value
35
None
Post Production Tuning
OK
Cancel
Help

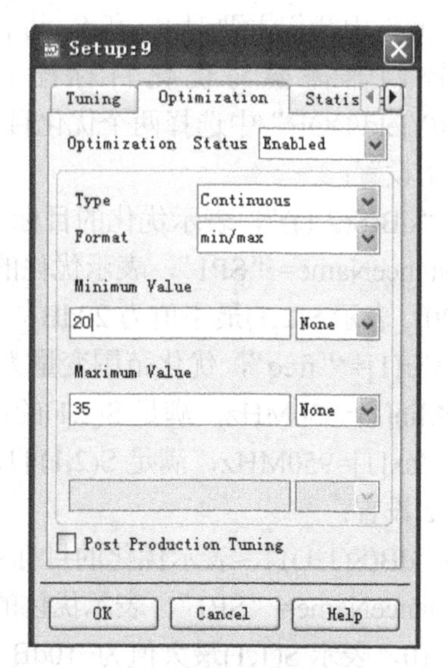

图 7.54　设置 C1 参数

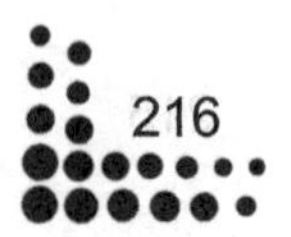

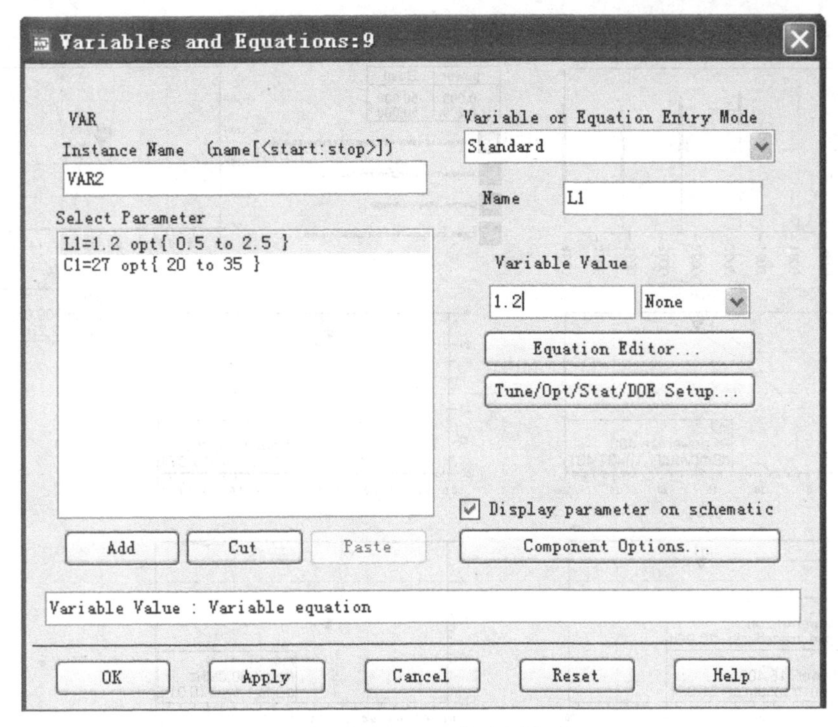


图 7.55　完成设置后的变量控制器

（6）完成设置后，单击工具栏中的[Simulation]按钮开始仿真，仿真结束后自动弹出优化后的仿真结果，如图 7.56 所示。单击原理图菜单栏“Simulation”中的“Update Optimization Values”将优化的电感、电容值进行自动更新。可见在 900MHz 时，功率放大器增益达到最大，为 22.074dB，同时反射系数 S(1,1)为-10.914dB，达到预期的优化目标，完成了预定的设计任务。

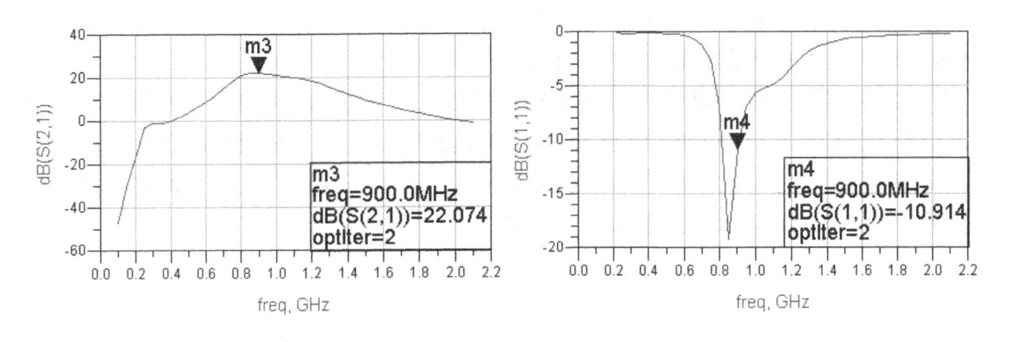


图 7.56　优化后的仿真结果

在原理图工具栏中单击[Deactivate or activate Components]按钮，将仿真控件和目标全部失效，如图 7.57 所示，重新进行扫描即可得到此时的 S 参数及谐波扫描结果。

从频谱中可以看到功率放大器在 900MHz 时输出最大功率谱信号，1dB 点输出功率达到 37.431dBm，增益 22.074dB，完成了预期的设计目标。

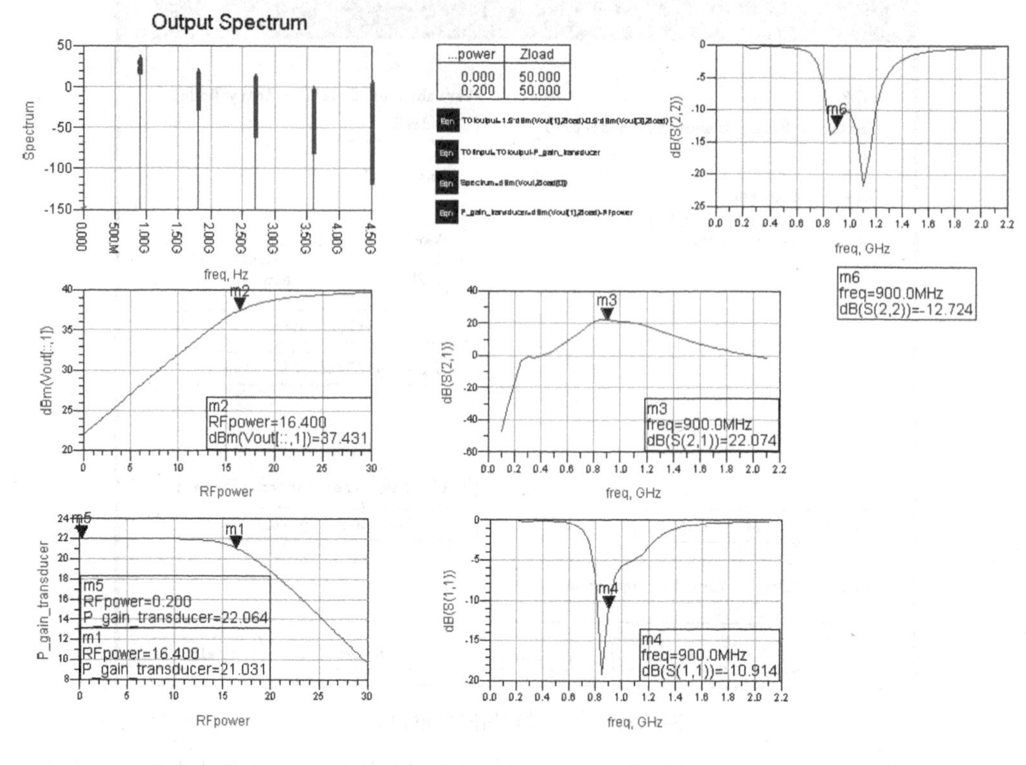


图 7.57 功率放大器最终仿真结果

# 7.3 小结

本章主要介绍了射频功率放大器的基本概念、性能参数和设计步骤，着重讨论了在 ADS 仿真环境下进行功率放大器设计的方法和基本流程。

在功率放大器设计中，晶体管的选择至关重要，作为功率放大器设计的第一步，只有对晶体管选择合适的直流点，才能在后续的设计中达到较好的增益和线性度指标。此外，稳定性设计和阻抗匹配决定了功率放大器在系统中所能进行的工作状态，这也需要设计者仔细琢磨，才能完全掌握。这些内容是本章学习的重点。

# 第 8 章　低噪声放大器的设计与仿真

低噪声放大器是无线通信射频接收电路中的第一个有源电路，主要功能是将来自天线的微伏级电压信号进行小信号放大后传输到下一级电路，因此，低噪声放大器的特性对射频接收系统的性能起着决定作用。本章首先介绍低噪声放大器的基本原理和指标参数，之后通过一个仿真实例来讨论利用 ADS 进行低噪声放大器设计的基本方法和流程。

## 8.1　低噪声放大器电路原理与指标参数

作为接收机的第一级，低噪声放大器必须提供足够的增益来克服后续各级电路（如混频器，滤波器和中频放大器）的噪声。除了提供一定的增益而又附加尽可能小的噪声以外，一个低噪声放大器还应能够接收一定的大信号而不失真，并且还对输入信号源表现出一个特定的阻抗，通常为 50Ω或 75Ω。这最后一个考虑在低噪声放大器的前级是一个无源滤波器时特别重要，因为许多滤波器的传输特性对于终端阻抗的情况十分敏感。

为了均衡增益、输入阻抗、噪声系数以及功耗，满足系统要求，对低噪声放大器设计一般有以下要求。

（1）提供足够的增益以减小低噪声放大器后续电路对系统的噪声影响，但是低噪声放大器的增益也不能太大，否则没有被通道滤波器滤除的大干扰信号可能会超过混频器的线性范围。

（2）产生尽可能小的噪声和信号失真。

（3）提供输入和输出端的 50Ω或 75Ω阻抗匹配，尽量减少外接元件，力求增益与外接元件无关。

（4）保证信号的线性度。

（5）接收机接收信号的强度从-120～-20dBm 之间，在低噪声放大器设计中，力求上述性能指标达到最优，但通常较难实现。在实际设计中，这些要求往往相互牵制、影响甚至矛盾，因此在进行低噪声放大器设计时，如何采用折中原则兼顾各项指标是尤为重要的。

低噪声放大器的指标参数主要包括：噪声系数、功率增益、增益平坦度、工作频带、动态范围、端口驻波比与反射损耗、稳定性几大类。此外，在移动通信中，由于射频前端一直处于工作状态，低功耗也是低噪声放大器的一项重要指标。以上这些指标相互牵制，它们不仅取决于电路结构，同时也取决于采用的工艺技术，以下对这些指标参数进行分类讨论。

### 1．噪声系数

噪声系数定义如下：

$$\mathrm{NF}=\frac{S_{\mathrm{in}}/N_{\mathrm{in}}}{S_{\mathrm{out}}/N_{\mathrm{out}}} \tag{8-1}$$

式中，$S_{\mathrm{in}}$、$N_{\mathrm{in}}$ 分别为输入端的信号功率和噪声功率；$S_{\mathrm{out}}$、$N_{\mathrm{out}}$ 分别为输出端的信号功率和噪声功率。噪声系数的物理含义为：信号经过放大器之后，由于放大器产生噪声，使得信噪比变坏，信噪比下降的倍数就是噪声系数。噪声系数用分贝数表示为：

$$\mathrm{NF(dB)}=10\lg(\mathrm{NF}) \tag{8-2}$$

放大器自身产生的噪声常用等效噪声温度 $T_{\mathrm{e}}$ 来表示，噪声温度和噪声系数的关系可以表示为：

$$T_{\mathrm{e}}=T_0(\mathrm{NF}-1) \tag{8-3}$$

式中，$T_0$ 为环境温度，通过取 293K。

### 2．功率增益，增益平坦度

低噪声放大器功率增益有多种定义，如资用增益、实际增益、共扼增益、单向化增益等。对于实际的低噪声放大器，功率通常是指信号源和负载都是 50Ω标准阻抗情况下实测的增益。实际测量时常用插入法，即用功率计先测信号源能给出的功率 $P_1$，再把放大器接到信号源上，用同一功率计测放大器输出功率 $P_2$，则功率增益表示为：

$$G=P_2/P_1 \tag{8-4}$$

低噪声放大器都是按照噪声最佳匹配进行设计的，噪声最佳匹配点一般并非最大增益点，因此会导致增益有一定程度的下降。噪声最佳匹配情况下的增益称为相关增益。通常，相关增益比最大增益大概低 2～4dB。功率增益的大小还会影响整体电路的噪声系数，下面给出简化的多级放大器噪声系数表达式：

$$N_{\mathrm{f}}=N_{\mathrm{f1}}+\frac{N_{\mathrm{f2}}-1}{G_1}+\frac{N_{\mathrm{f3}}-1}{G_1G_2}+\cdots \tag{8-5}$$

式中，$N_{\mathrm{f}}$ 为放大器的整体噪声系数，$N_{\mathrm{f1}}$、$N_{\mathrm{f2}}$、$N_{\mathrm{f3}}$ 分别为第 1、2、3 级电路的噪声系数。$G_1$、$G_2$ 分别为第 1、2 级电路功率增益。从上面的讨论可以知道，当前级增益 $G_1$ 和 $G_2$ 足够大时，多级放大器的噪声系数接近第一级电路的噪声系数。因此，多级放大器的第一级噪声系数大小起决定作用。作为多级低噪声放大器的功率增益，一般在 20～40dB 之间。

增益平坦度是指工作频带内功率增益的起伏，常用最高增益与最小增益之差来表示，即表示为 $\Delta G(\mathrm{dB})$。

### 3．工作频带

工作频带不仅是指功率增益满足平坦度要求的频带范围，而且还要求全频带内噪声系数满足设计要求。

### 4．动态范围

动态范围是指低噪声放大器输入信号允许的最小功率和最大功率范围。动态范围的下限取决于噪声性能，当放大器的噪声系数给定时，输入信号功率允许最小值为：

$$P_{\min}=N_{\mathrm{f}}(kT_0\Delta f_{\mathrm{m}})M \tag{8-6}$$

式中，$\Delta f_{m}$ 为射频系统的通频带；$M$ 为射频系统允许的信号噪声比，或信号识别系数；$T_0$ 为环境温度 293K。动态范围的上限受非线性指标限制，通常定义为放大器非线性特性达到指定三阶交调点的输入或者输出功率值。

**5．端口驻波比与反射损耗**

低噪声放大器的主要指标是噪声系数，所以输入匹配电路是按照噪声最佳来设计的，其结果会偏离驻波比最佳的共扼匹配状态，因此驻波比性能未能达到最佳。此外，由于微波场效应晶体管或双极型晶体管的增益特定都是按每倍频程 6dB 规律随频率升高而下降的，为了获得工作频带内平坦增益特性，在输入匹配电路和输出匹配电路都是无耗电抗性电路情况下，只能采用低频段失配的方法来压低增益，以保持带内增益平坦。因此，端口驻波比必然是随着频率的降低而升高的。

**6．稳定性**

当放大器的输入端和输出端的反射系数的模都小于 1 时，即$|\Gamma_1|<1$，$|\Gamma_2|<1$时，不论源阻抗或载阻抗如何，网络都是稳定的，这时称为绝对稳定。当输入端或输出端的反射系数的模大于 1 时，网络是不稳定的，这时称为条件稳定。对条件稳定的放大器，其负载阻抗和源阻抗不能任意选择，而是有一定的范围，否则放大器不能稳定工作。

## 8.2 低噪声放大器仿真实例

低噪声放大器的设计主要包括晶体管特性扫描、匹配电路设计和整体电路参数仿真 3 部分，其中前两部分作为低噪声放大器的设计准备，在很大程度上决定了最终低噪声放大器的功能和性能。本节通过一个 2.4GHz 低噪声放大器来讨论利用 ADS 进行低噪声放大器原理图设计、仿真参数设置以及数据输出查看的基本方法和流程。低噪声放大器设计指标为：

- 低噪声放大器工作频率为 2.4GHz。
- 噪声系数：<3dB。
- 功率增益：>10dB。
- 稳定系数：>1。
- 反射系数 S11<−10dB，S22<−10dB。

在确定设计指标后，下面具体讨论低噪声放大器原理图的设计流程。

### 8.2.1 晶体管特性仿真

晶体管特性扫描仿真是进行放大器设计的首要任务，只有选择合适的晶体管，并使之处于正确的工作状态，低噪声放大器才能达到预期的设计目标。

**1．直流工作点扫描**

直流工作特性是晶体管最重要的特性之一，只有选择合适的直流工作点，才能保证放大器其他性能的合理实现。

（1）运行 ADS，在 ADS 主窗口中选择[File]→[New Project]命令，在弹出的“New Project”对话框默认工程路径“C:\users\default\”后输入工程名“LNA_lab”。之后在“Project Technology Fliles:”栏中选择“ADS Standard:Length unil-millimeter”，表示工程中采用的长度单位为 mm，如图 8.1 所示。在对话框中单击[OK]按钮，完成工程建立，同时自动弹出原理图窗口。

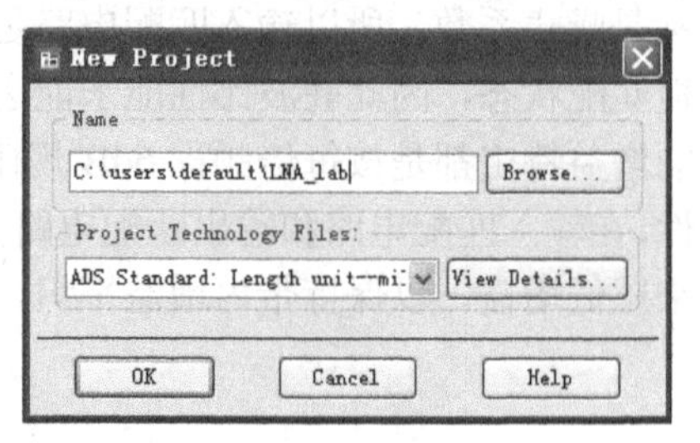


图 8.1　建立工程

（2）首先对晶体管的直流特性进行扫描，以确定最佳工作点。在原理图窗口中选择[File]→[Save Design]命令，将原理图窗口保存为“LNA_DC”，开始原理图设计。在工具栏中单击[Display Component Library List]按钮，弹出元件库。在“RF Transistor Library”下拉菜单中选择“Packaged BJTs”元件库，在库中选择“pb_hp_AT41533_19950125”三极管，如图 8.2 所示。单击该三极管拖入原理图中，按“Esc”键退出，完成元件插入。

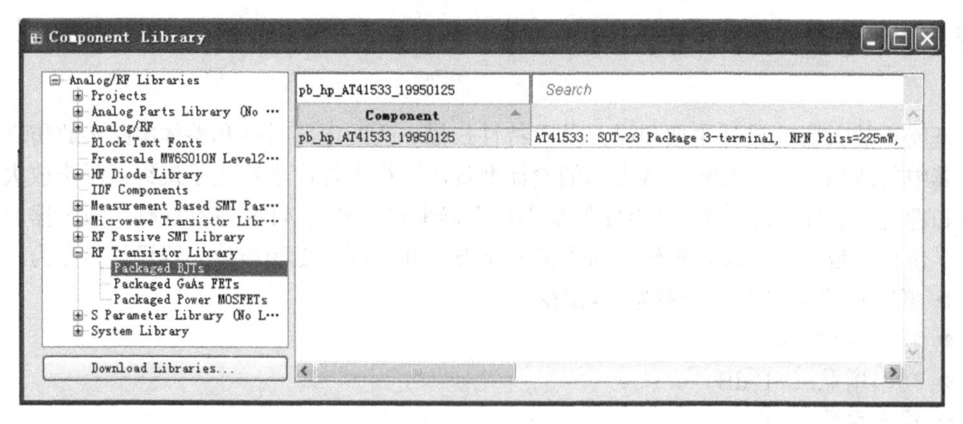


图 8.2　在元件库中选择“pb_hp_AT41533_19950125”三极管

该三极管为三引脚的 SOT-23 封装，功耗 225mW，最大集电极-发射极电压 $V_{ce}$ 为 12V，典型集电极-发射极电压 $V_{ce}$ 为 5V。最大集电极电流 50mA，典型集电极电流 5mA。截止频率 10GHz。

（3）在原理图窗口中选择[Insert]→[Template...]命令，弹出“Insert Template”对话框，如图 8.3 所示，从面板中选择 BJT 直流扫描模板“DC_BJT_T”，单击[OK]按钮插入原理图中，对晶体管进行直流扫描。

（4）在原理图工具栏中单击[GROUND]按钮插入一个地，再单击[Insert wire]按钮将晶体管的集电极和基极分别与“BJT Curve Tracer”元件的“Collector”和“Base”连接起来，将晶体管的发射极接地，如图 8.4 所示，建立直流扫描原理图。

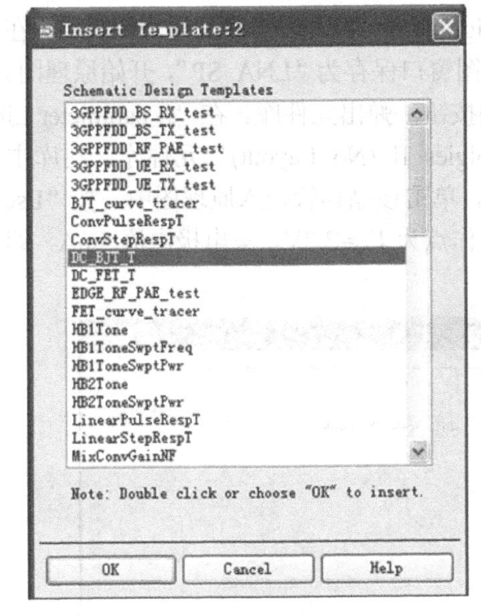


图 8.3　选择 BJT 直流扫描模板“DC_BJT_T”

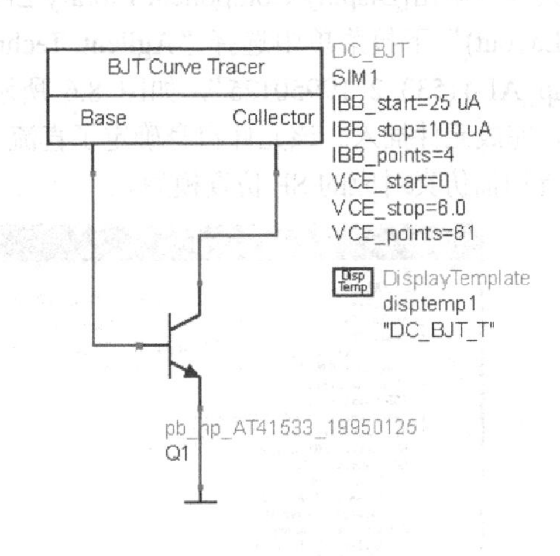


图 8.4　直流扫描原理图

（5）完成原理图，采用默认的设置即可进行仿真，单击工具栏的[Simulate]按钮开始仿真。仿真完成后，自动弹出仿真结果，如图 8.5 所示。通常为了保证较大的冗余度，选择折中的直流工作点进行设计，本次实例中选择 $V_{ce}$=2.7V，集电极电流 5mA 的晶体管直流工作状态进行设计。从仿真结果中还可以看到此时晶体管消耗功率为 13mW。

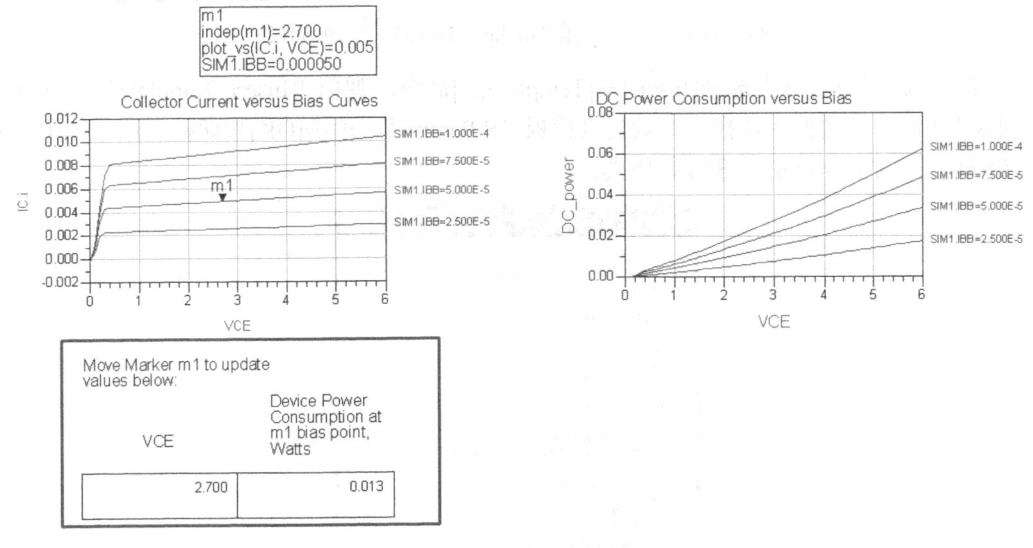


图 8.5　直流仿真结果

## 2. 晶体管 S 参数特性仿真

晶体管 S 参数特性决定了放大器的增益，输入、输出阻抗以及噪声系数等特性，在仿真前期对其进行仿真，有利于在设计时进行优化，以满足设计目标。



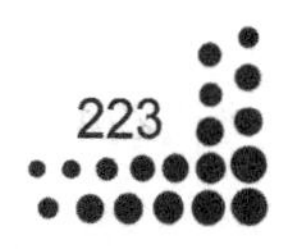

（1）在 ADS 主窗口中选择[File]→[New Design]命令，打开一个新的原理图窗口，在原理图窗口中选择[File]→[Save Design]命令，将原理图窗口保存为“LNA_SP”，开始原理图设计。在工具栏中单击[Display Component Library List]按钮，弹出元件库。在“S parameter Library (No Layout)”下拉菜单中选择“Agilent Technolgies II (No Layout)”元件库，在库中选择“sp_hp_AT-41533_2_19950125”，如图 8.6 所示。单击该晶体管拖入原理图中，按“Esc”键退出，完成元件插入。该元件自身确定了直流工作点为 $V_{ce}$=2.7V，集电极电流 5mA，即为之前直流扫描仿真对应的 SP 仿真模型。

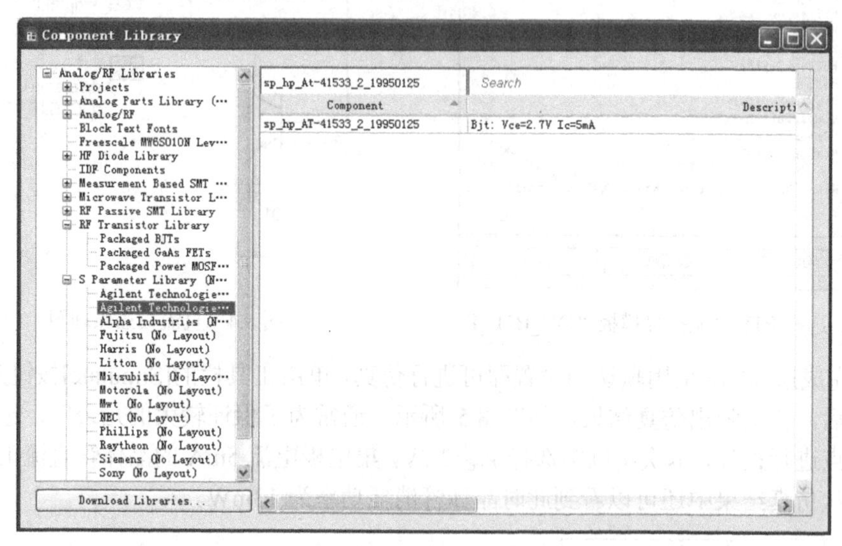


图 8.6　在元件库中选择“sp_hp_AT-41533_2_19950125”

（2）在原理图窗口中选择[Insert]→[Template…]命令，弹出“Insert Template”对话框，如图 8.7 所示。从面板中选择 S 参数仿真模板“S Params”，单击[OK]按钮插入原理图中，如图 8.8 所示，对晶体管进行 S 参数仿真。

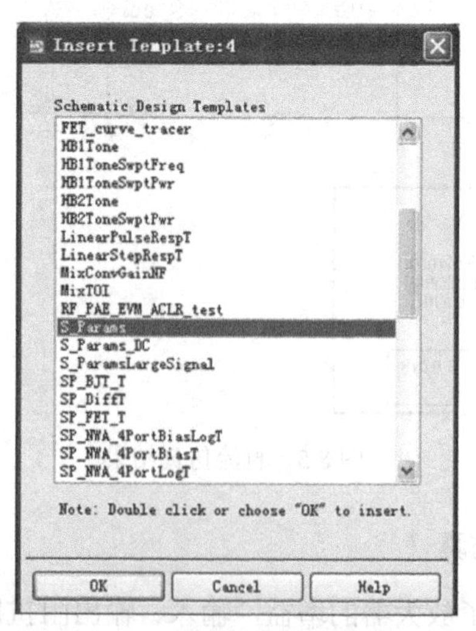


图 8.7　选择 S 参数仿真模板“S Params”

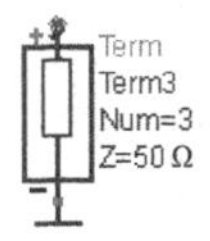


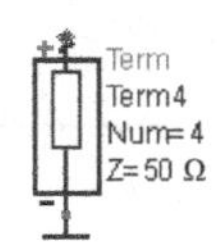


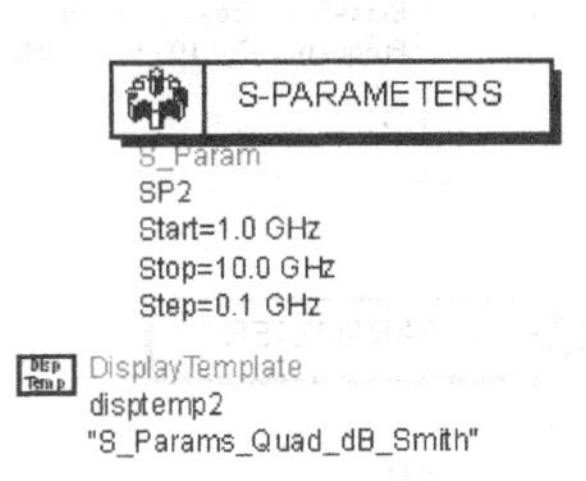


图 8.8 S 参数仿真模板“S Params”

（3）在原理图工具栏中单击[GROUND]按钮插入一个地，再单击[Insert wire]按钮将晶体管的集电极和基极分别与终端连接起来，将晶体管的发射极接地，建立 S 参数仿真原理图。

（4）双击原理图中的 S 参数仿真控制器进行修改，如图 8.9 所示，进行参数设置。

Sweep Type=Linear，表示采用线性扫描方式。

Start=2GHz，表示扫描频率起始点为 2GHz。

Stop=2.8GHz，表示扫描频率终点为 2.8GHz。

Step-size=50MHz，表示扫描步长为 50MHz。

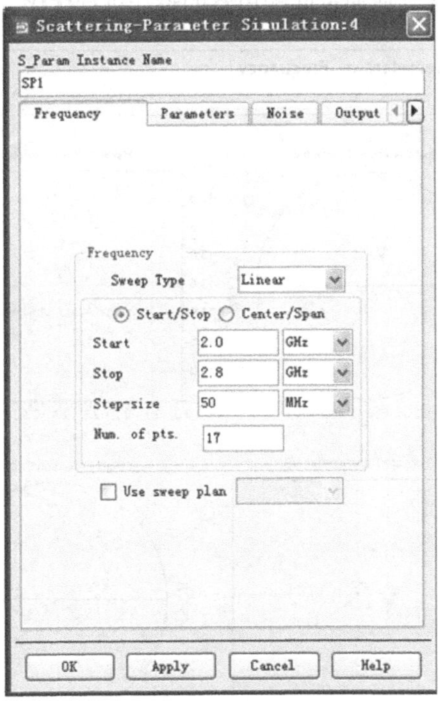

图 8.9 完成设置 S 参数仿真控制器

如图 8.10 所示，完成 S 参数仿真原理图的建立。


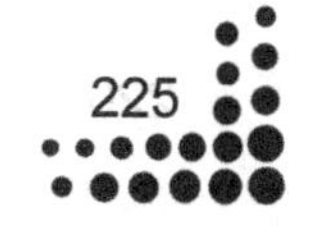

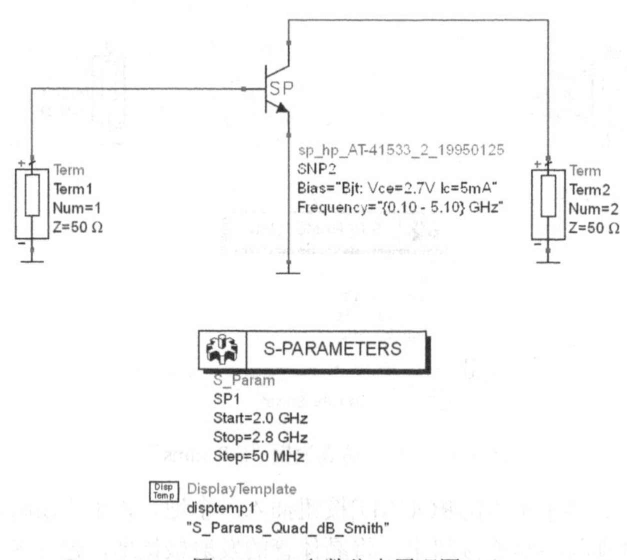


图 8.10 S 参数仿真原理图

（5）完成 S 参数仿真控制器设置后，就可以进行仿真了，单击工具栏中的[Simulation]按钮开始仿真。仿真结束后自动弹出数据显示窗口，如图 8.11 所示。在菜单栏选择[Maker]→[New]命令，插入标注信息。可以看到 S11 参数计算的 2.4GHz 频率时的输入阻抗为 35.541+j17.501，与 50Ω匹配相差较大。增益 S21 也仅有 4.974dB。同样输出端也存在较大失配，输出阻抗为 64.558-j63.968，这些参数都需要通过匹配电路的设计进行优化。

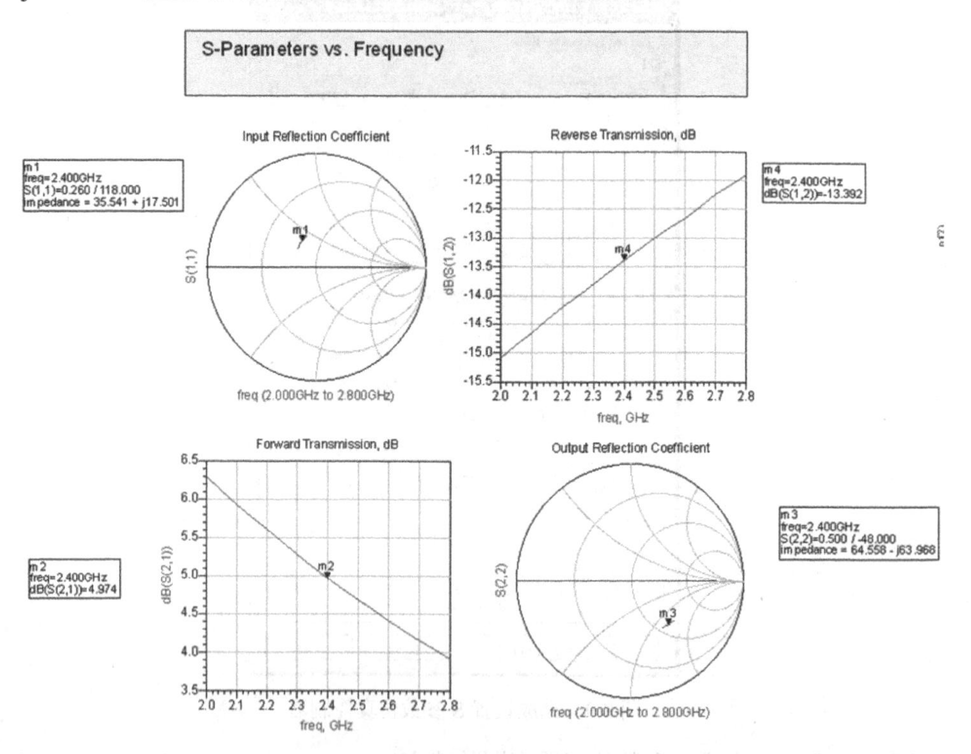


图 8.11 S 参数仿真结果

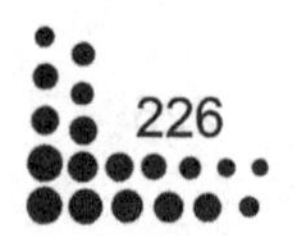

从数据显示面板中选择[Rectangular Plot]按钮，单击插入一个矩形图。在弹出的“Plot Traces & Attributes”对话框中选择“nf(2)”，单击[Add]按钮，然后单击[OK]按钮输出噪声系数波形。在菜单栏选择[Maker]→[New]命令，插入标注信息，如图 8.12 所示，可见噪声系数在 2.4GHz 时为 2.317dB，符合预期设计要求。

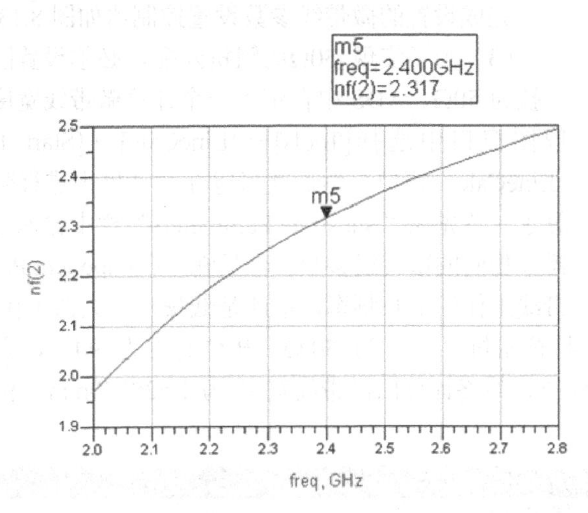


图 8.12 噪声系数仿真结果

这样就完成了晶体管特性的扫描仿真，之后以此为基础进行进一步的低噪声放大器电路设计。

## 8.2.2 晶体管 SP 模型匹配电路设计

针对 8.2.1 节中 S 参数特性的仿真，可以看到晶体管低噪声放大器在输入、输出阻抗匹配方面存在较大问题，需要进行匹配电路设计以满足指标参数。本节就采用 T 形微带线对输入、输出进行匹配电路设计，使晶体管 SP 模型初步满足预期的设计指标。

（1）在 ADS 主窗口中选择[File]→[New Design]命令，打开一个新的原理图窗口，在原理图窗口中选择[File]→[Save Design]命令，将原理图窗口保存为“LNA_SP_match”，开始原理图设计。在工具栏中单击[Display Component Library List]按钮，弹出元件库。在“S parameter Library (No Layout)”下拉菜单中选择“Agilent Technolgies II (No Layout)”元件库，在库中选择“sp_hp_AT-41533_2_19950125”，单击该晶体管拖入原理图中，按“Esc”键退出，完成元件插入。

（2）从“TLines-Microstrip”面板中选择微带线参数设置控制器 MSUB 插入原理图中，双击 MSUB 控制器，进行参数设置。

H=0.8mm，表示微带线基板厚度为 0.8mm。

Er=4.3，表示微带线相对介电常数为 4.3。

Mur=1，表示微带线相对磁导率为 1。

Cond=5.88e+7，表示微带线电导率为 5.88e+7。

MSub

MSUB
MSub1
H=0.8 mm
Er=4.3
Mur=1
Cond=5.88E+7
Hu=1.0e+033 mm
T=0.03 mm
TanD=1e-4
Rough=0 mm

图 8.13　完成设置的微带线参数设置控制器

Hu=1.0e+33mm，表示微带线封装高度为 1.0e+33mm

T=0.03mm，表示微带线金属层厚度为 0.03mm。

TanD=1e−4，表示微带线损耗角正切为 1e−4。

Rough=0mm，表示微带线表面粗糙度为 0mm。

完成设置的微带线参数设置控制器如图 8.13 所示。

（3）为了实现 50Ω的阻抗匹配，必须设置匹配电路微带线的特性阻抗为 50Ω。ADS 中自带了一个计算微带线宽度和长度的工具。在原理图窗口中选择[Tools]→[LineCalc]→[Start LineCalc]命令，弹出“LineCalc”窗口，然后就可以在对话框中进行微带线宽度和长度的计算了。首先在“Substrate Parameters”栏中输入与微带线参数设置控制器中相同的微带线参数。然后在“Component Parameters”栏中输入微带线工作的中心频率，也就是低噪声放大器工作频率 2.4GHz。最后在“Electrical”栏中输入特征阻抗“Z0”为 50 Ω，相位延迟为 90°，完成以上设置后，单击[Systhesize]按钮开始计算，最终计算出微带线宽 *W* 为 1.520770mm，长 *L* 为 17.338500mm，如图 8.14 所示。

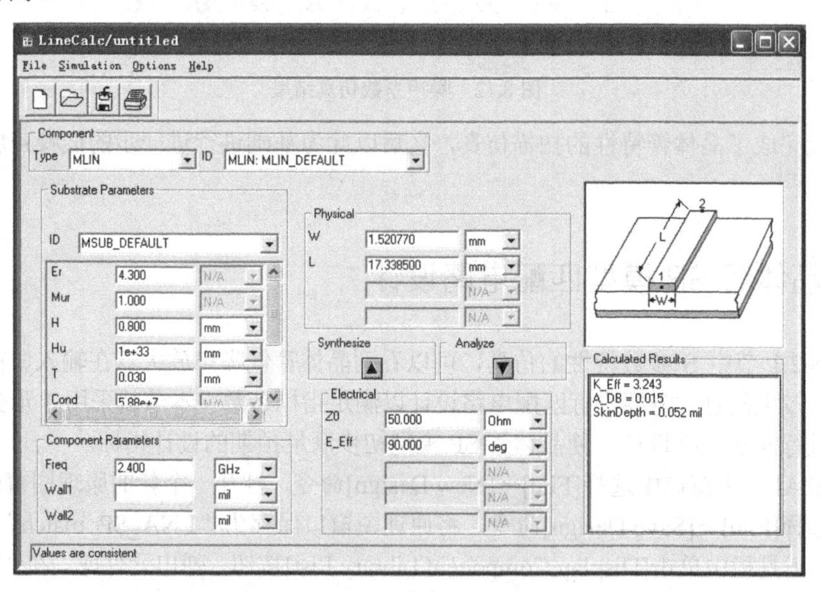


图 8.14　在“LineCalc”窗口中计算微带线宽度和长度

（4）继续在“TLines-Microstrip”面板中选择 3 个微带线元件“MLIN”和一个微带线连接器“MTEE”插入原理图中，双击元件分别进行设置。

设置 TL1：

W=1.52mm，表示微带线的宽度为 1.52mm。

L=L1mm，表示微带线的长度为变量 L1mm。

设置 TL2：

W=1.52mm，表示微带线的宽度为 1.52mm。

L=L2mm，表示微带线的长度为变量 L2mm。

设置 TL3：

W=1.52mm，表示微带线的宽度为 1.52mm。

L=L3mm，表示微带线的长度为变量 L3mm。

设置 Tee1：

W1=1.52mm，表示与微带线 1 接口处的线宽度为 1.52mm。

W2=1.52mm，表示与微带线 2 接口处的线宽度为 1.52mm。

W3=1.52mm，表示与微带线 3 接口处的线宽度为 1.52mm。

在工具栏中单击[GROUND]按钮插入一个地，再单击[Insert wire]按钮将 4 个元件连接起来，如图 8.15 所示，建立输入阻抗匹配原理图。

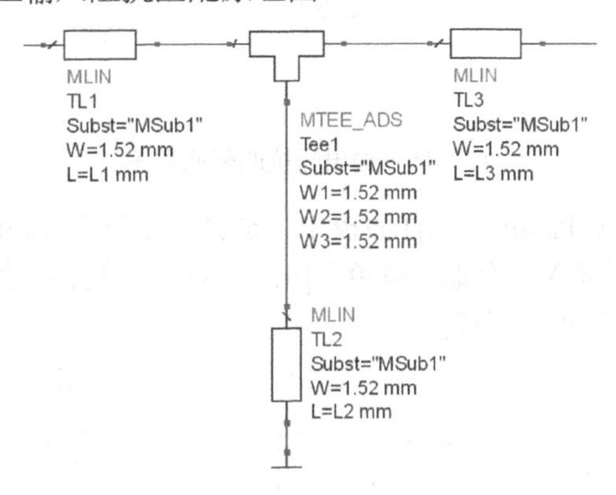


图 8.15 输入阻抗匹配原理图

（5）采用同样方法建立输出阻抗匹配原理图，在“TLines-Microstrip”面板中选择 3 个微带线元件“MLIN”和一个微带线连接器“MTEE”插入原理图中，双击元件分别进行设置。

设置 TL4：

W=1.52mm，表示微带线的宽度为 1.52mm。

L=L4mm，表示微带线的长度为变量 L4mm。

设置 TL5：

W=1.52mm，表示微带线的宽度为 1.52mm。

L=L5mm，表示微带线的长度为变量 L5mm。

设置 TL6：

W=1.52mm，表示微带线的宽度为 1.52mm。

L=L6mm，表示微带线的长度为变量 L6mm。

设置 Tee2：

W1=1.52mm，表示与微带线 4 接口处的线宽度为 1.52mm。

W2=1.52mm，表示与微带线 5 接口处的线宽度为 1.52mm。

W3=1.52mm，表示与微带线 6 接口处的线宽度为 1.52mm。

在工具栏中单击[GROUND]按钮插入一个地，再单击[Insert wire]按钮将 4 个元件连接起来，如图 8.16 所示，建立输出阻抗匹配原理图。

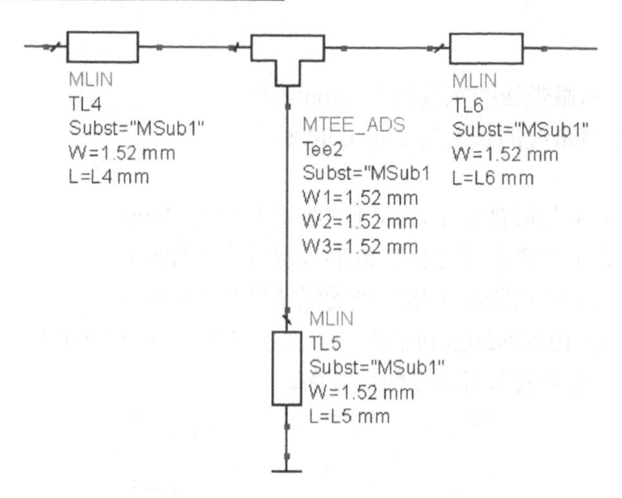


图 8.16　输出阻抗匹配原理图

（6）从“Simulation-S_Param”元件面板中，选择两个终端 Term 插入原理图中。在工具栏中单击[GROUND]按钮插入 3 个地，再单击[Insert wire]按钮将元件连接起来，如图 8.17 所示，建立晶体管 SP 模型的匹配原理图。

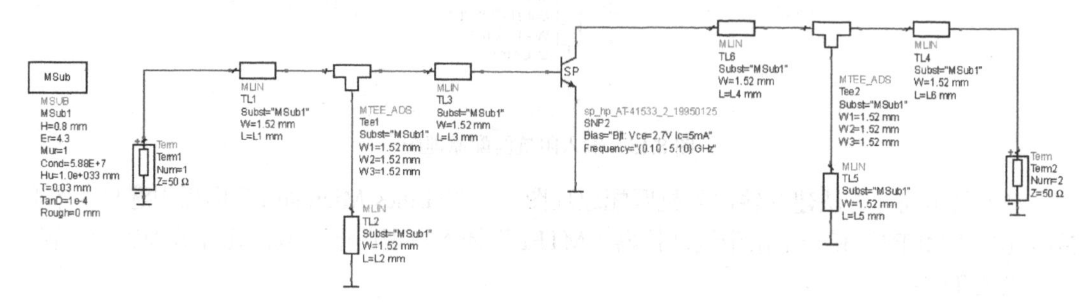


图 8.17　晶体管 SP 模型的匹配原理图

（7）单击工具栏中的[VAR]按钮，插入一个变量控制器，对微带线中的长度变量参数进行设置，由于还需要进行优化，因此同时需要设置变量参数的优化范围。以 L1 为例，具体方法如下所述。

在“Name”栏中输入参数名“L1”。

在“Variable Value”栏中输入参数名 L1 的初始值“2.0”。

然后在对话框中单击[Tune/Opt/Stat/DOE Setup]按钮，在弹出的对话框中选择“Optimization”选项，如图 8.18 所示。在“Optimization Status”下拉菜单中选择“Enable”，之后在“Minimum Value”中输入优化的最小值“1”，在“Maximum Value”中输入优化的最大值“40”，完成后单击[OK]按钮回到变量设置对话框继续其他变量设置。

依据上述方法分别设置其他的变量参数值及优化范围。

L2=8.5 opt{1 to 40}，表示 L2 的初始值为 8.5，优化范围从 1 到 40。

L3=2 opt{1 to 40}，表示 L3 的初始值为 2，优化范围从 1 到 40。

L4=4 opt{1 to 40}，表示 L4 的初始值为 4，优化范围从 1 到 40。

L5=8.5 opt{1 to 40}，表示 L5 的初始值为 8.5，优化范围从 1 到 40。

L6=4 opt{1 to 40}，表示 L6 的初始值为 4，优化范围从 1 到 40。

如图 8.19 所示，完成变量控制器的设置。

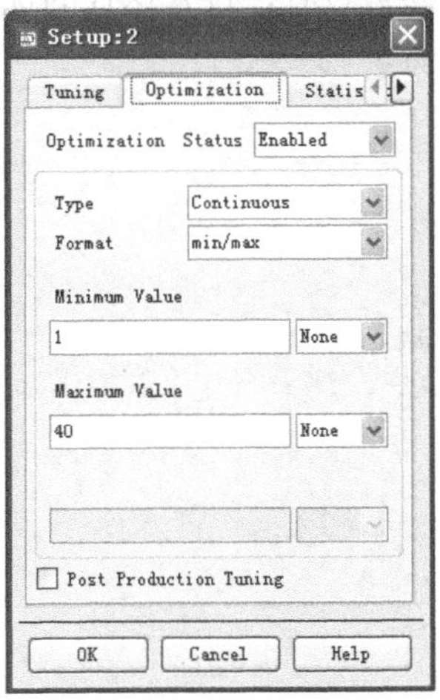

图 8.18　设置 L1 参数

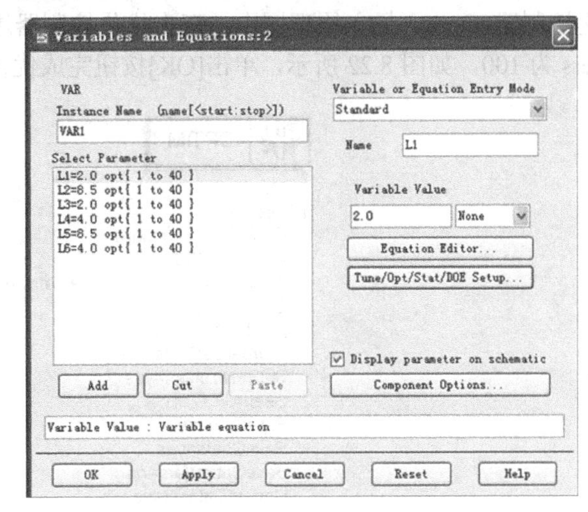

图 8.19　完成设置的变量控制器

（8）从“Simulation-S_Param”元件面板中选择一个标准 S 参数仿真控制器插入原理图中。双击控制器，如图 8.20 进行参数设置。

Sweep Type=Linear，表示采用线性扫描方式。

Start=2GHz，表示扫描频率起始点为 2GHz。

Stop=2.8GHz，表示扫描频率终点为 2.8GHz。

Step-size=10MHz，表示扫描步长为 10MHz。

在 S 参数仿真控制器中选择“Noise”选项，在“Calculate noise”选项上打钩，如图 8.21 所示，计算放大器的噪声系数。

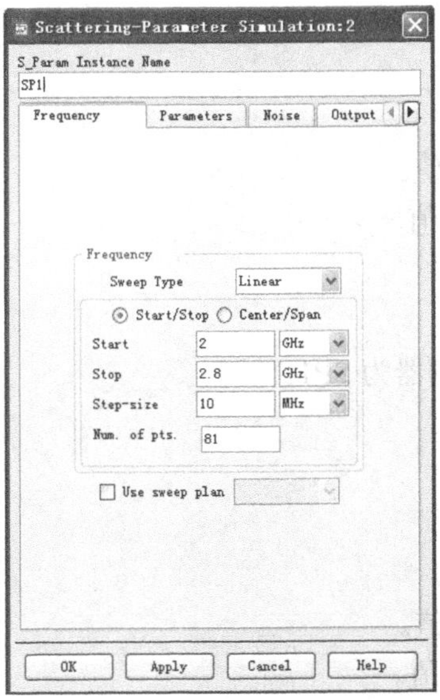

图 8.20　设置 S 参数仿真控制器

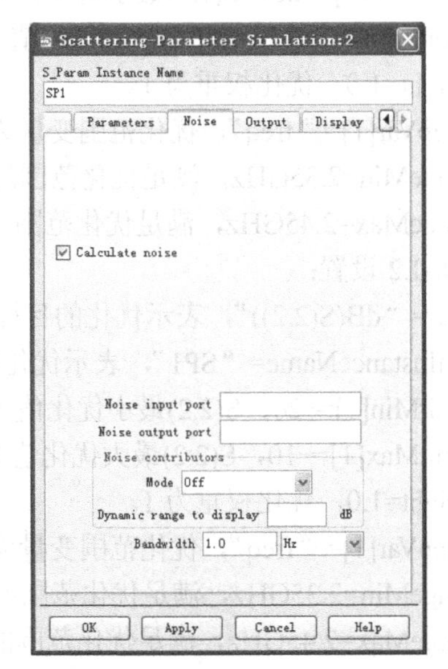

图 8.21　设置“Noise”选项

（9）要使放大器满足预期的设计目标，还需要对匹配电路中的各个变量进行优化设置，进行优化设置步骤如下。在原理图窗口中选择优化控制器面板“Optim/Stat/Yield/DOE”，选择优化控制器 Optim 插入原理图中。双击优化控制器进行参数设置，设置迭代的优化次数 Maxlters 为 100，如图 8.22 所示，单击[OK]按钮完成优化设置。

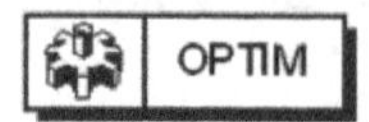

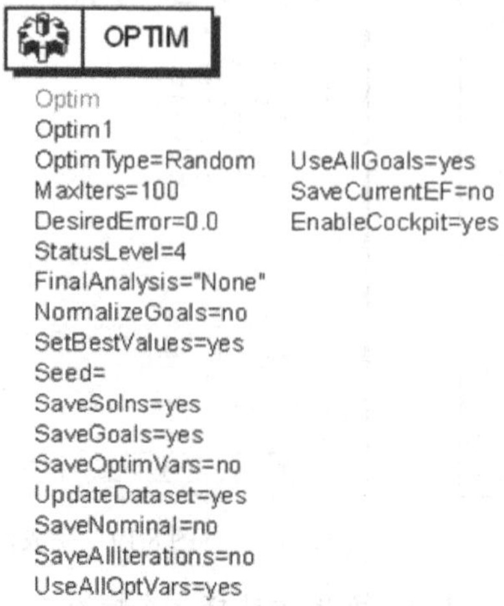

图 8.22 设置优化控制器

（10）优化控制器需要与优化目标配合才能同时仿真，继续在优化控制器面板“Optim/Stat/Yield/DOE”中选择 3 个优化目标 GOAL，插入原理图中，并逐一进行参数设置。

GOAL1 设置：

Expr=“dB(S(1,1))”，表示优化的目标是 S(1,1)。

SimInstanceName=“SP1”，表示优化的目标控制器为 SP1。

LimitMin[1]=−20，S(1,1)最小优化值为−20dB。

LimitMax[1]=−15，S(1,1)最大优化值为−15dB。

Weight=1.0，优化权重为 1。

IndepVar[1]=“freq”，优化范围变量为频率 freq。

RangeMin=2.35GHz，满足优化范围的最小频率值。

RangeMax=2.45GHz，满足优化范围的最大频率值。

GOAL2 设置：

Expr=“dB(S(2,2))”，表示优化的目标是 S(2,2)。

SimInstanceName=“SP1”，表示优化的目标控制器为 SP1。

LimitMin[1]=−20，S(2,2)最小优化值为−20dB。

LimitMax[1]=−10，S(2,2)最大优化值为−10dB。

Weight=1.0，优化权重为 1。

IndepVar[1]=“freq”，优化范围变量为频率 freq。

RangeMin=2.35GHz，满足优化范围的最小频率值。

RangeMax=2.45GHz，满足优化范围的最大频率值。

GOAL3 设置：

Expr= “dB(S(2,1))”，表示优化的目标是 S(2,1)。

SimInstanceName= “SP1”，表示优化的目标控制器为 SP1。

LimitMin[1]=7，S(2,1)最小优化值为 7dB。

LimitMax[1]=15，S(2,1)最大优化值为 15dB。

Weight=1.0，优化权重为 1。

IndepVar[1]= “freq”，优化范围变量为频率 freq。

RangeMin=2.35GHz，满足优化范围的最小频率值。

RangeMax=2.45GHz，满足优化范围的最大频率值。

这里设置了三个优化目标，分别针对 S(1,1)、S(2,2)、S(2,1)进行优化，如图 8.23 所示，完成优化目标控制器设置。

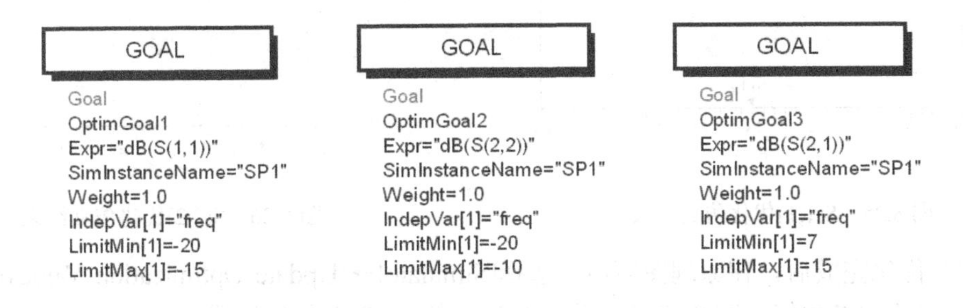


图 8.23 设置完成后的优化目标控制器

最终完成输入输出阻抗匹配仿真原理图如图 8.24 所示。

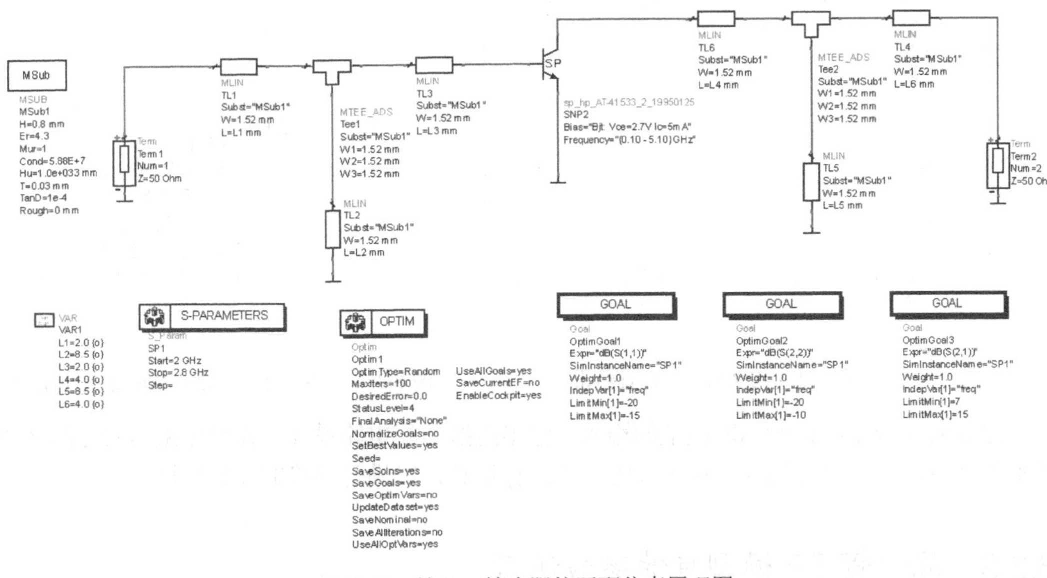

图 8.24 输入、输出阻抗匹配仿真原理图

（11）完成电路原理图的设置后，单击工具栏的[Simulate]按钮开始仿真。仿真完成后，自动弹出数据显示窗口。在数据显示窗口工具栏中单击[Rectangular Plot]按钮，插入一个矩形

图。在弹出的“Plot Traces & Attributes”对话框中选择“S(1,1)”，单击[Add]按钮，完成添加，单击[OK]按钮确认。在菜单栏中选择[Maker]→[New]，插入一个标注，如图 8.25 所示，显示在 2.4GHz 工作频率上 S(1,1)为-17.899dB，满足优化目标。同样插入两个矩形图并进行标注，如图 8.26 和图 8.27 所示，S(2,2)为-11.321dB，S(2,1)为 7.165dB，均满足优化目标。

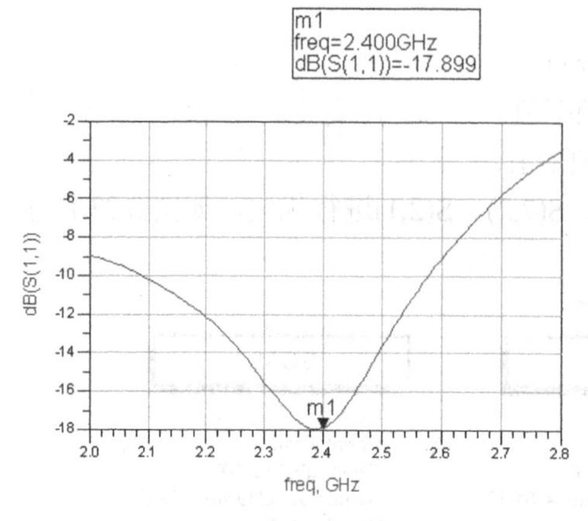


图 8.25　S(1,1)优化仿真结果

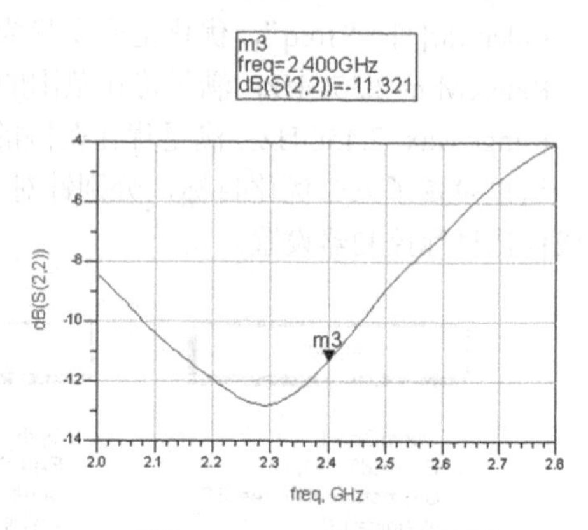


图 8.26　S(2,2)优化仿真结果

（12）优化完成后，在原理图窗口中选择[Simulate]→[Update Optimization Values]命令可以保存优化后的参数值，图 8.28 所示为反标注后的 VAR 变量控制器。

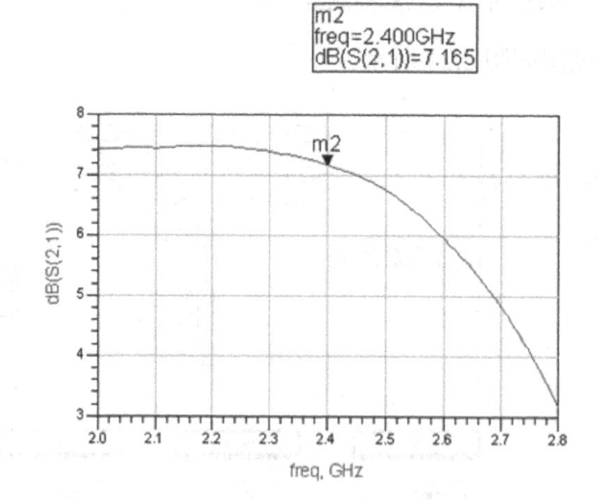


图 8.27　S(2,1)优化仿真结果

Var Eqn VAR
VAR1
L1=30.2297 {o}
L2=25.3763 {o}
L3=2.358 {o}
L4=6.05663 {o}
L5=8.55749 {o}
L6=2.20103 {o}

图 8.28　优化参数反标回 VAR 变量控制器

这样就完成了晶体管 SP 模型的输入、输出阻抗匹配电路设计。在后续采用实际晶体管模型设计时，还需要对输入、输出匹配电路进行调整，以满足最终的设计目标。

## 8.2.3　晶体管 SP 模型其他参数仿真

完成输入、输出阻抗匹配电路设计后，就可以对晶体管 SP 模型的稳定性、噪声系数、输入、输出驻波比进行仿真。

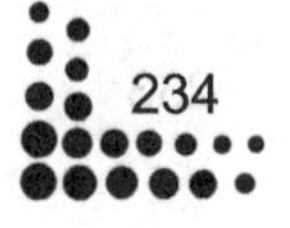

（1）在 ADS 主窗口中选择[File]→[New Design]命令，打开一个新的原理图窗口，在原理图窗口中选择[File]→[Save Design]命令，将原理图窗口保存为“LNA_SP_match_sim”，开始原理图设计。首先打开 8.2.2 节中完成匹配设计的原理图“LNA_SP_match”，通过“Ctrl+A”组合键选中全部电路，再按“Ctrl+C”组合键进行复制，最后按“Ctrl+V”组合键粘贴至“LNA_SP_match_sim”原理图窗口中。

（2）在 S 参数仿真面板“Simulation-S_Param”中选择稳定性仿真控制器“StabFct”插入原理图中。再选择两个驻波比仿真控制器插入原理图，双击其中一个，如图 8.29 所示，将 S(1,1)修改为 S(2,2)，对输出驻波比进行仿真。

图 8.29　仿真输出驻波比的驻波比仿真控制器

由于在 S 参数仿真控制器中已经勾选了“Calculate noise”选项，对噪声系数进行仿真，就不需要加入额外的仿真控制器，如图 8.30 所示，最终完成仿真原理图。

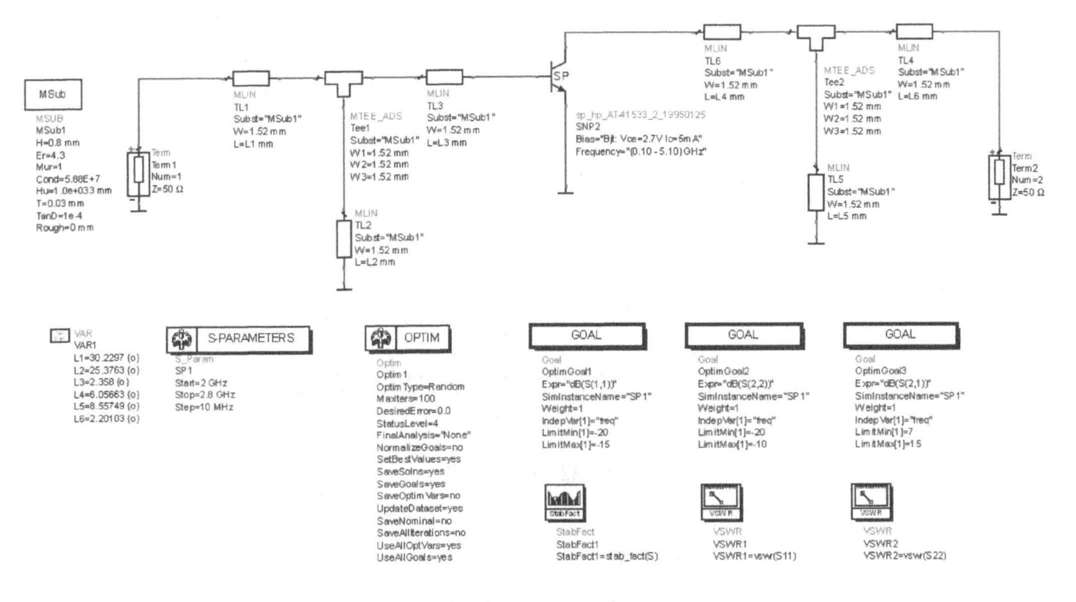


图 8.30　仿真原理图

（3）完成设置后，在原理图工具栏中单击[Simulate]按钮开始仿真。仿真结束后，自动弹出数据显示窗口，在数据显示窗口中单击[Rectangular Plot]按钮，插入一个矩形图。在弹出的“Plot Traces & Attributes”对话框中选择“StabFact1”，单击[Add]按钮进行添加，最后单击[OK]按钮确认。在菜单栏中选择[Maker]→[New]命令，对波形进行标注，如图 8.31 所示显示稳定系数，可见在 2.4GHz 工作频率时候，稳定系数为 1.013，满足稳定工作所需要大于 1 的要求。

再插入 3 个矩形图分别显示噪声系数，输入、输出驻波比，如图 8.32，图 8.33，图 8.34 所示。噪声系数在 2.4GHz 时为 1.815dB，输入、输出驻波比分别为 1.292 和 1.772，输出驻波较大，这与 S(2,2)仿真结果较差相对应。

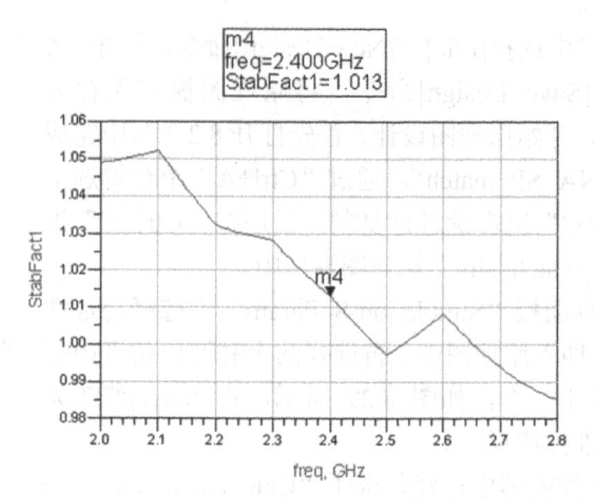


图 8.31　稳定系数仿真结果

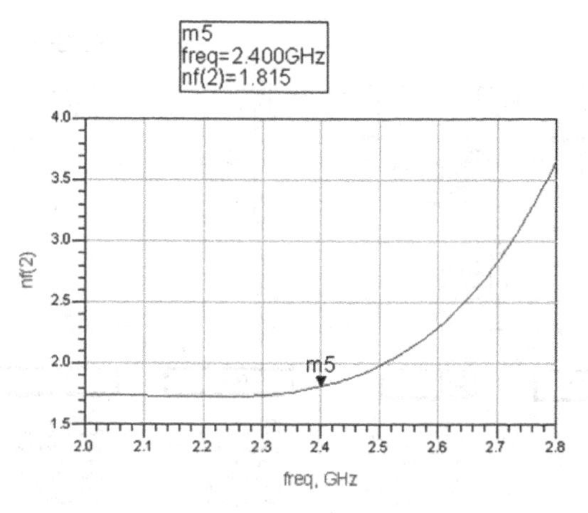


图 8.32　噪声系数

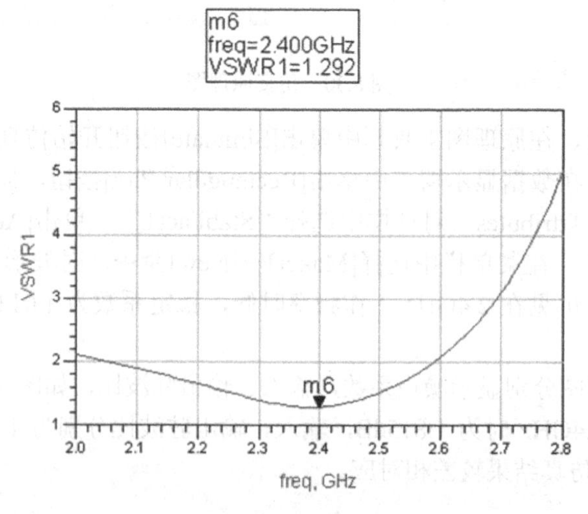


图 8.33　输入驻波比

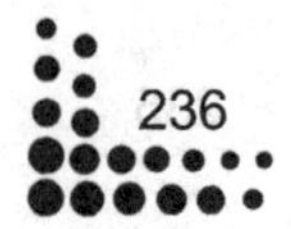

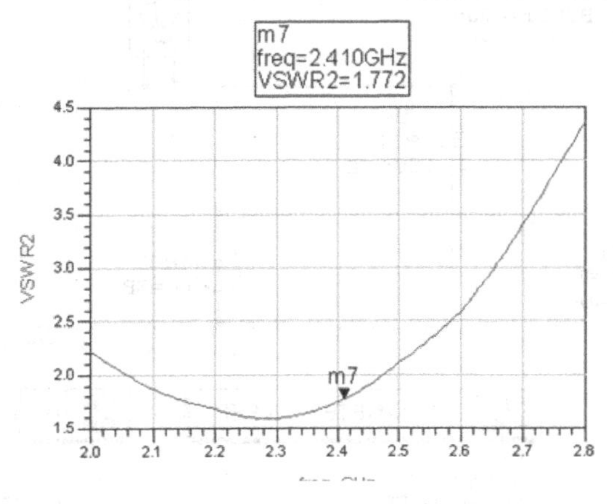


图 8.34 输出驻波比

## 8.2.4 低噪声放大器整体电路仿真

对晶体管 SP 模型进行仿真后，就可以建立完整的低噪声放大器仿真原理图了。首先要通过已知的直流工作点来计算集电极电阻和集电极-基极电阻。

（1）在 ADS 主窗口中选择[File]→[New Design]命令，打开一个新的原理图窗口，在原理图窗口中选择[File]→[Save Design]命令，将原理图窗口保存为“LNA_DC_bias”，开始原理图设计。在工具栏中单击[Display Component Library List]按钮，弹出元件库。在“RF Transistor Library”下拉菜单中选择“Packaged BJTs”元件库，在库中选择“pb_hp_AT41533_19950125”三极管，单击该三极管拖入原理图中，按“Esc”键退出，完成元件插入。

（2）在原理图窗口中选择[Insert]→[Template…]命令，弹出“Insert Template”对话框，如图 8.35 所示，从面板中选择 BJT 直流扫描模板“BJT_curve_tracer”，单击[OK]按钮插入原理图中，如图 8.36 所示。

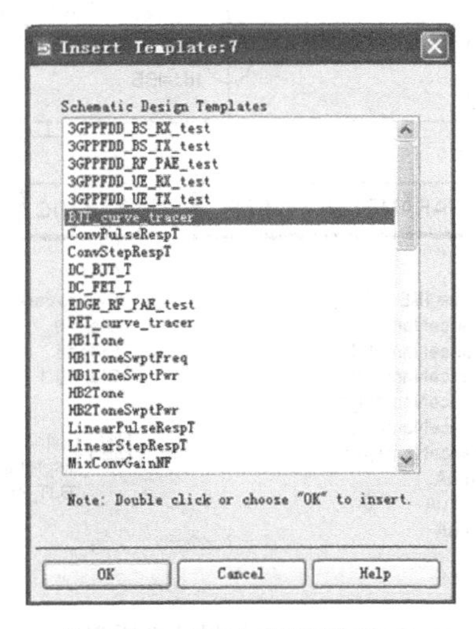


图 8.35 选择 BJT 直流扫描模板“DC_BJT_T”

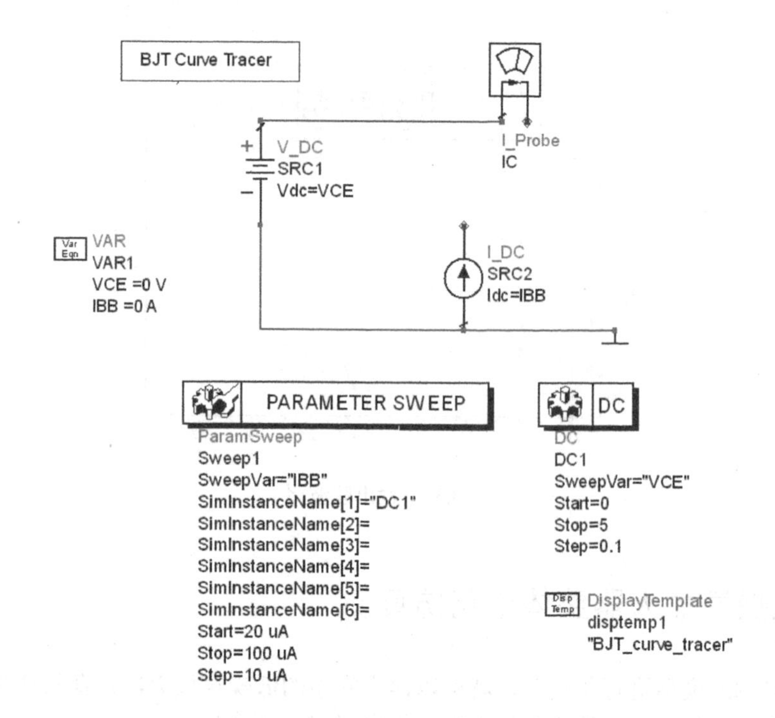


图 8.36　BJT 直流扫描模板“BJT_curve_tracer”

如图 8.37 所示，在原理图中将晶体管的集电极、基极、发射极分别与电流观察器、电流源和地相连。

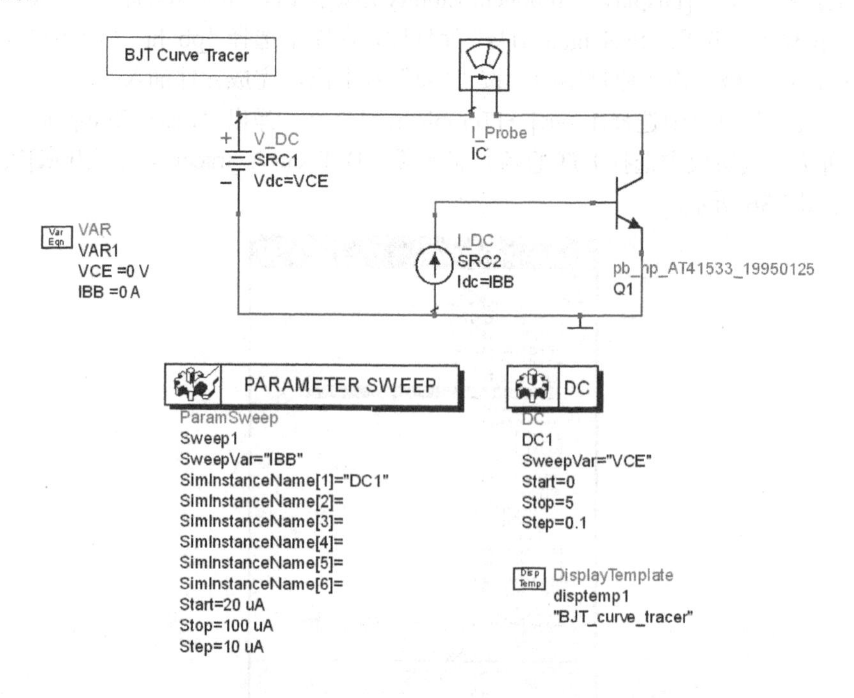


图 8.37　直流扫描仿真原理图

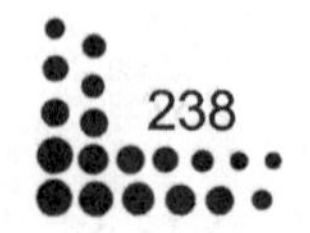

（3）计算集电极电阻和集电极-基极电阻还需要对原理图进行修改。首先将直流电压源 SCR1 中的 Vdc 改为之前确定的 VCE 电压 2.7V，并删除变量控制器中的变量 VCE。同时删除参数扫描控制器 PARAMETER SWEEP，为晶体管的基极加入节点名 VBE。最后双击直流仿真控制器，选择 Sweep 选项，如图 8.38 所示进行参数设置。

Parameter to Sweepr=IBB，表示扫描参数为 IBB。

Sweep Type=Linear，表示采用线性扫描方式。

Start=0，表示扫描起始点为 0。

Stop=100，表示扫描终点为 100μA。

Step-size=5，表示扫描步长为 5μA。

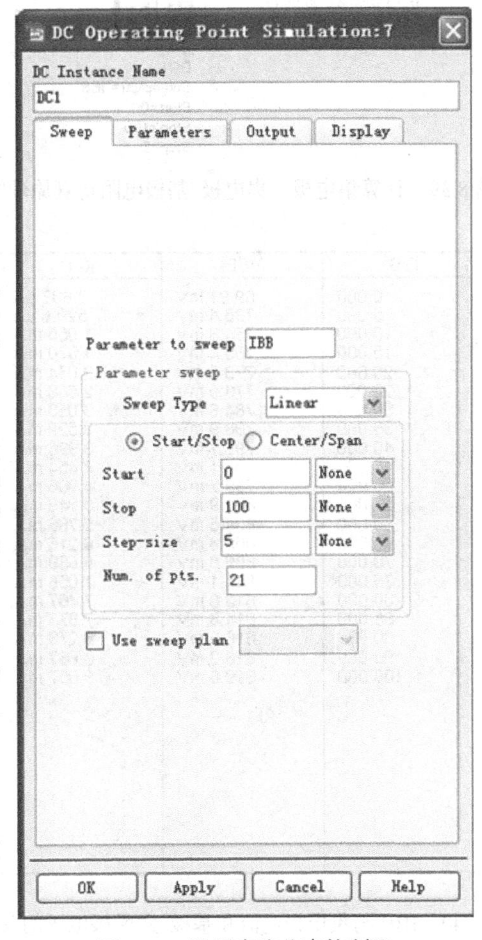


图 8.38　设置直流仿真控制器

如图 8.39 所示，完成仿真原理图的建立。

（4）完成设置后，就可以进行仿真了，单击工具栏中的[Simulation]按钮开始仿真。仿真结束后自动弹出数据显示窗口。从数据显示面板中单击[List]按钮插入一个数据列表，在弹出的“Plot Traces & Attributes”对话框中选择“IC.i”和“VBE”，单击[Add]按钮，然后单击[OK]按钮，图 8.40 所示 IBB 与集电极电流和基极-发射极电压的关系。可见在需要的集电极电流为 4.906mA 时，基极-发射极电压为 799.2mV，IBB 为 50μA。

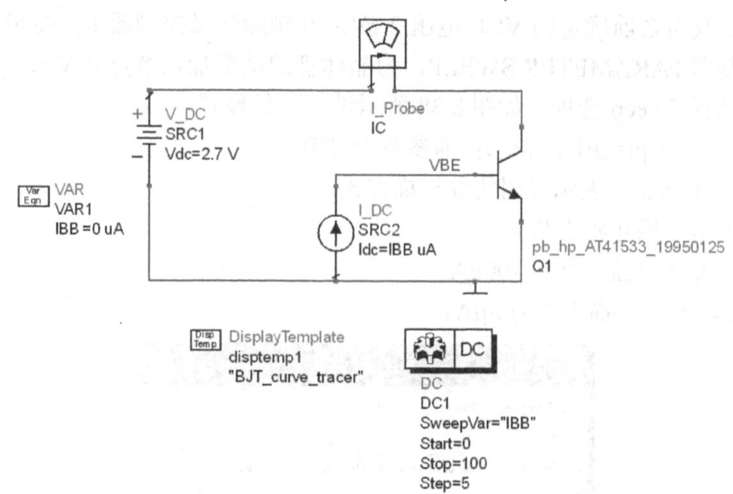


图 8.39　计算集电极，集电极-基极电阻仿真原理图

| IBB | VBE | IC.i |
| --- | --- | --- |
| 0.000 | 69.91 mV | 2.637 pA |
| 5.000 | 735.4 mV | 529.6 uA |
| 10.000 | 754.3 mV | 1.055 mA |
| 15.000 | 765.4 mV | 1.570 mA |
| 20.000 | 773.3 mV | 2.074 mA |
| 25.000 | 779.5 mV | 2.568 mA |
| 30.000 | 784.6 mV | 3.053 mA |
| 35.000 | 788.9 mV | 3.529 mA |
| 40.000 | 792.7 mV | 3.996 mA |
| 45.000 | 796.1 mV | 4.454 mA |
| 50.000 | 799.2 mV | 4.906 mA |
| 55.000 | 801.9 mV | 5.349 mA |
| 60.000 | 804.5 mV | 5.786 mA |
| 65.000 | 806.8 mV | 6.216 mA |
| 70.000 | 809.0 mV | 6.639 mA |
| 75.000 | 811.1 mV | 7.056 mA |
| 80.000 | 813.0 mV | 7.467 mA |
| 85.000 | 814.8 mV | 7.873 mA |
| 90.000 | 816.6 mV | 8.273 mA |
| 95.000 | 818.2 mV | 8.667 mA |
| 100.000 | 819.8 mV | 9.057 mA |

图 8.40　IBB 与集电极电流和基极-发射极电压的关系

Eqn Rb=(2.7-VBE)*1e6/IBB

Eqn Rc=(5-2.7)/IC.i

图 8.41　计算集电极，集电极-基极电阻公式

（5）如图 8.41 所示，在数据显示窗口中单击[Equation]按钮插入两个公式计算集电极电阻“Rc”，集电极-基极电阻“Rb”。

从数据显示面板中单击[List]按钮插入一个数据列表，在弹出的“Plot Traces & Attributes”对话框中选择“Equation”下拉菜单，从中选择“Rb”和“Rc”，单击[Add]按钮，然后单击[OK]按钮，如图 8.42 所示，可见在 IBB 为 50μA 时，“Rb”和“Rc”

分别为 38016.893Ω和 468.85Ω。

| IBB | Rb | Rc |
|---|---|---|
| 0.000 | <invalid> | 8.722E11 |
| 5.000 | 392910.307 | 4.343E3 |
| 10.000 | 194572.013 | 2.180E3 |
| 15.000 | 128975.496 | 1.465E3 |
| 20.000 | 96335.234 | 1.109E3 |
| 25.000 | 76820.262 | 895.598 |
| 30.000 | 63846.742 | 753.398 |
| 35.000 | 54601.517 | 651.833 |
| 40.000 | 47681.427 | 575.634 |
| 45.000 | 42308.531 | 516.332 |
| 50.000 | 38016.893 | 468.850 |
| 55.000 | 34510.471 | 429.962 |
| 60.000 | 31592.181 | 397.518 |
| 65.000 | 29125.753 | 370.029 |
| 70.000 | 27013.964 | 346.435 |
| 75.000 | 25185.593 | 325.956 |
| 80.000 | 23587.279 | 308.010 |
| 85.000 | 22178.253 | 292.149 |
| 90.000 | 20926.834 | 278.026 |
| 95.000 | 19808.030 | 265.369 |
| 100.000 | 18801.864 | 253.956 |

图 8.42 集电极电阻“Rc”，集电极-基极电阻“Rb”计算结果

完成集电极电阻和集电极-基极电阻计算后，就可以开始整体低噪声放大器的电路设计了。

（1）在 ADS 主窗口中选择[File]→[New Design]命令，打开一个新的原理图窗口，在原理图窗口中选择[File]→[Save Design]命令，将原理图窗口保存为“LNA_final”，开始原理图设计。首先打开 8.2.2 节中完成晶体管 SP 模型匹配设计的原理图“LNA_SP_match”，通过按“Ctrl+A”组合键选中全部电路，再按“Ctrl+C”组合键进行复制，最后按“Ctrl+V”组合键粘贴至“LNA_ final”原理图窗口中。

（2）删除原理图中晶体管 SP 模型“sp_hp_At-41533_2_19950125”，在工具栏中单击[Display Component Library List]按钮，弹出元件库。在“RF Transistor Library”下拉菜单中选择“Packaged BJTs”元件库，在库中选择“pb_hp_AT41533_19950125”三极管，单击该三极管拖入原理图中，按“Esc”键退出，完成元件插入。

（3）在原理图设计窗口中选择“Lumped-Components”面板，从元件面板中选择两个电阻作为集电极电阻和集电极-基极电阻插入到原理图中，并设置电阻值为 38kΩ和 469 Ω。同时选择两个隔直流控制器“DCBlock”分别连接至晶体管的基极和集电极，作为隔离使用。

（4）再从“Sources-Freq Domain”选择一个直流电压源 V_DC 插入原理图中，并设置电压值为 5V。最后插入一个地，如图 8.43 所示，完成晶体管“pb_hp_AT41533_19950125”的连接。

（5）将完成匹配后进行反标的变量控制器修改为优化前的设置，如图 8.44 所示。

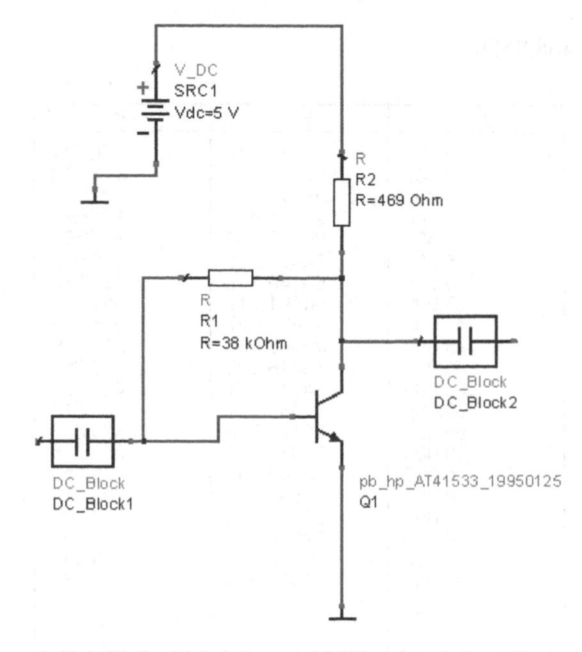


图 8.43 晶体管“pb_hp_AT41533_19950125”的连接

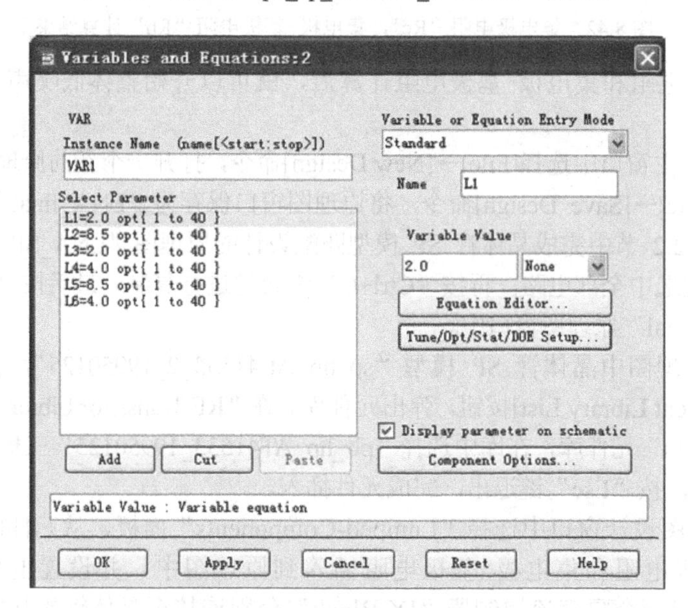


图 8.44 重新设置变量优化范围

最终完成低噪声放大器的整体仿真原理图，如图 8.45 所示。

（6）完成电路原理图的设置后，单击工具栏的[Simulate]按钮开始仿真。仿真完成后，自动弹出数据显示窗口。在数据显示窗口工具栏中单击[Rectangular Plot]按钮，插入一个矩形图。在弹出的“Plot Traces & Attributes”对话框中选择“S(1,1)”，单击[Add]按钮，完成添加，单击[OK]按钮确认。在菜单栏中选择[Maker]→[New]，插入一个标注，如图 8.46 所示，显示在 2.4GHz 工作频率上 S(1,1)为-17.217dB，满足优化目标。同样插入两个矩形图并进行标注，

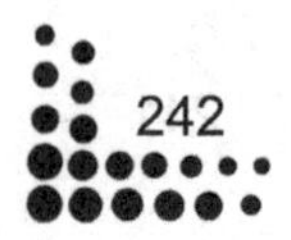

如图 8.47 和 8.48 所示，S(2,2)为-13.024dB，S(2,1)为 10.321dB，均满足优化目标，且都满足最初的设计参数指标。

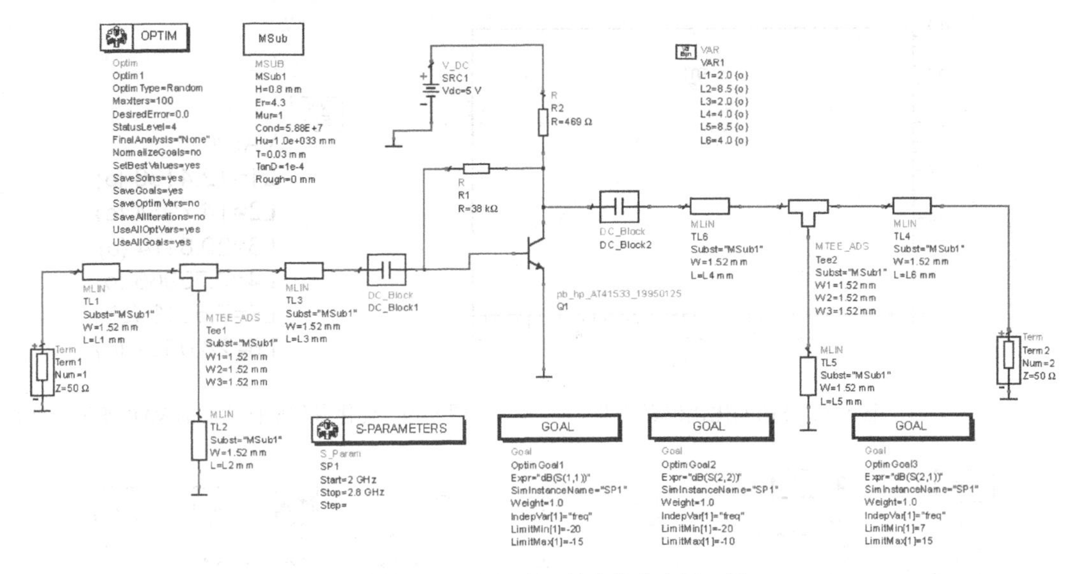


图 8.45　低噪声放大器的整体仿真原理图

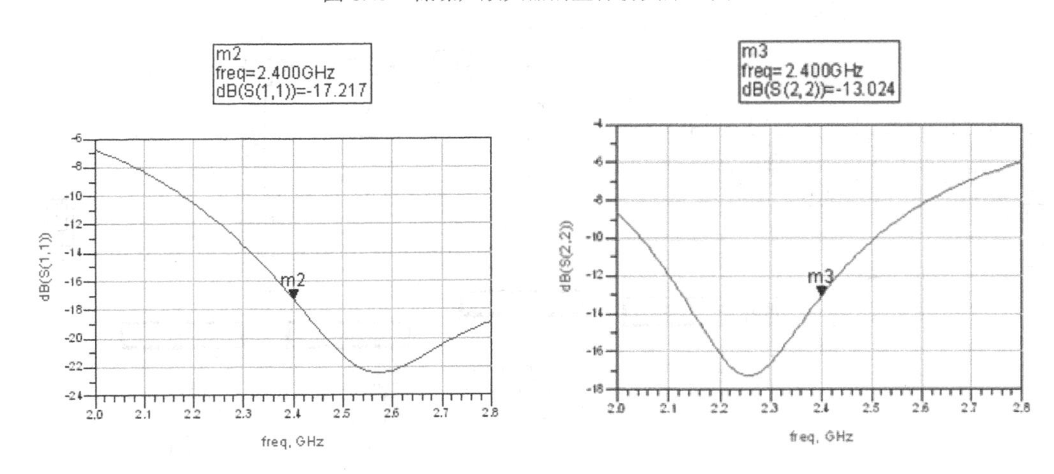


图 8.46　S(1,1)优化仿真结果　　　　图 8.47　S(2,2)优化仿真结果

（7）优化完成后，在原理图窗口中选择[Simulate]→[Update Optimization Values]命令可以保存优化后的参数值，图 8.49 所示为反标注后的 VAR 变量控制器，可以看到此时的微带线长度与用 SP 模型进行优化的值有了很大的区别，这是因为集电极电阻和集电极-基极电阻导致输入和输出阻抗发生变化而重新进行优化的结果。

（8）完成优化目标后，还需要对低噪声放大器的其他参数指标进行仿真。在 S 参数仿真面板“Simulation-S_Param”中选择稳定性仿真控制器“StabFct”插入原理图中。再选择两个驻波比仿真控制器插入原理图，双击其中一个，将 S(1,1)修改为 S(2,2)，对输出驻波比进行仿真。由于在 S 参数仿真控制器中已经勾选了“Calculate noise”选项，对噪声系数进行仿真，就不需要加入额外的仿真控制器，如图 8.50 所示，最终完成仿真原理图。

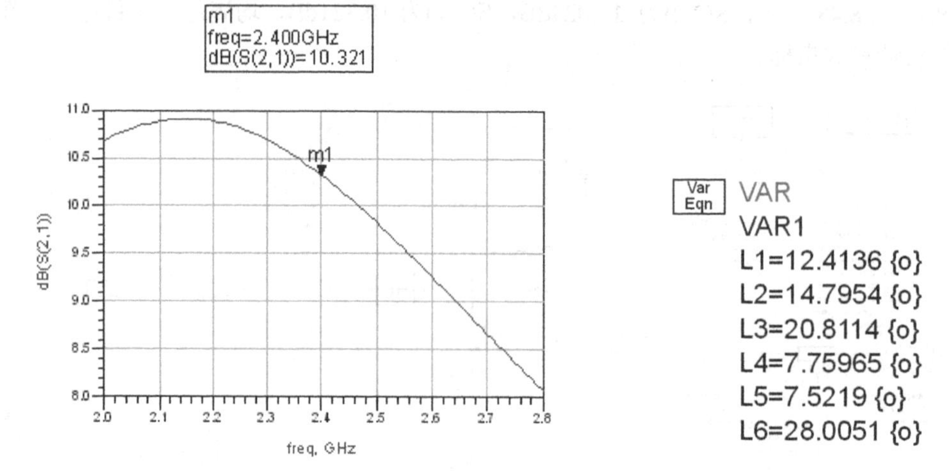


图 8.48 S(2,1)优化仿真结果

图 8.49 优化参数反标注后的 VAR 变量控制器

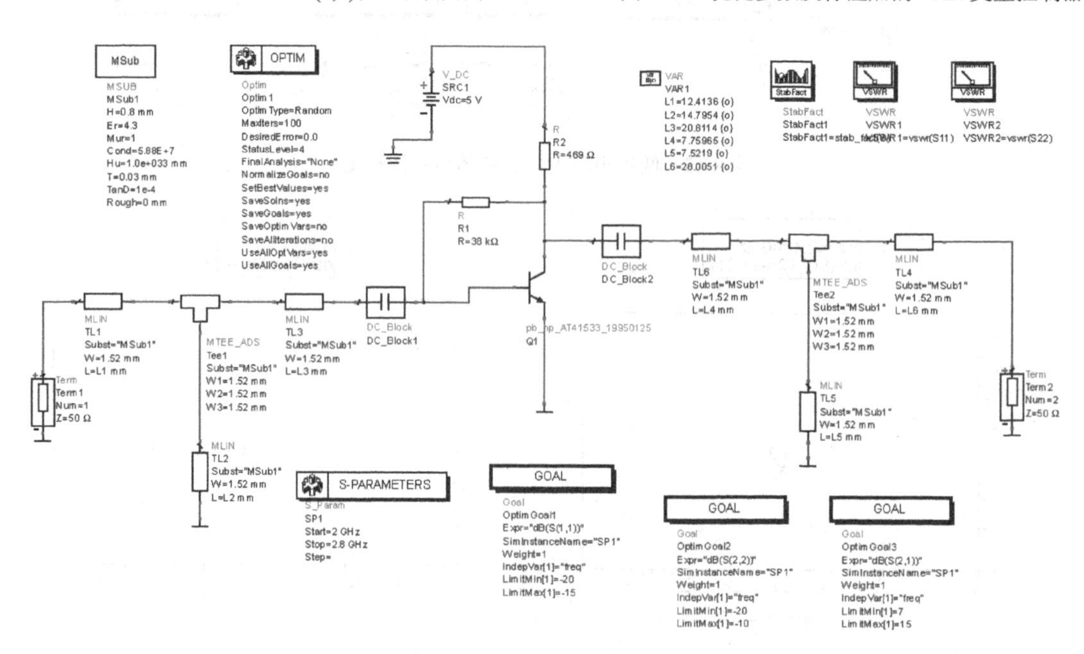


图 8.50 低噪声放大器稳定性、驻波比仿真原理图

（9）完成设置后，在原理图工具栏中单击[Simulate]按钮开始仿真。仿真结束后，自动弹出数据显示窗口，在数据显示窗口中单击[Rectangular Plot]按钮，插入一个矩形图。在弹出的"Plot Traces & Attributes"对话框中选择"StabFact1"，单击[Add]按钮进行添加，最后单击[OK]按钮确认。在菜单栏中选择[Maker]→[New]命令，对波形进行标注，显示稳定系数，如图 8.51 所示。可见在 2.4GHz 工作频率时候，稳定系数为 1.762，满足稳定工作所需要大于 1 的要求。

再插入 3 个矩形图分别显示噪声系数，输入、输出驻波比，如图 8.52 所示，噪声系数在 2.4GHz 时为 3.056dB，相比 SP 模型仿真时有了一定的上升，这主要是因为集电极电阻和集电极-基极电阻加入了热噪声导致。如图 8.53、图 8.54 所示，输入、输出驻波比分别为 1.32 和 1.575，结果都较为理想。

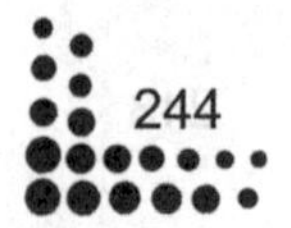

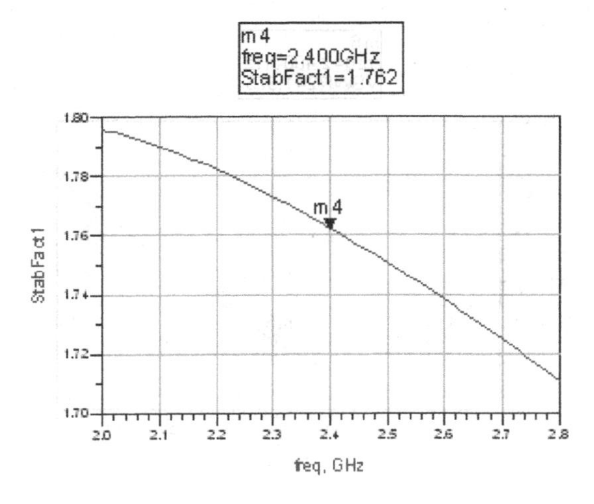


图 8.51 稳定系数仿真结果

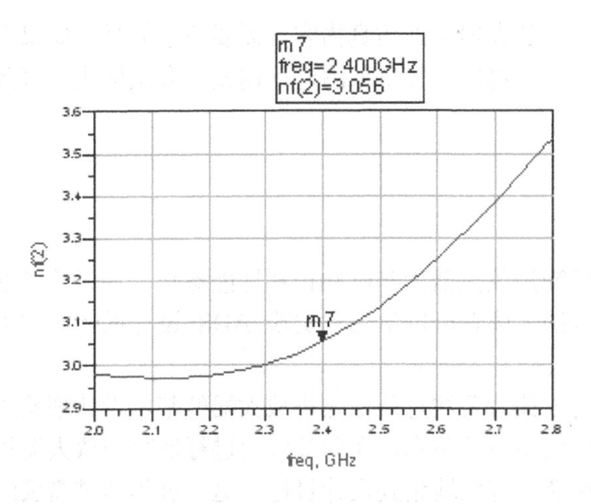


图 8.52 噪声系数

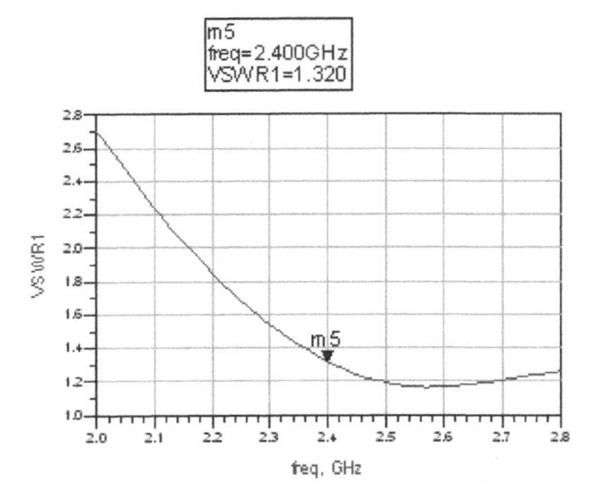


图 8.53 输入驻波比

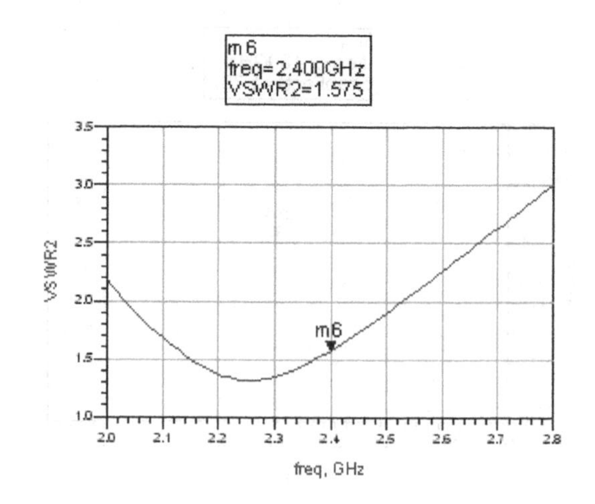


图 8.54 输出驻波比

以上就完成了低噪声放大器全部仿真内容，需要注意的是，如果在优化过程中未能达到预期设计参数指标，则需要对优化变量范围进行调整，多次优化，直到满足设计指标为止。

## 8.3 小结

本章主要介绍了低噪声放大器的基础知识和性能参数，并讨论了通过 ADS 设计和仿真低噪声放大器的基本方法。读者可以学习和实践 ADS 设计低噪声放大器的一般步骤和仿真技巧。

在学习本章内容时，读者要注意从低噪声放大器的基本设计理论入手，选择所需要的晶体管模型，并对其进行模型参数仿真，在此基础上进行低噪声放大器稳定性和匹配电路的设计和优化，这样才能快速、有效地达到设计目标。这一过程通过需要经过理论—仿真—理论的多次反复，才能最终完成设计任务。

# 第 9 章　混频器设计与仿真

混频器是射频前端电路中实现频谱搬移的电路，具有十分重要的地位。它主要用来实现频率的变换，它的一些性能参数直接决定了收发机的性能，起着至关重要的作用，本章先从混频器的基础知识入手，介绍混频器的基本原理和性能指标，然后通过一个 ADS 的仿真实例使读者对混频器设计有一个更为深入的了解。

## 9.1　混频器设计原理和指标

为使读者对混频器电路有一个概念上的了解，首先讨论一下混频器的基本原理和指标参数，只有在明确电路原理的基础上，才能使用 ADS 进行电路设计和仿真。

### 9.1.1　混频器设计原理

混频器，作为射频前端最重要的电路之一，位于低噪声放大器之后，模拟中频电路之前，在射频链路中肩负着承上启下的重任。它的作用在于把两个不同频率的信号分解成两者的和频信号和差频信号。

混频器必须是非线性或时变的，以提供所需的频率变换。它的核心是对射频信号(RF)和本振信号（LO）在时间域相乘，设本振信号为 $V_{LO}\cos\omega_{LO}t$ ，射频信号为 $V_{RF}\cos\omega_{RF}t$ ，数学表达式为：

$$(V_{RF}\cos\omega_{RF}t)(V_{LO}\cos\omega_{LO}t)=\frac{V_{RF}V_{LO}}{2}[\cos(\omega_{RF}-\omega_{LO})t+\cos(\omega_{RF}+\omega_{LO})t] \qquad 9\text{-}1$$

混频器有三个端口：一是射频输入口；二是本振输入口；三是中频输出口。混频器可以分为有源混频器和无源混频器两种，它们的区别在于是否有功率增益，无源混频器的增益小于 1，称为混频损耗。无源混频器常用二极管和工作在可变电阻区的场效应管构成。有源混频器的增益大于 1，它由场效应管和双极型晶体管构成。无源混频器的线性范围大，速度快，而有源混频器由于增益大于 1，可以降低混频以后各级噪声对接收机总噪声的影响，因此得到了更广泛的应用，下面重点介绍有源混频器的基本原理。

目前，有源混频器中最为普遍电路形式为如图 9.1 所示的 Gilbert 双平衡混频电路。

该 Gilbert 双平衡混频器的本振信号、射频信号采用了差分输入的模式，中频信号同样采用了差分输出的模式。令 $I_o=2I_B$ ，当差分输出时，该乘法器的差值电流为：

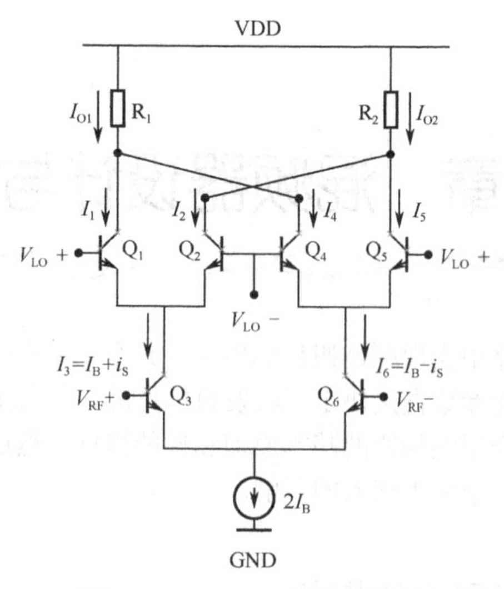


图 9.1　Gilbert 双平衡混频电路

$$I = I_{o1} - I_{o2} = (I_1 + I_4) - (I_2 + I_5) = (I_1 - I_2) - (I_5 - I_4) \tag{9-2}$$

差值电流 $(I_1 - I_2)$ 和 $(I_5 - I_4)$ 分别是上面两个差分对的输出电流，它们分别是：

$$I_1 - I_2 = I_3 \mathrm{e}^{\frac{qv_{LO}}{2kT}} \tag{9-3}$$

$$I_5 - I_4 = I_6 \mathrm{e}^{\frac{qv_{LO}}{2kT}} \tag{9-4}$$

则

$$I = (I_3 - I_6)\mathrm{e}^{\frac{qv_{LO}}{2kT}} \tag{9-5}$$

而 $(I_3 - I_6)$ 是差分对管 $Q_3$，$Q_6$ 的输出差值电流，它们为：

$$I_3 - I_6 = I_0 \mathrm{e}^{\frac{qv_{RF}}{2kT}} \tag{9-6}$$

因此，总的输出电流为：

$$i_o = I_0 \mathrm{e}^{\frac{qv_{RF}}{2kT}} \cdot \mathrm{e}^{\frac{qv_{LO}}{2kT}} \tag{9-7}$$

Gilbert 单元的工作状态为：一个输入信号为大信号；另一个输出信号为小信号。在混频器中，射频信号为小信号，而本振信号则为大信号。

当本振信号幅度 $V_{LO}$ 大于 100mV 时，晶体管 $Q_1$～$Q_2$，$Q_4$～$Q_5$ 工作于开关状态，此时 $\mathrm{e}^{\frac{qv_{LO}}{2kT}} \approx S_2(\omega_{LO}t)$，（$S_2$ 为开关函数）由于射频信号为小信号，因此，$\mathrm{e}^{\frac{qv_{RF}}{2kT}} \approx \frac{qv_{RF}}{2KT}$。

则输出电流为：

$$i_o = I_0 \frac{qv_{RF}}{2kT} \cdot S_2(\omega_{LO}t) = g_m v_{RF} \cdot S_2(\omega_{LO}t) \tag{9-8}$$

式中，$g_m = \frac{q}{kT} \cdot \frac{I_0}{2}$ 为 $Q_3$ 或 $Q_6$ 在静态偏置电流为 $\frac{I_0}{2}$ 时的跨导。

将 $S_2(W_{LO}t)$ 的展开式代入上式，其中 $n=1$ 对应的频谱分量即是 $v_{RF}$ 和 $v_{LO}$ 相乘的结果，频率为 $(\omega_{LO} - \omega_{RF})$ 和 $(\omega_{LO} + \omega_{RF})$，其电流幅度为：

$$I = \frac{2}{\pi} I_0 \frac{q}{2kT} v_{RF} = \frac{2}{\pi} g_m v_{RF} \qquad 9\text{-}9$$

双平衡混频器与其他混频器结构相比有两个主要优点：

一是各端口间的隔离性能好，特别是本振端向中频端的隔离性能比单平衡混频器有所改进。因为在双平衡混频器中，输出电流是上面两个差分对电流以相反的相位叠加，抵消了本振信号向中频端的泄漏。

二是线性范围大。其原因是：RF 输入级是差分放大器，它的伏安特性以零点为中心有较大的线性范围。在相同的非线性失真条件下，差分放大器的线性输入动态范围几乎是单管共射放大器的 10 倍；双平衡，由于采用了双平衡结构，输出电流与射频输入差分放大器的两管电流之差成正比，这样就抵消了 RF 级的 $I/V$ 变换中的偶次失真项。

## 9.1.2 混频器指标参数

混频器的主要指标参数有：增益、噪声系数（NF）、三阶互调截点（IIP3）、端口间隔离等，以下分别进行介绍。

### 1. 增益

混频器的增益为频率变换增益，简称变频增益，定义为输出中频信号的大小与输入射频信号大小之比。电压增益 $A_v$ 和功率增益 $G_p$ 分别定义为：

$$A_v = \frac{V_{IF}}{V_{in}} \qquad 9\text{-}10$$

$$G_p = \frac{P_{IF}}{P_{in}} \qquad 9\text{-}11$$

当混频器的射频端口通过抑制镜像频率的滤波器与低噪声放大器相连时，为了保证滤波器的性能，混频器射频口的输入阻抗必须和此滤波器的输出阻抗相匹配，滤波器的输出阻抗一般是 50Ω。同样，混频器的中频端口也应和中频滤波器匹配，低于 100MHz 的中频滤波器的阻抗一般都大于 50Ω。如声表面波滤波器为 200Ω，中频陶瓷滤波器是 330Ω，晶体滤波器是 1kΩ。由于两个端口的阻抗不同，功率增益和电压增益的关系是：

$$G_p = \frac{P_{IF}}{P_{in}} = \frac{V_{IF}^2 / R_L}{V_{RF}^2 / R_S} = A_V^2 \frac{R_S}{R_L} \qquad 9\text{-}12$$

### 2. 噪声

混频器紧跟低噪声放大器，属于接收机的前端电路，它的噪声性能对接收机的影响很大。混频器对射频而言是线性网络，可以按线性网络的计算公式来计算它的噪声系数，只不过将计算公式中的增益改为混频器的频率变换增益。

混频器的噪声有两种定义和测量方法，即双边（DSB）和单边（SSB）噪声系数。混频器噪声系数是混频器输入端的信噪比和混频器输出端的信噪比之比，单位为 dB。

### 3. 线性范围

混频器对输入 RF 小信号而言是线性网络，其输出中频信号与输入射频信号的幅度成正比。但是当输入信号幅度逐渐增大时，与线性放大器一样，也存在着非线性失真问题。因此，与放大器一样，也可以用下列质量指标来衡量它的线性性能。

1）1dB 压缩点

定义为变频增益下降 1dB 时相应的输入（或输出）功率值。

2）三阶互调截点

设混频器输入两个射频信号 $f_{RF1}$ 和 $f_{RF2}$，它们的三阶互调分量 $2f_{RF1}-f_{RF2}$（或 $2f_{RF2}-f_{RF1}$）与本振混频后也位于中频带宽内，就会对有用中频产生干扰。与放大器的三阶互调截点定义相同，使三阶互调产生的中频分量与有用中频相等的输入信号功率记为 IIP3（或对应的输出记为 OIP3）。

3）线性动态范围

定义 1dB 压缩点与混频器的噪声基数之比为混频器的线性动态范围，用 dB 表示。由于混频器的输入 RF 信号经过了低噪声放大器的放大，因此送入混频器的射频信号总要比输入低噪声放大器的信号大，因此对混频器的线性度指标要比对低噪声放大器要求高。

### 4. 端口间隔离

混频器的各端口间的隔离不太理想会产生以下几个方面的影响。本振（LO）口向射频（RF）口的泄漏会使本振大信号影响低噪声放大器的工作，甚至通过天线向空间辐射噪声信号。RF 口向 LO 口的串扰会使 RF 中包含的强干扰信号影响本地振荡器的工作，产生频率牵引等现象，从而影响本振输出频率。LO 口向 IF 口的串扰，本振大信号会使以后的中频放大器各级过载。RF 信号如果隔离不好也会直通到中频输出口，但是一般来说，由于 RF 频率很高，都会被中频滤波器滤除，不会影响输出中频。

### 5. 阻抗匹配

对混频器的三个端口的阻抗要求主要有两点。一是要求匹配，混频器 RF 口及 IF 口的匹配可以保证与各口相接的滤波器正常工作。LO 口的匹配可以有效地向本地振荡器汲取功率。二是要求每个端口对另外两个端口的信号，力求短路。

### 6. 失真

混频功能是靠器件的非线性完成两信号的相乘来实现的。由于器件非线性的高次方项，使本振与输入信号除产生有用中频分量外还会产生很多组合频率，当某些组合频率落到中频带宽内，就形成了对有用中频信号的干扰。因此，混频器的失真主要表现在组合频率干扰上，这些失真一般可分为以下几种：

（1）干扰哨声。若 $\pm(pf_{RF}-qf_{LO})=f_{IF}\pm F$，其中 $F$ 是音频，$p$、$q$ 为整数，它是由非线性器件的 $(p+q)$ 次方产生的。这些组合频率分量和有用中频就会在检波器输出产生差频 $F$，形成哨叫声，故称此为干扰哨声。

（2）寄生通道干扰。当混频器的输入信号中伴有干扰信号 $f_m$ 时，本振除与射频 $f_{RF}$ 产生中频信号外，还可能与干扰相互作用产生中频，即：$\pm(qf_{LO}-pf_m)=f_{IF}$，它是由非线性器件的 $(p+q)$ 次方产生的。若把射频信号 $f_{RF}$ 与本振产生中频的通道称为主通道，则干扰与本振产生中频的通道称为寄生通道。寄生通道产生的中频干扰了有用信号的中频分量。在寄生通道干扰中，最主要的两种干扰是中频干扰 $f_m = f_{IF}$ $(q=0,p=1)$ 和镜像频率干扰 $f_m=f_{LO}-f_{IF}$ $(q=1,p=1)$。前者被混频器直接放大，它的增益比主通道的变换增益大，后者通过混频器时与主通道有相同的变换增益。

（3）互调失真。当混频器的射频输入端口有多个干扰信号 $f_{m1}$、$f_{m2}$ 同时进入时，每个干扰信号单独与本振作用的组合频率并不等于中频，但可能会产生如式 9-13 所示的组合频率分量，使混频器的输出中频失真。

$$\pm[(rf_{m1}-sf_{m2})-f_{LO}]=f_{IF} \qquad 9\text{-}13$$

它是由非线性器件的 $(r+s+1)$ 次方产生的。与线性放大器一样，这种由两个干扰信号相互作用而产生的干扰称为互调失真。其中以三阶互调 $r+s=3$ 最为严重。三阶互调干扰信号频率与射频信号频率之间满足 $2f_{m1}-f_{m2}\approx f_{RF}$ 或 $2f_{m2}-f_{m1}\approx f_{RF}$。

## 9.2 混频器原理图设计与仿真

在学习了混频器的基本原理和设计指标后，本节将使用 ADS 设计一个 CMOS 的 Gilbert 双平衡混频器，并对混频器的主要指标参数进行仿真验证，以验证电路的功能和性能。

### 9.2.1 混频器原理图设计

在原理图设计前，首先确定 Gilbert 双平衡混频器的设计指标为：

- 在射频输入信号为 1000MHz，本振输入信号为 900MHz 时，完成变频功能。
- 变频增益大于 15dB。
- 输入三阶交调点大于-20dBm。
- 输出三阶交调点大于-35dBm。

制定混频器的设计指标后，就可以进行原理图设计了。

（1）运行 ADS，弹出 ADS 主窗口，选择[File]→[New Project]命令，弹出“New Project”对话框，在存在的默认路径“c:\uesrs\default”后输入“mixer_lab”，并在“Project Technology Files”栏中选择“ADS Standard:Length unil-millimeter”，选择工程默认的长度单位为毫米（mm），如图 9.2 所示。单击[OK]按钮，完成工程建立。

（2）在主窗口中选择[File]→[New Design]命令，新建一个原理图，这里命名为“mixer”，在“Design Technology Files”栏中同样选择“ADS Standard:Length unil-millimeter”，如图 9.3 所示，单击[OK]按钮，完成建立，同时弹出原理图窗口。

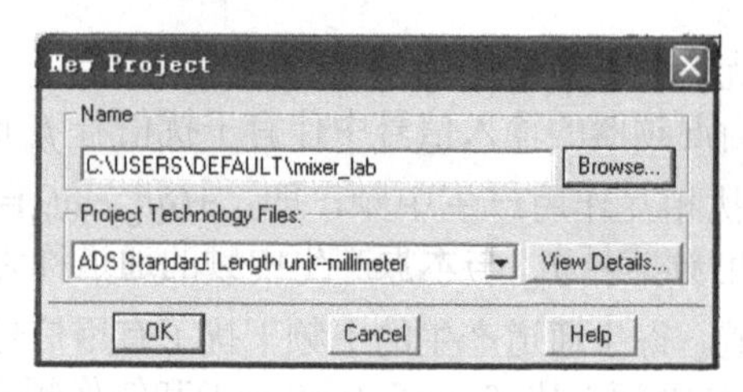


图 9.2　建立工程

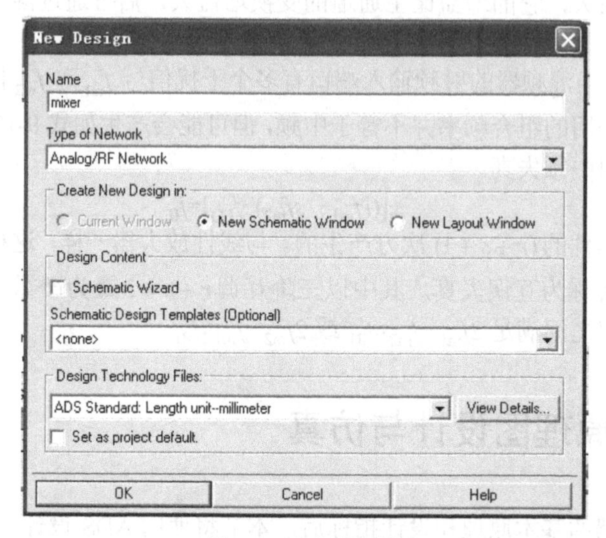


图 9.3　建立原理图

（3）由于混频器采用的 NMOS 管需要工艺模型库支持才能进行仿真，因此首先要建立一个 NMOS 管的 BSIM3 模型库，在原理图设计窗口中选择“Devices-MOS”面板，从元件面板中选择“BSIM3” 插入到原理图中，将其命名为“MODnmos35”，如图 9.4 所示，同时双击该元件，如表 9.1 所示进行具体参数设置。

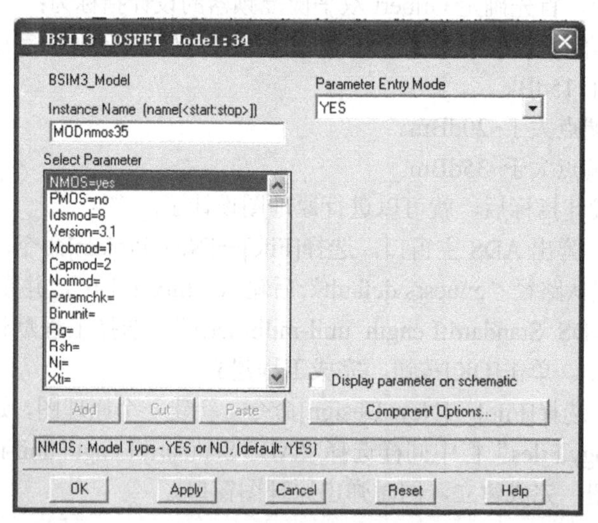


图 9.4　设置 BSIM3 参数

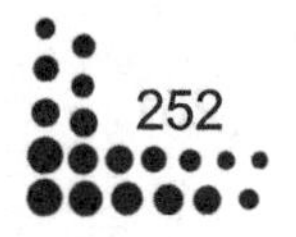

表 9.1 BSIM3 完整参数

| 参 数 | 值 | 参 数 | 值 | 参 数 | 值 |
|---|---|---|---|---|---|
| NMOS | yes | PMOS | no | ldsmod | 8 |
| Version | 3.1 | Mobmod | 1 | Capmod | 2 |
| Lint | 1.046932e-9 | Ll | 0 | Lln | 1 |
| Lw | 0 | Lwn | 1 | Lwl | 0 |
| Wint | 6.902592e-8 | Wl | 0 | Wln | 1 |
| Ww | 0 | Wwn | 1 | Wwl | 0 |
| Tnom | 27 | Tox | 7.7e-9 | Cj | 9.25e-4 |
| Mj | 0.3750922 | Cjsw | 1.88997e-10 | Mjsw | 0.1557289 |
| Pb | 0.829352 | pbsw | 0.9897343 | Cgso | 1.96e-10 |
| Cgdo | 1.96e-10 | Cgbo | 0 | Xpart | 0.4 |
| Dwg | 1.658507e-8 | Dwb | 5.281886e-9 | Nch | 1.7e17 |
| Xj | 1.5e-7 | U0 | 418.319228 | Vth0 | 0.5068216 |
| Pvth0 | -0.0110745 | K1 | 0.5749847 | K2 | 0.0128401 |
| Pk2 | 7.546534e-4 | K3 | 4.6 | K3b | 1.2547359 |
| W0 | 1e-5 | Nlx | 1.9e-7 | Dvt0 | 7.5799849 |
| Dvt1 | 0.8392029 | Dvt2 | -0.0168709 | Dvt1w | 5.3e6 |
| Dvt2w | -0.032 | Ua | 1.006254e-10 | Ub | 1.962016e-18 |
| Uc | 6.055129e-11 | Delta | 0.01 | Rdsw | 1.019438e3 |
| Prdsw | 106.23 | Prwg | 1e-3 | Prwb | -1e-3 |
| Vsat | 1.316502e5 | A0 | 0.9976849 | Keta | -4.470486e-3 |
| Lketa | -2.710986e-3 | Wketa | -3.146977e-3 | Ags | 0.2896963 |
| B0 | 1.723836e-6 | B1 | 5e-6 | Voff | -0.1240329 |
| Nfactor | 0.3628286 | Cdsc | 1.527511e-3 | Eta0 | 4.406846e-3 |
| Dsub | 0.0655522 | Drout | 0.8997796 | Pclm | 0.4522542 |
| Pdiblc1 | 0.5806181 | Pdiblc2 | 4.462594e-3 | Pscbe1 | 7.245872e9 |
| Pscbe2 | 5e-10 | Pvag | 7.710019e-3 | Ute | -1.5 |
| At | 3.3e4 | Ua1 | 4.31e-9 | Ub1 | -7.61e-18 |
| Uc1 | 5.6e-11 | Kt1 | -0.11 | Kt1l | 0 |
| Kt2 | 0.022 | | | | |

（4）设置好模型库后，继续在原理图设计窗口中选择“Devices-MOS”面板，从元件面板中选择两个“MOS-NMOS”作为尾电流源管插入到原理图中，分别命名为 MOSFET4 和 MOSFET3，如图 9.5 所示。设置它们“Model”为之前设置的 BSIM3 模型名“MODnmos35”，长度“Length”为“4e-07”，宽“Width”为“WCS”，漏、源结面积“Ad”、“As”为“ WCS*2e-6 ”，漏、源结周长“Pd”、“Ps”为“ WCS+2e-6 ”。

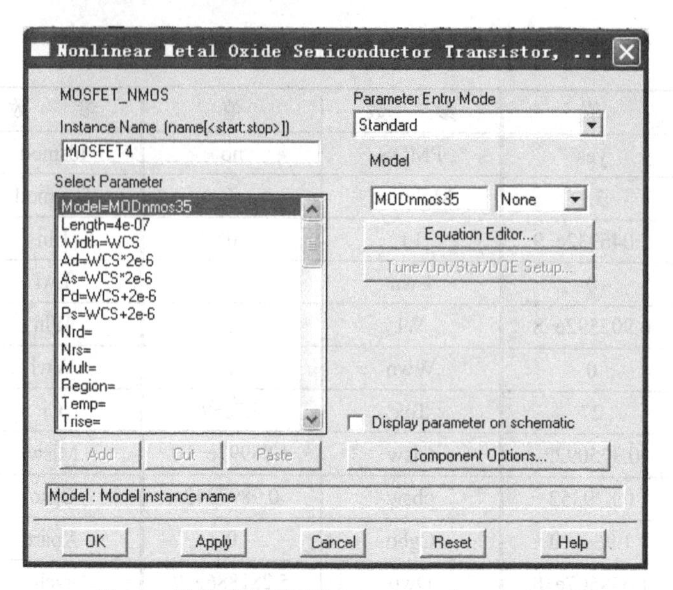


图 9.5　设置尾电流源管 MOSFET4 和 MOSFET3

再调用两个“MOS-NMOS”作为射频输入管插入到原理图中，分别命名为 MOSFET1 和 MOSFET2，如图 9.6 所示。设置它们“Model”为之前设置的 BSIM3 模型名“MODnmos35”，长度“Length”为“4e-07”，宽“Width”为“W1”，漏、源结面积“Ad”、“As”为“Adrain1”，漏、源结周长“Pd”、“Ps”为“Pdrain1”。

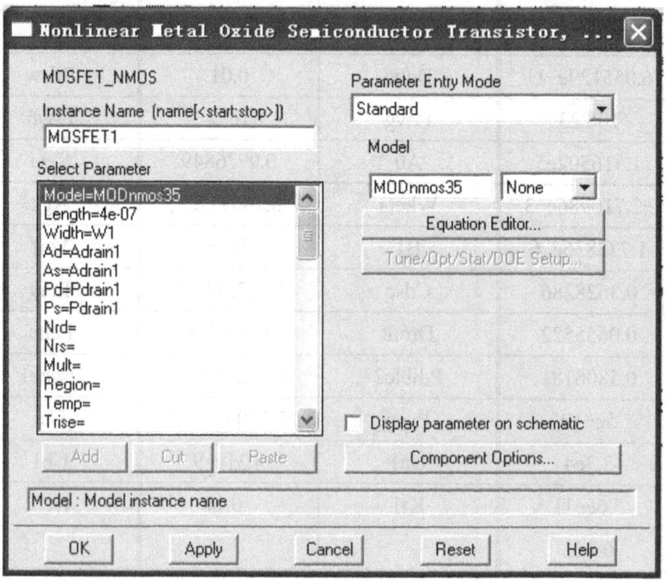

图 9.6　设置射频输入管 MOSFET1 和 MOSFET2

最后调用四个“MOS-NMOS”作为本振输入管插入到原理图中，分别命名为 MOSFET5、MOSFET6、MOSFET7 和 MOSFET8，如图 9.7 所示。设置它们“Model”为之前设置的 BSIM3 模型名“MODnmos35”，长度“Length”为“4e-07”，宽“Width”为“W1”，漏、源结面积“Ad”、“As”为“Adrain1”，漏、源结周长“Pd”、“Ps”为“Pdrain1”。

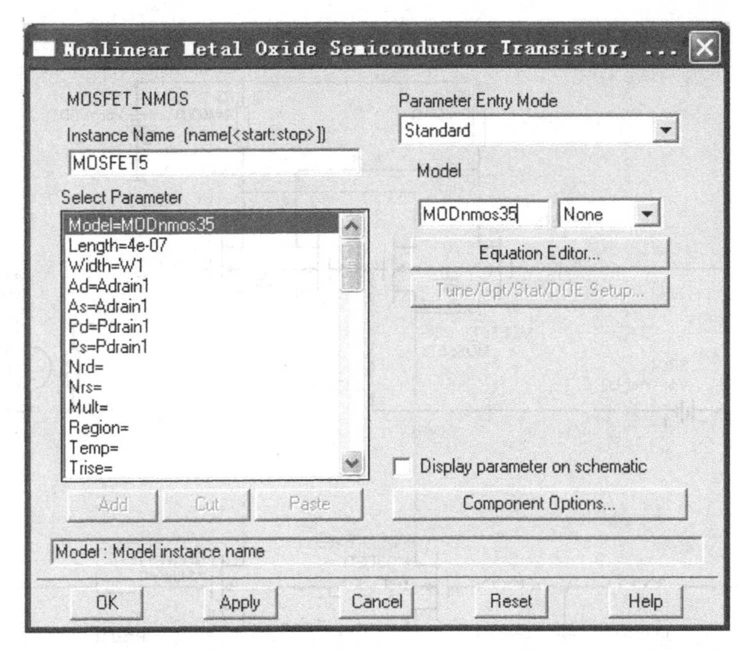


图 9.7 设置本振输入管 MOSFET5、MOSFET6、MOSFET7 和 MOSFET8

注意：这里的 NMOS 管为四端元件，衬底都需要接地电位。

（5）在原理图设计窗口中选择“Lumped-Components”面板，从元件面板中选择两个电感作为源退化电感插入到原理图中，分别命名为 L3 和 L4，并设置它们电感值为 2nH，电阻值为 10Ω。再选择两个电阻作为负载电阻，分别命名为 R2 和 R3，设置电阻值为 450Ω。另一个电阻作为射频另一个输入端的匹配电阻，命名为 R7，设置电阻值为 50Ω。

（6）为了进行输入阻抗匹配，还应该设置一个输入阻抗匹配网络，这里设计混频器工作在 900MHz 的射频信号下，采用 T 形匹配网络，电感 L1 为 48nH，L2 为 19.5nH，电容 C1 为 3.1pF。

（7）在原理图设计窗口中选择“Source-Freq Domain”面板，从元件面板中选择四个直流电压源“V_DC”，一个作为电源“SRC1”，一个作为本振输入管偏置电压源“SRC4”，两个作为射频输入管偏置电压源“SRC9”和“SRC2”，并设置电压值为“VDD”、“Vref_LO”和“Vref_RF”。同时选择一个直流电流源“I_DC”分别作为输入电流源，设置电流值为“Ibias”。最后为本振输入端口、差分输出打上标签“V_LOp”、“Vout1”、“Vout2”，如图 9.8 所示，完成混频器主体电路原理图。

（8）为了在射频输入管同时加入输入信号和偏置电压，需要调用压控电压源进行连接，选择“Source-Controlled”面板，从元件面板中选择压控电压源“VCVS”，命名为“SRC8”。输入端分别接 Port“RF”和地，输出端一端接到射频输入管 MOSFET1 前匹配电路的电感 L2，另一端接到射频偏置直流电压源“SRC9”，如图 9.9 所示。再双击“VCVS”，如图 9.10 所示，设置复数电压增益“G”为 1，输入、输出电阻都为 50Ω。

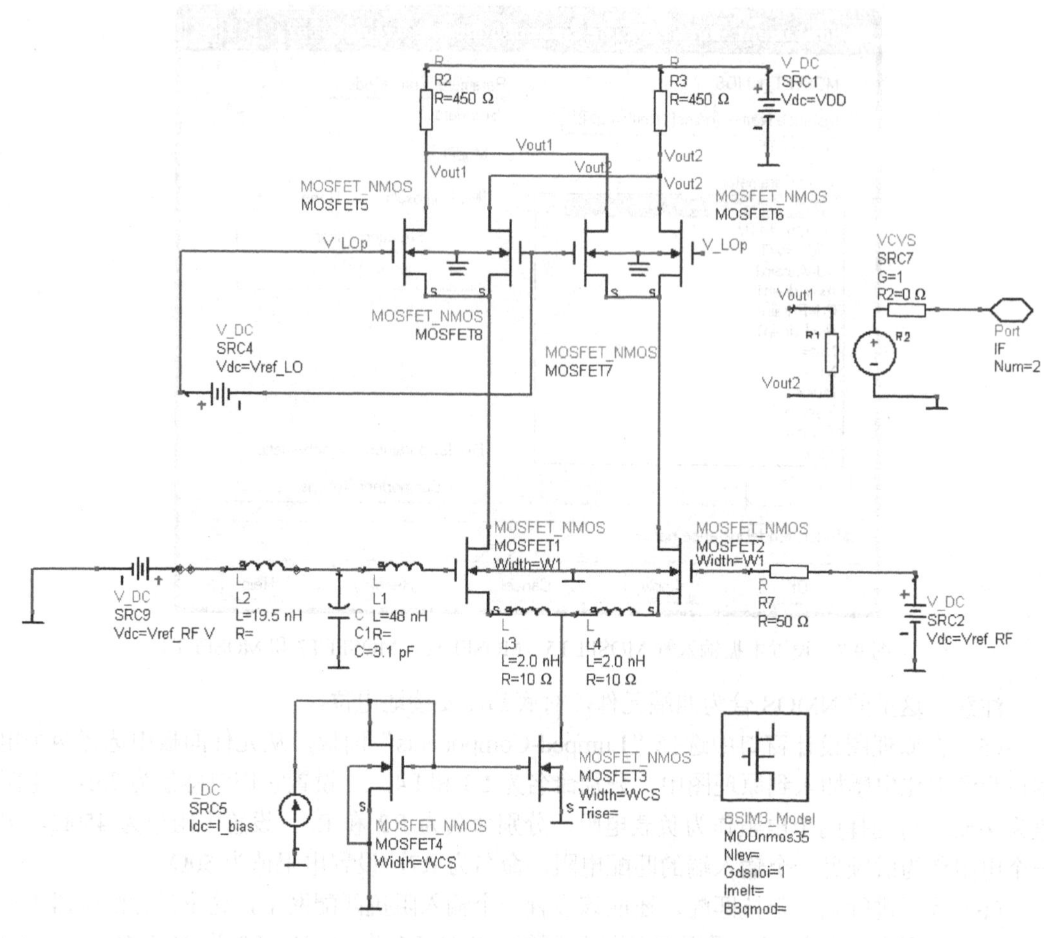


图 9.8 混频器主体电路原理图

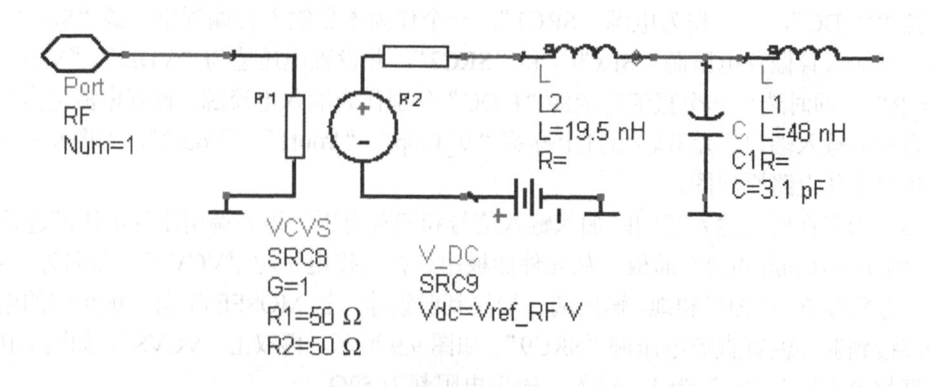


图 9.9 射频端压控电压源“VCVS”的连接

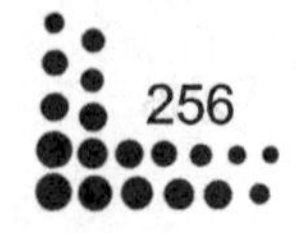

Voltage Controlled Voltage Source:32
VCVS
Instance Name (name[<start:stop>])
SRC8
Select Parameter
G=1
T=0 nsec
R1=50 Ohm
R2=50 Ohm
F=0.0 GHz
ImpNoncausalLength=
ImpMode=
ImpMaxFreq=
ImpDeltaFreq=
ImpMaxOrder=
ImpWindow=
ImpRelTol=
ImpAbsTol=
Parameter Entry Mode
Standard
G
1
None
Equation Editor...
Tune/Opt/Stat/DOE Setup...
Display parameter on schematic
Add
Cut
Paste
Component Options...
G : Complex voltage gain, e.g. polar(10, 45), or P(j*omega)/Q(j*omega)
OK
Apply
Cancel
Reset
Help

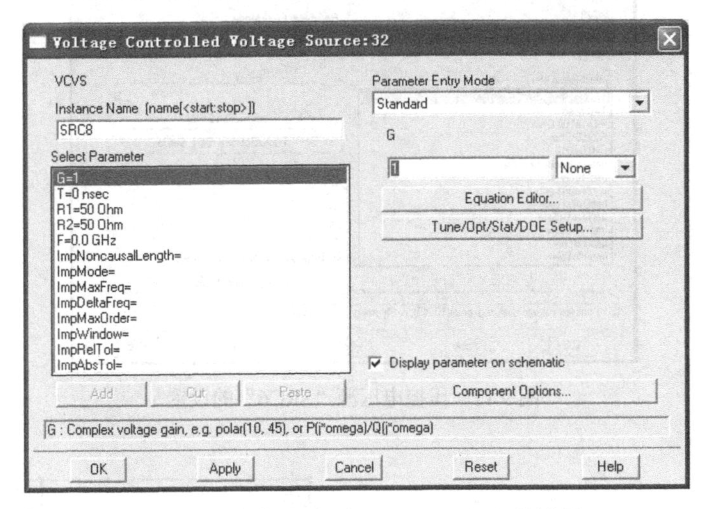

图 9.10　射频端压控电压源“VCVS”的设置

同样设置本振输入端口，由于本振端口为差分输入，因此还需要一个压控电压源“VCVS”对输入信号进行反向，设置压控电压源“SRC3”输入电阻为 1e100Ω，代表无穷大的输入阻抗，输出电阻为 50Ω，增益为-1，如图 9.11 所示。输出端一端接本振输入管 MOSFET5 和 MOSFET6，另一端接本振偏置电压“SRC4”。另一个压控电压源“SRC6”输入、输出电阻与“SRC3”相同，如图 9.12 所示设置增益“G”为 1。输出端一端接本振输入管 MOSFET7 和 MOSFET8，另一端接本振偏置电压“SRC4”。

在本振输入端加入 50Ω电阻 R1 和 Port“LO”，如图 9.13 所示进行连接。

最后需要一个压控电压源将差分输出转为单端输出，如图 9.14 所示设置压控电压源“SRC7”输入电阻为 1e100Ω，代表无穷大的输入阻抗，输出电阻为 50Ω，增益为 1。如图 9.15 所示，输出端一端接中频输出 Port“IF”，另一端接地。

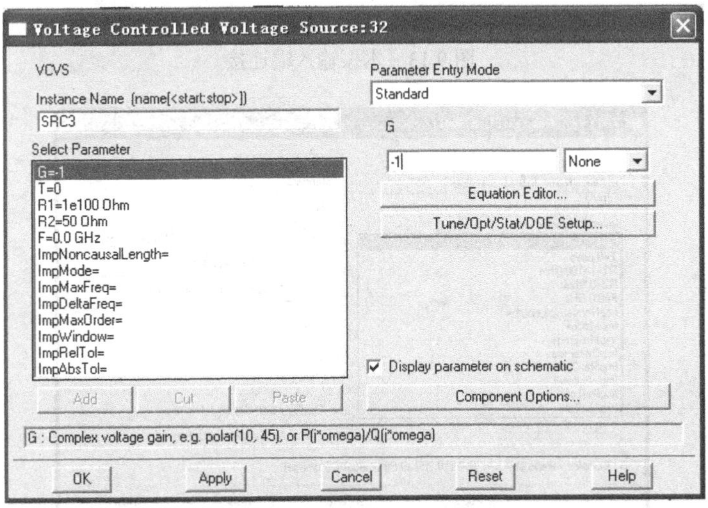

Voltage Controlled Voltage Source:32
VCVS
Instance Name (name[<start:stop>])
SRC3
Select Parameter
G=-1
T=0
R1=1e100 Ohm
R2=50 Ohm
F=0.0 GHz
ImpNoncausalLength=
ImpMode=
ImpMaxFreq=
ImpDeltaFreq=
ImpMaxOrder=
ImpWindow=
ImpRelTol=
ImpAbsTol=
Parameter Entry Mode
Standard
G
-1
None
Equation Editor...
Tune/Opt/Stat/DOE Setup...
Display parameter on schematic
Add
Cut
Paste
Component Options...
G : Complex voltage gain, e.g. polar(10, 45), or P(j*omega)/Q(j*omega)
OK
Apply
Cancel
Reset
Help

图 9.11　压控电压源“SRC3”的设置

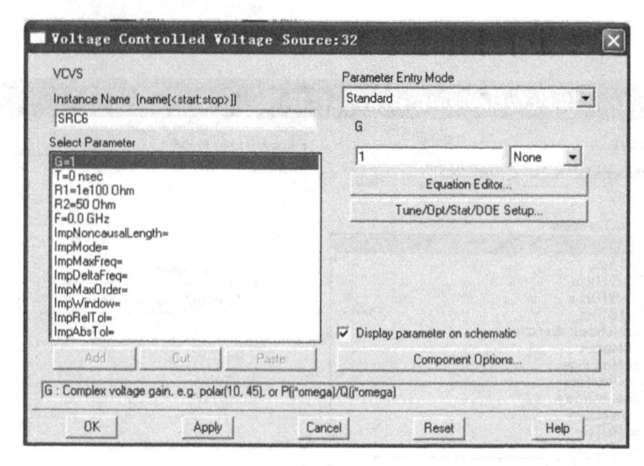


图 9.12 压控电压源“SRC6”的设置

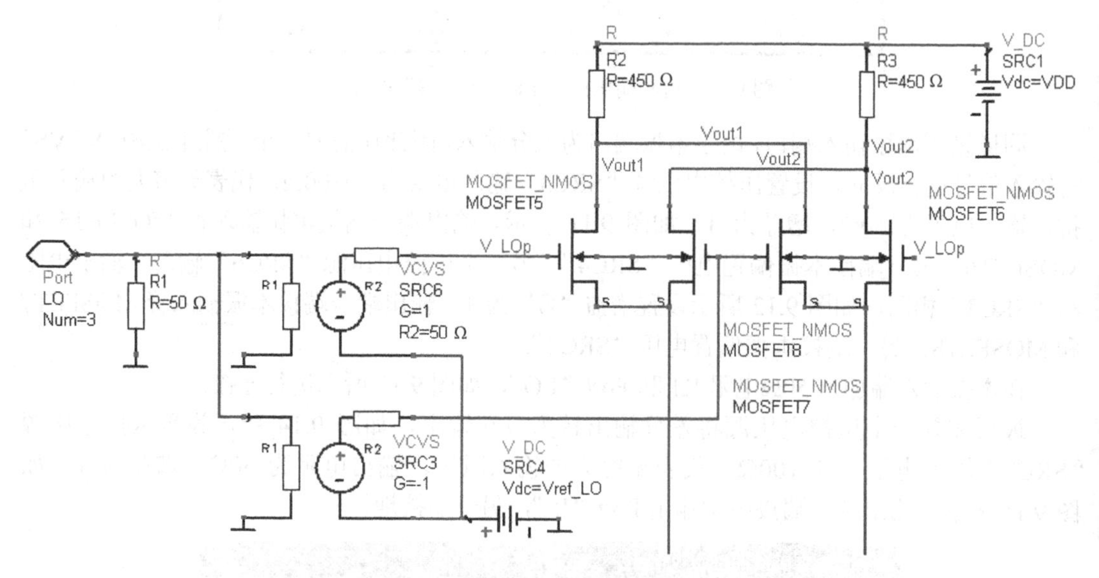


图 9.13 本振输入端连接

图 9.14 设置压控电压源“SRC7”

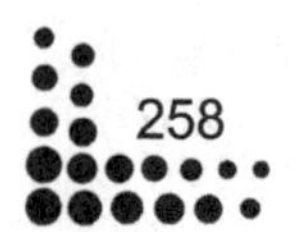

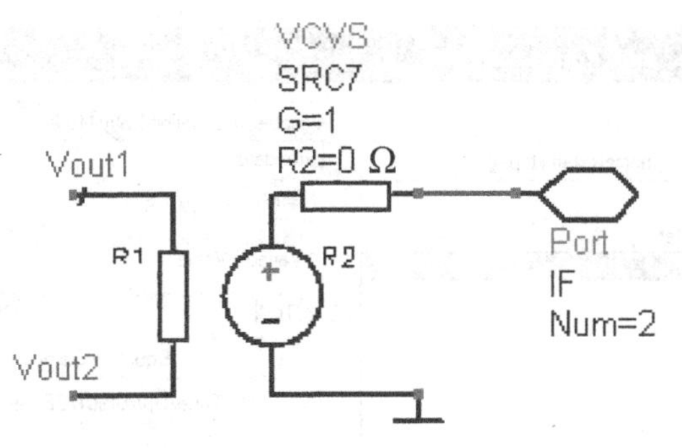


图 9.15 “SRC7”连接关系

（9）图 9.16 所示为完成连接的混频器原理图。

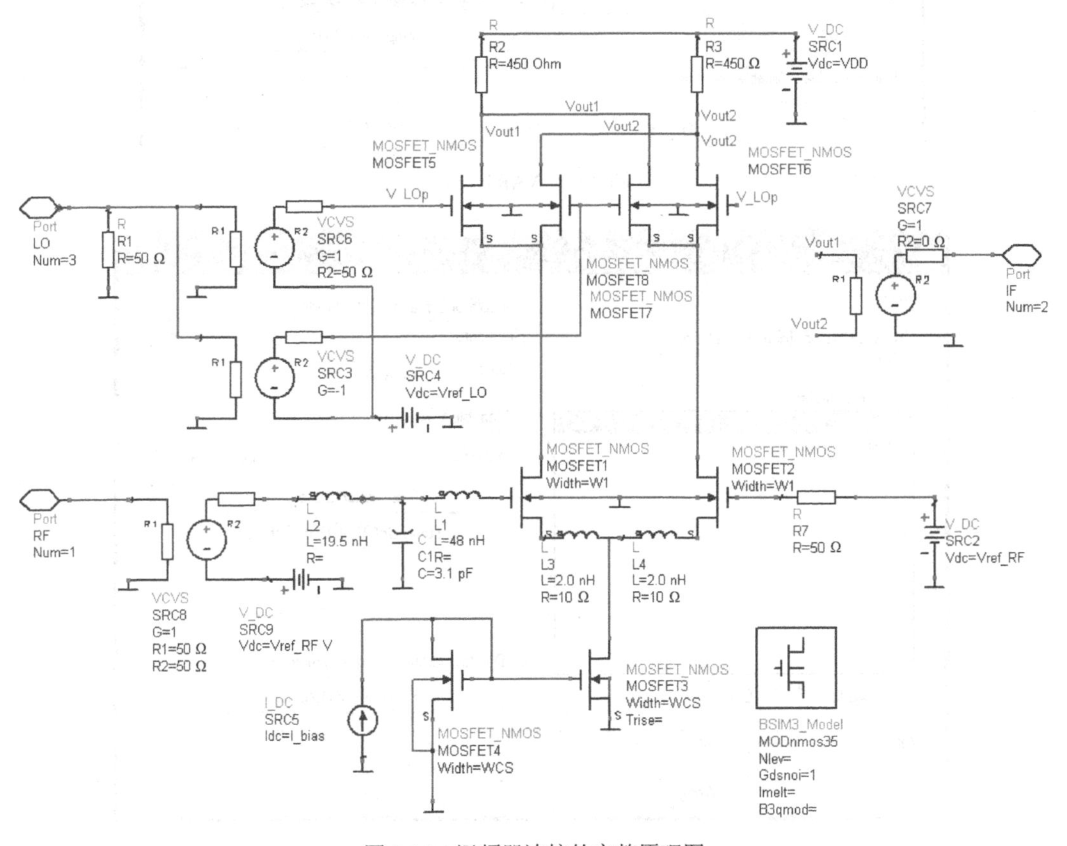

图 9.16 混频器连接的完整原理图

（10）从工具栏中选择变量工具，对混频器中参数进行设置。首先插入 VAR1，如图 9.17 所示进行设置，尾电流管宽“W1”为“8e−4”，射频、本振输入管宽“WCS”为“1e−4”。再插入 VAR2，如图 9.18 所示进行设置射频、本振输入管漏、源结面积“Adrain1”为“W1∗1e−6”，漏、源结周长“Pdrain1”为“W1+2e−6”。

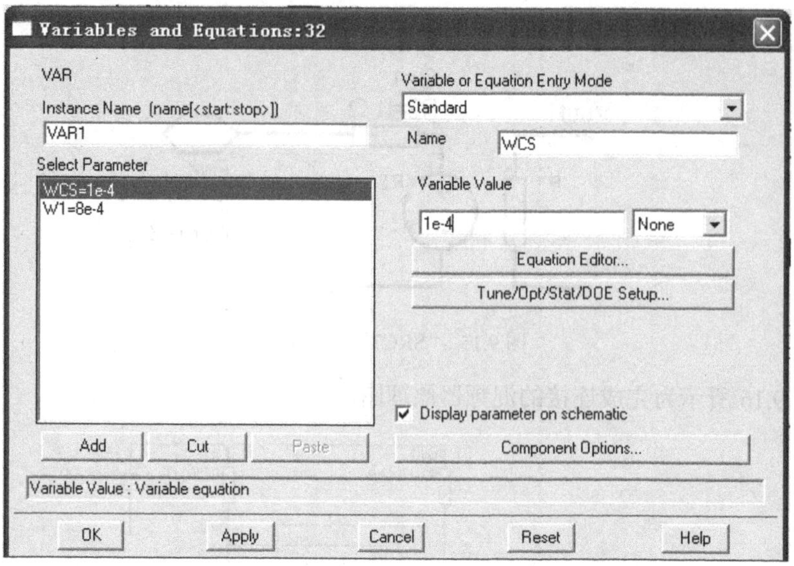

图 9.17　VAR1 设置

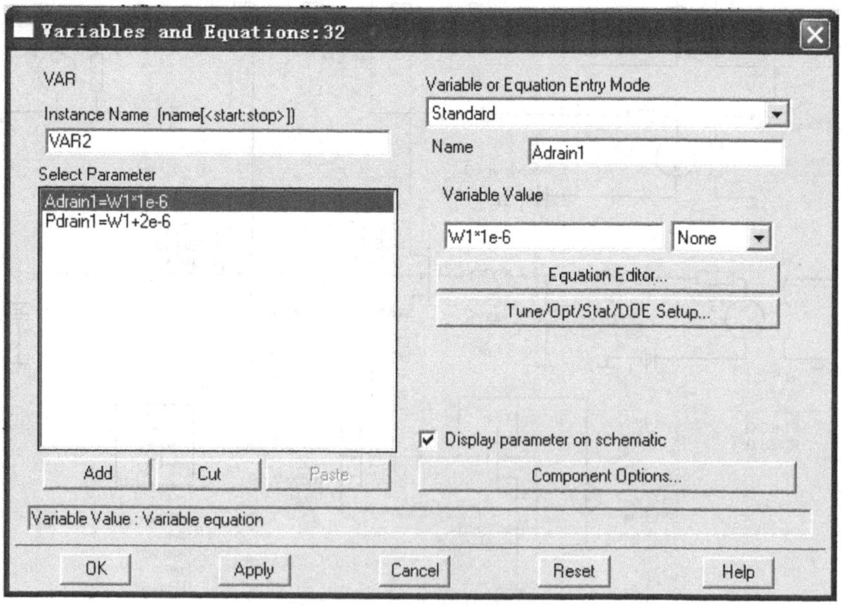

图 9.18　VAR2 设置

图 9.19 所示为最终完成的包括变量的混频器原理图，并将其生成一个混频器符号。如图 9.20 所示设置原理图中的参数：电源电压“VDD”为 3.3V，偏置电流“I_bias”为 4mA，射频偏置电压“Vref_RF”为 1.5V，本振偏置电压“Vref_LO”为 2.25V。

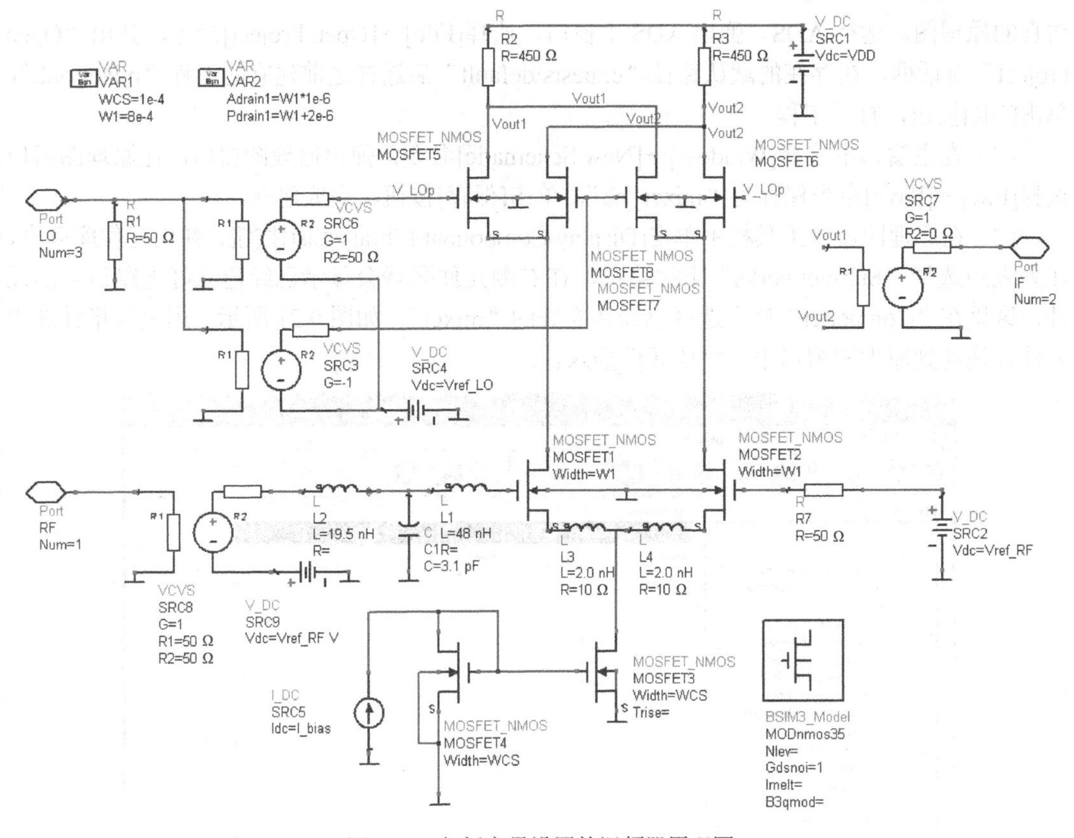


图 9.19 包括变量设置的混频器原理图

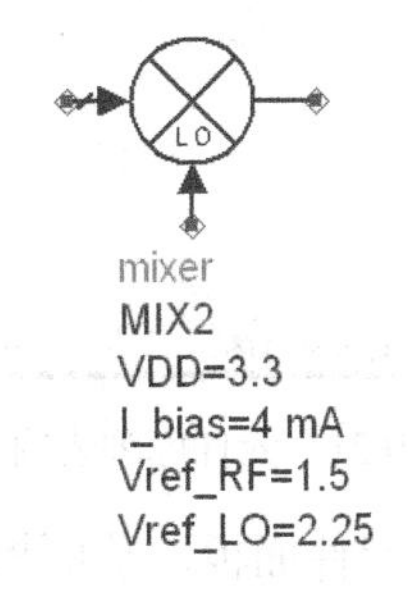


图 9.20 生成的混频器符号

到此就完成了混频器原理图的建立，之后就可以调用这个混频器符号进行指标参数仿真了。

## 9.2.2 混频器功能及变频增益仿真

基于 9.2.1 节设计的混频器电路原理图，本节主要验证混频器的功能，主要通过观测射频信号输入、本振信号输入和中频信号输出的频谱来验证混频功能。

（1）验证混频器的功能主要通过谐波平衡法仿真来实现，首先要建立混频器谐波平衡法仿真的原理图。运行 ADS，弹出 ADS 主窗口，选择[File]→[Open Project]命令，弹出“Open Project”对话框，在存在的默认路径“c:\uesrs\default”后选择之前建立的工程“mixer_lab”，单击[OK]按钮，打开工程。

（2）在主窗口中选择[Window]→[New Schematic]命令，弹出原理图窗口，在原理图窗口选择[File]→[Save]命令保存为“mixer_hb”，单击[保存]按钮，完成建立。

（3）在原理图窗口工具栏中单击[Display Component Library List]按钮，弹出元件库列表，在列表中选择“Sub-networks”下拉菜单，在右侧元件区就会显示已经建立好电路符号的元件，这里在“Componet”栏中选择已经建立好的“mixer”，如图 9.21 所示，用鼠标指针选中元件并拖动到原理图窗口中，完成元件插入。

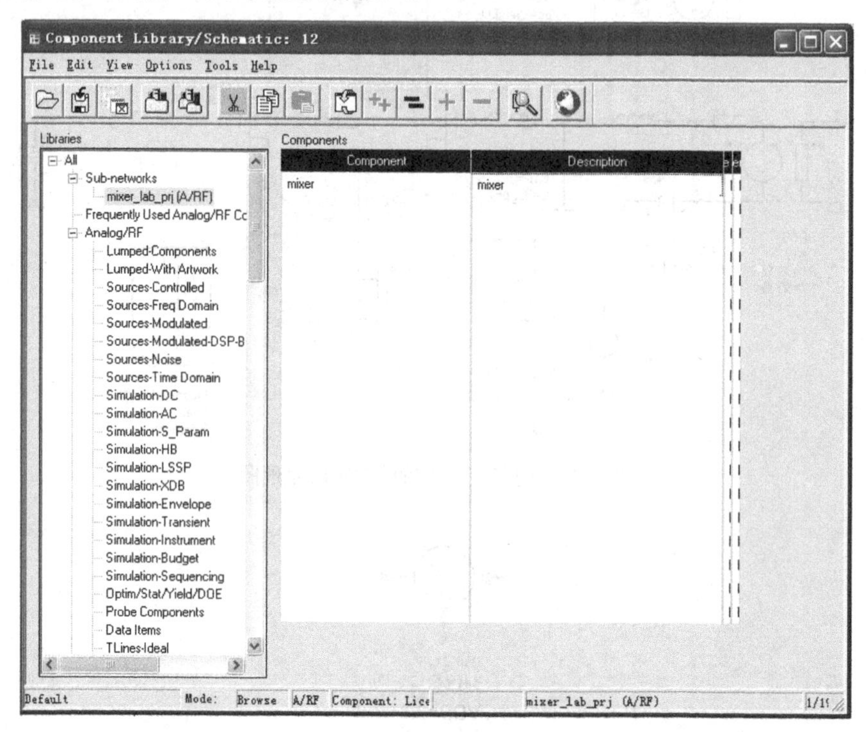


图 9.21　元件库列表窗口

（4）选择“Source-Freq Domain”元件面板，从面板中选择两个功率源 P_1Tone，插入到原理图中，分别作为混频器的射频输入端和本振输入端。在原理图中双击功率源 P_1Tone，进行参数设置，如图 9.22 所示。

射频端 PORT1 的功率源设置为：

P=dbmtow(RF_pwr)，表示射频端输入信号的功率值为 RF_pwr dBm。

Freq=RF_freq MHz，表示射频端输入信号的频率为 RF_freq MHz。

设置本振端 PORT2 的功率源，如图 9.23 所示。

P=dbmtow(LO_pwr)，表示本振端输入信号的功率值为 LO_pwr dBm。

Freq=LO_freq MHz，表示本振端输入信号的频率为 LO_freq MHz。

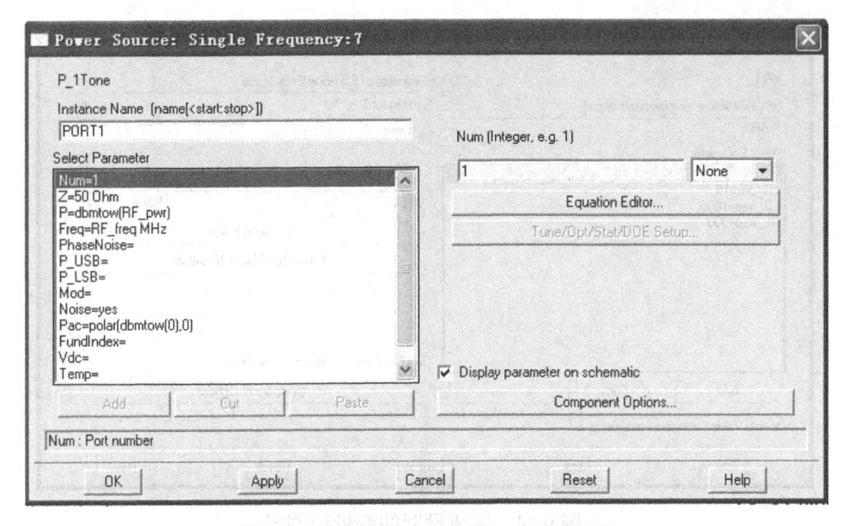


图 9.22　射频端 PORT1 的功率源设置

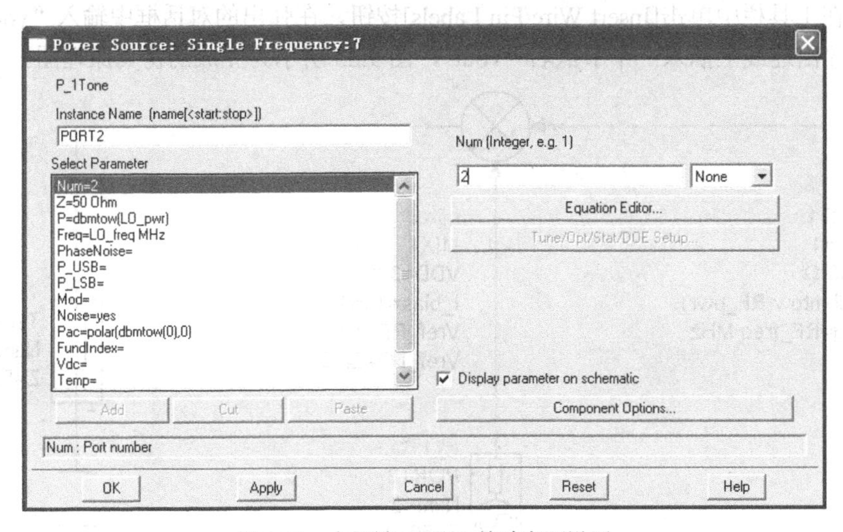


图 9.23　本振端 PORT2 的功率源设置

（5）在原理图窗口工具栏中单击[VAR]按钮，在原理图中插入一个变量控制器，双击变量控制器，如图 9.24 所示设置变量。

RF_pwr=-20，表示变量 RF_pwr 代表的射频输入功率为-20dBm。

LO_pwr=10，表示变量 LO_pwr 代表的本振输入功率为 10dBm。

RF_freq=900，表示变量 RF_freq 代表的射频输入频率为 900MHz。

LO_freq=1000，表示变量 LO_freq 代表的本振输入频率为 1000MHz。

（6）选择“Simulation-HB”元件面板，从面板中选择一个终端负载“Term”插入到原理图中，作为中频信号输出的终端。

（7）在原理图工具栏中单击[GROUND]按钮，在原理图中插入 3 个地，与射频、本振和中频终端相连。

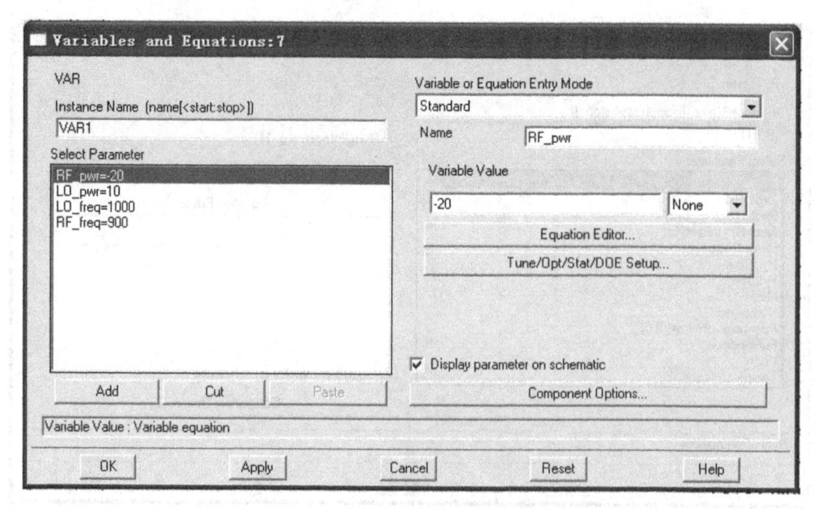


图 9.24 完成设置的变量控制器

（8）在工具栏中单击[Insert Wire/Pin Labels]按钮，在弹出的对话框中输入“vout”，在原理图中频输出连线上插入一个节点名“vout”，图 9.25 所示为完成的仿真原理图。

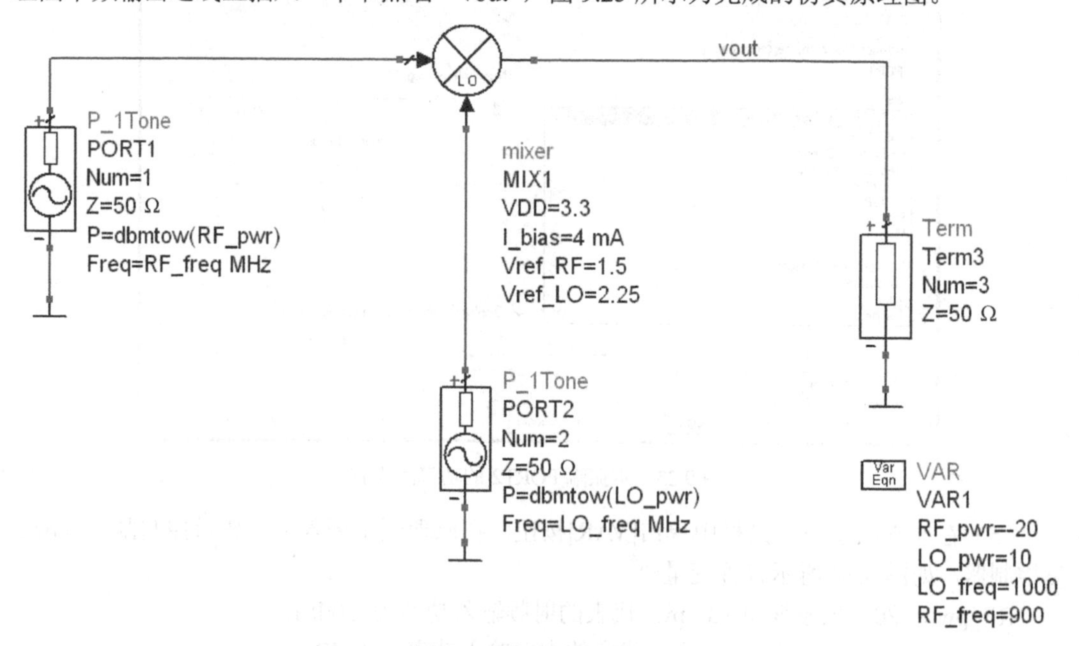


图 9.25 谐波仿真原理图

（9）建立原理图后，还需要插入仿真控制器才能进行仿真。选择“Simulation-HB”元件面板，在面板中选择一个谐波平衡法仿真控制器“HB”插入到原理图中，双击谐波平衡法仿真控制器，如图 9.26 所示对其仿真参数进行设置。

Freq[1]=RF_freq MHz，表示基波频率[1]为射频输入频率。

Freq[2]=LO_freq MHz，表示基波频率[2]为本振输入频率。

Order[1]=3，表示基波频率[1]的谐波数为 3。

Order[2]=3，表示基波频率[2]的谐波数为 3。

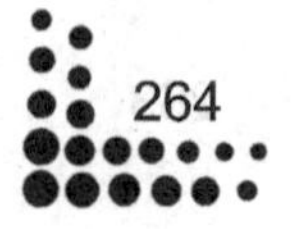

（10）完成谐波平衡法仿真控制器设置后，就可以进行仿真了，单击工具栏中的[Simulation]按钮开始仿真。仿真结束后自动弹出数据显示窗口。从数据显示面板中单击[Rectangular Plot]按钮，插入一个矩形图。在弹出的“Plot Traces & Attributes”对话框中选择“vout”，单击[Add]按钮，弹出对话框，在对话框中选择显示单位“Spectrum in dBm”，如图 9.27 所示。单击[OK]按钮返回“Plot Traces & Attributes”对话框，再单击[OK]按钮，显示“vout”输出频谱。在菜单栏选择[Maker]→[New]命令，插入标注信息，可以看到混频后输出的中频信号（1000MHz-900MHz=100MHz）的功率谱在众多频谱中最高，为-0.997dBm，如图 9.28 所示，混频器设置正确。

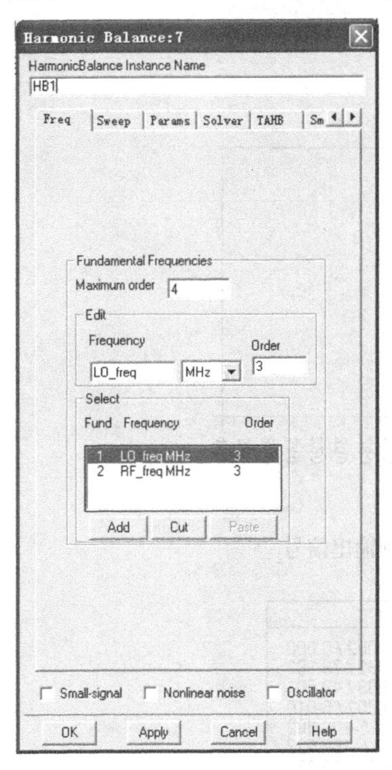


图 9.26　完成设置的谐波平衡法仿真控制器

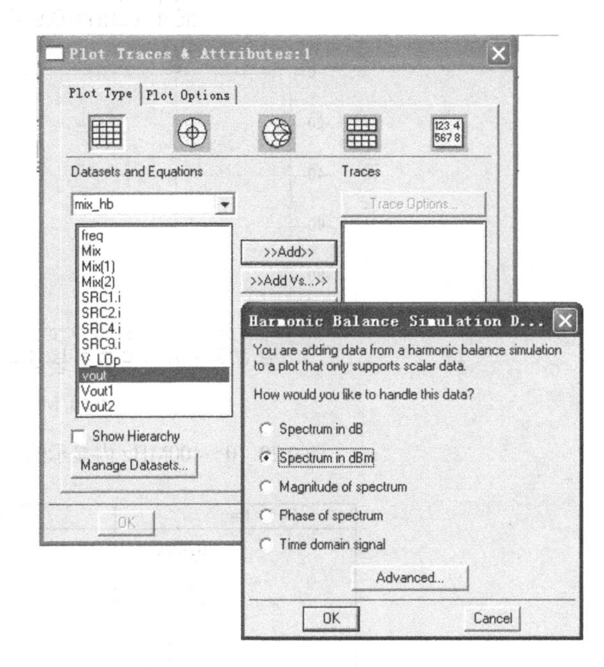


图 9.27　选择中频输出“vout”

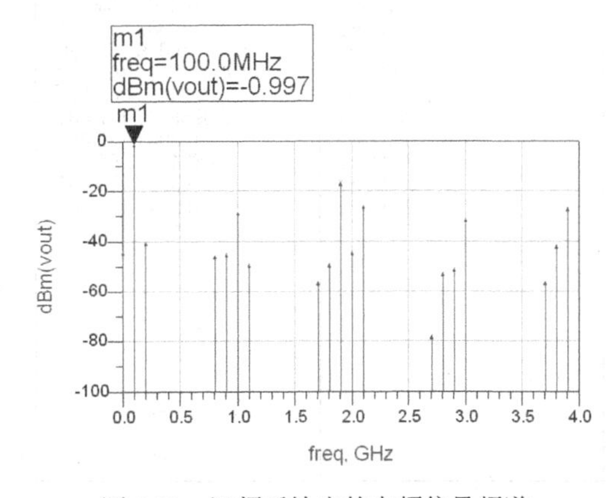


图 9.28　混频后输出的中频信号频谱

双击图 9.28 所示的矩形图，在弹出的“Plot Traces & Attributes”对话框中选择“Plot Option”选项，在“Select Axes”中选择 $x$ 轴，取消“Auto Scale”选项，并设置矩形图中 $x$ 轴的显示范围为 0～4e8，代表显示范围为 0～400MHz，步长 2e7，代表步长为 20MHz。单击[OK]按钮，如图 9.29 所示，显示我们关注的频率范围内的 100MHz 中频输出信号为-0.997dBm。

从数据显示面板中选择[List]按钮，单击插入索引表。在弹出的“Plot Traces & Attributes”对话框中选择“vout”，单击[Add]按钮，再单击[OK]按钮，显示“vout”输出列表，如图 9.29 所示。这里是以绝对幅度和角幅度显示的数值，可以看到在 100MHz 中频输出信号的基波和高次谐波对应的频率和功率值。输出信号基波和高次谐波对应的频率和功率值如图 9.30 所示。

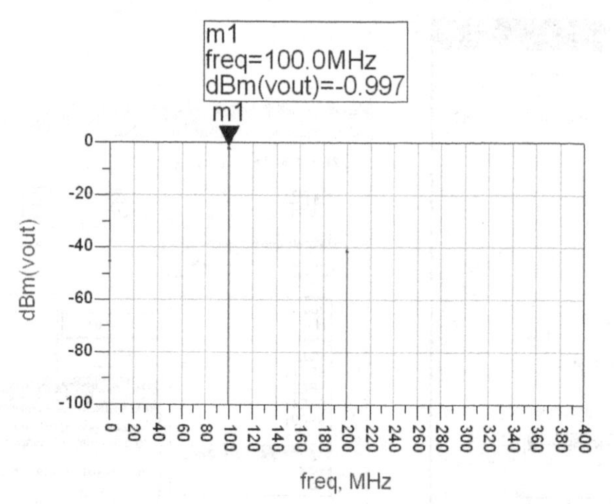


图 9.29　0～400MHz 内显示的中频输出信号

| freq | vout |
|---|---|
| 0.0000 Hz | 0.002 / 0.000 |
| 100.0 MHz | 0.282 / 79.382 |
| 200.0 MHz | 0.003 / 49.561 |
| 800.0 MHz | 0.002 / 6.010 |
| 900.0 MHz | 0.002 / -100.609 |
| 1.000 GHz | 0.012 / -168.523 |
| 1.100 GHz | 0.001 / 79.868 |
| 1.700 GHz | 4.852E-4 / 140.796 |
| 1.800 GHz | 0.001 / -21.703 |
| 1.900 GHz | 0.045 / 154.877 |
| 2.000 GHz | 0.002 / 17.191 |
| 2.100 GHz | 0.016 / 55.220 |
| 2.700 GHz | 4.007E-5 / 103.260 |
| 2.800 GHz | 7.241E-4 / 5.573 |
| 2.900 GHz | 9.095E-4 / 117.681 |
| 3.000 GHz | 0.009 / 149.405 |
| 3.700 GHz | 4.891E-4 / 66.968 |
| 3.800 GHz | 0.003 / 108.561 |
| 3.900 GHz | 0.014 / 139.362 |

图 9.30　输出信号基波和高次谐波对应的频率和功率值

在混频器设计中，本振功率输出在很大程度上决定了最终中频输出信号的质量，所以在功能仿真时也需要分析最佳的本振功率输入值。

（1）双击谐波平衡法仿真控制器，在参数设置窗口中选择“Sweep”选项，如图 9.31 所示对其进行设置。

Parameter to Sweep=LO_pwr，表示扫描参数为本振功率信号。

Sweep Type=Linear，表示采用线性扫描方式。

Start=1，表示本振信号功率的扫描起始点为 1。

Stop=20，表示本振信号功率的扫描终点为 20。

Step-size=1，表示本振信号功率的扫描步长为 1。

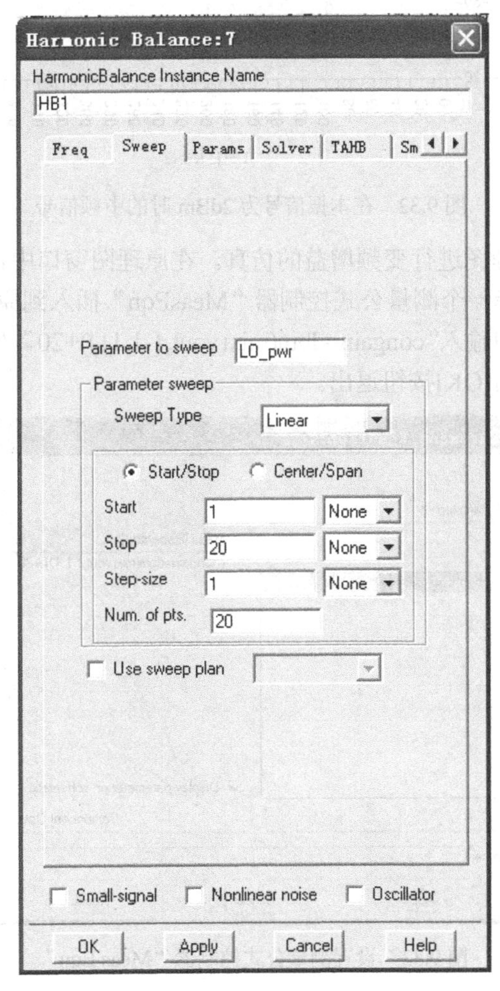


图 9.31　设置谐波平衡法仿真控制器扫描参数

（2）完成设置后，单击工具栏中的[Simulation]按钮开始仿真。仿真结束后，数据显示窗口会自动更新上一步仿真中的矩形图，在菜单栏选择[Maker]→[New]命令，插入标注信息，如图 9.32 所示，可以看到混频后输出的中频信号在本振信号为 2dBm 时，输出最大为 0.378dBm。

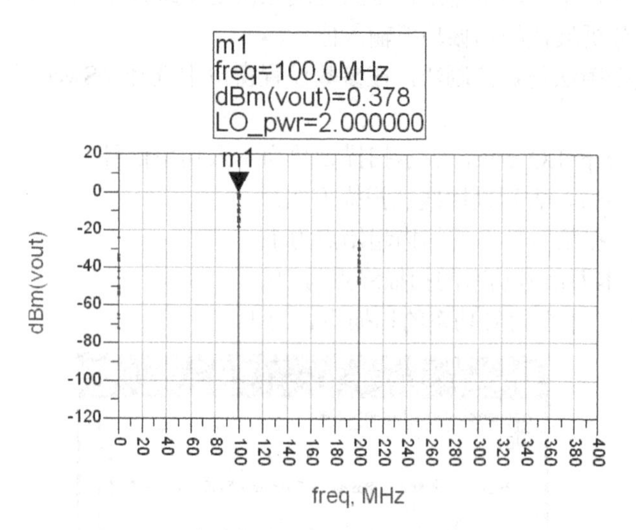


图 9.32　在本振信号为 2dBm 时的中频信号

（3）继续利用该原理图进行变频增益的仿真。在原理图窗口中，选择“Simulation-HB”元件面板，在面板中选择一个测量公式控制器“MeasEqn”插入到原理图中。双击该控制器，在对话框的公式输入框中输入“congain=dbm(mix(vout,{-1,1}))+20”，如图 9.33 所示，单击[Add]按钮完成添加，最后单击[OK]按钮退出。

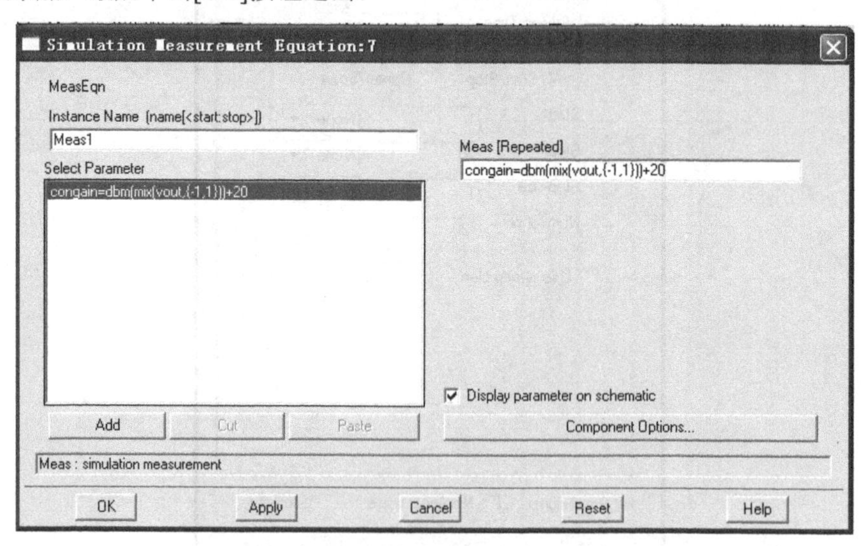


图 9.33　设置测量公式控制器“Meas Eqn”

（4）完成设置后，单击工具栏中的[Simulation]按钮开始仿真。仿真结束后，在数据显示窗口添加一个矩形图，如图 9.34 所示，显示变频增益与本振输入信号功率之间的关系。可见在本振输入信号功率为 2dBm 时，变频增益最大为 20.378dB，满足变频增益大于 15dB 的设计要求。

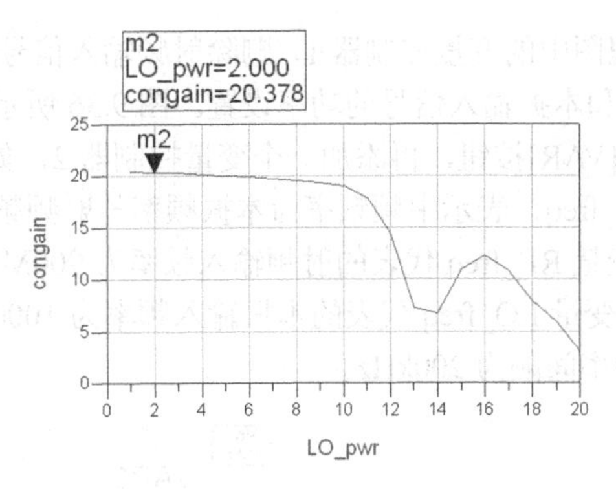


图 9.34　变频增益与本振输入信号功率之间的关系

## 9.2.3　混频器三阶交调点仿真

在完成混频器功能和变频增益的基础上，就可以对混频器三阶交调点进行仿真了，以下对三阶交调点仿真的基本方法和流程进行讨论。

（1）首先要对 9.2.2 节中的原理图进行修改。删除射频输入端的功率源，选择“Source-Freq Domain”元件面板，从面板中选择功率源 P_nTone，插入原理图中，分别作为仿真混频器三阶交调点的射频输入端。在原理图中双击功率源 P_nTone，就可以进行参数设置，如图 9.35 所示。

Freq[1]=(RF_freq-fspacing/2)MHz，表示射频双音输入其中一个信号频率为 RF_freq-fspacing/2 MHz。fspacing 为设置的频率间隔。

Freq[2]=(RF_freq+fspacing/2)MHz，表示射频双音输入另一个信号频率为 RF_freq+fspacing/2 MHz。

P[1]=dbmtow(RF_pwr)，表示射频双音输入其中一个信号功率为 RF_pwr。

P[2]=dbmtow(RF_pwr)，表示射频双音输入另中一个信号功率为 RF_pwr。

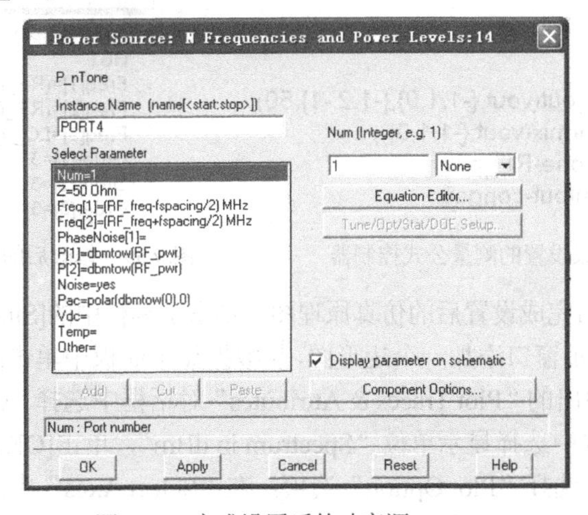


图 9.35　完成设置后的功率源 P_nTone

（2）改变 9.2.2 节原理图中的变量控制器 1，删除射频输入信号和本振输入信号的频率设置，仅保留射频输入信号和本振输入信号的功率设置。图 9.36 所示为改变后的变量控制器。

（3）在工具栏中单击[VAR]按钮，再添加一个变量控制器 2，如图 9.37 所示进行设置。

IF_freq= LO_freq- RF_freq，表示中频频率为本振频率与射频频率的差值。

RF_freq=900，表示变量 RF_freq 代表的射频输入频率为 900MHz。

LO_freq=1000，表示变量 LO_freq 代表的本振输入频率为 1000MHz。

fspacing=0.2，表示频率间隔为 200kHz。

```
Var
Eqn  VAR
     VAR1
     RF_pwr=-20
     LO_pwr=10
```

图 9.36　改变后的变量控制器

```
Var
Eqn  VAR
     VAR2
     fspacing=0.2
     IF_freq=LO_freq-RF_freq
     RF_freq=900
     LO_freq=1000
```

图 9.37　完成设置后的变量控制器 2

（4）选择“Source-Freq Domain”元件面板，从面板中选择测量公式控制器 Meas Eqn，插入原理图中，通过设置公式来对三阶交调点进行仿真。双击测量公式控制器，如图 9.38 所示，在控制器中输入以下测量公式：

ip3output=ip3_out(vout,{-1,1,0},{-1,2,-1},50)，测量混频器的输出三阶交调点。

PIFTone=dbm(mix(vout,{-1,1,0}))，测量中频输出信号的功率值。

congain=PIFTone-RF_pwr，测量混频器变频增益。

IF3input=ip3output-congain，测量混频器的输入三阶交调点。

（5）修改谐波平衡法仿真控制器，如图 9.39 所示，在参数设置窗口中选择“Freq”选项，删除射频频率 RF_freq，然后分别添加 RF_freq-fspacing/2 和 RF_freq+fspacing/2 频率，并设置最高谐波数为 3。

```
Meas
Eqn  MeasEqn
     Meas1
     ip3output=ip3_out(vout,{-1,1,0},{-1,2,-1},50)
     PIFTone=dbm(mix(vout,{-1,1,0}))
     congain=PIFTone-RF_pwr
     IF3input=ip3output-congain
```

图 9.38　完成设置的测量公式控制器

```
HARMONIC BALANCE
HarmonicBalance
HB1
Freq[1]=(RF_freq+fspacing/2) MHz
Freq[2]=(RF_freq-fspacing/2) MHz
Freq[3]=LO_freq MHz
Order[1]=3
Order[2]=3
Order[3]=3
```

图 9.39　修改后的谐波平衡法仿真控制器

（6）图 9.40 所示为完成设置后的仿真原理图，单击工具栏中的[Simulation]按钮开始仿真。仿真结束后，在数据显示窗口添加一个矩形图，从数据显示面板中单击[Rectangular Plot]按钮，插入一个矩形图。在弹出的“Plot Traces & Attributes”对话框中选择“vout”，单击[Add]按钮，弹出对话框，在对话框中选择显示单位“Spectrum in dBm”，单击[OK]按钮返回“Plot Traces & Attributes”对话框，选择“Plot Option”选项，在“Select Axes”中选择 $x$ 轴，取消“Auto Scale”选项，并设置矩形图中 $x$ 轴的显示范围为 9.9e7～1.01e8，代表显示范围为 99～101MHz，

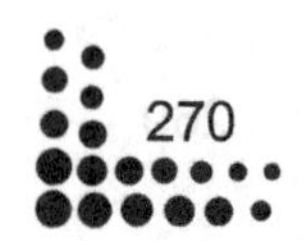

步长 1e5，代表步长为 100kHz，单击[OK]按钮，显示落在中频输出信号附近的交调频率信号，如图 9.41 所示。在菜单栏选择[Maker] ]→[New]命令，插入标注信息，可以看到输入的双音信号 99.9MHz 和 100.1MHz，以及交调产生的 99.7MHz 和 100.3MHz 信号，验证交调功能设置正确。

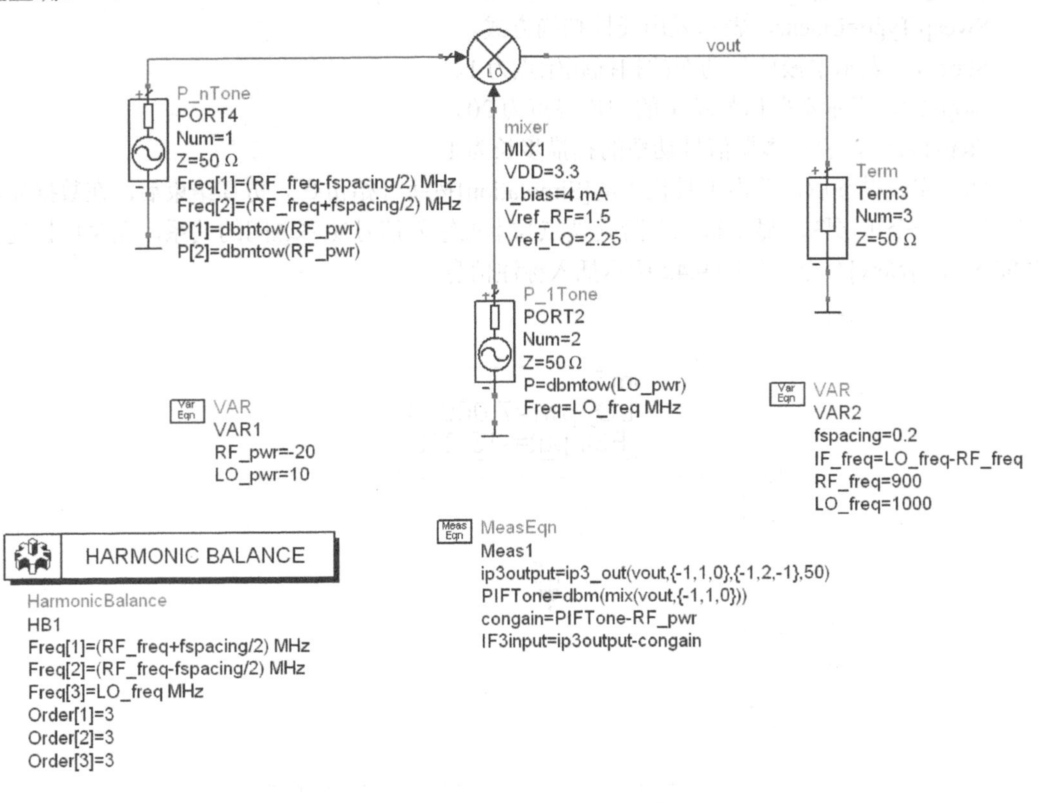


图 9.40　进行三阶交调点仿真的原理图

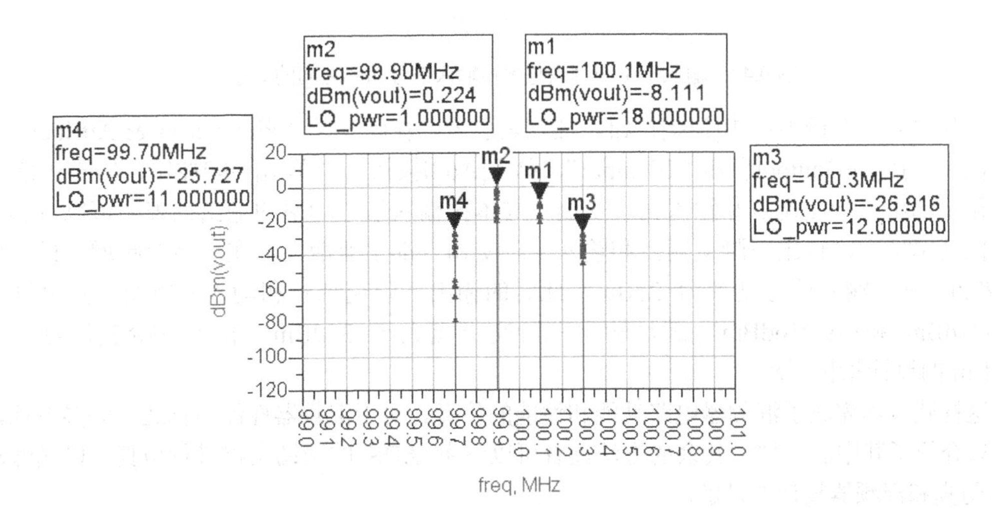


图 9.41　落在中频输出信号附近的交调频率信号

（7）仿真交调功能设置正确后，我们直接扫描三阶交调点与本振输入信号功率的关系。在原理图窗口中双击谐波平衡法仿真控制器，在参数设置窗口中选择“Sweep”选项，对其进行设置。

SweepVar=LO_pwr，表示扫描参数为本振功率信号。

Sweep Type=Linear，表示采用线性扫描方式。

Start=1，表示本振信号功率的扫描起始点为 1。

Stop=20，表示本振信号功率的扫描终点为 20。

Step-size=1，表示本振信号功率的扫描步长为 1。

（8）完成设置后，单击工具栏中的[Simulation]按钮开始仿真。仿真结束后，在数据显示窗口添加一个矩形图，显示输入三阶交调点与本振输入信号功率之间的关系，在菜单栏选择[Maker] ]→[New]命令，如图 9.42 所示插入标注信息。

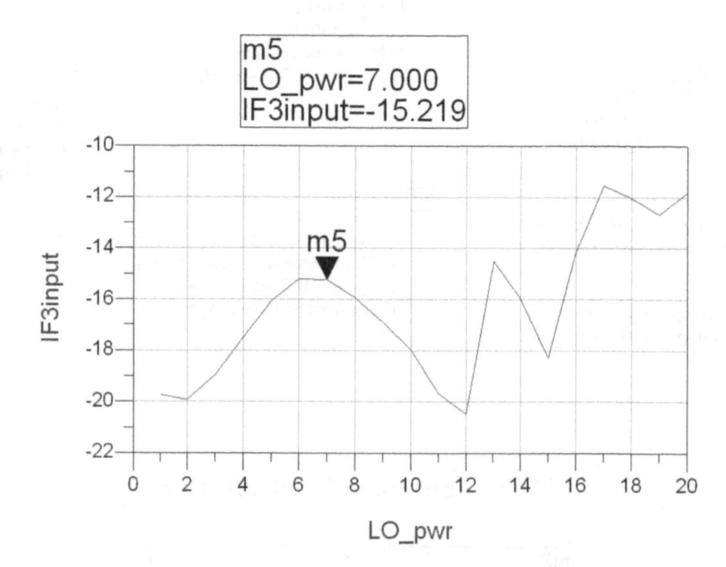


图 9.42　输入三阶交调点与本振输入信号功率之间的关系

从数据显示面板中单击[List]按钮，插入索引表。在弹出的“Plot Traces & Attributes”对话框中选择“ip3output”和“IF3input”，单击[Add]按钮，再单击[OK]按钮，如图 9.43 所示，显示输出三阶交调点和输入三阶交调点与本振输入信号功率的输出列表。可以看到随着本振功率增大，输出三阶交调点和输入三阶交调点都逐渐增大。在满足变频增益最大为 20.378dB 时，输入信号功率为 2dBm，此时的输出三阶交调点和输入三阶交调点分别为 −31.921dBm 和−19.916dBm，满足输出三阶交调点大于−35dBm，输入三阶交调点大于 −20dBm 的设计指标要求。

这样就基本完成了混频器电路功能和性能的仿真。对于混频器性能仿真还有许多方法，本章只介绍了其中的一种，其余的方法读者可以参考 ADS 的帮助文档进行仿真，以加深对 ADS 仿真和混频器设计的理解。

| LO_pwr | ip3output | IF3input |
| --- | --- | --- |
| 1.000 | -31.844 | -19.733 |
| 2.000 | -31.921 | -19.916 |
| 3.000 | -29.210 | -18.981 |
| 4.000 | -25.430 | -17.483 |
| 5.000 | -22.161 | -16.057 |
| 6.000 | -20.012 | -15.191 |
| 7.000 | -19.214 | -15.219 |
| 8.000 | -19.402 | -15.941 |
| 9.000 | -19.982 | -16.896 |
| 10.000 | -21.447 | -17.978 |
| 11.000 | -25.155 | -19.663 |
| 12.000 | -28.338 | -20.474 |
| 13.000 | -22.844 | -14.504 |
| 14.000 | -31.258 | -15.959 |
| 15.000 | -30.053 | -18.299 |
| 16.000 | -22.553 | -14.151 |
| 17.000 | -18.585 | -11.570 |
| 18.000 | -12.345 | -12.039 |
| 19.000 | -11.929 | -12.661 |
| 20.000 | -12.912 | -11.810 |

图 9.43　输出三阶交调点和输入三阶交调点与本振输入信号功率的输出列表

## 9.3 小结

本章首先介绍了混频器的一些基础知识和指标参数，之后通过一个 Gilbert 双平衡混频器介绍了 ADS 仿真混频器的基本流程和方法。由于混频器的参数各不相同，因此在仿真方法和设置上也有很大的不同，需要实时对原理图和仿真控制器进行修改，以满足不同参数仿真的要求。

通过本章的内容，读者可以学习到混频器的基本原理和 ADS 仿真技巧，但本章也只是介绍了一部分混频器仿真的方法和原理，在此基础上，其他仿真方法和技巧还需要读者进一步学习才能熟练掌握。

# 第 10 章　压控振荡器的设计与仿真

在射频通信电路中，作为频率信号谐波振荡的“最终来源”，振荡器是必不可少的电路模块。稳定的振荡器输出直接决定了射频系统的性能指标，本章首先介绍压控振荡器的基本原理，之后利用 ADS 进行压控振荡器的设计和仿真。

## 10.1　压控振荡器设计基础

压控振荡器的基本原理是利用外部电压实现对振荡频率的可调节，性能参数主要包括振荡中心频率、调节范围、调节线性度、输出振幅、功耗、电源与共模抑制和输出信号纯度等，本节主要对压控振荡器原理与性能参数和相位噪声分析进行讨论，其中着重分析压控振荡器中相位噪声的特性和简单模型。

### 10.1.1　压控振荡器原理与性能参数

在应用于射频接收机系统的振荡器中，大多数要求振荡器频率是“可调的”，也就是其输出频率是一个控制输入的函数，这个控制输入通常是电压（虽然电流控制源也是可行的，但由于电流控制下高 $Q$ 值存储元件的可变性，使得电流控制振荡器没有广泛应用于射频接收系统中）。一个理想的压控振荡器其输出频率是其输入电压的线性函数，如图 10.1 所示。

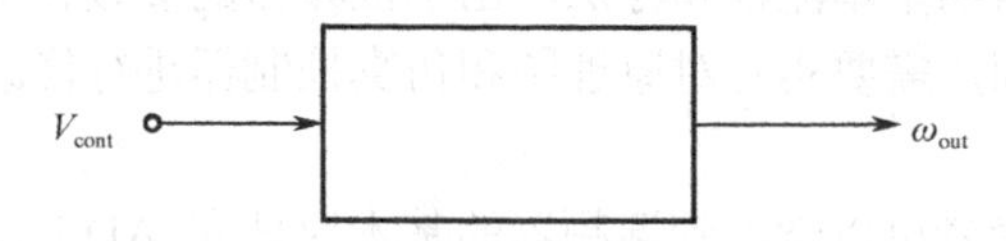


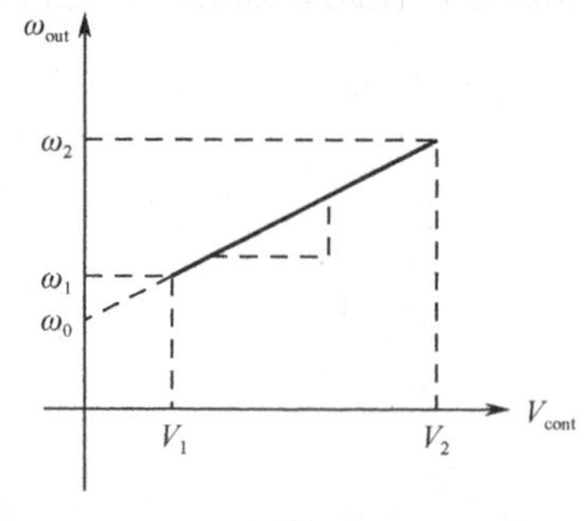


图 10.1

$$\omega_{out} = \omega_0 + K_{VCO}V_{cont} \tag{10-1}$$

式中，$\omega_0$ 表示对应于 $V_{cont}=0$ 时的截距，而 $K_{VCO}$ 表示电路的“增益”或“灵敏度”（单位为 rad/（s·V））。频率可以达到的范围 $\omega_2-\omega_1$，被称为“调节范围”。

压控振荡器性能参数如下所述。

（1）中心频率。

中心频率（也就是调节范围的中心值）是由压控振荡器使用的环境决定的。例如，在一个微处理器的时钟产生电路中，可能要求压控振荡器工作在时钟频率下甚至两倍。如今的 CMOS 压控振荡器可以达到 10GHz 的中心频率。

（2）调节范围。

要求的调节范围是由两个参数支配的：应用要求的频率范围；压控振荡器的中心频率随工艺和温度的变化而变化。在极端的工艺和温度变化下，一些振荡器的中心频率可能变化到两倍，因而要求有足够宽的调节范围以保证压控振荡器的输出频率可以达到要求的值。

（3）调节线性度。

调节线性度是用来描述 $K_{VCO}$ 的物理量。通常压控振荡器在整个调节范围内 $K_{VCO}$ 不是常数。实际应用中，总希望 $K_{VCO}$ 在调节范围内变化最小。

（4）输出振幅。

能达到大的输出振荡幅度是再好不过的，这样使输出波形对噪声不敏感。幅度的增加可以通过牺牲功耗、电源电压甚至是调节范围得到的。

（5）功耗。

与其他模拟电路一样，振荡器受速度、功耗和噪声之间折中的限制。振荡器典型的功率消耗在 1～10mV 之间。

（6）电源与共模抑制。

振荡器对噪声很敏感，特别是单端形式振荡器。因此，振荡信号和控制线都采用差动线路会更好些。

（7）输出信号的纯度。

即使有恒定的控制电压，压控振荡器的输出波形也不具完美的周期性。振荡器中元器件的电子噪声和电源噪声使输出相位与频率含有噪声。这些影响被量化成“信号抖动”和“相位噪声”。

## 10.1.2 相位噪声分析

相位噪声作为压控振荡器最关键的参数之一，在设计时应慎重研究及优化，使得其相位噪声达到较高的标准。随着射频电路的发展，已经有很多相位噪声模型产生，但是相位噪声的优化仍然是艰巨的任务。

一个理想的正弦波振荡器输出波形可以用 $V_{out}(t)=A\cos[\omega_0 t+\Phi(t)]$ 描述，其中 $A$、$\Phi$ 均为恒量，因此理想振荡器输出波形的频谱是一对在频点 $\pm\omega_0$ 处的脉冲。但实际的振荡器输出波形为。

$$V_{out}(t) = A(t)\cdot f[\omega_0 t + \Phi(t)] \tag{10-2}$$

式中，$A(t)$ 和 $\Phi(t)$ 都是时间的函数，$f$ 是以 $2\pi$ 为周期的函数。因此，实际振荡器输出波形的频谱在振荡中心频率 $\pm\omega_0$ 附近存在一个边带，这个边带就是振荡器所表现出来的噪声(幅度噪声和相位噪声)。在集成压控振荡器中，相位噪声来源于有源、无源器件的热噪声；MOSFET 的闪烁噪声；电源和衬底噪声等。通常相位噪声用单边带噪声频谱密度来描述。定义式为：

$$L(\Delta\omega)=10\cdot\lg\left[\frac{P_{\text{sideband}}(\omega_0+\Delta\omega,1\text{Hz})}{P_{\text{sig}}}\right] \tag{10-3}$$

式中，$P_{\text{sideband}}(\omega_0+\Delta\omega,1\text{Hz})$ 是在频率偏移中心频率 $\Delta\omega$ 处，1Hz 带宽内的单边带功率；$P_{\text{sig}}$ 是压控振荡器输出信号的平均功率。相位噪声的单位为 dBc/Hz。

根据式 10-3，采用测量的方法能计算出压控振荡器的相位噪声，但是此相位噪声不仅反映了压控振荡器相位的波动，也反映了幅度的波动。幅度和相位的波动有不同的噪声机理，幅度噪声通常可以对压控振荡器的输出采用一些限幅措施来减弱，而相位噪声则不能。

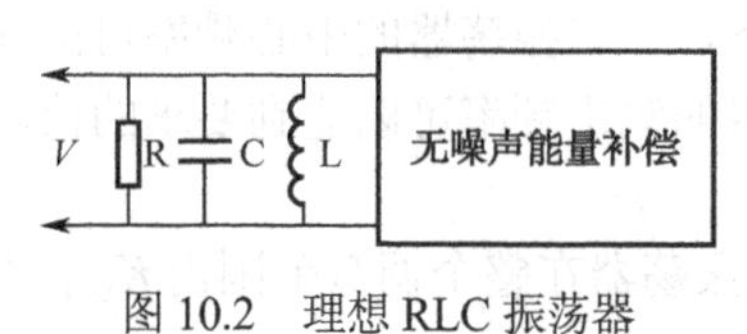


图 10.2　理想 RLC 振荡器

图 10.2 所示是一个理想的 RLC 振荡器，电阻 R 是回路中仅有的噪声，则振荡回路中储存的信号能量可以表示为：

$$E_{\text{stored}}=\frac{1}{2}CV_{\text{pk}}^2 \tag{10-4}$$

因此，信号电压均方值可以表示为：

$$\overline{V_{\text{sig}}^2}=\frac{E_{\text{stored}}}{C} \tag{10-5}$$

电阻引入的热噪声在信号输出端表现的噪声电压均方值可以表示为：

$$\overline{V_n^2}=4kTR\int_0^{\infty}\left|\frac{Z(f)}{R}\right|^2\mathrm{d}f=4kTR\cdot\frac{1}{4RC} \tag{10-6}$$

现在可以得到振荡器输出信号的信噪比：

$$\frac{N}{S}=\frac{\overline{V_n^2}}{\overline{V_{\text{sig}}^2}}=\frac{kT}{E_{\text{stored}}} \tag{10-7}$$

为了让信噪比最小，应最大化信号输出电平。由于无源 RLC 网络 $Q$ 值有如下定义：

$$Q=\frac{\omega E_{\text{stored}}}{P_{\text{diss}}} \tag{10-8}$$

$$\frac{N}{S}=\frac{\omega kT}{QP_{\text{diss}}} \tag{10-9}$$

根据式 10-9，信噪比与振荡器的 $Q$ 值和能耗成正比，与振荡器的振荡频率成反比。由此可知，改善振荡器的 $Q$ 值，就可以改善振荡器输出信号的信噪比。

尽管以上定性分析的是理想振荡器的噪声情况，但是这些结果同样适合实际的振荡器：在功耗一定的情况下，较高 $Q$ 值的振荡器有利于改善其噪声性能；在给定噪声性能的情况下，较高 $Q$ 值的振荡器能够降低其功耗。

# 10.2　压控振荡器仿真实例

压控振荡器的设计主要包括偏置电路设计、可变电容器 VC 特性仿真和振荡电路设计三部分。其中，前两部分作为压控振荡器的设计准备，在很大程度上决定了最终振荡电路的功能和性能。本节通过一个 2GHz 压控振荡器来讨论利用 ADS 进行压控振荡器原理图设计、仿真参数设置以及数据输出查看的基本方法和流程。压控振荡器设计指标为：

- 压控振荡器振荡频率为 2GHz。
- 振荡器电流 10mA。
- 调幅噪声在频偏 100kHz 时，小于-160dBc。
- 相位噪声在频偏 100kHz 时，小于-100dBc。

在确定设计指标后，下面分别讨论三部分电路的设计流程。

## 10.2.1　偏置电路仿真

偏置电路是压控振荡器的核心电路之一，只有当压控振荡器中的三极管处于正确的工作状态，压控振荡器才能输出设计所需要的频率信号。因此，建立合适的偏置电路是进行压控振荡器设计的首要任务。

（1）运行 ADS，在 ADS 主窗口中选择[File]→[New Project]命令，在弹出的“New Project”对话框默认工程路径“C:\users\default\”后输入工程名“vco_lab”。之后在“Project Technology”栏中选择“ADS Standard:Length unil- -millimeter”，表示工程中采用的长度单位为 mm，如图 10.3 所示。在对话框中单击[OK]按钮，完成工程建立，同时自动弹出原理图窗口。

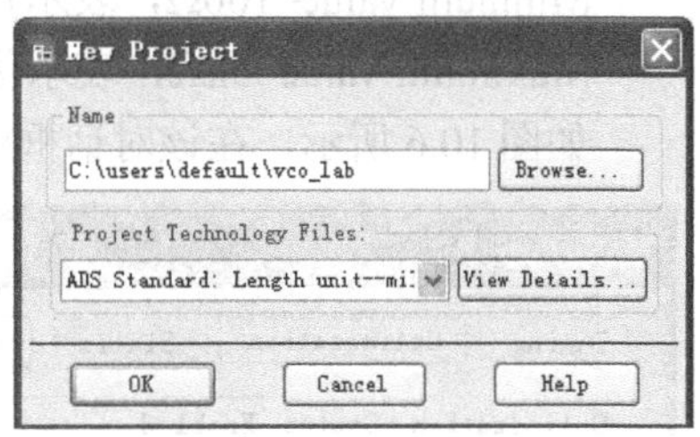


图 10.3　建立工程

（2）在原理图窗口中选择[File]→[Save Design]命令，将原理图窗口保存为“bias”，开始进行原理图设计。在工具栏中单击[Display Component Library List]按钮，弹出元件库。在“RF Transistor Library”下拉菜单中选择“Packaged BJTs”元件库，在库中选择 pb_hp_AT41411_19920721 三极管，如图 10.4 所示。单击该三极管拖入原理图中，按“Esc”键退出，完成元件插入。

该三极管为四引脚的 SOT-143 封装，功耗 225mW，最大集电极-发射极电压 Vce 为 12V，典型集电极-发射极电压 Vce 为 8V。最大集电极电流 50mA，典型集电极电流 10mA。截止频率 10GHz。

（3）在原理图窗口中选择“Probe Components”元件面板，从面板中选择两个电流观察器 I_Probe 插入原理图中。

（4）在原理图窗口中选择“Source-Time Domain”元件面板，从面板中选择两个直流电压源 V_DC 插入原理图中。双击电压源进行设置，其中 SRC1 作为发射极-基极电压源，设置为-5V。SRC2 作为集电极-基极电压源，设置为 12V。

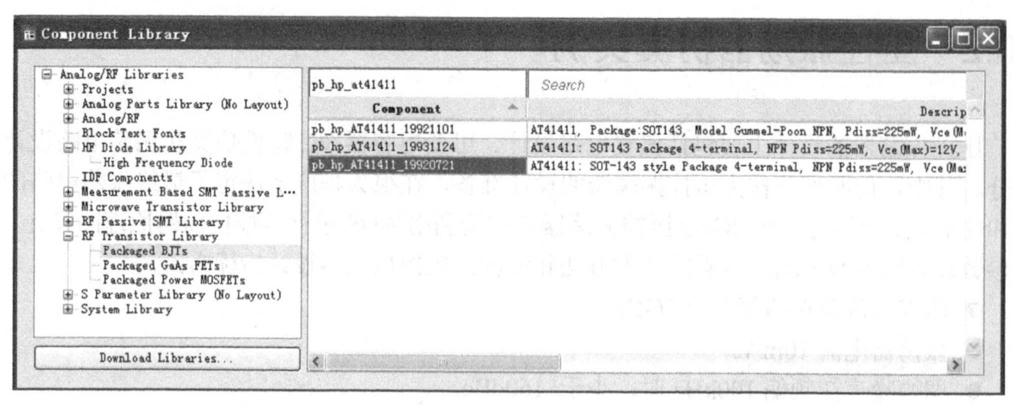


图 10.4　在元件库中选择 pb_hp_AT41411_19920721 三极管

（5）在原理图窗口中选择“Lumped-Components”元件面板，从面板中选择两个电阻 R 插入原理图中。以 R1 为例进行设置，双击电阻 R1，弹出对话框，输入电阻值为 400Ω。在对话框中单击[Tune/Opt/Stat/DOE Setup…]按钮，弹出对话框，如图 10.5 进行参数设置。

Optimization Status=Enable，表示进行优化设置。

Type=Continuous，表示采用连续优化值的方式。

Format=min/max，表示在设定最大值和最小值范围内进行优化。

Mininum Value=100Ω，表示优化的最小值为 100Ω。

Maximum Value=5kΩ，表示优化的最大值为 5kΩ。

如图 10.6 所示，在该对话框中单击[OK]按钮。

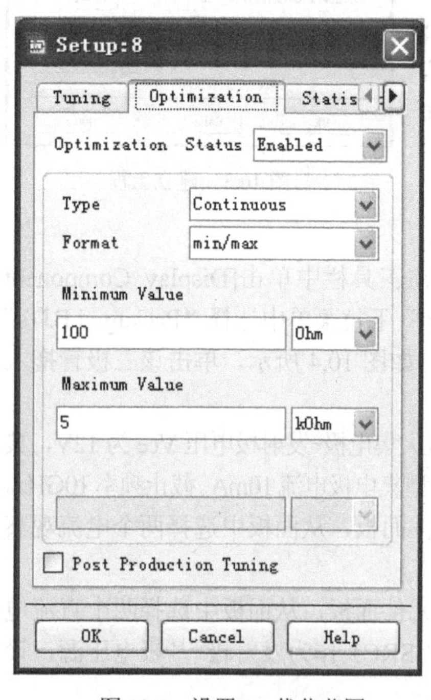


图 10.5　设置 R1 优化范围

图 10.6　完成设置的 R1

然后单击[OK]按钮完成 R1 设置。

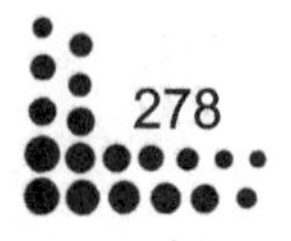

采用同样方法设置 R2 初始值为 600Ω，如图 10.7 所示设置优化范围。

Optimization Status=Enable，表示进行优化设置。

Type=Continuous，表示采用连续优化值的方式。

Format=min/max，表示在设定最大值和最小值范围内进行优化。

Mininum Value=100Ω，表示优化的最小值为 100Ω。

Maximum Value=3kΩ，表示优化的最大值为 3kΩ。

如图 10.8 所示，在该对话框中单击[OK]按钮。

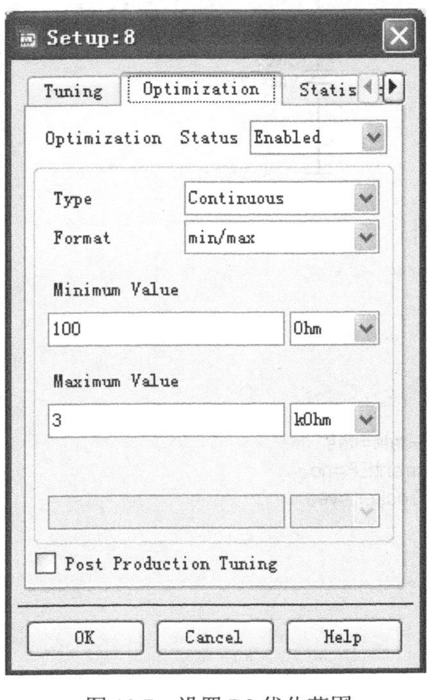


图 10.7　设置 R2 优化范围

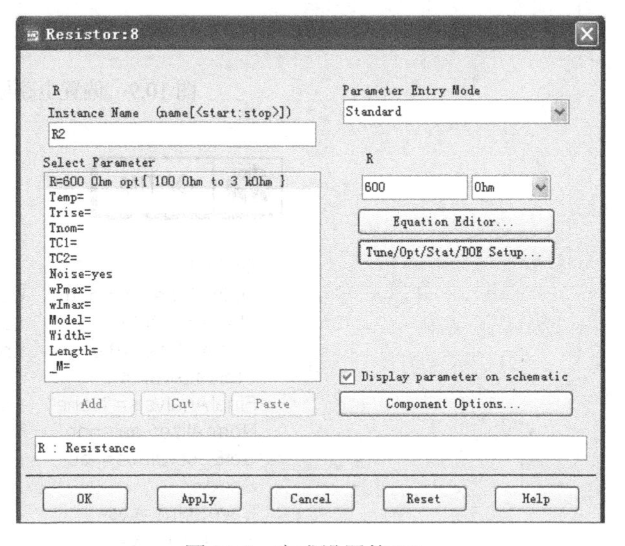


图 10.8　完成设置的 R2

然后单击[OK]按钮完成 R2 设置。

（6）在工具栏中单击[GROUND]按钮插入三个地，再单击[Insert wire]按钮将元件连接起来。最后单击[Insert Wire/Pin Label]按钮插入两个节点标注 veb 和 vcb，建立原理图，如图 10.9 所示。

（7）完成原理图后还需要插入仿真控件。在原理图窗口中选择“Simulation-DC”元件面板，从面板中选择一个标准直流仿真控制器插入原理图中。

（8）在原理图窗口中选择“Optim/stat/Yield/DOE”元件面板，从面板中选择一个优化控制器插入原理图中，双击该控制器，修改控制器中的“Maxlter”值为 200，表示进行优化的次数，单击[OK]按钮完成设置，图 10.10 所示为完成设置后的优化控制器。

（9）再从“Optim/stat/Yield/DOE”元件面板中选择两个优化目标控制器插入原理图中，双击该控制器进行设置。

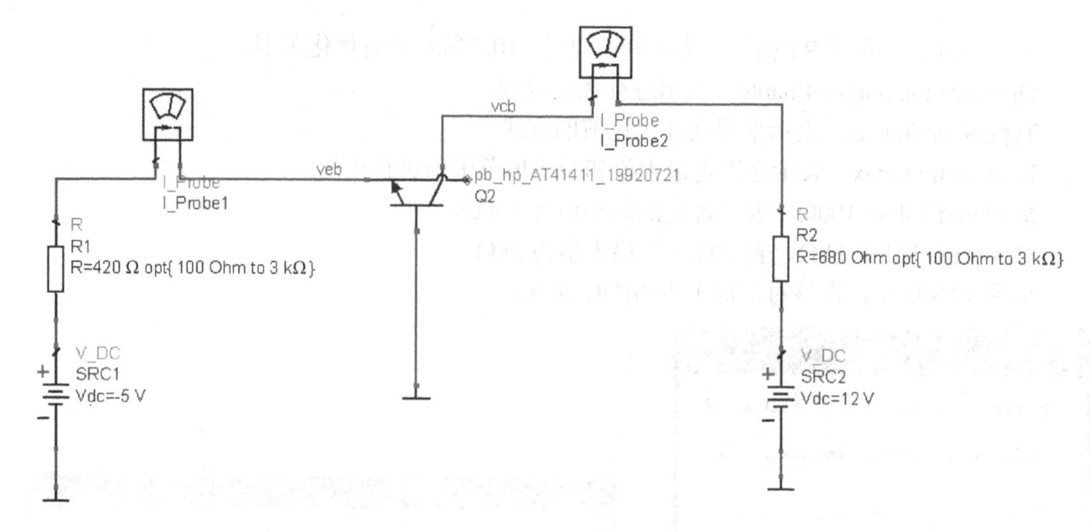


图 10.9　偏置电路原理图

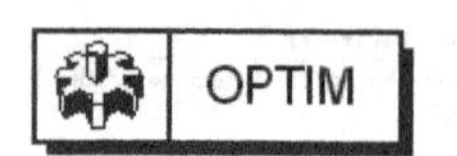


图 10.10　完成设置后的优化控制器

设置 GOAL1：

Expr= “I_Probe2.i”，表示优化目标为电流观察器中的电流。

SimInstanceName= “DC1”，表示优化的仿真控制器为 DC1。

Weight=100，表示优化仿真的次数为 100。

Limit Min[1]=0.009，表示优化电流的最小值为 9.9mA。

LimitMax[1]=0.01，表示优化电流的最大值为 10mA

设置 GOAL2：

Expr= “vcb”，表示优化目标为集电极-基极电压 vcb。

SimInstanceName= “DC1”，表示优化的仿真控制器为 DC1。

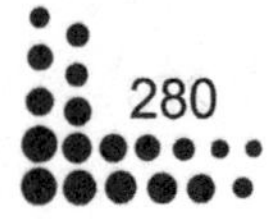

Weight=100，表示优化仿真的次数为 100。

LimitMin[1]=5.1，表示优化集电极-基极电压 vcb 的最小值为 5.1V。

LimitMin[1]=5.4，表示优化集电极-基极电压 vcb 的最大值为 5.4V。

图 10.11 所示为完成设置的 GOAL1、GOAL2 控制器。

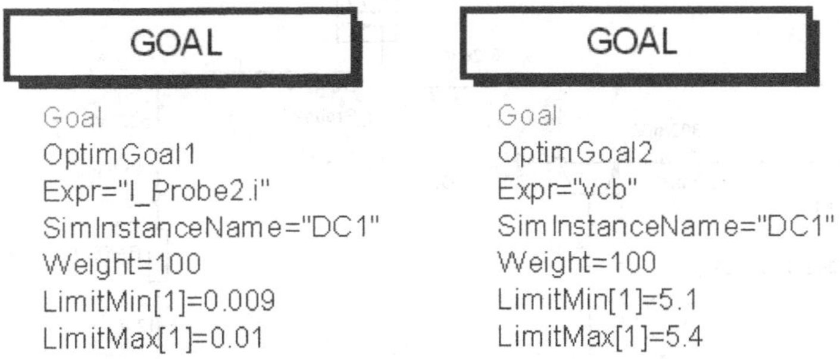

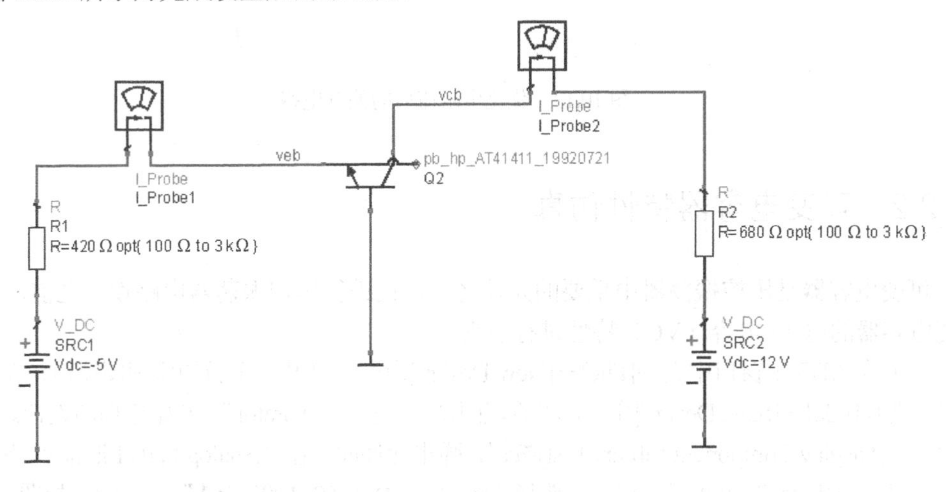

GOAL
Goal
OptimGoal1
Expr="I_Probe2.i"
SimInstanceName="DC1"
Weight=100
LimitMin[1]=0.009
LimitMax[1]=0.01
GOAL
Goal
OptimGoal2
Expr="vcb"
SimInstanceName="DC1"
Weight=100
LimitMin[1]=5.1
LimitMax[1]=5.4

图 10.11　完成设置的 GOAL1、GOAL2 控制器

图 10.12 所示为完成设置后的原理图。

vcb
I_Probe
I_Probe2
veb
pb_hp_AT41411_19920721
Q2
I_Probe
I_Probe1
R
R1
R=420 Ω opt{ 100 Ω to 3 kΩ }
R
R2
R=680 Ω opt{ 100 Ω to 3 kΩ }
V_DC
SRC1
Vdc=-5 V
V_DC
SRC2
Vdc=12 V
GOAL
Goal
OptimGoal1
Expr="I_Probe2.i"
SimInstanceName="DC1"
Weight=100
LimitMin[1]=0.009
LimitMax[1]=0.01
GOAL
Goal
OptimGoal2
Expr="vcb"
SimInstanceName="DC1"
Weight=100
LimitMin[1]=5.1
LimitMax[1]=5.4
DC
DC
DC2
OPTIM
Optim
Optim1
OptimType=Random
MaxIters=200
DesiredError=0.0
StatusLevel=4
FinalAnalysis="None"
NormalizeGoals=no
SetBestValues=yes
Seed=
SaveSolns=yes
SaveGoals=yes
SaveOptimVars=no
UpdateDataset=yes
SaveNominal=no
SaveAllIterations=no
UseAllOptVars=yes
UseAllGoals=yes
SaveCurrentEF=no
EnableCockpit=yes

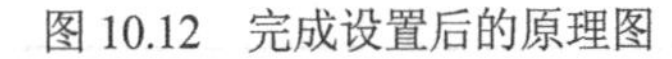

图 10.12　完成设置后的原理图

（10）完成电路原理图的设置后，单击工具栏的[Simulate]按钮开始仿真。仿真完成后，选择菜单栏中的[Simulate]→[Annotate DC Solution]命令，为原理图注释直流工作点，如图 10.13 所示。可见 I_Probe2.i 为 9.9mA，集电极-基极电压 vcb 为 5.26V，满足优化控制器设定的目标，也符合设计目标振荡器电流为 10mA 的要求。

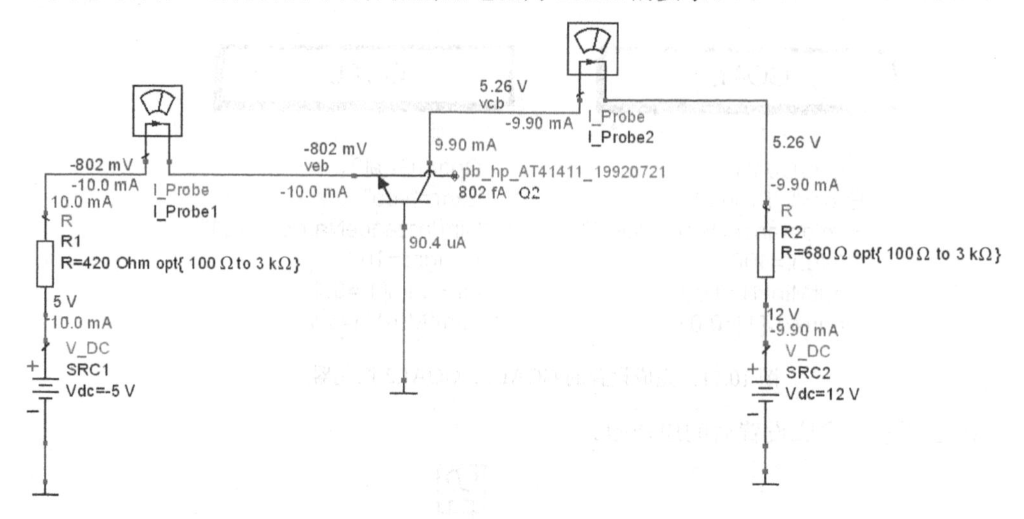


图 10.13 优化电阻值后的偏置电路

## 10.2.2 可变电容器特性仿真

可变电容器是压控振荡器中重要的元件之一，在进行压控振荡器电路设计之前，需要对可变电容器的电压-电容（VC）特性进行仿真。

（1）在 ADS 主窗口中选择[File]→[New Design]命令，打开一个新的原理图窗口，在原理图窗口中选择[File]→[Save Design]命令，将原理图窗口保存为“varator”，开始原理图设计。在工具栏中单击[Display Component Library List]按钮，弹出元件库。在“Analog Parts Library”下拉菜单中选择“AP Diodes”元件库，在库中选择“ap_dio_MV1650_19930601”二极管，如图 10.14 所示。单击该二极管拖入原理图中作为可变电容器，按“Esc”键退出，完成元件插入。

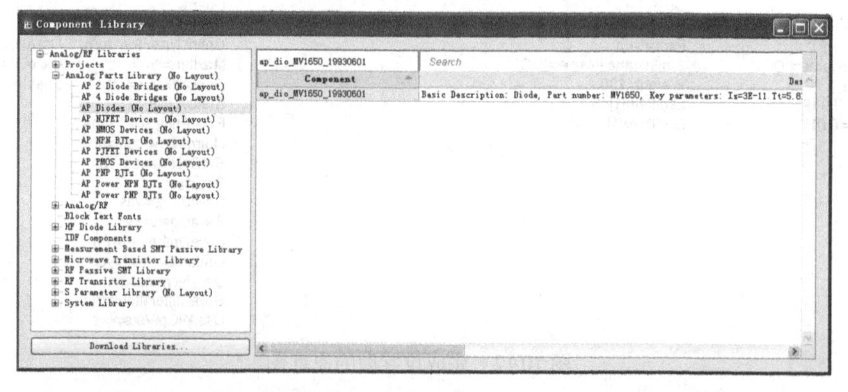


图 10.14 在元件库中选择“ap_dio_MV1650_19930601”二极管

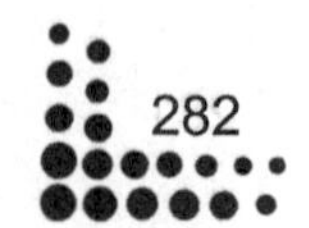

（2）在原理图窗口中选择“Lumped-Components”元件面板，从面板中选择一个电容 C 和一个电感 L 插入原理图中。双击电容 C，弹出对话框，输入电容值为 10pF。双击电感 L，弹出对话框，输入电感值为 1000nH。

（3）在原理图窗口中选择“Source-Time Domain”元件面板，从面板中选择两个直流电压源 V_DC 插入原理图中。双击电压源设置电压值为变量 v1。

（4）从“Simulation-S_Param”元件面板中，选择一个终端 Term 插入原理图中。在工具栏中单击[GROUND]按钮插入两个地，再单击[Insert wire]按钮将元件连接起来，如图 10.15 所示，建立原理图。

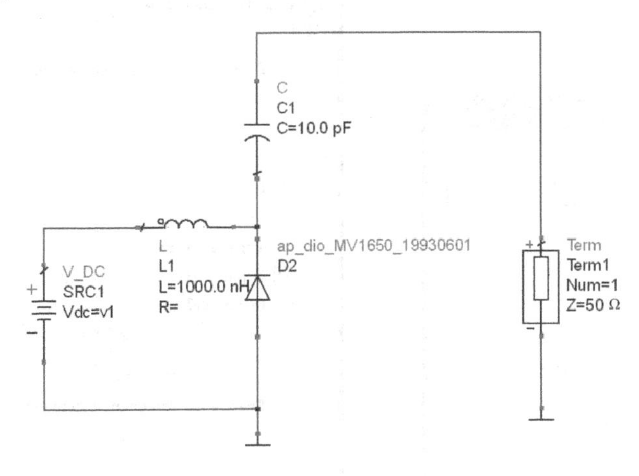


图 10.15　可变电容器测试电路原理图

（5）单击工具栏中的[VAR]按钮，插入一个变量控制器。双击控制器，添加一个变量 v1，设置值为 4V，如图 10.16 所示。

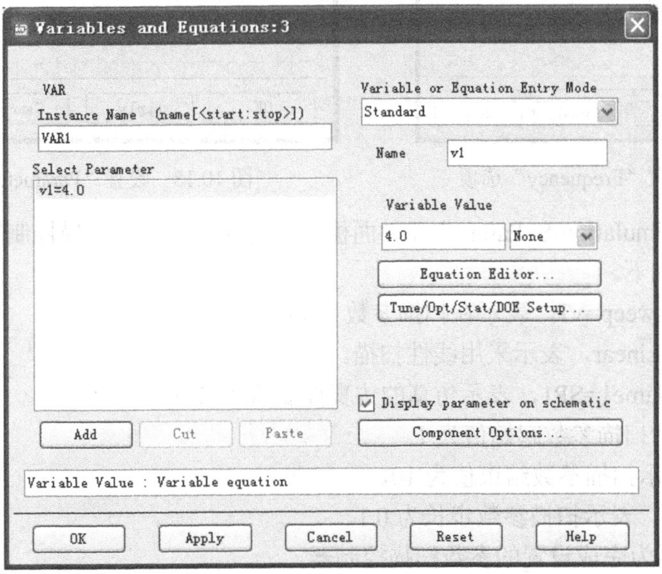

图 10.16　设置变量 v1 值为 4V

（6）从“Simulation-S_Param”元件面板中，选择一个标准 S 参数仿真控制器插入原理图中。双击控制器，选择“Freq”uency 选项，如图 10.17 所示进行参数设置。

Sweep Type=Single point，表示进行单点频率仿真。

Frequency=2GHz，表示仿真频率为 2GHz。

再选择“Parameters”选项，在“Calculate”选项中选择“Z-parameters”选项。如图 10.18 所示，计算电路的 Z 参数。

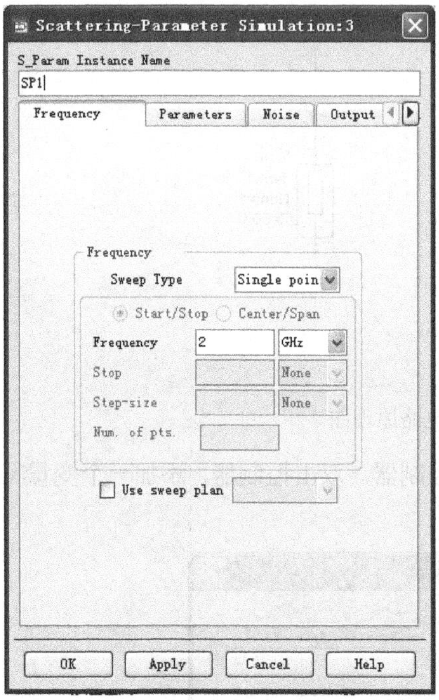

图 10.17　设置“Frequency”选项

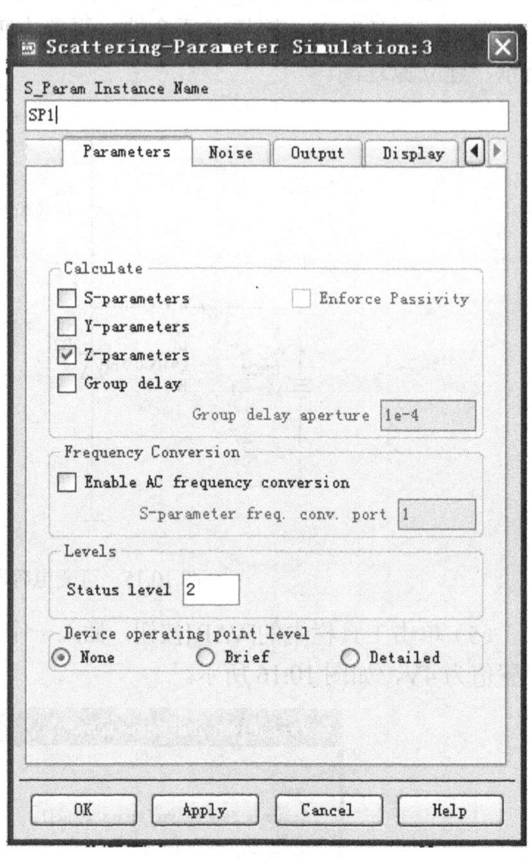


图 10.18　设置“Parameters”选项

（7）再从“Simulation-S_Param”元件面板中，选择一个参数扫描控制器插入原理图，双击控制器，设置如下。

Parameter to sweep=v1，表示在扫描参数为 v1。

Sweep Type=Linear，表示采用线性扫描。

SimInstanceName1=SP1，表示仿真的仿真控制器为 SP1。

Start=1，表示扫描参数起始值为 1。

Stop=10，表示扫描参数结束值为 10。

Step-size=0.1，表示扫描参数步长为 0.1。

图 10.19 所示为完成设置的参数扫描控制器。

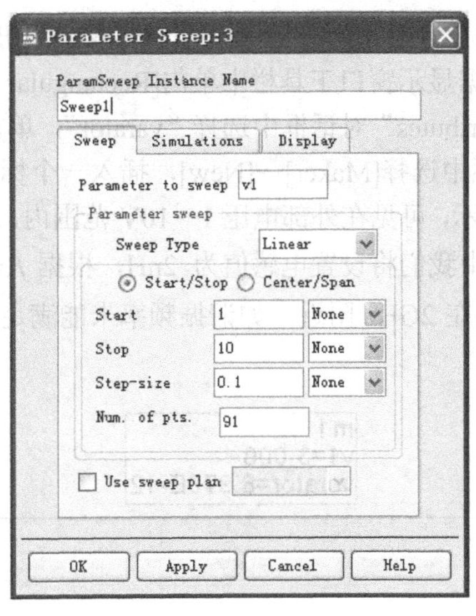

图 10.19 完成设置的参数扫描控制器

（8）再从“Simulation-S_Param”元件面板中，选择一个公式测量控制器插入原理图，双击控制器，添加一个公式为：“varator=-1/(2*pi*freq[0,0]*imag(Z11[0]))”。该公式可用来计算可变电容器电容与偏置电压的关系。图 10.20 所示为完成后的公式测量控制器。

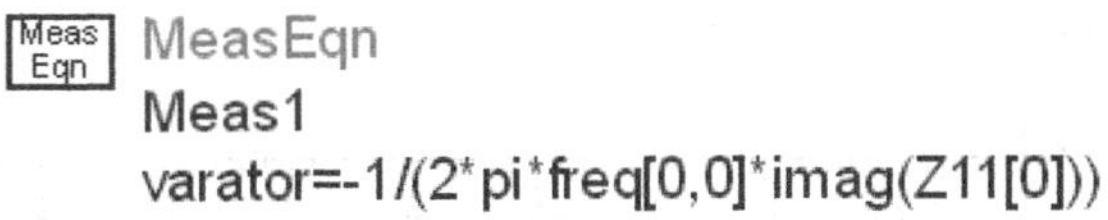

Meas Eqn
MeasEqn
Meas1
varator=-1/(2*pi*freq[0,0]*imag(Z11[0]))

图 10.20 设置完成的公式测量控制器

图 10.21 所示为完成设置后的原理图。

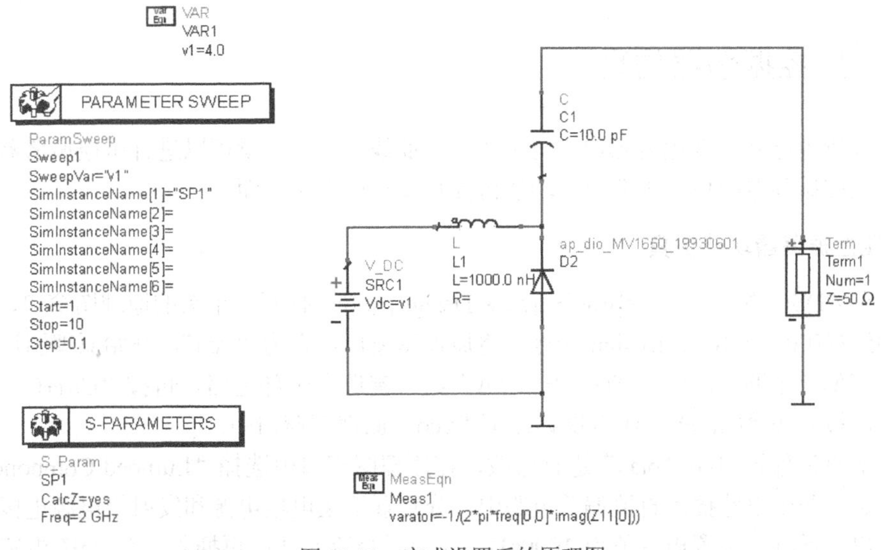

图 10.21 完成设置后的原理图

（9）完成电路原理图的设置后，单击工具栏的[Simulate]按钮开始仿真。仿真完成后，自动弹出数据显示窗口。在数据显示窗口工具栏中单击[Rectangular Plot]按钮，插入一个矩形图。在弹出的“Plot Traces & Attributes”对话框中选择“varator”，单击[Add]按钮，完成添加，单击[OK]按钮确认。在菜单栏中选择[Maker]→[New]，插入一个标注，显示可变电容器电容与电压特性曲线如图 10.22 所示，可见在外部电压 1～10V 范围内，可变电容器电容变化范围为 8.2～9.4pF。由于在振荡器中我们将设置电感值为 2nH，根据 $f = 1/2\pi\sqrt{LC}$，该电容变化范围可与电感配合，谐振频率在 2GHz 附近。如谐振频率未能满足预期的频率，可通过改变电感值进行调整。

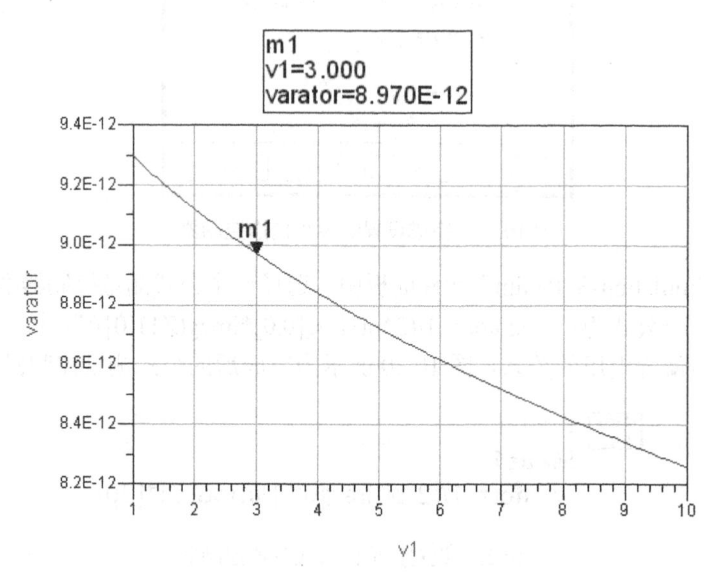


图 10.22　可变电容器电容与电压特性曲线

## 10.2.3　压控振荡器仿真

完成偏置电路和可变电容器电容与电压特性曲线仿真后，就可以进行压控振荡器的仿真设计了。压控振荡器的仿真主要包括功能仿真和噪声仿真两方面。

### 1．压控振荡器功能仿真

（1）在 ADS 主窗口中选择[File]→[New Design]命令，打开一个新的原理图窗口，在原理图窗口中选择[File]→[Save Design]命令，将原理图窗口保存为“vco”，开始原理图设计。首先打开直流偏置电路“bias”，通过“Ctrl+A”组合键选中全部电路，再按“Ctrl+C”组合键进行复制，最后按“Ctrl+V”组合键粘贴至“vco”原理图窗口中。

（2）对直流偏置电路“bias”进行修改，在原理图窗口中选择“Lumped Component”元件面板，选择两个电感插入直流偏置电路中，分别置于集电极电源和发射极电源正极，双击电感，弹出对话框，设置电感值为 1000nH，作为隔交流元件；再插入一个 2nH 电感置于基极，作为谐振电感，如图 10.23 所示，建立新的偏置电路。

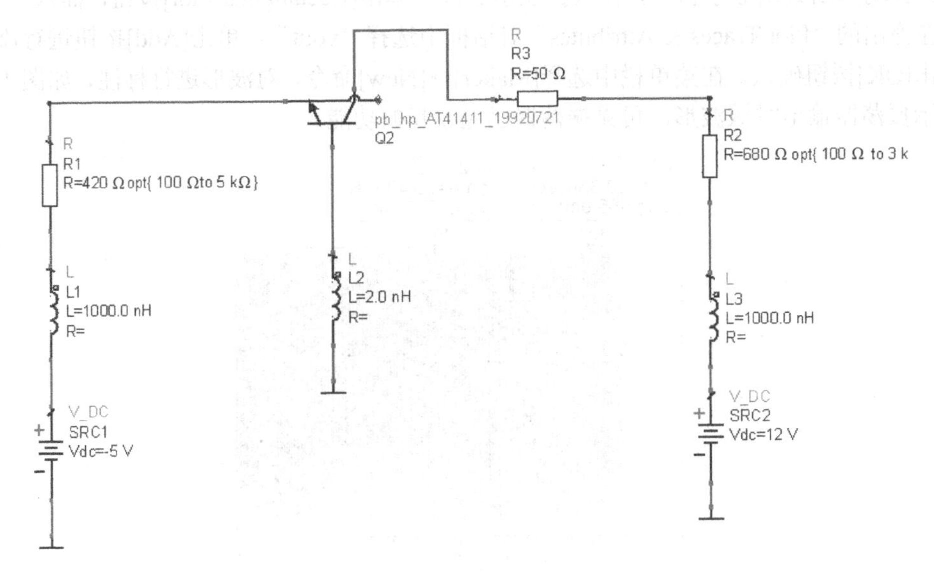


图 10.23　新的偏置电路

（3）同样将可变电容器测试电路“varator”复制至原理图“vco”中。再在原理图窗口中选择“Lumped-Components”元件面板，从面板中选择两个电容 C 插入原理图中。双击电容 C，弹出对话框，输入电容值为 10pF。分别连接至三极管的发射极和集电极作为隔直流电容。最后单击工具栏中的[Insert Wire/Pin Labels]按钮，在电路输出端口添加节点 vout，建立压控振荡器电路原理图如图 10.24 所示。

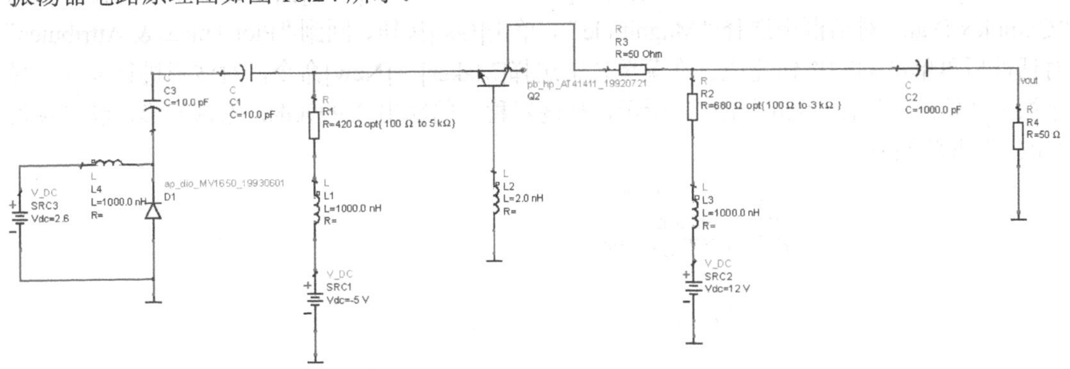


图 10.24　压控振荡器电路原理图

（4）在原理图窗口选择“Simulation-Transient”元件面板，选择一个标准瞬态仿真控制器插入原理图中，双击控制器，如图 10.25 所示进行参数设置。

StartTime=0，表示仿真的起始时间为 0。

StopTime=100ns，表示仿真的结束时间为 100ns。

MaxTimeStep=0.01ns，表示仿真的最大时间步长为 0.01ns。

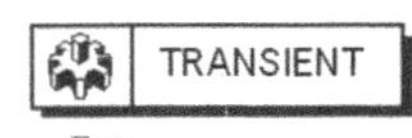


Tran
Tran1
StopTime=100.0 nsec
MaxTimeStep=0.01 nsec

图 10.25　完成设置的标准瞬态仿真控制器

（5）完成设置后，在原理图工具栏中单击[Simulate]按钮开始仿真。仿真结束后，自动弹出数据显示窗口，在数据显示窗口中单击[Rectangular Plot]按钮，插入一个矩形图。在弹出的“Plot Traces & Attributes”对话框中选择“vout”，单击[Add]按钮进行添加，最后单击[OK]按钮确认。在菜单栏中选择[Maker]→[New]命令，对波形进行标注，如图 10.26 所示显示振荡器输出时域波形，可见振荡器已完成起振功能。

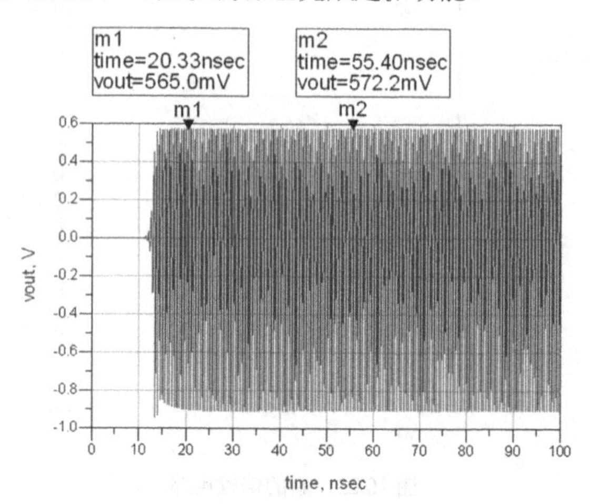


图 10.26　振荡器输出时域波形

在时域中不易观察波形的频谱信息，因此在数据显示窗口中插入一个测量公式进行变换：spectrum=fs(vout,,,,,,,indep(m1),indep(m2))。之后数据显示窗口中单击[Rectangular Plot]按钮，插入一个矩形图。在弹出的“Plot Traces & Attributes”对话框的“Datasets and Equations”栏中选择下拉菜单“Equations”，选择“spectrum”， 单击[Add]按钮进行添加。在弹出的“Complex Data”对话框中选择“Magnitude”，单击[OK]按钮，回到“Plot Traces & Attributes”对话框后再单击[OK]按钮完成。在菜单栏中选择[Maker]→[New]命令，对波形进行标注。显示振荡器输出频谱波形如图 10.27 所示，振荡器稳定的输出 1.999GHz 振荡波形，满足预设 2GHz 的振荡频率。

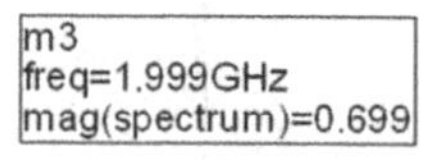


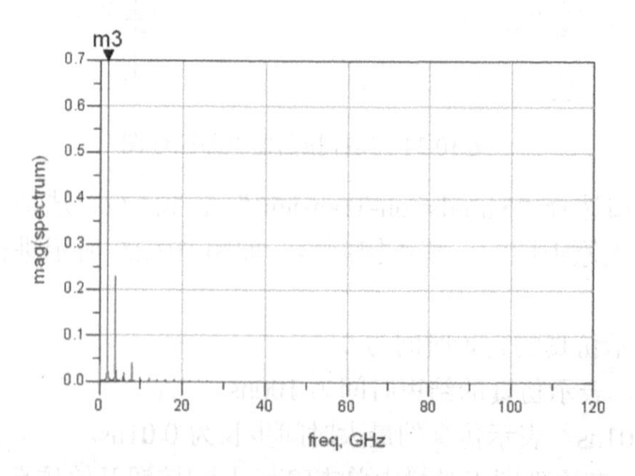


图 10.27　振荡器输出频谱

### 2. 压控振荡器相位噪声仿真

（1）对压控振荡器进行相位噪声仿真需要对原理图进行修改，在“vco”原理图窗口中选择[File]→[Save as]命令，将原理图另存为“vco_phasenoise”，删除瞬态仿真控制器。

（2）在原理图中选择“Simulation-HB”元件面板，从元件面板中选择标准谐波平衡仿真控制器插入原理图中，双击该控制器，如图 10.28 所示进行参数设置。

Freq[1]=2GHz，表示仿真信号频率为 2GHz。

Order[1]=10，表示仿真的谐波数为 10。

FundOversample=5，表示过采样率为 5 倍信号频率。

NLNoiseMode=yes，表示打开非线性噪声模式。

NLNoiseStart=1Hz，表示非线性噪声仿真起始频率为 1Hz。

NLNoiseStop=10MHz，表示非线性噪声仿真结束频率为 10MHz。

NLNoiseStep=100kHz，表示非线性噪声仿真频率步长为 100kHz。

FM_Noise=yes，表示打开调频噪声模式。

NoiseNode[1]=“vout”，表示输出噪声节点为“vout”。

SortNoise=Sort by Value，表示输出噪声按值大小进行分类。

OscMode=yes，表示打开振荡器模式。

OscPortName=“Yes”，表示打开振荡器输出端口模式。

HARMONIC BALANCE

HarmonicBalance
HB1
Freq[1]=2.0 GHz
Order[1]=10
FundOversample= 5
NLNoiseMode=yes
NLNoiseStart=1Hz
NLNoiseStop=10.0 MHz
NLNoiseStep=100.0 kHz
NoiseNode[1]="vout"
SortNoise=Sort by value
OscMode=yes
OscPortName="Yes"

图 10.28 完成设置的标准谐波平衡仿真控制器

（3）从“Simulation-HB”元件面板中选择一个振荡器端口插入偏置电路和可变电容器电路之间，作为仿真相位噪声的振荡器端口。

（4）最后从“Filter-Bandpass”元件面板中选择一个 Chebyshev 带通滤波器插入原理图中，对输出频谱进行选频。双击该滤波器，如图 10.29 所示进行参数设置。

Fcenter=2GHz，表示带通滤波器的中心频率为 2GHz。

BWpass=1.6GHz，表示带通滤波器的通带为 1.6GHz。

Apass=1dB，表示通带的边缘衰减为 1dB。

Ripple=1dB，表示通带内的纹波为 1dB。

BWstop=2.4GHz，表示带通滤波器的阻带带宽为 2.4GHz。

Astop=20dB,，表示阻带衰减为 20dB。

N=5，表示滤波器阶数为 5 阶。

IL=0dB，表示滤波器插入损耗为 0dB。

Qu=1e308，表示滤波器 Q 值为 1e308。

Z1=50Ω，表示滤波器输入阻抗为 50Ω。

Z2=50Ω，表示滤波器输出阻抗为 50Ω。

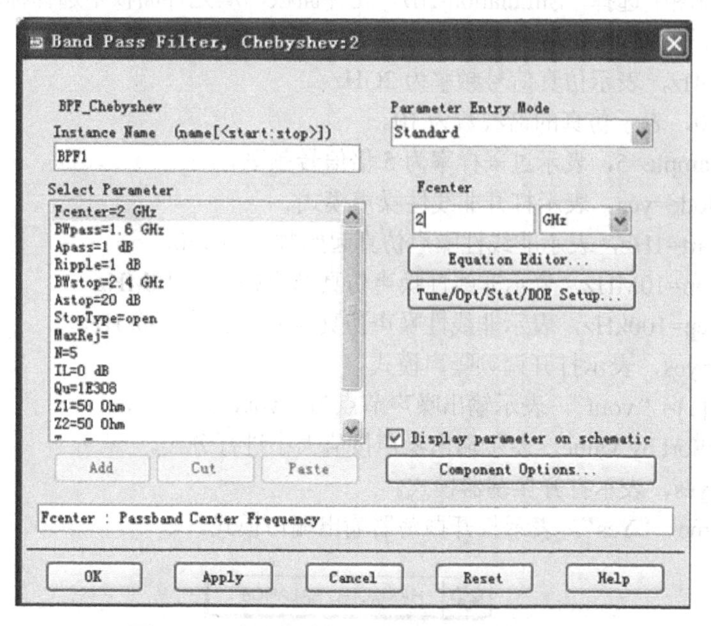


图 10.29　完成设置的 Chebyshev 带通滤波器

如图 10.30 所示，最终完成相位噪声仿真的原理图。

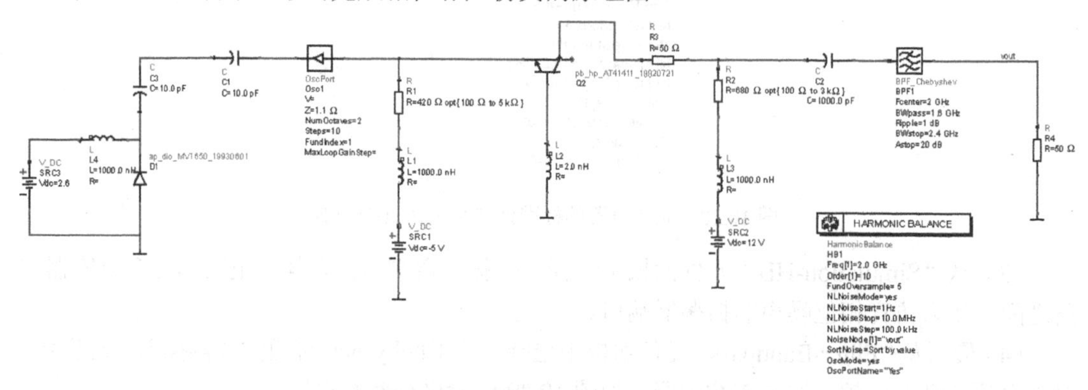


图 10.30　相位噪声仿真原理图

（5）完成电路原理图的设置后，单击工具栏的[Simulate]按钮开始仿真。仿真完成后，自动弹出数据显示窗口。在数据显示窗口工具栏中单击[Rectangular Plot]按钮，插入一个矩形图。在弹出的“Plot Traces & Attributes”对话框中选择“vout”，单击[Add]按钮。弹出“Harmonic Balance Simulation”对话框，在对话框中选择“Spectrum in dBm”，单击[OK]按钮确认。回到“Plot Traces & Attributes”对话框，再单击[OK]按钮确认。在菜单栏中选择[Maker]→[New]命令，插入一个标注，输出基波频谱以及各次谐波如图 10.31 所示，此时输

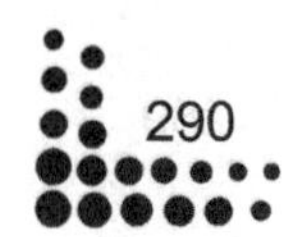

出信号功率为 9.124dBm，二次谐波在-50dBm 左右，对二次谐波的抑制达到 60dB，信号纯度良好。

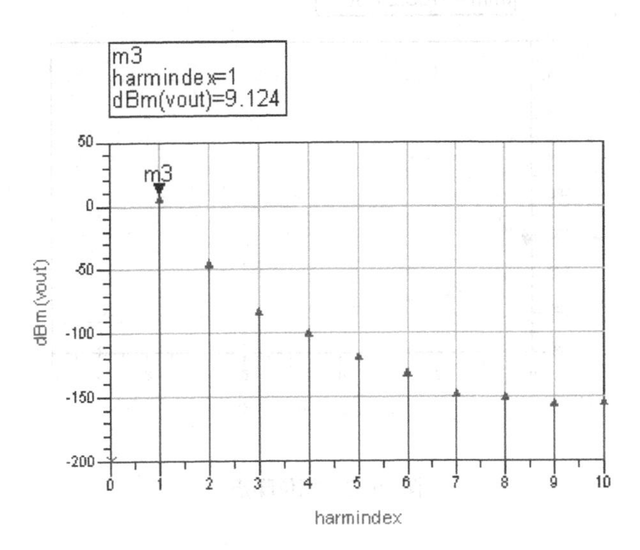


图 10.31　输出基波频谱以及各次谐波

然后再插入一个矩形图，显示调幅噪声 anmx，在菜单栏中选择[Maker]→[New]命令，在偏离基波频率 100kHz 处插入一个标注，调幅噪声如图 10.32 所示，在频偏 100kHz 时达到-172.6dBc，满足小于-160dB 的设计要求。

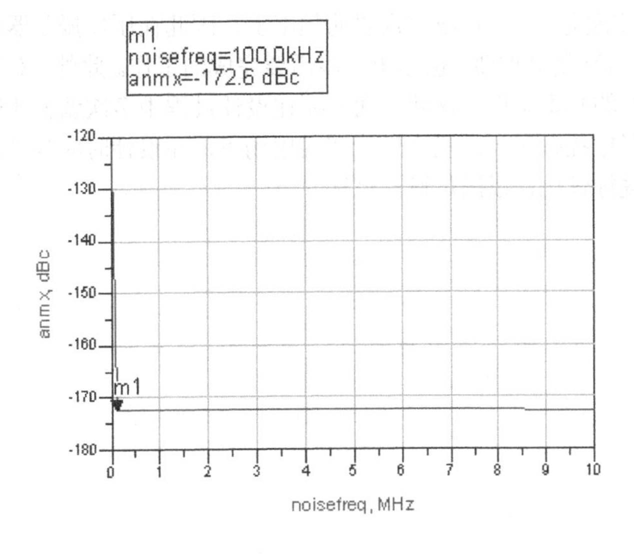


图 10.32　调幅噪声

最后插入一个相位噪声 pnmx 的矩形图，在菜单栏中选择[Maker]→[New]命令，在偏离基波频率 100kHz 处插入一个标注，可见频偏 100kHz 时相位噪声为-105.2dBc，如图 10.33 所示，满足-100dB 的设计要求。到此就完成了压控振荡器的全部设计目标。

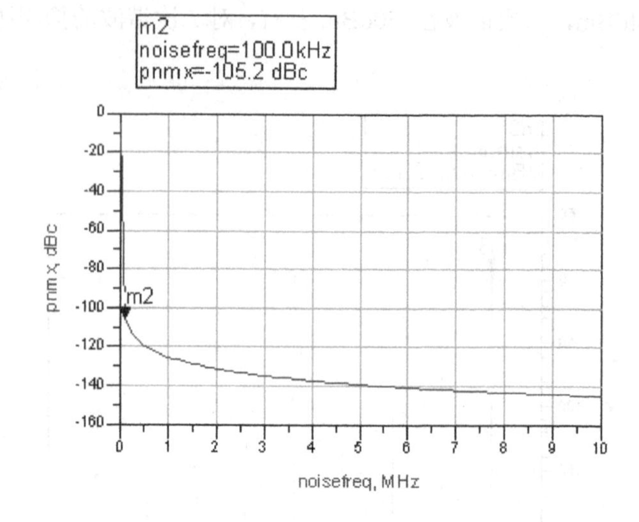


图 10.33　相位噪声

## 10.3　小结

本章主要介绍了压控振荡器的原理以及利用 ADS 进行设计的基本流程和方法。在压控振荡器设计中，可变电容器的选取是最为重要的。在可调电压范围内，可变电容器所能体现的电容值决定了振荡器能否工作在我们需要的频率上，因此在压控振荡器设计中对可变电容器电压-电容曲线的仿真是最重要，也是第一步需要完成的工作。此外，对三极管偏置的设计也决定了振荡器起振的基本条件。这两方面需要在设计过程中多次调整才能满足。

相位噪声决定了压控振荡器的噪声性能和应用场景，在设计时应当多次仿真，确定影响相位噪声的因素，进行优化，以满足设计目标。

# 第 11 章 锁相环设计与仿真

在通信领域中，锁相环是一种利用反馈控制原理实现的频率及相位的同步技术，其作用是将电路输出的时钟与其外部的参考时钟保持同步。当参考时钟的频率或相位发生改变时，锁相环会检测到这种变化，并且通过其内部的反馈系统来调节输出频率，直到两者重新同步，输出稳定的频率信号。本章首先介绍锁相环的基本原理和性能参数，之后通过一个 ADS 的设计实例来讨论锁相环设计的基本方法和流程。

## 11.1 锁相环设计原理

锁相环（Phase Locked Loop，PLL）是一个相位跟踪系统。最基本的锁相环电路框图如图 11.1 所示，主要包括鉴相器（Phase Detector，PD）、环路滤波器（Loop Filter，LF）和压控振荡器（Voltage Controlled Oscillator，VCO）。在作为频率综合器使用时，在输出信号和输入信号之间还应该插入一个数字分频器。

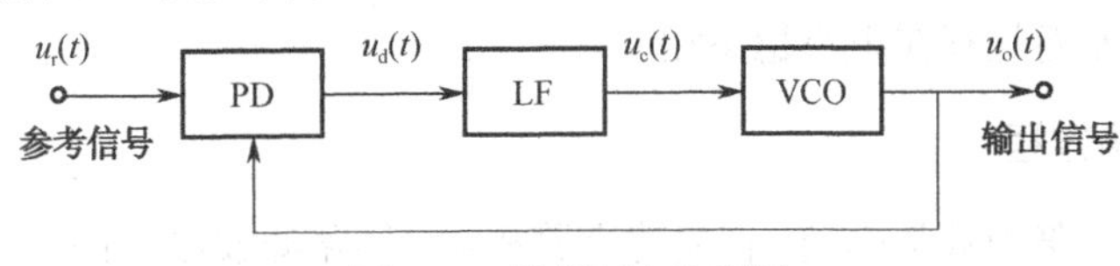


图 11.1 锁相环电路框图

设参考信号：

$$u_r(t) = U_r \sin[\omega_r t + \theta_r(t)] \quad 11\text{-}1$$

式中，$U_r$ 为参考信号的幅度；$\omega_r$ 为参考信号的载波角频率；$\theta_r(t)$ 为参考信号的瞬间相位。

若参考信号是未经过调制的载波时，则 $\theta_r(t) = \theta_1 =$ 常数。

设输出信号为：

$$u_0(t) = U_0 \cos[\omega_0 t + \theta_0(t)] \quad 11\text{-}2$$

式中，$U_0$ 为输出信号的振幅；$\omega_0$ 为压控振荡器的自由振荡角频率；$\theta_0(t)$ 为输出信号的瞬时相位，在 VCO 未受控前为常数，受控之后转变为时间函数，两信号之间的瞬时相位差为：

$$\theta_c(t) = (\omega_r t + \theta_r) - (\omega_0 t + \theta_0(t)) = (\omega_r - \omega_0)t + \theta_r - \theta_0(t) \quad 11\text{-}3$$

由频率和相位之间的关系可得两信号之间的瞬时频差为：

$$\frac{\mathrm{d}\theta_{\mathrm{e}}(t)}{\mathrm{d}t}=\omega_{\mathrm{r}}-\omega_0-\frac{\mathrm{d}\theta_0(t)}{\mathrm{d}t} \qquad 11\text{-}4$$

鉴相器是相位比较器，它把输出信号$u_0(t)$和参考信号$u_{\mathrm{r}}(t)$的相位进行比较，产生对应于两信号相位差$\theta_{\mathrm{e}}(t)$的误差电压$u_{\mathrm{d}}(t)$。环路滤波器的作用是滤除误差电压$u_{\mathrm{d}}(t)$中的高频成分和噪声，以保证环路所要求的性能，提高系统的稳定性。压控振荡器受控制电压$u_{\mathrm{c}}(t)$的控制，$u_{\mathrm{c}}(t)$使压控振荡器的频率向参考信号的频率靠近，于是两者频率之差越来越小，直至频差消除而被锁定。

因此，锁相环的工作原理可简述如下。鉴相器把输出信号$u_0(t)$和参考信号$u_{\mathrm{r}}(t)$的相位进行比较，产生一个反应两信号的相位差$\theta_{\mathrm{e}}(t)$大小的误差电压$u_{\mathrm{d}}(t)$，$u_{\mathrm{d}}(t)$经过环路滤波器的过滤得到控制电压$u_{\mathrm{c}}(t)$。$u_{\mathrm{c}}(t)$调整 VCO 的频率向参考信号的频率靠拢，直至最后两者频率相等而相位同步，实现锁定后两信号之间的相位差表现为一固定的稳态值，即：

$$\lim_{t\to\infty}\frac{\mathrm{d}\theta_{\mathrm{e}}(t)}{\mathrm{d}t}=0 \qquad 11\text{-}5$$

此时，输出信号的频率已偏离了原来的自由频率$\omega_0$（控制电压$u_{\mathrm{c}}(t)=0$时的频率），其偏移量由式 11-4 和式 11-5 得到：

$$\frac{\mathrm{d}\theta_0(t)}{\mathrm{d}t}=\omega_{\mathrm{r}}-\omega_0 \qquad 11\text{-}6$$

这时输出信号的工作频率已变为：

$$\frac{\mathrm{d}}{\mathrm{d}t}[\omega_0 t+\theta_{\mathrm{c}}(t)]=\omega_0+\frac{\mathrm{d}\theta_{\mathrm{c}}(t)}{\mathrm{d}t}=\omega_{\mathrm{r}} \qquad 11\text{-}7$$

由此可见，通过过锁相环路的相位跟踪作用，最终可以实现输出信号与参考信号同步，两者之间不存在频差而只存在很小稳态相差。

### 1. 锁相环环路方程

为了建立锁相环路的数学模型，首先建立鉴相器、环路滤波器、压控振荡器的数学模型。

（1）鉴相器。

鉴相器（PD）又称相位比较器，它是用来比较两个输出信号之间的相位差$\theta_{\mathrm{e}}(t)$。鉴相器输出的误差信号$u_{\mathrm{d}}(t)$是相差$\theta_{\mathrm{e}}(t)$的函数。

鉴相器按其鉴相特性分为正弦型、三角形和锯齿波形。作为原理分析，通常使用正弦型，较为典型的正弦鉴相器可用模拟乘法器与低通滤波器的串接构成。

图 11.2 和图 11.3 所示是正弦鉴相器的数学模型和鉴相特性。

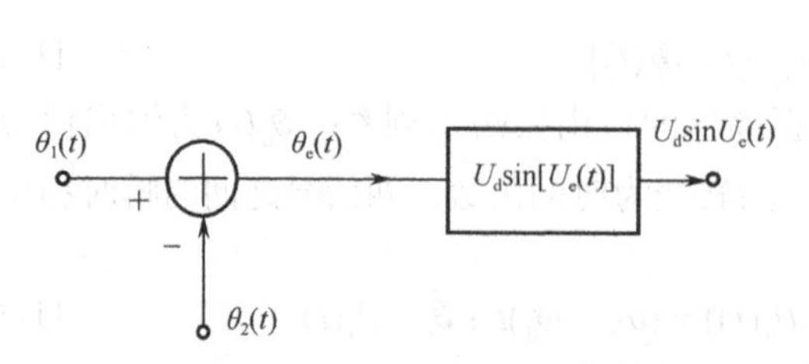


图 11.2　正弦鉴相器的数学模型

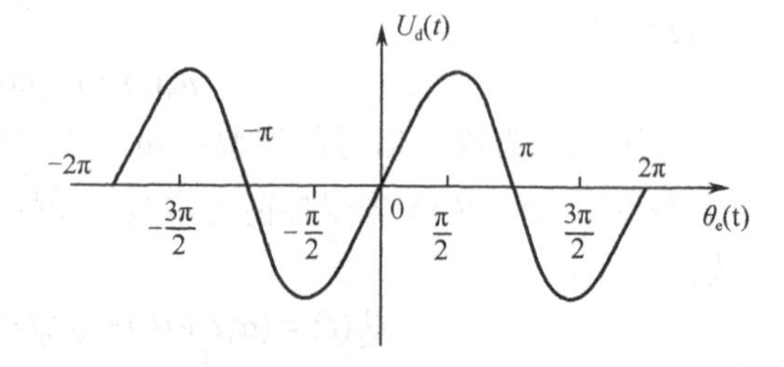


图 11.3　正弦鉴相器的鉴相特性

（2）环路滤波器。

环路滤波器（LF）是一个线性低通滤波器，用来滤除误差电压 $u_d(t)$ 中的高频分量和噪声，更重要的是它对环路参数调整起到决定性的作用。环路滤波器由线性元件电阻、电容和运算放大器组成，它是一个线性系统。

常用的环路滤波器有 RC 积分滤波器、无源比例积分滤波器和有源积分滤波器三种。下面以介绍有源比例积分滤波器为主。

有源比例积分滤波器由运算放大器组成。当运放器开环电压增益 $A$ 为有限值时，它的传递函数为：

$$F(s)=\frac{U_c(s)}{U_d(s)}=-A\frac{1+s\tau_2}{1+s\tau_1'} \qquad 11\text{-}8$$

式中，$\tau'=(R_1+AR_1+R_2)C$；$\tau_2=R_2C$。

由图 11.4 可见，它也具有低通特性与比例作用，相频特性也有超前校正的作用。

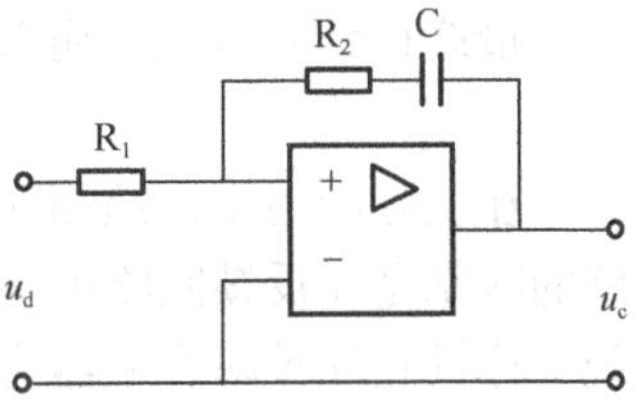

图 11.4　有源比例积分滤波器及其特性

（3）压控振荡器。

压控振荡器（VCO）是一个电压-频率变换器，在环路中作为被控振荡器，它的振荡频率应随输入控制电压 $u_0(t)$ 的线性变化，即：

$$\omega_v(t)=\omega_0+k_d u_c(t) \qquad 11\text{-}9$$

式中，$\omega_v(t)$ 是 VCO 的瞬时角频率；$k_d$ 表示单位控制电压，可使 VCO 角频率变化的数值。因此，$k_d$ 又称为 VCO 的控制灵敏度与增益系数，单位为 rad/(s ·V)。在锁相环路中，VCO 的输出对鉴相器起作用的不是瞬时角频率，而是瞬时相位，即：

$$\theta_c(t)=\theta_1(t)-\theta_2(t) \qquad 11\text{-}10$$

将式 11-10 与 $u_0(t)=U_0\cos[\omega_0 t+\theta_2(t)]$ 相比较，可以知 $\omega_0 t$ 为参考时的输出瞬时相位为：

$$\theta_2(t)=U_d\sin\theta_e(t)F(p)\frac{K_d}{p} \qquad 11\text{-}11$$

由此可见，VCO 在锁相环中起了一次积分作用，因此也称为环路中的固有积分环节。式 11-11 就是压控振荡器相位控制的模型，若对其进行拉氏变换，可得到在复频域的表达式：

$$\theta_2(s)=k_d\frac{U_c}{s} \qquad 11\text{-}12$$

VCO 的传递函数为 $\frac{\theta_2(s)}{U_c(s)}=\frac{k_d}{s}$。图 11.5 所示为 VCO 的时域和复频域的数学模型。

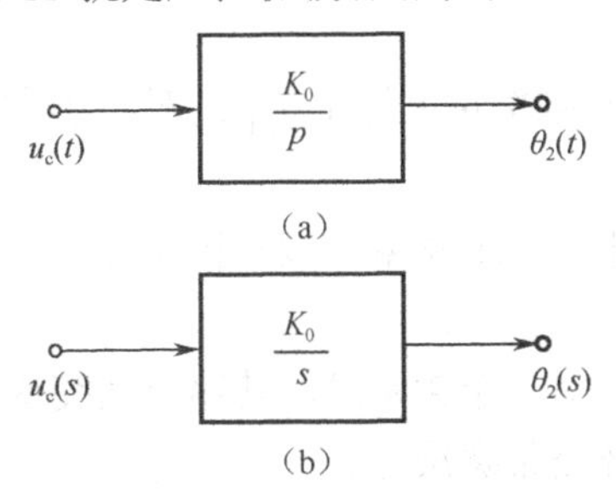


图 11.5　VCO 时域和复频域的数学模型

（4）环路相位模型和基本方程。

上面分别得到了鉴相器、环路滤波器和压控振荡器的模型，将三个模型连接起来，如图 11.6 所示，就可以得到锁相环路的模型。

时域分析时可用一个传输算子 $F(p)$来表示。其中（$p$=d/dt）是微分算子。由图 11.6 所示可以得出锁相环路的基本方程。将式 11-11 和式 11-10 代入式 11-9 得：

$$p\theta_e(t) = p\theta_1(t) - K_d U_d \sin\theta_e(t) F(p) \qquad 11\text{-}13$$

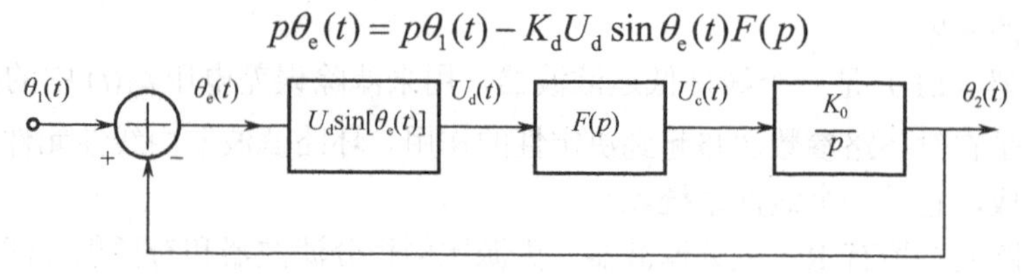


图 11.6　锁相环路相位模型

设环路输入一个频率 $\omega_r$ 和相位 $\theta_r$ 均为常数的信号，即：

$$u_r = (t)U_r \sin[\omega_r t + \theta_r] = U_r \sin[\omega_0 t + (\omega_r - \omega_0)t + \theta_r \qquad 11\text{-}14$$

式中，$\omega_0$ 是控制电压 $u_c(t) = 0$ 时 VCO 的固有振荡频率；$\theta_r$ 是参考输入信号的相位。令

$$\theta_1(t) = (\omega_r - \omega_0)t + \theta_r，则 p\theta_1(t) = \omega_r - \omega_0 = \Delta\omega_0。 \qquad 11\text{-}15$$

最终得到固有频率输入时的环路基本方程：

$$p\theta_e(t) = \Delta\omega_0 - K_d U_d \sin\theta_e(t) F(p) \qquad 11\text{-}16$$

在实际应用中，锁相环通常是以锁相环频率合成器的电路出现。该电路与基本锁相环电路的区别是在反馈回路中加入了一个数字分频器，其基本电路如图 11.7 所示。为方便说明，统一称锁相环频率合成器为锁相环电路。

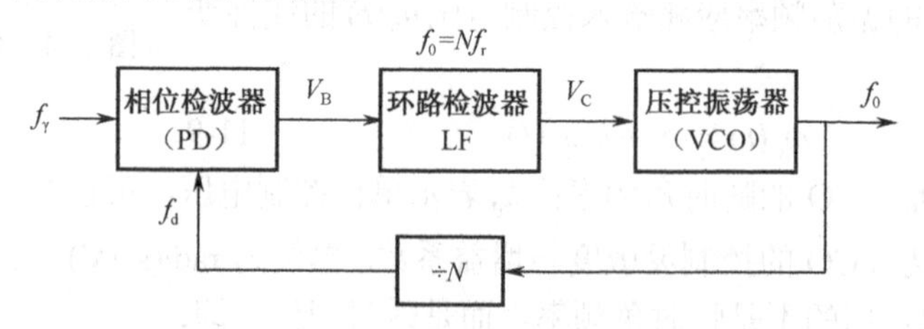


图 11.7　锁相环频率合成器电路框图

## 2．锁相环性能参数

（1）频率准确度：实际输出频率 $f_{out}$ 与标称输出频率 $f_0$ 之差，一般由分频数 $N$ 与参考源 $f_{ref}$ 决定。

（2）频率稳定度：在一定时间间隔内，频率的相对变化程度 $(f - f_0)/f_0$，单位一般为 ppm（$10^{-6}$）或 ppb（$10^{-9}$），该指标一般由参考源 $f_{ref}$ 决定。

（3）相邻两个输出频率的最小间隔，对于整数分频，其频率精度等于 $f_{ref}$；对于小数分频，其频率精度可为任意小。

（4）频率范围：锁相环系统输出频率的范围，该指标由 VCO 频率范围和锁相环芯片内的分频器共同决定。

（5）换频时间：锁相环系统输出信号从一个频率切换到另一个频率时，其输出从突变到重新进入稳定状态所用的时间，该指标由系统阻尼系数和环路带宽决定。

（6）频谱纯度：该指标由输出信号的相位噪声和杂散来衡量，带内相位噪声主要由参考源、鉴相器和电荷泵决定，带外相位噪声主要由 VCO 决定。

## 11.2 锁相环原理图设计与仿真

在 ADS 中集成了一个锁相环辅助设计工具，利用该工具，用户可以很容易地生成所要设计锁相环的整体电路，并对其进行仿真确定各电路的性能指标。本节就利用该辅助设计工具来讨论利用 ADS 进行锁相环设计、仿真参数设置以及输出数据查看的基本方法和流程，确定锁相环的设计参数如下。

VCO 输出频率：900MHz±10MHz。

VCO 压控增益：12MHz/V。

VCO 相位噪声：小于-100dBc/Hz@100kHz。

参考源频率：10MHz。

系统频率间隔：200kHz。

环路滤波器环路带宽：$\omega_c = 10\text{kHz}$。

相位裕度：45°～50°。

锁定时间：小于 200μs。

### 11.2.1 锁相环环路滤波器设计

环路滤波器决定了锁相环环电路中频谱纯度、锁定时间以及系统稳定性等指标，本节就首先讨论环路滤波器的设计方法。

（1）运行 ADS，在 ADS 主窗口中选择[File]→[New Project]命令，在弹出的“New Project”对话框默认工程路径“C:\users\default\”后输入工程名“pll_lab”。之后在“[Project Technology]”栏中选择“ADS Standard:Length unit--millimeter”，表示工程中采用的长度单位为 mm，如图 11.8 所示。在对话框中单击[OK]按钮，完成工程建立，同时自动弹出原理图窗口。

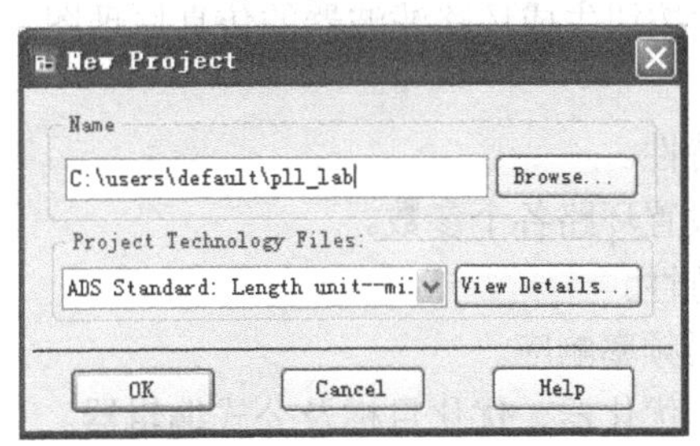


图 11.8 建立工程

（2）在原理图窗口中选择[File]→[Save Design]命令，将原理图窗口保存为“pll”，开始原理图设计。在菜单栏中选择[DesignGuide]→[PLL]命令，如图 11.9 所示，弹出“PLL”对话框。

（3）在该对话框中选择“Select PLL Configuration”，单击[OK]按钮，弹出“Phase Locked Loop”对话框，如图 11.10 所示。

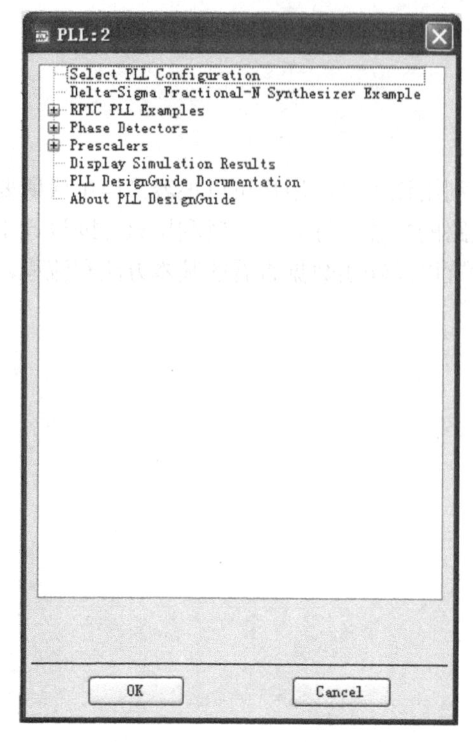


图 11.9 “PLL”对话框

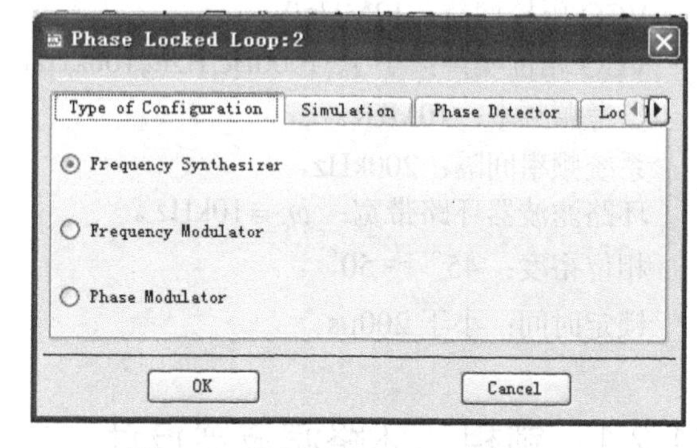


图 11.10 “Phase Locked Loop”对话框

在该对话框中依次选择如下选项进行设置：

[Type of Configuration]→[Frequency Synthesizer]，表示生成仿真原理图为锁相环频率综合器。

[Simulation]→[Loop Frequency Response]，表示进行环路滤波器的频率响应仿真。

[Phase Detector]→[Charge Pump]，表示锁相环采用电荷泵结构。

[Loop Filter]→[Passive 4 Pole]，表示环路滤波器为三阶，锁相环系统为四阶系统。

完成设置后，单击[OK]按钮生成环路滤波器的仿真原理图，如图 11.11 所示。

原理图分为 5 个部分：

- 用于仿真系统闭环特性。
- 变量设置区，用于设置环路各个参数。
- 用于仿真系统开环特性。
- 用于仿真环路滤波器频率响应。
- 仿真所需的仿真器、优化器、优化目标及公式编辑器。

由于电路中鉴相增益、滤波器器件值、VCO 压控增益和分频值等各模块的参数都被设置成变量，在设计中主要对这些变量进行参数设置。

（4）双击变量控制器 VAR1，如图 11.12 所示进行参数设置。

Kv=12MHz，表示压控振荡器增益为 12MHz/V。

Id=0.005，表示电荷泵电流为 0.005A。

NO=4500，表示分频器的分频数为 4500。

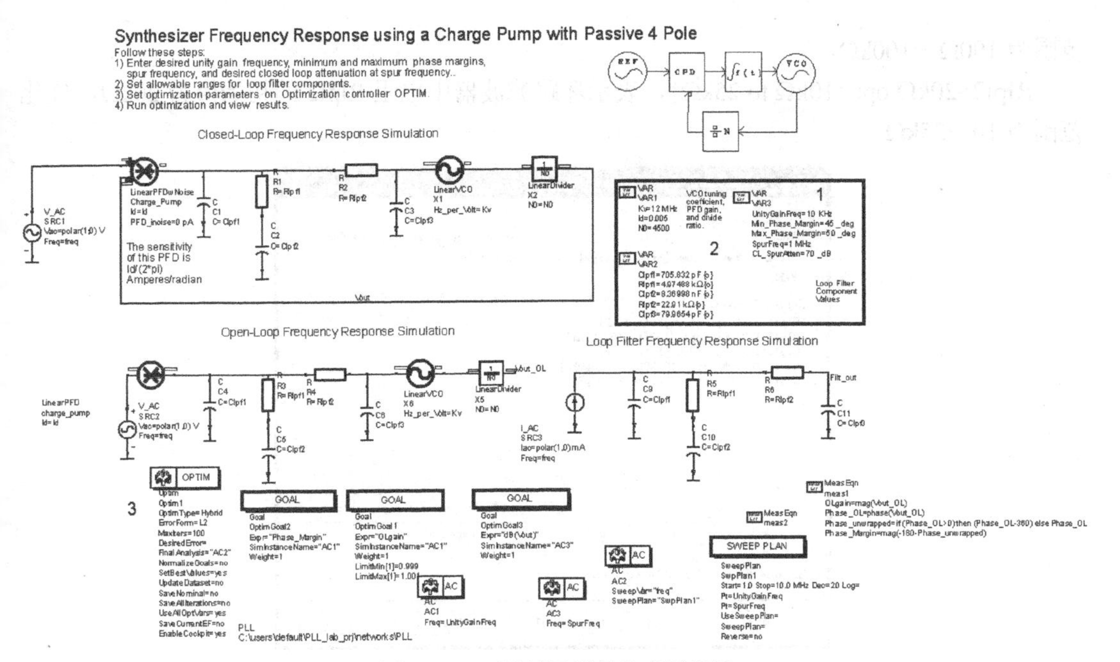


图 11.11 环路滤波器的仿真原理图

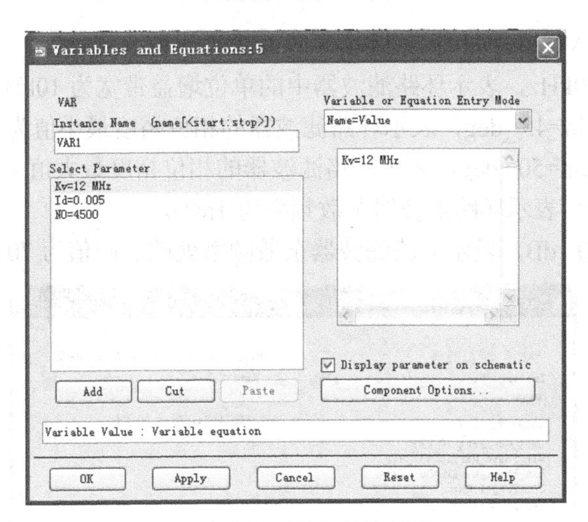


图 11.12 完成设置的变量控制器 VAR1

双击变量控制器 VAR2，如图 11.13 所示进行参数设置。

Clpf1=1nF opt {100pF to 1uF}，表示环路滤波器中电容 Clpf1 的初始值为 1nF，优化范围为 100pF～1μF。

Clpf2=1nF opt {300pF to 1uF}，表示环路滤波器中电容 Clpf2 的初始值为 1nF，优化范围为 300pF～1μF。

Clpf3=100pF opt {10pF to 1000pF}，表示环路滤波器中电容 Clpf3 的初始值为 100 pF，优化范围为 10～1000 pF。

Rlpf1=1.0kΩ opt {100 to 100kΩ}，表示环路滤波器中电阻 Rlpf1 的初始值为 1.0kΩ，优化

范围为 100Ω～100kΩ。

Rlpf2=20kΩ opt {10kΩ to 25kΩ}，表示环路滤波器中电阻 Rlpf2 的初始值为 20kΩ，优化范围为 10～25kΩ。

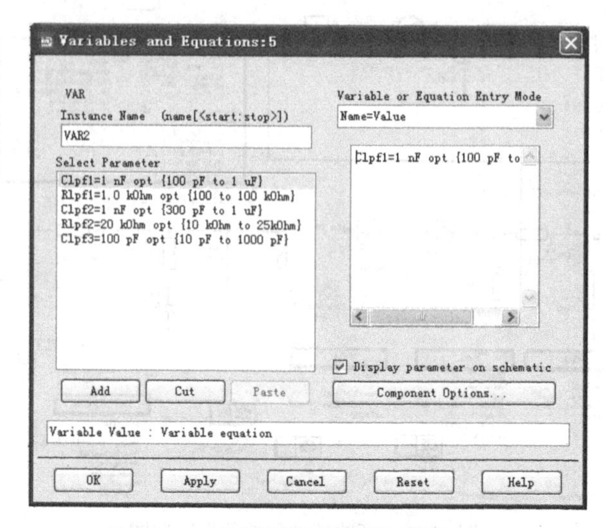


图 11.13　完成设置的变量控制器 VAR2

双击变量控制器 VAR3，如图 11.14 所示进行参数设置。

UnityGainFreq=10kHz，表示环路滤波器中的单位增益带宽为 10kHz。

Min_Phase_Margin=45 _deg，表示环路滤波器的相位裕度最小值为 45°。

Max_Phase_Margin=50 _deg，表示环路滤波器的相位裕度最大值为 50°。

SpurFreq=1 MHz，表示环路滤波器杂散频率为 1MHz。

CL_SpurAtten=70 _dB，表示环路滤波器杂散频率处的衰减值为 70dB。

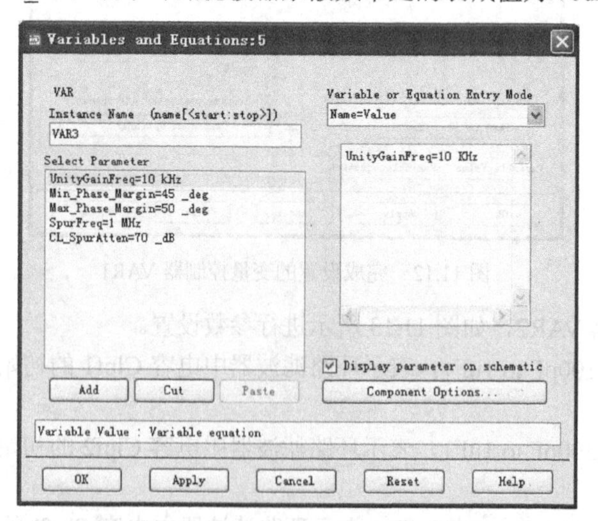


图 11.14　完成设置的变量控制器 VAR3

（5）设置扫描计划控制器（Sweep Plan）。这里设定了扫描的范围，如图 11.15 所示，这里采用默认设置。

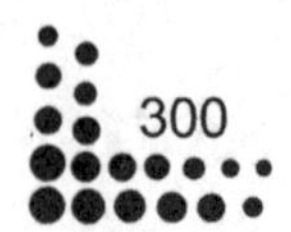

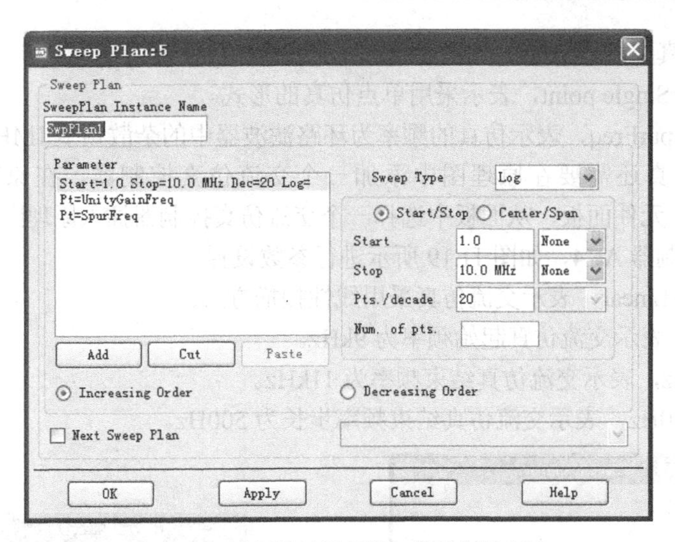


图 11.15　采用默认设置的扫描计划控制器

（6）设置交流仿真控制器。双击交流仿真控制器 AC1，如图 11.16 所示进行参数设置。

Sweep Type=Single point，表示采用单点仿真的形式。

Frequency=UnityGainFreq，表示仿真的频率为环路滤波器中单位增益带宽 10kHz。

双击交流仿真控制器 AC2，如图 11.17 所示进行参数设置。

Use Sweep Plan=SwpPlan1，表示采用扫描计划控制器中的扫描方式。

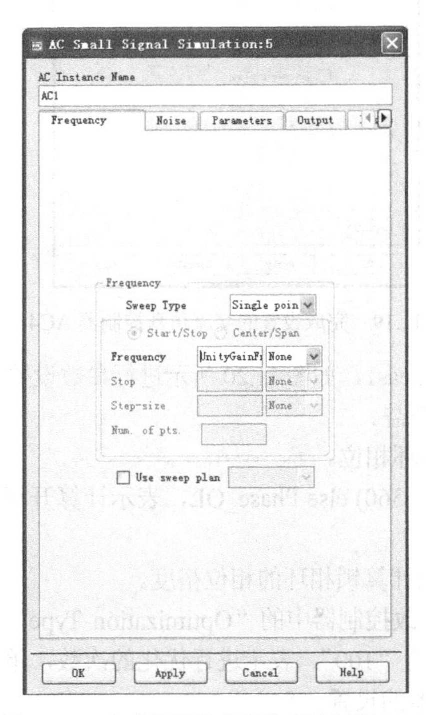


图 11.16　完成设置的交流仿真控制器 AC1

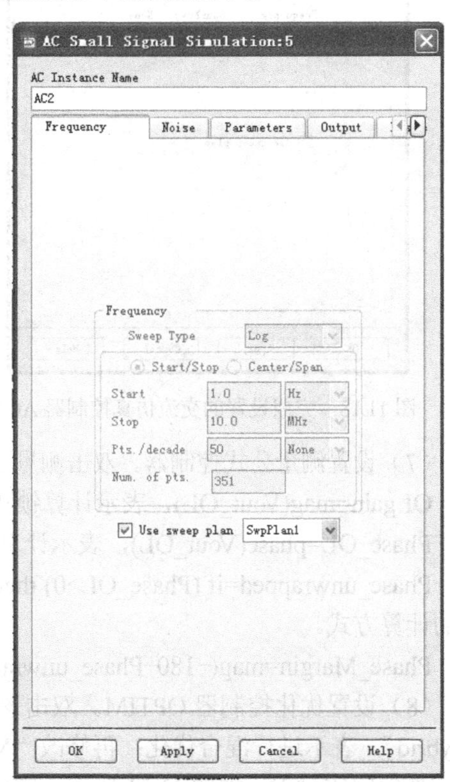


图 11.17　完成设置的交流仿真控制器 AC2

双击交流仿真控制器 AC3，如图 11.18 所示进行参数设置。

Sweep Type=Single point，表示采用单点仿真的形式。

Frequency=SpurFreq，表示仿真的频率为环路滤波器中的杂散频率 1MHz。

为了进行仿真还需要在原理图中添加一个交流仿真控制器。在原理图窗口中选择“Simulation-AC”元件面板，从面板中选择一个交流仿真控制器插入原理图中，作为 AC4，双击交流仿真控制器 AC4，如图 11.19 所示进行参数设置。

Sweep Type=Linear，表示交流仿真采用线性扫描方式。

Start=9kHz，表示交流仿真起始频率为 9kHz。

Stop=11.0kHz，表示交流仿真结束频率为 11kHz。

Step-size=500Hz，表示交流仿真结束频率步长为 500Hz。

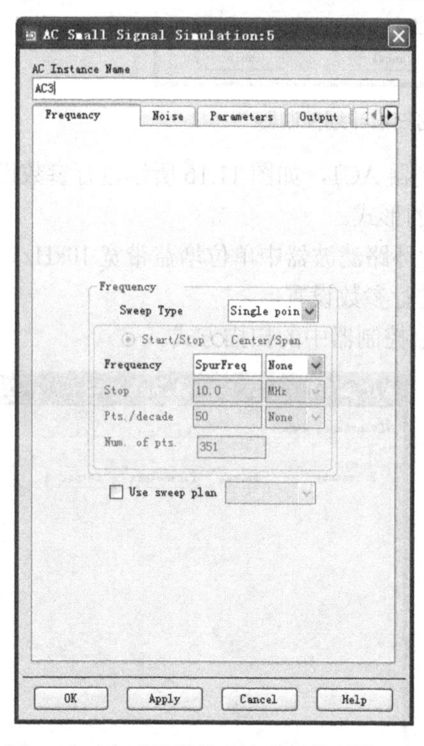


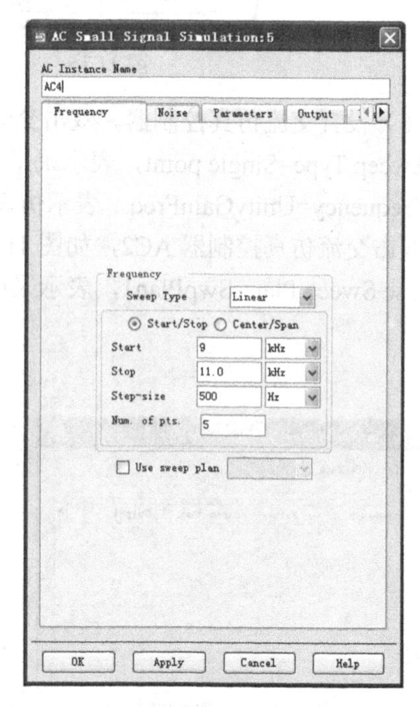

图 11.18　完成设置的交流仿真控制器 AC3　　　　图 11.19　完成设置的交流仿真控制器 AC4

（7）设置测量公式控制器。双击测量公式控制器 meas1，如图 11.20 所示进行参数设置。

OLgain=mag(Vout_OL)，表示计算锁相环的开环增益。

Phase_OL=phase(Vout_OL)，表示计算锁相环的开环相位。

Phase_unwrapped=if (Phase_OL>0) then (Phase_OL−360) else Phase_OL，表示计算开环相位的计算方式。

Phase_Margin=mag(−180−Phase_unwrapped)，表示计算锁相环的相位裕度。

（8）设置优化控制器 OPTIM。双击该控制器，修改控制器中的“Optimization Type”为“Hybrid”，表示进行混合优化；再修改“Maxlter”值为“100”，表示进行优化的次数，单击[OK]按钮完成设置，如图 11.21 所示，完成优化控制器的设置。

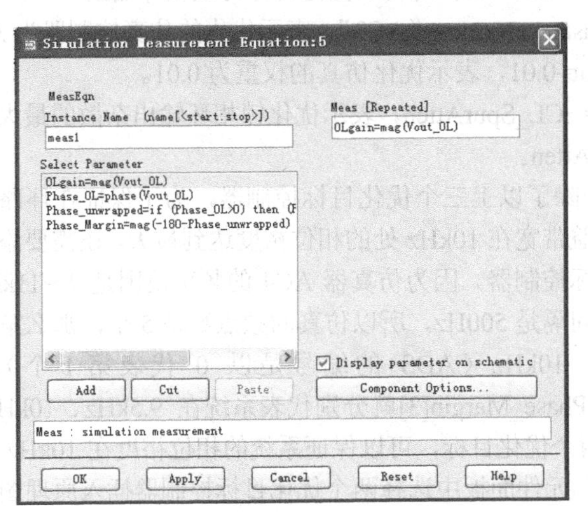


图 11.20 完成设置的测量公式控制器 meas1

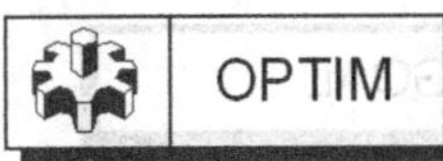

Optim
Optim1
OptimType=Hybrid
ErrorForm=L2
MaxIters=100
DesiredError=
FinalAnalysis="AC2"
NormalizeGoals=no
SetBestValues=yes
UpdateDataset=no
SaveNominal=no
SaveAllIterations=no
UseAllOptVars=yes
SaveCurrentEF=no
EnableCockpit=yes

图 11.21 完成设置的优化控制器

（9）设置优化目标控制器，双击 GOAL1，如图 11.22 所示进行参数设置。

Expr=“OLgain”，表示优化目标为锁相环开环增益。

SimInstanceName=“AC1”，表示优化的仿真控制器为 AC1。

Weight=1，表示优化仿真的权重为 1。

LimitMin[1]=0.999，表示优化锁相环开环增益的最小值为 0.999。

LimitMax[1]=1.001，表示优化锁相环开环增益的最大值为 1.001。

如图 11.23 所示，设置 GOAL2。

Expr=“Phase_Margain”，表示优化目标为锁相环相位裕度。

SimInstanceName=“AC1”，表示优化的仿真控制器为 AC1。

Weight=1，表示优化仿真的权重为 1。

Min=Min_Phase_Margain，表示优化锁相环相位裕度的最小值为 Min_Phase_Margain。

Max= Max_Phase_Margain，表示优化锁相环相位裕度的最大值为 Max_Phase_Margain。

Goal
OptimGoal1
Expr="OLgain"
SimInstanceName="AC1"
Weight=1
LimitMin[1]=0.999
LimitMax[1]=1.001

图 11.22 完成设置的 GOAL1 控制器

GOAL
Goal
OptimGoal2
Expr="Phase_Margain"
SimInstanceName="AC1"
Min=Min_Phase_Margain
Max=Max_Phase_Margain
Weight=1
RangeVar[1]=
RangeMin[1]=
RangeMax[1]=

图 11.23 完成设置的 GOAL2 控制器

```
GOAL
Goal
OptimGoal3
Expr="dB(Vout)"
SimInstanceName="AC3"
Min=
Max=-CL_SpurAtten
Weight=0.01
RangeVar[1]=
RangeMin[1]=
RangeMax[1]=
```

图 11.24　完成设置的 GOAL3 控制器

如图 11.24 所示，设置 GOAL3。

Expr= “dB(Vout)”，表示优化目标为锁相环输出。

SimInstanceName= “AC3”，表示优化的仿真控制器为 AC3。

Weight=0.01，表示优化仿真的权重为 0.01。

Max= -CL_SpurAtten，表示优化锁相环输出杂散的最大值为 -CL_SpurAtten。

（10）除了以上三个优化目标控制器，为了保证在环路滤波器单位增益带宽在 10kHz 处的相位裕度达到最大，还需要添加一个优化目标控制器。因为仿真器 AC4 的频率范围是 9～11kHz，仿真频率间隔是 500Hz，所以仿真的频点数是 5 个，那么第 2 个频点就是 10kHz（ADS 的编号是以 0 代表第 1 个）。则 Phase_Margin[1]、Phase_Margin[2]和 Phase_Margin[3]就分别代表系统在 9.5kHz、10kHz 和 10.5kHz 处的相位裕度。通过添加这两个优化目标，可以保证系统的相位裕度在 10kHz 处达到最大值。从“Optim/stat/Yield/DOE”元件面板中选择两个优化目标控制器插入原理图中，如图 11.25 所示，对 GOAL4、GOAL5 进行参数设置。

```
GOAL
Goal
OptimGoal4
Expr="Phase_Margin[2]-Phase_Margin[1]"
SimInstanceName="AC4"
Weight=1.0
LimitMin[1]=0_deg
```

```
GOAL
Goal
OptimGoal5
Expr="Phase_Margin[2]-Phase_Margin[3]"
SimInstanceName="AC4"
Weight=1.0
LimitMin[1]=0_deg
```

图 11.25　完成设置的 GOAL4、GOAL5 控制器

设置 GOAL4：

Expr= “Phase_Margin[2]-Phase_Margin[1]”，表示优化目标为 Phase_Margin[2]和 Phase_Margin[1]的相位差。

SimInstanceName= “AC4”，表示优化的仿真控制器为 AC4。

Weight=1.0，表示优化仿真的权重为 1。

LimitMin[1]=0_deg，表示优化相位目标的最小值为 0°。

设置 GOAL5：

Expr= “Phase_Margin[2]-Phase_Margin[3]”，表示优化目标为 Phase_Margin[2]和 Phase_Margin[3]的相位差。

SimInstanceName= “AC4”，表示优化的仿真控制器为 AC4。

Weight=1.0，表示优化仿真的权重为 1。

LimitMin[1]=0_deg，表示优化相位目标的最小值为 0°。

如图 11.26 所示，完成原理图的建立。

（11）完成电路原理图的设置后，单击工具栏的[Simulate]按钮开始仿真。在优化仿真对话框中可以观察优化进度，仿真完成后，如图 11.27 所示，可以看到达到优化目标的电容、电阻值。

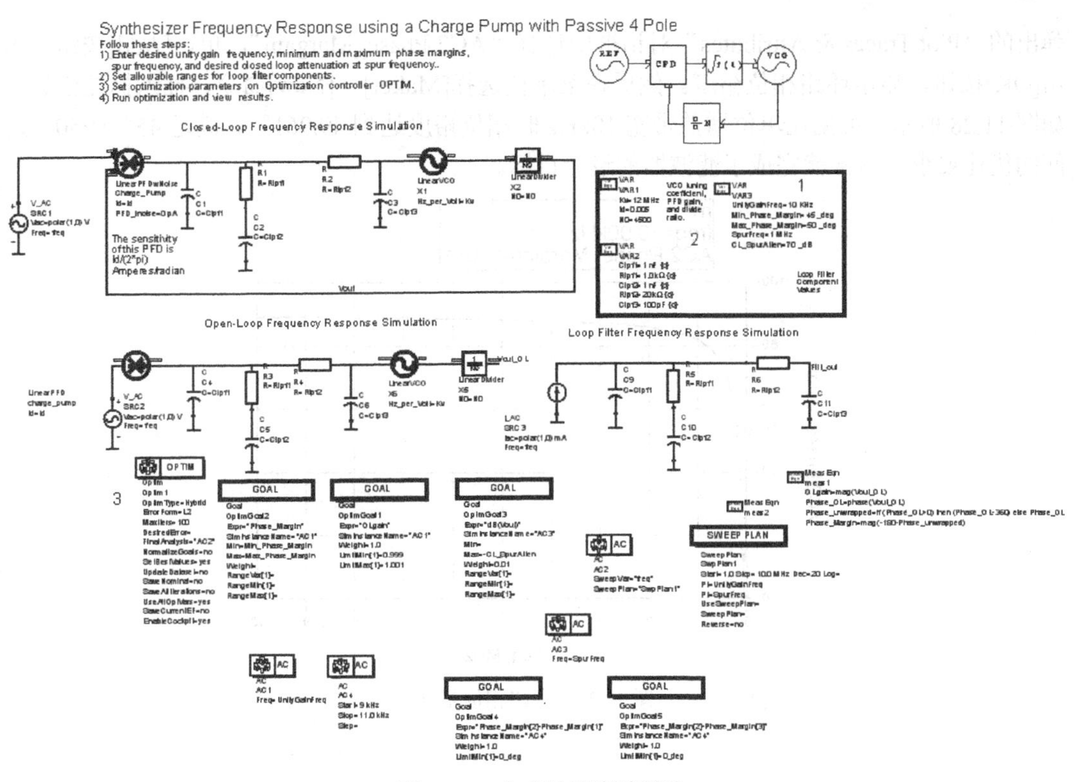


图 11.26　完成设置的原理图

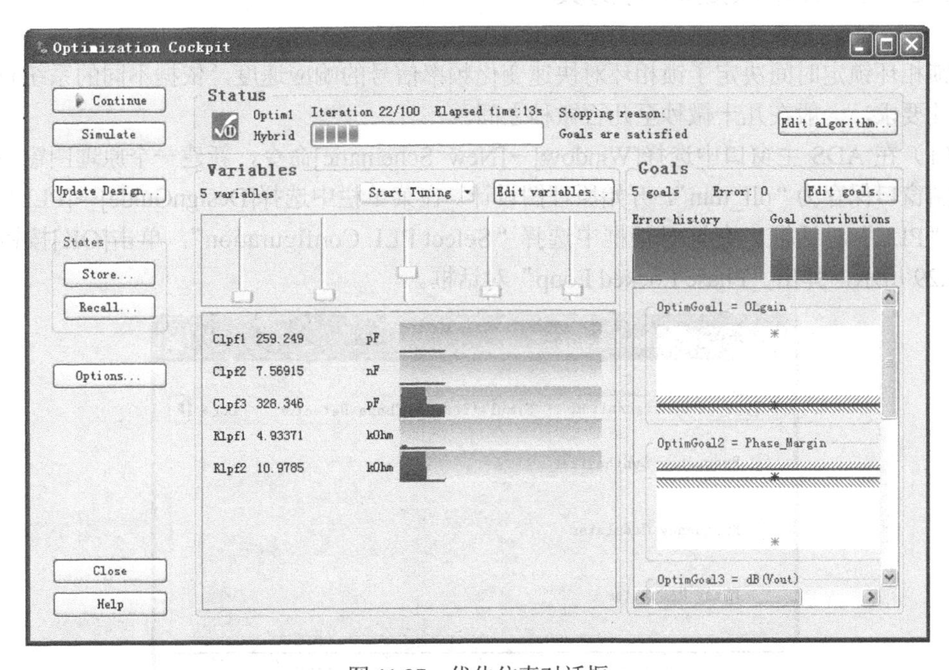


图 11.27　优化仿真对话框

在对话框中单击[Update Design…]按钮更新环路滤波器中的电容、电阻值。在数据显示窗口添加一个矩形图，即从数据显示面板中单击[Rectangular Plot]按钮，插入一个矩形图。在弹出的“Plot Traces & Attributes”对话框中选择“AC2.Phase_Margain”，单击[Add]按钮，单击[OK]按钮，显示环路相位裕度。然后在菜单栏选择[Maker]→[New]命令，插入标注信息，如图 11.28 所示。可见在单位增益带宽 10kHz 时相位裕度达到 49.961°，满足 45°～50°之间的优化要求，这样就完成了滤波器的设计目标。

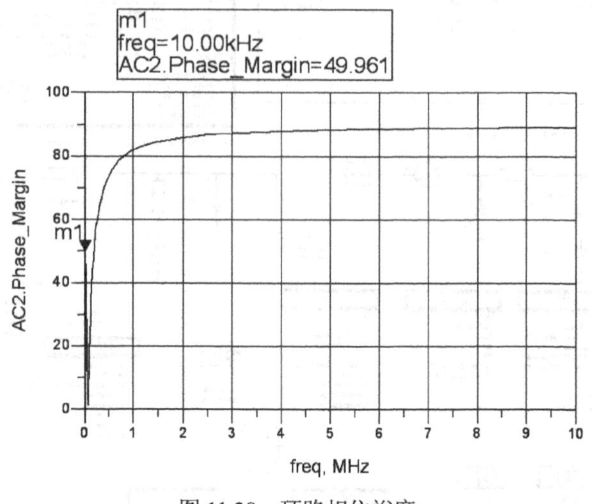


图 11.28　环路相位裕度

## 11.2.2　锁相环锁定时间仿真

锁相环锁定时间决定了锁相环对快速变化频率信号的响应速度，依据不同的系统有不同的设计要求，一般在几十微秒至几百微秒之间。

（1）在 ADS 主窗口中选择[Window]→[New Schematic]命令，新建一个原理图窗口，将原理图窗口保存为“pll_tran”，开始原理图设计。在菜单栏中选择[DesignGuide]→[PLL]命令，弹出“PLL”对话框，在该对话框中选择“Select PLL Configuration”，单击[OK]按钮，如图 11.29 所示，弹出“Phase Locked Loop”对话框。

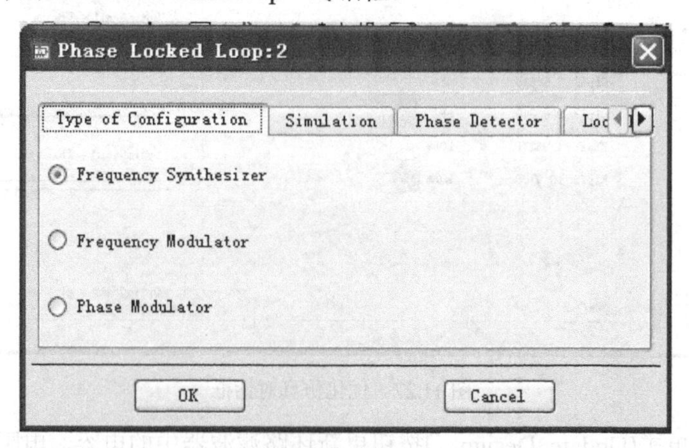


图 11.29　“Phase Locked Loop”对话框

在该对话框中依次选择如下选项进行设置。

[Type of Configuration]→[Frequency Synthesizer]，表示生成仿真原理图为锁相环频率综合器。

[Simulation]→[Transient Response]，表示进行瞬态响应仿真。

[Phase Detector]→[Charge Pump]，表示锁相环采用电荷泵结构。

[Loop Filter]→[Passive 4 Pole]，表示环路滤波器为三阶，锁相环系统为四阶系统。

完成设置后单击[OK]按钮，生成瞬态仿真的仿真原理图，如图 11.30 所示。

Synthesizer Transient Response using a Charge Pump Detector with Active 4 Pole

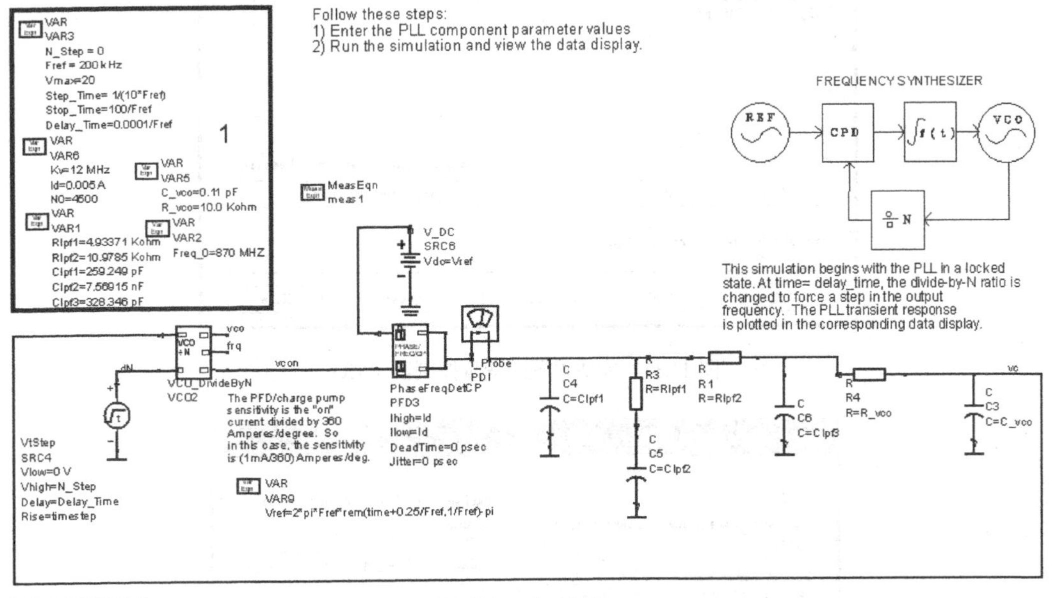


ENVELOPE
Envelope
Env1
Freq[1]=Freq_0
Order[1]=1
Status Level=2
Stop=Stop_Time
Step=Step_Time

Note: _v1 is the voltage at the tune input of the VCO_DivideByN block.

Note: Kv has units of Hz/Volt, so in this case, the VCO frequency relative to frequency F0=Freq_0 is Kv*_v1 which is ie. 24 MHz/V * voltage at node vc.

PLL_tran
C:\users\default\PLL_lab_prj\networks\PLL_tran

图 11.30　瞬态仿真原理图

（2）由于电路中鉴相增益、滤波器器件值、VCO 压控增益和分频值等各模块的参数都被设置成变量，在设计中主要对这些变量进行参数设置。

双击变量控制器 VAR1，如图 11.31 所示进行参数设置（该变量控制器主要设置 11.2.1 节中优化后得到的电容值和电阻值）。

Rlpf1=4.93371kΩ，表示优化后的 Rlpf1=4.93371kΩ。

Rlpf2=10.9785kΩ，表示优化后的 Rlpf2=10.9785kΩ。

Clpf1=259.249pF，表示优化后的 Clpf1=259.249pF。

Clpf2=7.56915nF，表示优化后的 Clpf2=7.56915nF。

Clpf3=328.346pF，表示优化后的 Clpf3=328.346pF。

如图 11.32 所示设置 VAR2。

Freq_0=870MHz，Freq_0 是 VCO 起始频率，即 VCO 调谐端的控制电压为 0V 时的输出频率。由于锁定频率范围是（900±10）MHz，因此设置该值为 870MHz（只要比范围内的最小值 890MHz 小即可）。

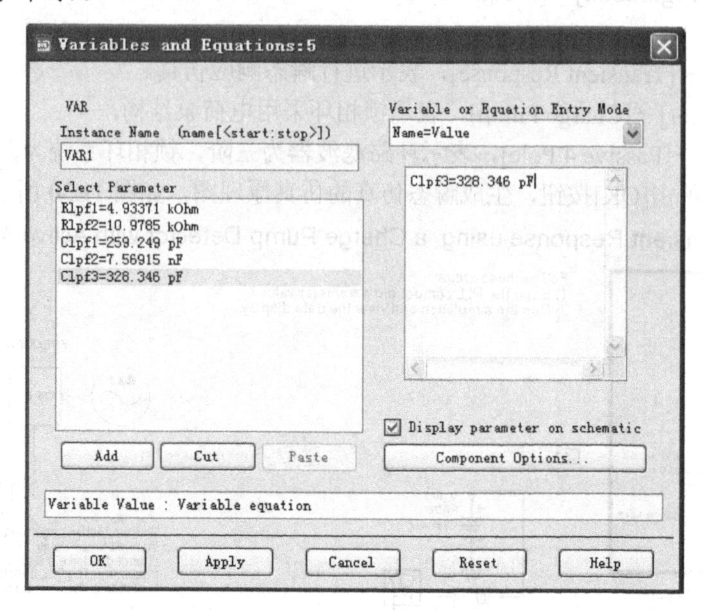


图 11.31　完成设置的变量控制器 VAR1

图 11.32　完成设置的变量控制器 VAR2

如图 11.33 所示设置 VAR3。

N_Step = 0，表示阶梯电压源 SRC4 的阶跃电压为 0，因为在仿真中只查看单一频点的锁定时间，所以将 SRC4 的阶跃电压设置为 0。

Fref = 200kHz，表示鉴相频率为 200kHz。

Vmax=20，表示最大控制电压为 20V。

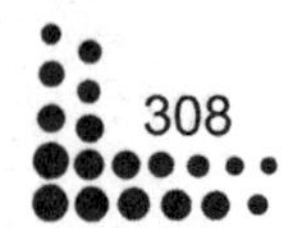

Step_Time= 1/(10*Fref)，表示包络仿真器 Env1 的仿真步长为 1/(10Fref)。
Stop_Time=100/Fref，表示包络仿真器 Env1 的仿真结束时间为 100/Fref。
Delay_Time=0.0001/Fref，表示仿真延迟时间为 0.0001/Fref。

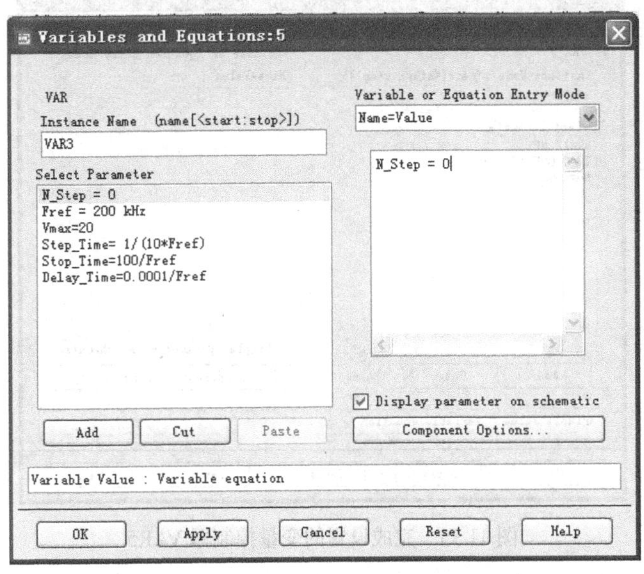


图 11.33　完成设置的变量控制器 VAR3

如图 11.34 所示设置 VAR4。
C_vco=0.11pF，表示 VCO 的输入电容为 0.11pF。
R_vco=10.0kΩ，表示 VCO 的输入电阻为 10.0kΩ。

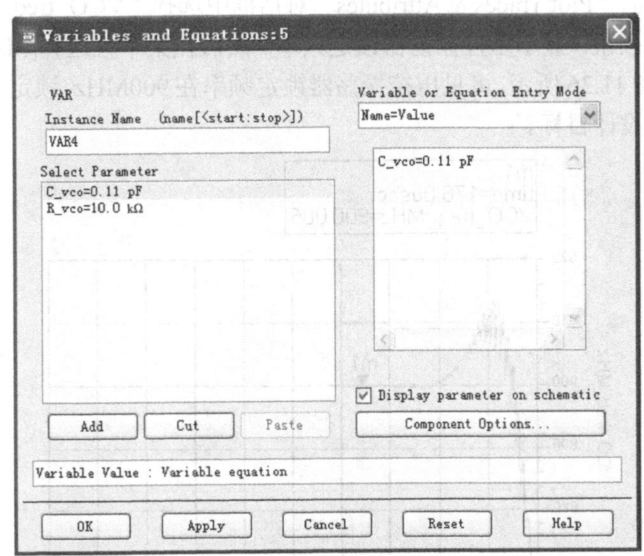


图 11.34　完成设置的变量控制器 VAR4

如图 11.35 所示设置 VAR5。
Kv=12MHz，表示压控振荡器增益为 12MHz/V。

Id=0.005A，表示电荷泵电流为 0.005A。

NO=4500，表示分频器的分频数为 4500。

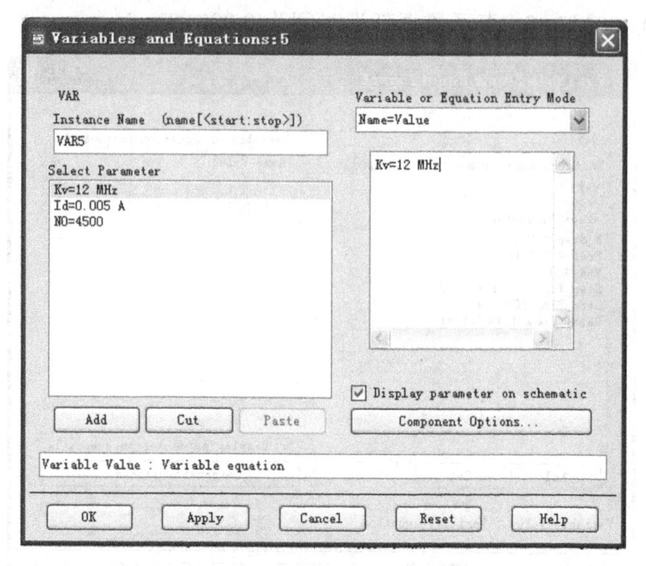


图 11.35　完成设置的变量控制器 VAR5

原理图中其他的仿真控制器设置不变。

（3）完成电路原理图的设置后，单击工具栏的[Simulate]按钮开始仿真。仿真完成后，在数据显示窗口添加 3 个矩形图，分别显示压控振荡器锁定频率、压控振荡器输入锁定电压以及电荷泵电流。以显示锁定时间为例，从数据显示面板中单击[Rectangular Plot]按钮，插入一个矩形图。在弹出的“Plot Traces & Attributes”对话框中选择“VCO_freq_MHz”，单击[Add]按钮，再单击[OK]按钮，显示压控振荡器锁定频率。然后在菜单栏选择[Maker]→[New]命令，插入标注信息，如图 11.36 所示，可见压控振荡器锁定频率在 900MHz，锁定时间大约为 178μs，满足小于 200μs 的设计目标。

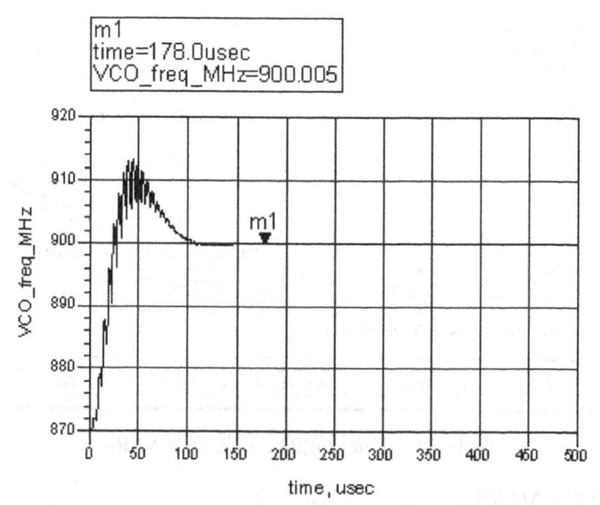


图 11.36　压控振荡器锁定频率

采用上述操作显示压控振荡器输入锁定电压以及电荷泵电流如图 11.37、图 11.38 所示。可见压控振荡器输入锁定电压为 2.5V。在锁定状态下电荷泵电流为零，即无电流流过。

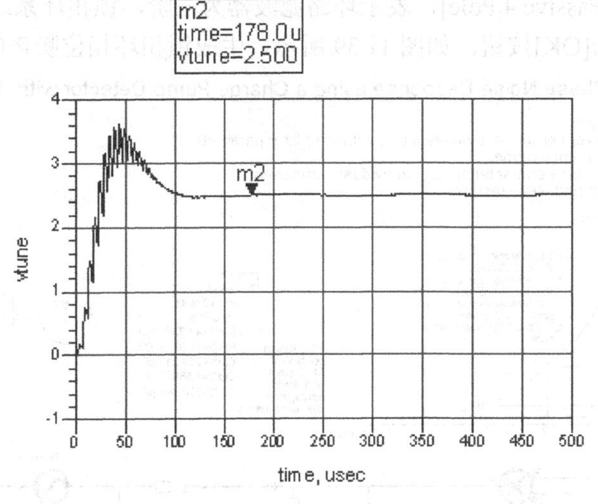


图 11.37 压控振荡器输入锁定电压

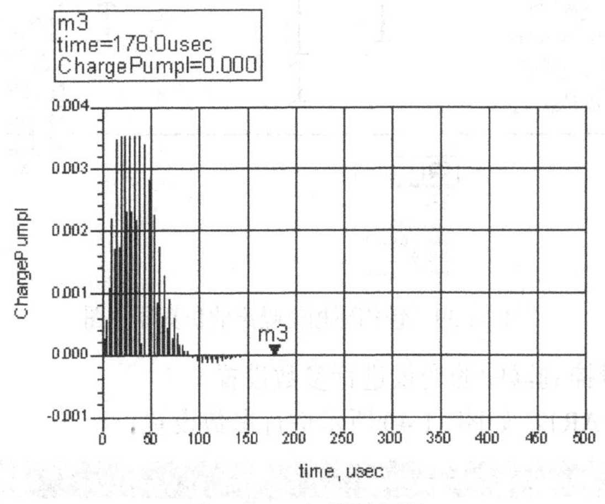


图 11.38 电荷泵电流

## 11.2.3 锁相环相位噪声仿真

锁相环相位噪声是锁相环最重要的设计指标，该指标决定了锁相环系统输出频率信号的纯度，在很大程度上影响着集成该锁相环系统的信噪比、动态范围等参数，以下就对锁相环相位噪声进行仿真。

（1）在 ADS 主窗口中选择[Window]→[New Schematic]命令，新建一个原理图窗口，将原理图窗口保存为“pll_pn”，开始原理图的设计。在菜单栏中选择[DesignGuide]→[PLL]命令，弹出“PLL”对话框，在该对话框中选择“Select PLL Configuration”，单击[OK]按钮，弹出“Phase Locked Loop”对话框，在该对话框中依次选择如下选项进行设置。

[Type of Configuration]→[Frequency Synthesizer]，表示生成仿真原理图为锁相环频率综合器。

[Simulation]→[Phase Noise Response]，表示进行相位噪声仿真。

[Phase Detector]→[Charge Pump]，表示锁相环采用电荷泵结构。

[Loop Filter]→[Passive 4 Pole]，表示环路滤波器为三阶，锁相环系统为四阶系统。

完成设置后单击[OK]按钮，如图 11.39 所示，生成锁相环相位噪声的仿真原理图。

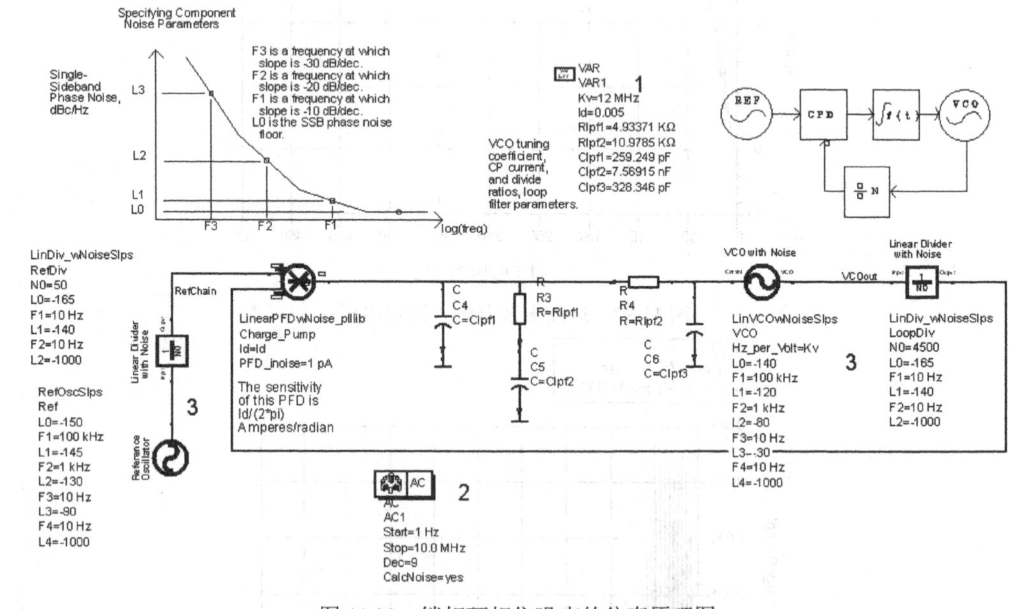


图 11.39　锁相环相位噪声的仿真原理图

（2）对原理图变量控制器中的变量进行参数设置。

双击变量控制器 VAR1，如图 11.40 所示进行参数设置。

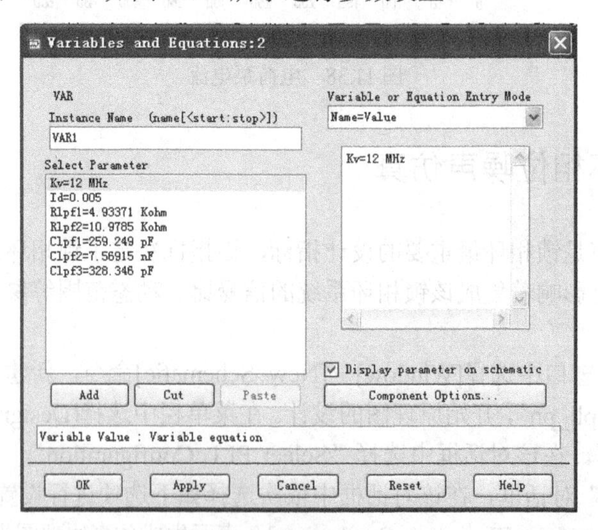


图 11.40　完成设置的变量控制器 VAR1

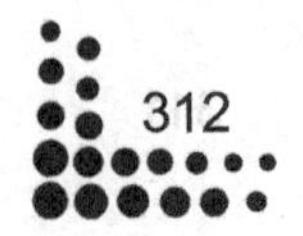

Kv=12MHz，表示压控振荡器增益为 12MHz/V。

Id=0.005，表示电荷泵电流为 0.005A。

Rlpf1=4.93371kΩ，表示优化后的 Rlpf1 为 4.93371kΩ。

Rlpf2=10.9785kΩ，表示优化后的 Rlpf2=10.9785kΩ。

Clpf1=259.249pF，表示优化后的 Clpf1 为 259.249pF。

Clpf2=7.56915nF，表示优化后的 Clpf2 为 7.56915nF。

Clpf3=328.346pF，表示优化后的 Clpf3 为 328.346pF。

（3）在仿真原理图中，RefDiv（参考分频器）、Charge_Pump（电荷泵）、LoopDiv（主分频器）等模块具体参数的默认值已经较为准确，在仿真中不做修改也可以较为准确地估算环路的相位噪声。这里主要对交流仿真控制器进行设置。双击交流仿真控制器，选择“Frequency”选项，如图 11.41 所示，设置参数。

Sweep Type=Log，表示交流仿真采用指数扫描方式。

Start=1Hz，表示交流仿真起始频率为 1Hz。

Stop=10.0MHz，表示交流仿真结束频率为 10.0MHz。

Pts./decade=9，表示交流仿真每频程取 9 个点。

Num. of pts=64，表示一共仿真 64 个点。

再选择“Noise”选项，选中“Calculate noise”选项，如图 11.42 所示进行参数设置。

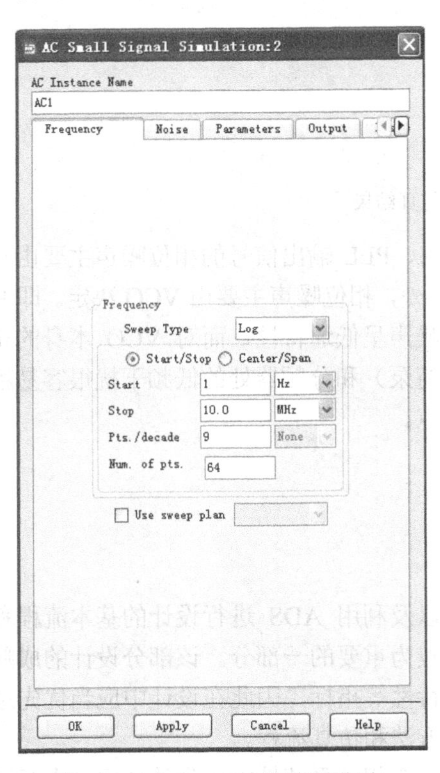


图 11.41 “Frequency”选项设置

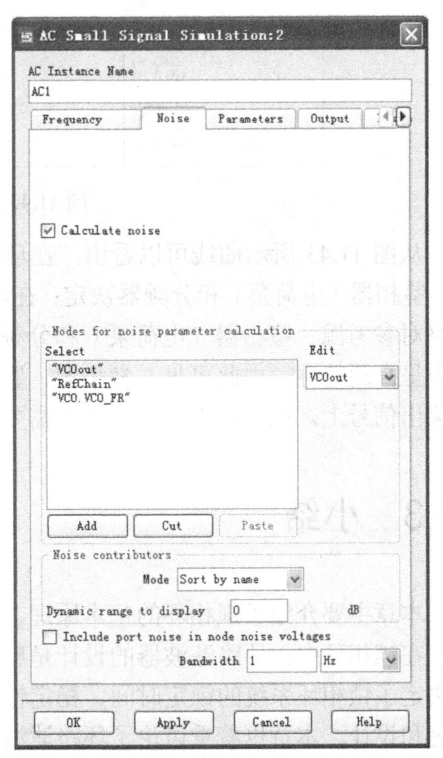


图 11.42 “Noise”选项设置

Nodes for noise parameter calculation：“VCOout”，“RefChain”，“VCO.VCO_FR”，表示对这三个节点进行噪声分析。

Mode=Sort by name，表示噪声按名称进行划分。

Dynamic range to display=0，表示显示噪声的最大值为 0dB。

Bandwidth=1Hz，表示计算为 1Hz 带宽内的噪声功率谱密度。

（4）完成电路原理图的设置后，单击工具栏的[Simulate]按钮开始仿真。仿真完成后，在数据显示窗口自动弹出仿真结果，在菜单栏选择[Maker]→[New]命令，插入标注信息，如图 11.43 所示。可见相位噪声在 100kHz 时为-115dBc，满足小于-100dBc 的设计要求。在数据列表中可以观察 1Hz～10MHz 的相位噪声值。

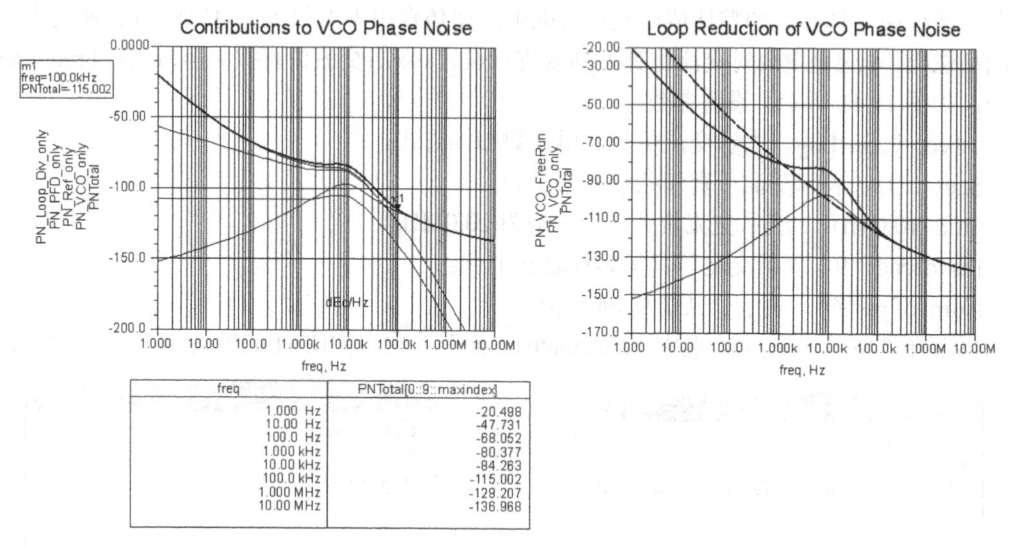


| freq | PNTotal[0::9::maxindex] |
|---|---|
| 1.000 Hz | -20.498 |
| 10.00 Hz | -47.731 |
| 100.0 Hz | -68.052 |
| 1.000 kHz | -80.377 |
| 10.00 kHz | -84.263 |
| 100.0 kHz | -115.002 |
| 1.000 MHz | -129.207 |
| 10.00 MHz | -136.968 |

图 11.43　相位噪声仿真结果

从图 11.43 所示曲线可以看出，在环路带宽之内，PLL 输出信号的相位噪声主要由参考源、鉴相器（电荷泵）和分频器决定；在环路带宽之外，相位噪声主要由 VCO 决定。即 PLL 环路对参考源、鉴相器（电荷泵）和分频器的相位噪声呈低通特性，而对 VCO 本身的相位噪声呈高通特性。由此可见，参考源、鉴相器（电荷泵）和分频器处的低频干扰很容易耦合到输出信号上，在实际设计中，读者需要注意这一点。

## 11.3　小结

本章主要介绍了锁相环的基本原理、性能参数以及利用 ADS 进行设计的基本流程和方法。在锁相环中，环路滤波器的设计是整个系统中较为重要的一部分。该部分设计的成败直接决定了锁相环系统的锁定时间、稳定性以及噪声特性等指标，因此在设计中应当优先进行考虑和设计。本章也着重讨论了环路滤波器的设计方法和仿真流程。

此外，锁定频率、锁定时间和相位噪声也是一个锁相环系统性能优劣的体现，本章通过两个仿真实例说明了这些参数的基本使用方法，读者要结合理论部分进行练习，才能真正掌握锁相环的 ADS 仿真设计方法。

# 第 12 章　射频电路板 ADS 仿真

目前射频电子系统正朝着大规模、小体积、高速度方向发展，信号工作频率不断提高。射频电路板布局布线密度变大、输出开关速度过高等现象，容易引起板级信号延迟、串扰、传输线效应等信号完整性问题。因此，如何在射频系统设计以及板级设计中考虑到信号完整性因素，并采取有效的控制措施，成为一个射频系统设计成功的关键因素。本章重点讨论 ADS 在射频电路板非理想效应中的仿真及观测方法。

## 12.1　微带线特性阻抗仿真

通常来说，低频电路都是以集总模式（Lumped Mode）来描述电路的行为，主要的假设是电路的工作波长远大于实际电路尺度的大小，在频率很低时，二者的值相当接近。然而电路工作频率升高进入射频段时，即当工作波长与实际电路尺度接近时，以集总模式来描述电路行为会造成极大的误差，所以必须以分布式模式（Distributed Mode ）来考虑电路的行为。分布式模式的基本原理是将电路分成一个一个的子电路，每一个子电路可用电阻、电容及电感代表该电路的行为，将这些子电路整合起来即为整个电路的行为。

阻抗匹配是分布电路中最重要的设计方法，它直接决定了电路负载获得信号传输功率的大小。因此，在设计中需要重点关注，本节就针对微带线阻抗匹配进行理论讨论和仿真实现。

### 12.1.1　微带线基本理论

在微带传输线中定义传输常数$\gamma$及传输线的特性阻抗 $Z_0$ 为：

$$\gamma=\sqrt{(R+\mathrm{j}\omega L)(G+\mathrm{j}\omega C)}=\alpha+\mathrm{j}\beta \qquad 12\text{-}1$$

$$Z_0=\frac{V_+}{I_+}=\frac{V_-}{I_-}=\frac{R+\mathrm{j}\omega L}{\gamma}=\sqrt{\frac{R+\mathrm{j}\omega L}{G+\mathrm{j}\omega C}} \qquad 12\text{-}2$$

式 12-1 中，$\alpha$ 为衰减常数（Attenuation Constant）；$\beta$ 为相位常数（Phase Constant）。

式 12-2 中，$R$ 、$L$ 、$C$ 分别为微带线的电阻、电感和电容，对于无损耗微带线有 $R$=$G$=0，所以 $\gamma=\mathrm{j}\beta=\mathrm{j}\omega(LC)^{1/2}$。传输线的特性阻抗（Characteristic Impedance）及传输延迟时间（Propagation Delay）分别为：

$$Z_0=\sqrt{\frac{L}{C}} \qquad 12\text{-}3$$

$$T_{\mathrm{d}}=\sqrt{LC} \qquad 12\text{-}4$$

但对于有损耗微带线，式 12-2 中 $R$ 代表金属线的直流与交流电阻（趋肤效应）损耗，而 $G$ 则代表介电质的损耗，这些损耗都和频率相关。对于单位趋肤深度，总损耗可表示为：

$$\alpha=\alpha_{\text{cond.}}+\alpha_{\text{diel.}}=\frac{1}{2}\left(\frac{R_{\mathrm{L}}}{Z_0}+G_{\mathrm{L}}Z_0\right)\text{nepers/m}=4.34\left(\frac{R_{\mathrm{L}}}{Z_0}+G_{\mathrm{L}}Z_0\right)\text{dB/m} \qquad 12\text{-}5$$

式中，$R_{\mathrm{L}}$、$G_{\mathrm{L}}$ 分别为微带线负载电阻和电导值。

在定义负载端接上 $Z_{\mathrm{L}}$ 的负载后，则负载端的反射系数 $\Gamma_{\mathrm{L}}$ 及传输线路中任意点阻抗 $Z(x)$为：

$$\Gamma_{\mathrm{L}}=|\Gamma_{\mathrm{L}}|\mathrm{e}^{\mathrm{j}\phi}=\frac{Z_{\mathrm{L}}-Z_0}{Z_{\mathrm{L}}+Z_0} \qquad 12\text{-}6$$

$$Z(x)=Z_0\frac{1+\Gamma(x)}{1-\Gamma(x)} \qquad 12\text{-}7$$

输入端的阻抗 $Z_{\mathrm{in}}$ 为：

$$Z_{\mathrm{in}}=Z(-l)=Z_0\frac{\mathrm{e}^{\gamma l}+\Gamma_{\mathrm{L}}\mathrm{e}^{-\gamma l}}{\mathrm{e}^{\gamma l}-\Gamma_{\mathrm{L}}\mathrm{e}^{-\gamma l}}=Z_0\frac{(Z_{\mathrm{L}}+Z_0)\mathrm{e}^{\gamma l}+(Z_{\mathrm{L}}-Z_0)\mathrm{e}^{-\gamma l}}{(Z_{\mathrm{L}}+Z_0)\mathrm{e}^{\gamma l}-(Z_{\mathrm{L}}-Z_0)\mathrm{e}^{-\gamma l}}=Z_0\frac{Z_{\mathrm{L}}+\mathrm{j}Z_0\tanh\beta l}{Z_0+\mathrm{j}Z_{\mathrm{L}}\tanh\beta l} \qquad 12\text{-}8$$

对于无损耗微带线，输入端的阻抗 $Z_{\mathrm{in}}$ 为传输线长度、信号频率、终端负载及传输线特性阻抗的函数。

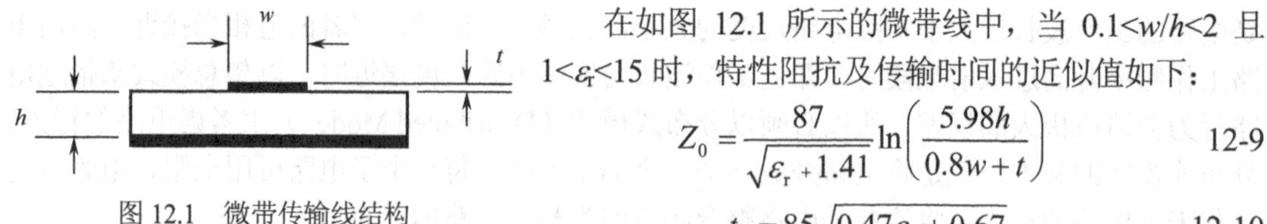


图 12.1　微带传输线结构

在如图 12.1 所示的微带线中，当 $0.1<w/h<2$ 且 $1<\varepsilon_{\mathrm{r}}<15$ 时，特性阻抗及传输时间的近似值如下：

$$Z_0=\frac{87}{\sqrt{\varepsilon_{\mathrm{r}}+1.41}}\ln\left(\frac{5.98h}{0.8w+t}\right) \qquad 12\text{-}9$$

$$t_{\mathrm{d}}=85\sqrt{0.47\varepsilon_{\mathrm{r}}+0.67} \qquad 12\text{-}10$$

## 12.1.2　微带线特性阻抗仿真实例

在熟悉了微带线的基本理论后，本小节主要讨论微带线特性阻抗的仿真方法，主要包括以下几方面内容：

- 在 2.4GHz 频率，建立一条 50Ω匹配的无损耗微带线，并对其进行 S 参数仿真，验证匹配效果。
- 在 2.4GHz 频率，通过优化微带线参数及建立匹配电路，设计一条 50Ω 匹配的有损耗微带线，并计算其损耗值。
- 为有损耗微带线建立版图及仿真元件模型，并对其进行 S 参数仿真，与原理图仿真进行对比，验证其性能。

### 1．无损耗微带线阻抗仿真

（1）运行 ADS，弹出 ADS 主窗口，选择[File]→[New Project]命令，弹出“New Project”对话框，在存在的默认路径“c:\uesrs\default”后输入“RFboard_lab”，并在“Project Technology

Files”栏中选择“ADS Standard:Length unit--millimeter”，选择工程默认的长度单位为毫米（mm），如图 12.2 所示。单击[OK]按钮，完成建立工程。

（2）在主窗口中选择[File]→[New Design]命令，新建一个原理图，这里命名为“MicroLine_ideal”，在“Design Technology Files”栏中同样选择“ADS Standard:Length unil-millimeter”，如图 12.3 所示，单击[OK]按钮，完成建立，同时弹出原理图窗口。

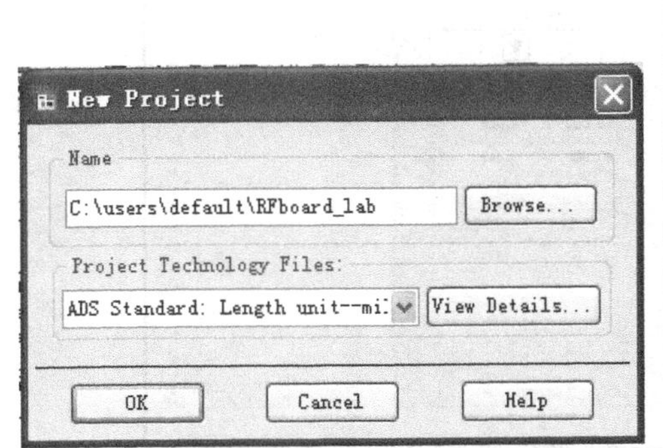


图 12.2　建立工程

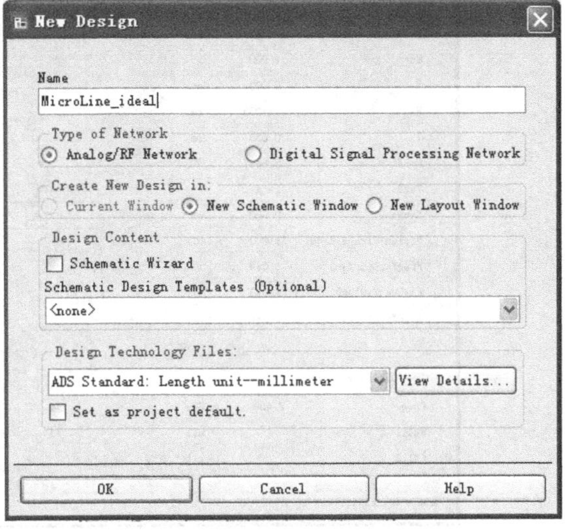


图 12.3　建立原理图

（3）ADS 中自带了一个计算微带线宽度和长度的工具。在原理图窗口中选择[Tools]→[LineCalc]→[Start LineCalc]命令，弹出“LineCalc”对话框，然后就可以在对话框中进行微带线宽度和长度的计算了。首先在“Substrate Parameters”栏中设置微带线参数。

Er=4.3，表示微带线相对介电常数为 4.3。

Mur=1，表示微带线相对磁导率为 1。

H=0.8mm，表示微带线基板厚度为 0.8mm。

Hu=1e+33mm，表示微带线封装高度为 1e+33mm。

T=0.03mm，表示微带线金属层厚度为 0.03mm。

Cond=5.88e7，表示微带线电导率为 5.88e7S。

TanD=1e-4，表示微带线损耗角正切为 1e-4。

Rough=0mm，表示微带线表面粗糙度为 0mm。

（4）然后在“Component Parameters”中输入微带线工作的中心频率，这里设置为 2.4GHz。最后在“Electrical”栏中输入特征阻抗 $Z_0$ 为 50Ω，相位延迟为 90°（表示长度为波长的 1/4），完成以上设置后，单击[Systhesize]按钮开始计算，如图 12.4 所示，计算出 2.4GHz 时微带线宽 W 为 1.520830mm，长 L 为 17.338900mm。

（5）为了验证微带线是否满足阻抗匹配，还需要在原理图中进行 S 参数仿真。从“TLines-Microstrip”元件面板中选择微带线参数设置控制器 MSUB 插入原理图中，双击 MSUB 控制器，进行设置，参数值与 LineCalc 工具中的相同。

图 12.5 所示为完成设置的微带线参数设置控制器。

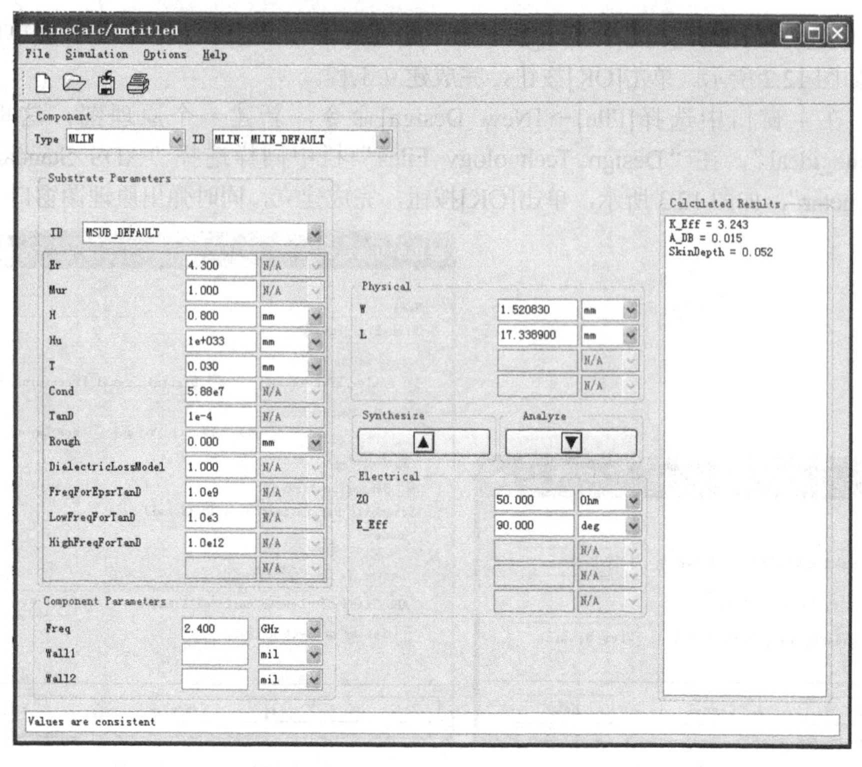


图 12.4 计算微带线宽度和长度

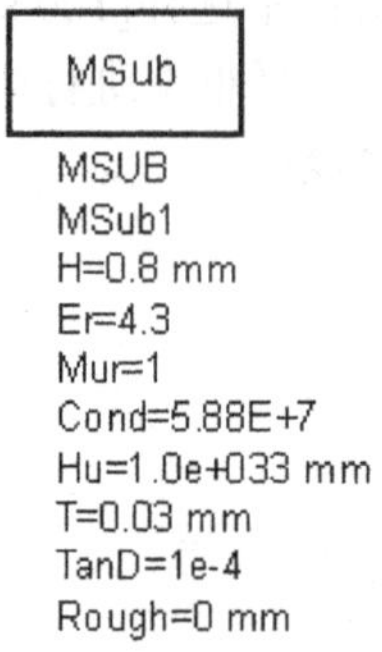

MSub

MSUB
MSub1
H=0.8 mm
Er=4.3
Mur=1
Cond=5.88E+7
Hu=1.0e+033 mm
T=0.03 mm
TanD=1e-4
Rough=0 mm

图 12.5 完成设置的微带线参数设置控制器

（6）选择“TLines-Microstrip”面板，从元件面板中选择两段微带线 MLIN 插入原理图中。再从 S 参数仿真面板“Simulation-S_Param”中选择两个终端 Term 作为滤波器的两个端口，然后从工具栏中单击[GROUND]按钮，在电路图中插入两个地，将它们与两段微带线连接起来。

（7）同样在 S 参数仿真面板 “Simulation-S_Param”中，选择一个 S 参数仿真控制器插入原理图中，双击 S 参数仿真控制器，如图 12.6 所示进行参数设置。

Sweep Type=Linear，表示采用线性扫描方式。

Start=2GHz，表示扫描频率起始点为 2GHz。

Stop=2.8GHz，表示扫描频率终点为 2.8GHz。

Step-size=1MHz，表示扫描步长为 1MHz。

如图 12.7 所示，建立仿真原理图。

（8）完成设置后，就可以进行仿真了，单击工具栏中的[Simulation]按钮开始仿真。仿真结束后自动弹出数据显示窗口。从数据显示面板中单击[Rectangular Plot]按钮，插入一个矩形图。在弹出的“Plot Traces & Attributes”对话框中选择“S(1,1)”，单击[Add]按钮，然后单击[OK]按钮输出波形。在菜单栏选择[Maker]→[New]命令，插入标注信息，如图 12.8 所示，可以看到反射系数 S(1,1)在 2.4GHz 时最小为-103.278dB，因此该微带线达到最佳匹配。

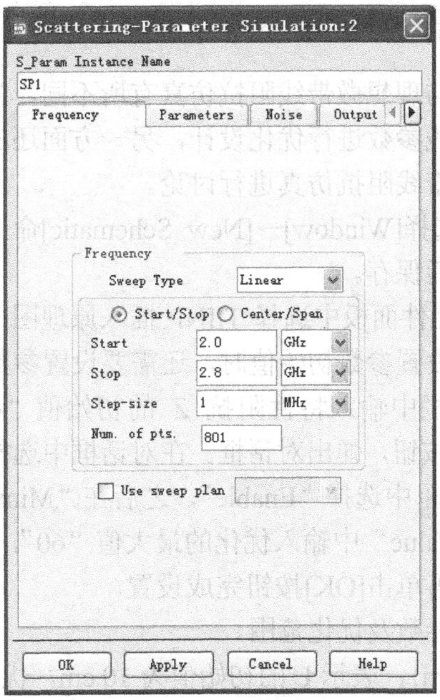

Scattering-Parameter Simulation:2
S_Param Instance Name
SP1
Frequency
Parameters
Noise
Output
Frequency
Sweep Type
Linear
Start/Stop
Center/Span
Start
2.0
GHz
Stop
2.8
GHz
Step-size
1
MHz
Num. of pts.
801
Use sweep plan
OK
Apply
Cancel
Help

图 12.6 完成设置的 S 参数仿真控制器

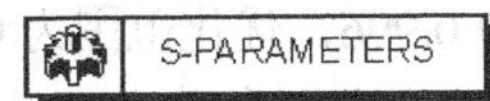

S-PARAMETERS
S_Param
SP1
Start=2.0 GHz
Stop=2.8 GHz
Step=1 MHz
MSub
MSUB
MSub1
H=0.8 mm
Er=4.3
Mur=1
Cond=5.88E+7
Hu=1.0e+033 mm
T=0.03 mm
TanD=1e-4
Rough=0 mm
Term
Term1
Num=1
Z=50 Ω
MLIN
TL1
Subst="MSub1"
W=1.52 mm
L=17.33 mm
MLIN
TL2
Subst="MSub1"
W=1.52 mm
L=17.33 mm
Term
Term2
Num=2
Z=50 Ω

图 12.7 理想微带线特性阻抗仿真原理图

m1
freq=2.400GHz
dB(S(1,1))=-103.278
-60
-70
-80
-90
-100
-110
dB(S(1,1))
m1
2.0
2.1
2.2
2.3
2.4
2.5
2.6
2.7
2.8
freq, GHz

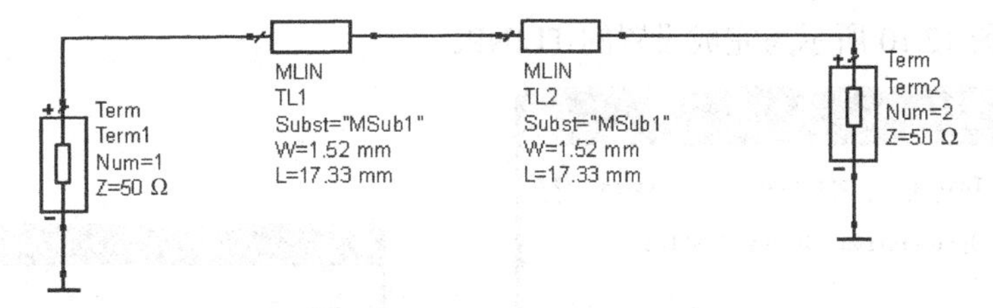

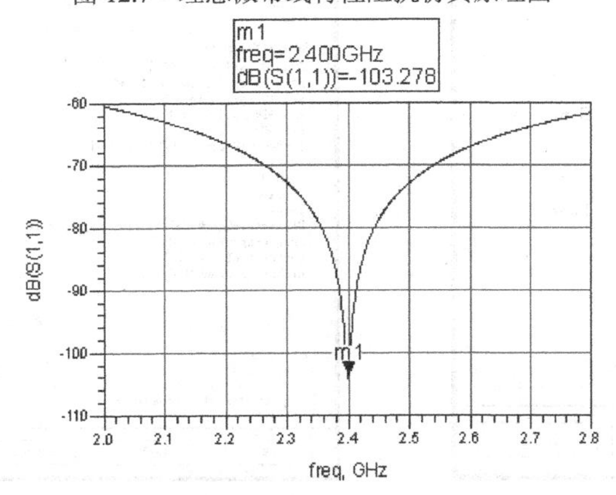

图 12.8 S(1,1)输出波形

## 2．有损耗微带线阻抗仿真

有损耗微带线阻抗仿真与理想微带线阻抗仿真有所不同，为了实现微带线在所需频率的最佳匹配，一方面要对微带线参数进行优化设计，另一方面还应该在微带线两端加入阻抗匹配电路。以下就对有损耗微带线阻抗仿真进行讨论。

（1）在 ADS 主窗口中选择[Window]→[New Schematic]命令，新建一个原理图，这里命名为“MicroLine_FR4”，然后保存。

（2）从“Tlines-Ideal”元件面板中选择 TlINP 插入原理图中，双击该元件进行设置。由于要进行参数优化仿真，在设置参数初始值时，还需要设置参数优化范围。以特性阻抗 *Z* 为例进行说明。首先在“Z”栏中输入特性阻抗 *Z* 的初始值“48.3”。然后在对话框中单击[Tune/Opt/Stat/DOE Setup…]按钮，弹出对话框。在对话框中选择“Optimization”选项，并在“Optimization Status”下拉菜单中选择“Enable”，之后在“Minimum Value”中输入优化的最小值“40”，在“Maximum Value”中输入优化的最大值“60”，如图 12.9 所示。单击[OK]按钮回到设置电感值对话框，再单击[OK]按钮完成设置。

依据上述方法设置其他参数及优化范围。

L=10cm opt{9 cm to 11 cm}，表示 L 的初始值为 10 cm，优化范围为 9～11cm。

K=3.19 opt{3 to 4.5 }，表示 L 的初始值为 3.19，优化范围为 3～4.5。

A=0.996 opt{0 to 4}，表示 A 的初始值为 0.996，优化范围为 0～4。

TanD=0.019 opt{0.0001 to 0.04}，表示 TanD 的初始值为 0.019，优化范围从 0.0001 到 0.04。

再设置参数 F 和 Mur 为固定值：

F=1GHz，表示衰减频率范围为 1GHz。

Mur=1，表示相对扩散率为 1。

图 12.10 所示为完成设置的 TLINP。

图 12.9　设置“Optimization”选项

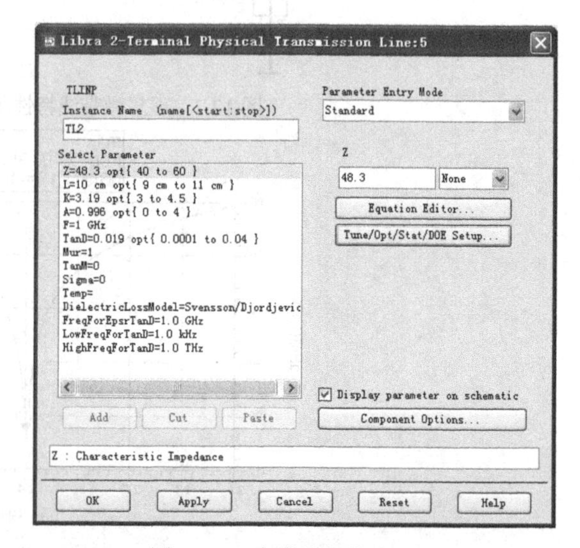

图 12.10　完成设置的 TLINP

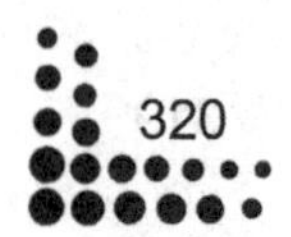

（3）从“Lumped-Component”元件面板中选择两个电容、两个电感插入原理图中，设置电容值分别为变量 C1（fF）、C2（fF），电感值为 L1（pH）、L2（pH）。从工具栏中单击[Insert VAR]按钮，插入一个变量控制器，双击该控制器进行设置。在设置初始值的同时，也需要设置优化范围。设置方法与设置 TLINP 的方法相同。

C1=265.6 opt{0 to 300}，表示 C1 的初始值为 265.6 fF，优化范围为 0～300fF。

C2=283 opt{0 to 300}，表示 C2 的初始值为 283 fF，优化范围为 0～300fF。

L1=630 opt{0 to 1000}，表示 L1 的初始值为 630 pH，优化范围为 0～1000pH。

L2=230 opt{0 to 2000}，表示 L2 的初始值为 230 pH，优化范围为 0～2000pH。

图 12.11 所示为完成设置的变量控制器。

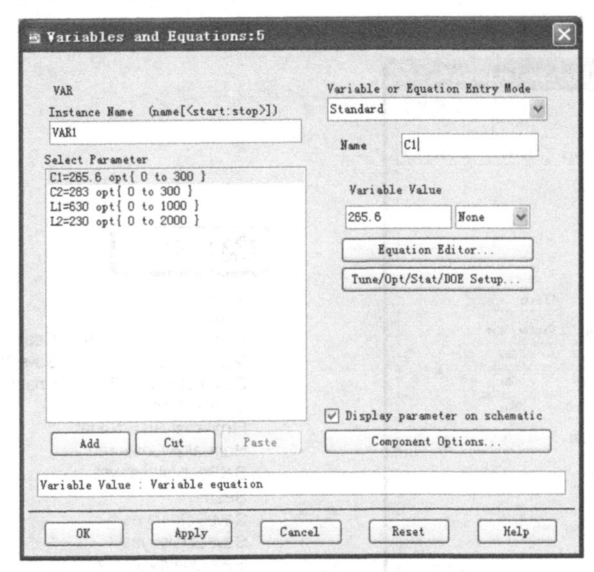


图 12.11　完成设置的变量控制器

（4）从“Simulation-S_Param”元件面板中选择两个终端 Term 插入原理图中，作为输入和输出终端。在工具栏中单击[GROUND]按钮插入四个地，最后单击[Insert Wire]按钮将元件连接起来，如图 12.12 所示，完成原理图连接。

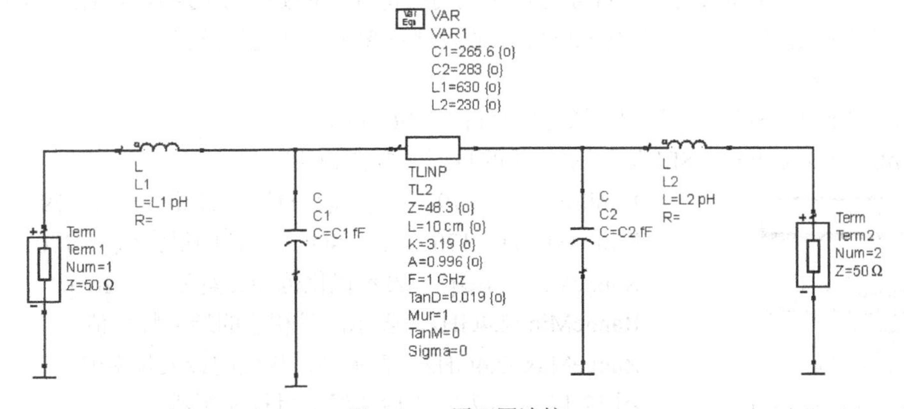


图 12.12　原理图连接

（5）从“Simulation-S_Param”元件面板中选择一个 S 参数控制器插入原理图中，双击控制器，如图 12.13 所示进行参数设置：

Sweep Type=Linear，表示采用线性扫描方式。

Start=1GHz，表示扫描起始频率为 1GHz。

Stop=3GHz，表示扫描结束频率为 3GHz。

Step-size=10MHz，表示扫描频率步长为 10MHz。

（6）要进行优化仿真还需要在原理图中插入优化控制器和优化目标控制器。在原理图窗口中选择优化控制器面板“Optim/Stat/Yield/DOE”，选择优化控制器 Optim 插入原理图中。双击优化控制器进行参数设置，设置迭代的优化次数 Maxlters 为 200，如图 12.14 所示，单击[OK]按钮完成。

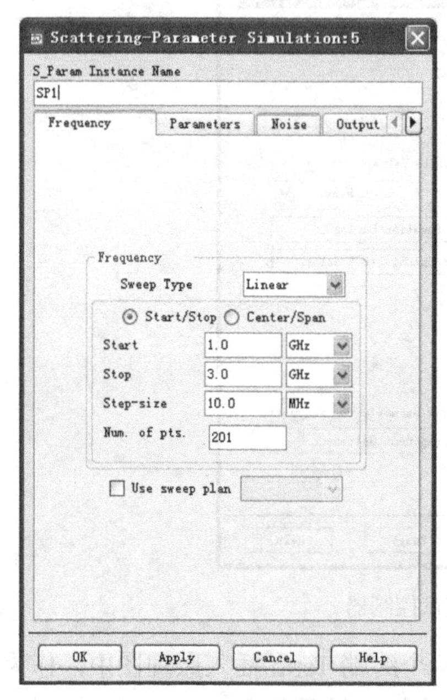


图 12.13 设置 S 参数控制器

图 12.14 设置优化控制器

（7）优化控制器需要与优化目标配合才能同时仿真，继续在优化控制器面板“Optim/Stat/Yield/DOE”中选择一个优化目标 GOAL，插入原理图中，并进行设置。

GOAL1 设置：

Expr=“phase(S(1，1))”，表示优化的目标是 S(1,1)相位。

SimInstanceName=“SP1”，表示优化的目标控制器为 SP1。

图 12.15 完成后的优化目标控制器

LimitMin[1]=-179，表示 S(1, 1)相位的最小值为-179。

LimitMax[1]=-170，表示 S(1, 1)相位的最大值为-170。

RangeVar=“freq”，表示优化范围变量为频率 freq。

RangeMin=2.4GHz，表示满足相位的最小频率值。

RangeMax=2.4GHz，表示满足相位的最大频率值。

图 12.15 所示为完成后的优化目标控制器。

如图 12.16 所示，最终完成仿真原理图。

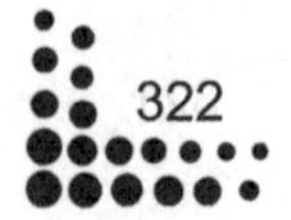

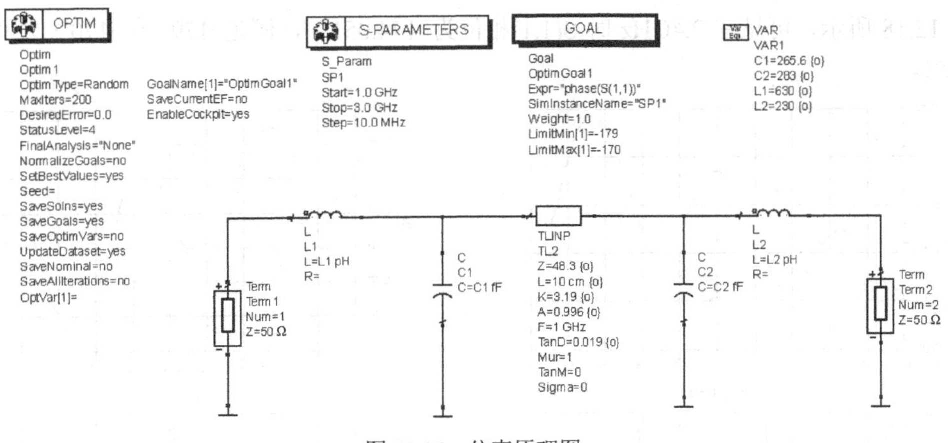


图 12.16　仿真原理图

（8）完成电路原理图的设置后，单击工具栏的[Simulate]按钮开始仿真。在优化仿真对话框中可以观察优化进度，仿真完成后，如图 12.17 所示，可以看到达到优化目标的电容、电感值以及 TLINP 参数值。

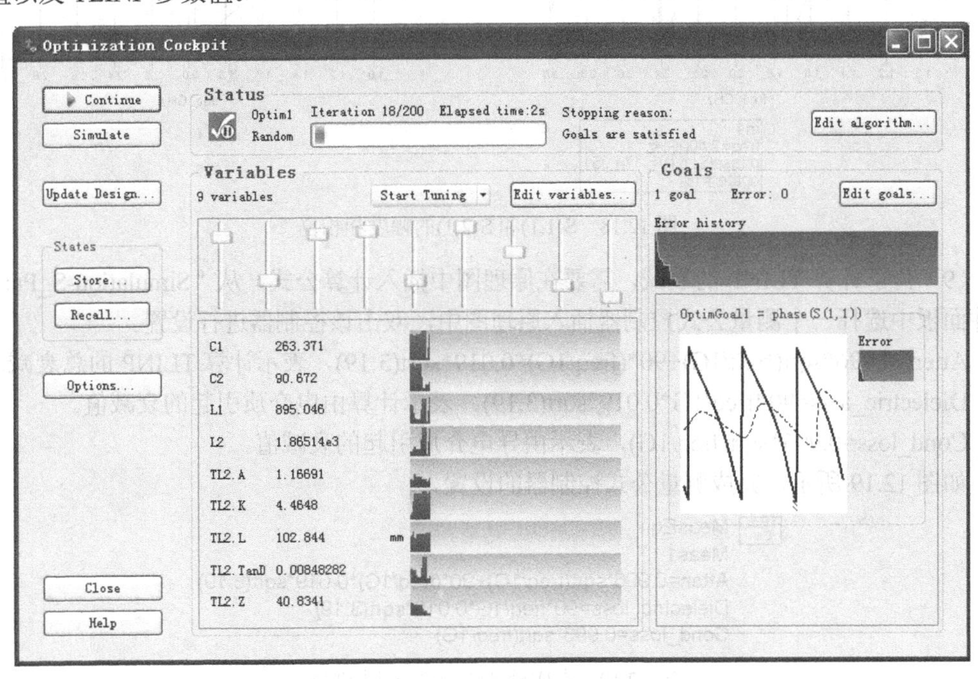


图 12.17　优化仿真对话框

在对话框中单击[Update Design…]按钮更新原理图中的电容、电感值以及 TLINP 参数值。在数据显示窗口添加一个矩形图，从数据显示面板中单击[Rectangular Plot]按钮，插入一个矩形图。在弹出的“Plot Traces & Attributes”对话框中选择“S(1,1)”查看反射系数，单击[Add]按钮，在弹出的“Complex Data”对话框中选择“Magnitude”显示幅度，单击[OK]按钮，回到“Plot Traces & Attributes”对话框，再次单击[OK]按钮，显示 S(1,1)幅度。用同样方法显示 S(1,1)的相位、S(2,1)的幅度和相位，然后在菜单栏选择[Maker]→[New]命令，插入标注信息，如图 12.18 所示，可见在 2.4GHz 时 S(1,1)相位为-174.051°，满足-179°～-170°之间的优化要求。

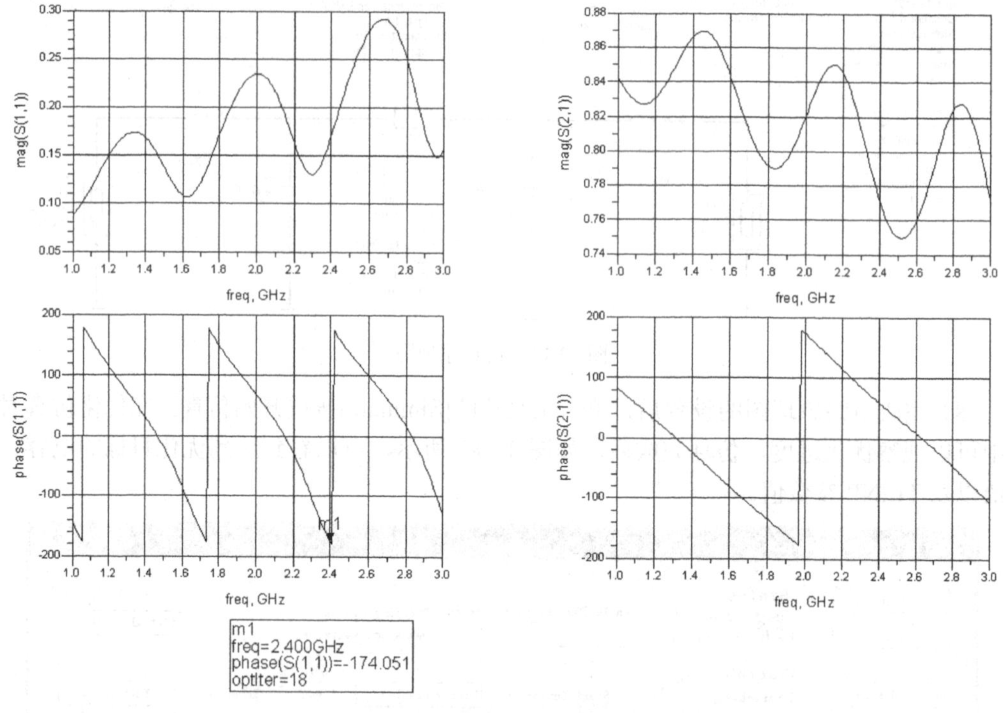


图 12.18　S(1,1)和 S(2,1)的幅度和相位

（9）为了计算 TLINP 的衰减，需要在原理图中插入计算公式，从“Simulation-S_Param”元件面板中选择一个测量公式控制器插入原理图中，双击该控制器进行设置。

Atten=0.996*sqrt(freq/1G)+90*(freq/1G)*0.019*sqrt(3.19)，表示计算 TLINP 的总衰减。

Dielectric_loss=90*freq/1G*0.019*sqrt(3.19)，表示计算由电介质引起的衰减值。

Cond_loss=0.996*sqrt(freq/1G)，表示由导电介质引起的衰减值。

如图 12.19 所示，完成测量公式控制器的设置。

```
Meas Eqn  MeasEqn
          Meas1
          Atten=0.996*sqrt(freq/1G)+90*(freq/1G)*0.019*sqrt(3.19)
          Dielectric_loss=90*freq/1G*0.019*sqrt(3.19)
          Cond_loss=0.996*sqrt(freq/1G)
```

图 12.19　完成设置的测量公式控制器

（10）插入测量公式控制器后再次执行仿真，单击工具栏的[Simulate]按钮开始仿真。仿真结束后，自动弹出数据显示窗口。在数据显示窗口添加一个矩形图，从数据显示面板中单击[Rectangular Plot]按钮，插入一个矩形图。在弹出的“Plot Traces &Attributes”对话框中选择“Atten、Dielectric_loss、Cond_loss”，单击[Add]按钮，再单击[OK]按钮，显示三个衰减值，然后在菜单栏选择[Maker]→[New]命令，插入标注信息，如图 12.20 所示。显示在 2.4GHz 时，TLINP 的总衰减、电介质引起的衰减和导电介质引起的衰减分别为 8.873dB、7.330dB 和 1.543dB。

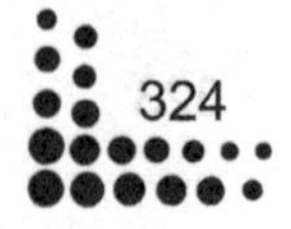

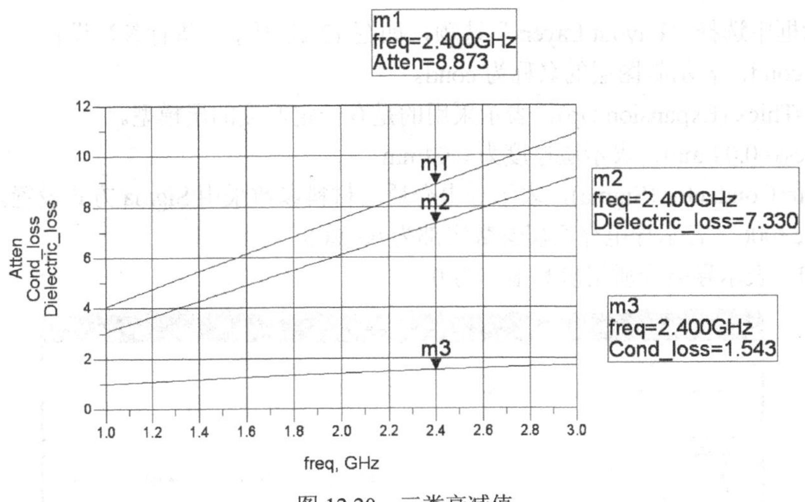


图 12.20 三类衰减值

### 3. 微带线版图仿真

在完成微带线原理图仿真后，就可以进行相应的版图设计了。

（1）在 ADS 主窗口中选择[Window]→[New Layout]命令，新建一个版图，这里命名为“MicroLine_FR4_momentum”，然后保存。

（2）首先设置基底参数，在版图窗口中选择[Momentum]→[Substrate]→[Create/Modify]命令，在弹出的“Create/Modify”对话框中选择“Substrate Layers”选项，如图 12.21 所示进行参数设置。

Substrate Layer Name=FR4，表示基底名称为 FR4。

Thickness=0.72mm，表示基底厚度为 0.72mm。

Permittivity=4.45，表示扩散率为 4.45。

Loss Tangent=0.02，表示衰减正切值为 0.02。

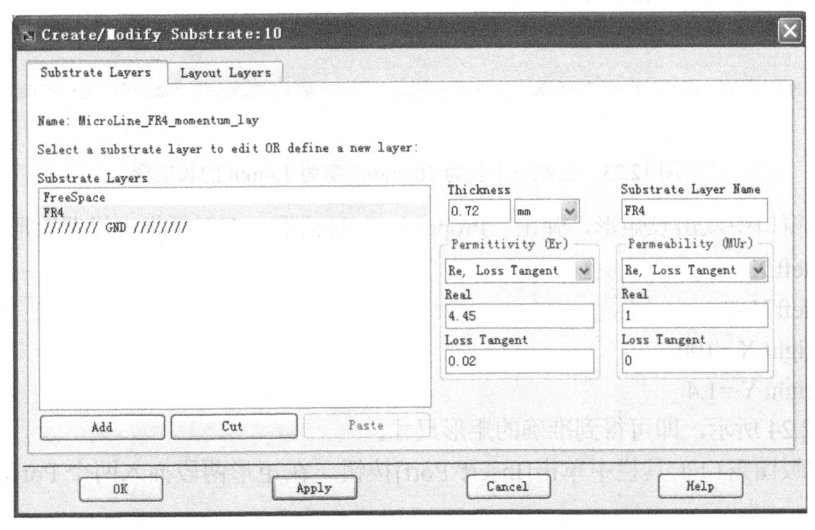


图 12.21 完成设置的“Substrate Layers”选项

在对话框中选择“Layout Layers”选项，如图 12.22 所示，进行参数设置。

Name=cond，表示版图层的名称为 cond。

Model=Thick (Expansion Up)，表示采用的是有一定厚度的层模型。

Thickness=0.04 mm，表示层厚度为 0.04mm。

Material=Conductor (Sigma)，表示导电介质层材料参数采用 Sigma 方式设置。

Real=6e+006，表示导电介质层参数实部为 6e+006。

Imag=0，表示导电介质层参数虚部为 0。

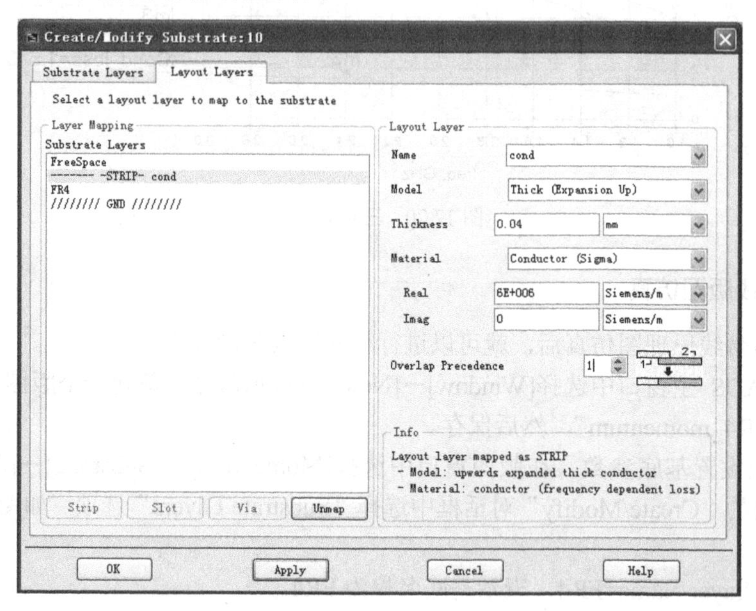


图 12.22 完成设置的“Layout Layers”选项

（3）在版图窗口工具栏中单击[Insert Rectangular]按钮，如图 12.23 所示，在版图窗口中绘制一个长为 100mm，宽为 1.4mm 的长矩形。

图 12.23 绘制一个长为 100mm、宽为 1.4mm 的长矩形

在版图窗口中双击长矩形，弹出“Properties”对话框。在对话框中设置矩形四点坐标：

Lower left X=0

Lower left Y=0

Upper right X =100

Upper right Y =1.4

如图 12.24 所示，即可得到准确的矩形尺寸。

（4）在版图窗口工具栏中单击[Insert Port]按钮，在矩形两段插入两个 Port，完成版图建立。

（5）在菜单栏中选择[Momentum]→[Simulation]→[S-parameter]命令，弹出“Simulation

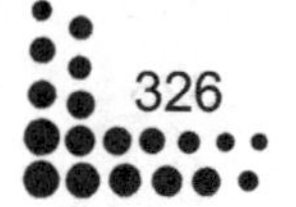

Control”对话框。在对话框中进行参数设置。

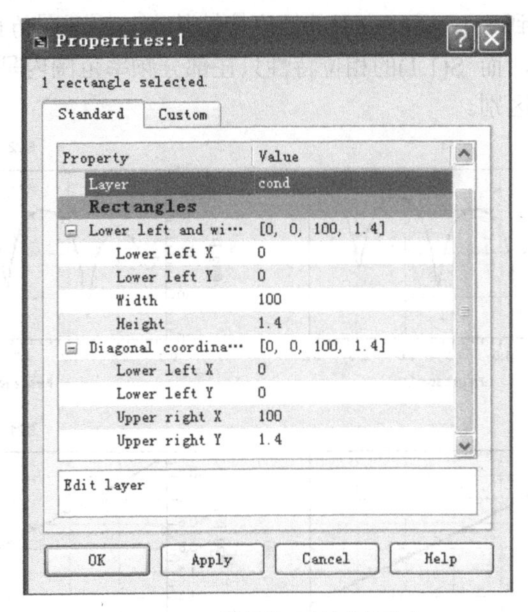


图 12.24　设置准确的矩形尺寸

Sweep Type=Adaptive，表示扫描类型由系统自动调整。

Start=0.1GHz，表示扫描起始频率为 0.1GHz。

Stop=3GHz，表示扫描结束频率为 3GHz。

Sample Points Limit=25，表示扫描点数为 25。

完成设置后单击[Update]按钮，如图 12.25 所示。在该对话框中单击[Simulate]按钮开始仿真。

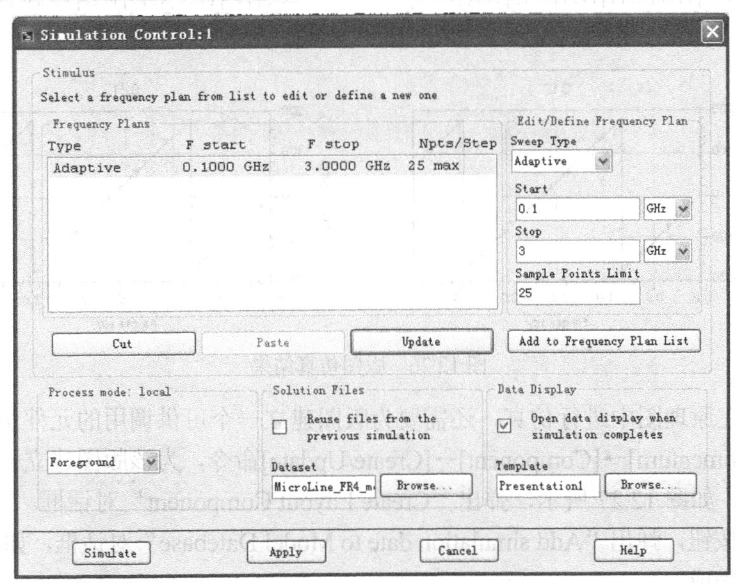


图 12.25　设置 S 参数仿真参数

（6）仿真结束后，如图 12.26 所示，自动弹出数据显示窗口，分别显示四个 S 参数的幅度和相位信息，可以看到 S(1,1)和 S(2,1)的幅度特性基本与原理图仿真一致，S(2,1)的相位特性也与原理图仿真一致，而 S(1,1)的相位特性只在部分频率范围内呈线性变化，这显示了实际版图与原理图仿真的区别。

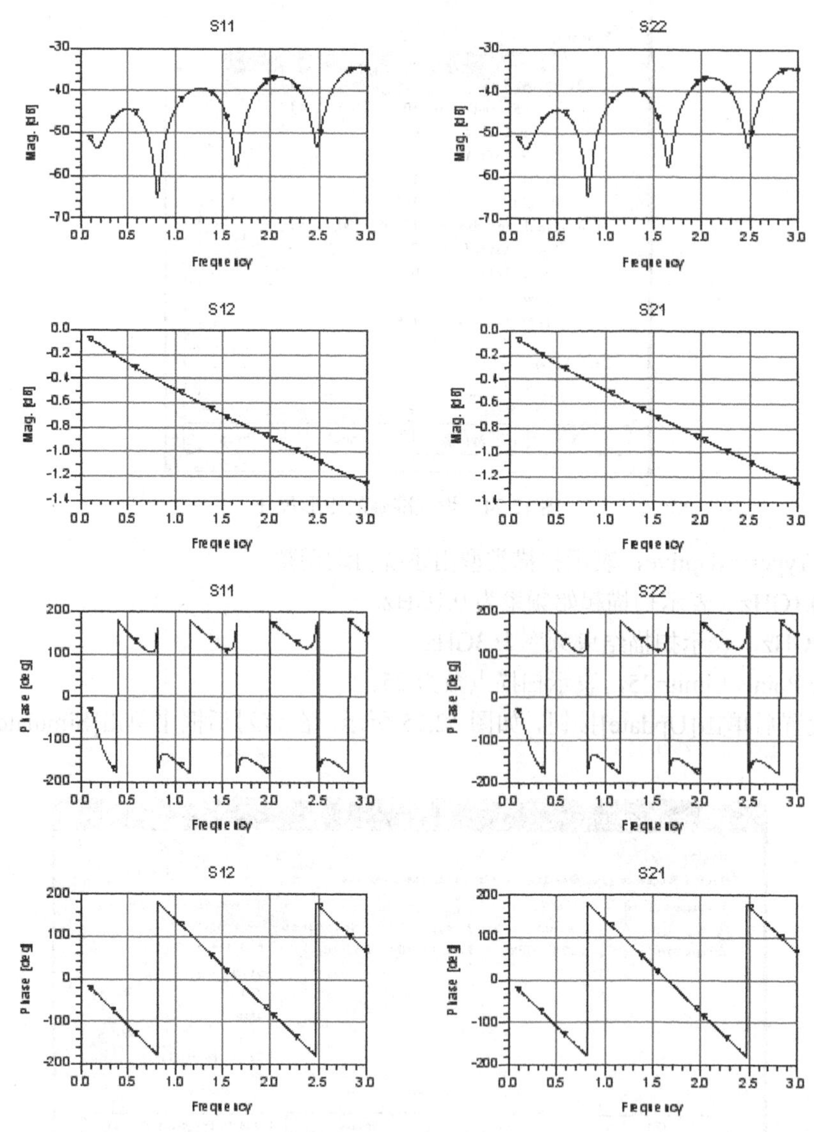


图 12.26　版图仿真结果

（7）为了在原理图中进行仿真，还需要为版图建立一个可供调用的元件仿真模型。在菜单栏中选择[Momentum]→[Component]→[Create/Update]命令，为该版图建立一个原理图仿真用的元件模型，如图 12.27 所示，弹出“Create Layout Component”对话框。

单击[OK]按钮，弹出“Add simulation date to Model Datebase”对话框，如图 12.28 所示，单击[Yes]按钮完成。

（8）建立完仿真元件后就可以对版图进行原理图仿真了。首先打开之前已经更新过电容、

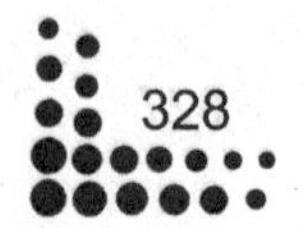

电感和 TLINP 参数的原理图“MicroLine_FR4”，如图 12.29 所示，将其另存为原理图“MicroLine_FR4_momentum_sim”，并删除元件 TLINP。

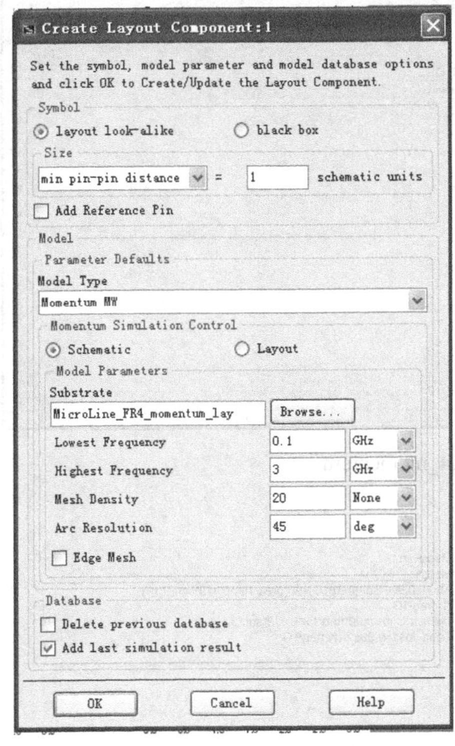


图 12.27 “Create Layout Component”对话框

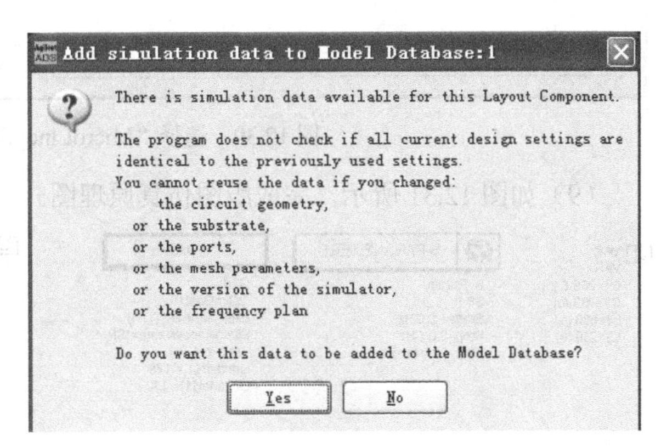


图 12.28 “Add simulation date to Model Datebase”对话框

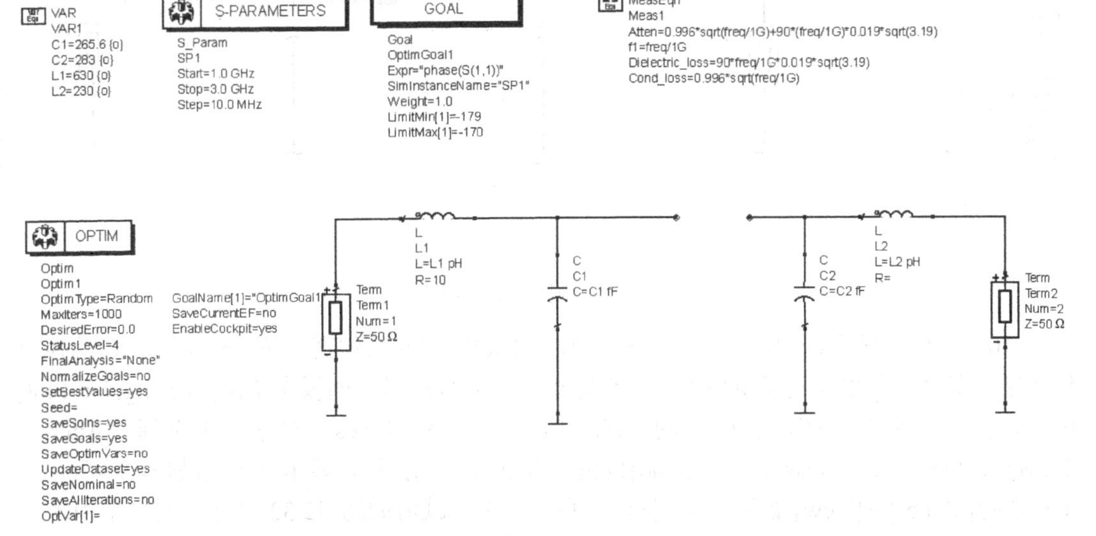


图 12.29 删除元件 TLINP 后的原理图

在工具栏中单击[Display Component Library List]按钮，弹出“Component Library”对话框，在对话框中选择“Project”下拉菜单，如图 12.30 所示。从“RFboard_lab_prj”栏中选择

“MicroLine_FR4_momentum”拖入原理图中。

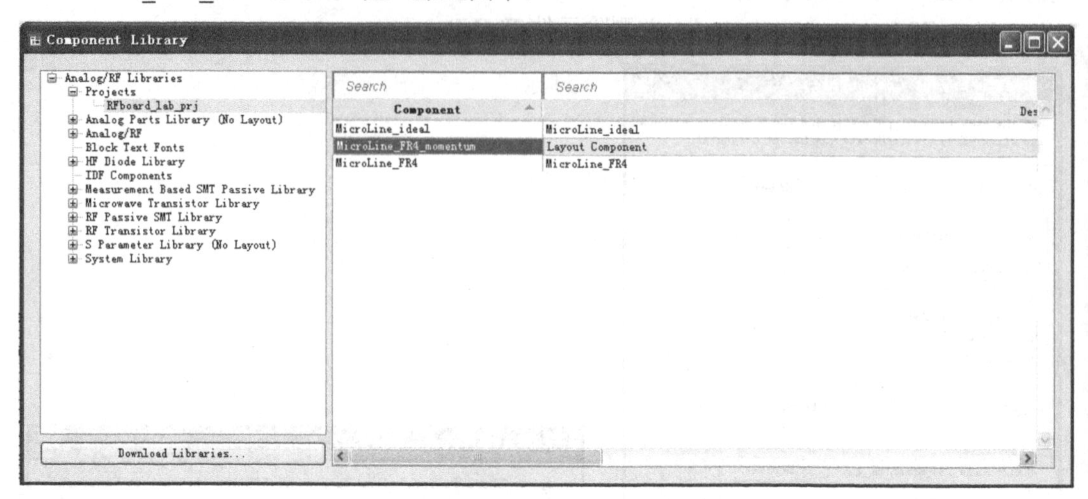


图 12.30 选择“MicroLine_FR4_momentum”

（9）如图 12.31 所示，完成版图仿真原理图。

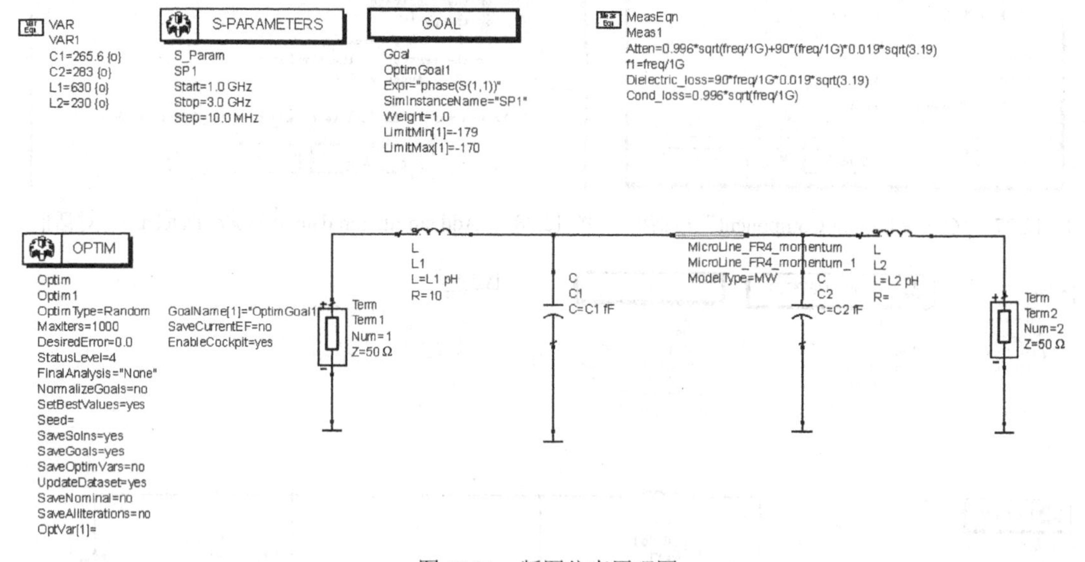


图 12.31 版图仿真原理图

（10）在原理图窗口中，单击工具栏的[Simulate]按钮开始仿真。仿真结束后，自动弹出数据显示窗口。在数据显示窗口添加一个矩形图，从数据显示面板中单击[Rectangular Plot]按钮，插入一个矩形图。在弹出的“Plot Traces & Attributes”对话框中选择“Atten、Dielectric_loss、Cond_loss”，单击[Add]按钮，再单击[OK]按钮，显示三个衰减值，然后在菜单栏选择[Maker]→[New]命令，插入标注信息，三个衰减值如图 12.32 所示，与之前原理图仿真结果一致，验证了版图的正确性。

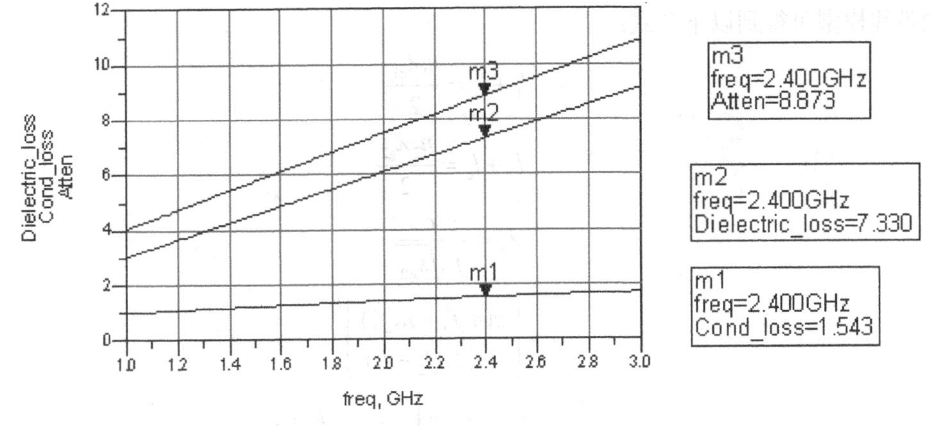


图 12.32 版图仿真的三个衰减值

## 12.2 印制电路板参数仿真

介电常数（Dielectric Constant，$\varepsilon_r$）与衰减系数（Attenuation Loss）是高频印制电路板中最重要的两个参数。其中，介电常数决定了电路的特性阻抗及信号在板级的传播速度，而衰减系数则与信号传输时的能量耗损如介电质耗损等参数相关。在仿真和测试中常用 1/2 波长终端耦合串联谐振法或 1/4 波长开路谐振腔法来获得高频印制电路板的这两个参数，本节主要采用 1/4 波长开路谐振腔法，在 ADS 中对这两个参数进行仿真抽取。

### 12.2.1 印制电路板参数理论基础

1/2 波长终端耦合串联谐振法或 1/4 波长开路谐振腔法是高频印制电路板中仿真介电常数与衰减系数最基本也是最准确的两种方法，以下分别介绍其原理。

#### 1. 1/2 波长终端耦合串联谐振法

在微带传输线中，工程师常利用 1/2 波长终端耦合串联谐振法来获得印制电路板的介电常数，图 12.33 所示为用于测试的 1/2 波长终端耦合串联谐振微带线。

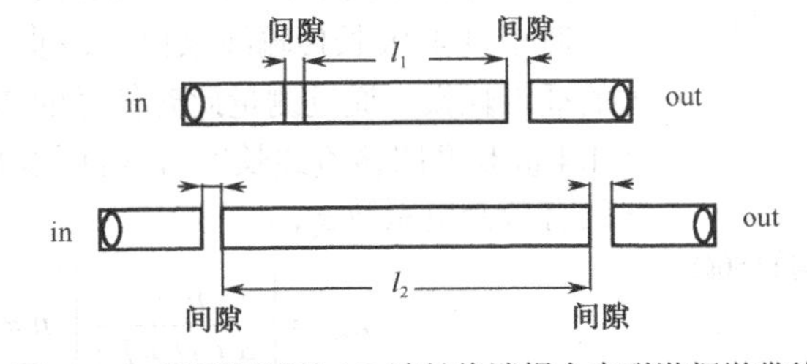


图 12.33 用于测试的 1/2 波长终端耦合串联谐振微带线

其中，$l_1$ 和 $l_2$ 为微带线谐振长度（$l_1$ 和 $l_2$ 成整数倍关系）。微带线间隙是为了隔离低频信号，而高频信号在通过微带线时会产生信号耦合而发生谐振现象，从而测得其谐振频率，由以上微带线模型可得到以下公式：

$$l_1 + l_c = \frac{n_1 \lambda_{g1}}{2} \qquad 12\text{-}11$$

$$l_2 + l_c = \frac{n_2 \lambda_{g2}}{2} \qquad 12\text{-}12$$

$$\lambda_g = \frac{c}{f\sqrt{\varepsilon_{eff}}} \qquad 12\text{-}13$$

$$\varepsilon_{eff} = \left[\frac{c(n_1 f_2 - n_2 f_1)}{2 f_1 f_2 (l_2 - l_1)}\right]^2 \qquad 12\text{-}14$$

$$\varepsilon_{eff} = \frac{\varepsilon_\gamma + 1}{2} + \frac{\varepsilon_\gamma - 1}{2}\left(1 + 12\frac{h}{W}\right)^{-\frac{1}{2}} \qquad 12\text{-}15$$

在式 12-11 和式 12-12 中，$n_1$、$n_2$为谐振频率的第$n_1$、$n_2$次谐波；$\lambda_{g1}$、$\lambda_{g2}$为两段谐振频率的波长；$l_c$为长度修正因子。之后将式 12-11 及 12-12 带入式 12-13 中，得到式 12-14，求得等效的介电常数$\varepsilon_{eff}$（Effective Dielectric Constant）。最后将等效介电常数带入式 12-15 求得印制电路板的相对介电常数$\varepsilon_r$（Relative Dielectric Constant）。

在式 12-15 中，$h$ 为介质基板的厚度；$w$ 为微带线的宽度；$c$ 为真空中的光速；$t$ 为微带线的金属导线厚度。式 12-15 当$(w/h) \geqslant 1$，$(t/h) \ll 0.005$时，计算结果较为精确。

定义有载品质因素 $Q_L$ 和空载品质因素 $Q_0$ 如式 12-16，12-17 所示，式 12-17 中 $L_A$ 为谐振频率时的微带线插入耗损。

$$Q_L \equiv \frac{f_0}{BW} \qquad 12\text{-}16$$

$$Q_0 = \frac{Q_L}{1 - 10^{(-L_A/20)}} \qquad 12\text{-}17$$

最终可得传输线衰减系数 $\alpha_0$ 如式 12-18 所示，单位为 dB/length。

$$\alpha_0 = \frac{8.686\pi f_0 \sqrt{\varepsilon_{eff}}}{cQ_0} \qquad 12\text{-}18$$

### 2．1/4 波长开路谐振腔法

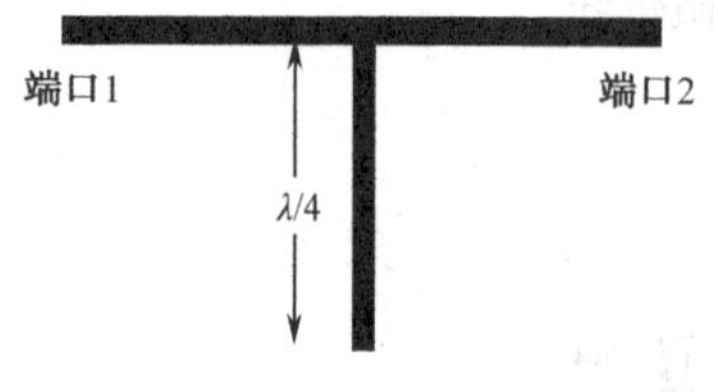


图 12.34　1/4 波长开路结构的 50Ω 微带传输线

图 12.34 所示为 1/4 波长开路结构的 50Ω微带传输线。

对于 1/4 波长传输线来说，该波长信号通过时会产生很大的插入耗损。通过测量此时信号的 3dB 带宽（$f_l$, $f_h$）及实际 1/4 波长开路传输线长度 $l$，就可以利用式 12-19 获得传输线的有效介电系数$\varepsilon_{eff}$。

$$\varepsilon_{eff} = \left[\frac{n \cdot c}{4 f_0 (l + l_e)}\right]^2 \quad n = 1,3,5,\cdots \qquad 12\text{-}19$$

式中，$f_0 = \frac{f_l + f_h}{2}$；$c$ 为真空中的光速。

同样定义有载品质因素 $Q_L$ 和空载品质因素 $Q_0$ 如式 12-20、式 12-21 所示，式 12-20 中带

宽 $BW = f_h - f_l$，式 12-21 中 $L_A$ 为谐振频率时的微带线插入耗损。

$$Q_L \equiv \frac{f_0}{BW} \quad 12\text{-}20$$

$$Q_0 = \frac{Q_L}{\sqrt{1 - 2\times10^{-(L_A/10)}}} \quad 12\text{-}21$$

最终可得传输线衰减系数 $\alpha_0$ 如式 12-22 所示，单位为 dB/length。

$$\alpha_0 = \frac{8.686\pi f_0\sqrt{\varepsilon_{\mathrm{eff}}}}{cQ_0} \quad 12\text{-}22$$

## 12.2.2　印制电路板参数仿真实例

在介电常数与衰减系数的仿真中，相比于 1/2 波长终端耦合串联谐振法，1/4 波长开路谐振腔法仿真和计算方法较为简单，本节主要讨论在 ADS 中采用 1/4 波长开路谐振腔法仿真高频印制电路板的介电常数与衰减系数的基本方法和流程，主要任务包括：

- 建立一个工作频率为 600MHz 的 1/4 波长开路谐振腔版图及可供调用的仿真元件模型。
- 在原理图中调用 1/4 波长开路谐振腔元件模型进行仿真，并计算其介电常数与衰减系数。

### 1．理想印制电路板参数仿真

（1）运行 ADS，弹出 ADS 主窗口。在菜单栏中选择[File]→[Open Project]，选择已经建立好的“RFboard_lab”工程。在主窗口菜单栏中选择[Window]→[New Layout]，打开一个新的版图窗口，将该窗口保存为“quad_wave_600M”。在版图窗口中选择[Momentum]→[Substrate]→[Create/Modify]命令，在弹出的“Create/Modify”对话框中选择“Substrate Layers”选项，进行参数设置。

Substrate Layer Name=FR4，表示基底名称为 FR4。

Thickness=0.72mm，表示基底厚度为 0.72mm。

Permittivity=4.2，表示扩散率为 4.2。

Loss Tangent=0.02，表示衰减正切值为 0.02。

如图 12.35 所示，完成“Substrate Layers”选项的设置。

在“Create/Modify”对话框中选择“Layout Layers”选项，进行参数设置。

Name=cond，表示版图层的名称为 cond。

Model=Thick (Expansion Up)，表示采用的是有一定厚度的层模型。

Thickness=0.04mm，表示层厚度为 0.04mm。

Material=Perfect Conductor，表示采用无损耗的导电介质层材料。

如图 12.36 所示，完成“Layout Layers”选项的设置。

（2）在版图窗口工具栏中单击[Insert Rectangular]按钮，如图 12.37 所示，在版图窗口中绘制一个横向长 68.8mm、宽 1.4mm 的长矩形和一个纵向长 60mm、宽 1.4mm 的矩形。

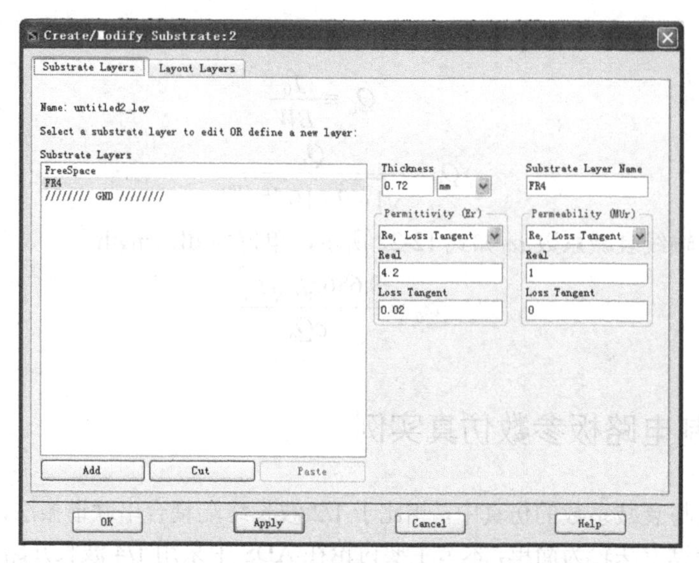


图 12.35　完成设置的“Substrate Layers”选项

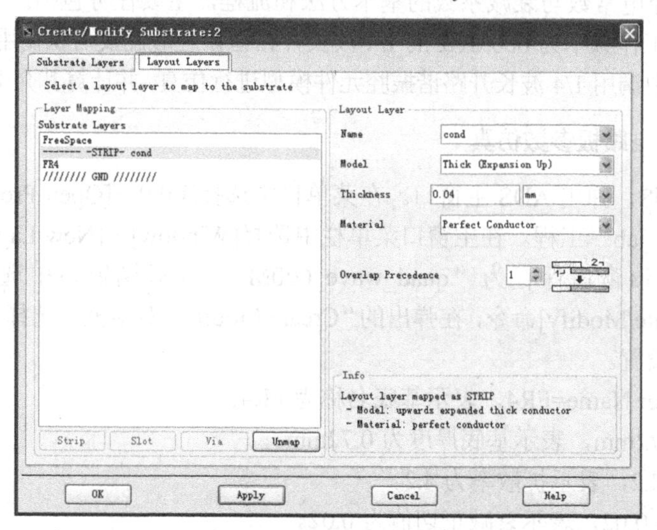


图 12.36　完成设置的“Layout Layers”选项

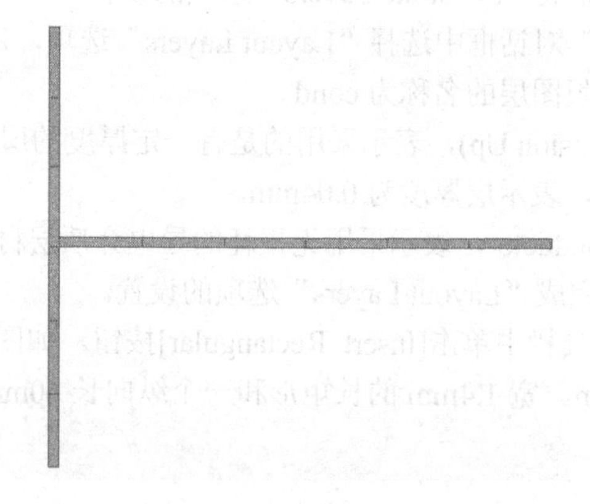

图 12.37　横向及纵向的长矩形

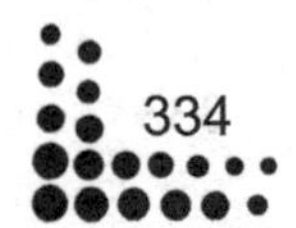

在版图窗口中双击横向长矩形，弹出“Properties”对话框。在对话框中设置矩形的四点坐标：

Lower left X=0

Lower left Y=0

Upper right X =68.8

Upper right Y =1.4

如图 12.38 所示，可以得到横向长矩形准确的尺寸。

再在版图窗口中双击纵向长矩形，弹出“Properties”对话框。在对话框中设置矩形的四点坐标。

Lower left X=−1.4

Lower left Y=-30

Upper right X =0

Upper right Y =30

如图 12.39 所示，可以得到纵向长矩形准确的尺寸。

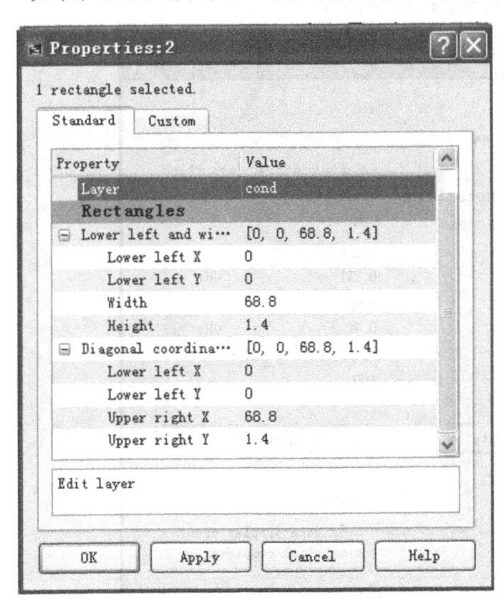


图 12.38 设置横向长矩形准确的矩形尺寸

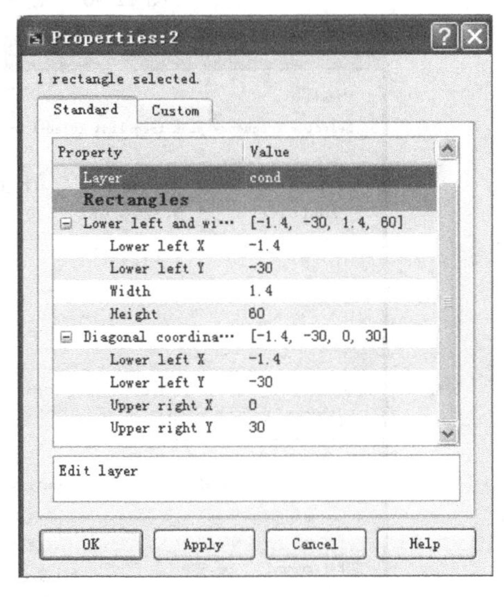


图 12.39 设置纵向长矩形准确的矩形尺寸

（3）在版图窗口工具栏中单击[Insert Port]按钮，如图 12.40 所示，在纵向矩形两段插入两个 Port，完成版图建立。

（4）在菜单栏中选择[Momentum]→[Simulation]→[S-parameter]命令，弹出“Simulation Control”对话框，在对话框中进行参数设置。

Sweep Type=Adaptive，表示扫描类型由系统自动调整。

Start=0.52GHz，表示扫描起始频率为 0.52GHz。

Stop=0.72GHz，表示扫描结束频率为 0.72GHz。

Sample Point Limit=100，表示扫描点数为 100。

完成设置后单击[Update]按钮，如图 12.41 所示。在该对话框中单击[Simulate]按钮开始仿真。

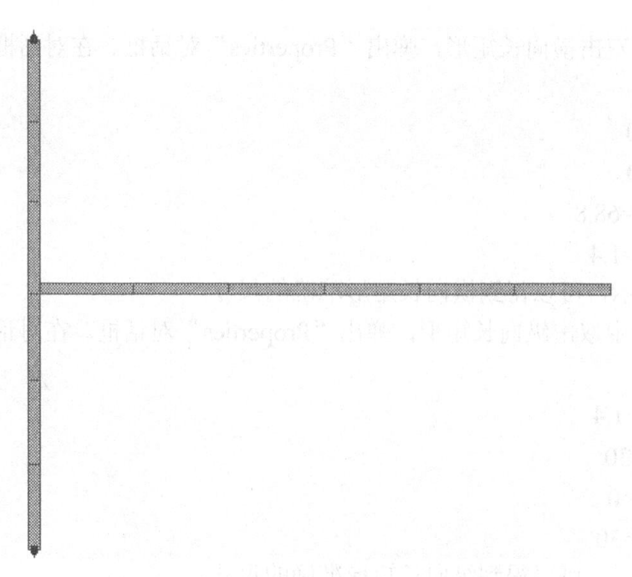

图 12.40　完整 1/4 波长开路谐振腔版图

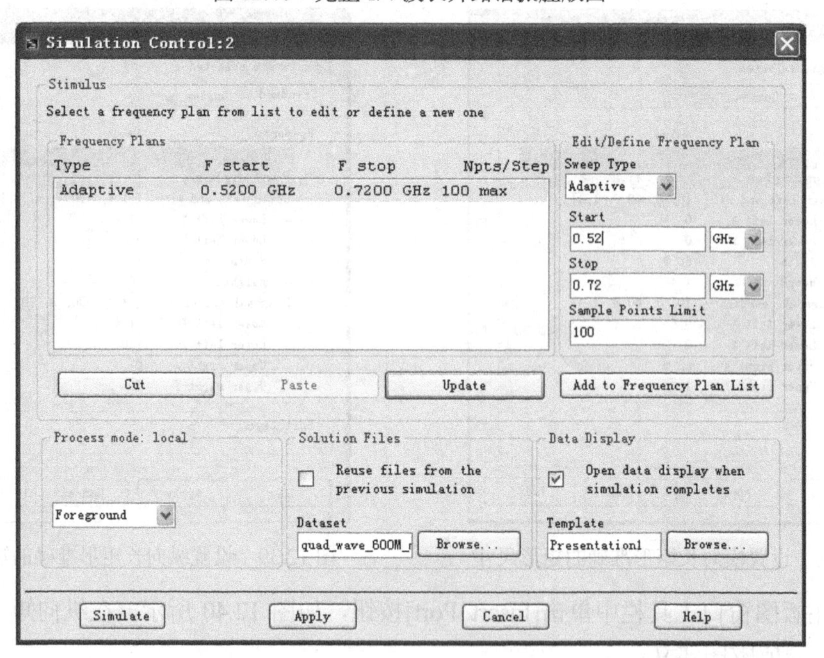


图 12.41　设置 S 参数仿真参数

（5）仿真结束后自动弹出数据显示窗口，如图 12.42 所示，分别显示 4 个 S 参数的幅度和相位特性，从 S(2,1)和 S(1,1)幅度特性中可以看出该 1/4 波长开路谐振腔基本工作在 60MHz 的频率附近。由于该 1/4 波长开路谐振腔为对称二端口网络，S(1,2)和 S(2,1)、S(2,2)和 S(1,1)完全相同。

（6）完成版图设计后，还需要建立一个可供调用的仿真元件模型。在菜单栏中选择[Momentum]→[Component]→[Create/Update]命令，如图 12.43 所示，弹出“Create Layout Component”对话框。

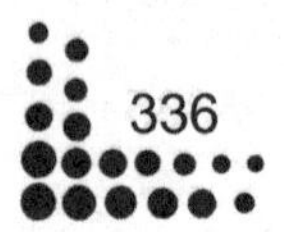

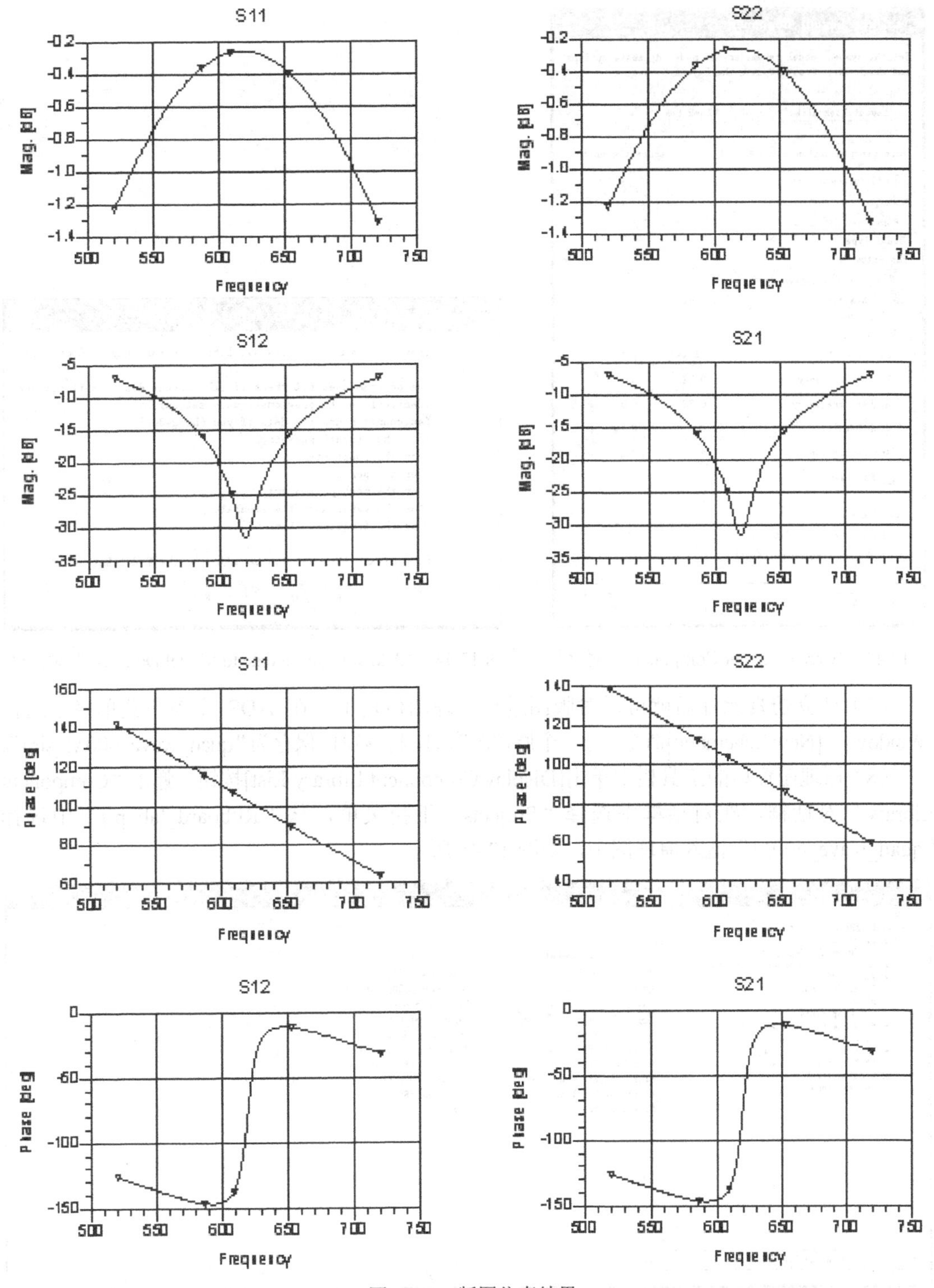


图 12.42　版图仿真结果

单击[OK]按钮，弹出“Add simulation date to Model Datebase”对话框，如图 12.44 所示，单击[Yes]按钮。

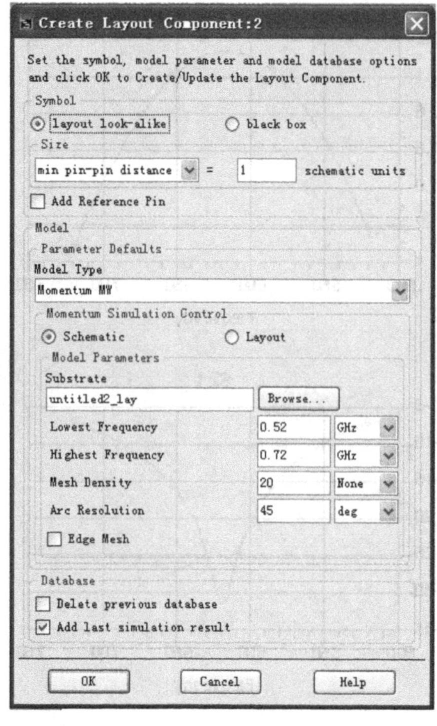


图 12.43 “Create Layout Component”对话框

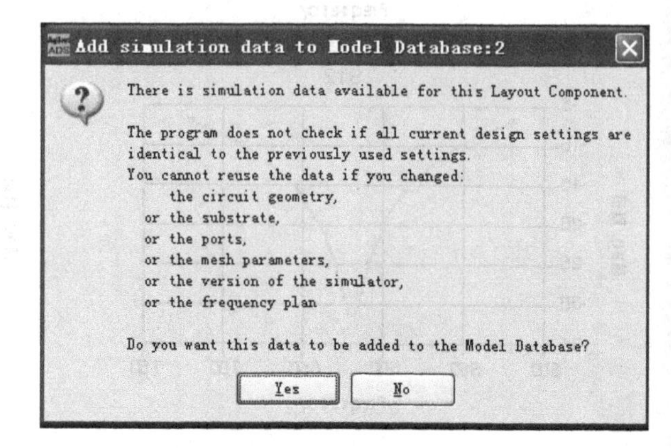


图 12.44 “Add simulation date to Model Datebase”对话框

（7）建立仿真元件后就可以对版图进行原理图仿真了。在 ADS 主窗口菜单栏中选择[Window]→[New Schematic]命令，打一个原理图窗口，将该窗口保存为“quad_wave_600M_sim”。

（8）原理图窗口的工具栏中单击[Display Component Library List]按钮，弹出“Component Library”对话框，在对话框中选择“Projects”下拉菜单，从“RFboard_lab_prj”中选择“quad_wave_600M”拖入原理图中，如图 12.45 所示。

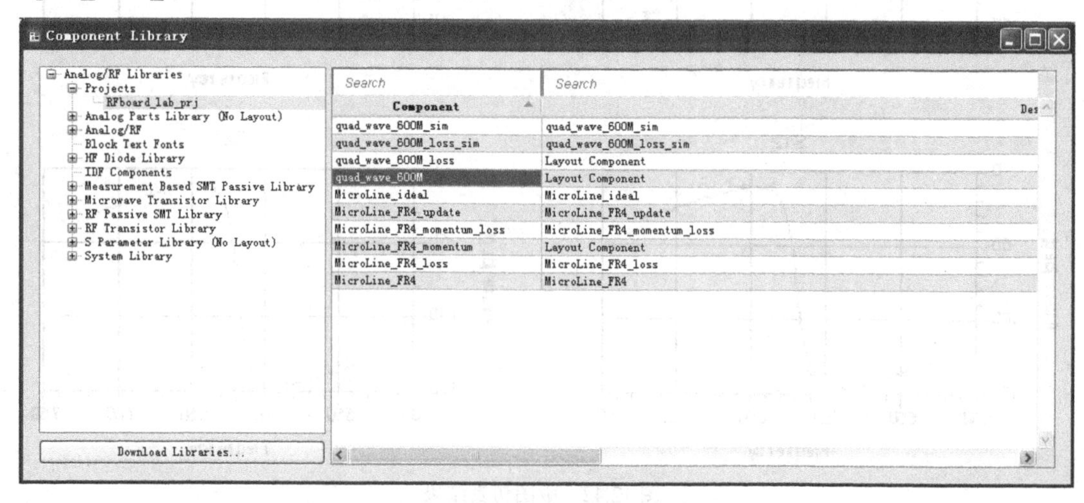


图 12.45 选择“quad_wave_600M”

（9）从“Simulation-S_Param”元件面板中选择两个终端 Term 插入原理图中，作为输入和输出终端。在工具栏中单击[GROUND]按钮插入两个地，最后单击[Insert Wire]按钮将元件连接起来，如图 12.46 所示，完成仿真原理图连接。

（10）从“Simulation-S_Param”元件面板中选择一个 S 参数控制器插入原理图中，双击控制器进行参数设置。

Sweep Type=Linear，表示采用线性扫描方式。

Start=0.52GHz，表示扫描起始频率为 0.52GHz。

Stop=0.72GHz，表示扫描结束频率为 0.72GHz。

Step_size=1MHz，表示扫描频率步长为 1MHz。

如图 12.47 所示，完成 S 参数控制器的设置。

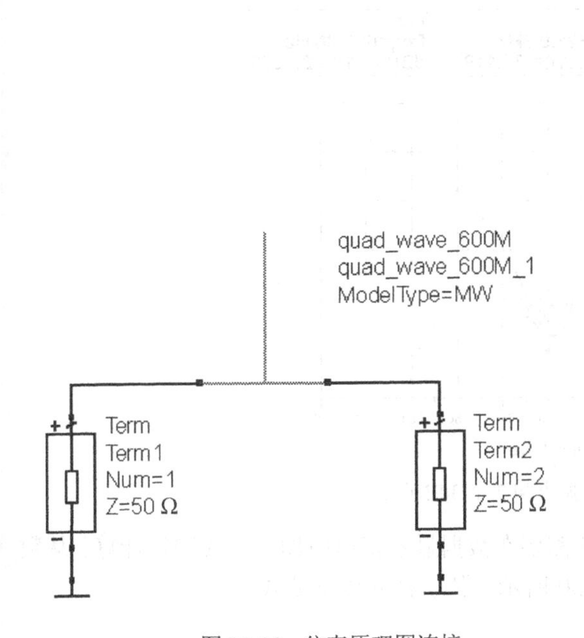


图 12.46 仿真原理图连接

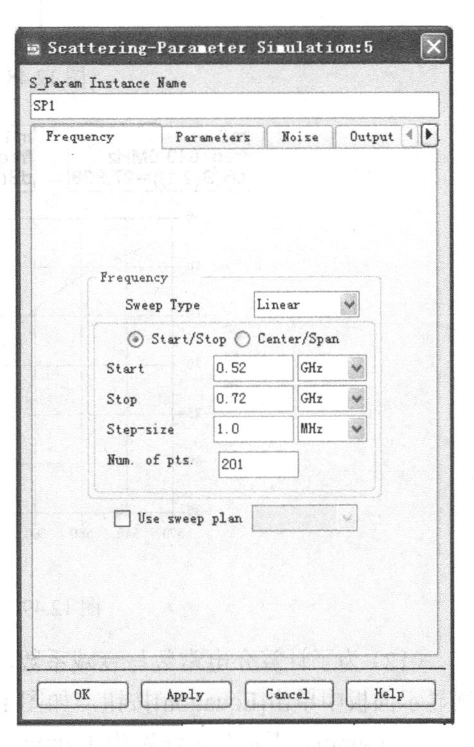


图 12.47 设置 S 参数控制器

图 12.48 所示为最终完整的仿真原理图。

（11）完成设置后，单击工具栏中的[Simulation]按钮开始仿真。在仿真状态窗口会显示仿真进度，仿真结束后自动弹出数据显示窗口。从数据显示面板中单击[Rectangular Plot]按钮，插入一个矩形图。在弹出的“Plot Traces & Attributes”对话框中选择“S(2,1)”，单击[Add]按钮，弹出“Complex Data”对话框，在该对话框中选择“dB”作为 S(2,1)的单位，然后单击[OK]按钮回到“Plot Traces & Attributes”对话框，再次单击[OK] 按钮输出波形。在菜单栏选择[Maker]→[New]命令，插入 3 个标注信息，如图 12.49 所示，分别标注谐振点和 2 个 3dB 点，显示 1/4 波长开路谐振的 3dB 带宽工作范围。

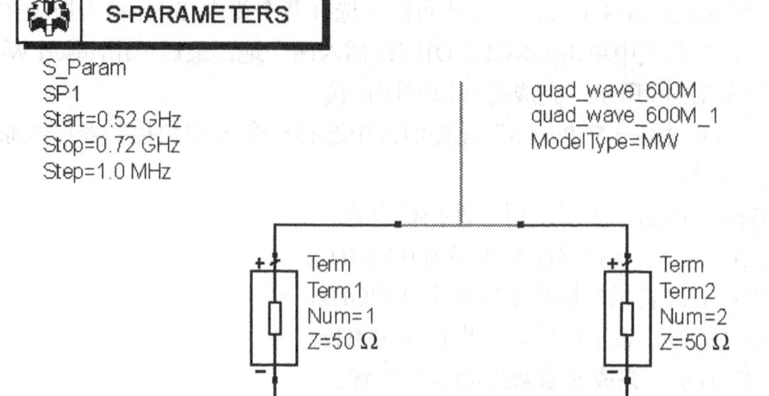


图 12.48　完整的仿真原理图

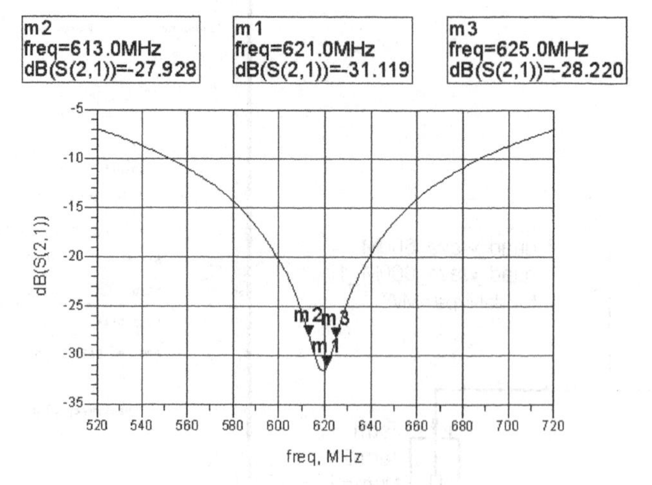


图 12.49　谐振点和 2 个 3dB 点

（12）为了计算介电常数与衰减系数，还需要在数据显示窗口中加入公式进行计算。从数据显示面板中单击[Equation]按钮，如图 12.50 所示，依次插入以下公式。

w=1.4mm，表示微带线宽为 1.4mm。

h=0.72mm，表示微带线高为 0.72mm。

L=68.6mm，表示微带线长为 68.6mm。

f0=(indep(m3)+indep(m2))/2，表示计算标注 m2 和 m3 之间 3dB 带宽的中心频率。

BW=indep(m3)-indep(m2)，表示 3dB 带宽。

QL=f0/BW，表示有载品质因素。

Eeff=(c0/(4*f0*L))**2，表示有效介电常数。

Q0=QL/(sqrt(1-2*10**(m1)/10))，表示空载品质因素。

Sim_Att=8.686*pi*f0*sqrt(Eeff)/(c0*Q0)，表示计算衰减系数。

Er=(Eeff+0.5*(1+12*h/w)**(-1/2)-0.5)/(0.5+0.5*(1+12*h/w)**(-1/2))，表示计算相对介电常数。

（13）再次执行仿真，仿真结束后在数据显示窗口中单击[List]按钮，插入一个数据列表，在弹出“Plot Traces & Attributes”对话框的“Datasets and Equation”栏中下拉菜单，选择“Equation”，如图 12.51 所示。

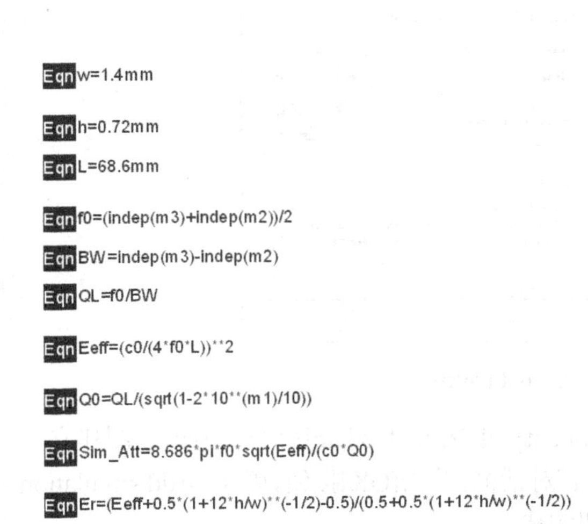


图 12.50　公式设置

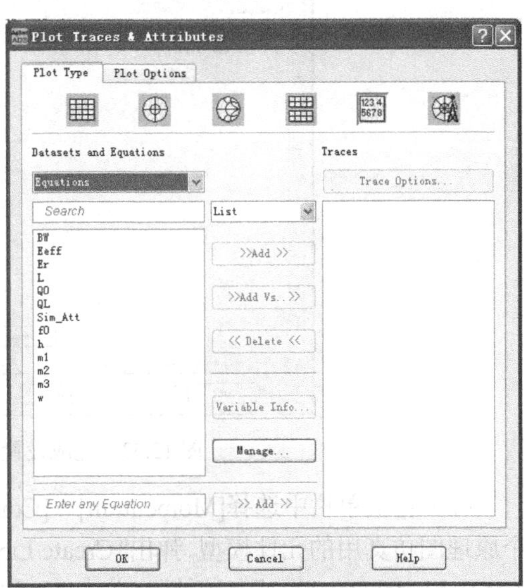


图 12.51　选择“Equation”

然后选择“Sim_Att”和“Er”，单击[Add]按钮，然后单击[OK]按钮，如图 12.52 所示，显示介电常数为 4.080，衰减系数为 1.928。

| freq | Sim_Att | Er |
| --- | --- | --- |
| <invalid>Hz | 1.928 | 4.080 |

图 12.52　理想印制电路板介电常数与衰减系数仿真值

### 2. 有损耗印制电路板参数仿真

实际的印制电路板参数仿真中还应该考虑导体损耗造成的衰减，这里对理想情况下的印制电路板参数重新进行仿真。

（1）打开版图“quad_wave_600M”，将其另存为“quad_wave_600M_loss”。在版图窗口中选择[Momentum]→[Substrate]→[Create/Modify]命令，在弹出的“Create/Modify Substrate”对话框中选择“Layout Layers”选项，如图 12.53 所示进行参数设置。

Name=cond，表示版图层的名称为 cond。

Model=Thick (Expansion Down)，表示采用的是有一定厚度的层模型。

Thickness=0.04 mm，表示层厚度为 0.04mm。

Material=Conductor (Sigma)，表示导电介质层材料参数采用 Sigma 方式设置。

Real=6e+006，表示导电介质层参数实部为 6e+006。

Imag=0，表示导电介质层参数虚部为 0。

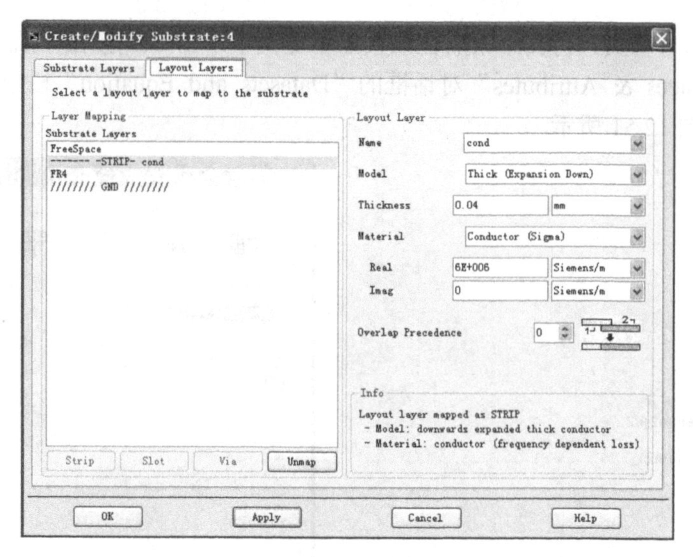


图 12.53 完成设置的“Layout Layers”选项

（2）在菜单栏中选择[Momentum]→[Component]→[Create/Update]命令，为该版图建立一个原理图仿真用的元件模型，弹出“Create Layout”对话框，单击[OK]按钮，弹出“Add simulation date to Model Datebase”对话框，单击[Yes]按钮完成。

（3）打开仿真原理图“quad_wave_600M_sim”，将其另存为“quad_wave_600M_sim_loss”。首先删除原理图中的“quad_wave_600M_sim”元件，然后在原理图窗口的工具栏中单击[Display Component Library List]按钮，弹出“Component Library”对话框，在对话框中选择“Projects”下拉菜单，如图 12.54 所示。从“RFboard_lab_prj”中选择“quad_wave_600M_loss”拖入原理图中，进行连接。

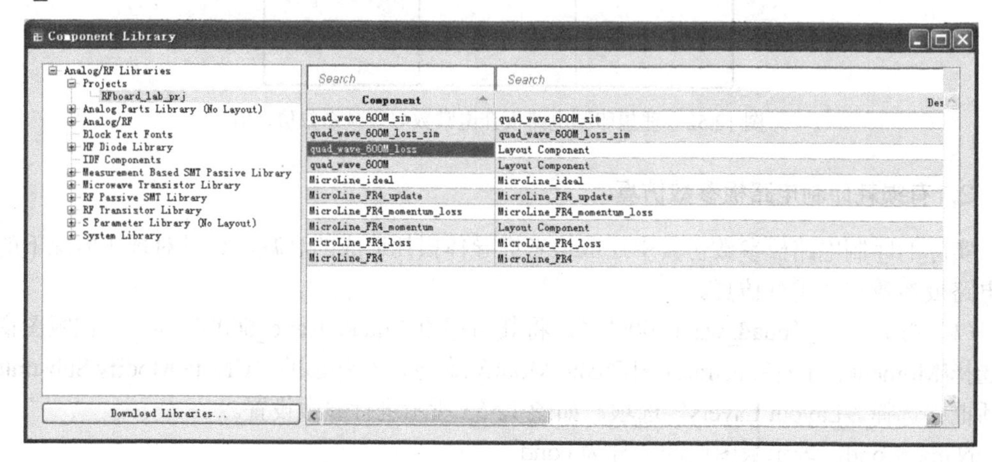


图 12.54 选择“quad_wave_600M_loss”

（4）完成仿真原理图，如图 12.55 所示。

（5）单击工具栏中的[Simulation]按钮开始仿真。在仿真状态窗口会显示仿真进度，仿真结束后自动弹出数据显示窗口。从数据显示面板中单击[Rectangular Plot]按钮，插入一个矩形图。在弹出的“Plot Traces & Attributes”对话框中选择“S(2,1)”，单击[Add]按钮，弹出“Complex

Data”对话框，在该对话框中选择“dB”作为 S(2,1)单位，然后单击[OK]按钮回到“Plot Traces & Attributes”对话框，再次单击[OK] 按钮输出波形。在菜单栏选择[Maker]→[New]命令，插入 3 个标注信息，如图 12.56 所示，分别标注谐振点和 2 个 3dB 点。

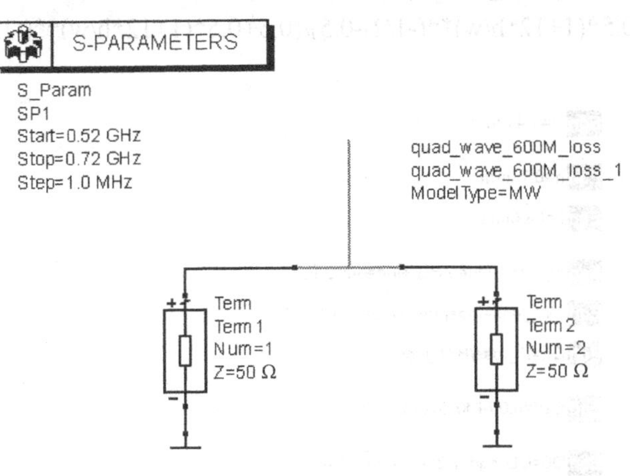


图 12.55　仿真原理图

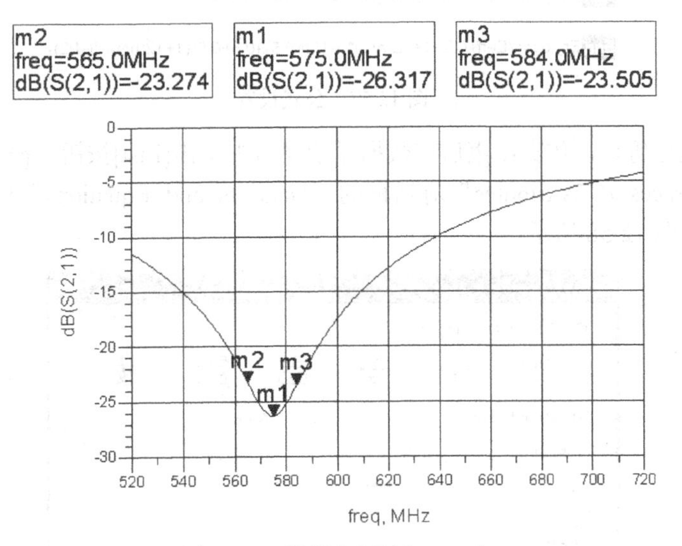


图 12.56　谐振点和两个 3dB 点

（6）为了计算介电常数与衰减系数，与理想印制电路板参数仿真相同，在数据显示窗口中加入公式进行计算。从数据显示面板中单击[Equation]按钮，如图 12.57 所示，依次插入以下公式。

w=1.4mm，表示微带线宽为 1.4mm。

h=0.72mm，表示微带线高为 0.72mm。

L=68.6mm，表示微带线长为 68.6mm

f0_loss=(indep(m3)+indep(m2))/2，表示计算标注 m2 和 m3 之间 3dB 带宽的中心频率。

BW_loss=indep(m3)-indep(m2)，表示 3dB 带宽。

QL=f0_loss/BW_loss，表示有载品质因素。

Eeff=(c0/(4*f0_loss*L))**2，表示有效介电常数。

Q0=QL/(sqrt(1-2*10**(m1)/10))，表示空载品质因素。

Sim_Att_loss=8.686*pi*f0_loss*sqrt(Eeff)/(c0*Q0)，表示计算衰减系数。

Er_loss=(Eeff+0.5*(1+12*h/w)**(-1/2)-0.5)/(0.5+0.5*(1+12*h/w)**(-1/2))，表示计算相对介电常数。

图 12.57　公式设置

（7）再次执行仿真，仿真结束后在数据显示窗口中单击[List]按钮，插入一个数据列表，在弹出“Plot Traces & Attributes”对话框的“Datasets and Equations”栏中下拉菜单选择“Equations”，如图 12.58 所示。

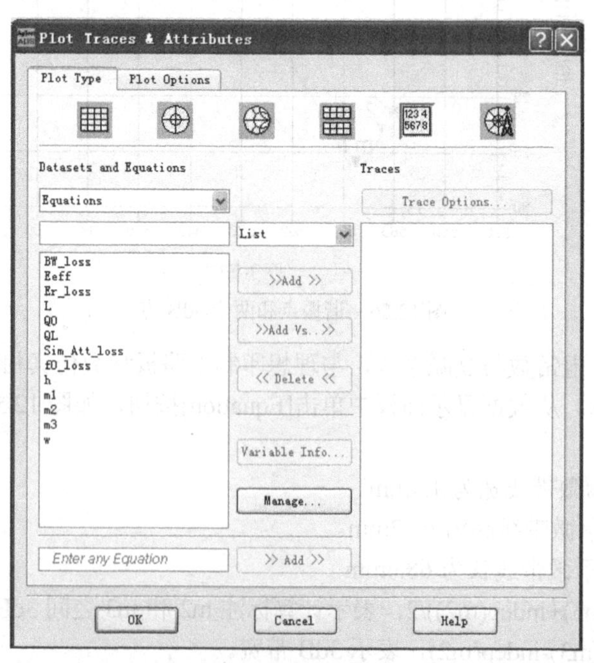


图 12.58　选择“Equations”

选择“Sim_Att_loss”和“Er_loss”，单击[Add]按钮，然后单击[OK]按钮显示有损耗印制电路板介电常数与衰减系数，如图 12.59 所示。可见介电常数为 4.810，衰减系数为 3.289，相比理想情况都有所增大，尤其是衰减系数比理想情况下的 1.928 增大较为明显，这也验证了实际情况下导体损耗造成的衰减。

| freq | Sim_Att_loss | Er_loss |
|---|---|---|
| <invalid>Hz | 3.289 | 4.810 |

图 12.59　有损耗印制电路板介电常数与衰减系数仿真值

## 12.3　TDR 信号反射仿真

当信号进入射频段后，阻抗匹配变得十分重要，差的匹配造成的反射将严重影响信号质量，甚至可能造成误操作，因此必须以传输线理论进行分析，即印制电路板上每条连线都有其特性阻抗。在设计中，工程师通常利用时域反射法（TDR）来测量印制电路板上连线的特性阻抗，进而实现阻抗匹配。

### 12.3.1　TDR 原理

印制电路板传输线的特性阻抗 $Z=(L/C)^{1/2}$，而使用 TDR 测量的公式为：

$$Z = Z_0 \frac{1+\rho}{1-\rho} \qquad \text{12-23}$$

式中，$\rho$ 为反射系数。

图 12.60 所示为负载为开路、短路、2 倍及 1/2 特性阻抗 $Z_0$ 时从 TDR 方法中观测到的反射波形图，其中设原始信号的幅度为 $A$，反射引起的信号幅度为 $B$，则：

如图 12.60（a）所示，当负载开路时 $Z=\infty$，$\rho=1$，$B=A$，显示 2 倍原始信号的反射波形。

如图 12.60（b）所示，当负载短路 $Z=0$，$\rho=-1$，$B=-A$，入射及反射波形互相抵消，所以得到 0 的反射波形。

如图 12.60（c）所示，当负载为 $2Z_0$ 时，$\rho=1/3$，$B=A/3$，所以得到 4A3 的反射波形。

如图 12.60（d）所示，当负载为 $Z_0/2$ 时，$\rho=-1/3$，$B=-A/3$，所以得到 $2A/3$ 的反射波形。

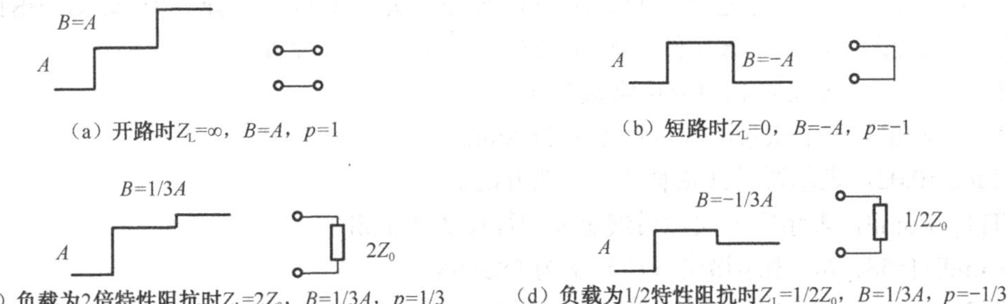


（a）开路时 $Z_L=\infty$，$B=A$，$p=1$　（b）短路时 $Z_L=0$，$B=-A$，$p=-1$

（c）负载为2倍特性阻抗时 $Z_L=2Z_0$，$B=1/3A$，$p=1/3$　（d）负载为1/2特性阻抗时 $Z_L=1/2Z_0$，$B=1/3A$，$p=-1/3$

图 12.60　负载为开路、短路、2 倍及 1/2 特性阻抗 $Z_0$ 时 TDR 方法中观测到的反射波形图

图 12.61 所示为传输线不连续时，测得的 TDR 反射波形，设特性阻抗 $Z=\sqrt{\frac{L}{C}}$。刚开始时，波形起伏为 SMA 连接头的杂散电感及电容效应，之后为 50Ω 传输线，当传输线较粗时，电容值较大而电感值较小，所以显示反射图形特性阻抗较低；而当传输线较细时，电感值较大而电容值较小，显示反射图形特性阻抗较高。因此，可以得出：TDR 反射波形比 50Ω 传输线低时，表示传输线具有电容效应；比 50Ω 传输线高时，具有电感效应。

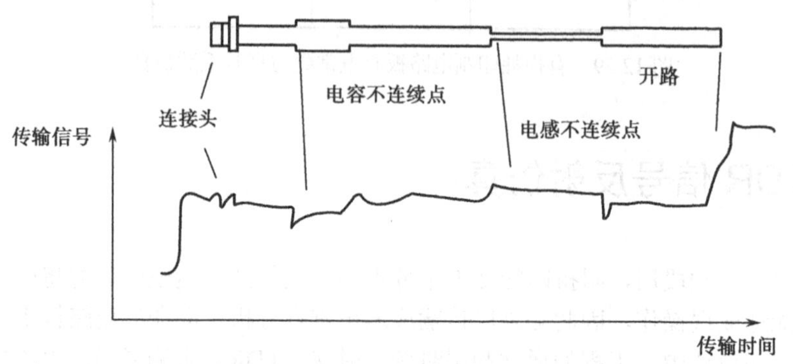


图 12.61　传输线不连续时 TDR 反射波形

## 12.3.2　TDR 仿真实例

在介绍了 TDR 的原理后，本节通过一个仿真实例来讨论 TDR 的仿真方法和基本流程，主要包括以下内容：

- 对一段不连续传输线进行 TDR 仿真，观测由于电容和电感不连续造成反射波形的失真。
- 建立不连续传输线的版图，以及可供调用的仿真元件模型。
- 对版图建立的不连续传输线元件模型进行仿真，与原理图仿真结果进行比较。
- 建立一个开路不连续传输线仿真原理图，并计算不连续点的阻抗值。

下面对具体仿真方法进行讨论说明。

### 1. TDR 基础仿真

（1）运行 ADS，弹出 ADS 主窗口。在菜单栏中选择[File]→[Open Project]，选择已经建立好的“RFboard_lab”工程，同时自动弹出原理图窗口，将其保存为“TDR_sim”。

（2）在原理图窗口中选择“TLines-Multilayer”元件面板，选择一个 MLSUBSTRATE2 元件插入原理图中，双击该元件，如图 12.62 所示进行参数设置。

Er=4.2，表示微带线相对介电常数为 4.2。

H=28.8mil，表示微带线基板厚度为 28.8mil。

TanD=0.02，表示微带线损耗角正切为 0.02。

T[1]=1.6mil，表示第一层微带线金属层厚度为 1.6mil。

Cond[1]=58e+6，表示微带线电导率为 58e+6S。

T[2]= 1.6mil，表示第二层微带线金属层厚度为 1.6mil。

Cond[2]= 58e+6，表示微带线电导率为 58e+6S。

Layer Type[1]=signal，表示第一层为信号层。

Layer Type[2]=ground，表示第二层为地层。

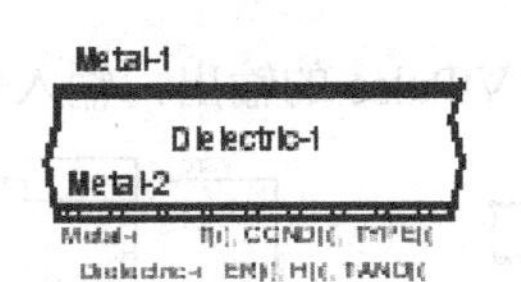


图 12.62　完成设置的 MLSUBSTRATE2

（3）继续在“TLines-Multilayer”元件面板中选择三个 ML1CTL_C 插入原理图中，双击该元件分别进行参数设置。

TL1 设置：

Length=2500mil，表示传输线长度为 2500mil。

W=56mil，表示传输线宽度为 56mil。

Layer=1，表示传输线位于第一层，即信号层上。

TL2 设置：

Length=750mil，表示传输线长度为 750mil。

W=100mil，表示传输线宽度为 100mil。

Layer=1，表示传输线位于第一层，即信号层上。

TL3 设置：

Length=750mil，表示传输线长度为 750mil。

W=30mil，表示传输线宽度为 30mil。

Layer=1，表示传输线位于第一层，即信号层上。

图 12.63 所示为完成设置的三个 ML1CTL_C。

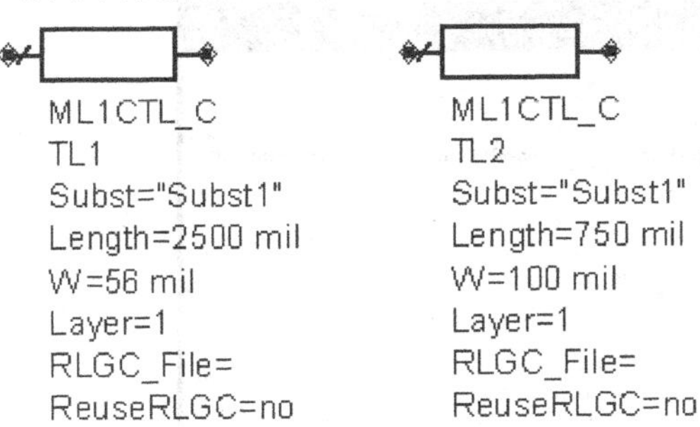


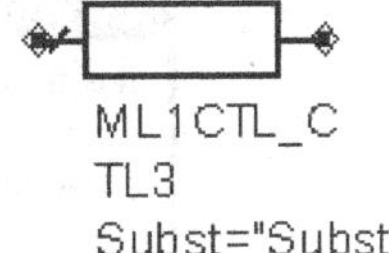


图 12.63　完成设置的三个 ML1CTL_C

（4）从“Sources-Time Domain”元件面板中选择一个 VtPulse 插入原理图中，双击元件，如图 12.64 所示进行参数设置。

VtPulse
SRC1
Vlow=0 V
Vhigh=2 V
Delay=0 nsec
Edge=linear
Rise=Trise nsec
Fall=Trise nsec
Width=(5-Trise) nsec
Period=10 nsec

图 12.64　完成设置的 VtPulse

Vlow=0V，表示脉冲信号低电平为 0V。

Vhigh=2V，表示脉冲信号高电平为 2V。

Delay=0 nsec，表示信号延迟时间为 0。

Edge=linear，表示上升沿和下降沿为线性。

Rise=Trise nsec，表示上升时间变量为 Trise nsec。

Fall=Trise nsec，表示下降时间变量为 Trise nsec。

Width=(5-Trise) nsec，表示脉冲宽度为(5-Trise) ns。

Period=10 nsec，表示脉冲周期为 10 ns。

（5）从“Lumped-Components”元件面板中选择两个 50Ω电阻插入原理图中。再在工具栏中单击[GROUND]按钮插入两个地。最后单击[Insert Wire]按钮将元件连接起来，如图 12.65

所示为 VtPulse 的输出，输入电阻输出和输出电阻前连线分配线名 Vsrc、V1、V2。

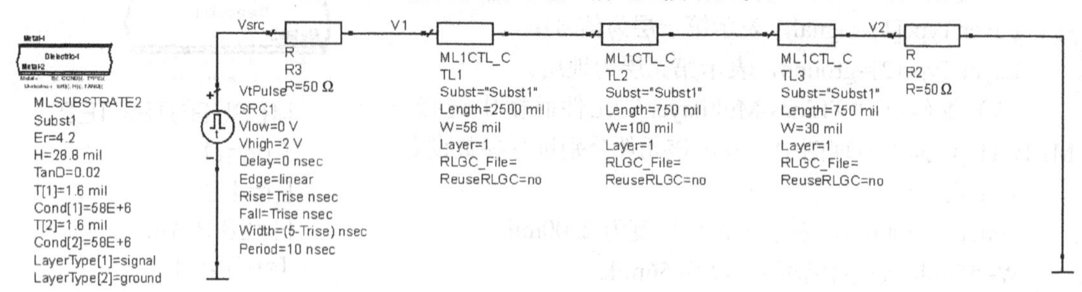


图 12.65　电路原理图

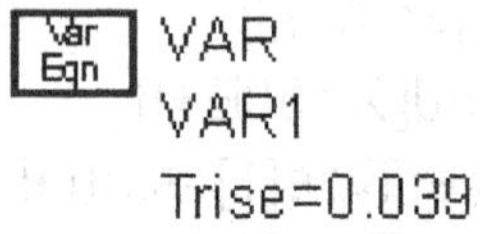

Var Eqn VAR
VAR1
Trise=0.039

图 12.66　完成设置的变量控制器

（6）在工具栏中单击[VAR]按钮，插入一个变量控制器，双击该控制器，如图 12.66 所示进行参数设置。

Trise=0.039，表示上升时间为 0.039ns。

（7）从“Simulation-Transient”元件面板中选择一个瞬态仿真控制器插入原理图中，双击该控制器，如图 12.67 所示进行参数设置。

Start time=0.0nsec，表示瞬态仿真开始时间为 0。

Stop time=3nsec，表示瞬态仿真结束时间为 3ns。

Max time step=0.1 nsec，表示瞬态仿真最大时间步长为 0.1ns。

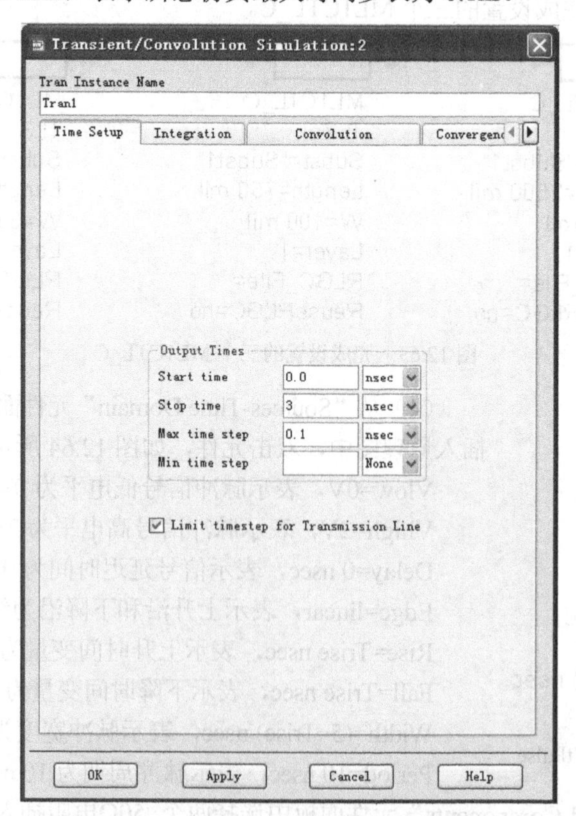


图 12.67　完成设置的瞬态仿真控制器

如图 12.68 所示，最终完成仿真原理图。

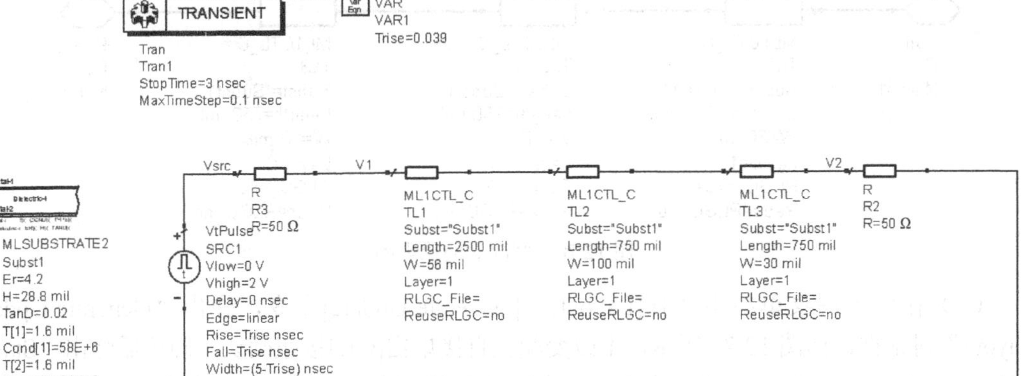


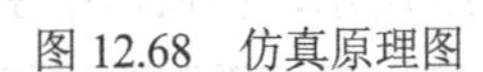
图 12.68 仿真原理图

（8）完成设置后，就可以进行仿真了，单击工具栏中的[Simulation]按钮开始仿真。仿真结束后自动弹出数据显示窗口。从数据显示面板中单击[Rectangular Plot]按钮，插入一个矩形图。在弹出的“Plot Traces & Attributes”对话框中选择“Vsrc、V1、V2”，单击[Add]按钮，然后单击[OK]按钮输出波形，如图 12.69 所示，可见不连续传输线的 TDR 反射波形。在 V1 波形中，凹陷点和凸起点分别代表电容和电感不连续造成的信号失真。在菜单栏选择[Maker]→[New]命令，插入标注信息，显示电容和电感引起信号波动后 V1 分别为 824.3mV 和 1.101V。

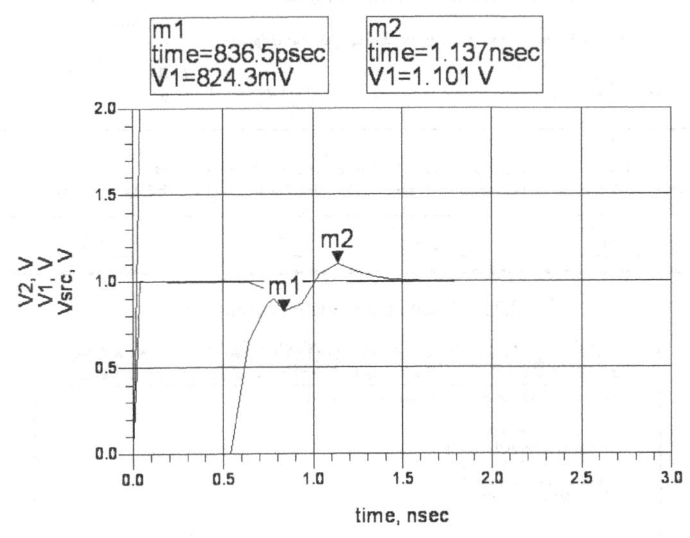


图 12.69 不连续传输线的 TDR 反射波形

## 2. Momentum TDR 模拟

要建立不连续传输线的版图，首先要对 12.3.1 节中的仿真原理图进行修改，之后才能建立版图及仿真元件模型，具体步骤如下。

（1）在原理图中只保留三段不连续传输线，删除仿真控制器、地和电阻，在工具栏中单击[Insert Port]按钮，如图 12.70 所示，在输入端和输出端插入两个“Port”。

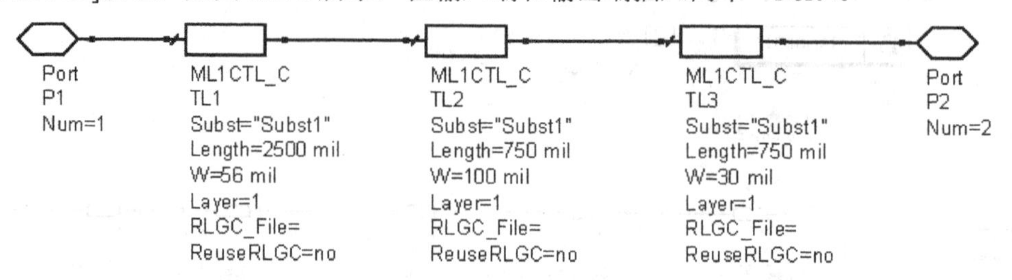


图 12.70　修改后的原理图

（2）在原理图菜单栏中选择[Layout]→[Generate/Update]命令，弹出“Generate/Update Layout”对话框，如图 12.71 所示，不改变配置直接单击[OK]按钮确认。确认后弹出“Status of Layout Generation” 对话框，这里也直接采用默认配置，如图 12.72 所示，单击[OK]按钮确认。自动弹出版图窗口，如图 12.73 所示，在窗口中生成不连续传输线版图。

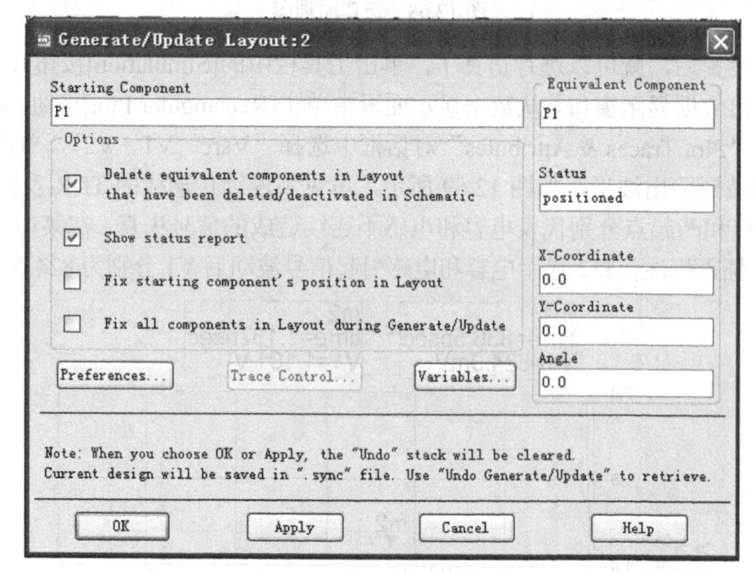


图 12.71　“Generate/Update Layout”对话框

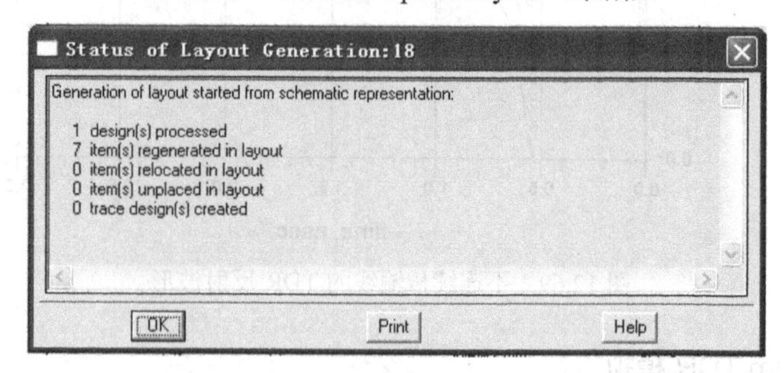


图 12.72　“Status of Layout Generation”对话框

图 12.73　不连续传输线版图

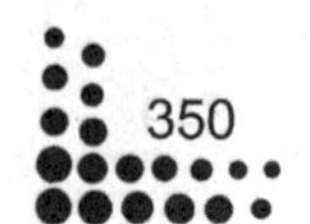

（3）完成版图后，继续进行基底参数设置。在版图窗口中选择[Momentum]→[Substrate]→[Create/Modify]命令，在弹出的“Create/Modify Layout”对话框中选择“Substrate Layers”选项，如图 12.74 所示进行参数设置。

Substrate Layer Name=FR4，表示基底名称为 FR4。

Thickness=0.72mm，表示基底厚度为 0.72mm。

Permittivity=4.2，表示扩散率为 4.2。

Loss Tangent=0.02，表示衰减正切值为 0.02。

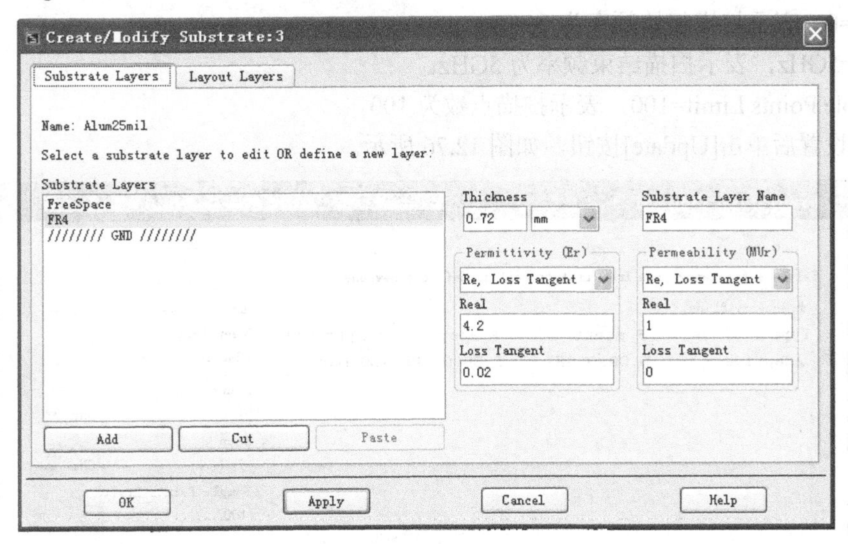


图 12.74 完成设置的“Substrate Layers”选项

在对话框中选择“Layout Layers”选项，如图 12.75 所示，进行参数设置。

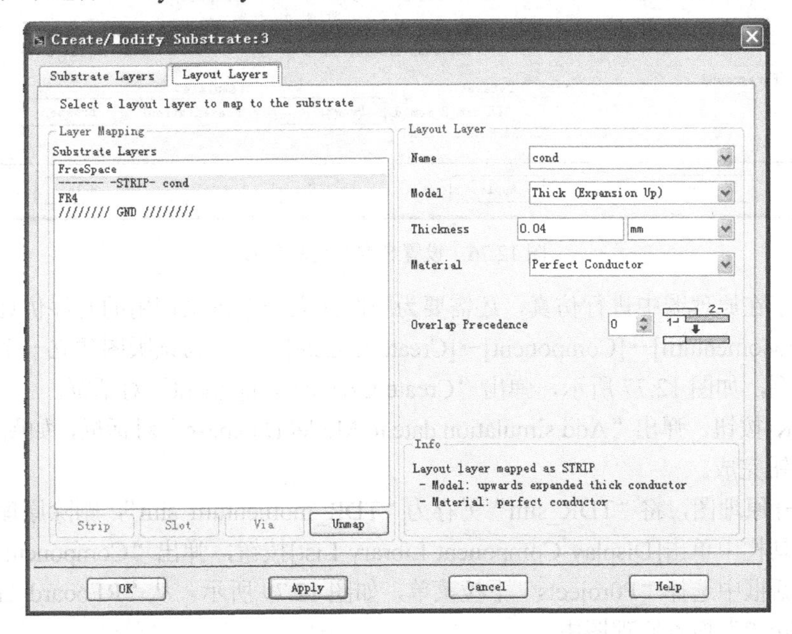


图 12.75 完成设置的“Layout Layers”选项

Name=cond，表示版图层的名称为 cond。

Model=Thick (Expansion Up)，表示采用的是有一定厚度的层模型。

Thickness=0.04 mm，表示层厚度为 0.04mm。

Material=Perfect Conductor，表示采用理想导体。

（4）在菜单栏中选择[Momentum]→[Simulation]→[S-parameter]命令，弹出“Simulation Control”对话框。在对话框中进行参数设置。

Sweep Type=Adaptive，表示扫描类型由系统自动调整。

Start=0，表示扫描起始频率为 0。

Stop=5GHz，表示扫描结束频率为 5GHz。

Sample Points Limit=100，表示扫描点数为 100。

完成设置后单击[Update]按钮，如图 12.76 所示。

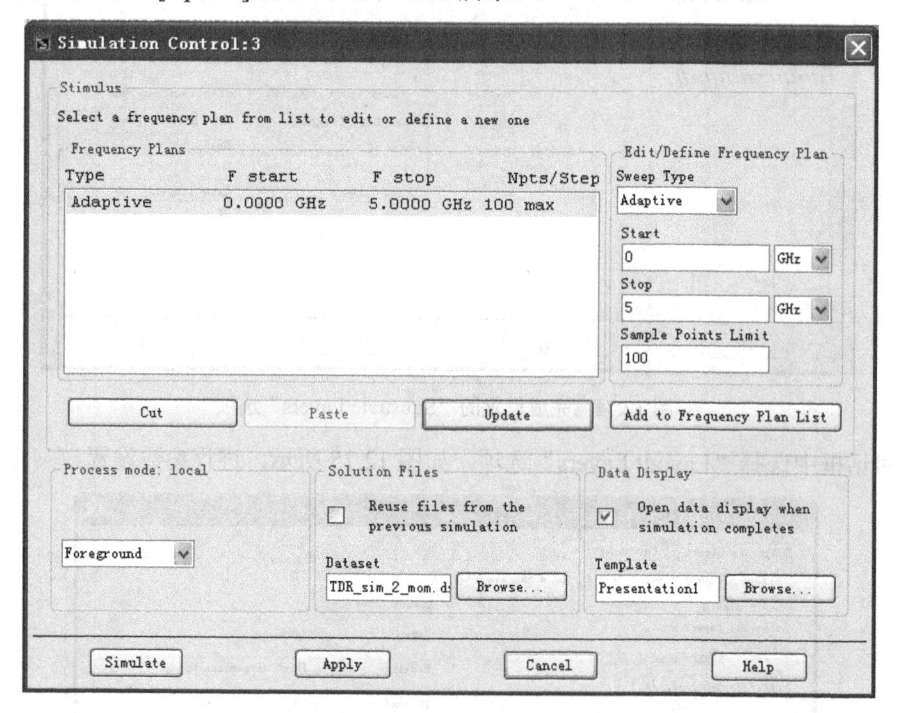


图 12.76　设置 S 参数仿真参数

（5）为了在原理图中进行仿真，还需要为版图建立一个可供调用的元件仿真模型。在菜单栏中选择[Momentum]→[Component]→[Create/Update]命令，为该版图建立一个原理图仿真用的元件模型，如图 12.77 所示，弹出“Create Layout Component”对话框。

单击[OK]按钮，弹出“Add simulation date to Model Datebase”对话框，如图 12.78 所示，单击[Yes]按钮完成。

（6）打开原理图，将“TDR_sim”另存为“TDR_momentum_sim”，删除原理图的三段传输线，在工具栏中单击[Display Component Library List]按钮，弹出“Component Library”对话框，在对话框中选择“P0rojects”下拉菜单，如图 12.79 所示。从“RFboard_lab_prj”中选择“TDR_sim_2”拖入原理图中。

Create Layout Component:3
Set the symbol, model parameter and model database options and click OK to Create/Update the Layout Component.
Symbol
layout look-alike
black box
Size
min pin-pin distance
=
1
schematic units
Add Reference Pin
Model
Parameter Defaults
Model Type
Momentum MW
Momentum Simulation Control
Schematic
Layout
Model Parameters
Substrate
Alum25mil
Browse...
Lowest Frequency
0
GHz
Highest Frequency
5
GHz
Mesh Density
20
None
Arc Resolution
45
deg
Edge Mesh
Database
Delete previous database
Add last simulation result
OK
Cancel
Help

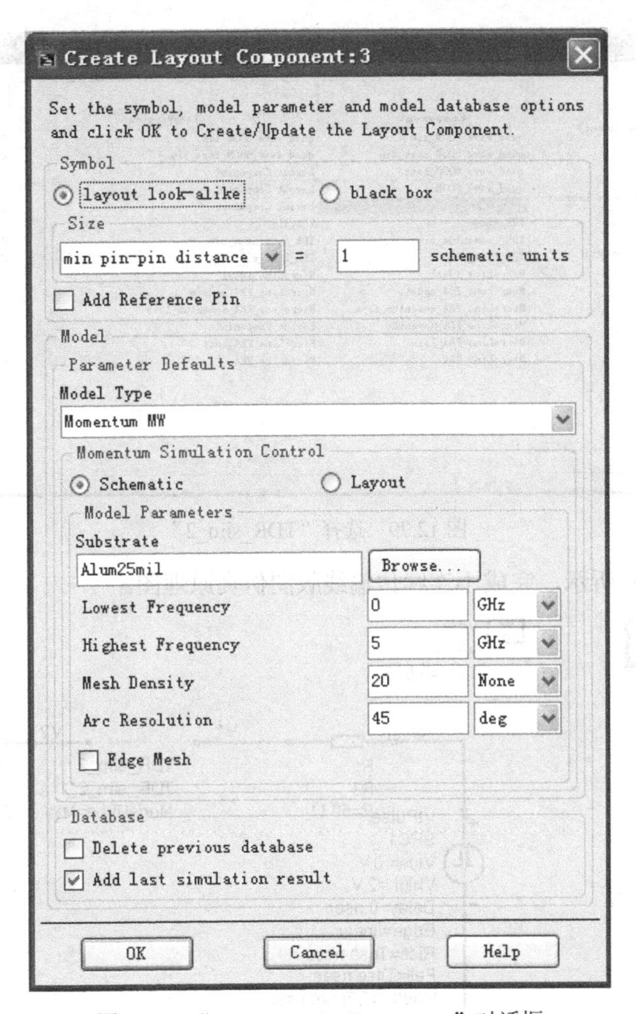

图 12.77　“Create Layout Component”对话框

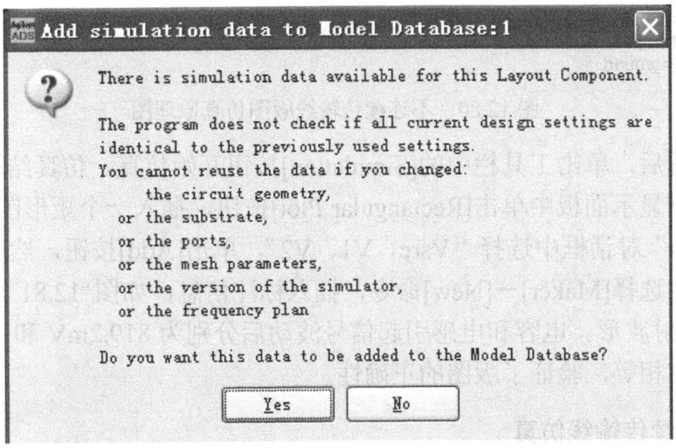

Add simulation data to Model Database:1
There is simulation data available for this Layout Component.
The program does not check if all current design settings are identical to the previously used settings.
You cannot reuse the data if you changed:
the circuit geometry,
or the substrate,
or the ports,
or the mesh parameters,
or the version of the simulator,
or the frequency plan
Do you want this data to be added to the Model Database?
Yes
No

图 12.78　“Add simulation date to Model Datebase”对话框

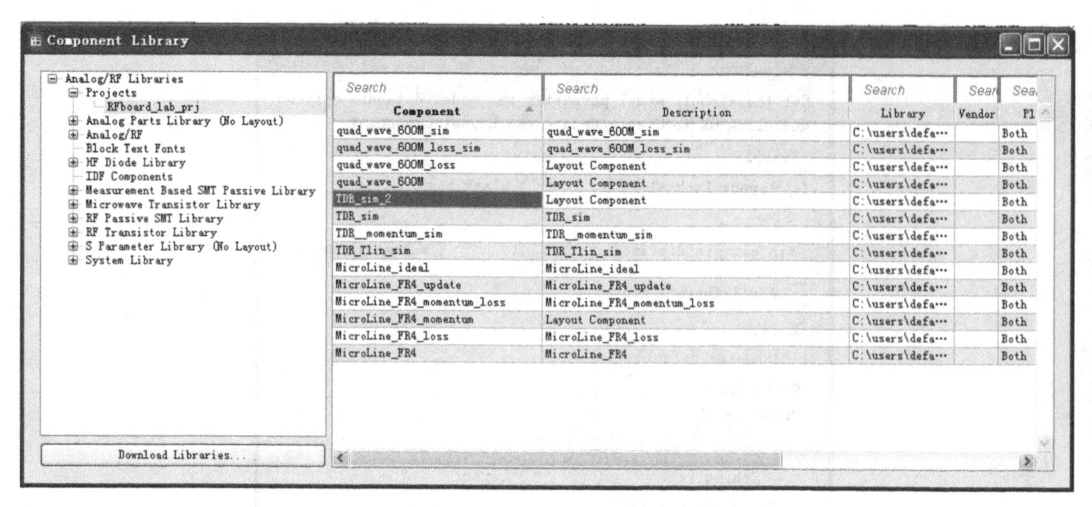

图 12.79 选择“TDR_sim_2”

（7）如图 12.80 所示，完成不连续传输线版图仿真原理图。

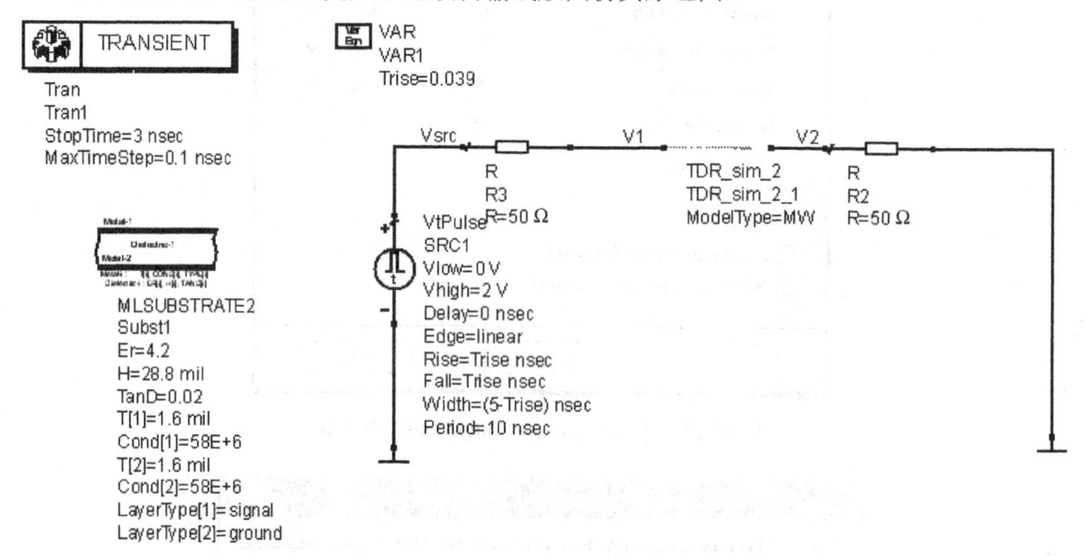


图 12.80 不连续传输线版图仿真原理图

（8）完成设置后，单击工具栏中的[Simulation]按钮开始仿真。仿真结束后自动弹出数据显示窗口。从数据显示面板中单击[Rectangular Plot]按钮，插入一个矩形图。在弹出的“Plot Traces & Attributes”对话框中选择“Vsrc、V1、V2”，单击[Add]按钮，然后单击[OK]按钮输出波形，在菜单栏选择[Maker]→[New]命令，插入标注信息，如图 12.81 所示，可见不连续传输线的 TDR 反射波形。电容和电感引起信号波动后分别为 819.2mV 和 1.142V，与之前原理图仿真结果基本相等，验证了版图的正确性。

### 3. 开路不连续传输线仿真

在得到不连续传输线 TDR 反射波形的基础上，接下来建立一个开路不连续传输线仿真原理图，并计算 TDR 反射波形中不连续点的阻抗值。

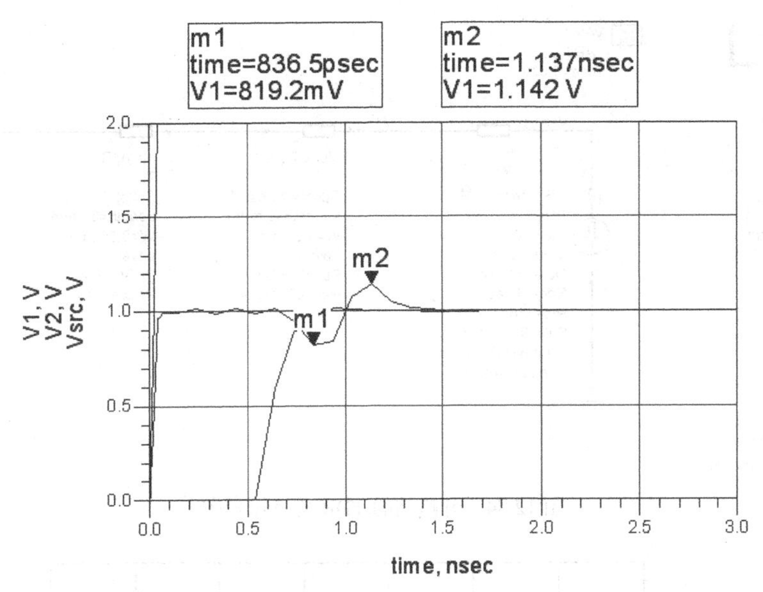


图 12.81 不连续传输线版图仿真的 TDR 反射波形

（1）打开仿真原理图“TDR_sim”，将其另存为“TDR_Tlin_sim”。首先删除传输线、输出端电阻以及输出端地。再从“TLines-Multilayer”元件面板中选择一个 MLOPENSTUB 元件插入原理图中，作为开路负载。双击该元件，如图 12.82 所示进行参数设置。

Length=30mm，表示开路结长度为 30mm。

W=1.28mm，表示开路结宽度为 1.28mm。

Layer=1 表示开路结位于第一层。

（2）如图 12.83 所示修改瞬态仿真控制器，仿真时间为 1.3ns，仿真步长为 0.05ns。

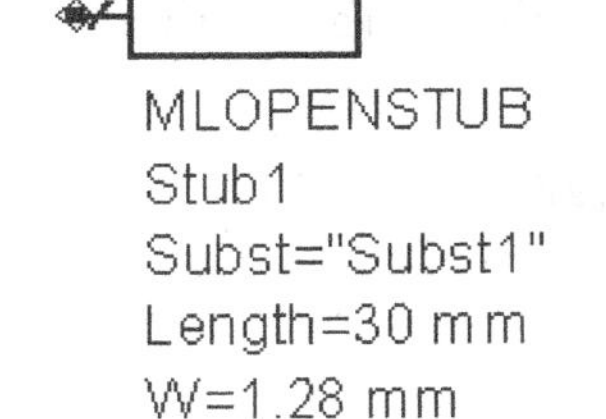


图 12.82 设置完成的 MLOPENSTUB 元件

Tran
Tran1
StopTime=1.3 nsec
MaxTimeStep=0.05 nsec

图 12.83 修改后的瞬态仿真控制器

（3）如图 12.84 所示，完成开路结的 TDR 仿真原理图。

（4）单击工具栏中的[Simulation]按钮开始仿真。在仿真状态窗口会显示仿真进度，仿真结束后自动弹出数据显示窗口。从数据显示面板中单击[Rectangular Plot]按钮，插入一个矩形图。在弹出的“Plot Traces & Attributes”对话框中选择“V1”，单击[Add]按钮，单击[OK] 按钮，如图 12.85 所示，输出 TDR 反射波形，可见出现凸起和凹陷的不连续点。

（5）为了计算不连续点的阻抗，还需要加入计算公式，在工具栏中单击[Equation]按钮，如图 12.86 所示设置公式。

TRANSIENT
Tran
Tran1
StopTime=1.3 nsec
MaxTimeStep=0.05 nsec
VAR
VAR1
Trise=0.039
Vsrc
V1
R
R3
R=50 Ω
VtPulse
SRC1
Vlow=0 V
Vhigh=2 V
Delay=0 nsec
Edge=linear
Rise=Trise nsec
Fall=Trise nsec
Width=(5-Trise) nsec
Period=10 nsec
ML1CTL_C
TL1
Subst="Subst1"
Length=30 mm
W=1.28 mm
Layer=1
RLGC_File=
ReuseRLGC=no
ML1CTL_C
TL2
Subst="Subst1"
Length=30 mm
W=0.25 mm
Layer=1
RLGC_File=
ReuseRLGC=no
MLOPENSTUB
Stub1
Subst="Subst1"
Length=30 mm
W=1.28 mm
Layer=1
MLSUBSTRATE2
Subst1
Er=4.2
H=28.8 mil
TanD=0.02
T[1]=1.6 mil
Cond[1]=58E+6
T[2]=1.6 mil
Cond[2]=58E+6
LayerType[1]=signal
LayerType[2]=ground

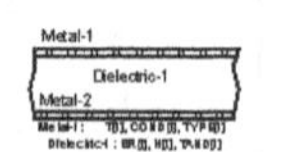

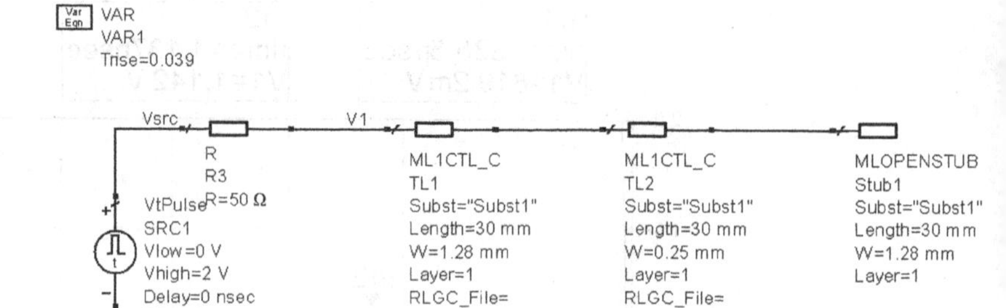

图 12.84　开路结的 TDR 仿真原理图

V1, V
2.0
1.5
1.0
0.5
0.0
0.0
0.2
0.4
0.6
0.8
1.0
1.2
1.4
time, nsec

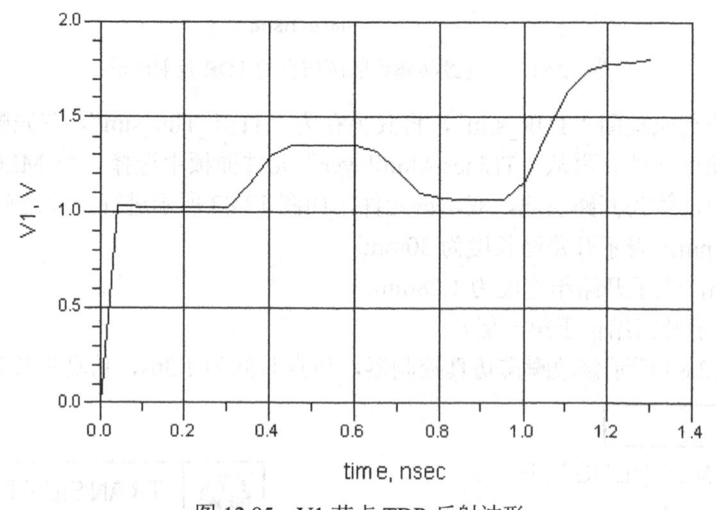

图 12.85　V1 节点 TDR 反射波形

Eqn Ref=(V1-1)/1

Eqn TDR_V1_R=50*(1+Ref)/(1-Ref)

图 12.86　设置计算阻抗公式

（6）再次执行仿真，仿真结束后自动弹出数据显示窗口。从数据显示面板中单击[Rectangular Plot]按钮，插入一个矩形图。在弹出的“Plot Traces & Attributes”对话框中选择“Equation”下拉菜单，然后选择“TDR_V1_R”，单击[Add]按钮，然后单击[OK]按钮输出波形。在菜单栏选择[Maker]→[New]命令，插入标注信息，如图 12.87 所示，可见不连续点 m2、m3 处的阻抗分别为 105.130Ω，57.098Ω。

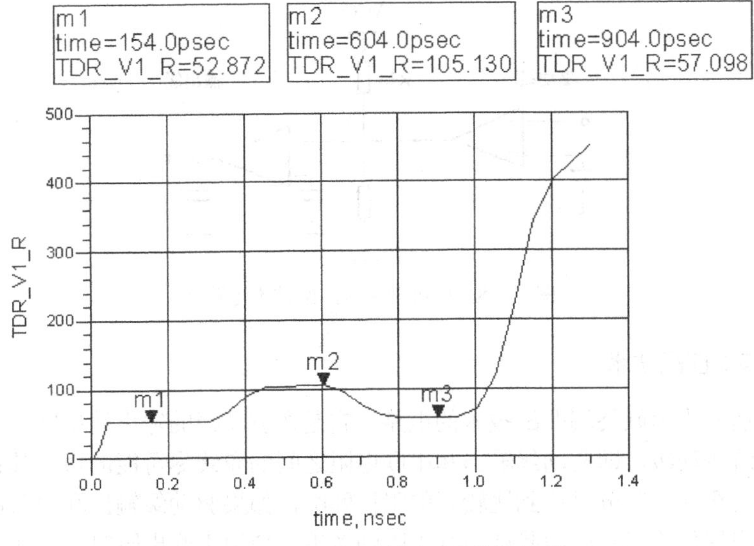


图 12.87　TDR 反射波形中的阻抗值

## 12.4　射频电路板终端匹配仿真

当信号在印制电路板上传输时，如果信号的工作频率不高，在设计时一般不需要考虑阻抗匹配问题，即可获得较好的信号传输质量。而当电路板的工作频率越来越高，进入射频段时，系统内的高频噪声、串扰等问题造成电路性能下降，因此在高速电路里必须仔细考虑阻抗匹配。终端匹配的主要目的是实现阻抗匹配以减少信号反射现象的发生，并降低因反射产生的噪声串扰，而最终提供一个完全阻抗匹配的传输环境以确保信号完整性。本节首先讨论终端匹配的基本原理，之后通过一个 ADS 仿真实例进行讨论。

### 12.4.1　终端匹配原理

常用的终端匹配技术主要有戴维南终端匹配技术、串联终端匹配技术以及二极管终端匹配技术三类，以下分别进行介绍。

**1．戴维南终端匹配技术**

图 12.88 所示为戴维南终端匹配技术的电路，将两个终端电阻 R1 和 R2 分别连接到电源和地上。由于戴维南终端匹配技术的直流电源直接采用电路的电源，所以不必再外加电源。在电阻 R1 和 R2 的选择上，原则上是 R1 与 R2 并联等于微带线特性阻抗 $Z_0$ 才能实现阻抗匹配，因此最简单的方法为 $R_1$=$R_2$=2*$Z_0$，这样戴维南阻抗为 $R_t$=($R_1$*$R_2$)/($R_1$+$R_2$)=$Z_0$。

戴维南终端技术对上升时间和传输延迟影响不大，所以适用于 ECL、TTL、Fast 等较高速的电路，但因直接将终端电阻直接连接到直流电源上，所以不适合 CMOS 电路。

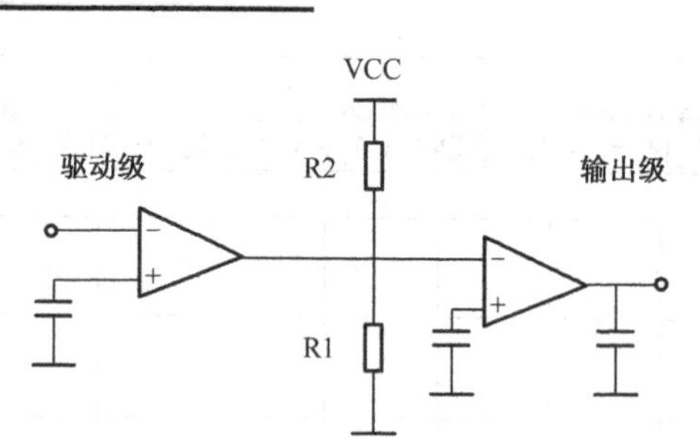


图 12.88 戴维南终端匹配技术电路

### 2. 串联终端匹配技术

图 12.89 所示为串联终端匹配技术的电路，它是在驱动级的输出端串联一个电阻，该电阻尽可能地接近驱动级，即驱动级输出和串联电阻之间的布线尽可能的短，其目的在于使串联电阻成为驱动级的一部分以达到比较好的阻抗匹配，如果驱动级输出和串联电阻之间的布线过长，则会出现传输线效应而降低串联电阻的效果。使用串联电阻时需要注意：

（1）驱动级的波形会因为前端电阻而被截取一半，所以在传输线上只有一半的信号。

（2）因为前端电阻，所以接收端所接收到信号强度为驱动级的一半。

（3）加入前端电阻后，通常上升时间会增加，但反射的信号减小。

（4）串联电阻值由驱动级的输出阻抗和传输线的特性阻抗来决定 $R=Z_0-R_o$，其中 $R$ 为串联电阻值，$Z_0$ 为传输线的特性阻抗，而 $R_o$ 为驱动级的的输出电阻。

（5）对信号上升时间的影响，可以将电路看成一个简单的 RC 低通滤波器，其 RC 时间常数为 $Z_0$*C，因此由信号幅度 10%上升至信号幅度 90%的上升时间为 $T$10%-$T$90%=2.2$Z_0$*RC，即上升时间较慢，但是消耗功率较小。其中 $T$10%和 $T$90%分别表示信号幅度 10%和信号幅度 90%的时间点。

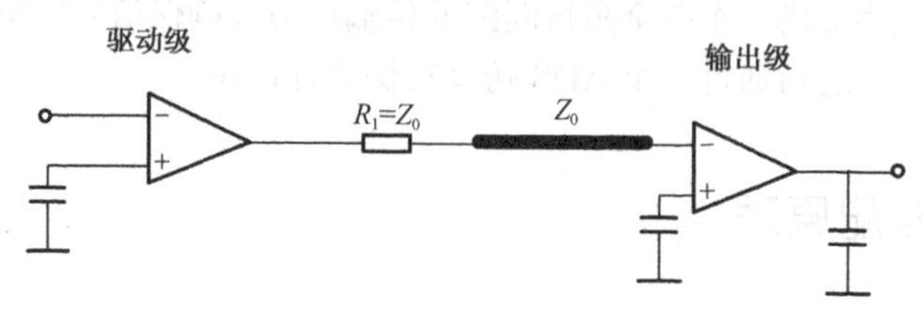


图 12.89 串联终端匹配技术电路

### 3. 二极管终端匹配技术

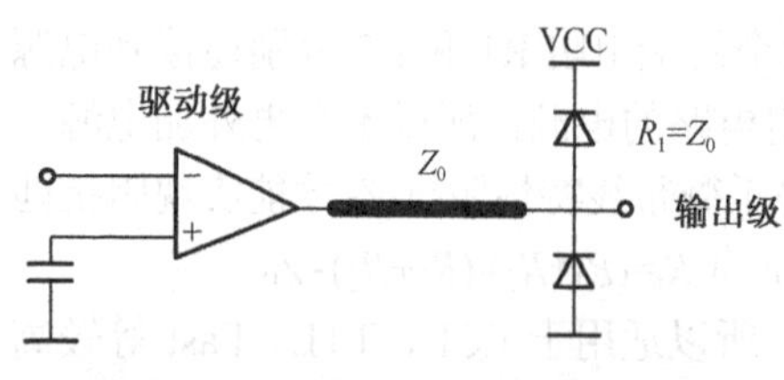


图 12.90 二极管终端匹配技术电路

图 12.90 所示为二极管终端匹配技术的电路，将两个二极管分别反向并连在电源和地端，这种终端技术适用于传输线的阻抗未知时，因为二极管内部的阻抗无法和线路的阻抗匹配，所以该电路无法有效改善反射，但是其主要的目的在于可将过冲信号（overshoot 和 undershoot）限制在 VCC+Vf 和 $V_{GND}$-Vf 的电压范围内，防止有太大的噪声产生并且也可以保护电路元件。

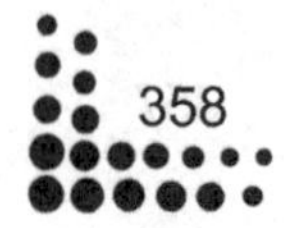

## 12.4.2 终端匹配仿真实例

在射频电路板设计中，终端匹配技术在很大程度上决定了一个系统的成败，在采取合理的匹配措施之前，首先要对无匹配射频系统中的信号质量有一个直观的了解，本节主要通过75Ω传输线电路仿真来进行讨论，仿真实例主要包括以下内容。

- 无匹配 75Ω传输线电路仿真及过冲现象观察。
- 采用戴维南终端匹配技术后，75Ω传输线电路仿真及过冲现象观察。
- 采用串联终端匹配技术后，75Ω传输线电路仿真及过冲现象观察。

以下就对具体仿真流程进行讨论和说明。

### 1. 无匹配技术

（1）运行 ADS，弹出 ADS 主窗口。在菜单栏中选择[File]→[Open Project]，选择已经建立好的“RFboard_lab”工程，同时自动弹出原理图窗口，将其保存为“terminal_sim”。

（2）首先建立 75Ω传输线，利用 ADS 中的微带线工具进行。在原理图窗口中选择[Tools]→[LineCalc]→[Start LineCalc]命令，弹出“LineCalc”对话框，然后就可以在对话框中进行微带线宽度和长度的计算了。如图 12.91 所示，首先在“Substrate Parameters”栏中设置微带线参数。

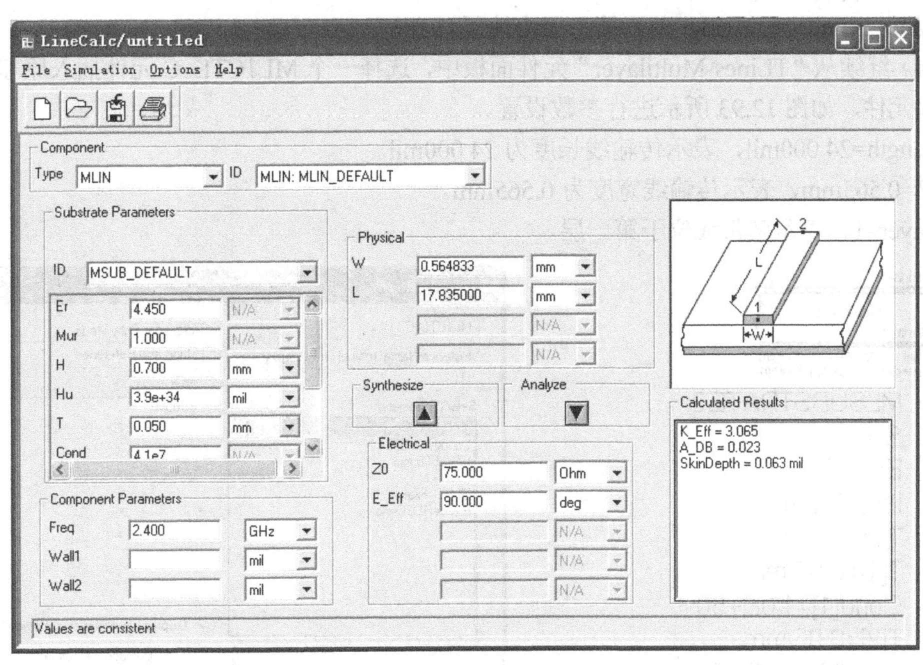


图 12.91 在“LineCalc”对话框中计算微带线宽度和长度

Er=4.45，表示微带线相对介电常数为 4.45。

Mur=1，表示微带线相对磁导率为 1。

H=0.7mm，表示微带线基板厚度为 0.7mm。

Hu=3.9e+34mil，表示微带线封装高度为 3.9e+34mil。

T=0.05mm，表示微带线金属层厚度为 0.05mm。

Cond=4.1e+7，表示微带线电导率为 4.1e+7。

然后在“Component Parameters”中输入微带线工作的中心频率，这里设置为 2.4GHz。最后在“Electrical”栏中输入特征阻抗 $Z_0$ 为 75Ω，相位延迟为 90°（表示长度为波长的 1/4），完成以上设置后，单击[Systhesize]按钮开始计算，计算出 2.4GHz 时微带线宽 $W$ 为 0.564833mm，长 $L$ 为 17.835mm。

（3）计算完微带线的宽度后，就可以开始建立仿真原理图了。在原理图窗口中选择“TLines-Multilayer”元件面板，选择一个 MLSUBSTRATE2 元件插入原理图中，双击该元件，如图 12.92 所示进行参数设置。

Er=4.45，表示微带线相对介电常数为 4.45。

H=0.7mm，表示微带线基板厚度为 0.7mm。

TanD=0.02，表示微带线损耗角正切为 0.02。

T[1]=0.05mm，表示第一层微带线金属层厚度为 0.05mm。

Cond[1]=1e+50，表示微带线电导率为 1e+50。

T[2]=0.05mm，表示第二层微带线金属层厚度为 0.05mm。

Cond[2]=1.0e+50，表示微带线电导率为 1.0e+50。

Layer Type[1]=signal，表示第一层为信号层。

Layer Type[2]=ground，表示第二层为地层。

（4）继续从“TLines-Multilayer”元件面板中，选择一个 ML1CTL_C 元件插入原理图中，双击该元件，如图 12.93 所示进行参数设置。

Length=24 000mil，表示传输线长度为 24 000mil。

W=0.565mm，表示传输线宽度为 0.565mm。

Layer=1，表示微带线位于第一层。

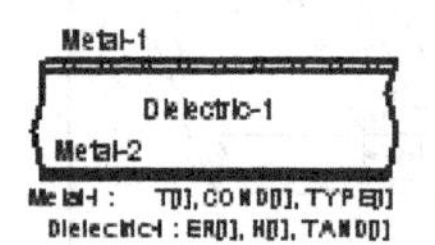


图 12.92　完成设置的 MLSUBSTRATE2

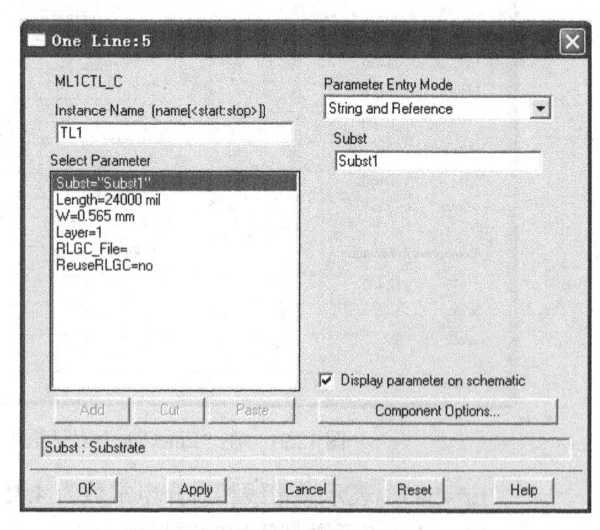


图 12.93　完成设置的 ML1CTL_C 元件

（5）从“Sources-Time Domain”元件面板中选择一个 VtPulse 插入原理图中，双击元件，如图 12.94 所示进行参数设置。

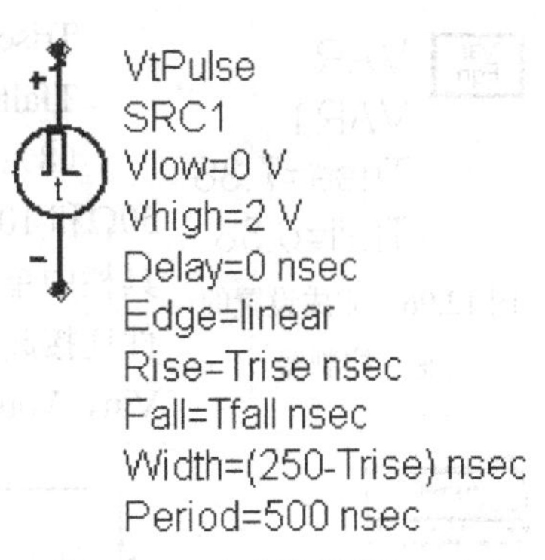


图 12.94　完成设置的 VtPulse

Vlow=0V，表示脉冲信号低电平为 0V。

Vhigh=2V，表示脉冲信号高电平为 2V。

Delay=0 nsec，表示信号延迟时间为 0。

Edge=linear，表示上升沿和下降沿为线性。

Rise=Trise nsec，表示上升时间为变量 Trise nsec。

Fall=Tfall nsec，表示下降时间为变量 Tfall nsec。

Width=(250−Trise) nsec，表示脉冲宽度为变量（250−Trise）nsec。

Period=500 nsec，表示脉冲周期为 500ns。

（6）从“Simulation-Transient”元件面板中选择一个瞬态仿真控制器插入原理图中，双击该控制器，如图 12.95 所示进行参数设置。

Start time=0.0nsec，表示瞬态仿真开始时间为 0。

Stop time=500.0nsec，表示瞬态仿真结束时间为 500ns。

Max time step=1nsec，表示瞬态仿真最大时间步长为 1ns。

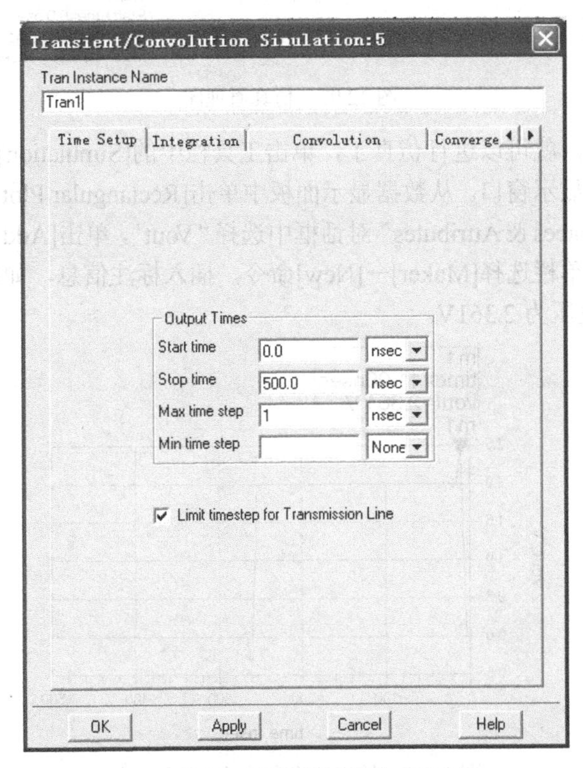


图 12.95　完成设置的瞬态仿真控制器

（7）在工具栏中单击[VAR]按钮插入一个变量控制器，双击该控制器，如图 12.96 所示进行参数设置。

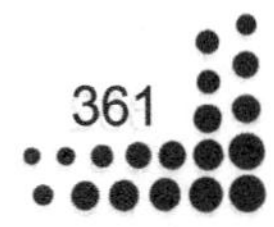

VAR
VAR1
Trise=7.38
Tfall=6.38

图 12.96 完成设置的变量控制器

Trise=7.38，表示上升时间为 7.38ns。

Tfall=6.38，表示下降时间为 6.38ns。

（8）从“Lumped-Components”元件面板中选择两个电阻，设置为 50Ω和 10MΩ，插入原理图中，分别作为输入电阻和输出电阻。再在工具栏中单击[GROUND]按钮插入两个地。最后单击[Insert Wire]按钮将元件连接起来，如图 12.97 所示，并为微带线的输入和输出分配线名 Vsrc，Vin、Vout，完成仿真原理图。

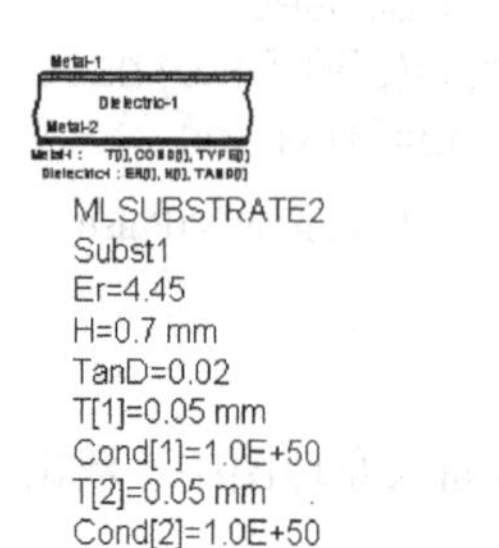


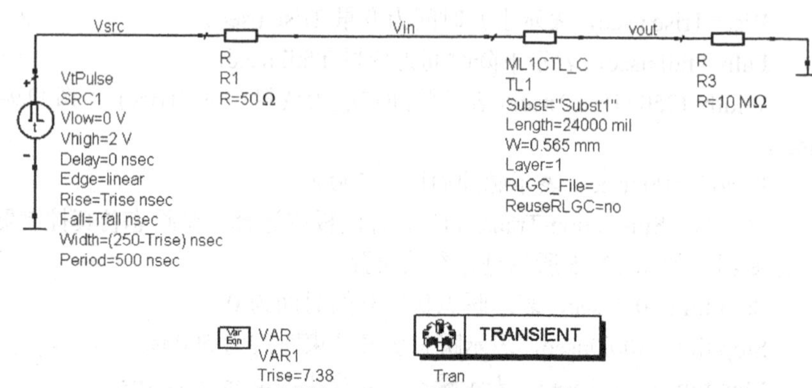


图 12.97 仿真原理图

（9）完成设置后，就可以进行仿真了，单击工具栏中的[Simulation]按钮开始仿真。仿真结束后自动弹出数据显示窗口。从数据显示面板中单击[Rectangular Plot]按钮，插入一个矩形图。在弹出的“Plot Traces & Attributes”对话框中选择“Vout”，单击[Add]按钮，然后单击[OK]按钮输出波形。在菜单栏选择[Maker]→[New]命令，插入标注信息，如图 12.98 所示，可见在 11ns 时最大过冲电压为 2.361V。

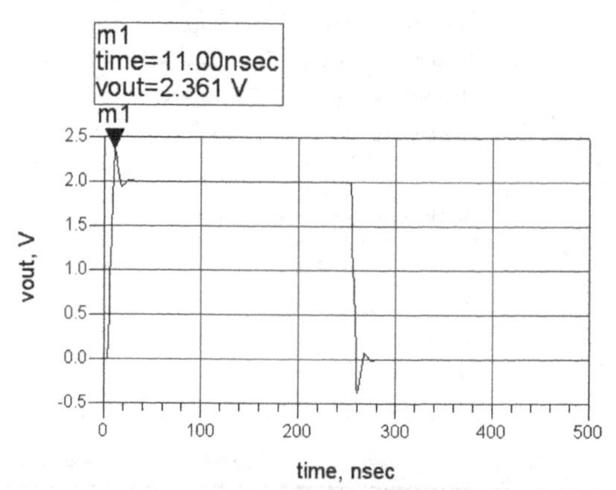


图 12.98 输出波形中的过冲电压信号

（10）再在数据显示窗口中插入一个公式计算器，计算相对过冲电压，单击[Equation]按钮，如图 12.99 所示设置公式。

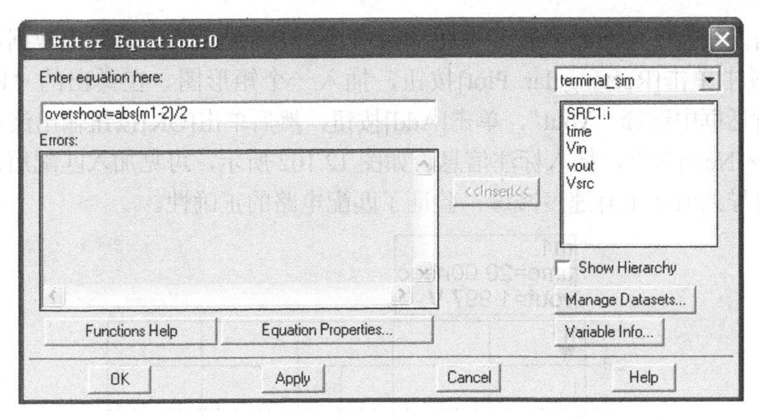

图 12.99　设置相对过冲电压公式

（11）再次仿真原理图，单击[List]按钮，插入一个数据列表，在弹出的“Plot Traces & Attributes”对话框中选择“Equation”下拉菜单，选择“overshoot”，单击[Add]按钮，如图 12.100 所示，显示相对过冲电压为 0.181。

| time | overshoot |
| --- | --- |
| 11.00nsec | 0.181 |

图 12.100　相对过冲电压

## 2. 戴维南终端匹配技术

通过上一个实验仿真，我们对终端无匹配电路造成的过冲电压有了一个直观的认识，要改善这类过冲电压，戴维南终端匹配技术是一个较好的选择，以下通过仿真实例进行讨论。

（1）首先打开原理图“terminal_sim”，将其另存为“terminal_match_parallel”。从“Lumped Components”元件面板中选择两个电阻插入原理图中，并设置电阻值为 75Ω。再从“Source –Freq Domain”元件面板中，选择一个直流电压源插入原理图，设置电压值为 4V。

（2）在工具栏中单击[GROUND]按钮插入一个地。最后单击[Insert Wire]按钮将元件连接起来，如图 12.101 所示，完成仿真原理图。

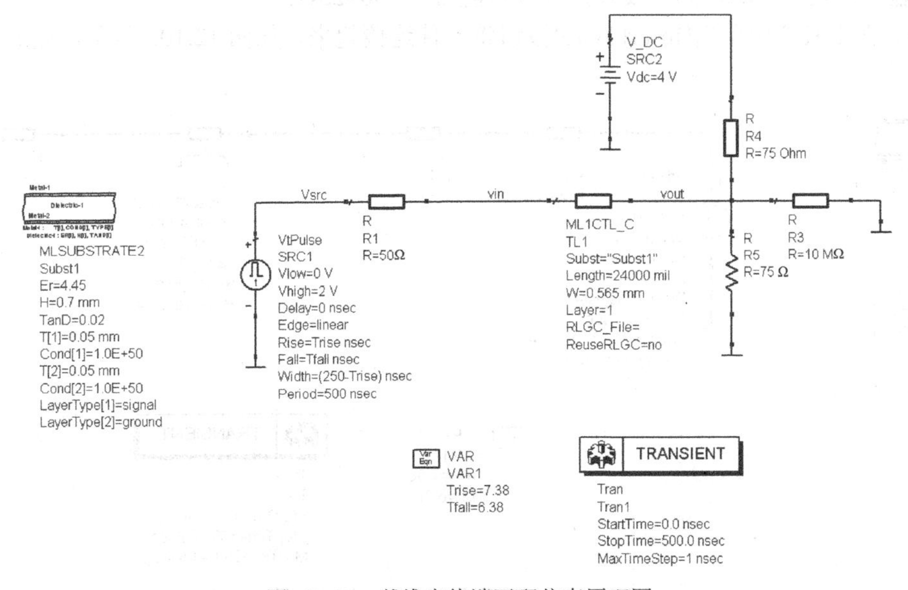

图 12.101　戴维南终端匹配仿真原理图

（3）单击工具栏中的[Simulation]按钮开始仿真。仿真结束后自动弹出数据显示窗口。从数据显示面板中单击[Rectangular Plot]按钮，插入一个矩形图。在弹出的“Plot Traces & Attributes”对话框中选择“Vout”，单击[Add]按钮，然后单击[OK]按钮输出波形。在菜单栏选择[Maker]→[New]命令，插入标注信息，如图 12.102 所示，可见加入匹配后，过冲电压得到消除，同时导致波形上升速度减缓，验证了匹配电路的正确性。

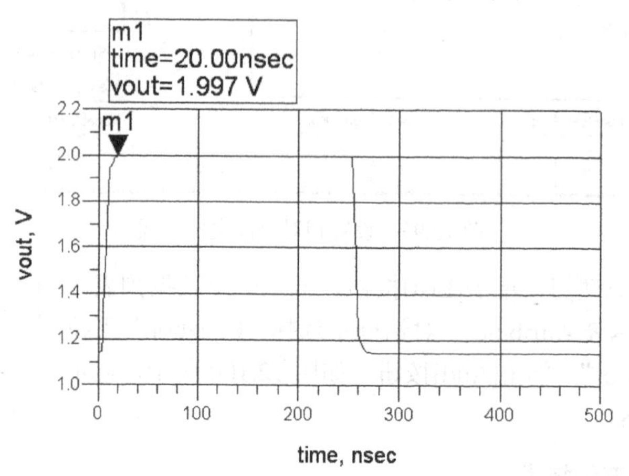


图 12.102　加入戴维南终端匹配后的输出波形

### 3．串联终端匹配技术

相比于戴维南终端匹配技术，串联终端匹配技术实现更为简单，只需要在电路中加入电阻，使输入阻抗与传输线阻抗进行匹配即可，以下通过仿真实例进行讨论。

（1）首先打开原理图“terminal_sim”，将其另存为“terminal_match_series”。从“Lumped Components”元件面板中选择一个电阻插入输入阻抗与传输线之间。由于传输线特性阻抗为 75Ω，输入阻抗为 50Ω，因此设置插入电阻值为 75-50=25Ω。

（2）在工具栏中单击[Insert Wire]按钮将元件连接起来，如图 12.103 所示，完成仿真原理图。

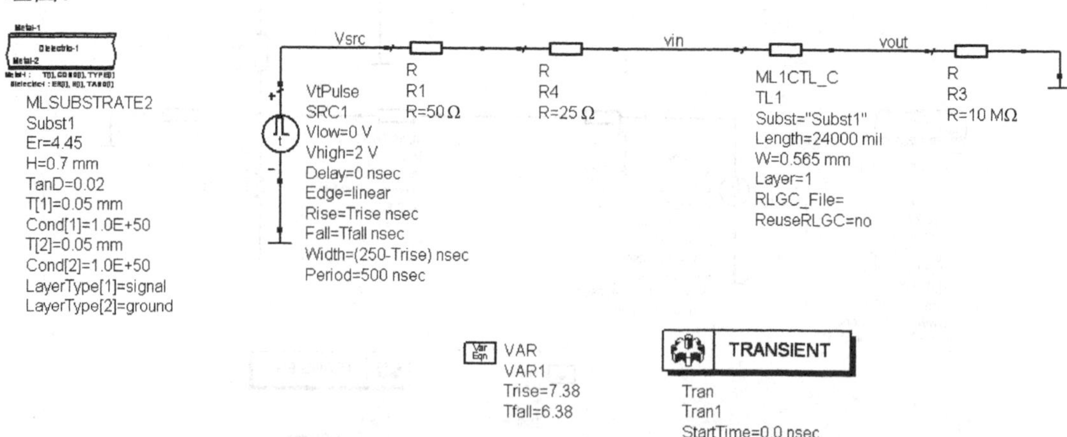


图 12.103　串联终端匹配仿真原理图

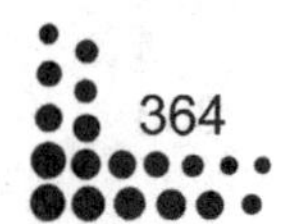

（3）单击工具栏中的[Simulation]按钮开始仿真。仿真结束后自动弹出数据显示窗口。从数据显示面板中单击[Rectangular Plot]按钮，插入一个矩形图。在弹出的“Plot Traces & Attributes”对话框中选择“Vout”，单击[Add]按钮，然后单击[OK]按钮输出波形。在菜单栏选择[Maker]→[New]命令，插入标注信息，如图 12.104 所示。可见加入串联终端匹配后，过冲电压同样得到消除，波形上升速度虽然减缓，但比戴维南终端匹配电路，上升速度更为迅速，但因为在实际使用中，需要准确确定输入阻抗和特性阻抗值，因此增加了匹配难度。

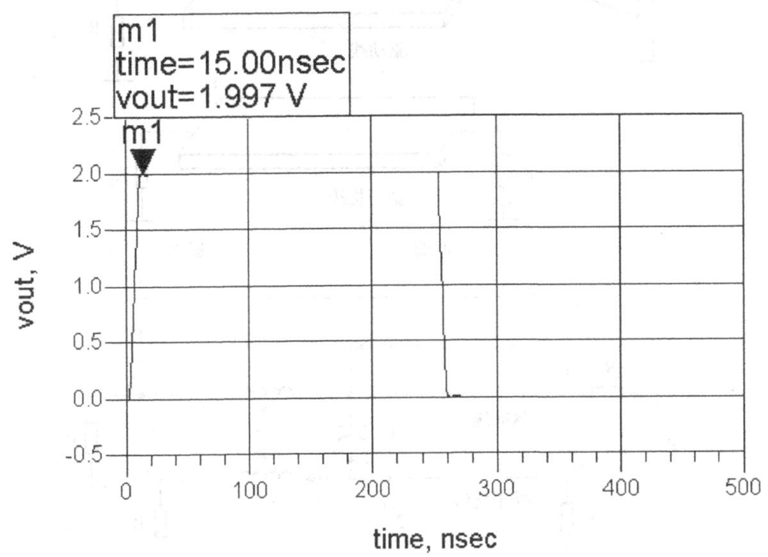


图 12.104 加入串联终端匹配后的输出波形

## 12.5 信号串扰仿真

串扰是一种信号干扰现象，表现为在一根信号线上有信号通过时，由于两个相邻导体之间所形成的互感与互容，导致在印制电路板上与之相邻的信号线上就会感应出相关的信号，称之为串扰。信号线距离地线越近，线间距越大，产生的串扰信号越小，异步信号和时钟信号更容易产生串扰。因此，消除串扰的方法是移开发生串扰的信号或屏蔽被严重干扰的信号。随着印制电路板的绕线布局密度增加，尤其是长距离总线的布局使得串扰成为信号完整性中最严重的问题之一。本节主要讨论信号串扰的基本原理，之后通过一个 ADS 仿真实例进行讨论。

### 12.5.1 信号串扰原理

信号串扰根据发生位置可以分为近端信号串扰（Near-end Crosstalk）和远端信号串扰（Far-end Crosstalk）。图 12.105 所示为两传输线发生信号串扰的示意图及其等效电路图，两并行线长度为 $l$，驱动线上传送一个脉冲信号，设在 $x$ 点经互容 $C_m$ 及互感 $K_m$ 会在受干扰线上造成不必要的干扰信号。驱动线在 $x$ 点通过互容 $C_m$ 产生一个电流 $I_c$ 流向受干扰线，此电流将分成两个大小相等方向相反的电流，分别向受干扰线的两个端点流动，而驱动线在 $x$ 点也通过互感 $K_m$ 感应产生一个电流 $I_L$ 流向受干扰线，此电流在受干扰线方向与驱动线电流方向相反，因此在受干扰线将有 $I_c/2-I_L$ 的电流流向远端，同时也将有的 $I_c/2+I_L$ 电流流向近端。

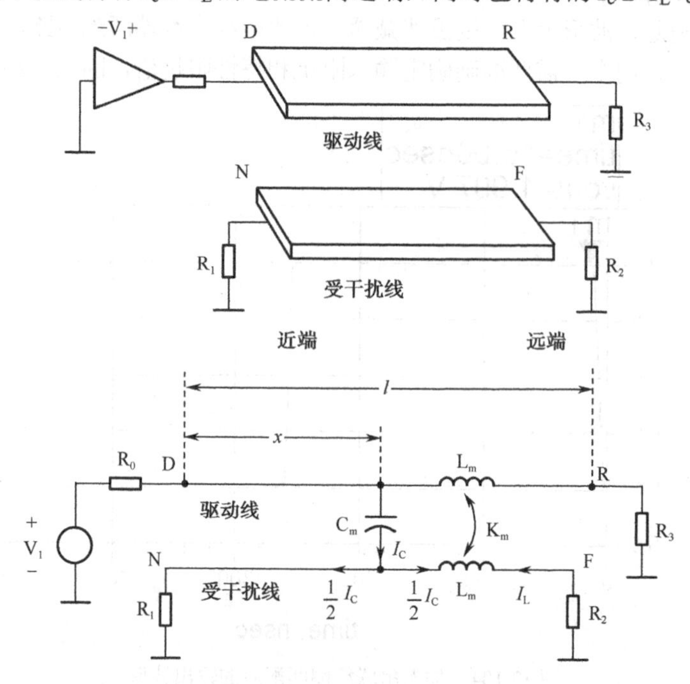


图 12.105　信号串扰示意图及其等效电路图

下面以图 12.106 和图 12.107 所示为例讨论远端和近端串扰大小。图 12.106 所示为并行信号线远端和近端串扰的示意图，设在驱动端传送一个脉冲信号，在 $x_1$ 点因互容及互感而在受干扰线上产生 $V_{b1}$ 的电压向近端流动，同时产生 $V_{f1}$ 的电压向远端流动，同时在 $x_2$ 点也将产生 $V_{b2}$ 的电压向近端流动以及 $V_{f2}$ 的电压向远端流动。因此，在经过一段并行信号线后，在受干扰线的近端将会有一个极性与驱动端相同且宽度为 $2T_d$ 的脉波干扰信号产生；而在受干扰线的远端在 $T_d$ 的时间将会产生一个极性与驱动端相反且大小与线长及脉波上升时间成正比的脉冲干扰信号。其中，$T_d$ 为两并行信号线长的传输时间，图 12.107 所示为远端和近端串扰大小示意图。

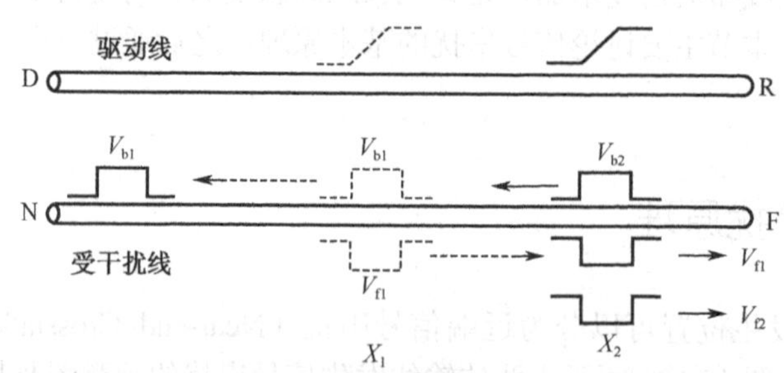


图 12.106　并行信号线远端和近端串扰示意图

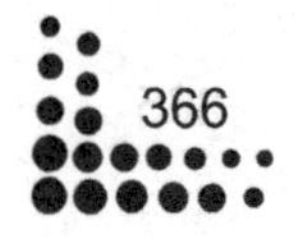

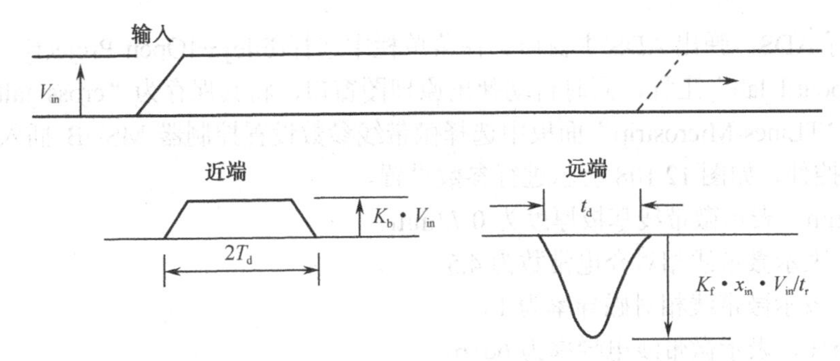


图 12.107　并行信号线远端和近端串扰大小示意图

一般受干扰线因驱动线电压 $V_{in}$ 而产生串扰的信号大小为：

$$V(x,t)=V_b(x,t)+V_f(x,t) \tag{12-24}$$

其中，远端干扰信号 $V_f(x,t)$ 为：

$$V_f(x,t)=K_f x\frac{d}{dt}V_{in}(t-T_o x) \tag{12-25}$$

近端干扰信号 $V_b(x,t)$ 为：

$$V_b(x,t)=K_b[V_{in}(t-T_o x)-V_{in}(t+T_o x-2T_d)] \tag{12-26}$$

如果两平行信号线为对称线，则远端串扰系数 $K_f$ 及近端串扰系数 $K_b$ 分别为：

$$K_f=-\frac{1}{2}\left(\frac{L_m}{Z_o}-C_m Z_o\right) \tag{12-27}$$

$$K_b=\frac{1}{4T_o}\left(\frac{L_m}{Z_o}+C_m Z_o\right) \tag{12-28}$$

式中，$C_m$ 为两并行传输线之间的互容；$L_m$ 为两并行传输线之间的互感；$Z_o$ 为传输线的特性阻抗；$T_d$ 为传输线 $l$ 长的传输延迟时间；$T_o$ 为单位长度的传输延迟时间。

如果两平行信号线为非对称线，则远端串扰系数 $K_f$ 及近端串扰系数 $K_b$ 分别为：

$$K_f=-\frac{1}{2}\sqrt{\sqrt{L_1L_2}\sqrt{C_1C_2}}\left(\frac{L_m}{\sqrt{L_1L_2}}-\frac{C_m}{\sqrt{C_1C_2}}\right) \tag{12-29}$$

$$K_b=\frac{1}{4}\left(\frac{L_m}{\sqrt{L_1L_2}}+\frac{C_m}{\sqrt{C_1C_2}}\right) \tag{12-30}$$

## 12.5.2　信号串扰仿真实例

在射频电路板设计中，信号串扰主要通过包地线、差分走线、避免过长平行走线等措施来进行改善。在采取合理的措施之前，首先要对信号串扰有一个直观的了解，本节主要通过两类微带线的信号串扰仿真来进行讨论，仿真实例主要包括以下两方面内容。

- 对称双导体微带线近端和远端的信号串扰仿真、数据观察。
- 非对称三导体微带线近端和远端的信号串扰仿真、数据观察。

以下对具体仿真流程进行讨论和说明。

（1）运行 ADS，弹出 ADS 主窗口。在菜单栏中选择[File]→[Open Project]，选择已经建立好的“RFboard_lab”工程，同时自动弹出原理图窗口，将其保存为“cross_talk_sim”。

（2）从“TLines-Microstrip”面板中选择微带线参数设置控制器 MSUB 插入原理图中，双击 MSUB 控件，如图 12.108 所示进行参数设置。

H=0.72mm，表示微带线基板厚度为 0.72mm。

Er=4.5，表示微带线相对介电常数为 4.5。

Mur=1，表示微带线相对磁导率为 1。

Cond=6e+6，表示微带线电导率为 6e+6。

Hu=1.0e+033mm，表示微带线封装高度为 1.0e+033mm。

T=0.04mm，表示微带线金属层厚度为 0.04mm。

TanD=0.02，表示微带线损耗角正切为 0.02。

Rough=0mm，表示微带线表面粗糙度为 0mm。

（3）再从“TLines-Microstrip”元件面板中选择微带线 MCLIN 插入原理图中，双击元件，如图 12.109 所示进行参数设置。

W=1.625mm，表示微带线线宽为 1.625mm。

S=5mil，表示微带线间距为 5mil。

L=150mm，表示微带线线长为 150mm。

MSub

MSUB
MSub1
H=0.72 mm
Er=4.5
Mur=1
Cond=6E+6
Hu=1.0e+033 mm
T=0.04 mm
TanD=0.02
Rough=0 mm

图 12.108　完成设置的微带线参数设置控制器

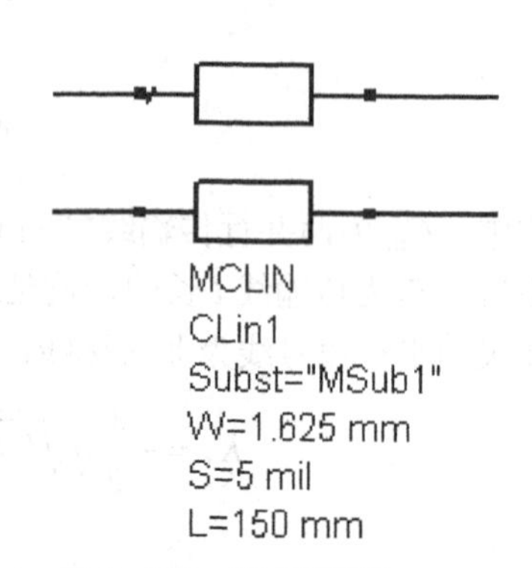


图 12.109　完成设置的 MCLIN

VtPulse
SRC1
Vlow=0 V
Vhigh=1 V
Delay=0 nsec
Edge=linear
Rise=Trise nsec
Fall=Trise nsec
Width=(5-Trise) nsec
Period=10 nsec

图 12.110　完成设置的 VtPulse

（4）从“Sources-Time Domain”元件面板中选择一个 VtPulse 插入原理图中，双击元件，如图 12.110 所示进行参数设置。

Vlow=0V，表示脉冲信号低电平为 0V。

Vhigh=1V，表示脉冲信号高电平为 1V。

Delay=0 nsec，表示信号延迟时间为 0。

Edge=linear，表示上升沿和下降沿为线性。

Rise=Trise nsec，表示上升时间为变量 Trise nsec。

Fall=Trise nsec，表示下降时间为变量 Trise nsec。

Width=(5-Trise) nsec，表示脉冲宽度为变量(5-Trise) nsec。

Period=10 nsec，表示脉冲周期为 10ns。

（5）从“Lumped-Components”元件面板中选择 4 个 50Ω电阻插入原理图中。再在工具栏中单击[GROUND]按钮插入四个地。最后单击[Insert Wire]按钮将元件连接起来，如图 12.111 所示，并为微带线的输入和输出分配线名 Vin、Vnear、Vfar。

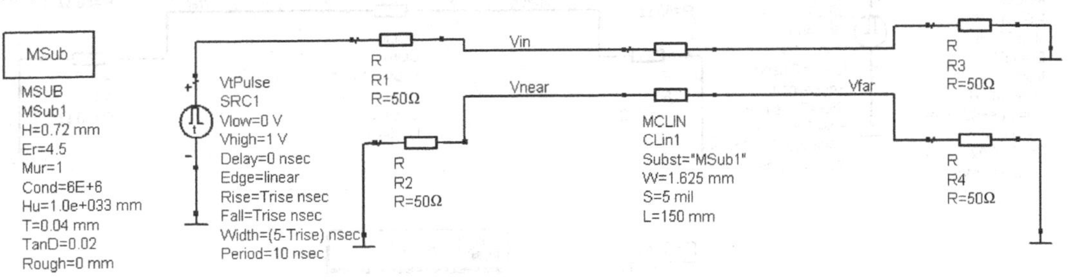


图 12.111　电路原理图

（6）在工具栏中单击[VAR]按钮插入一个变量控制器，双击该控制器，如图 12.112 所示进行参数设置。

Trise=0.039，表示上升时间为 0.039ns。

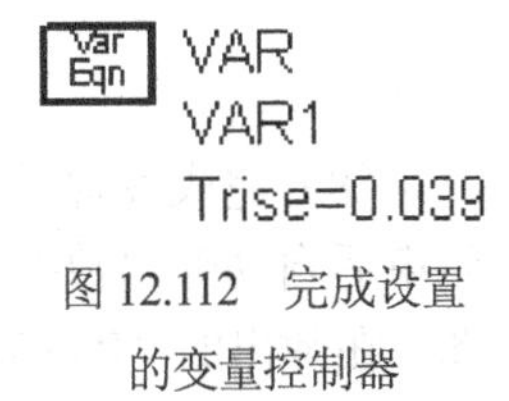


图 12.112　完成设置的变量控制器

（7）从“Simulation-Transient”元件面板中选择一个瞬态仿真控制器插入原理图中，双击该控制器，如图 12.113 所示进行参数设置。

Start time=0.0nsec，表示瞬态仿真开始时间为 0。

Stop time=2.0nsec，表示瞬态仿真结束时间为 2.0ns。

Max time step=Trise/2，表示瞬态仿真最大时间步长为 Trise/2。

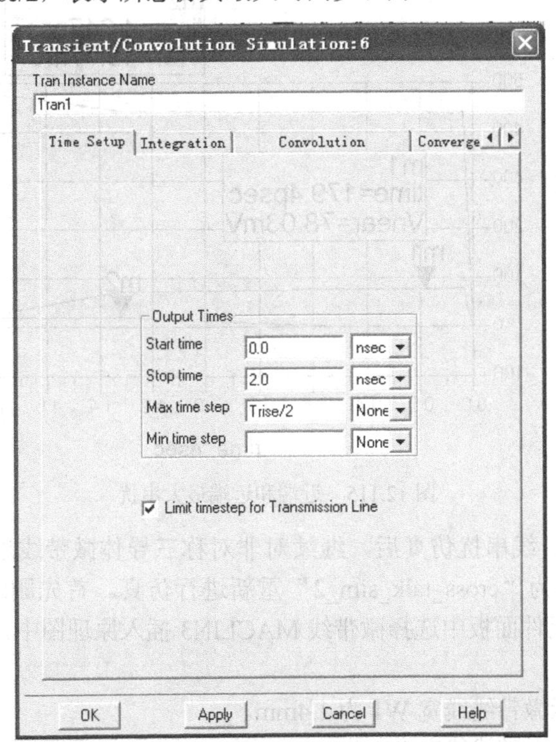


图 12.113　完成设置的瞬态仿真控制器

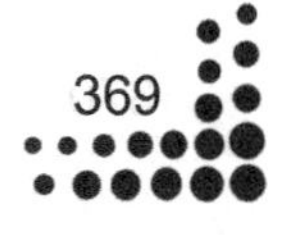

如图 12.114 所示，最终完成仿真原理图。

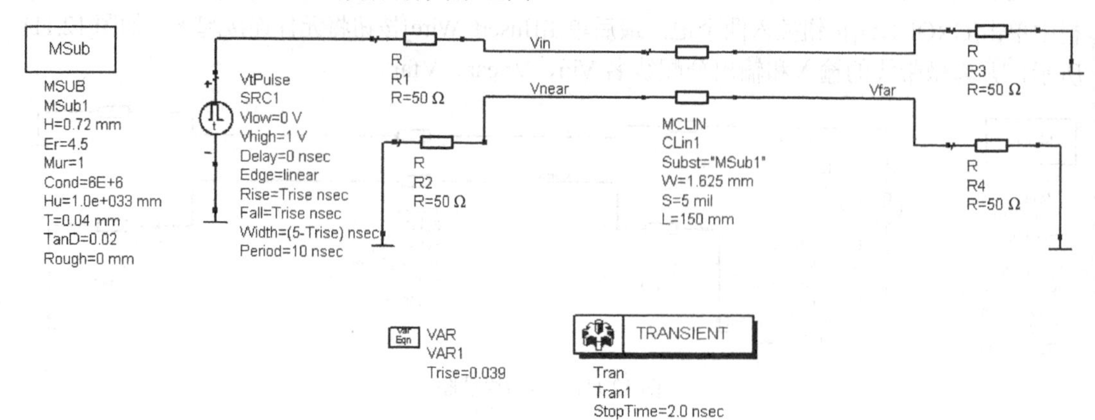


图 12.114 仿真原理图

（8）完成设置后，就可以进行仿真了，单击工具栏中的[Simulation]按钮开始仿真。仿真结束后自动弹出数据显示窗口。从数据显示面板中单击[Rectangular Plot]按钮，插入一个矩形图。在弹出的“Plot Traces & Attributes”对话框中选择“Vin、Vnear、Vfar”，单击[Add]按钮，然后单击[OK]按钮输出波形。在菜单栏选择[Maker]→[New]命令，插入标注信息，如图 12.115 所示。可见近端最大串扰为 78.03mV，远端最大串扰为 19.77mV。

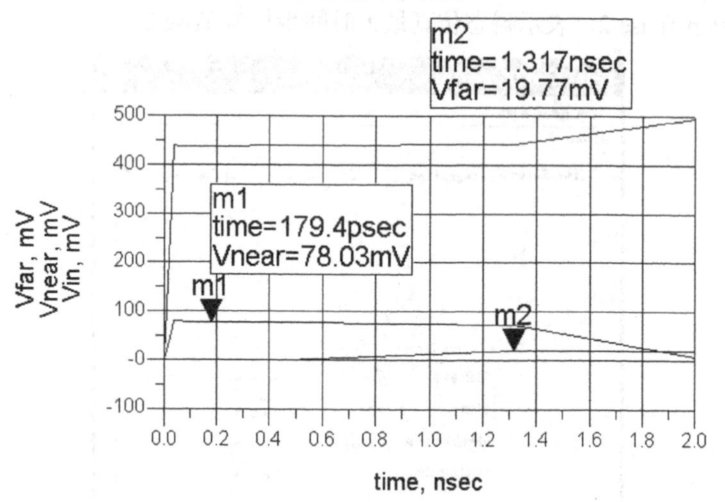


图 12.115 近端和远端最大串扰

（9）完成对称微带线串扰仿真后，继续对非对称三导体微带线进行串扰仿真。首先将“cross_talk_sim”另存为“cross_talk_sim_2”重新进行仿真。首先删除微带线 MCLIN，从“TLines-Microstrip”元件面板中选择微带线 MACLIN3 插入原理图中，双击元件，如图 12.116 所示进行参数设置。

W1=1.4mm，表示微带线线宽 W1 为 1.4mm。

W2=1.4mm，表示微带线线宽 W2 为 1.4mm。

W3=1.4mm，表示微带线线宽 W3 为 1.4mm。

S1=5mil，表示微带线 1、2 间距为 5mil。

S2=5mil，表示微带线 2、3 间距为 5mil。

L=150mm，表示微带线线长为 150mm。

再在工具栏中单击[GROUND]按钮插入两个地。最后单击[Insert Wire]按钮将元件连接起来，如图 12.117 所示，完成仿真原理图。

（10）完成设置后，就可以进行仿真了，单击工具栏中的[Simulation]按钮开始仿真。仿真结束后自动弹出数据显示窗口。从数据显示面板中单击[Rectangular Plot]按钮，插入一个矩形图。在弹出的“Plot Traces & Attributes”对话框中选择“Vin、Vnear、Vfar”，单击[Add]按钮，然后单击[OK]按钮输出波形。在菜单栏选择[Maker]→[New]命令，插入标注信息，如图 12.118 所示。可见近端最大串扰为-22.7mV，远端最大串扰为-101.6mV，与对称微带线相比，非对称三导体微带线在远端的串扰要大许多。因此，在进行射频电路板设计时，要注意采用包地线等措施，以减小远端串扰。

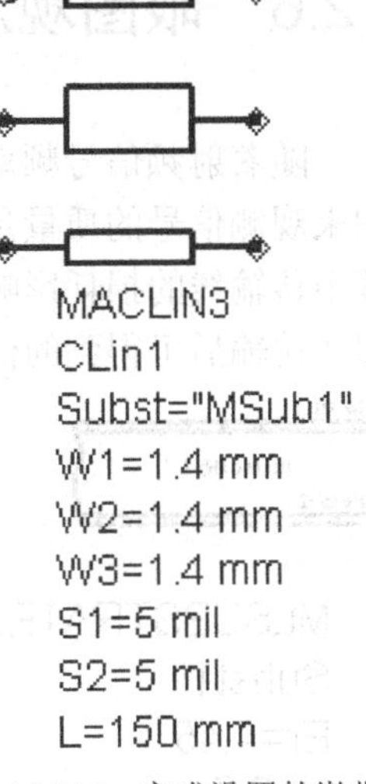


图 12.116　完成设置的微带线 MACLIN3

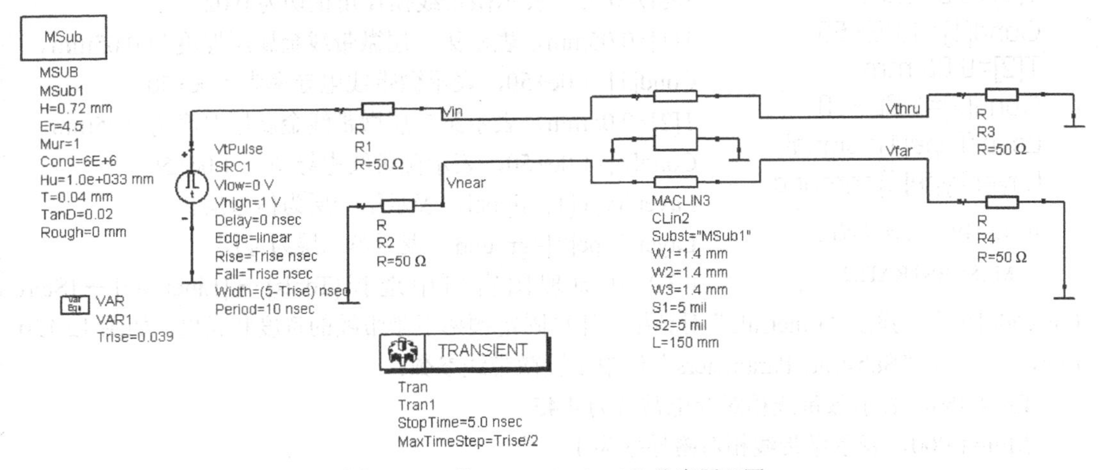


图 12.117　“cross_talk_sim_2”仿真原理图

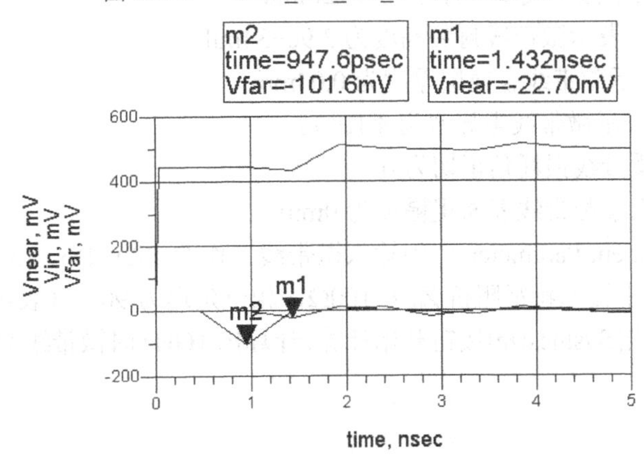


图 12.118　近端和远端的最大串扰

## 12.6 眼图观测仿真

随着射频信号频率的不断增加，信号传输的稳定性成为工程师面临的最大挑战，利用眼图来观测信号的质量是目前测试稳定性最重要的方式之一。影响信号传输质量的因素有很多，其中传输线的损耗影响最大，本节设计一个有损耗传输线，利用 ADS 来观测其眼图特性，即在传输后可得到的信号传输质量。

MLSUBSTRATE2
Subst1
Er=4.45
H=0.7 mm
TanD=0.02
T[1]=0.05 mm
Cond[1]=1.0E+50
T[2]=0.05 mm
Cond[2]=1.0E+50
LayerType[1]=signal
LayerType[2]=ground

图 12.119 完成设置的 MLSUBSTRATE2

（1）运行 ADS，弹出 ADS 主窗口。在菜单栏中选择[File]→[Open Project]，选择已经建立好的“RFboard_lab”工程，同时自动弹出原理图窗口，将其保存为“eye_diagram”。

（2）在原理图窗口中选择“TLines-Multilayer”元件面板，选择一个 MLSUBSTRATE2 元件插入原理图中，双击该元件，如图 12.119 所示进行参数设置。

Er=4.45，表示微带线相对介电常数为 4.45。

H=0.7mm，表示微带线基板厚度为 0.7mm。

TanD=0.02，表示微带线损耗角正切为 0.02。

T[1]=0.05mm，表示第一层微带线金属层厚度为 0.05mm。

Cond[1]=1.0e+50，表示微带线电导率为 1.0e+50。

T[2]=0.05mm，表示第二层微带线金属层厚度为 0.05mm。

Cond[2]=1.0e+50，表示微带线电导率为 1.0e+50。

Layer Type[1]=signal，表示第一层为信号层。

Layer Type[2]=ground，表示第二层为地层。

（3）在原理图窗口中选择[Tools]→[LineCalc]→[Start LineCalc]命令，弹出“LineCalc”对话框，计算固定频率下微带线的宽度和长度，如图 12.120 所示。首先在“Substrate Parameters”栏中设置微带线参数：

Er=4.450，表示微带线相对介电常数为 4.45。

Mur=1.000，表示微带线相对磁导率为 1。

H=0.720mm，表示微带线基板厚度为 0.72mm。

Hu=3.9e+34mil，表示微带线封装高度为 3.9e+34mil。

T=0.040mm，表示微带线金属层厚度为 0.04mm。

Cond=4.1e+7，表示微带线电导率为 4.1e+7。

TanD=0，表示微带线损耗角正切为 0。

Rough=0mm，表示微带线表面粗糙度为 0mm。

然后在“Component Parameters”中输入微带线工作的中心频率，这里设置为 1GHz。最后在“Electrical”栏中输入特征阻抗 $Z_0$ 为 100Ω，相位延迟为 90°（表示长度为 1/4 波长），完成以上设置后，单击[Systhesize]按钮开始计算，计算出 1GHz 时微带线宽 W 为 0.270426mm，长 L 为 43.8523mm。

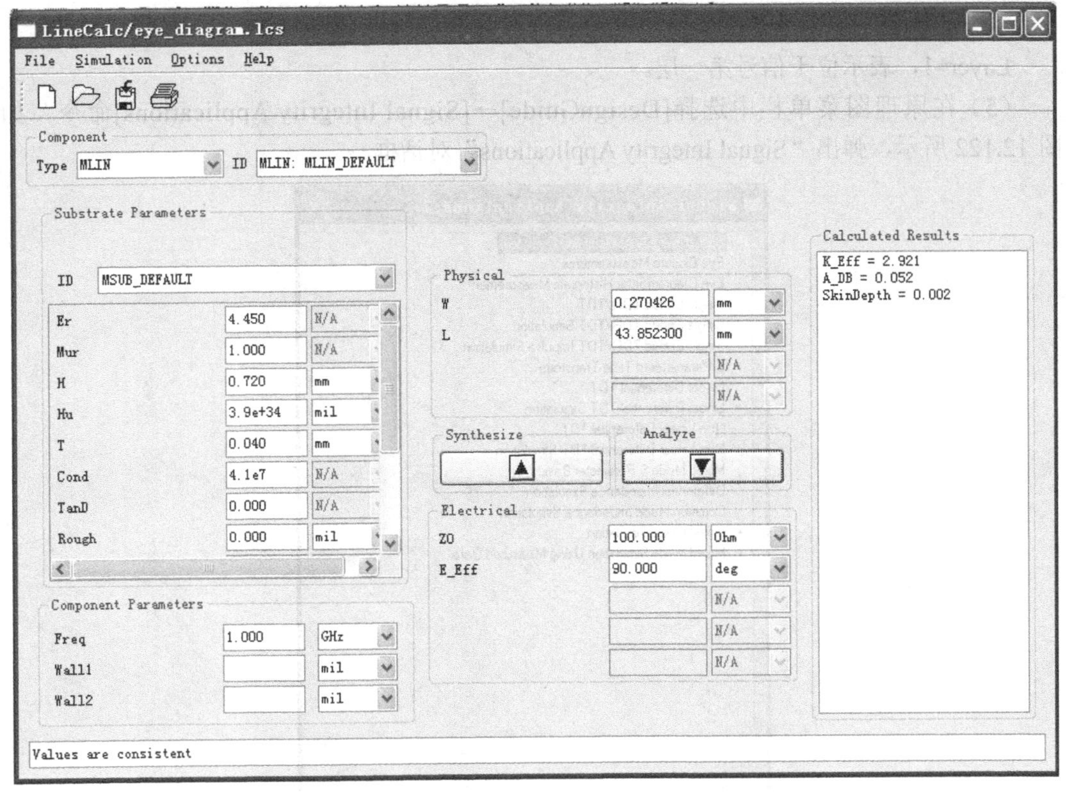


图 12.120　在“LineCalc”对话框中计算微带线宽度和长度

（4）从“TLines-Multilayer”元件面板中选择两个 ML2CTL_C 元件插入原理图中，如图 12.121 所示进行参数设置。

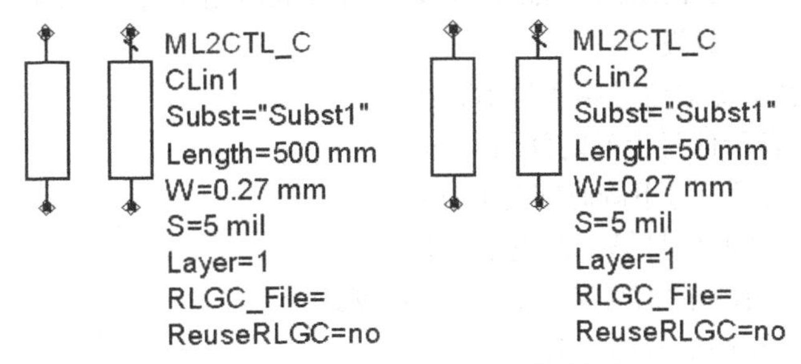


图 12.121　ML2CTL_C 元件设置

设置 Clin1：

Length=500mm，表示微带线长度为 500mm。

W=0.27mm，表示微带线宽度为 0.27mm。

S=5mil，表示间隙为 5mil。

Layer=1，表示位于信号第一层。

设置 Clin2：

Length=50mm，表示微带线长度为 50mm。

W=0.27mm，表示微带线宽度为 0.27mm。

S=5mil，表示间隙为 5mil。

Layer=1，表示位于信号第一层。

（5）在原理图菜单栏中选择[DesignGuide]→[Signal Integrity Applications]命令，如图 12.122 所示，弹出“Signal Integrity Applications”对话框。

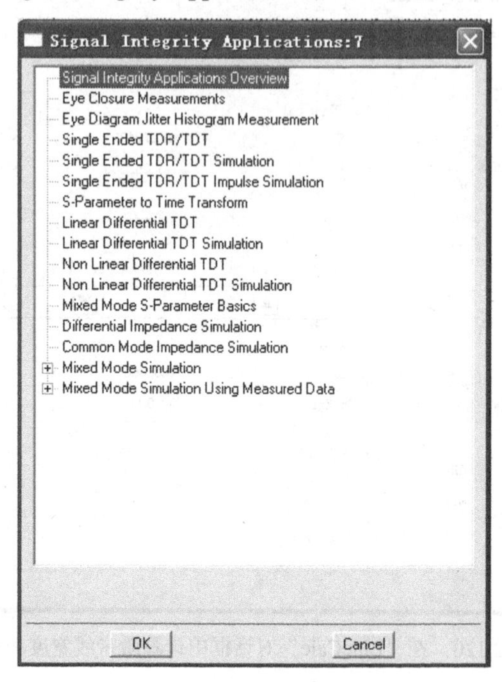


图 12.122 “Signal Integrity Applications”对话框

在窗口中选择“Linear Differential TDT”，单击[OK]按钮，插入原理图中，双击该元件，如图 12.123 所示进行参数设置。

Rate=1GHz，表示传输信号频率为 1GHz。

Rise=0.1nsec，表示信号上升时间为 0.1ns。

Fall=0.1nsec，表示信号下降时间为 0.1ns。

Vlow0=0，表示脉冲信号第一低电平为 0。

Vhight0=1V，表示脉冲信号第一高电平为 1V。

Vlow1=0，表示脉冲信号第二低电平为 0。

Vhight1=2V，表示脉冲信号第二高电平为 2V。

Vlow2=0，表示脉冲信号第三低电平为 0。

Vhight2=3V，表示脉冲信号第三高电平为 3V。

BitSeq0="110101010010111010101001011101010100101110101010010111010101001011101010100101"，表示第一输入比特信号。

BitSeq1= "1101010100101"，表示第二输入比特信号。

BitSeq2= "1101010100101"，表示第三输入比特信号。

TimeStep=50psec,，表示时间步长为 50ps。

Rsrc=50Ω，表示输入电阻为 50Ω。

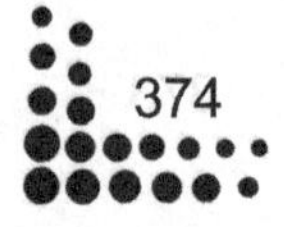

Rload=50Ω，表示输出电阻为 50Ω。

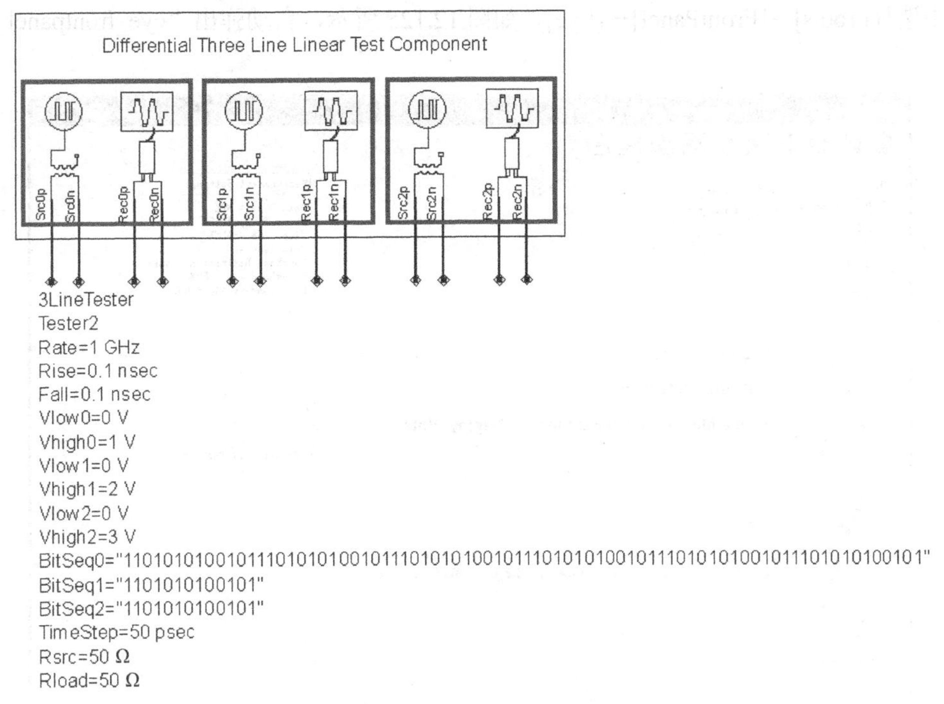


图 12.123 设置“Linear Differential TDT”

（6）在工具栏单击[Insert Wire]按钮将元件连接起来，如图 12.124 所示，完成原理图设计。

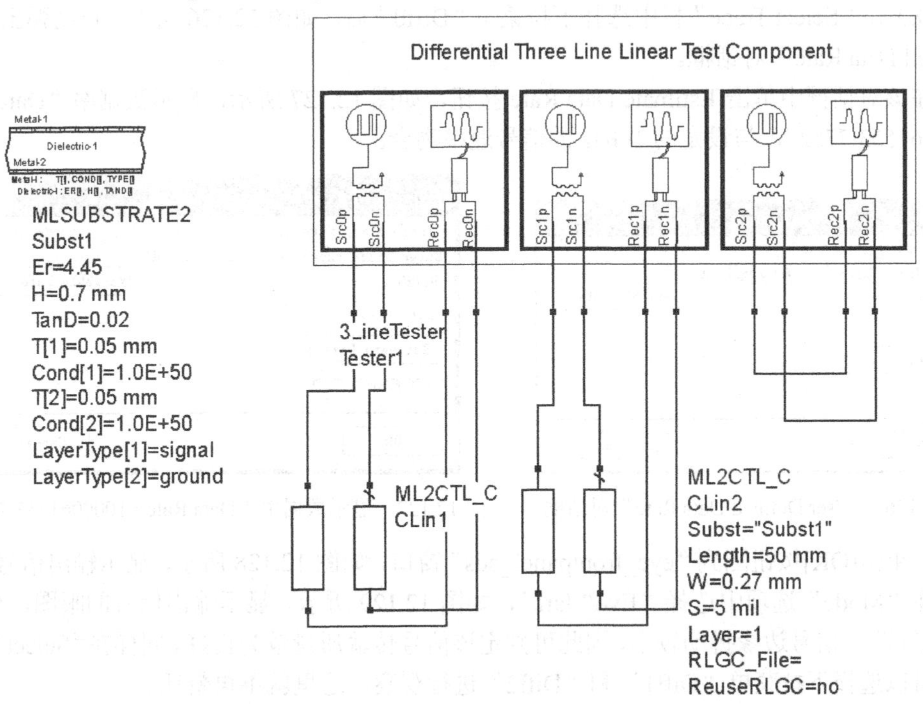


图 12.124 眼图仿真原理图

（7）单击工具栏中的[Simulation]按钮开始仿真。仿真结束后自动弹出数据显示窗口。在菜单中选择[Tools]→[FrontPanel]→[Eye]，如图 12.125 所示，自动弹出“eye_frontpanel_dds”窗口。

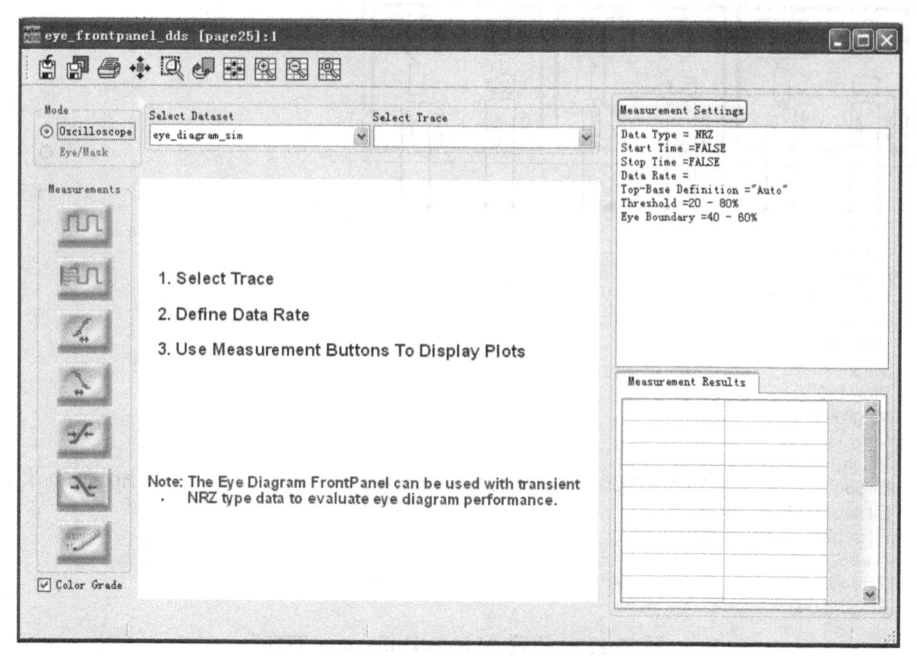


图 12.125 “eye_frontpanel_dds”窗口

（8）在“Select Trace”栏中选择下拉菜单“Diff0”后，如图 12.126 所示，自动弹出“User Defined Data Rate”对话框。

在该对话框中单击[Estimate Data Rate]按钮，如图 12.127 所示，显示数据率“Data Rate=1000061553.7752”，与设定的 1GHz 的信号速率吻合。

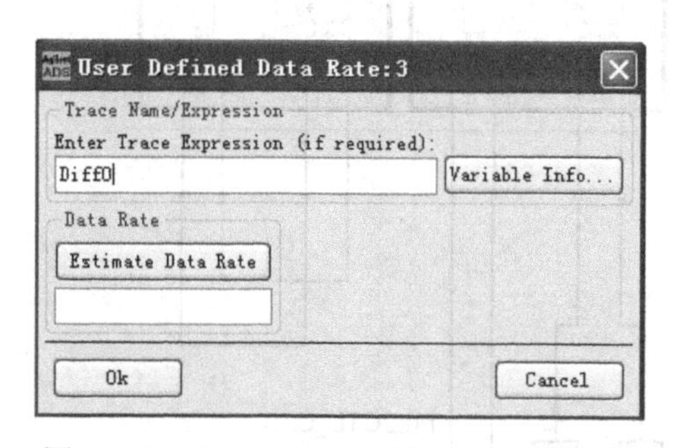


图 12.126 “User Defined Data Rate”对话框

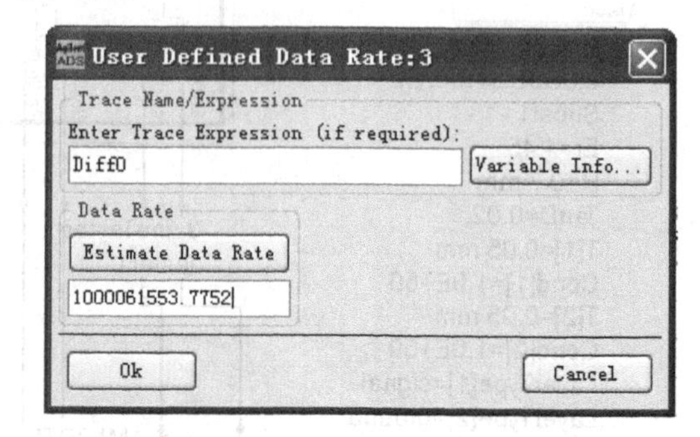


图 12.127 显示数据率“Data Rate= 1000061553.7752”

再单击[OK]按钮回到“eye_frontpanel_dds”窗口，如图 12.128 所示，显示输出信号波形。

在“Mode”选项中选择“Eye/Mark”，如图 12.129 所示。显示输出信号的眼图，可见眼图波形良好，信号边缘抖动较小，因此可判定该信号传输质量较为良好。同样在“Select Trace”栏中可以选择下拉菜单“Diff1”和“Diff2”进行观察，这里就不再赘述。

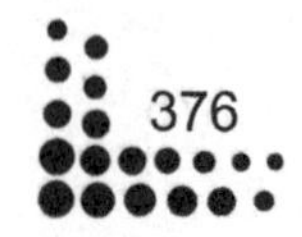

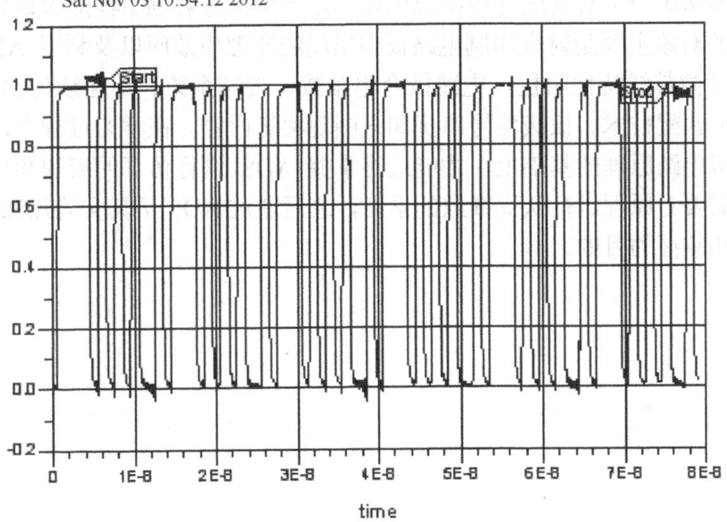


图 12.128　输出信号波形

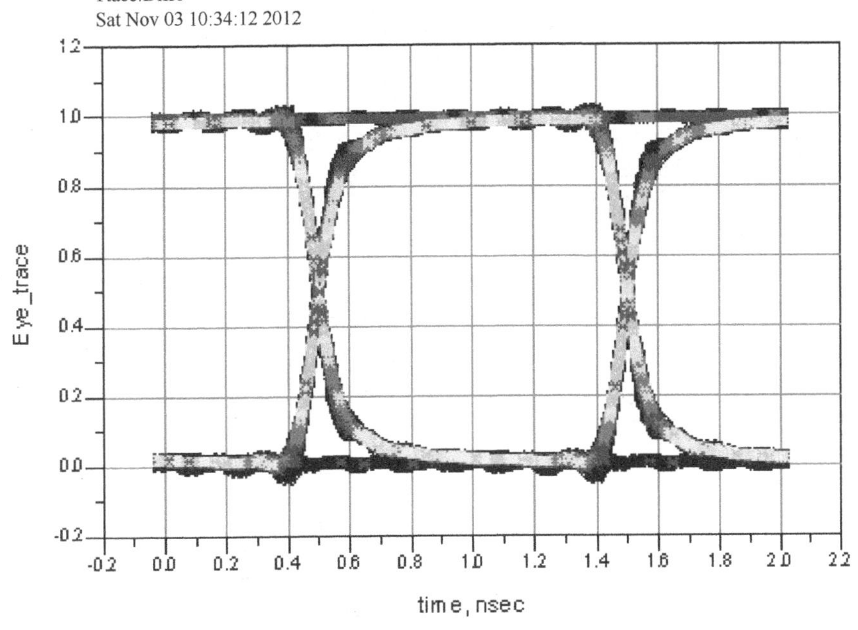


图 12.129　输出信号眼图

## 12.7　小结

一个好的射频系统在很大程度上决定于射频电路板的设计，合理的设计能有效克服板级非理想因素对系统造成的影响。而在设计早期运用工具预测出这些非理想效应的影响，并采用合适的电路和系统技术对其进行修正或优化，是一个优秀射频工程师应该具有的素质。

本章研究的对象主要是射频印制电路板中出现的非理想效应以及利用 ADS 进行仿真的实验方法，包括微带线特性阻抗、电路板介电常数、衰减系数、不连续传输线效应及 TDR 实验方法、终端匹配技术、板级信号串扰和眼图观察等内容。在学习过程中，读者只有在熟练掌握射频板级电路原理的基础上，才能最终掌握 ADS 进行仿真的流程和技巧。因此，读者在每节之初需要对原理进行认真细致的学习，之后通过 ADS 仿真实验加深对原理的认识，从而达到理解和掌握的目的。

# 第 13 章　微带天线的设计与仿真

1953 年，德尚教授首次提出了利用微带线的辐射制作微波天线的概念，但直到 1972 年由于技术的成熟和现实的需要，芒森和豪威尔等人才制作出了第一批实用的微带天线，随后国际上开始了对微带天线的广泛研究和应用。

1979 年，在美国新墨西哥州大学举行了微带天线的专题国际会议，1981 年 IEEE 天线与传播会刊 1 月号上刊载了微带天线专辑。从那之后，微带天线成为天线领域的一大分支。20 世纪，70 年代是微带天线的重大发展时期，在 20 世纪 80 年代，微带天线的理论和技术进一步得到了加强和完善，如今微带天线的研究理论则趋于成熟，各种应用层出不穷，微带天线在多个领域内大显身手。

本章首先介绍微带天线的定义、特征参数以及应用和发展前景，然后使用 ADS 设计一个 2.4GHz 微带天线，使读者对微带天线的设计流程和仿真方法有一个基本的认识。

## 13.1　微带天线的基本原理

微带天线是在带有导体接地板的介质基片上贴加导体薄片而形成的天线（光刻、腐蚀等方法做出一定形状的金属贴片）。它采用微带线或同轴线等馈电，在导体贴片与接地板之间激起射频电磁场，并通过贴片四周与接地板间的缝隙向外辐射。因此，微带天线可以看成是一种缝隙天线。由于介质基片的厚度往往远小于波长，故它实现了一维小型化，属于电小天线。

导体贴片一般是规则形状的面积单元，如矩形、圆形或圆环形薄片等；也可以是窄长条形的偶极子，由这两种单元形成的微带天线分别称之为微带贴片天线和微带振子天线。微带天线的另一种形式是利用微带线的某种形式（如弯曲、直角弯头等）来形成辐射，称之为微带线型天线。而利用开在接地板上的缝隙，由介质基片另一侧的微带线或者其他馈线对其馈电，称之为微带缝隙天线。此外，还可以构成多种多样的阵列天线，如微带贴片阵天线，微带振子阵天线等。

由于微带天线的种类繁多，故以最具代表性的矩形微带线分析其特征参数。导体贴片为矩形的微带天线，由传输线或同轴探针馈电，在贴片与接地板之间激起高频电磁场，并通过贴片四周与接地板之间的缝隙向外辐射。

矩形微带贴片可看做宽为 $W$、长为 $L$ 的一段微带传输线，在其终端 $y=L$ 处呈现开路，是电压波幅和电流波节面，图 13.1 所示为贴片和接地板之间的电场分布情况。

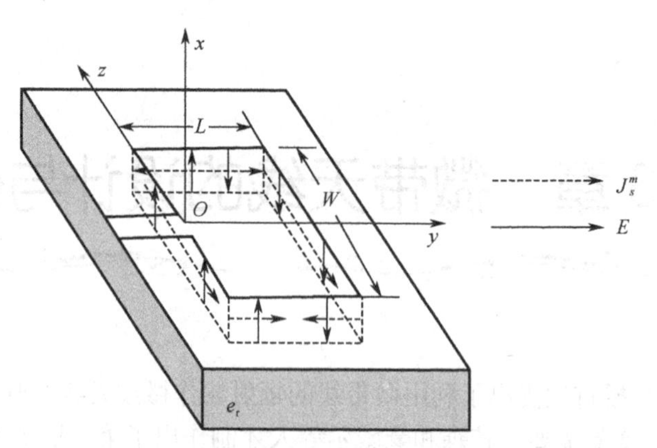


图 13.1　矩形微带天线结构及等效面磁流密度

## 1．辐射机理

选择图 13.1 所示坐标系，假设电场沿 $z$ 方向均匀分布，沿 $y$ 方向的电场分布可近似表示为：

$$\vec{E} = E_0 \cos\left(\frac{\pi y}{L}\right)\hat{e}_x \tag{13-1}$$

贴片四周窄缝上的等效面磁流密度为：

$$\vec{J}_s^m = -\hat{e}_n \times \vec{E} \tag{13-2}$$

$\hat{e}_n$ 为缝隙表面的外法向单位矢量。由于电场只有 $x$ 方向分量，因此等效面磁流均与接地板平行，如图 13.1 中箭头所示。

由式 13-2 可知，表面磁流沿两条 $W$ 边是同向的，其辐射场在 $x$ 轴方向同相叠加，呈最大辐射，并随偏离角的增大而减小，形成边射方向图。

在每条 $L$ 边上，磁流呈反对称分布，在 $H$ 面（$xoz$ 面）上的辐射相互抵消；两条 $L$ 边的磁流彼此呈反对称分布，在 $E$ 面（$xoy$ 面）上的辐射场也相互抵消。$L$ 边在其他平面上的辐射虽然不会完全抵消，但与两条 $W$ 边的辐射场相比，显得非常微弱。可见矩形微带天线的辐射主要由两条 $W$ 边的缝隙产生，称为辐射边。

## 2．辐射场的求解

矩形微带天线的辐射场由相距 $L$ 的两条 $W$ 边缝隙辐射场叠加而成。考虑 $y=0$ 的缝隙，表面磁流密度为：

$$\vec{J}_s^m = -\hat{e}_z E_0 \tag{13-3}$$

对于远区观察点 $P(r,\theta,\varphi)$，磁矢位为：

$$\vec{F} = -\hat{e}_z \frac{1}{4\pi r}\int_{-W/2}^{W/2}\int_{-h}^{h} E_0 \mathrm{e}^{-\mathrm{j}k(r - x\sin\theta\cos\varphi + z\cos\theta)}\mathrm{d}z\mathrm{d}x \tag{13-4}$$

式中考虑了接地板引入的镜像效应。

积分后得到：

$$\vec{F}=-\hat{e}_z\frac{E_0h}{\pi r}\frac{\sin(kh\sin\theta\cos\varphi)}{kh\sin\theta\cos\varphi}\frac{\sin\left(\frac{1}{2}kW\cos\theta\right)}{k\cos\theta}\mathrm{e}^{-\mathrm{j}kr} \tag{13-5}$$

由 $\vec{E}=-\nabla\times\vec{F}$ 可得远区电场矢量为：

$$\vec{E}=\hat{e}_\varphi\frac{\mathrm{j}E_0h}{\pi r}\frac{\sin(kh\sin\theta\cos\varphi)}{kh\sin\theta\cos\varphi}\frac{\sin\left(\frac{1}{2}kW\cos\theta\right)}{\cos\theta}\sin\theta\mathrm{e}^{-\mathrm{j}kr} \tag{13-6}$$

对于 $y=L$ 处面磁流对辐射场的贡献，可考虑间距 $L=\lambda_g/2$ 的等幅同相二元阵，其阵因子为：

$$f_n=2\cos\left(\frac{1}{2}kL\sin\theta\sin\varphi\right) \tag{13-7}$$

矩形微带天线远区辐射场为：

$$\vec{E}=\hat{e}_\varphi\frac{\mathrm{j}2E_0h}{\pi r}\frac{\sin(kh\sin\theta\cos\varphi)}{kh\sin\theta\cos\varphi}\frac{\sin\left(\frac{1}{2}kW\cos\theta\right)}{\cos\theta}\sin\theta\cos\left(\frac{1}{2}kL\sin\theta\sin\varphi\right)\mathrm{e}^{-\mathrm{j}kr} \tag{13-8}$$

### 3. 方向图

由于实际微带天线的 $kh\ll 1$，地因子近似等于 1，方向函数可表示为：

$$F(\theta,\varphi)=\left|\frac{\sin\left(\frac{1}{2}kW\cos\theta\right)}{\frac{1}{2}kW\cos\theta}\sin\theta\cos\left(\frac{1}{2}kL\sin\theta\sin\varphi\right)\right| \tag{13-9}$$

$E$ 面（$xoy$ 面），$\theta=90^\circ$，方向函数为：

$$F_{\mathrm{E}}(\varphi)=\left|\cos\left(\frac{1}{2}kL\sin\varphi\right)\right| \tag{13-10}$$

$H$ 面（$xoz$ 面），$\varphi=0^\circ$，方向函数为：

$$F_{\mathrm{H}}(\theta)=\left|\frac{\sin\left(\frac{1}{2}kW\cos\theta\right)}{\frac{1}{2}kW\cos\theta}\sin\theta\right| \tag{13-11}$$

图 13.2 所示给出了理论计算和实测的矩形微带天线的方向图。

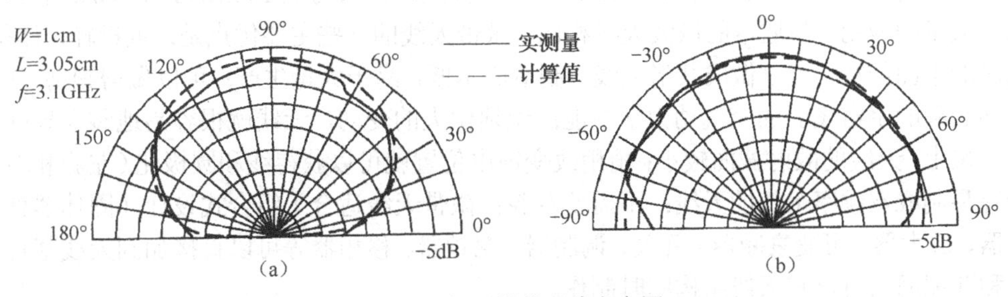


图 13.2 矩形微带天线方向图

4．辐射电导

如果定义$U_{\mathrm{m}}=E_0h$，辐射电导定义为$P_{\mathrm{r}}=\frac{1}{2}U_{\mathrm{m}}^2G_{\mathrm{rm}}$，可求得每条边的辐射电导为：

$$G_{\mathrm{rm}}=\frac{1}{\pi}\sqrt{\frac{\varepsilon}{\mu}}\int_0^{\pi}\frac{\sin^2\left(\frac{\pi W}{\lambda}\cos\theta\right)}{\cos^2\theta}\sin^3\theta\mathrm{d}\theta \tag{13-12}$$

当$W\ll\lambda$时，
$$G_{\mathrm{rm}}\approx\frac{1}{90}\left(\frac{W}{\lambda}\right)^2 \tag{13-13}$$

当$W\gg\lambda$时，
$$G_{\mathrm{rm}}\approx\frac{W}{120\lambda} \tag{13-14}$$

5．输入导纳

矩形微带天线的输入导纳可由微带传输线法进行计算，等效电路如图 13.3 所示。

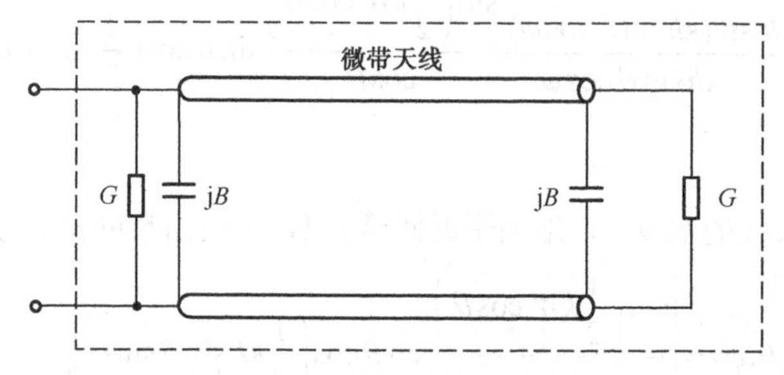


图 13.3　矩形微带天线等效电路

设微带线的特性导纳为$Y_{\mathrm{c}}$，则输入导纳为：

$$Y_{\mathrm{in}}=(G+\mathrm{j}B)+Y_{\mathrm{c}}\frac{G+\mathrm{j}[B+\tan(\beta L)]}{Y_{\mathrm{c}}+\mathrm{j}(G+\mathrm{j}B)\tan(\beta L)} \tag{13-15}$$

其中
$$\beta=\frac{2\pi}{\lambda_{\mathrm{g}}}=\frac{2\pi}{\lambda}\sqrt{\varepsilon_{\mathrm{e}}} \tag{13-16}$$

$\varepsilon_{\mathrm{e}}$为有效介电常数。当谐振边处于谐振状态时，输入导纳为：

$$Y_{\mathrm{in}}=2G_{\mathrm{rm}} \tag{13-17}$$

6．微带天线的应用与发展前景

同常规的微波天线相比，微带天线具有一些优点，在大约从 100MHz～50GHz 的宽带上获得了大量的应用。与通常的微波天线相比，微带天线的一些主要优点是：重量轻、体积小、剖面薄的平面结构，可以做成共形天线；制造成本低，易于大量生产；可以做得很薄，因此，不扰动装载的宇宙飞船的空气动力学性能；无须做大的变动，天线就很容易地装在导弹、火箭或卫星上；天线的散射截面较小；稍稍改变馈电位置就可以获得线和圆极化（左旋和右旋）；比较容易制成双频率工作的天线；不需要背腔；微带天线适合于组合式设计（固体器件，如振荡器、放大器、可变衰减器、开关、调制器、混频器、移相器等可以直接加到天线基片上）；馈线和匹配网络可以和天线结构同时制作。

与微波天线相比，微带天线也有一些缺点：频带窄；有损耗，因而增益较低；大多数微带天线只向半空间辐射；最大增益实际上受限制（约为 20dB）；馈线与辐射元之间的隔离差；端射性能差；可能存在表面波；功率容量较低。但是有一些办法可以克服微带天线的某些缺点。例如，只要在设计和制造过程中特别注意就可抑制或消除表面波。在许多实际设计中，微带天线的优点远远大于它的缺点。

在一些显要的系统中已经应用微带天线的有：移动通信；卫星通信；多普勒及其他雷达；无线电测高计；指挥和控制系统；导弹遥测；武器信管；便携装置；环境检测仪表和遥感；复杂天线中的馈电单元；卫星导航接收机；生物医学辐射器。这些应用绝没有列全，随着对微带天线应用可能性认识的提高，微带天线的应用场合将继续增多。

## 13.2 ADS 微带天线设计实例

在学习了微带天线的基本理论和应用范围之后，本节通过一个微带天线设计实例说明利用 ADS 进行微带天线设计的方法和基本流程，矩形微带天线设计指标如下：

采用陶瓷基片（$\varepsilon_r$=9.8）。

厚度 $h$=1.27mm。

工作频率：$f$=2.4GHz。

### 13.2.1 微带天线参数计算

在确定矩形微带天线设计指标后，首先我们将针对设计指标进行矩形微带天线参数的理论计算，以指导后续的 ADS 设计过程。

#### 1. 微带天线宽度的计算

微带天线宽度 $W$ 的大小影响着微带天线的方向性函数、辐射电阻及输入阻抗，从而也影响着频带宽度和辐射效率。另外，$W$ 的大小直接支配着微带天线的总尺寸。在条件允许的情况下 $W$ 值取适当大一些，这样对频带、效率及阻抗匹配都有利，但当 $W$ 的尺寸大于式 13-18 给出的值时，将产生高次模，从而引起场的畸变。

$$W = \frac{c}{2f_r}\left(\frac{\varepsilon_r + 1}{2}\right)^{-1/2} \qquad 13\text{-}18$$

式中，$c$ 为光速；$\varepsilon_r$ 为介质薄板的介电常数；$f_r$ 为谐振频率，且：

$$f_r = \frac{c}{2\sqrt{\varepsilon_e}(L + 2\Delta L)} \qquad 13\text{-}19$$

#### 2. 微带长度的计算

矩形微带天线的单元长度 $L$ 在理论上应选取其波长的一半，但考虑到边缘场的影响，应该从 $L = \lambda_g/2 - 2\Delta L$，$L$ 由式 13-20 计算得到。

$$L = \frac{\lambda_g}{2} - 2\Delta L \tag{13-20}$$

式中，$\lambda_g$ 为介质内波长；$\varepsilon_r$ 是有效介电常数；$\Delta L$ 是实际受边缘场的影响而算出的一个修正公式，分别由式 13-21～式 13-23 计算得到。

$$\lambda_g = \frac{c}{f_r\sqrt{\varepsilon_e}} \tag{13-21}$$

$$\varepsilon_e = \frac{\varepsilon_r + 1}{2} + \frac{\varepsilon_r - 1}{2}\left(1 + \frac{12h}{W}\right)^{-1/2} \tag{13-22}$$

$$\Delta L = 0.412h\frac{(\varepsilon_e + 0.3)\left(\dfrac{W}{h} + 0.264\right)}{(\varepsilon_e - 0.258)\left(\dfrac{W}{h} + 0.8\right)} \tag{13-23}$$

### 3. 馈线宽度 $W$

ADS 中自带了一个计算微带线宽度和长度的工具。在原理图窗口中选择[Tools]→[LineCalc]→[Start LineCalc]命令，弹出“LineCalc”对话框，然后就可以在对话框中进行微带线宽度和长度的计算了。如图 13.4 所示，由 Transmission Line Calculator 软件计算得出馈线宽度 $W$ 为 1.23mm。

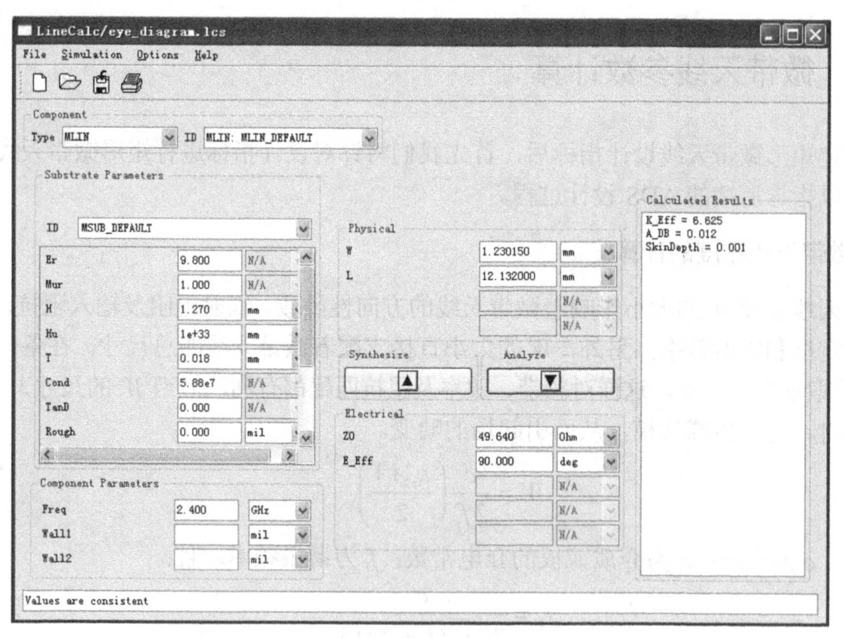


图 13.4 计算馈线宽度 $W$

因此，由式 13-18～式 13-23 计算可得微带天线的基本参数为：

W=26.89mm。

L=19.71mm。

d=1.23mm（50Ω微带线宽度）。

## 13.2.2　ADS 微带天线的仿真设计

基于 13.2.1 节中微带天线基本参数的计算结果，就可以进行 ADS 的仿真设计了，具体设计仿真过程如下。

（1）运行 ADS，弹出 ADS 主窗口，选择[File]→[New Project]命令，弹出“New Project”对话框，在存在的默认路径“c:\users\default”后输入“antenna_ads”，并在“Project Technology Files：”栏中选择“ADS Standard:Length unil-millimeter”，选择工程默认的长度单位为毫米（mm），如图 13.5 所示。单击[OK]按钮，完成建立工程。

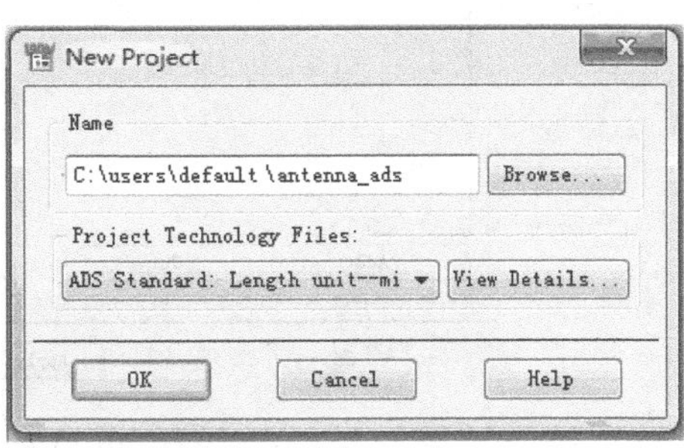


图 13.5　建立工程

（2）在主窗口中选择[layout]→[Generate/Update layout]命令，如图 13.6 所示，弹出“layout”窗口。

图 13.6　建立 layout

（3）在菜单栏里选择[Momentum]→[Substrate]→[Create/Modify…]，弹出“Create/Modify Substrate”对话框。

在“Substrate Layers”标签里，单击[Alumina]按钮，如图 13.7 所示，设置参数如下。

Thickness=1. 27mm，表示基底厚度为 1. 27mm。

Permittivity Real=1，表示扩散率为 1。

Loss Tangent Real =9.8，表示衰减正切实数值为 9.8。

其他设置保持默认。

在对话框中选择“Layout Layers”选项，单击[STRIP-cond]按钮，如图 13.8 所示，进行参数设置。

Substrate Layers　Layout Layers

Name: none

Select a substrate layer to edit OR define a new layer:

Substrate Layers

FreeSpace

Alumina

//////// GND ////////

Thickness 1.27 mm

Substrate Layer Name Alumina

Permittivity (Er) Re, Loss Tangent

Real 9.8

Loss Tangent 0

Permeability (MUr) Re, Loss Tangent

Real 1

Loss Tangent 0

Add　Cut　Paste

OK　Apply　Cancel　Help

图 13.7 “Alumina”设置对话框

Name=cond，表示版图层的名称为 cond。

Model=Thick (Expansion Up)，表示采用的是有一定厚度的层模型。

Thickness=0.018 mm，表示层厚度为 0.018mm。

Material=Conductor (Sigma)，表示导电介质层材料参数采用 Sigma 方式设置。

Real=5.88e7，表示导电介质层参数实部为 5.88e7。

Imag=0，表示导电介质层参数虚部为 0。

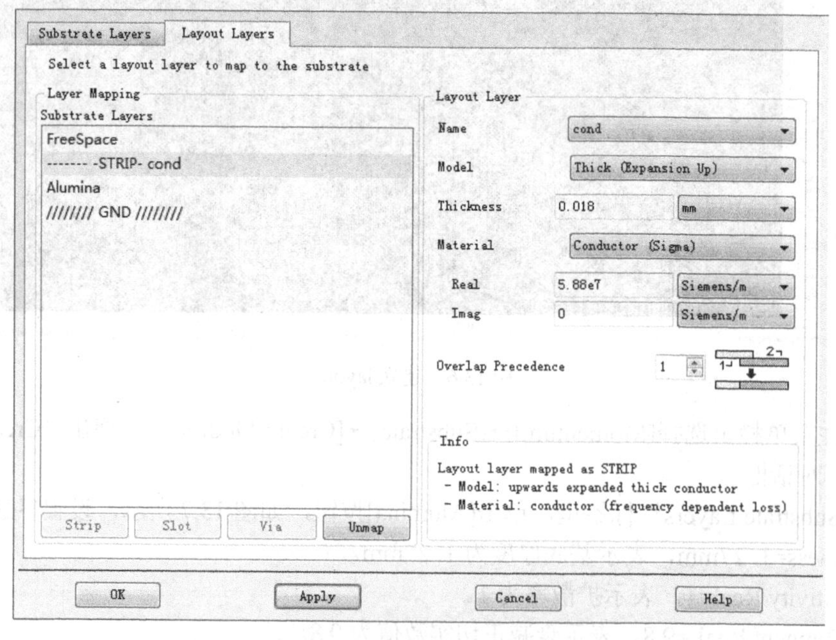


图 13.8 “STRIP-cond”设置对话框

（4）设置完成后，“layout”窗口内画出矩形，参数为：W=26.89mm；L=19.71mm 单击 [Insert Rectangle] 快捷按钮，在绘图窗口绘制矩形贴片。

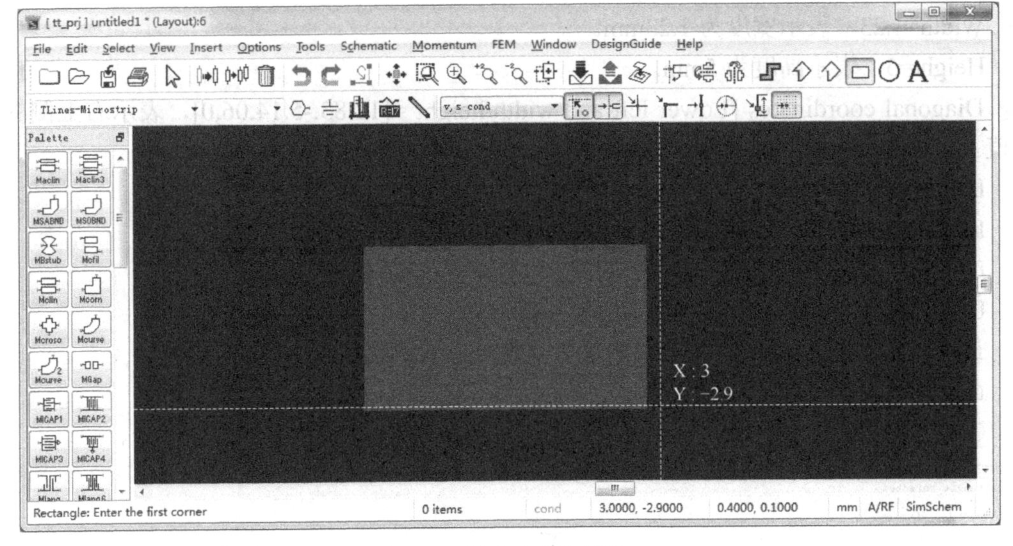

图 13.9 微带天线绘制窗口

双击矩形贴片，如图 13.10 所示，打开 “Properties”对话框。

选择“Standard”标签进行设置，窗口的设置参数如下。

Layer=cond，表示版图层的名称为 cond。

Lower left and width/height =[0,0,26.89,19.71]，表示左下侧的坐标值。

Lower left X =0，表示左下侧 $X$ 的坐标值为 0。

Lower left Y =0，表示左下侧 $Y$ 的坐标值为 0。

Width=26.89，表示宽度为 26.89mm。

Height=19.71，表示高度为 19.71mm。

Diagonal coordinates= [0,0,26.89,19.71]，表示右上侧的坐标值。

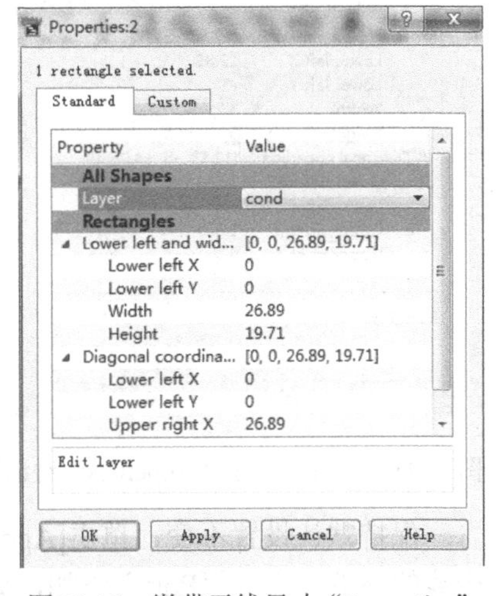

图 13.10 微带天线尺寸“Properties”对话框

Lower left X= 0，表示左下侧 $X$ 的坐标值为 0。

Lower left Y= 0，表示左下侧 $Y$ 的坐标值为 0。

Upper right X =26.89，表示右上侧 $X$ 的坐标值为 26.89。

Upper right Y=19.71，表示右上侧 $Y$ 的坐标值为 19.71。

最后，依次单击[Apply]、[OK]按钮，完成矩形贴片的绘制。

（5）绘制好矩形贴片以后，在宽边中心位置引出一段 50Ω的微带线。双击微带线，打开“Properties”对话框，如图 13.11 所示进行参数设置。

在“standard”标签里，窗口的设置参数如下：

Lower left and width/height= [12.83,-5,1.23,5]，表示左下侧的坐标值。

Lower left X=12.83，表示左下侧 $X$ 的坐标值为 12.83。

Lower left Y=−5，表示左下侧 $Y$ 的坐标值为−5。

Width=1.23，表示宽度为 1.23mm。

Height=5，表示高度为 5mm。

Diagonal coordinates [Lower left and width/height =[12.83,-5,14.06,0]，表示右上侧的坐标值。

Lower left X =12.83，表示左下侧 *X* 的坐标值为 12.83。

Lower left Y= −5，表示左下侧 *Y* 的坐标值为-5。

Upper right X =14.06，表示右上侧 *X* 的坐标值为 14.06。

Upper right Y=0，表示右上侧 *Y* 的坐标值为 0。

最后，依次单击[Apply]、[OK]按钮，完成微带线的绘制。

此处需注意，馈电点为宽边中心。

（6）单击菜单栏的[insert port]按钮，弹出如图 13.12 所示的“Port”对话框。

1 rectangle selected.

Standard | Custom

| Property | Value |
|---|---|
| All Shapes | |
| Layer | cond |
| Rectangles | |
| Lower left and wid... | [12.83, -5, 1.23, 5] |
| Lower left X | 12.83 |
| Lower left Y | -5 |
| Width | 1.23 |
| Height | 5 |
| Diagonal coordina... | [12.83, -5, 14.06, 0] |
| Lower left X | 12.83 |
| Lower left Y | -5 |
| Upper right X | 14.06 |
| Upper right Y | 0 |

Edit layer

OK | Apply | Cancel | Help

图 13.11 微带线尺寸“Properties”对话框

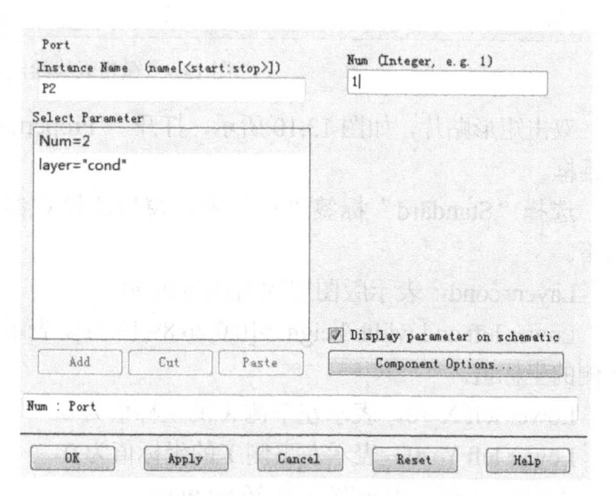


图 13.12 “Port”对话框

保持默认设置不变，单击[Apply]、[OK]按钮，通过拖拽，最终把“Port”端口放置在微带线的终端，完成“Port”添加，如图 13.13 所示，完成微带天线绘制。

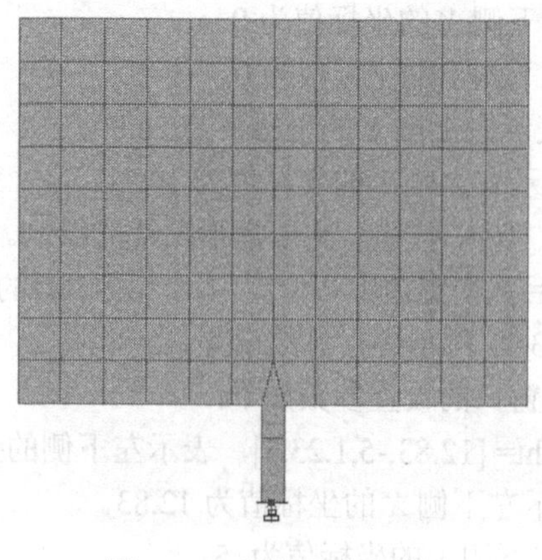

图 13.13 微带天线整体图

（7）选择[Momentum]→[Mesh]→[Setup…]，如图 13.14 所示，打开“Mesh setup control”对话框。

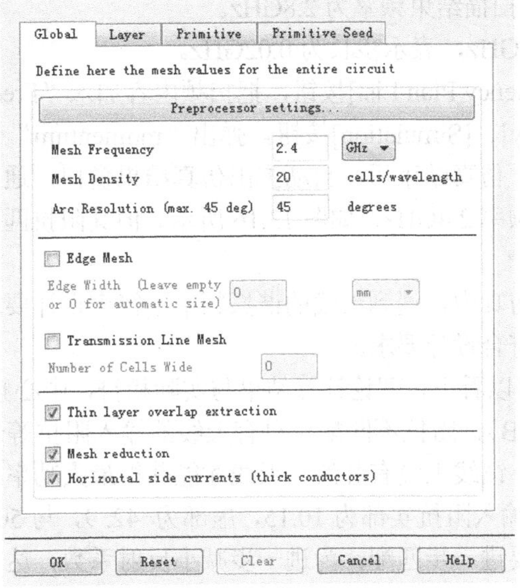

图 13.14　“Mesh Setup Control”对话框

在“Global”标签里设置参数：

Mesh Frequency =2.4GHz，表示工作频率为 2.4GHz。

Mesh Density =20 cells/wavelenght，表示网格密度。

Arc Resolution（max.45deg）= 45 degress，表示最大角度为 45°。

（8）选择[Momentum]→[Simulation]→ [S-parameters]命令，弹出“Simulation Control”对话框，如图 13.15 所示，进行参数设置。

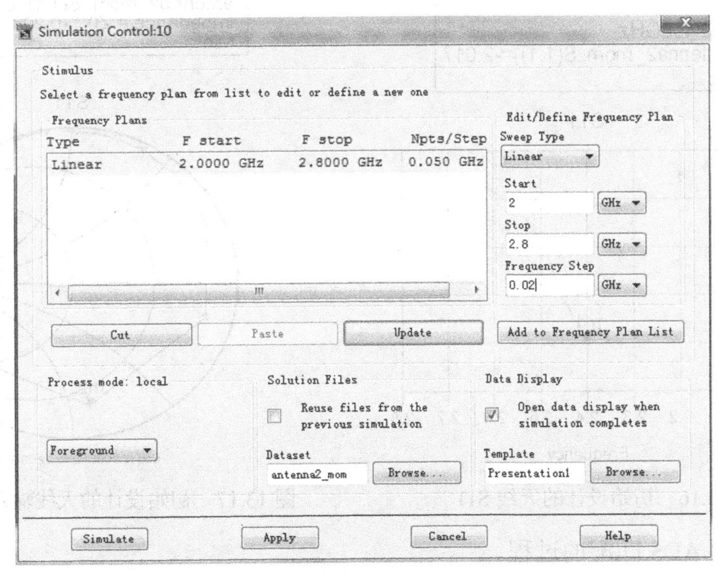


图 13.15　“Simulation Control”对话框

Sweep Type=Linear，表示扫描类型为线性。

Start=2，表示扫描起始频率为 2GHz。

Stop=2.8GHz，表示扫描结束频率为 2.8GHz。

Frequency Step=0.02GHz，表示步长为 0.02GHz。

再单击[Add to Frequency Plan List]按钮，把扫频内容加入“Frequency Plans”。

（9）依次单击[Apply]、[Simulation]按钮，弹出“momentum”仿真进度对话框，开始进行微带天线谐振点仿真。仿真结束后，自动弹出仿真结果窗口，通过该微带天线的 S(1,1)参数看出天线谐振在设计频率 2.4GHz，如图 13.16 所示。但其阻抗匹配效果不好，需要进行阻抗匹配设计。

读者如果在实际的仿真中，遇到天线的谐振频率不符合设计要求时，此时应微调 W、L 两个参数，使谐振频率符合设计要求。

从图 13.16 所示中可以看出，理论计算结果与实际相符，中心频率约为 2.4GHz，但是功率反射很大（S(1,1)=-2dB），阻抗不匹配。只有天线的输入阻抗等于馈线的特性阻抗时，馈线终端才没有功率反射，馈线上没有驻波，天线才能获得最大功率。从输入阻抗图 13.17 得到，在 2. 4 GHz 时天线输入阻抗实部为 10.15，虚部为-42. 9，与 50Ω馈电系统不匹配，反射系数 S11 较大，所以需要进一步匹配。为进一步减小反射系数，达到理想匹配，并且使中心频率更加精确，下面我们使用 ADS 进行微带天线的阻抗匹配。

匹配原理。在 2.4GHz 微带天线馈线后端串联一根 50Ω的微带传输线，使得 S11 在等反射系数圆上旋转，到达 g=1 的等 g 圆上，然后再并联一根 50Ω传输线，将 S11 参数转移到接近处，这时就把输入阻抗 10.15-j42. 9 匹配到 50+j0，达到了与 50Ω馈电系统的匹配，这实质也是利用史密斯圆法进行阻抗匹配的理论，如图 13.17 所示。微带线匹配法就是计算串联的微带传输线和并联的微带传输线的长度。

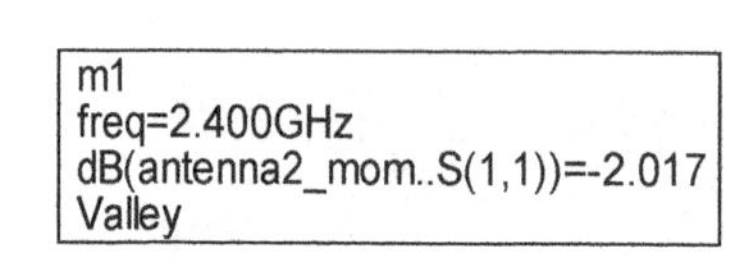


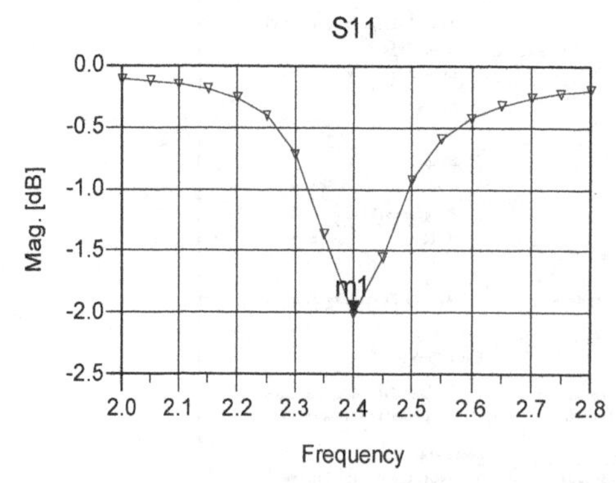


图 13.16 初始设计的天线 S11

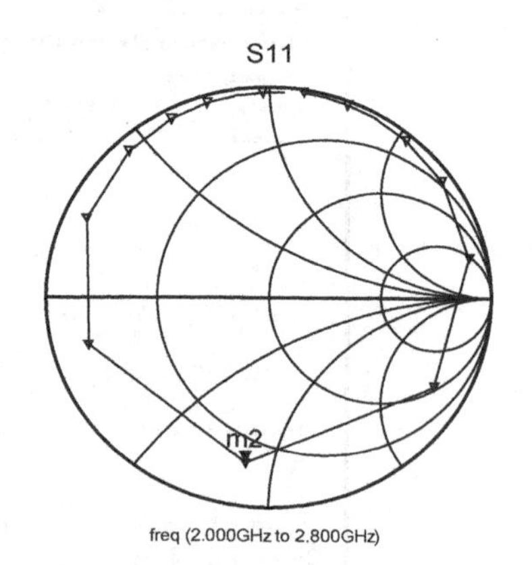


图 13.17 初始设计的天线输入阻抗史密斯圆图

下面介绍用 ADS 匹配的过程。

（1）等效电容电阻的计算。

天线输入阻抗为 10.15−j42.9，这样天线可以等效为一个电阻和电容的串联，设电阻为 $R_1$，电容为 $C$。

$$R_1+\frac{1}{\mathrm{j}2\pi f_r C_1}=10.15-\mathrm{j}42.9 \qquad 13\text{-}24$$

由式 13-24 计算得到 $R_1$ =10.15Ω，$C_1$=1.55pF。

（2）建立一个新的工程，在 ADS 主窗口中选择[File]→[New Project]，弹出“New Project”对话框，在“Name”栏默认路径“C:\users\default\”后输入工程名“ADS_sim”，在“Project Technology Files:”栏中选择“ADS Standard: Length unit--milimeter”，表示原理图采用“milimeter”作为单位，单击[OK]按钮，如图 13.18 所示。完成工程建立后自动弹出原理图窗口，将原理图窗口保存为 match_antenna，开始原理图设计。

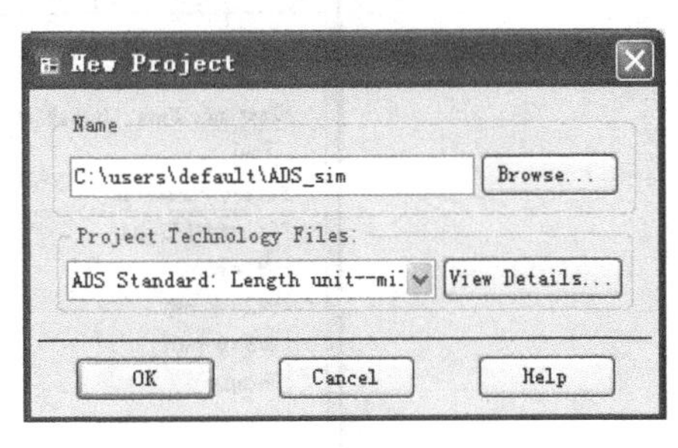


图 13.18　建立工程“ADS_sim”

在这个原理图中画出天线等效电容和电感，并且添加一个 MLIN 元件和一个 MLEF 元件。其中，MLIN 元件代表串联传输线，MLEF 元件代表并联传输线，设定这两个元件的宽度为 1.23mm，长度初值为 10mm，并设定优化范围为 1～20mm。再添加一个三端口连接器 MTEE_ADS，3 个端口的宽度都设定为 1.23mm。将电容、电阻、MLEF 元件、MLIN 元件以及 MTEE_ADS 连接起来，完成原理图。

在原理图中，依次插入元件，并分别设置参数。

（3）最终天线的输入阻抗的匹配目标是 50Ω，所以选择[Simulation-S_Patam]→[Term]插入一个终端。双击原理图中的“Term”，打开“Port Impedance Termination for S-Parameters”对话框，设置 $Z$=50Ω，如图 13.19 所示，其他保持默认值不变。

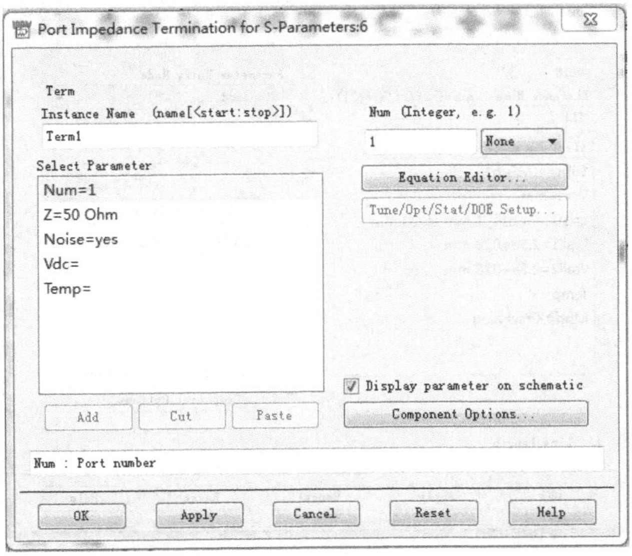

图 13.19　“Port Impedance Termination for S-Parameters”对话框

（4）在这个原理图中画出天线的等效电阻，选择“Lumped-Compoments”元件面板插入一个电阻，设置电阻值为 10.15Ω。继续选择插入一个电容，设置电容值为 1.55pF。

（5）在这个原理图中添加微带三端口，选择[TLines-Microstrip] →[MTEE_ADS]命令，双击“MTEE_ADS”图标，设置“W1=w mm”，“W2=w mm”，“W3=w mm”，如图 13.20 所示，其他设置保持默认值不变。

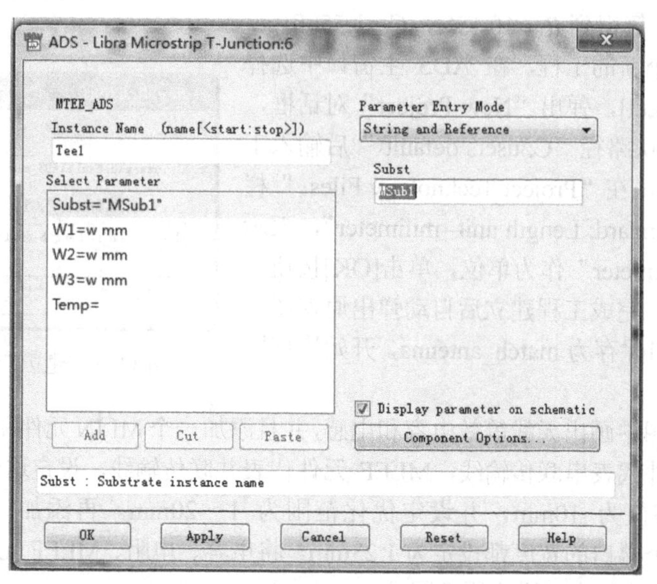

图 13.20 “ADS-Libra Microstrip T-Junction”对话框

（6）在原理图中添加串联传输线，选择[TLines-Microstrip]→[MLIN]命令，双击“MLIN”图标，设置“W=w mm”，“L=10 mm cpt(1mm to 20mm)”，如图 13.21 所示，其他设置保持默认值不变。

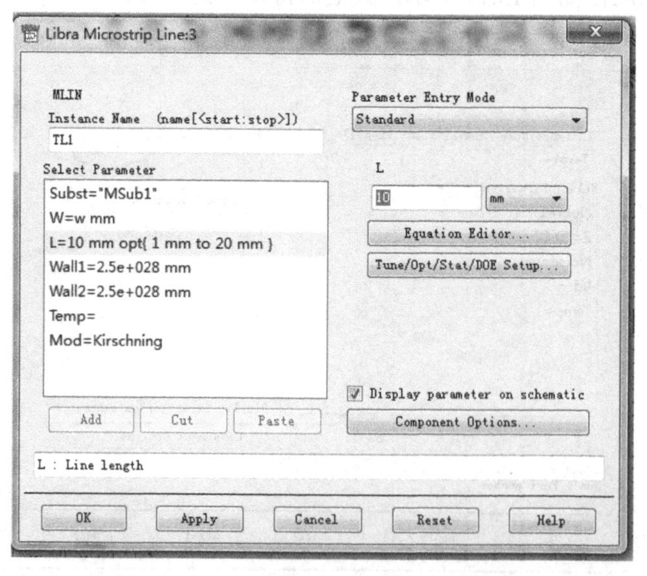

图 13.21 “Libra Microstrip Line”对话框

选中参数 L，单击[Tune/Opt/Stat/DOE Step…]按钮，弹出“Setup”对话框，进行设置，如图 13.22 所示。设置“Minimum Value”为“1mm”，“Maximum Value”为“20mm”，单击[OK]按钮完成设置。

（7）在原理图中添加并联传输线，选择[TLines-Microstrip]→[MLEF]命令，双击“MLEF”图标，设置“W=w mm”，“L=10 mm opt(1mm to 20mm)”，如图 13.23 所示，其他设置保持默认值不变。

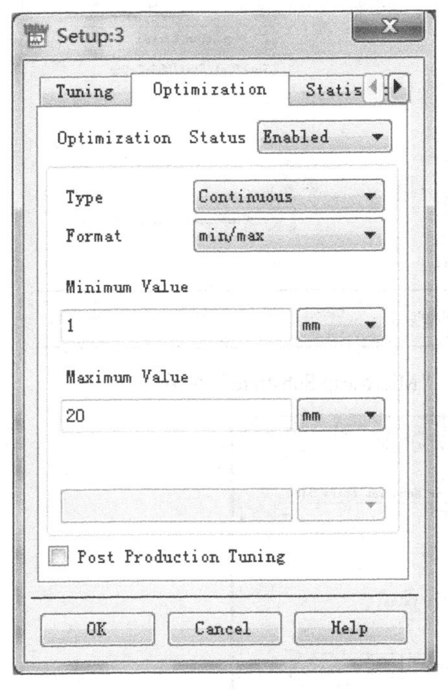


图 13.22 “Setup”对话框

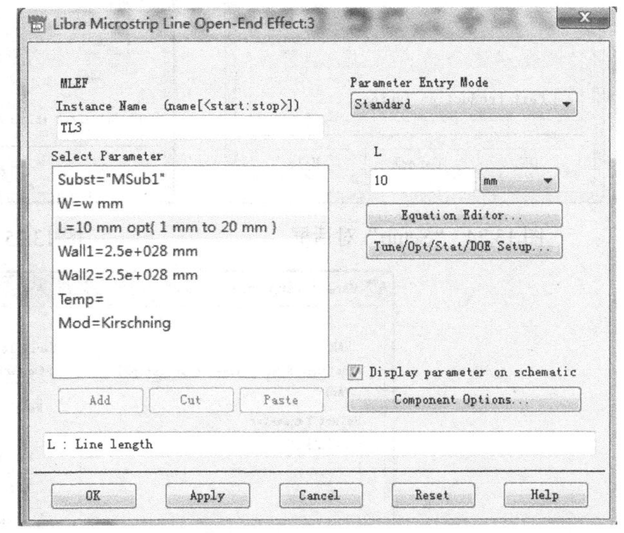


图 13.23 “Libra Microstrip Line Open-End Effect”对话框

选中参数 L，单击[Tune/Opt/Stat/DOE Step…]按钮，弹出“Setup”对话框，进行设置，如图 13.24 所示。设置“Minimum Value”为“1mm”，“Maximum Value”为“20mm”，单击[OK]按钮完成设置。

（8）选择[TLines-Microstrip]元件面板，插入一个微带线基底控制器 MSUB，双击“MSUB”图标，如图 13.25 所示，打开“Microstrip Substrate”对话框进行参数设置。

H=1.27mm，表示微带线基板厚度为 1.27mm。

Er=9.8，表示微带线相对介电常数为 9.8。

Mur=1，表示微带线相对磁导率为 1。

Cond=5.88e+7，表示微带线电导率为 5.88e+7。

Hu=1.0e+33mm，表示微带线封装高度为 1.0e+33mm。

T=0.018mm，表示微带线金属层厚度为 0.018mm。

（9）单击快捷图标中的[Insert VAR]按钮插入一个变量控制器，双击变量控制器，打开“Variables and Equations”对话框，如图 13.26 所示，设置 w=1.23。

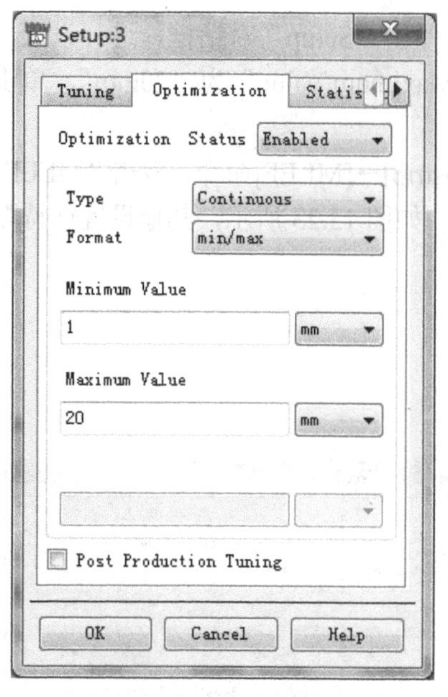


图 13.24 “Setup”对话框

图 13.25 “Microstrip Substrate”对话框

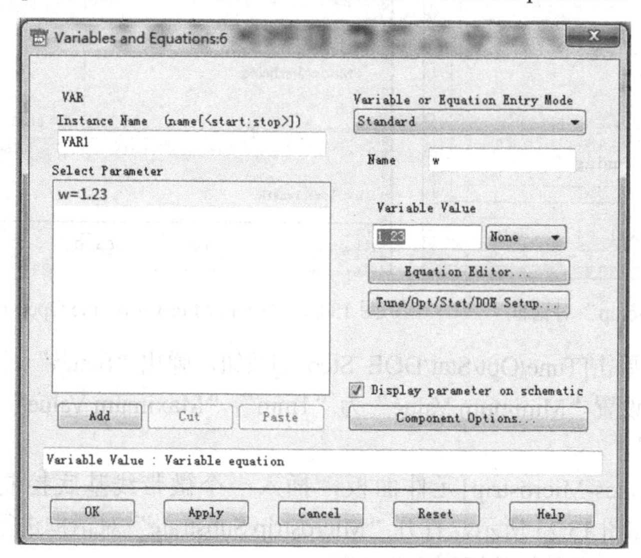


图 13.26 “Variables and Equations”对话框

（10）在原理图窗口中选择 S 参数仿真面板“Simulation-S_Param”，选择一个 S 参数仿真控制器插入原理图中，双击 S 参数仿真控制器，进行参数设置。

Start=2GHz，表示扫描频率起始点为 2GHz。

Stop=2.8GHz，表示扫描频率终点为 2.8GHz。

Step-size=50MHz，表示扫描步长为 50MHz。

如图 13.27 所示，完成 S 参数仿真控制器的设置。

（11）选择“Simulation-S_Param”元件面板，插入一个优化目标控制器 Goal。双击“GOAL”图标，如图 13.28 所示，打开“Optim Goal Input”对话框进行设置。

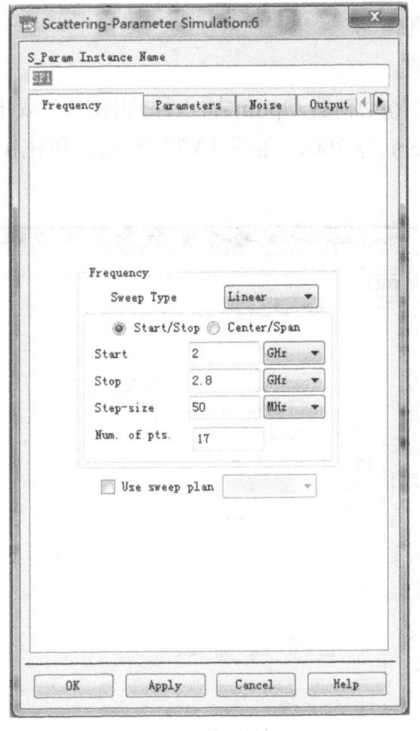


图 13.27　完成设置 S 参数仿真控制器

图 13.28　“Optim Goal Input:3”对话框

在“Goal Information”标签中，单击[Edit…]按钮，如图 13.29 所示，弹出“Edit Independent Variables”对话框。

单击[Add Variable]按钮，如图 13.30 所示，添加“freq”为仿真优化变量。

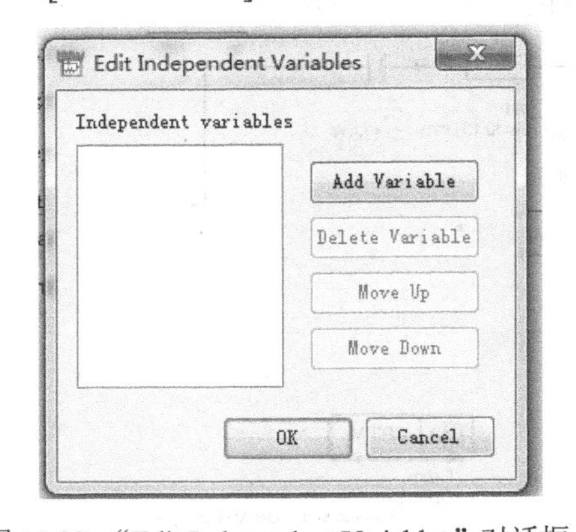


图 13.29　“Edit Independent Variables”对话框

图 13.30　添加“freq”

如图 13.31 所示，继续在对话框中进行参数设置。

Expression=dB(S(1,1))，表示优化的目标是 S(1,1)。

Analysis=SP1，表示优化的目标控制器为 SP1。

Weight=10，表示优化权重为 10。

Indep Vars=freq，表示优化范围变量为频率 freq。

Max=−70，S(1,1)最小衰减为−70dB

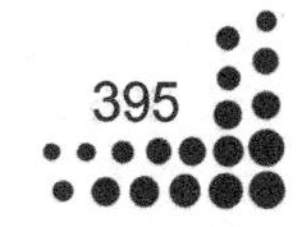

freg Min=2.4e+09，满足-70dB 衰减的最小频率值。

freg Max=2.4e+09，满足-70dB 衰减的最大频率值。

（12）选择“Optim/Stat/DOE”元件面板，选择优化控制器 Optim 插入原理图中。双击优化控制器进行参数设置，设置迭代的优化次数 Maxlters 为 300，如图 13.32 所示，单击[OK]按钮完成。

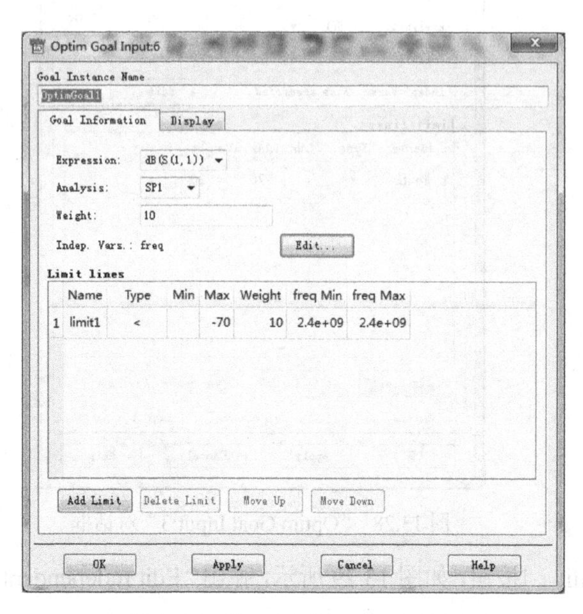


图 13.31 “Goal Information”选项

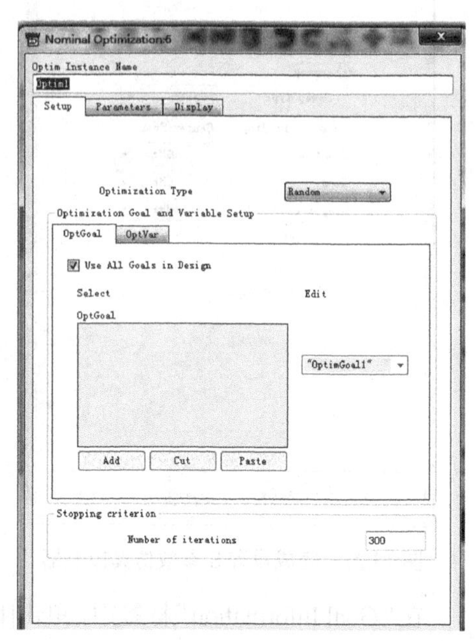


图 13.32 设置优化控制器

如图 13.33 所示，完成整体仿真原理图的设计。

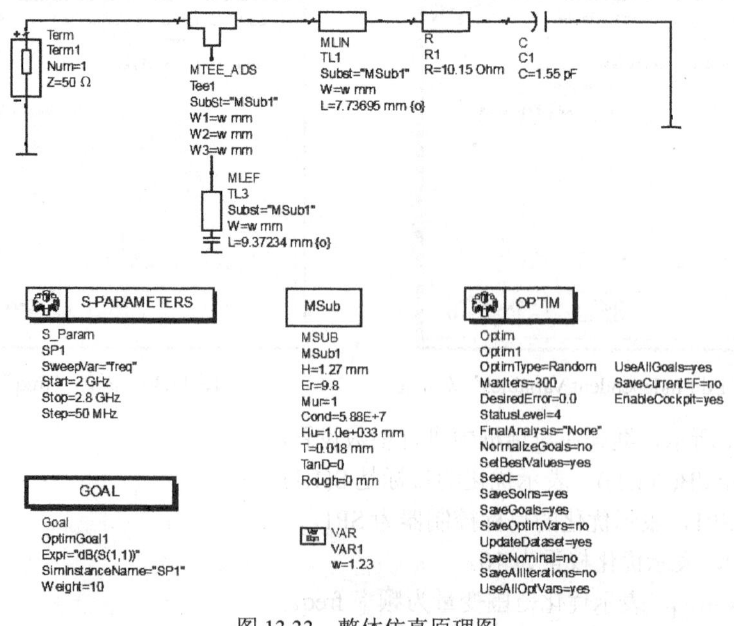


图 13.33 整体仿真原理图

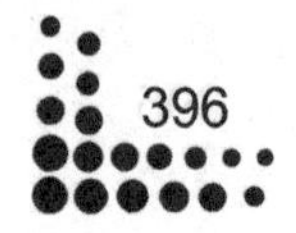

（13）完成设置后，单击工具栏中的[Simulation]按钮开始仿真。在仿真状态窗口会显示仿真进度，仿真结束后自动弹出数据显示窗口。从数据显示面板中单击[Rectangular Plot]按钮，插入一个矩形图。在弹出的“Plot Traces & Attributes”对话框中选择“S(1,1)”，单击[Add]按钮，然后单击[OK]按钮输出波形。在菜单栏选择[Maker]→[New]命令，插入标注信息，如图 13.34 所示，可以看到 S(1,1)在 2.4GHz 工作频率时为-75.023dB，满足优化目标。

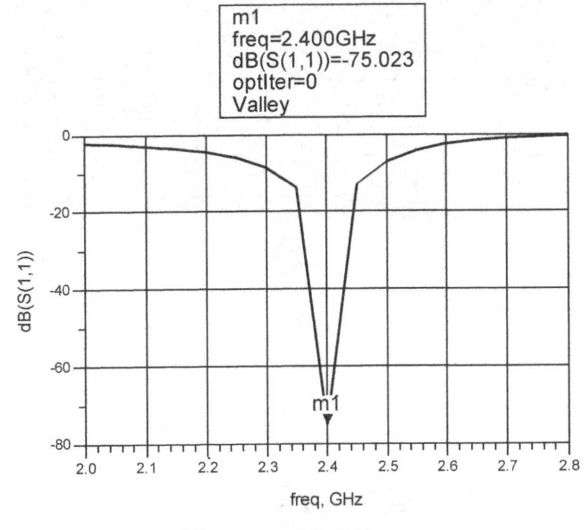


图 13.34 优化后的 S11

在优化结果符合要求时，在原理图窗口中选择[Simulate]→[Update Optimization Values]命令，可以保存优化后的参数值。

TL1 w=1.23mm，L=7.74mm。

TL3 w=1.23mm，L=9.37mm。

MTEE_ADS w=1.23mm。

在匹配电路设计完成后，需要把匹配电路和矩形贴片结合到一起，做整体的微带天线的仿真。下面介绍整体仿真的过程及天线仿真结果的查看。

（1）如图 13.35 所示，绘制微带天线添加匹配电路后的版图。

（2）在版图窗口单击[Momentum]→[Mesh]→[Setup...]命令，打开“Mesh setup control”对话框，如图 13.36 所示，在“Global”标签中设置参数。

Mesh Frequency =2.4GHz，表示工作频率为 2.4GHz。

Mesh Density =20 cells/wavelenght，表示网格密度。

Arc Resolution（max.45deg）= 45 degress，表示最大角度为 45°。

（3）选择[Momentum]→[Simulation]→[S-parameters]命令，弹出“Simulation Control”对话框，如图 13.37 所示，进行参数设置。

Sweep Type=Linear，表示扫描类型为线性。

Start=2.2GHz，表示扫描起始频率为 2.2GHz。

Stop=2.6GHz，表示扫描结束频率为 2.6GHz。

Frequency Step=0.02GHz，表示步长为 0.02GHz。

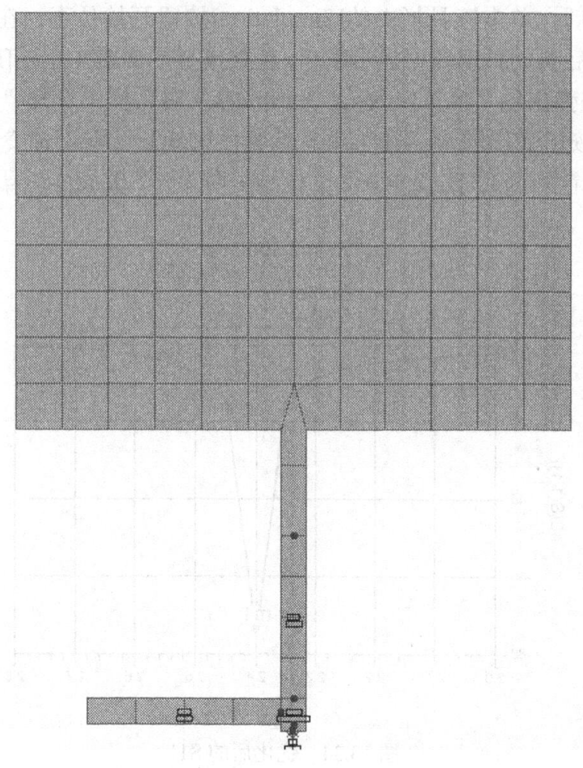

图 13.35　添加匹配电路后的微带天线

Global　Layer　Primitive　Primitive Seed

Define here the mesh values for the entire circuit

Preprocessor settings...

Mesh Frequency　2.4　GHz

Mesh Density　20　cells/wavelength

Arc Resolution (max. 45 deg)　45　degrees

Edge Mesh

Edge Width (leave empty or 0 for automatic size)　0　mm

Transmission Line Mesh

Number of Cells Wide　0

Thin layer overlap extraction

Mesh reduction

Horizontal side currents (thick conductors)

OK　Reset　Clear　Cancel　Help

图 13.36 “Mesh Setup Control”对话框

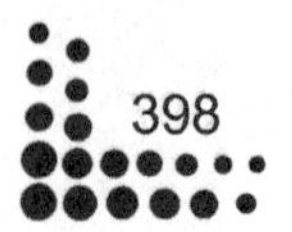

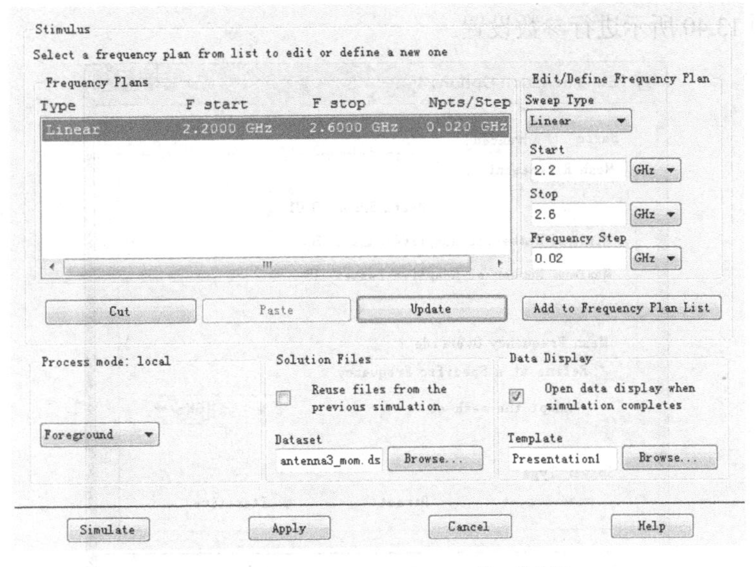


图 13.37 “Simulation Control”对话框

（4）完成设置后，依次单击[Apply]、[Simulation]按钮，弹出“momentum”仿真进度对话框，开始进行微带天线谐振点仿真。仿真结束后，自动弹出仿真结果窗口。添加匹配电路后的微带天线如图 13.38 所示。添加匹配电路后的微带天线输入阻抗史密斯圆如图 13-39 所示。

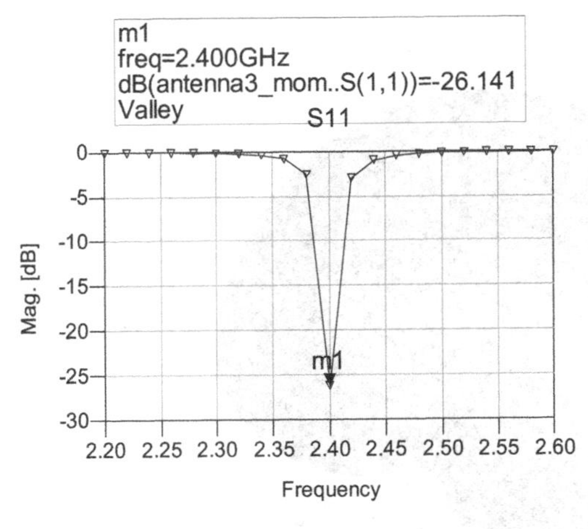


图 13.38　添加匹配电路后的微带天线 S11

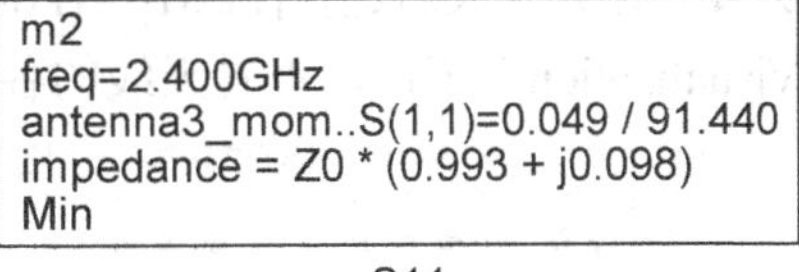


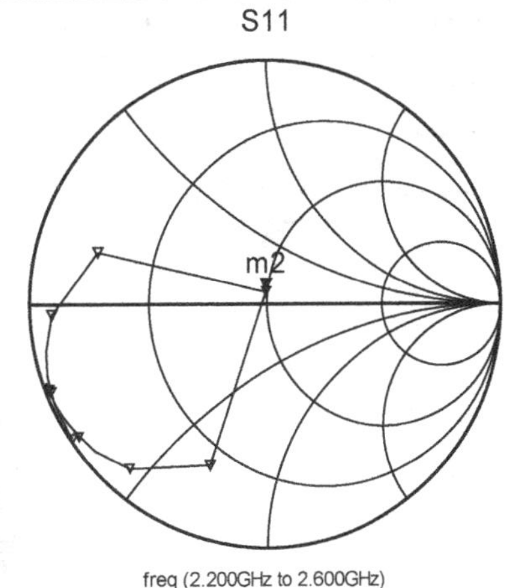


图 13.39　添加匹配电路后的微带天线输入阻抗史密斯圆图

由仿真结果我们可以看出，微带天线有了很好的匹配电路，在工作频率 2.4GHz 上，S11=−26dB，反射很小，下面来查看微带天线的参数。

（5）选择[FEM]→[Simulation]→[Simulation Options]命令，打开“FEM Simulation Options”

对话框，如图 13.40 所示进行参数设置。

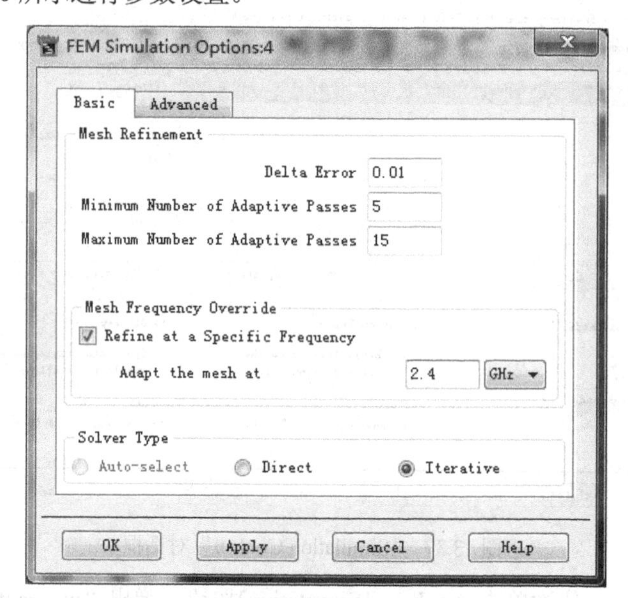


图 13.40 “FEM Simulation Options”对话框

（6）选择[FEM]→[Post-Processing]→ [Compute Far Fields]命令，进行天线的远场方向图计算。计算完成后选择[FEM]→[Post-Processing]→ [Visualization…]命令，打开“Agilent FEM Visualization”窗口，查看天线的各种参数，如图 13.41 所示。

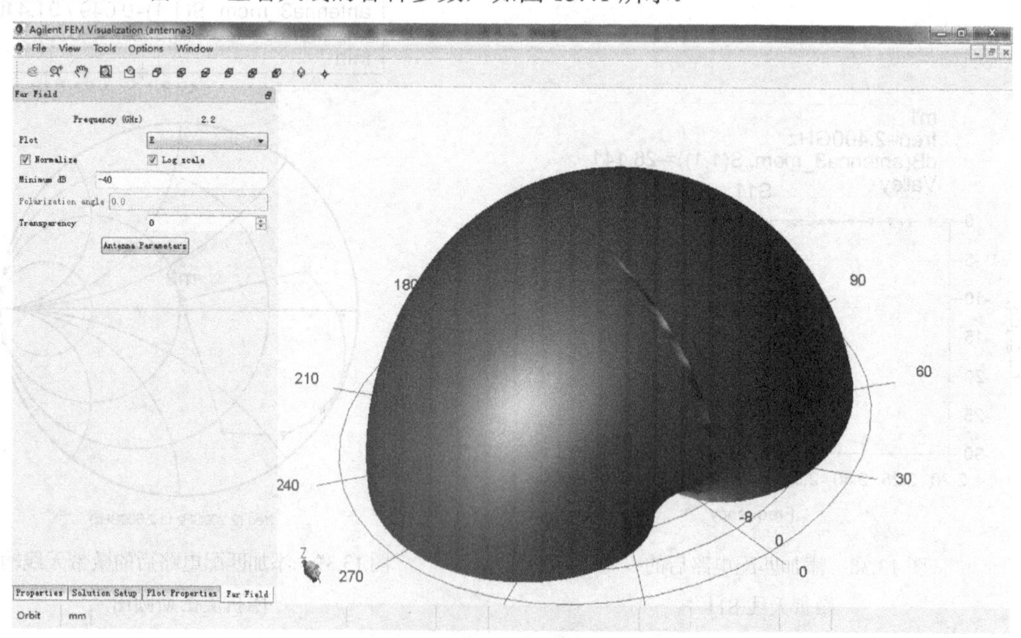


图 13.41 “Agilent FEM Visualization”窗口

（7）单击左下角的[Far Field]按钮，选择“Antenna Parameters”，如图 13.42 所示，即可弹出“Antenna Parameters”对话框。到此，我们就完成了微带天线的全部设计和仿真。

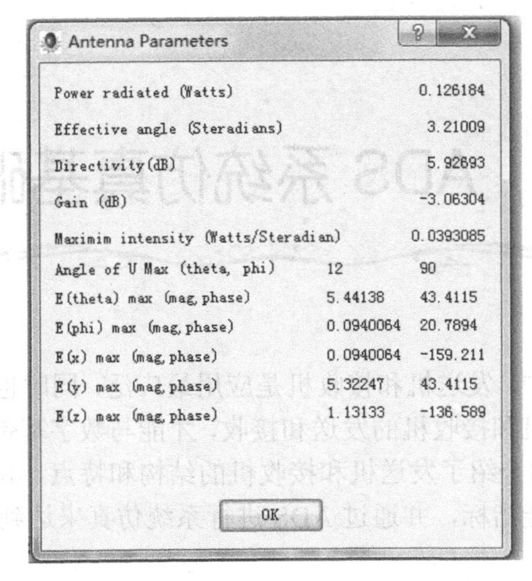


图 13.42 “Antenna Parameters”对话框

## 13.3　小结

本章首先介绍了微带天线的基本原理，接着利用 ADS 软件建立一个 2.4GHz 天线模型，然后对天线辐射特性进行仿真，并通过不断调整天线模型的各个物理尺寸参数，对其进行优化匹配，使设计出的 2.4GHz 微带天线的各项性能参数都达到设计要求。

下面简要总结一下设计流程：

（1）明确微带天线的参数，如工作频率等。

（2）根据微带天线经验公式计算微带天线的基本参数。

（3）利用 ADS 对微带天线进行初步仿真设计，对天线尺寸进行微调，使天线谐振点符合指标要求。

（4）根据具体情况进行匹配电路的设计。

（5）匹配电路和微带天线进行整体仿真验证。

在微带天线的仿真设计过程中，读者一定要遵循上述步骤，当匹配电路和微带天线整体仿真时，如果效果不佳，这时应仅在匹配电路上继续仿真优化，不要大幅度改动微带天线尺寸，否则可能造成匹配很好，天线辐射性能较差，整个设计需要重新开始的结果。读者要对设计过程细细体会，并熟练掌握。

# 第 14 章　ADS 系统仿真基础与实例

在射频电路和系统中，发送机和接收机是应用最广泛，同时也是最重要的系统。模拟基带信号只有通过发送机和接收机的发送和接收，才能与数字基带电路进行配合，完成通信。在第 1 章中已经详细介绍了发送机和接收机的结构和特点，本章在此基础上进一步讨论发送机和接收机的性能指标，并通过 ADS 进行系统仿真来达到学习射频系统设计和仿真方法的目的。

## 14.1　射频系统收发机性能指标

在进行系统设计和仿真之前，先讨论发送机和接收机的主要性能指标。在应用于不同通信系统时，这些指标参数的具体值应根据相应的通信标准进行制定。

### 1．发送机性能指标

（1）平均载波功率。

平均载波功率是指发送机输出的平均载波波峰值功率，它是指对该载频中有用信息比特部分测量得到的功率平均值。

（2）发送载频包络。

发射载频包络是指发射射频载频功率相对于时间的关系。该指标主要是测量发送机发射的载波包络在一个时隙期间内是否严格满足关于时隙幅度上升沿、下降沿及幅度平坦度的要求。

（3）射频功率控制。

鉴于移动通信的远近效应，在与基站通信过程中，必须对移动台的发射功率进行控制，以便能保证移动台与基站之间的通信质量而又不至于对其他移动台产生明显的干扰。

（4）射频输出频谱。

频率输出频谱主要是考虑为了避免产生相邻信道的干扰。一是连续调制频谱，即由调制产生的距离载频不同偏移处的射频功率；二是切换瞬态频谱，即在调制突发的上升沿、下降沿而产生的距离载频不同偏移处的射频功率。

（5）杂散辐射。

杂散辐射是指用标准测试信号调制时在除载频和由于正常调制和切换瞬态引起的边带以及邻道以外离散频率上的辐射。如果杂散部分辐射较大，会造成对本信道和其他信道的干扰。

（6）互调。

发送机互调是指发送机输出端耦合了其他发射机信号，并由末级功放的非线性作用而引起的混频产物，这种互调产物又辐射干扰别的接收机。波道数越多，互调越严重。

（7）频率误差和相位误差。

频率误差是指发射信号的频率与该射频频道对应的标准频率之间的误差；相位误差是指发射信号的相位与理论上最好信号的相位之差。

（8）频率稳定度。

频率稳定度是指在受到调制和相位误差的影响后，发射信号的频率与该射频频道对应的标准频率之间的误差。

（9）调制特性。

调制特性包括调制灵敏度、调制频率特性和调制线性。调制灵敏度是指在标准调制时所需 1000Hz 调制信号的电动势值（标准调制是指最大允许调制度的 60%）。调制灵敏度若太高易受外界干扰影响而引起辐射带宽展宽。调制频率特性，又称频率响应，是指调制信号输入电平恒定时，频偏与调制信号频率之间的关系。在 0.3～3kHz 的频带内要求频率特性平直，而在 3kHz 以上要求频率特性迅速下降。调制线性是指在调制频率为 1000Hz 时，已调波频偏随调制信号电平而变化的函数关系的线性度，通常用非线性失真系数表示。

**2．接收机性能指标**

（1）灵敏度。

灵敏度是指接收机能使原始的调制信号有一定程度的重现时，所需接收的最小信号。灵敏度表征的是接收机接收微弱信号的能力。当接收机正常工作时，能从天线上所感应到的最小信号称为接收机的灵敏度。接收机正常工作包含两个方面：输出功率达到一定要求；输出信噪比达到一定要求。相应地，灵敏度也分两种：当接收机内部噪声不大时，接收机输出额定功率即可正常工作，此时天线上的最小信号称为额定灵敏度或绝对灵敏度；在接收机噪声很大时，输出信噪比必须达到一定值，接收机才能正常工作，此时天线上的灵敏度称为实际灵敏度或相对灵敏度。

（2）噪声系数。

噪声系数是通信系统中非常重要的一个指标，它定义为在一个频率点或一个频带上的值。首先假定在所考虑的噪声带宽之内，系统的增益为常数，并且噪声功率谱是均匀的，且噪声源的内阻与负载是匹配的。通过调节级间匹配使每一级都获得最小噪声系数，则系统总的噪声系数也最小。在接收机系统中，级联系统的噪声系数在第一级放大器即通常所说的低噪声放发器处建立起来，以后各级对系统噪声系数的贡献，与前面各级的增益大小密切相关。

（3）选择性。

选择性是指在邻近频率强干扰和信道阻塞的情况下，接收机满足提取所需信号的能力。在多数体系结构中，中频信道选择滤波器的设计决定了接收机的选择性。常用矩阵系数 Kr0.1 或 K0.01 表征。如果接收机在频率选择和线性度上不充分，那么就会产生互调分量而降低所需信号的质量。失真度确认了接收机所能接收的信号的最大功率。

（4）动态范围。

动态范围用来定义接收机在检测噪声基值上的弱信号和处理无失真的最大信号的能力。

用接收机输入端的最大信号和最小信号的比定义接收机的动态范围。动态范围的下限是灵敏度，它受到低噪声的限制。但当输入信号太大时，由于系统的非线性而产生了失真，输出信噪比反而会下降，因此，定义动态范围的上限由最大可接受的信号失真决定。

（5）线性度。

接收机的线性度决定了微弱射频信号放大和处理的能力，主要通过输入三阶交调点和输出三阶交调点来表示。

## 14.2 收发机的仿真与设计

ADS 中集成了丰富的电路单元模型，通过调用这些模型，可以很方便地搭建射频发送机和接收机系统并进行仿真。在学习了发送机和接收机的基础知识和性能指标后，本节主要讨论利用 ADS 进行发送机和接收机仿真设计的方法和基本流程。

### 14.2.1 发送机仿真实例

发送机主要完成基带模拟信号到射频的处理过程，主要功能包括调制、上变频、功率放大和滤波。发送机的方案大致分为：直接变换法和两步法。直接变换法是将调制和上变频合二为一，在一个电路里完成；两步法是将调制和上变频分开，先在较低的中频上进行调制，然后将已调信号上变频搬移到发射的载频上。本节主要讨论使用直接变换发送机的设计和仿真方法完成以下仿真任务。

- 完成一个 2.4GHz 直接变换发送机的结构设计，观测输出频谱。
- 对发送机进行增益预算分析。

以下是具体的设计和仿真步骤。

（1）运行 ADS，在 ADS 主窗口中选择[File]→[New Project]命令，在弹出的“New Project”对话框默认工程路径“C:\users\default\”后输入工程名“System_sim_lab”。之后在“Project Technology”栏中选择“ADS Standard:Length unil-millimeter”，表示工程中采用的长度单位为 mm。在对话框中单击[OK]按钮，完成工程建立，同时自动弹出原理图窗口。

（2）在原理图窗口中选择[File]→[Save Design]命令，将原理图窗口保存为“transmitter”，开始原理图的设计。选择“Source-Freq Domain”元件面板，从面板中选择两个功率源 P_1Tone，插入到原理图中，分别作为发送机的输入源和本振输入源。

如图 14.1 所示设置输入源 PORT1 的功率源。

P=dbmtow(IF_pwr)，表示输入信号的功率值为 IF_pwr dBm。

Freq=IF_freq MHz，表示输入信号的频率为 IF_freq MHz。

如图 14.2 所示设置本振源 PORT2 的功率源。

P=dbmtow(LO_pwr)，表示本振源输入信号的功率值为 LO_pwr dBm。

Freq=LO_freq MHz，表示本振源输入信号的频率为 LO_freq MHz。

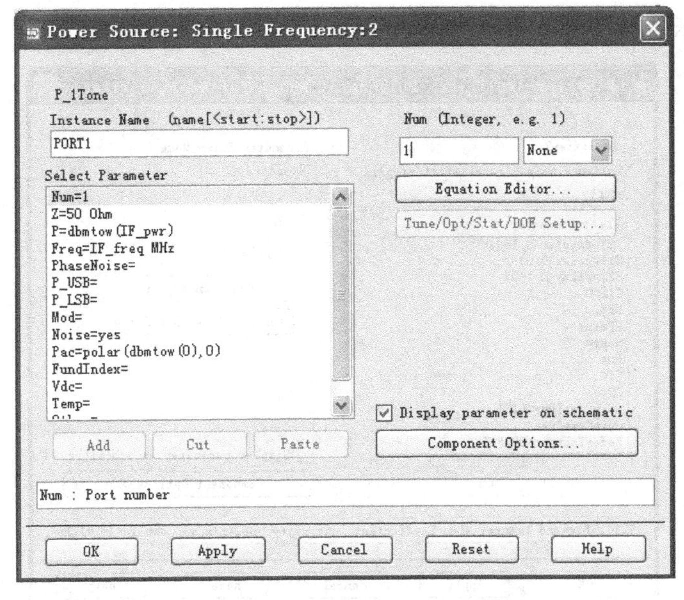


图 14.1　输入端 PORT1 的功率源设置

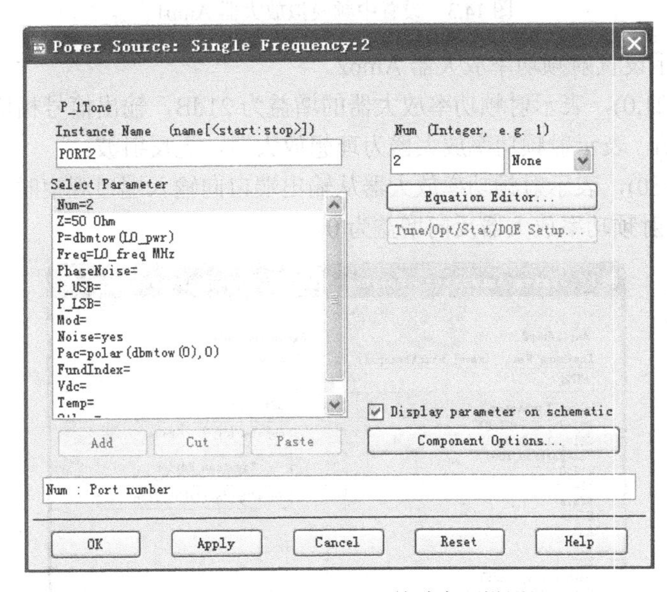


图 14.2　本振源 PORT2 的功率源设置

（3）选择“Syetem-Amps&Mixers”元件面板，从面板中选择两个放大器“Amp”和一个混频器“Mixer”插入原理图中。两个放大器分别作为中频模拟放大器和射频功率放大器使用，在原理图中双击元件进行设置。

如图 14.3 所示设置中频模拟放大器 Amp1。

S21=dbpolar(5,180)，表示中频放大器的增益为 5dB，输出信号相位为 180°。

S11=polar(0,0)，表示中频放大器为理想放大器，无反射波。

S22=polar(0,180)，表示中频放大器从输出端口向输入端口观察时，无反射波。

S12=0，表示中频放大器反向增益为 0。

RF System Amplifier, Polynomial Model for Nonlinearity:1
Amplifier2
Instance Name (name[<start:stop>])
AMP1
Parameter Entry Mode
Standard
Select Parameter
S21=dbpolar(5,180)
S11=polar(0,0)
S22=polar(0,180)
S12=0
NF=
NFmin=
Sopt=
Rn=
Z1=
Z2=
GainCompType=LIST
GainCompFreq=
ReferToInput=OUTPUT
S21
dbpolar(5,180) None
Equation Editor...
Tune/Opt/Stat/DOE Setup...
Display parameter on schematic
Add Cut Paste
Component Options...
S21 : Forward Transmission Coefficient, use x+j*y, polar(x,y), dbpolar(x,y) for
OK Apply Cancel Reset Help

图 14.3 设置中频模拟放大器 Amp1

如图 14.4 所示设置射频功率放大器 Amp2。

S21=dbpolar(21,0)，表示射频功率放大器的增益为 21dB，输出信号相位为 0°。

S11=polar(0,0)，表示射频功率放大器为理想放大器，无反射波。

S22=polar(0,180)，表示射频功率放大器从输出端口向输入端口观察时，无反射波。

S12=0，表示射频功率放大器反向增益为 0。

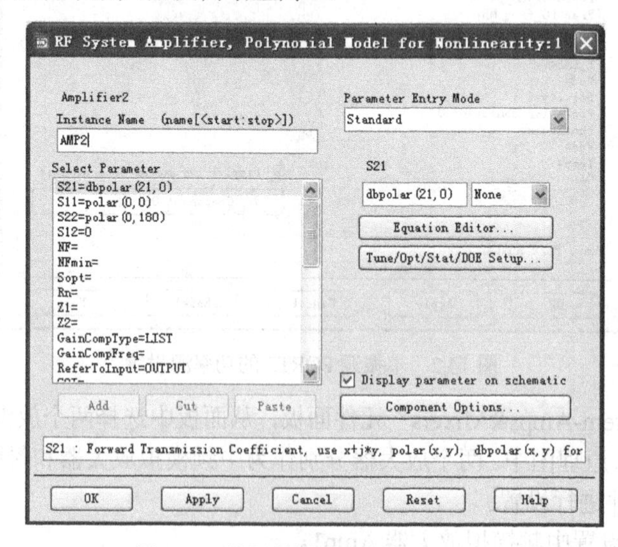


图 14.4 设置射频功率放大器 Amp2

如图 14.5 所示设置混频器 MIX1。

Sideband=UPPER，表示混频器完成上变频功能。

ConvGain=dbpolar(5,0)，表示混频器变频增益为 5dB。

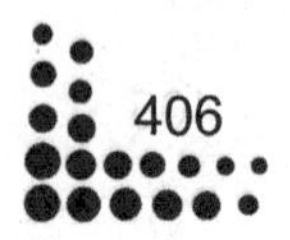

S11=polar(0,0)，表示混频器输入端无反射波。

S22=polar(0,180)，表示混频器从输出端向输入端无反射波，且信号相位为 180°。

S33=0，表示本振端无反射波。

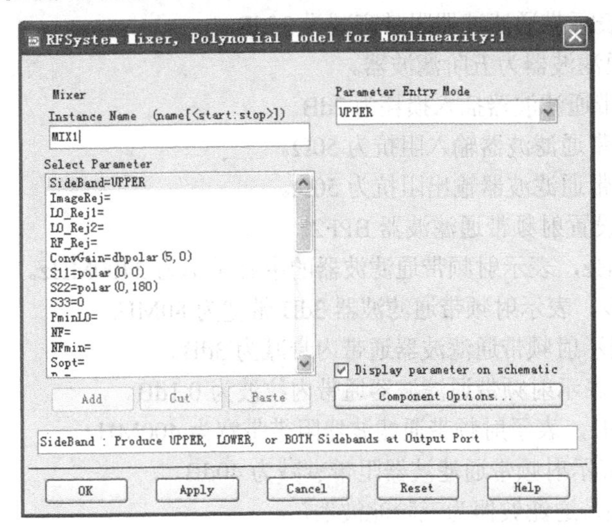


图 14.5　设置混频器 MIX1

（4）选择“Filter-Bandpass”元件面板，从面板中选择两个切比雪夫带通滤波器插入原理图中，分别作为中频带通滤波器和射频带通滤波器使用，在原理图中双击元件进行设置。

如图 14.6 设置中频带通滤波器 BPF1。

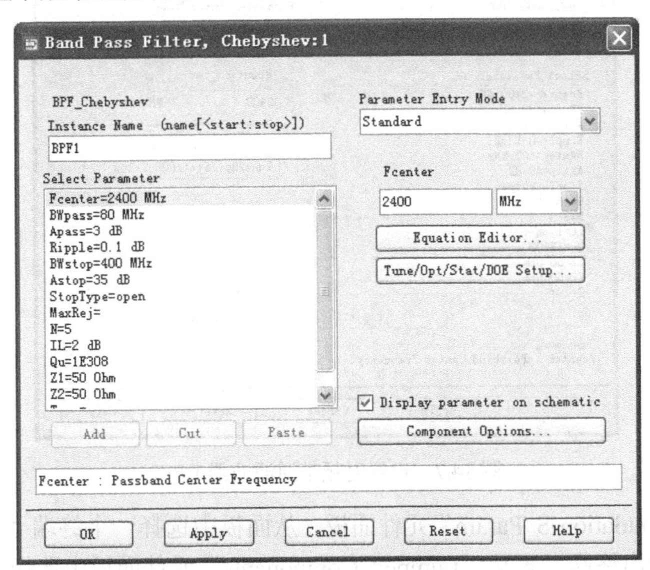


图 14.6　设置中频带通滤波器 BPF1

Fcenter=2400MHz，表示带通滤波器的中心频率为 2400MHz。

BWpass=80MHz，表示带通滤波器 3dB 带宽为 80MHz。

Apass=3dB，表示带通滤波器通带内衰减为 3dB。

Ripple=0.1dB，表示带通滤波器通带内纹波为 0.1dB。

BWstop=400MHz，表示带通滤波器阻带带宽为 400MHz。

Astop=35dB，表示带通滤波器阻带衰减为 35dB。

N=5，表示带通滤波器为五阶滤波器。

IL=2dB，表示带通滤波器插入损耗为 2dB。

Z1=50Ω，表示带通滤波器输入阻抗为 50Ω。

Z2=50Ω，表示带通滤波器输出阻抗为 50Ω。

如图 14.7 所示设置射频带通滤波器 BPF2。

Fcenter=2400MHz，表示射频带通滤波器的中心频率为 2400MHz。

BWpass=80MHz，表示射频带通滤波器 3dB 带宽为 80MHz。

Apass=3dB，表示射频带通滤波器通带内衰减为 3dB。

Ripple=0.1dB，表示射频带通滤波器通带内纹波为 0.1dB。

BWstop=400MHz，表示射频带通滤波器阻带带宽为 400MHz。

Astop=40dB，表示射频带通滤波器阻带衰减为 40dB。

N=3，表示射频带通滤波器为三阶滤波器。

IL=1dB，表示射频带通滤波器插入损耗为 1dB。

Z1=50Ω，表示射频带通滤波器输入阻抗为 50Ω。

Z2=50Ω，表示射频带通滤波器输出阻抗为 50Ω。

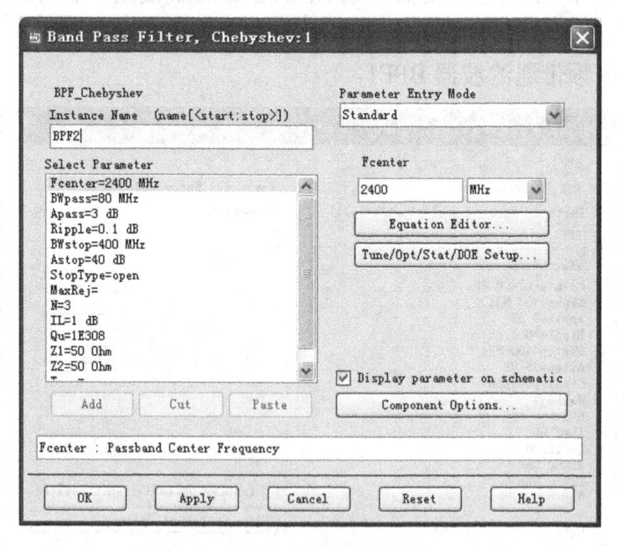


图 14.7　设置射频带通滤波器 BPF2

（5）选择“Simulation-S_Param”元件面板，从面板中选择一个终端“Term”插入原理图中，作为发送机输出终端。再从“Lumped Components”元件面板中选择一个 50Ω电阻作为本振输入电阻。在工具栏中单击[GROUND]按钮插入三个地，之后单击[Insert Wire]按钮将元件连接起来，如图 14.8 所示，并为发送机的输入和输出分配线名 Vin、Vout，完成原理图。

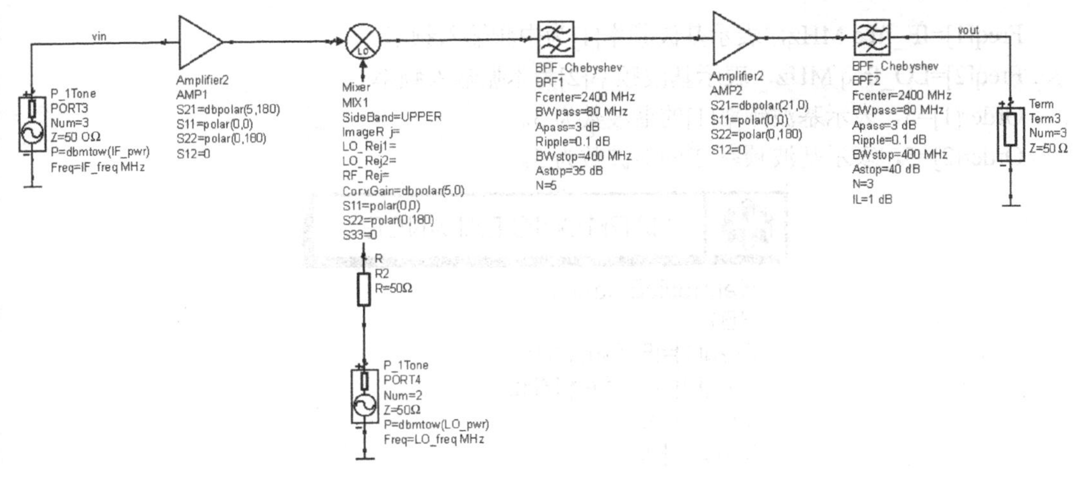


图 14.8　发送机原理图

（6）在原理图窗口工具栏中单击[VAR]按钮，在原理图中插入一个变量控制器，双击变量控制器，如图 14.9 所示设置变量。

IF_freq=11，表示变量 IF_freq 代表的中频输入频率为 11MHz。

IF_pwr=2，表示变量 IF _pwr 代表的中频输入功率为 2dBm。

LO_freq=2400，表示变量 LO _freq 代表的本振输入频率为 2400MHz。

LO_pwr=13，表示变量 LO_pwr 代表的本振输入功率为 13dBm。

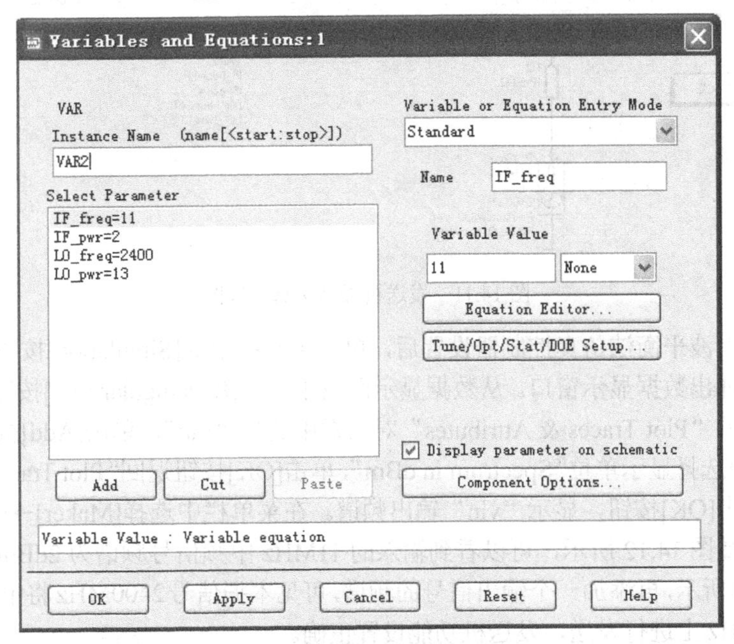


图 14.9　完成设置的变量控制器

（7）为了观测输出频谱，选择“Simulation-HB”元件面板，在面板中选择一个谐波平衡法仿真控制器“HB”插入到原理图中，双击谐波平衡法仿真控制器，如图 14.10 所示对其仿真参数进行设置。

Freq[1]=IF_freq MHz，表示基波频率[1]为中频输入频率。

Freq[2]=LO_freq MHz，表示基波频率[2]为本振输入频率。

Order[1]=5，表示基波频率[1]的谐波数为 5。

Order[2]=5，表示基波频率[2]的谐波数为 5。

图 14.10　完成设置的谐波平衡法仿真控制器

如图 14.11 所示，最终完成发送机频谱仿真原理图。

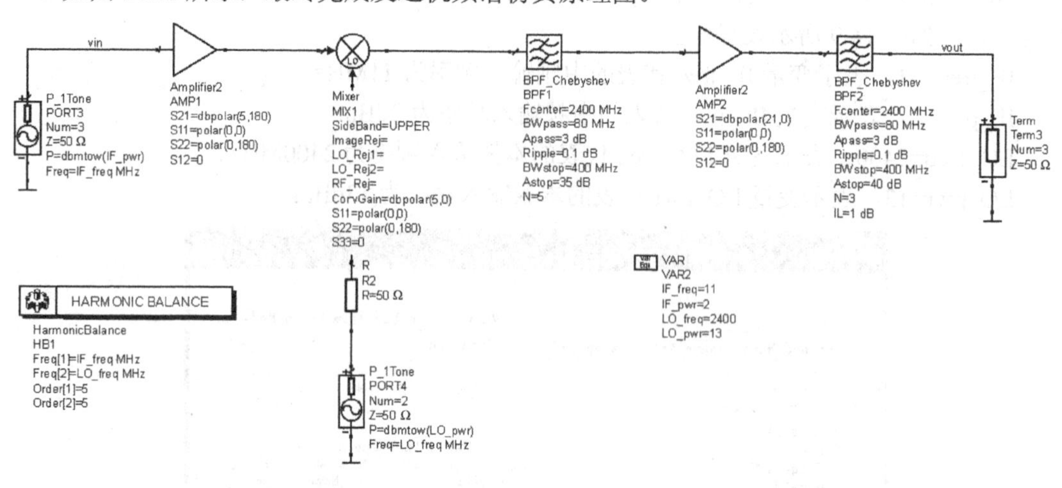


图 14.11　发送机频谱仿真原理图

（8）完成谐波平衡法仿真控制器设置后，单击工具栏中的[Simulation]按钮开始仿真。仿真结束后自动弹出数据显示窗口。从数据显示面板中单击[Rectangular Plot]按钮，插入一个矩形图。在弹出的“Plot Traces & Attributes”对话框中选择“vin”，单击[Add]按钮，弹出对话框，在对话框中选择显示单位“Spectrum in dBm”，单击[OK]按钮返回“Plot Traces & Attributes”对话框，再单击[OK]按钮，显示“vin”输出频谱。在菜单栏中选择[Maker]→[New]命令，插入标注信息，如图 14.12 所示，可以看到输入的 11MHz 中频信号频谱为 2dBm。

如图 14.13 所示，再添加一个输出信号的频谱，可见本振信号 2400MHz 将中频信号 11MHz 调制至 2411MHz 上进行发送，发送机功能设置正确。

修改输出频谱观测范围为 2.2～2.6GHz，如图 14.14 所示，可见对中频信号三次谐波的抑制良好，达到约 280dB。

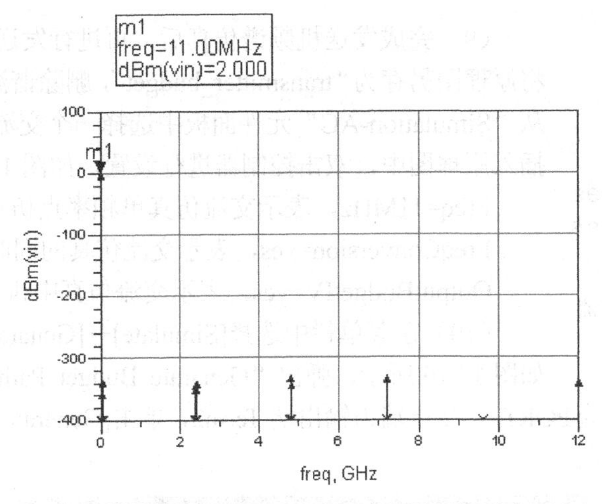


图 14.12　输入的 11MHz 中频信号频谱

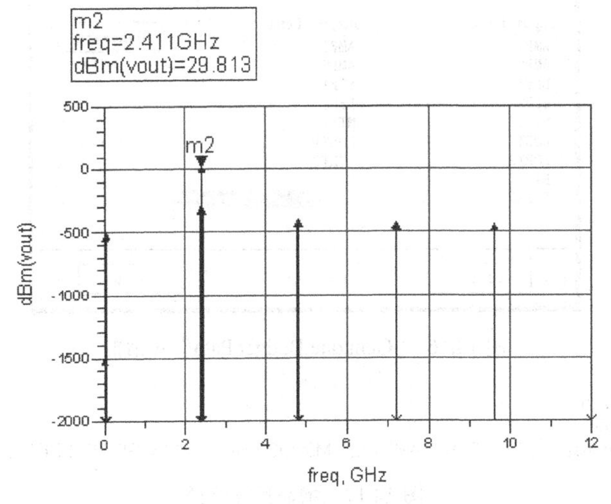


图 14.13　添加一个输出信号的频谱

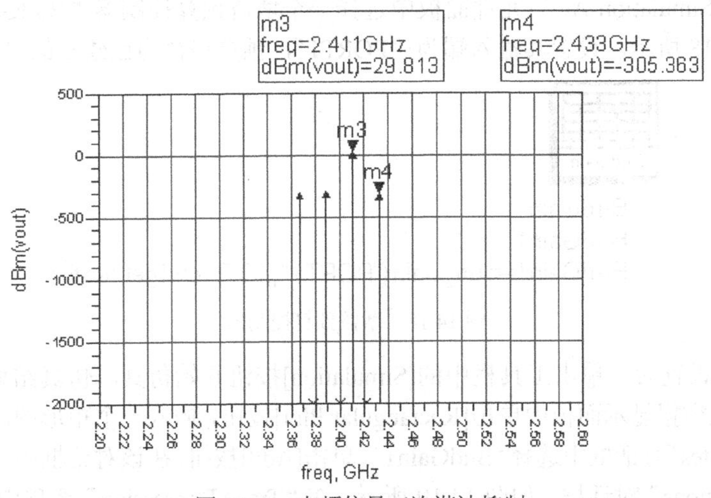


图 14.14　中频信号三次谐波抑制

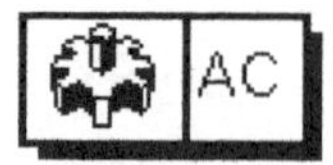

AC
AC1
FreqConversion=yes
OutputBudgetIV=yes
Freq=11 MHz

图 14.15　设置完成的交流仿真控制器

（9）完成发送机频谱仿真后，再进行发送机的预算增益仿真。将原理图另存为“transmitter_budget”，删除谐波平衡法仿真控制器。从“Simulation-AC”元件面板中选择一个交流仿真控制器“AC”，插入原理图中，双击控制器进行设置，如图 14.15 所示。

Freq=11MHz，表示交流仿真单频率点仿真方式。

FreqConversion=yes，表示交流仿真的同时进行频率转换。

OutputBudgetIV=yes，表示交流仿真中执行预算分析。

（10）在菜单栏中选择[Simulate]→[Genarate Budget Path]命令，如图 14.16 所示，弹出“Genarate Budget Path”对话框，在对话框中选择起始端为输入端 PORT1，终止端为输出端 Term2，单击[Generate]按钮，生成增益预算路径，如图 14.17 所示。

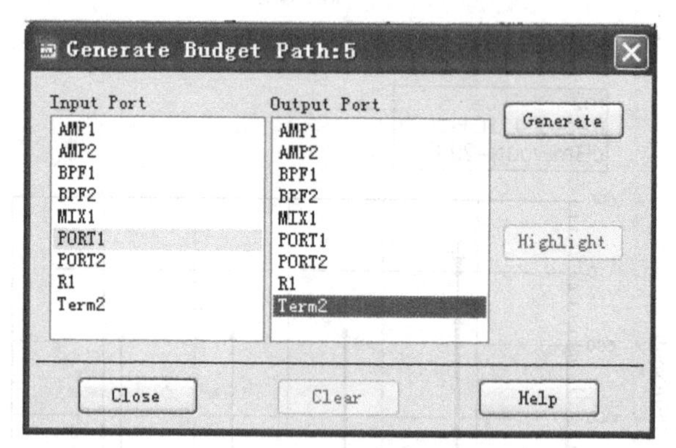


图 14.16　“Genarate Budget Path”对话框

MeasEqn
BudPath
budget_path = ["PORT1.t1","AMP1.t2","MIX1.t2","BPF1.t2","AMP2.t2","BPF2.t2","Term2.t1"]

图 14.17　增益预算路径

（11）从“Simulation-AC”元件面板中选择一个增益预算控制器“BudGain”，插入原理图中，如图 14.18 所示，设置其输入端为“PORT1”，预算路径为已建立的“budget_path”。

BudGain
BudGain1
BudGain1=bud_gain("PORT1",,50.0,,budget_path)

图 14.18　增益预算控制器

（12）完成设置后，单击工具栏中的[Simulation]按钮开始仿真。仿真结束后自动弹出数据显示窗口。从数据显示面板中单击[Rectangular Plot]按钮，插入一个矩形图。在弹出的“Plot Traces & Attributes”对话框中选择“BudGain1”，单击[Add]按钮，在该对话框中双击“BudGain1”弹出“Trace Options”对话框，如图 14.19 所示。在“Trace Expression”选项中将“BudGain1”

改为 BudGain1[0]”，表示指定单一频率数组仿真。单击[OK]按钮返回“Plot Traces & Attributes”对话框，再单击[OK]按钮，显示增益预算链路。在菜单栏选择[Maker]→[New]命令，插入标注信息，如图 14.20 所示，可以看到在发送机输出端的增益达到 27.815dB。对于 2dBm 的输入信号，该发送机可将信号放大至约 30dBm 进行输出，增益良好。

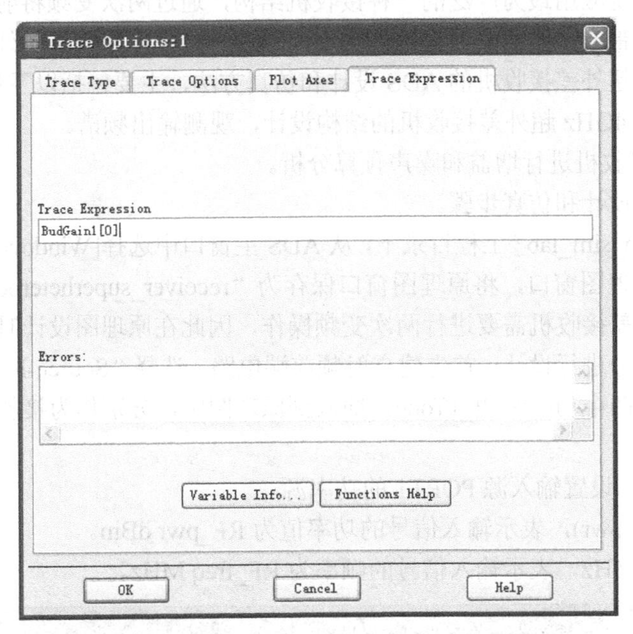


图 14.19 将“BudGain1”改为“BudGain1[0]”

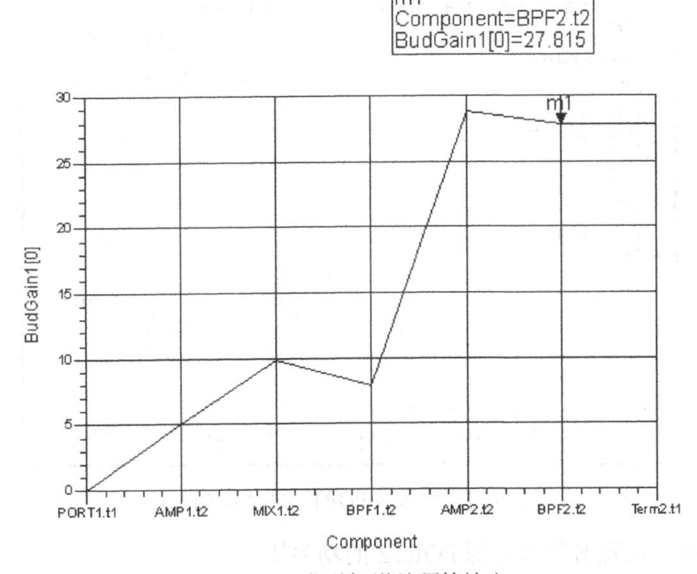


图 14.20 发送机增益预算输出

这样就完成了对发送机频谱和增益预算的分析，达到了发送机的基本功能和指标要求。

### 14.2.2 超外差接收机仿真实例

超外差接收机是应用最为广泛的一种接收机结构，通过两次变频将射频信号调制至模拟基带。但由于中频带通滤波器需要在片外实现，这在一定程度限制了超外差接收机芯片的集成度，本节就学习超外差接收机的 ADS 设计和仿真方法，主要包括以下仿真。

- 完成一个 2.4GHz 超外差接收机的结构设计，观测输出频谱。
- 对超外差接收机进行增益和噪声预算分析。

以下是具体的设计和仿真步骤。

（1）在“System_sim_lab”工程目录下，从 ADS 主窗口中选择[Window]→[New Schematic]命令，新建一个原理图窗口，将原理图窗口保存为“receiver_superheterodyne”，开始原理图的设计。由于超外差接收机需要进行两次变频操作，因此在原理图设计时分别为射频前端和模拟中频电路两部分进行设计。首先建立射频前端电路，选择“Source-Freq Domain”元件面板，从面板中选择两个功率源 P_1Tone，插入到原理图中，分别作为接收机的输入源和射频本振输入源。

如图 14.21 所示设置输入源 PORT1 的功率源。

P=dbmtow(RF_pwr)，表示输入信号的功率值为 RF_pwr dBm。

Freq=RF_freq MHz，表示输入信号的频率为 RF_freq MHz。

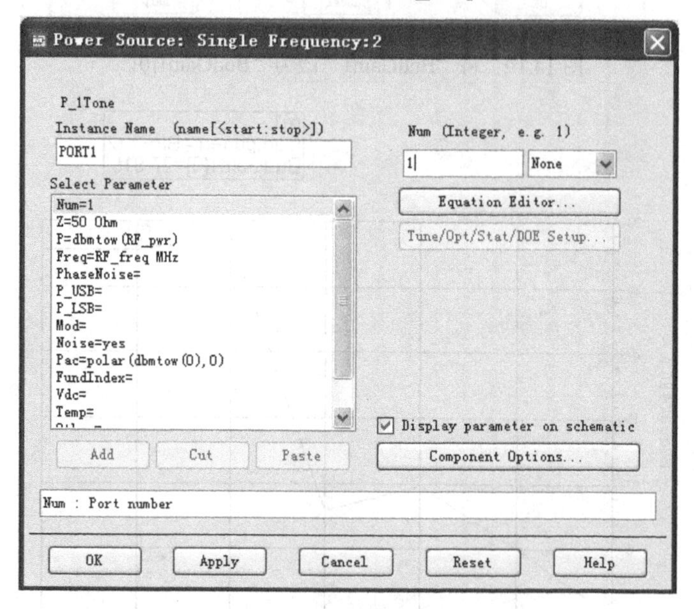


图 14.21　输入端 PORT1 的功率源设置

如图 14.22 所示设置射频本振源 PORT2 的功率源。

P=dbmtow(LO_pwr1)，表示本振源输入信号的功率值为 LO_pwr1 dBm。

Freq=LO_freq1 MHz，表示本振源输入信号的频率为 LO_freq1 MHz。

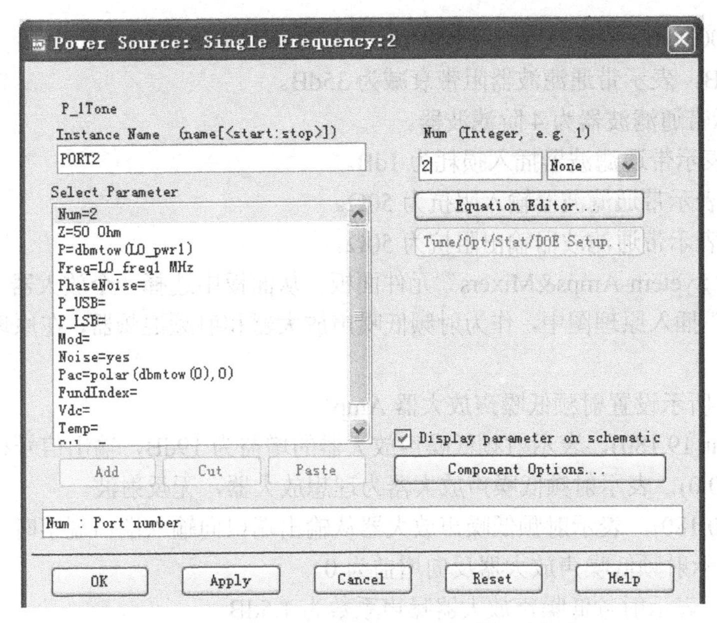


图 14.22 射频本振源 PORT2 的功率源设置

（2）选择“Filter-Bandpass”元件面板，从面板中选择一个切比雪夫带通滤波器插入原理图中，作为天线后的抗混叠射频带通滤波器，在原理图中双击元件进行设置。

如图 14.23 所示设置抗混叠射频带通滤波器 BPF1。

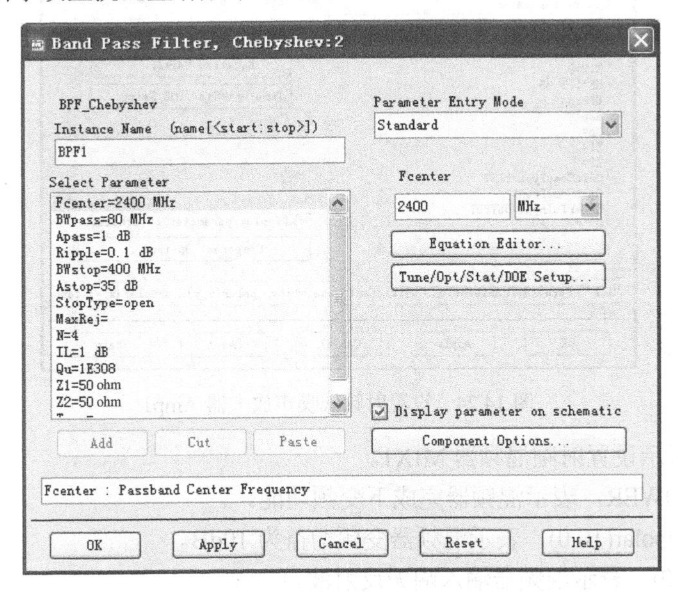


图 14.23 设置抗混叠射频带通滤波器 BPF1

Fcenter=2400MHz，表示带通滤波器的中心频率为 2400MHz。

BWpass=80MHz，表示带通滤波器 3dB 带宽为 80MHz。

Apass=1dB，表示带通滤波器通带内衰减为 1dB。

Ripple=0.1dB，表示带通滤波器通带内纹波为 0.1dB。

BWstop=400MHz，表示带通滤波器阻带带宽为 400MHz。

Astop=35dB，表示带通滤波器阻带衰减为 35dB。

N=4，表示带通滤波器为 4 阶滤波器。

IL=1dB，表示带通滤波器插入损耗为 1dB。

Z1=50Ω，表示带通滤波器输入阻抗为 50Ω。

Z2=50Ω，表示带通滤波器输出阻抗为 50Ω。

（3）选择“Syetem-Amps&Mixers”元件面板，从面板中选择一个放大器“Amp”和一个混频器“Mixer”插入原理图中，作为射频低噪声放大器和射频混频器，在原理图中双击元件进行设置。

如图 14.24 所示设置射频低噪声放大器 Amp1。

S21=dbpolar(19,180)，表示射频低噪声放大器的增益为 19dB，输出信号相位为 180°。

S11=polar(0,0)，表示射频低噪声放大器为理想放大器，无反射波。

S22=polar(0,180)，表示射频低噪声放大器从输出端口向输入端口观察时，无反射波。

S12=0，表示射频低噪声放大器反向增益为 0。

NF=1.5dB，表示射频低噪声放大器噪声系数为 1.5dB。

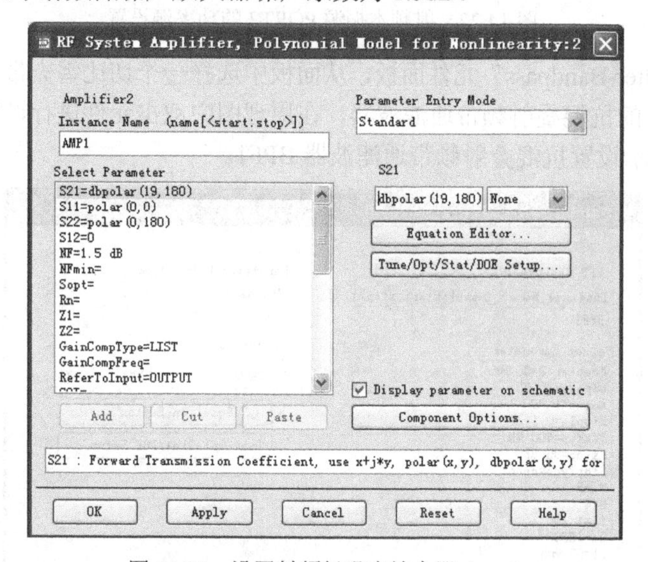


图 14.24　设置射频低噪声放大器 Amp1

如图 14.25 所示设置射频混频器 MIX1。

SideBand=LOWER，表示混频器完成下变频功能。

ConvGain=dbpolar(10,0)，表示混频器变频增益为 10dB。

S11=polar(0, 0)，表示混频器输入端无反射波。

S22= polar(0, 180)，表示混频器从输出端向输入端无反射波，且信号相位为 180°。

S33= 0，表示本振端无反射波。

NF=15dB，表示混频器噪声系数为 15dB。

（4）从“Lumped Components”元件面板中选择一个 50Ω电阻作为射频本振输入电阻。在工具栏中单击[GROUND]按钮插入两个地，之后单击[Insert Wire]按钮将元件连接起来，如

图 14.25 所示，并为接收机的输入、低噪声放大器输出和混频器输出分配线名 vin、v1、v2，完成射频前端原理图。

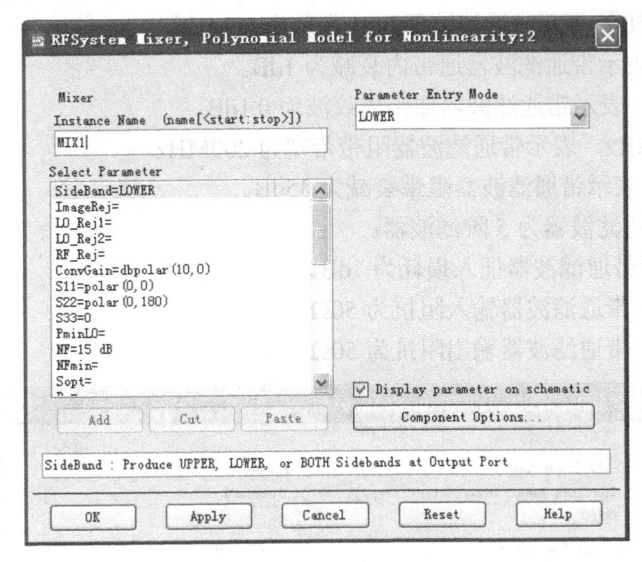


图 14.25　设置混频器 MIX1

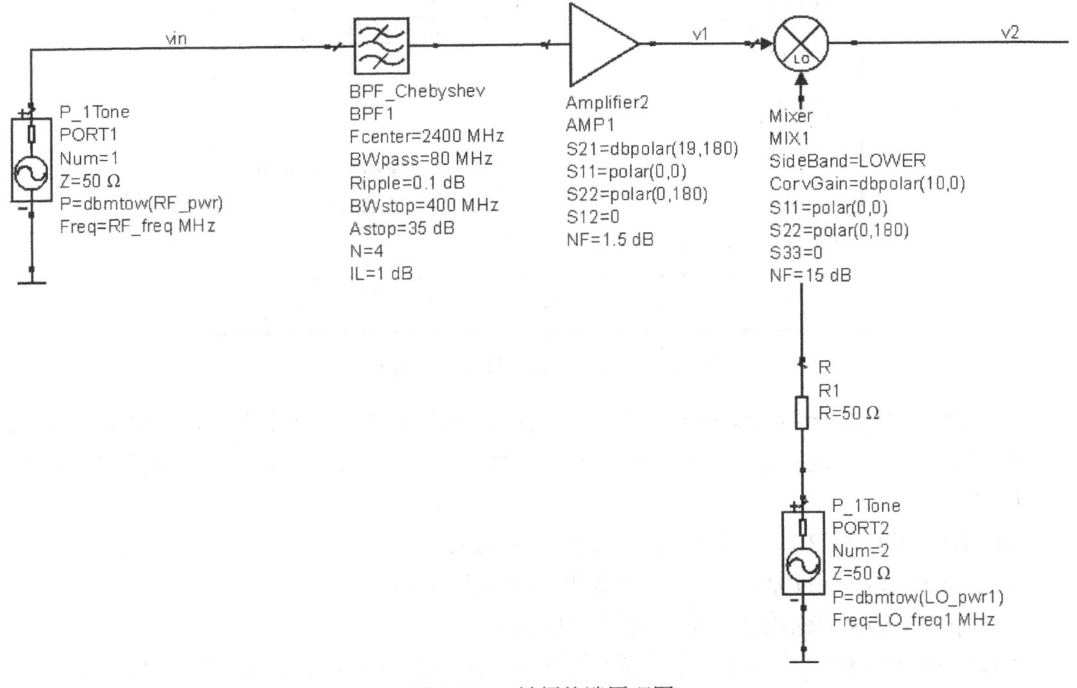


图 14.26　射频前端原理图

（5）完成射频前端原理图后，就可以开始模拟中频部分的原理图设计了。首先选择“Filter-Bandpass”元件面板，从面板中选择一个切比雪夫带通滤波器插入原理图中，作为中频带通滤波器，在原理图中双击元件进行设置。

如图 14.27 所示设置中频带通滤波器 BPF2：

Fcenter=300MHz，表示带通滤波器的中心频率为 300MHz。

BWpass=80MHz，表示带通滤波器 3dB 带宽为 80MHz。

Apass=1dB，表示带通滤波器通带内衰减为 1dB。

Ripple=0.1dB，表示带通滤波器通带内纹波为 0.1dB。

BWstop=200MHz，表示带通滤波器阻带带宽为 200MHz。

Astop=35dB，表示带通滤波器阻带衰减为 35dB。

N=5，表示带通滤波器为 5 阶滤波器。

IL=1dB，表示带通滤波器插入损耗为 1dB。

Z1=50Ω，表示带通滤波器输入阻抗为 50Ω。

Z2=50Ω，表示带通滤波器输出阻抗为 50Ω。

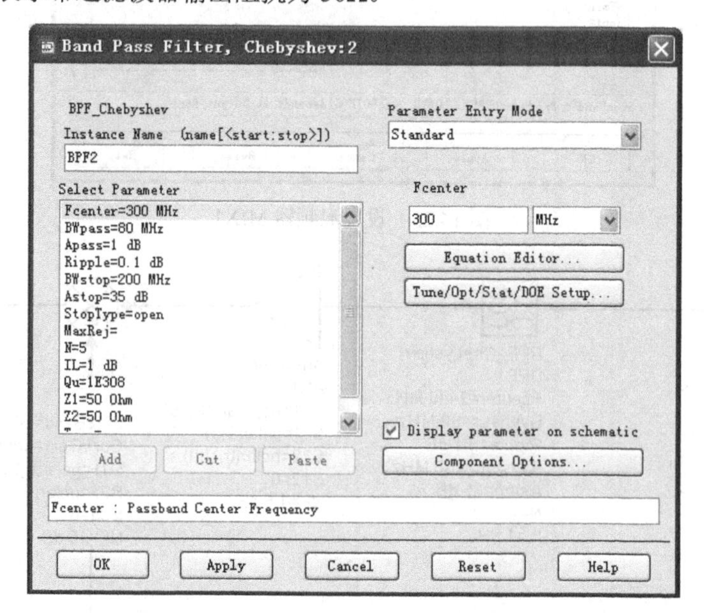


图 14.27 设置中频带通滤波器 BPF2

（6）选择“Syetem-Amps&Mixers”元件面板，从面板中选择一个混频器“Mixer”插入原理图中，作为中频混频器，在原理图中双击元件进行设置。如图 14.28 所示设置中频混频器 MIX2。

SideBand=LOWER，表示混频器完成下变频功能。

ConvGain=dbpolar(10,0)，表示混频器变频增益为 10dB。

S11=polar(0,0)，表示混频器输入端无反射波。

S22= polar(0,180)，表示混频器从输出端向输入端无反射波，且信号相位为 180°。

S33= 0，表示本振端无反射波。

NF=15dB，表示混频器噪声系数为 15dB。

（7）选择“Source-Freq Domain”元件面板，从面板中选择一个功率源 P_1Tone，插入到原理图中，作为中频本振输入源。

如图 14.29 所示设置输入源 PORT3 的功率源。

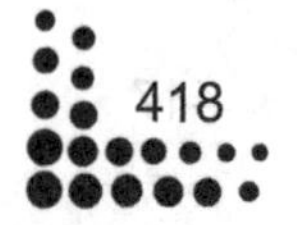

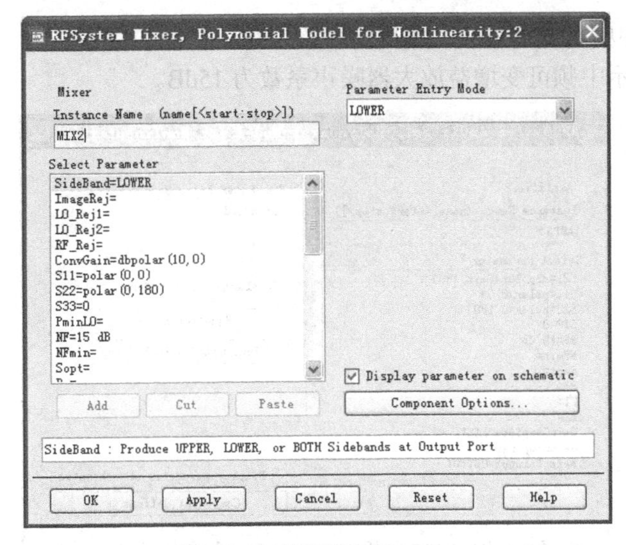


图 14.28 设置混频器 MIX2

P=dbmtow(LO_pwr2)，表示中频本振输入信号的功率值为 LO_pwr2 dBm。

Freq=LO_freq2 MHz，表示中频本振输入信号的频率为 LO_freq2 MHz。

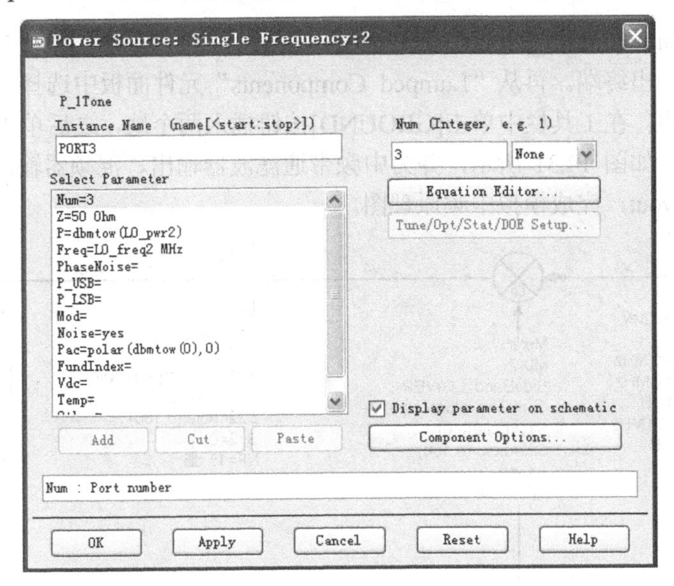


图 14.29 中频本振输入源 PORT3 的功率源设置

（8）选择“Syetem-Amps&Mixers”元件面板，从面板中选择一个放大器“Amp”插入原理图中，作为中频可变增益放大器，在原理图中双击元件进行设置。

如图 14.30 所示设置中频可变增益放大器 Amp2。

S21=dbpolar(Gain,180)，表示中频可变增益放大器的增益为 Gain dB，输出信号相位为 180°。

S11=polar(0,0)，表示中频可变增益放大器为理想放大器，无反射波。

S22=polar(0,180)，表示中频可变增益放大器从输出端口向输入端口观察时，无反射波。

S12=0，表示中频可变增益放大器反向增益为 0。

NF=15dB，表示中频可变增益放大器噪声系数为 15dB。

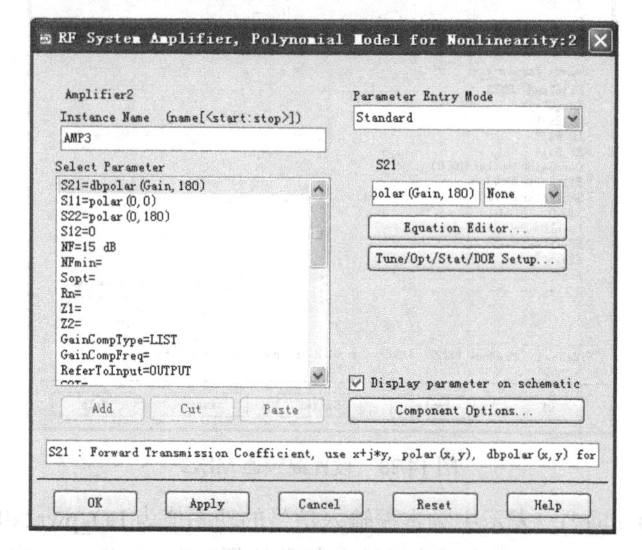


图 14.30 设置中频可变增益放大器 Amp2

（9）选择“Simulation-S_Param”元件面板，从面板中选择一个终端“Term”插入原理图中，作为接收机输出终端。再从“Lumped Components”元件面板中选择一个 50Ω电阻作为中频本振输入电阻。在工具栏中单击[GROUND]按钮插入两个地，之后单击[Insert Wire]按钮将元件连接起来，如图 14.31 所示，并为中频带通滤波器输出、混频器输出和接收机输出分配线名 v3、v4、vout，完成模拟中频原理图。

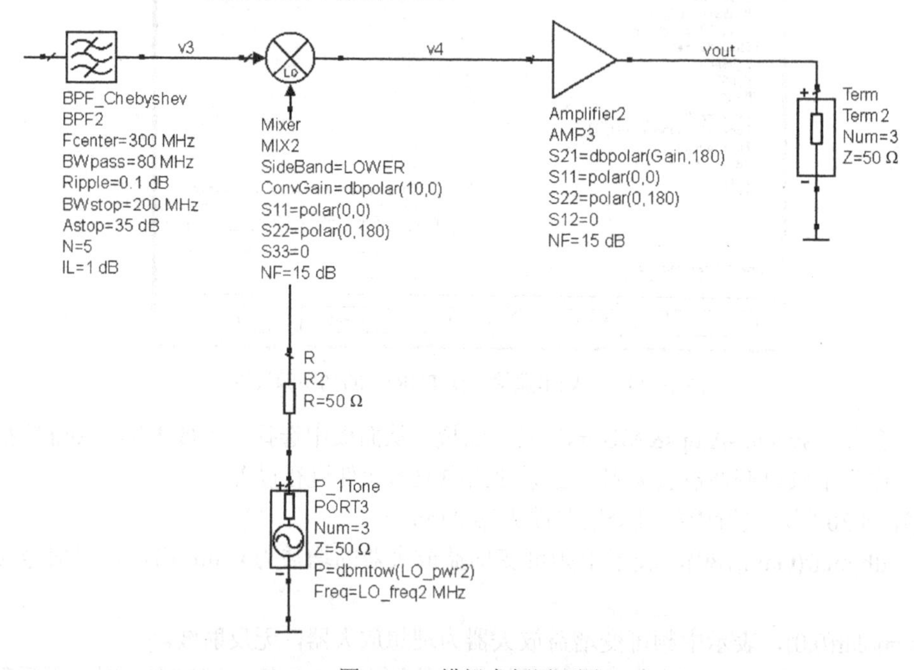


图 14.31 模拟中频原理图

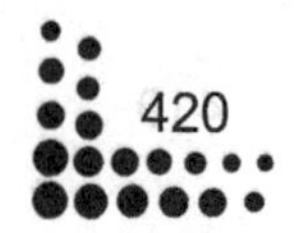

（10）在原理图窗口工具栏中单击[VAR]按钮，在原理图中插入一个变量控制器，双击变量控制器，如图 14.32 所示设置变量。

RF_freq=2400，表示变量 RF_freq 代表的射频输入频率为 2400MHz。

LO_freq1=2100，表示变量 LO_freq1 代表的射频本振输入频率为 2100MHz。

LO_freq2=280，表示变量 LO_freq2 代表的中频本振输入频率为 280MHz。

RF_pwr=-110，表示变量 RF_pwr 代表的射频输入功率为-110dBm。

LO_pwr1=10，表示变量 LO_pwr1 代表的射频本振输入功率为 10dBm。

LO_pwr2=10，表示变量 LO_pwr2 代表的中频本振输入功率为 10dBm。

Gain=76，表示变量 Gain 代表的中频可变增益放大器增益为 76dB。

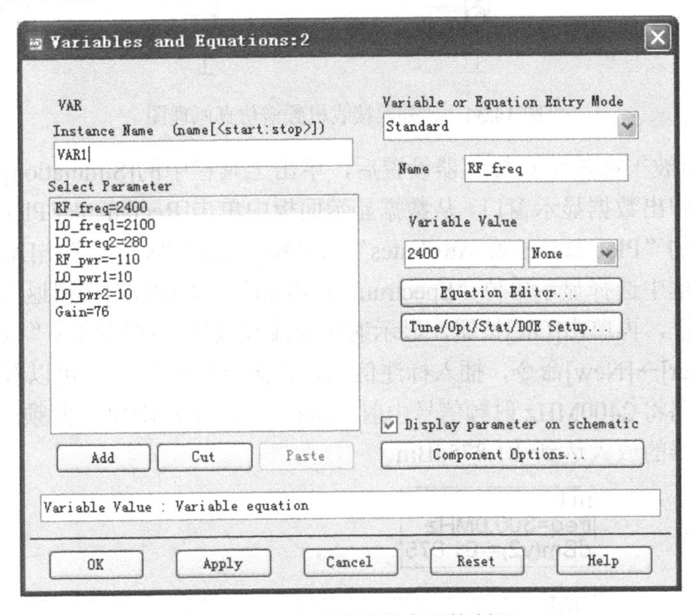


图 14.32　完成设置的变量控制器

（11）为了观测输出频谱，选择“Simulation-HB”元件面板，在面板中选择一个谐波平衡法仿真控制器“HB”插入到原理图中，双击谐波平衡法仿真控制器，如图 14.33 所示对其仿真参数进行设置。

HarmonicBalance
HB1
Freq[1]=RF_freq MHz
Freq[2]=LO_freq2 MHz
Freq[3]=LO_freq1 MHz
Order[1]=5
Order[2]=5
Order[3]=5

图 14.33　完成设置的谐波平衡法仿真控制器

Freq[1]=RF_freq MHz，表示基波频率[1]为射频输入频率。

Freq[2]=LO_freq2 MHz，表示基波频率[2]为中频本振输入频率。

Freq[3]=LO_freq1 MHz，表示基波频率[3]为射频本振输入频率。

Order[1]=5，表示基波频率[1]的谐波数为 5。

Order[2]=5，表示基波频率[2]的谐波数为 5。

Order[3]=5，表示基波频率[3]的谐波数为 5。

如图 14.34 所示，最终完成超外差接收机频谱仿真原理图。

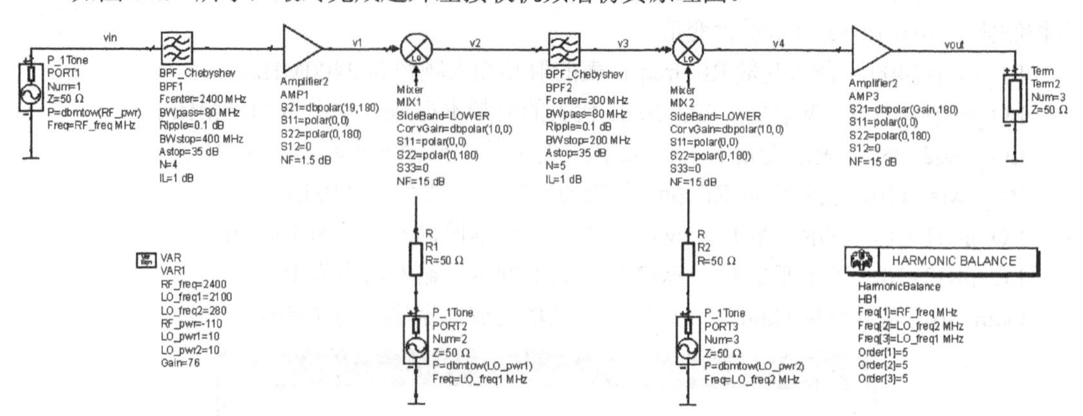


图 14.34　超外差接收机频谱仿真原理图

（12）完成谐波平衡法仿真控制器设置后，单击工具栏中的[Simulation]按钮开始仿真。仿真结束后自动弹出数据显示窗口。从数据显示面板中单击[Rectangular Plot]按钮，插入一个矩形图。在弹出的“Plot Traces & Attributes”对话框中选择“v2”，单击[Add]按钮，又弹出对话框，在对话框中选择显示单位“Spectrum in dBm”，单击[OK]按钮返回“Plot Traces & Attributes”对话框，再单击[OK]按钮，显示射频前端经过第一次混频后“v2”输出频谱。在菜单栏选择[Maker]→[New]命令，插入标注信息，如图 14.35 所示，可以看到经过第一次混频，射频前端电路将 2400MHz 射频信号由射频本振信号 2100MHz 下变频至 300MHz，且经过了低噪声放大器的放大达到-81.875dBm。

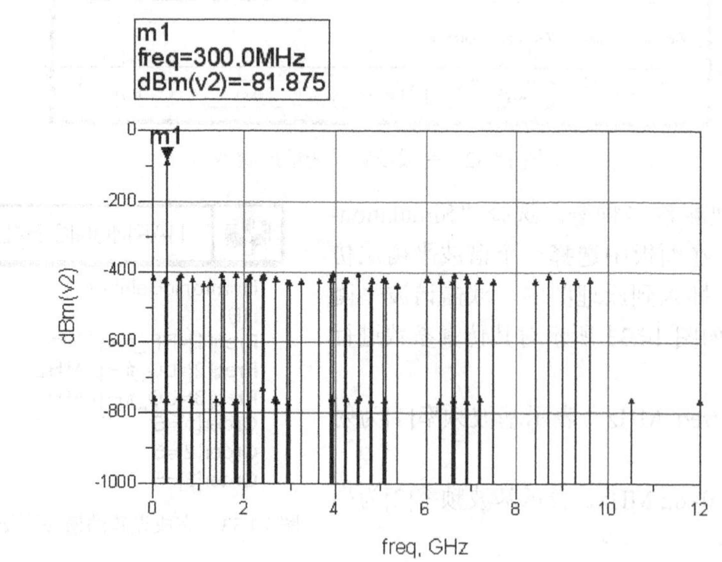


图 14.35　经过第一次混频后的射频前端电路输出频谱

再插入两个矩形图分别显示中频混频后输出“v4”和接收机输出“vout”，如图 14.36 和图 14.37 所示，并进行标注。在图 14.36 所示中，可见经过中频本振 280MHz 的下变频，射频信号已下变频至 20MHz 的模拟基带，经过混频器放大，信号功率有一定的增加，达到

-73.012dBm。在图 14.37 所示中，经过可变增益放大器 76dB 的增益放大，最终接收机输出频率为 20MHz，功率为 2.988dBm 的模拟基带信号。

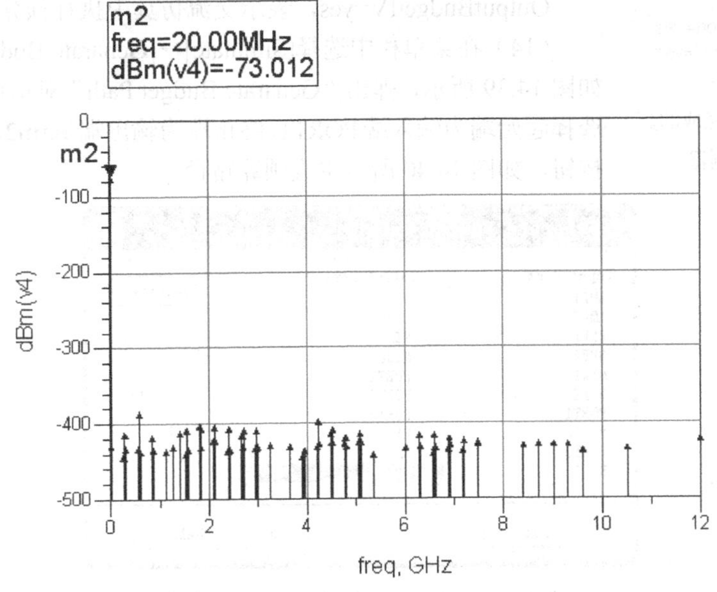


图 14.36 经过第二次混频后的模拟中频输出

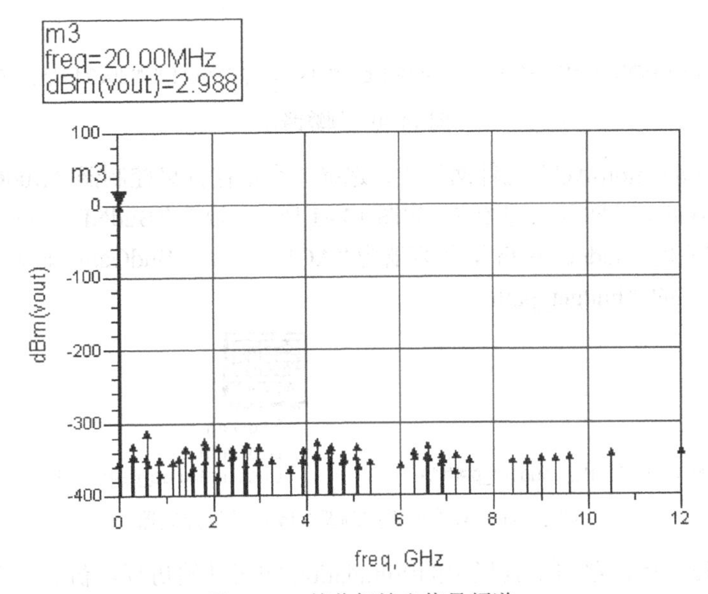


图 14.37 接收机输出信号频谱

（13）完成接收机频谱仿真后，再进行接收机的增益预算和噪声预算仿真。将原理图另存为“receiver_superheterodyne_budget”，删除谐波平衡法仿真控制器。从“Simulation-AC”元件面板中，选择一个交流仿真控制器“AC”插入原理图中，如图 14.38 所示双击控制器进行设置。

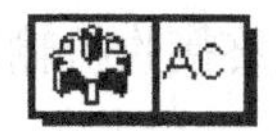

AC
AC1
FreqConversion=yes
OutputBudgetIV=yes
Freq=2.4 GHz

图 14.38 设置完成的交流仿真控制器

Freq=2.4GHz，表示交流仿真单频率点仿真方式。

FreqConversion=yes，表示交流仿真的同时进行频率转换。

OutputBudgetIV=yes，表示交流仿真中执行预算分析。

（14）在菜单栏中选择[Simulate]→[Genarate Budget Path]命令，如图 14.39 所示，弹出“Genarate Budget Path”对话框，在对话框中选择起始端为输入端 PORT1，终止端为输出端 Term2，单击[Generate]按钮，如图 14.40 所示生成预算路径。

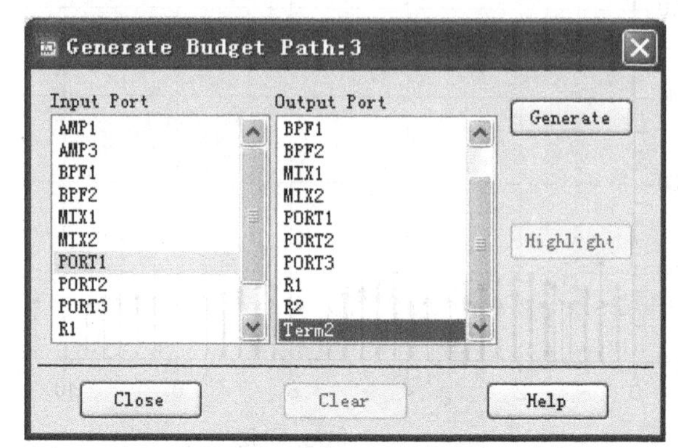


图 14.39 “Genarate Budget Path”对话框

MeasEqn
BudPath
budget_path = ["PORT1.t1","BPF1.t2","AMP1.t2","MIX1.t2","BPF2.t2","MIX2.t2","AMP3.t2","Term2.t1"]

图 14.40 预算路径

（15）从“Simulation-AC”元件面板中，选择一个增益预算控制器“BudGain”和一个噪声预算控制器“BudNF”插入原理图中，如图 14.41 所示，设置“BudNF”输入端为“PORT1”，预算路径为已建立的“budget_path”，仿真器为“AC1”；设置“BudGain”输入端为“PORT1”，预算路径为已建立的“budget_path”。

BudNF
BudNF1
BudNF1=bud_nf("PORT1",,,,,budget_path,"AC1")

BudGain
BudGain1
BudGain1=bud_gain("PORT1",,,,budget_path)

图 14.41 增益预算控制器和噪声预算控制器

（16）完成设置后，单击工具栏中的[Simulation]按钮开始仿真。仿真结束后自动弹出数据显示窗口。从数据显示面板中单击[Rectangular Plot]按钮，插入一个矩形图。在弹出的“Plot Traces & Attributes”对话框中选择“BudGain1”，单击[Add]按钮，在该对话框中双击“BudGain1”弹出“Trace Options”对话框，如图 14.42 所示。在“Trace Expression”选项中将“BudGain1”改为 BudGain1[0]”，表示指定单一频率数组仿真。单击[OK]按钮返回“Plot Traces & Attributes”对话框，再单击[OK]按钮，显示增益预算链路。在菜单栏选择[Maker]→[New]命令，插入标注信息，如图 14.43 所示，可以看到在接收机输出端的增益达到为 112.988dB。对于-110dBm

的输入信号，该接收机可将信号放大至约 3dBm 进行输出，增益良好。

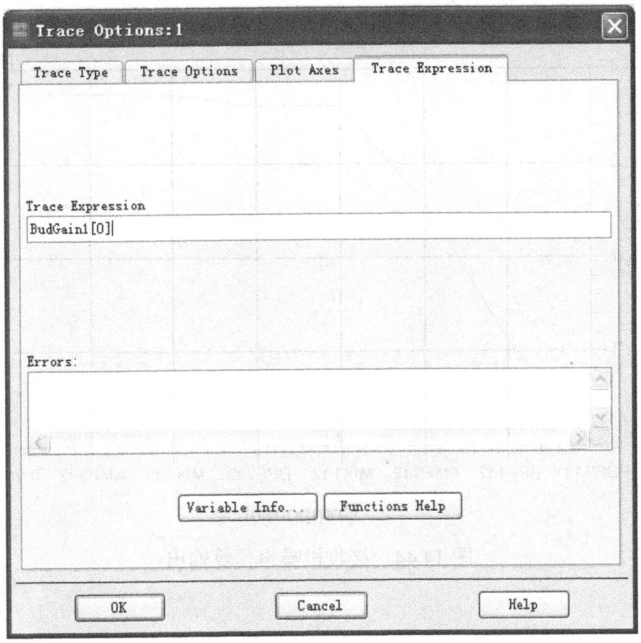

Trace Options:1
Trace Type
Trace Options
Plot Axes
Trace Expression
Trace Expression
BudGain1[0]
Errors:
Variable Info...
Functions Help
OK
Cancel
Help

图 14.42　将“BudGain1”改为“BudGain1[0]”

m1
Component=Term2.t1
BudGain1[0]=112.988
m1
120
100
80
60
40
20
0
-20
BudGain1[0]
PORT1.t1
BPF1.t2
AMP1.t2
MIX1.t2
BPF2.t2
MIX2.t2
AMP3.t2
Term2.t1
Component

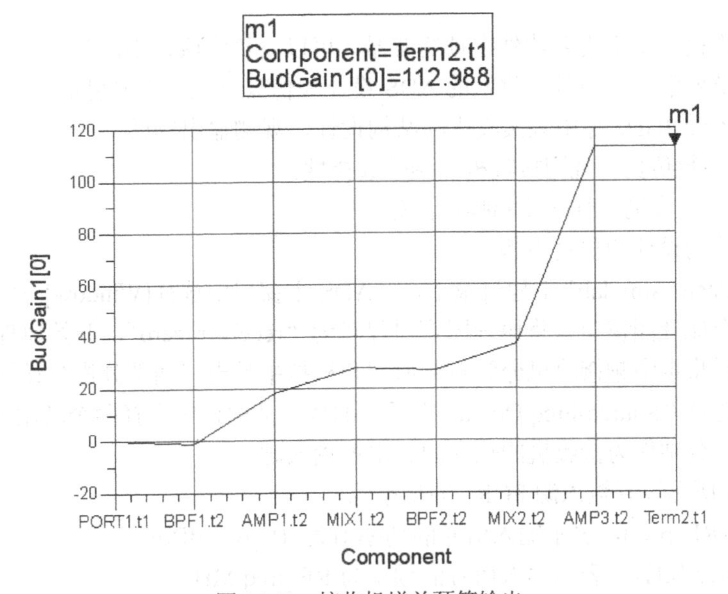

图 14.43　接收机增益预算输出

再插入一个矩形图观测接收机的噪声预算分析，如图 14.44 所示，可见整体接收机的噪声系数为 3.739dB，在一般设计中噪声系数应在 10dB 之内。

通过以上超外差接收机仿真，验证了整机功能的正确性，并对链路中的增益和噪声性能进行了预估，达到整体仿真验证的目的。

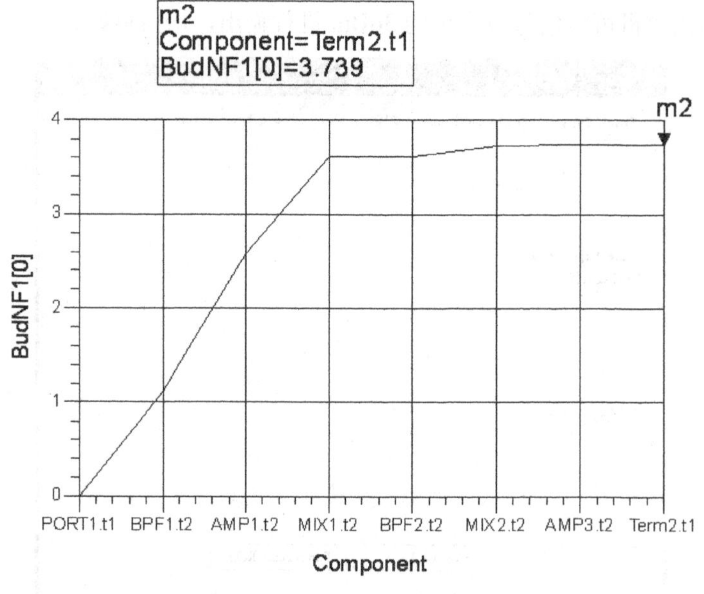


图 14.44　接收机噪声预算输出

## 14.2.3　零中频接收机仿真实例

零中频接收机由于不需要片外中频滤波器，可以直接集成，因此广泛应用于射频集成电路芯片中。本节就学习零中频接收机的 ADS 设计和仿真方法，主要包括以下仿真：

- 完成一个 2.4GHz 零中频接收机的结构设计，观测输出频谱。
- 进行 S 参数仿真，观测接收机的频带选择性。
- 对零中频接收机进行增益和噪声预算分析。

以下是具体的设计和仿真步骤。

（1）在“System_sim_lab”工程目录下，从 ADS 主窗口中选择[Window]→[New Schematic]命令，新建一个原理图窗口，将原理图窗口保存为“receiver_zero”，开始原理图设计。在原理图设计时同样将零中频接收机分为射频前端和模拟中频电路两部分进行设计。首先建立射频前端电路，选择“Source-Freq Domain”元件面板，从面板中选择两个功率源 P_1Tone，插入到原理图中，分别作为接收机的输入源和本振输入源。

如图 14.45 所示设置输入源 POR1 的功率源。

P=dbmtow(RF_pwr)，表示输入信号的功率值为 RF_pwr dBm。

Freq=RF_freq MHz，表示输入信号的频率为 RF_freq MHz。

如图 14.46 所示设置本振源 PORT2 的功率源。

P=dbmtow(LO_pwr)，表示本振源输入信号的功率值为 LO_pwr dBm。

Freq=LO_freq MHz，表示本振源输入信号的频率为 LO_freq MHz。

（2）选择“Filter-Bandpass”元件面板，从面板中选择一个切比雪夫带通滤波器插入原理图中，作为射频带通滤波器使用，在原理图中双击元件进行设置。

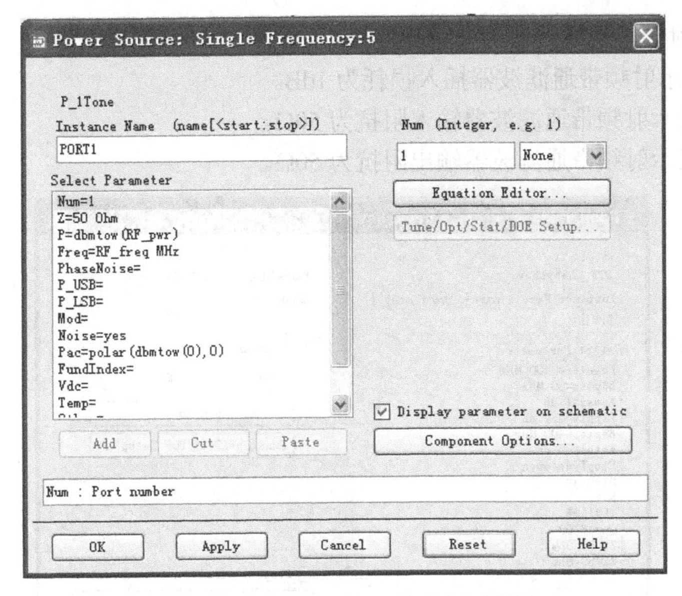

图 14.45 输入端 POR1 的功率源设置

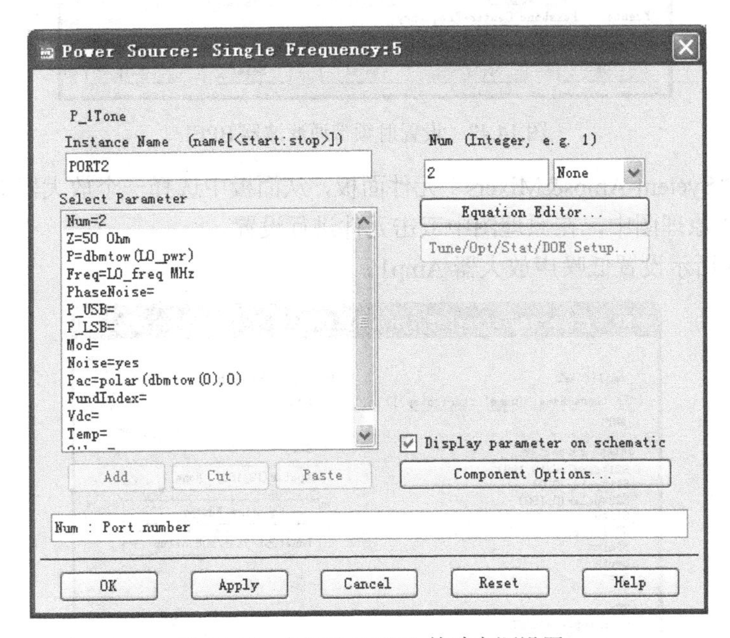

图 14.46 本振源 PORT2 的功率源设置

如图 14.47 所示设置射频带通滤波器 BPF1。

Fcenter=2400MHz，表示射频带通滤波器的中心频率为 2400MHz。

BWpass=80MHz，表示射频带通滤波器 3dB 带宽为 80MHz。

Apass=1dB，表示射频带通滤波器通带内衰减为 1dB。

Ripple=0.1dB，表示射频带通滤波器通带内纹波为 0.1dB。

BWstop=400MHz，表示射频带通滤波器阻带带宽为 400MHz。

Astop=35dB，表示射频带通滤波器阻带衰减为 35dB。

N=4，表示射频带通滤波器为 4 阶滤波器。

IL=1dB，表示射频带通滤波器插入损耗为 1dB。

Z1=50Ω，表示射频带通滤波器输入阻抗为 50Ω。

Z2=50Ω，表示射频带通滤波器输出阻抗为 50Ω。

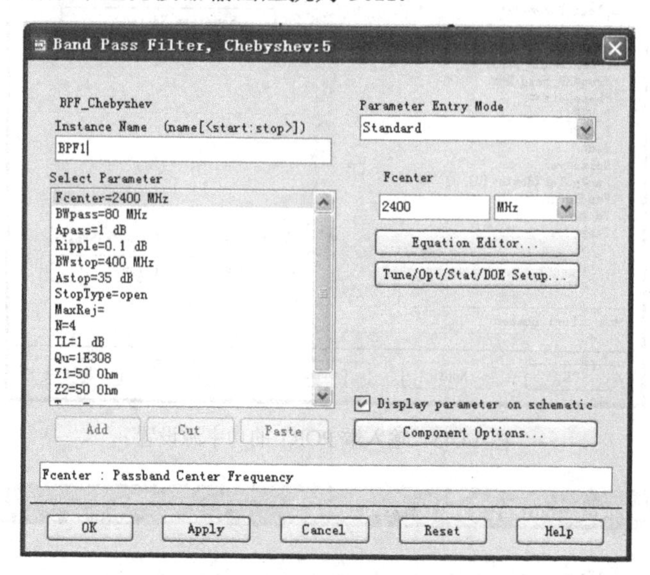


图 14.47　设置射频带通滤波器 BPF1

（3）选择“Syetem-Amps&Mixers”元件面板，从面板中选择一个放大器“Amp”作为低噪声放大器插入原理图中，在原理图中双击元件进行设置。

如图 14.48 所示设置低噪声放大器 Amp1。

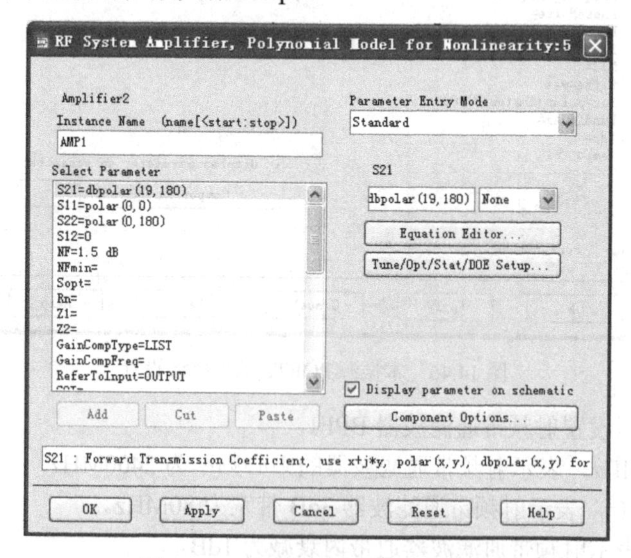


图 14.48　设置低噪声放大器 Amp1

S21=dbpolar(19,180)，表示中频放大器的增益为 19dB，输出信号相位为 180°。

S11=polar(0,0)，表示中频放大器为理想放大器，无反射波。

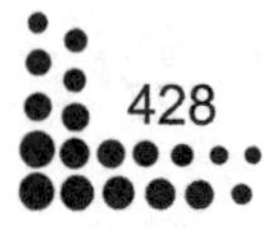

S22=polar(0,180)，表示中频放大器从输出端口向输入端口观察时，无反射波。

S12=0，表示中频放大器反向增益为 0。

NF=1.5dB，表示射频低噪声放大器噪声系数为 1.5dB。

（4）由于要产生 IQ 两路信号，因此需要在电路中加入功分器和移向器。选择“System-Passive”元件面板，选择两个功分器“PwrSplit”和一个移向器“PhsShft”插入原理图中。

（5）选择“Syetem-Amps&Mixers”元件面板，从面板中选择两个混频器“Mixer”插入原理图中，作为射频混频器，在原理图中双击元件进行设置。

如图 14.49 所示设置射频混频器 MIX1 和 MIX2。

SideBand=LOWER，表示混频器完成下变频功能。

ConvGain=dbpolar(10,0)，表示混频器变频增益为 10dB。

S11=polar(0,0)，表示混频器输入端无反射波。

S22= polar(0,180)，表示混频器从输出端向输入端无反射波，且信号相位为 180°。

S33= 0，表示本振端无反射波。

NF=15dB，表示混频器噪声系数为 15dB。

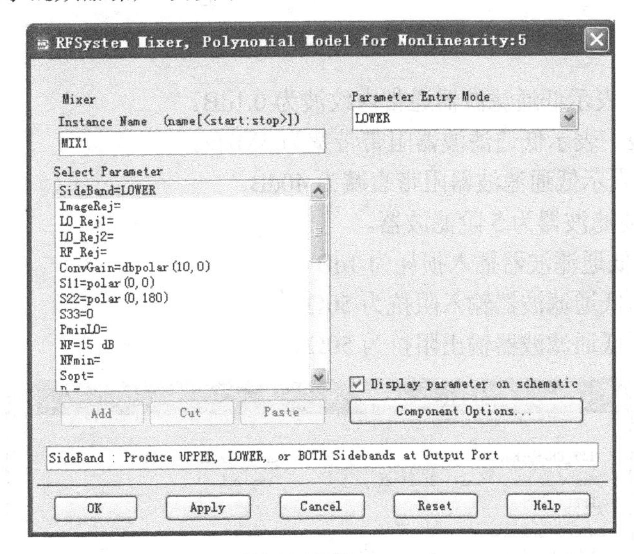


图 14.49　设置混频器 MIX1 和 MIX2

（6）从“Lumped Components”元件面板中选择一个 50Ω电阻作为射频本振输入电阻。在工具栏中单击[GROUND]按钮插入两个地，之后单击[Insert Wire]按钮将元件连接起来，如图 14.50 所示，并为接收机的输入分配线名 vin，完成射频前端原理图。

（7）完成射频前端原理图后，就可以开始模拟中频部分的原理图设计了。首先选择“Filter-Lowpass”元件面板，从面板中选择两个切比雪夫低通滤波器插入原理图中，作为 IQ 两路信号的中频低通滤波器，在原理图中双击元件进行设置。

如图 14.51 所示设置中频低通滤波器 BPF1 和 BPF2。

Fcenter=2MHz，表示低通滤波器的中心频率为 2MHz。

Apass=3dB，表示低通滤波器通带内衰减为 3dB。

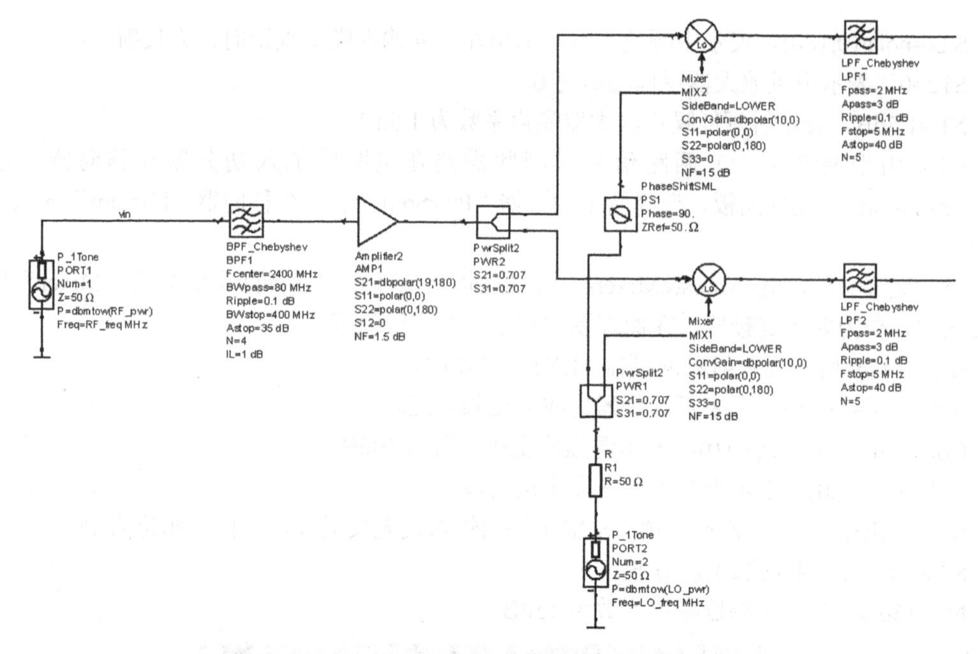


图 14.50　射频前端原理图

Ripple=0.1dB，表示低通滤波器通带内纹波为 0.1dB。

BWstop=5MHz，表示低通滤波器阻带带宽为 5MHz。

Astop=40dB，表示低通滤波器阻带衰减为 40dB。

N=5，表示低通滤波器为 5 阶滤波器。

IL=1dB，表示低通滤波器插入损耗为 1dB。

Z1=50Ω，表示低通滤波器输入阻抗为 50Ω。

Z2=50Ω，表示低通滤波器输出阻抗为 50Ω。

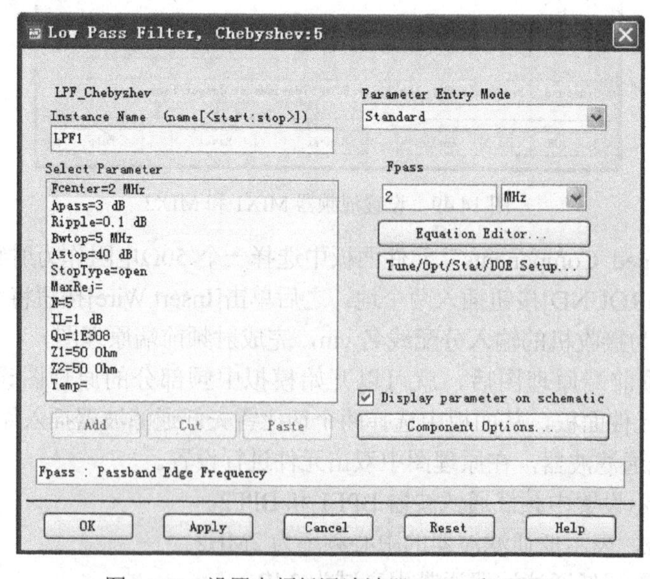


图 14.51　设置中频低通滤波器 BPF1 和 BPF2

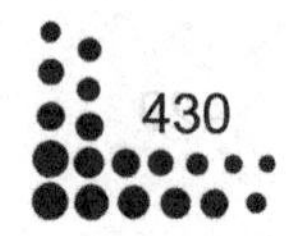

（8）选择“Syetem-Amps&Mixers”元件面板，从面板中选择两个放大器“Amp”插入原理图中，作为 IQ 两路信号的中频可变增益放大器，在原理图中双击元件进行设置。

如图 14.52 所示设置中频可变增益放大器 Amp2 和 Amp3。

S21=dbpolar(Gain,180)，表示中频可变增益放大器的增益为 Gain dB，输出信号相位为 180°。

S11=polar(0,0)，表示中频可变增益放大器为理想放大器，无反射波。

S22=polar(0,180)，表示中频可变增益放大器从输出端口向输入端口观察时，无反射波。

S12=0，表示中频可变增益放大器反向增益为 0。

NF=15dB，表示中频可变增益放大器噪声系数为 15dB。

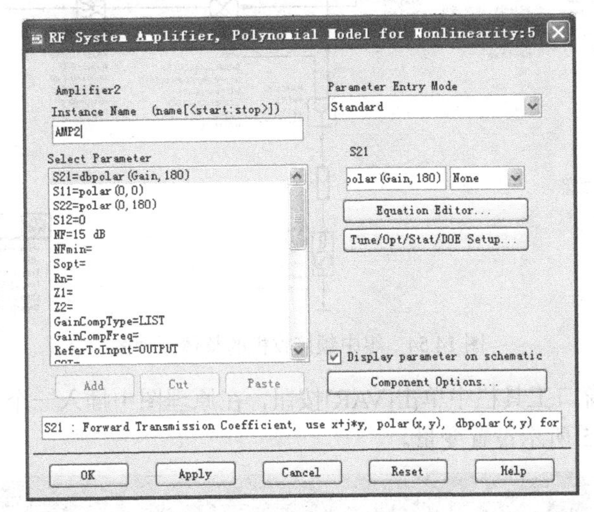


图 14.52 设置中频可变增益放大器 Amp2 和 Amp3

（9）选择“Simulation-S_Param”元件面板，从面板中选择两个终端“Term”插入原理图中，作为接收机输出终端。在工具栏中单击[GROUND]按钮插入两个地，之后单击[Insert Wire]按钮将元件连接起来，如图 14.53 所示，并为接收机输出分配线名 vout_Q 和 vout_I，完成模拟中频原理图。

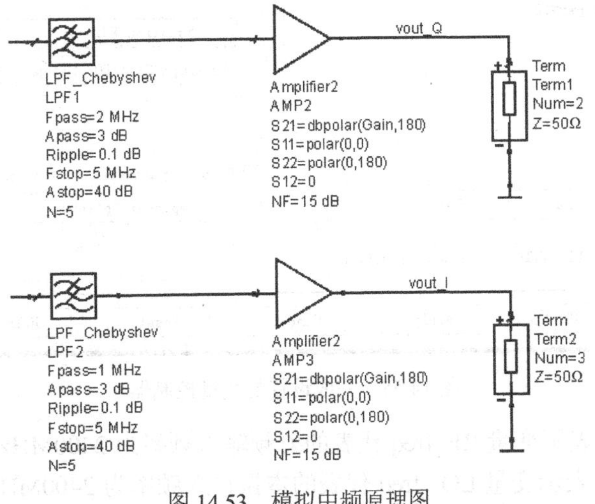


图 14.53 模拟中频原理图

（10）将射频前端和模拟中频电路连接起来，如图 14.54 所示，完成零中频接收机的整体原理图。

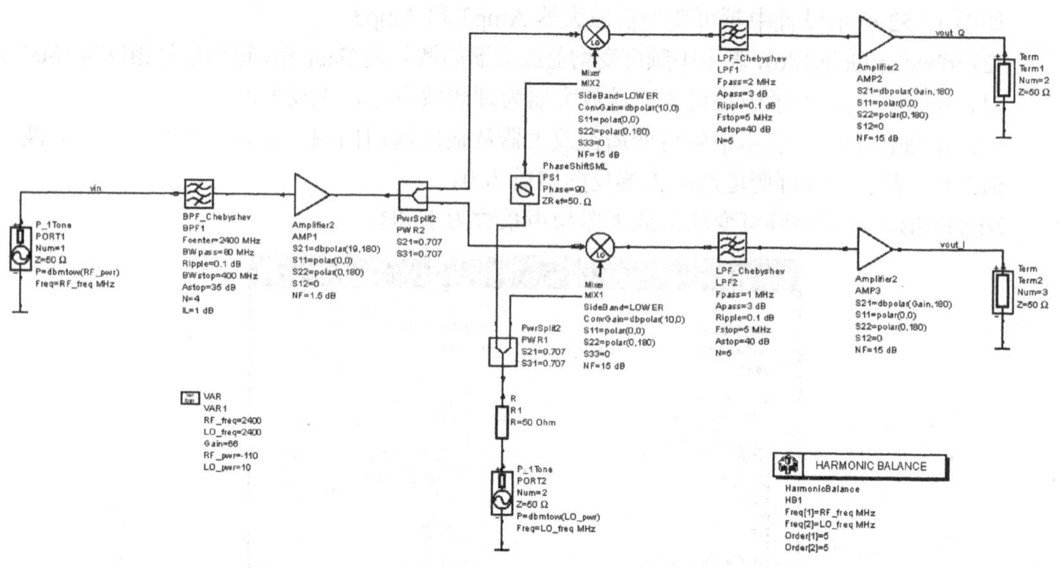


图 14.54　零中频接收机的整体原理图

（11）在原理图窗口工具栏中单击[VAR]按钮，在原理图中插入一个变量控制器，双击变量控制器，如图 14.55 所示设置变量。

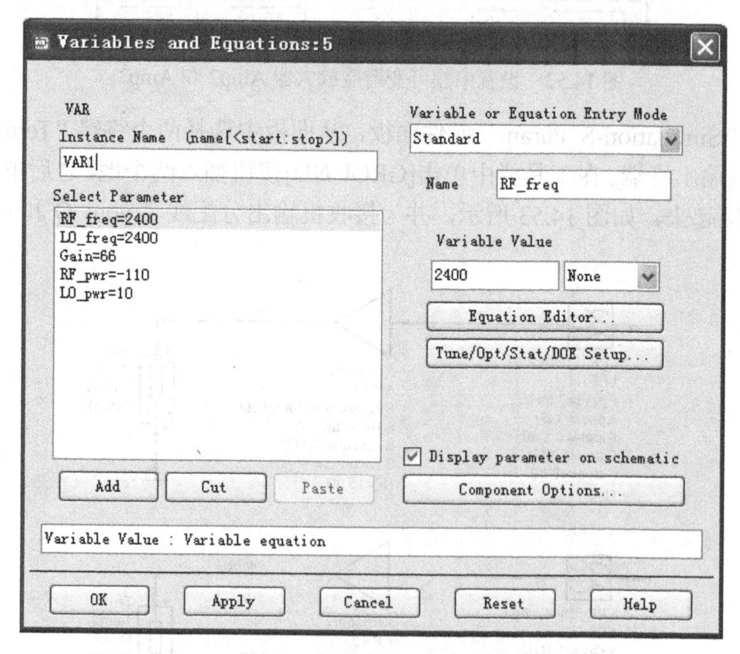


图 14.55　完成设置的变量控制器

RF_freq=2400，表示变量 RF_freq 代表的射频输入频率为 2400MHz。

LO_freq=2400，表示变量 LO _freq 代表的本振输入频率为 2400MHz。

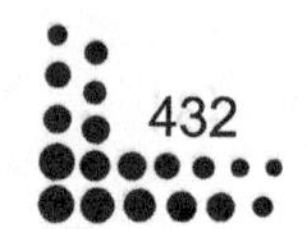

Gain=66，表示变量 Gain 代表的中频可变增益放大器增益为 66dB。

RF_pwr=-110，表示变量 RF_pwr 代表的射频输入功率为-110dBm。

LO_pwr=10，表示变量 LO_pwr 代表的本振输入功率为 10dBm。

（12）为了观测输出频谱，选择“Simulation-HB”元件面板，在面板中选择一个谐波平衡法仿真控制器“HB”插入到原理图中，双击谐波平衡法仿真控制器，如图 14.56 所示对其仿真参数进行设置。

HarmonicBalance
HB1
Freq[1]=RF_freq MHz
Freq[2]=LO_freq MHz
Order[1]=5
Order[2]=5

图 14.56　完成设置的谐波平衡法仿真控制器

Freq[1]=RF_freqMHz，表示基波频率[1]为射频输入频率。

Freq[2]=LO_freqMHz，表示基波频率[2]为本振输入频率。

Order[1]=5，表示基波频率[1]的谐波数为 5。

Order[2]=5，表示基波频率[2]的谐波数为 5。

如图 14.57 所示，最终完成零中频接收机频谱仿真原理图。

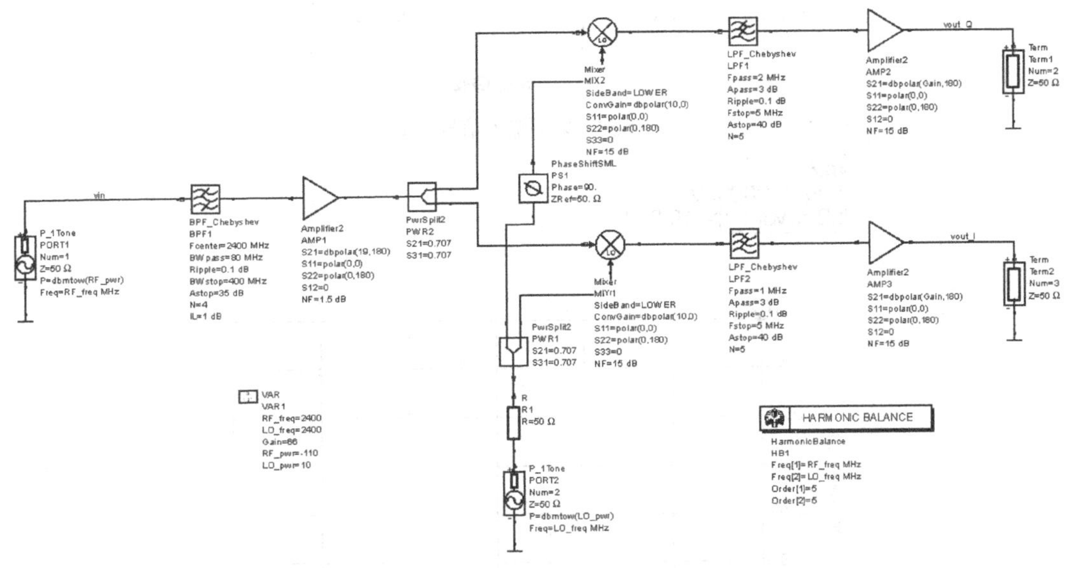


图 14.57　零中频接收机频谱仿真原理图

（13）完成谐波平衡法仿真控制器设置后，单击工具栏中的[Simulation]按钮开始仿真。仿真结束后自动弹出数据显示窗口。从数据显示面板中单击[Rectangular Plot]按钮，插入一个矩形图。在弹出的“Plot Traces & Attributes”对话框中选择“vin”，单击[Add]按钮，弹出对话框，在对话框中选择显示单位“Spectrum in dBm”，单击[OK]按钮返回“Plot Traces & Attributes”对话框，再单击[OK]按钮，显示射频输入信号频谱。在菜单栏选择[Maker]→[New]命令，插入标注信息，如图 14.58 所示，可以看到射频输入信号功率为-110.001dBm。

再插入一个矩形图显示接收机输出“vout_I”，如图 14.59 所示，并进行标注，可见经过中频本振 2400MHz 的下变频，射频信号已下变频零频，经过低噪声放大器、混频器和可变增益放大器放大，最终接收机输出功率为-19.014dBm 的模拟基带信号。

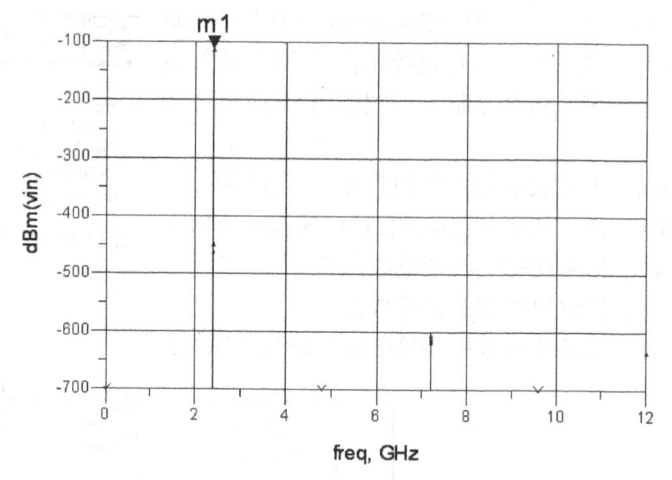


图 14.58　射频输入信号频谱

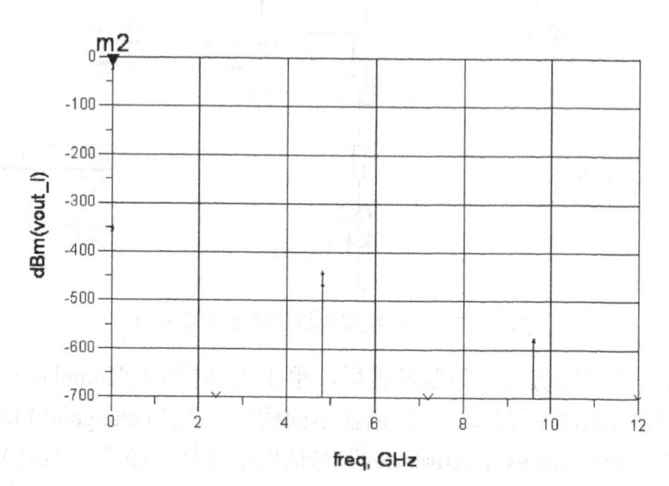


图 14.59　接收机模拟基带输出

（14）对接收机进行频带选择仿真主要是通过 S 参数仿真实现的，在原理图中删除谐波平衡法仿真控制器，从 S 参数仿真面板 “Simulation-S_Param” 中，选择一个 S 参数仿真控制器插入原理图中，双击 S 参数仿真控制器，如图 14.60 所示进行参数设置。

Sweep Type=Liner，表示采用线性扫描方式。

Start=2.36GHz，表示扫描频率起始点为 2.36GHz。

Stop=2.44GHz，表示扫描频率终点为 2.44GHz。

Step-size=0.5MHz，表示扫描步长为 0.5MHz。

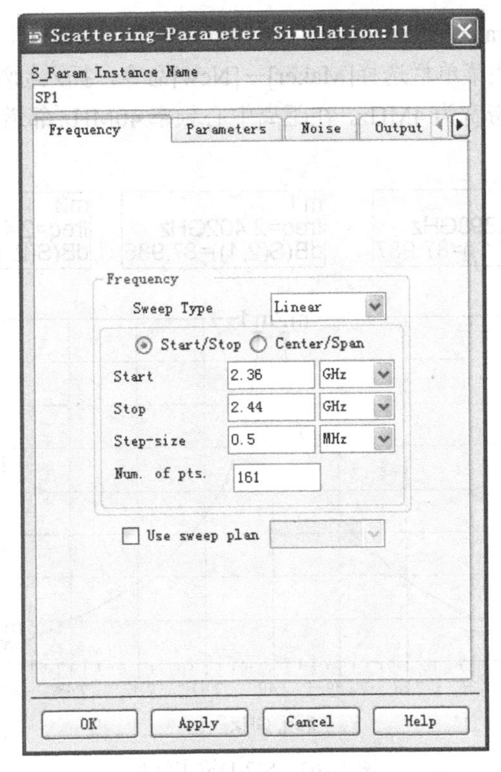


图 14.60 完成设置 S 参数仿真控制器

如图 14.61 所示，建立频带选择仿真原理图。

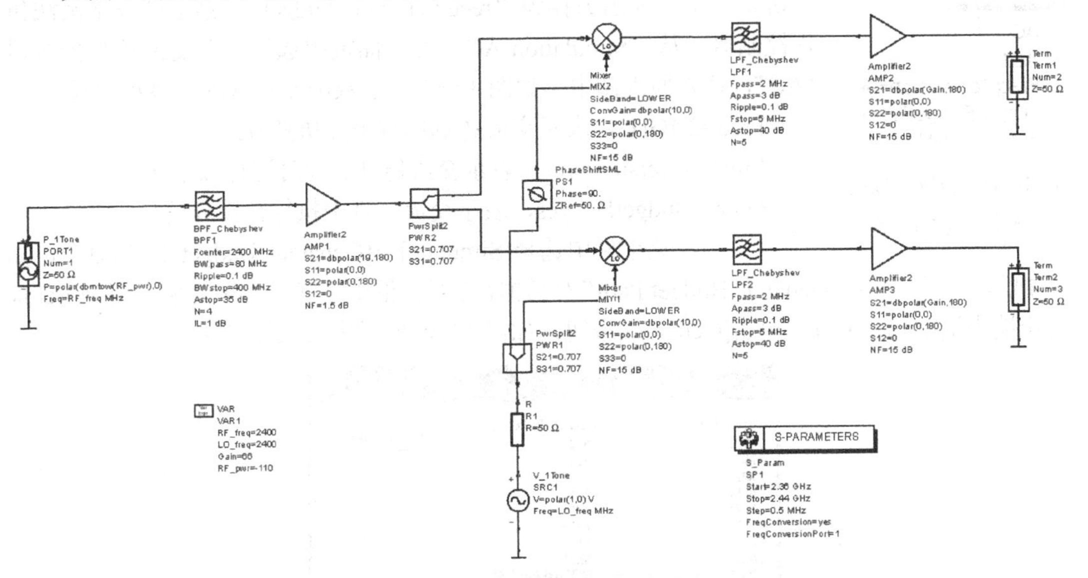


图 14.61 频带选择仿真原理图

（15）完成设置后，就可以进行仿真了，单击工具栏中的[Simulation]按钮开始仿真。仿真结束后自动弹出数据显示窗口。从数据显示面板中单击[Rectangular Plot]按钮，插入一个矩形图。在弹出的“Plot Traces & Attributes”对话框中选择“S(2,1)”，单击[Add]按钮，然后单击[OK]按钮输出波形。在菜单栏选择[Maker]→[New]命令，插入标注信息，如图 14.62 所示，可以看到接收机的 3dB 带宽为 4MHz，在距离中心频率 40MHz 邻道抑制达到约 140dB，频带选择性良好。

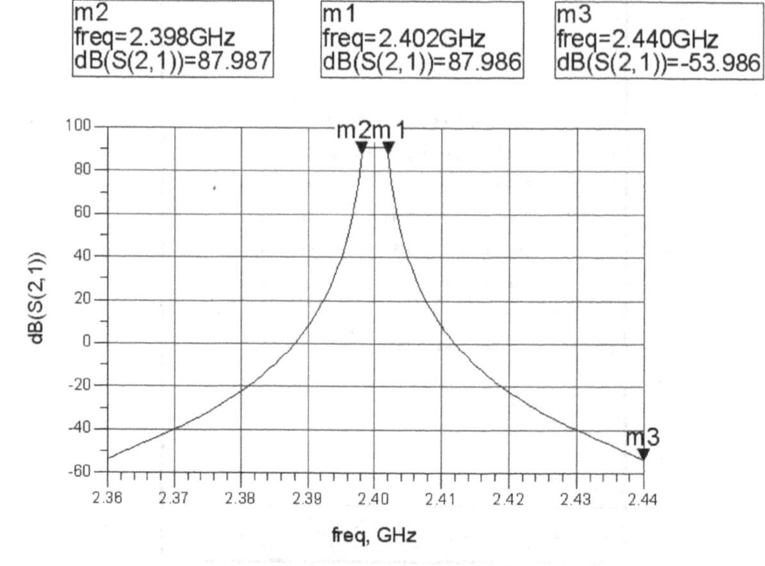


图 14.62　S(2,1)输出波形

AC
AC1
FreqConversion=yes
OutputBudgetIV=yes
Freq=2.4 GHz

图 14.63　设置完成的交流仿真控制器

（16）完成接收机频谱仿真后，再进行接收机的增益预算和噪声预算仿真。将原理图另存为“receiver_zero_budget”，删除谐波平衡法仿真控制器。从“Simulation-AC”元件面板中选择一个交流仿真控制器“AC”，插入原理图中，如图 14.63 所示双击控制器进行参数设置。

Freq=2.4GHz，表示交流仿真单频率点仿真方式。

FreqConversion=yes，表示交流仿真的同时进行频率转换。

OutputBudgetIV=yes，表示交流仿真中执行预算分析。

（17）在菜单栏中选择[Simulate]→[Genarate Budget Path]命令，如图 14.64 所示，弹出“Genarate Budget Path”对话框，在对话框中选择起始端为输入端 PORT1，终止端为输出端 Term1，单击[Generate]按钮，如图 14.65 所示生成预算路径。

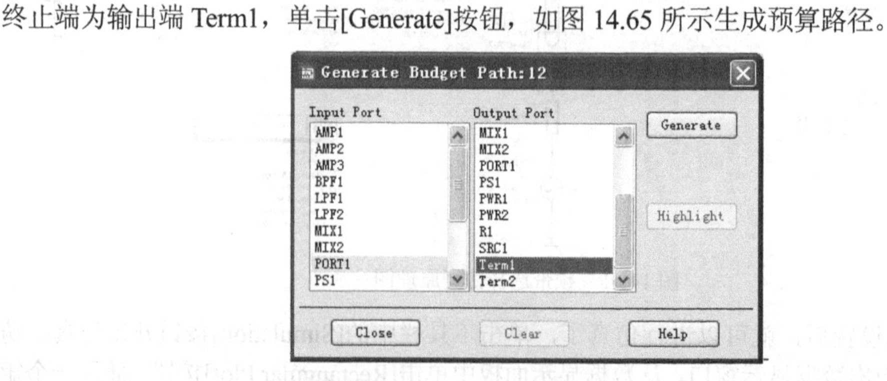


图 14.64　“Genarate Budget Path”对话框

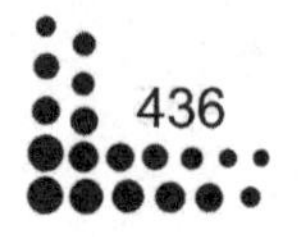

Meas Eqn MeasEqn
BudPath
budget_path = ["PORT1.t1","BPF1.t2","AMP1.t2","PWR2.t3","MIX2.t2","LPF1.t2","AMP2.t2","Term1.t1"]

图 14.65 预算路径

（18）从“Simulation-AC”元件面板中，选择一个增益预算控制器“BudGain”和一个噪声预算控制器“BudNF”插入原理图中，如图 14.65 所示，设置“BudNF”输入端为“PORT1”，预算路径为已建立的“budget_path”，仿真器为“AC1”；设置“BudGain”输入端为“PORT1”，预算路径为已建立的“budget_path”。

BudNF
BudNF1
BudNF1=bud_nf("PORT1",,,,,budget_path,"AC1")

BudGain
BudGain1
BudGain1=bud_gain("PORT1",,,,budget_path)

图 14.66 增益预算控制器和噪声预算控制器

（19）完成设置后，单击工具栏中的[Simulation]按钮开始仿真。仿真结束后自动弹出数据显示窗口。从数据显示面板中单击[Rectangular Plot]按钮，插入一个矩形图。在弹出的“Plot Traces & Attributes”对话框中选择“BudGain1”，单击[Add]按钮，在该对话框中双击“BudGain1”弹出“Trace Options”对话框，如图 14.67 所示。在“Trace Expression”选项中将“BudGain1”改为 BudGain1[0]”，表示指定单一频率数组仿真。单击[OK]按钮返回“Plot Traces & Attributes”对话框，再单击[OK]按钮，显示增益预算链路。在菜单栏选择[Maker]→[New]命令，插入标注信息，如图 14.68 所示，可以看到在接收机输出端的增益达到为 89.988dB。对于-110dBm 的输入信号，该接收机可将信号放大至约-20dBm 进行输出，增益良好。

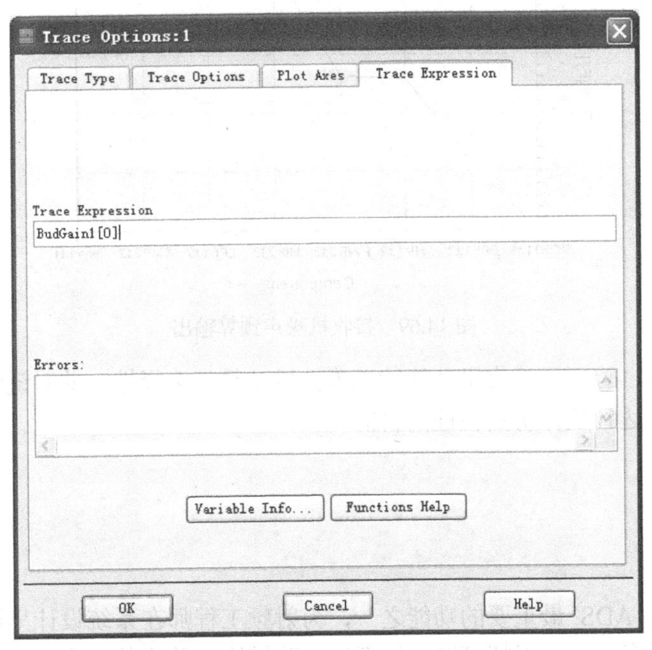


图 14.67 将“BudGain1”改为“BudGain1[0]”

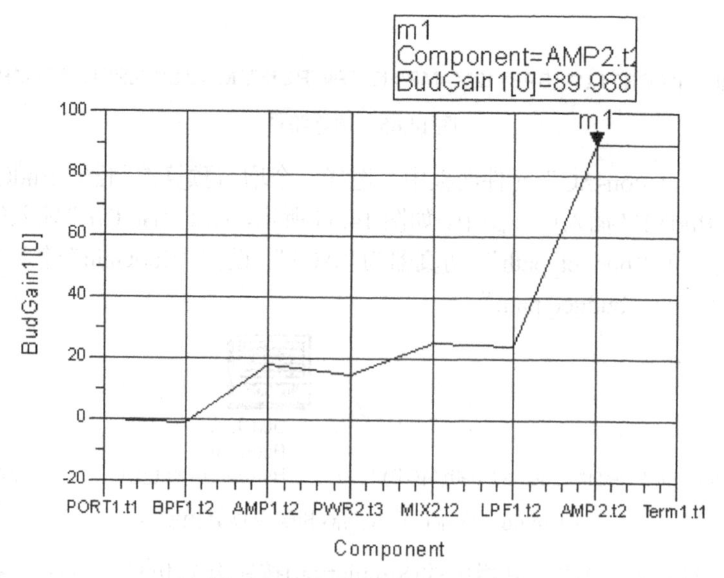


图 14.68　接收机增益预算输出

再插入一个矩形图观测接收机的噪声预算分析，如图 14.69 所示，可见整体接收机的噪声系数为 4.658dB，噪声系数较小，满足接收机的设计要求。

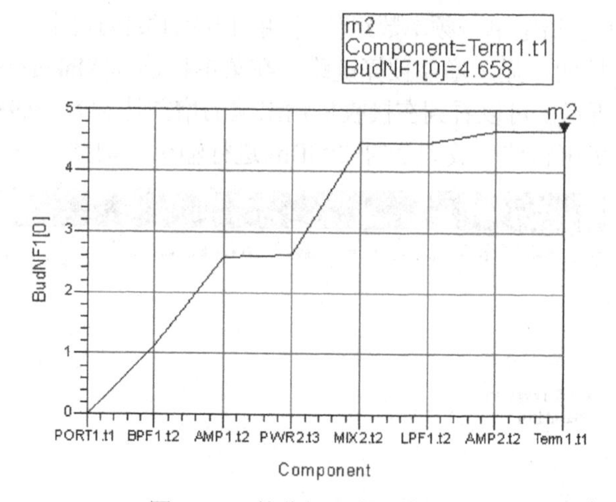


图 14.69　接收机噪声预算输出

通过以上仿真，验证了接收机功能的正确性以及频带选择性，并对链路中的增益和噪声性能进行了预估，达到整体仿真验证的目的。

## 14.3　小结

系统仿真作为 ADS 最重要的功能之一，为射频工程师在系统设计早期提供了有效的分析手段。在系统仿真中，工程师可以直接调用电路模块，并将其视为一个个的黑匣子，在顶层对其电路参数设定，进而构建系统仿真模型。对于射频系统仿真而言，这是一种十分快捷

有效的设计方法，工程师们可以直接用行为级的电路模块去研究和分析系统性能，而不必考虑子模块的电路结构。特别是在子电路具体方案实现前，就可以对系统进行可行性分析，对系统的各种指标参数进行全面模拟和仿真，极大地缩短了设计周期。

本章主要介绍了发送机和两类接收机结构的系统仿真，读者通过这 3 个实例可以学习 ADS 的系统仿真方法，从而在系统设计时准确把握系统特性，进行准确有效的设计和仿真。